生物工程概论

第二版

陶兴无 | 主编

化学工业出版社
·北京·

本书是学习生物工程知识的入门教材。全书分为生物工程原理和生物工程应用两大部分。第一部分（第一章到第八章）较为全面地叙述了生物工程的基本原理和技术发展；第二部分（第九章到第十四章）介绍生物工程在农业、食品、医药、环境保护等领域的应用情况，以及生物安全性、生物工程与社会伦理、生物工程的知识产权保护等相关知识。

本书第二版在保持第一版结构体系的基础上，对所有内容进行了全面修订，删减了部分过时的资料，增加了生物工程新知识及其应用新进展，仍秉承第一版的编写原则，为初学者提供了全面的介绍、清晰的框架和深入学习的基础。本书既可以作为生物工程专业的总论教材，也可以作为相关交叉学科非生物工程专业的课程用书，同时方便相关领域的营销、管理人员和其他自学者学习了解生物工程的基本知识。

图书在版编目（CIP）数据

生物工程概论/陶兴无主编．—2版．—北京：化学工业出版社，2015.3（2022.11重印）
ISBN 978-7-122-22724-9

Ⅰ．①生…　Ⅱ．①陶…　Ⅲ．①生物工程-教材　Ⅳ．①Q81

中国版本图书馆CIP数据核字（2014）第307707号

责任编辑：魏　巍　赵玉清　郎红旗　　　装帧设计：关　飞

出版发行：化学工业出版社（北京市东城区青年湖南街13号　邮政编码100011）
印　　装：大厂聚鑫印刷有限责任公司
787mm×1092mm　1/16　印张20　字数517千字　　2022年11月北京第2版第8次印刷

购书咨询：010-64518888　　　售后服务：010-64518899
网　　址：http://www.cip.com.cn
凡购买本书，如有缺损质量问题，本社销售中心负责调换。

定　　价：50.00元　

前　言

本书第一版自 2005 年 8 月出版后，已被许多高等院校作为公共课教材或生物工程及食品化工、医药材料等与生物工程相关的专业作为学科专业课教材，部分高校还指定本书为硕士研究生入学考试复习参考书，受到众多读者的好评。

本书第一版从编写至今的十年，是生物工程飞速发展的时期，新理论新技术层出不穷，应用领域也日新月异，逐步深入。因此，本书第二版在保持第一版的结构体系的基础上，对第一部分生物工程原理（第一章到第八章）所有内容进行全面修订，删减了部分过时的资料，增加了本学科新知识；对第二部分生物工程应用（第九章到第十四章）的全部内容进行了更新。本书再版仍然保持第一版的编写原则，既可以作为生物工程专业的总论教材，也可以作为相关交叉学科的非生物工程专业的课程用书，同时方便相关领域的营销、管理、行政人员和自学者学习了解生物工程的基本知识。

在本书编写过程中参考了大量文献，在此对这些文献的作者表示衷心的感谢！同时，还要感谢支持帮助本书编写、出版和使用的读者、编辑和各位同仁。

本书第二版修订工作全部由武汉轻工大学（原武汉工业学院）陶兴无完成。限于作者水平，本书在内容取舍、编写方面难免存在不妥之处，恳请读者批评指正。

陶兴无

2014 年 8 月于武汉

第一版前言

21世纪是生命科学的世纪，是信息科学的世纪。2000年，在瑞士召开的世界经济论坛上，美国前总统克林顿和英国首相布莱尔在他们的报告中，从政治家的角度列举了两项将影响21世纪社会发展的技术：一个是信息科学技术，另外一个就是由基因组研究作为标志的生命科学技术。著名的物理学家、诺贝尔奖获得者杨振宁先生，在回顾20世纪的科学成果时曾说过，19世纪是物理学的世纪，它推动了整个自然科学的发展；20世纪由于信息技术的进步，使物理学在很多方面得到进一步的发展；但21世纪将是生命科学的世纪。青年学生崇拜的偶像、计算机技术的象征——比尔·盖茨也认为，影响21世纪整个人类社会经济发展的不仅有信息科学技术，还应该有生命科学技术。

现在很多人称20世纪影响科学发展的重要的三个突出成就是发现相对论、量子力学、DNA双螺旋结构；20世纪影响人类的三大科学工程是曼哈顿计划（导致了原子弹的发明）、阿波罗登月计划（使人类开始了空间探测的时代）、人类基因组计划。自20世纪90年代以来，随着人类基因组计划等各类生物基因组计划的相继展开，生物工程的发展呈现出前所未有的活力。新世纪人们把关注更多地投向了生物工程产业（BT）。BT产业迅速崛起，已成为国际市场竞争的新领域，并展现出十分诱人的前景。

生物工程不仅仅属于生物学家。过去几十年获得诺贝尔医学生理学奖和化学奖的科研成果，有相当多的成就是以生命科学为主体内容的，而奖项得主中相当一部分是化学家和物理学家出身。越来越多的物理学家、化学家、数学家、计算机专家、人文科学家和社会科学家等相关人士都在关注生物工程的发展。人口、资源、环境是21世纪人类所面临的三大难题和挑战。解决这三大难题的惟一有效途径是发展生物工程。近十几年来，无论是各国政府的发展策略还是企业风险投资，都把生物产业放在了优先发展的地位。在美国，人类基因组计划的政府投资达30亿美元，而私人机构的投入经费实际上已远远超过30亿美元。

与信息产业（IT）一样，生物技术是高新技术，不仅需要大批的生物工程专门人才，而且需要其他行业和学科更多人的参与。与20世纪80年代普及推广计算机知识类似，创办、整合生物工程（生物技术）专业成为我国高校最为时尚的举措之一。据统计，至2003年我国拥有生物工程专业的高校119所，且呈继续增长的趋势。同时，全国各级各类学校普遍在非生物工程专业中增设生物工程作为必修或选修公共课。社会上从事相关行业的决策、投资、管理、生产和经营者也迫切需要了解或掌握生物工程的基本知识和最新进展。

当前有关生物工程的专业书籍很多，但对初涉生物工程领域、又想尽快了解其基本概念和全貌的读者来说，更需要一本浅显易懂的入门书，这是作者编撰的初衷。本书是作者在武汉工业学院多年讲授全校公共选修课《生物工程概论》讲义的基础上，由陶兴无（武汉工业学院）、刘志国（武汉工业学院）和田俊（华中科技大学）三位同志共同编写而成的，陶兴无任主编。郑卫平、杨孝坤、欧燕青、闵伶俐、周明英等同志也为书稿的顺利完成做了大量文字工作。

本书可作为非生物工程专业公共课或生物工程专业的总论教材，并适合具备高中以上文化程度的读者自学。全书共14章，第一部分（前8章）为生物工程原理，第二部分（后6

章）为生物工程应用。课堂主要讲授第一部分，第二部分供自学使用。仅需了解生物工程基本内容的读者，也可只选学第二部分。由于生物工程进展“与时俱进”，内容“日新月异”，在编写过程中参考了大量最新文献资料，除书末所列部分主要参考文献外，其余未一一列出。在此，谨向这些作者表示最诚挚的感谢。

由于作者水平所限，不足之处难免，敬请读者指正。

陶兴无

2005 年 1 月于武汉

目　录

第一章 绪 论

生物工程（bioengineering），也称生物技术（biotechnology），是指人们以现代生命科学为基础，结合其他基础学科的科学原理，采用先进的工程技术手段，按照预先的设计改造生物体或加工生物原料，为人类生产出所需产品或达到某种目的的新兴的、综合性的学科。

生物工程技术的发展有助于解决全球资源（能源）、人口、粮食、生态环境、健康与疾病等重大难题，促进传统产业的技术改造和新产业的形成，对人类社会生活产生深远的革命性影响。

第一节 生物工程的基本概念

一、生物工程的定义

生物工程一词是由生物技术演变而来的。早在1917年，匈牙利农业经济学家艾里基（K. Ereky）提出“凡是以生物机体为原料，无论其用何种生产方法进行产品生产的技术”都属于生物技术。此一定义显然是太宽了，因此未被人们所重视。20世纪70年代末至80年代初，由于分子生物学、DNA重组技术的出现以及某些基因工程产品如重组胰岛素、重组人体生长激素等的问世，人们再次提出了“生物技术”这一名词。由于当时似有另一种倾向，即必须是采用基因工程等一类具有现代生物技术内涵或以分子生物学为基础的技术才称得上生物技术，而把原先已相当成熟的发酵技术、酶催化技术、生物转化技术、原生质体融合技术等排斥在外，因此也不为多数人所赞同。由国际经济合作与发展组织（IECDO）在1982年提出的对生物技术的定义为多数人所赞同。此定义为：生物技术是“应用自然科学和工程学的原理，依靠生物作用剂的作用将物料进行加工以提供产品或用以为社会服务”的技术。

我国国家科学技术委员会制定《中国生物技术政策纲要》时，将生物技术定义为：以现代生命科学为基础，结合先进的工程技术手段和其他基础学科的科学原理，按照预先的设计改造生物体或加工生物原料，为人类生产出所需产品或达到某种目的的新技术。改造生物体是指获得优良品质的动物、植物或微生物品系。生物原料则是指生物体的某一部分或生物生长过程中所能利用的物质，如淀粉、糖蜜、纤维素等有机物，也包括一些无机化合物，甚至某些矿石。为人类生产出所需的产品包括粮食、医药、食品、化工原料、能源、金属等各种产品。达到某种目的则包括疾病的预防、诊断与治疗，环境污染的检测与治理等。

根据新编《辞海》（2000年版）的释义：“技术是泛指生产实践知识和经验以及自然科学原则而发展起来的各种工艺操作方法和技能”；“工程是将自然科学的原理应用于工农业生产部门而形成的各种学科的总称”。从上述释义中也可以看出“技术”与“工程”都是自然科学因生产实践而派生出来的两个分支，看来“技术”的面更广泛些，如电子技术、信息技术、激光技术、航天技术、生物技术、纳米技术等，而“工程”的面似较小些，如生物工程又可分解为基因工程、细胞工程、蛋白质工程、发酵工程、酶工程、生物化学工程、生物医学工程等。此外，技术带有较强的自然科学的探索性和首创性，在学科归属中属理科范畴，而工程则重视过程的可实施性和经济上的合理性，在学科归属中属工科的范畴。在我国，除了在高校中生物技术专业属理科，生物工程专业属工科外，在其他场合下，两者就当作同义词看待了（本书也如此）。当生物工程或生物技术译为英文时，一般都译为 biotechnology，而当 biotechnology 译为中文时，则译为生物技术和生物工程都存在，但人们更喜欢把它称为生物工程。

二、生物工程的研究领域及其相互关系

根据生物工程操作的对象及操作技术的不同，生物工程主要包含基因工程、蛋白质工程、酶工程、细胞工程和发酵工程以及由此衍生发展而来的新的技术领域。

基因工程（gene engineering）是 20 世纪 70 年代以后兴起的一门新技术，其主要原理是应用人工方法把生物的遗传物质，通常是脱氧核糖核酸（DNA）分离出来，在体外进行切割、拼接和重组。然后将重组了的DNA 导入某种宿主细胞或个体，从而改变它们的遗传品性；有时还使新的遗传信息（基因）在新的宿主细胞或个体中大量表达，以获得基因产物（多肽或蛋白质）。

蛋白质工程（protein engineering）是指在基因工程的基础上，结合蛋白质结晶学、计算机辅助设计和蛋白质化学等多学科的基础知识，通过对基因的人工定向改造等手段，从而达到对蛋白质进行修饰、改造、拼接以产生能满足人类需要的新型蛋白质的技术。

细胞工程（cell engineering）是指以细胞为基本单位，在体外条件下进行培养、繁殖；或人为地使细胞某些生物学特性按人们的意愿发生改变，从而达到改良生物品种和创造新品种；或加速繁育动、植物个体；或获得某种有用的物质的过程。

发酵工程（fermentation engineering）是利用微生物生长速度快、生长条件简单以及代谢过程特殊等特点，在合适条件下，通过现代化工程技术手段，由微生物的某种特定功能生产出人类所需的产品称为发酵工程，也称微生物工程。

酶工程（enzyme engineering）是利用酶、细胞器或细胞所具有的特异催化功能，对酶进行修饰改造，并借助生物反应器和工艺过程来生产人类所需产品的一项技术。它包括酶的固定化技术、细胞的固定化技术、酶的修饰改造技术及酶反应器的设计等技术。

这些技术并不是各自独立的，而是相互联系、相互渗透的（图 1-1）。其中基因工程技术是核心技术，它能带动其他技术的发展，如通过基因工程对细菌或细胞改造后获得的工程菌或细胞，必须通过发酵工程或细胞工程来生产有用物质。

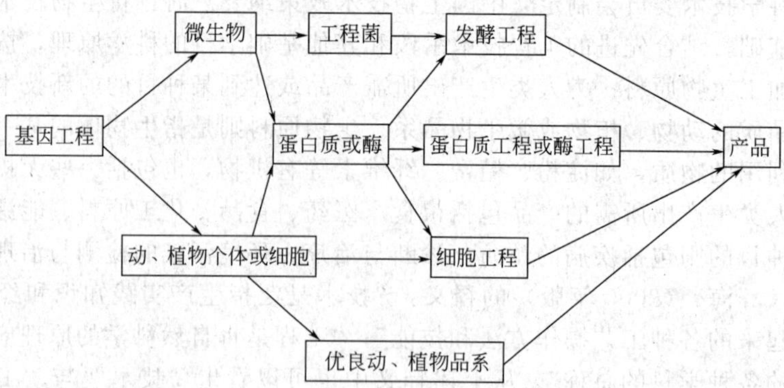

图 1-1 基因工程、蛋白质工程、酶工程、细胞工程和发酵工程之间的关系

三、现代生物工程涉及的学科

现代生物工程是所有自然科学领域中涵盖范围最广的学科之一。它以分子生物学、免疫生物学、生物化学、生物物理学、遗传学、细胞生物学、微生物学、微生物生理学、动物生理学、植物生理学、人体生理学等几乎所有生物科学的次级学科为支撑；又结合了诸如化

学、化学工程学、数学、微电子技术、计算机科学、信息学等生物学领域之外的尖端基础学科，从而形成一门多学科互相渗透的综合性学科。

现代生物工程的快速发展是其以生命科学领域的重大理论和技术的突破为基础的。Watson 和 Crick 的 DNA 双螺旋结构及阐明 DNA 的半保留复制模式，遗传密码的破译以及 DNA 与蛋白质的关系等理论上的突破，发现 DNA 限制性内切酶、DNA 连接酶等工具酶，产生了基因工程；动植物细胞培养方法以及细胞融合方法的建立，产生了细胞工程；蛋白质结晶技术及蛋白质三维结构的深入研究以及化工技术的进步，产生了酶工程和蛋白质工程；生物反应器及传感器以及自动化控制技术的应用，产生了现代发酵工程。生物工程领域还使用了大量的现代化高精尖仪器，如超速离心机、电子显微镜、高效液相色谱仪、DNA 合成仪、DNA 序列分析仪等，这些仪器全部都是由微机控制的、全自动化的。

第二节　生物工程的发展简史

按照生物工程的定义，人类对生物工程的实践可追溯到远古原始人类生活期间。为此，可把生物工程的发展分成三个时期：①传统生物技术时期；②近代生物工程时期；③现代生物工程时期。

一、传统生物技术时期

生物工程不是一门新学科，它是从传统生物技术发展而来的。传统生物技术应该说从史前时代起就一直为人们所开发和利用，以造福人类。在西方，苏美尔人和巴比伦人在公元前 6000 年就已开始啤酒发酵。古埃及人则在公元前 4000 年就开始用经发酵的面团制作面包，在公元前 20 世纪时也已掌握了用裸麦制作“啤酒”的技巧。公元前 25 世纪古巴尔干人开始制作酸奶；公元前 20 世纪古亚述人已会用葡萄酿酒（葡萄实际上沾有酵母）。公元前 17 世纪古西班牙人曾用类似目前细菌浸取铜矿的方法获取铜。在石器时代后期，我国人民就会利用谷物造酒，这是最早的发酵技术。

荷兰人詹生（Z. Janssen）于 1590 年制作了世界上最早的显微镜，其后在 1665 年英国的胡克（R. Hooke）也制作了显微镜，都因放大倍数有限而无法观察到细菌和酵母。但胡克却观察到了霉菌，还观察到了植物切片中存在胞粒状物质，因而把它称为细胞（cell），此名称一直沿用至今。1676 年，荷兰人列文虎克（Leeuwenhoek）用自磨的镜片制作显微镜，其放大倍数可近 300 倍，并观察和描绘了杆菌、球菌、螺旋菌等微生物的图像，为人类进一步了解和研究微生物创造了条件，并为近代生物技术时期的降临做出了重大贡献。

1838 年德国的施莱登（M. J. Schlwiden）和施旺（T. Schwan）共同阐明了细胞是动、植物的基本单位，因而成为细胞学的奠基人；1855 年微耳和 R. Virchow 发现了新细胞是从原有细胞分离而形成的，即新细胞来自老细胞；1858 年托劳贝（Traube）提出了发酵是靠酶的作用进行的概念；1859 年英国的达尔文（C. R. Delvan）撰写了《物种起源》一书，提出了以自然选择为基础的进化学说，并指出生命的基础是物质。

自胡克从显微镜中观察到微生物到微生物学的诞生约经历了近 200 年，受到人们思想观念、习惯势力、经济实力、生产方式等因素的制约。产业革命的浪潮当时还没卷入到食品、化工领域来，对发酵还习惯于作坊式生产。1866 年微生物学的奠基人，被称为微生物学之父的法国人巴斯德（L. Pasteur）以实验结果有力地摧毁了微生物的“自行发生论”：首先证实发酵是由微生物引起的，并首先建立了微生物的纯种培养技术，从而为发酵技术的发展提供了理论基础，使发酵技术纳入了科学的轨道。他提出了一种防止葡萄酒变酸的消毒法（被称为巴斯德消毒法（pasteurization），一般在 60℃时维持一段时间以杀死食品、牛奶和饮料中的病原菌）；1857 年他明确地指出酒精是酵母细胞生命活动的产物，并在 1863 年进一步指出所有的发酵都是微生物作用的结果，不同的微生物引起不同的发酵；1874 年丹麦人汉森（Hansan）在牛胃中提取了凝乳酶，1879 年发现了醋酸杆菌；1876 年德国的库尼（W. Kuhne）首创了“enzyme”一字，意即“在酵母中”；1881 年采用了微生物生产乳酸；1885 年开始用人工方法生产蘑菇；1897 年德国的毕希纳（E. Buchner）发现被磨碎后的酵母细胞仍可进行酒精的发酵，并认为这是酶的作用，1907 年因此发现而获得诺贝尔化学奖；19 世纪末德国和法国一些城市开始用微生物处理污水。

细菌学的奠基人，德国的科赫（R. Koch）首先用染色法观察了细菌的形态；1881 年他与他的助手们发明了加入琼脂的固体培养基并利用它在平皿中以接种针蘸上混合菌液在固体培养基表面上划线培养后以获得单孢子菌落的方法，此方法一直被沿用至今；他的另一个杰出贡献是发现了结核菌，并因此获 1905 年的诺贝尔生理学及医学奖。1914 年开始建立作为食品和饲料的酵母生产线；1915 年德国开发了面包酵母的生产线；1915 年德国为了第一次世界大战（1914—1918 年）的需要建立大型的丙酮-丁醇发酵以及甘油发酵生产线；到了 20 世纪 20 年代，工业生产中开始采用大规模的纯种培养技术发酵化工原料丙酮、丁醇。20 世纪 50 年代，在青霉素大规模发酵生产的带动下，发酵工业和酶制剂工业大量涌现。发酵技术和酶技术被广泛应用于医药、食品、化工、制革和农产品加工等行业。20 世纪初，遗传学的建立及其应用，产生了遗传育种学，并于 60 年代取得了辉煌的成就，被誉为“第一次绿色革命”。细胞学的理论被应用于生产而产生了细胞工程。在今天看来，上述诸方面的发展，还只能被视为传统的生物技术，因为它们还不具备高技术的诸多要素。

二、近代生物工程的形成和发展时期

1926 年美国的生化学家萨姆纳（J. B. Summer）证实了从刀豆中获得的结晶脲酶是一种蛋白质，其后又分别与人合作在 1930 年和 1937 年获得了胃蛋白酶和过氧化氢酶等晶体，说明酶是一类蛋白质，因而在 1946 年和他的同事共获诺贝尔化学奖；1928 年英国的弗莱明（A. Fleming）发现了青霉素；1937 年马摩里（Mamoli）和维赛龙（V. Hone）提出了微生物转化的方法。这一时期所生产的发酵产物都属微生物形成的初级代谢产物，这是指微生物处于对数生长期所形成的产物，主要是与细胞生长有关的产物，如氨基酸、核酸、蛋白质、碳水化合物以及与能量代谢有关的副产物，诸如乙醇、丙酮、丁醇等。此一时期生产的发酵产品以厌氧发酵的居多，诸如乙醇、丙酮、丁醇、乳酸和污水的厌氧处理生产甲烷等过程。此外，有的发酵过程开始时采用固体发酵方式进行生产。在农业微生物方面：1887 年俄国的维诺格拉斯基发现了硝化细菌；1888 年德国的赫尔利格（H. Hellriegel）和赫韦尔法斯（H. Wilfarth）发现了固氮细菌等。主要产品有细菌肥料和苏云金杆菌制剂（1901 年发现，能产生伴胞晶体以杀死农业害虫）、赤霉素（1914 年被发现）。此外，还出现了一些与微生物学相关的分支学科如细菌学、工业微生物、农业微生物、医学微生物等，并丰富了细胞学、生理学、生物化学、医学、药学等内容。

近代生物工程的起始标志是青霉素的工业开发获得成功，因为它带动了一批微生物次级代谢物和新的初级代谢物产品的开发，并激发了原有生物技术产业的技术改造。此外，一批以酶为催化剂的生物转化过程生产的产品问世，加上酶和细胞固定化技术的应用使近代生物工程产业达到了一个全盛时期。

1941 年因第二次世界大战（1939—1945 年）的爆发，前线和后方的不少伤员都希望能有一种比当时磺胺类药物更为有效和安全的治疗外伤炎症及其继发性传染病的药物。英国当局把病理学家弗洛里（H. W. Florey）和生化学家钱恩（E. B. Chain）参加到弗莱明的研究

队伍中，以加速对青霉素的研制开发。在他们积累了一定量的青霉素后，先对动物进行了实验，再对一患血液感染的患者进行临床实验，都证明了青霉素具有卓越的效能且毒性很小。然而，因战事急剧发展使英国难以进一步开发，其后青霉素的开发是在美国完成的。开发是在药厂中进行的，开始时是以大量的扁瓶为发酵容器，湿麦麸为主要培养基，用表面培养法生产青霉素。这方法虽落后并耗费大量劳动力，但终究能获得一定量的青霉素。发酵法生产青霉素虽获成功，但当时是由被称为“瓶子工厂”中生产出来的，不能满足需求，于是决定请工程技术人员来共同改造原有生产线。不久新的生产线开始运转了，以大型的带机械搅拌和无菌通气装置的发酵罐取代了瓶子，引用了当时新型的逆流离心萃取机作为发酵滤液主要提取手段，以减少青霉素在 pH 值剧变时的破坏；上游研究人员则寻找到一株从发霉的甜瓜中选出，适用于液体培养的产黄青霉菌株，使青霉素发酵的效价提高了几百倍，此外还发现以玉米浆（生产玉米淀粉时的副产品）和乳糖（生产干酪时的副产品）为主的培养基可使青霉素的发酵效价约提高 10 倍。不久，辉瑞（Phizer）药厂就建立起一座具 14 个约 $26m^3$ 发酵罐的车间生产青霉素。1945 年，弗莱明、弗洛里和钱恩因发明和开发了青霉素被授予诺贝尔医学奖。

除了青霉素以外，其后发现和使用有各种抗生素、氨基酸、核苷酸、维生素、多糖、多元醇、有机酸、酶制剂等。与此同时，一个新的交叉学科——生物化学工程（biochemical engineering）也就诞生了。

固定化酶或固定化细胞技术以及生物转化或称微生物转化技术的建立和发展，大大地推动了酶的应用。细胞固定化的实践可推溯至古时用刨花卷置于无底木筒内淋酒为醋以及百余年前用内置石块的滴淋塔用来处理污水。但科学的固定化酶以至固定化细胞方法，是在 1953 年由格罗勃霍佛（N. Grubhofer）和希莱思（L. Schleith）所提出的。其后日本的千烟一郎在 1969 年开始用固定化 L-氨基酸酰化酶拆分 D，L-氨基酸并获得成功。

在 20 世纪 30 年代中期，一种新的被称为生物转化或微生物转化的生产过程方式出现了。这种生产过程中所进行的酶反应可不采用从微生物中提取出来的酶来作为催化剂，而是直接用产生相关酶的微生物细胞来作为催化剂，即把底物直接投入细胞培养液中或将底物溶液通过装有固定化细胞的柱中进行酶促反应。它的好处是可以省去复杂的从微生物细胞（指胞内酶）或培养物的滤液（指胞外酶）中提取酶的过程，并十分适合于多酶反应或需要辅酶、辅因子参与的催化过程。当然，要从生物转化液中获得产物还是要通过一系列的分离纯化过程，但至少可省去一次对酶的分离纯化过程。

微生物转化法最简单的例子是将乙醇加入到醋酸杆菌的培养液中使其转化为乙酸，而不必先把乙醇氧化酶从醋酸杆菌中提取出来后再与乙醇去反应。现在维生素 C 的生产也基本上是采用微生物二步转化的方法进行，其中第一步微生物转化是将山梨醇（葡萄糖在镍催化剂中加压催化取得）在醋酸杆菌培养液中被转化为山梨糖，而第二步微生物转化是在葡糖杆菌和一种假单胞菌的共同作用下将山梨糖转化为 2-酮基-L-古龙酸的。微生物转化这一步是由我国微生物学家尹光琳等在 20 世纪 70 年代完成的，此技术在我国已普遍使用，并已转让至国外。

还有一项应用很广的微生物转化技术是甾体激素的生产。最初用化学合成法以去氧胆酸为原料研制的可的松化学合成路线，因共需 31 步反应而无法投产。1952 年美国的彼得逊（Peterson）和莫莱（Murry）以黑根霉或其他根霉微生物转化法把化学合成法中原需 9 步的反应，用一步生物转化反应就解决了。因而使可的松的生产得以开始。其后发现了用豆甾醇、薯蓣皂苷元或番麻皂苷元等作可的松生产的原料更为经济，合成步骤也更简短，就不再用去氧胆酸为原料生产可的松了。

三、现代生物工程的形成和发展时期

多少年以来，关于生命的起源问题，存在着以下一些解释。

（1）创世说。19 世纪初期之前，从宗教和迷信的角度对人类的起源做了各种回答。例如，基督教认为是亚当和夏娃创造了人类，即上帝创造了世间一切和人类。

（2）进化论。1859 年，英国生物学家达尔文（C. R. Delvan）发表了“物种起源”，确立了进化论的观点，极大地推动了人类思想的发展。

（3）细胞学说。最早观测到细胞结构的是 17 世纪的荷兰人 Leeuwenhook，与其同时代的英国人 Hooke 第一次用“细胞”这个词来形容他所观察到的软木的基本单元。19 世纪中叶，“细胞”的概念被科学界接受，成为 19 世纪三大发现之一。按照细胞学说，动植物的基本单元是细胞，细胞包含有生命的全部特征。组织、器官和个体的生命现象实际上是细胞活动的总和，所以细胞可以而且应该成为生物学研究的首要对象，今天的细胞工程和分子生物学就是在此基础上发展起来的。

（4）经典的生物化学和遗传学。进化论和细胞学说的发展，产生了实验科学之一——现代生物学，在现代生物学发展的基础上，又产生了研究动植物遗传变异规律的遗传学和生物化学学科。生物化学以分离、纯化、鉴定细胞内含物质和研究这些物质与细胞内生命现象的联系为主要内容，19 世纪中叶至 20 世纪初得到快速发展，是早期生物化学的大发展时期。在此期间，20 种氨基酸被发现，“肽键”被认识，细胞的其他成分，如脂类、糖类、核酸也相继在那一阶段被认知，但科学家还无法解释细胞内最重要的生命活动，即细胞是如何世代相传的。

1865 年，经典遗传学创始人奥地利人孟德尔（G. Mendel）发表了《植物杂交试验》一文，提出了遗传因子的统一律和独立分配率。孟德尔指出：生物的每一种性状都是由遗传因子控制的。这些遗传因子可以从亲代到子代，代代相传。在体细胞内，遗传因子是成对存在的，其中一个来自父本，一个来自母本，在形成配体时，遗传因子彼此分开，单独存在。他还认为：有些遗传因子是以显性形式存在，而有些遗传因子是以隐性形式存在。当时，孟德尔的工作并未引起很大的重视。

1900 年，荷兰科学家 H. Devries、德国科学家 Correns、奥地利科学家 Tsehermak 在完全不知道孟德尔以往工作的情况下，各自独立做了与孟德尔相似的试验，得到了与孟德尔相似的结论，他们三人将孟德尔的名字列在了第一作者的位置上，以便让世人知晓孟德尔首创性的科学贡献。

1911 年，美国科学家 Morgan 和他的助手们第一次将代表某一特定性状的基团同某一特定的染色体联系了起来，创立了遗传的染色体理论。Morgan 特别指出：物质必须由某些独立的要素组成，我们将这些要素称为基因，也称为遗传因子。

1944 年 Avery 等阐明了 DNA 是遗传信息的携带者。1953 年 Waton 和 Crick 提出了 DNA 的双螺旋结构模型，阐明了 DNA 的半保留复制模式，从而开辟了分子生物学研究的新纪元。由于一切生命活动都是由包括酶和非酶蛋白质行使其功能的结果，所以遗传信息与蛋白质的关系就成了研究生命活动的关键问题。1961 年 M. Nirenberg 等破译了遗传密码，揭开了 DNA 编码的遗传信息是如何传递给蛋白质这一秘密。基于上述基础理论的发展，1972 年 Berg 首先实现了 DNA 体外重组技术，标志着生物技术的核心技术——基因工程技术的开始。它向人们提供了一种全新的技术手段，使人们可以按照意愿在试管内切割 DNA、分离基因并经重组后导入其他生物或细胞，借以改造农作物或畜牧品种；也可以导入细菌这种简单的生物体，由细菌生产大量的有用的蛋白质，或作为药物，或作为疫苗；也可以直接导入人体内进行基因治疗。显然，这是一项技术上的革命。

现代生物工程是以20世纪70年代DNA重组技术的建立为标志的。现代生物工程时期是以分子生物学的理论为先导，基因工程的技术能作为生物工程新产品的一种开发手段或关键技术后算起的。

第三节 现代生物工程的应用

生物工程的发展同其他重大的科学发现和技术创新一样，将越来越深刻地影响着世界经济、军事和社会发展的进程。生物工程的服务领域将覆盖当前人类所面临的所有重大问题，如人类健康、农业、资源、能源及环境。

一、提高生命质量，延长人类寿命

人类基因组计划的实施极大地促进了生命科学领域一系列基础研究的发展，进一步阐明基因的结构与功能关系、生命的起源和进化、细胞发育、分化的分子机制及疾病发生的机制等，为人类自身疾病诊断和治疗提供依据，为医药产业带来了翻天覆地的变化。

（一）开发新型药品

1977年，美国首先采用大肠杆菌生产了人类第一个基因工程药物——人生长激素释放抑制激素，开辟了药物生产的新纪元。该激素可抑制生长激素、胰岛素和胰高血糖素的分泌，用来治疗肢端肥大症和急性胰腺炎。若采用常规方法生产5mg该激素，则需要50万头羊的下丘脑，而用大肠杆菌基因工程法生产同等量生长激素释放抑制激素，则仅需9L细菌发酵液。

用基因工程生产的药物，除了人生长激素释放抑制激素外，还有人胰岛素、人生长激素、人心钠素、人干扰素、肿瘤坏死因子、集落刺激因子等。利用细胞培养技术或转基因动物来生产这些蛋白质药物是近几年发展起来的另一种生产技术，如利用转基因羊生产人凝血因子Ⅸ、转基因牛生产人促红细胞生成素、转基因猪生产人体球蛋白等。

（二）疾病的预防和诊治

由于传统的疫苗生产方法对某些疫苗的生产和使用存在着免疫效果不佳、被免疫者有被感染的风险等缺点，较多的基因工程式法生产重组疫苗则可达到安全、高效的目的。基因工程生产重组疫苗可以达到安全、高效。如已经上市的病毒性肝炎疫苗，正在研究的艾滋病疫苗等。用基因工程技术还可生产诊断用的DNA试剂，称为DNA探针，主要用来诊断遗传性疾病和传染性疾病。基因芯片是生物芯片的一种，是近年来发展起来的一种高通量、高特异性的DNA-诊断新技术。

利用细胞工程技术生产单克隆抗体则为利用生物技术进行疾病防治的另一途径。例如：用于治疗肿瘤的“生物导弹”，就是将用于治疗肿瘤的药物与抗肿瘤细胞连接在一起，利用抗原抗体结合的高度专一性，使得抗肿瘤药物集中于肿瘤部位，以达到高效杀伤肿瘤细胞并减少对正常细胞的毒性反应。

（三）基因治疗

导入正常的基因来治疗由于基因缺陷而引起的疾病一直是人们长期以来追求的目标。但由于其技术难度很大，困难重重。到1990年9月，美国FDA批准了用*ada*（腺苷脱氨酶基因）基因治疗严重联合型免疫缺陷病（一种单基因遗传病），并取得了较满意的结果。这标志着人类疾病基因治疗的开始。

基因治疗（gene therapy）是指将外源正常基因导入靶细胞，以纠正或补偿因基因缺陷和异常引起的疾病，以达到治疗目的。也就是将外源基因通过基因转移技术将其插入患者的适当的受体细胞中，使外源基因制造的产物能治疗某种疾病。从广义说，基因治疗还可包括从DNA水平采取的治疗某些疾病的措施和新技术。目前，基因治疗已涉及恶性肿瘤、遗传病、代谢性疾病、传染病等多种疾病。

二、改善农业生产，解决食品短缺

农业是生物工程应用最广、最直接，最具现实意义的领域之一。现代生物工程技术可以培育出优质、高产、抗病虫、抗逆的农作物以及畜禽、林木、鱼类等新品种；可以扩大食品饲料、药品等来源，满足人类日益增长的需要。

（一）培育抗逆的作物优良品系

其目的是培育出具有抗寒、抗旱、抗盐、抗病虫害等抗逆特性及品质优良的作物新品系。我国是人口大国，人多地少，粮食问题更是我国经济发展、社会稳定的关键。我国政府对农业生物技术极为重视，投入了大量的人力、物力并取得了举世瞩目的成就，已培育了包括水稻、棉花、小麦、油菜、甘蔗、橡胶等一大批作物新品系。

（二）植物种苗的工厂化生产

利用细胞工程技术对优良品种进行大量的快速无性繁殖，实现工业化生产。植物的微繁殖技术已广泛地应用于花卉、果树、蔬菜、药用植物和农作物快速繁殖，实现商品化生产。我国已建立了多种植物试管苗的生产线，如葡萄、苹果、香蕉、柑橘、花卉等。

（三）提高粮食品质

生物工程技术除了可培育高产、抗逆、抗病虫害的新品系外，还可培育品质好、营养价值高的作物新品系。大米是我们的主要粮食，含有人体自身不能合成的8种必需氨基酸，但其蛋白质含量很低。人们正试图将大豆储藏蛋白基因转移到水稻中，培育高蛋白质的水稻新品系。

（四）生物固氮，减少化肥使用量

化肥的使用不可避免地带来了土地的板结，肥力的下降；化肥的生产将导致环境的污染。科学家们正努力将具有固氮能力的细菌的固氮基因转移到作物根际周围的微生物体内，希望由这些微生物进行生物固氮，减少化肥的使用量。我国已成功地构建了12株水稻粪产碱菌的耐胺工程菌。施用这种细菌可节约化肥五分之一，平均增产5%～12.5%。

（五）生物农药

近年来，人们越来越注意农业生产的可持续发展以及人与环境的和谐，生物农药不污染环境、对人和动植物安全，不伤害害虫天敌，所以发展生物农药已成为保障人类健康和农业可持续发展的重要趋势。

（六）发展畜牧业生产

采用现代生物工程技术可以从DNA分子水平上对其遗传组成进行研究，加快畜禽育种工作进程，提高育种效率；同时转基因技术为动物生长速度、饲料利用效率的提高以及肉质的改善提供了有效手段。目前已有转基因鱼、鸡、牛、马等多种动物。

利用生物工程技术开发饲料资源是解决我国饲料不足，提高饲料营养价值，促进畜牧业持续发展的重要途径。现代生物技术的应用可有效改变作物种子油分或淀粉的含量及组分，增加饲料作物中果聚糖和可溶性糖的浓度，降低副产品的木质素含量。

三、解决能源危机，治理环境污染

目前，石油和煤炭是我们生活中的主要能源。然而，地球上的这些化石能源是不可再生的，也终将枯竭，寻找新的替代能源将是人类面临的一个重大课题。生物能源将是最有希望的新能源之一，而其中又以乙醇最有希望成为新的替代能源。微生物可以利用大量的农业废弃物如杂草、木屑、植物的秸秆等纤维素或木质素类物质或其他工业废弃物作为原料产生乙醇。通过微生物发酵或固定化酶技术，将农业或工业的废弃物变成沼气或氢气，也是一种取之不尽，用之不竭的能源。生物工程技术还可用来提高石油的开采率。目前石油的一次采油，仅能开采储量的30%。二次采油需加压、注水，也只能获得储量的20%。深层石油由于吸附在岩石空隙间，难以开采。加入能分解蜡质的微生物后，利用微生物分解蜡质使石油流动性增加而获取石油，称之为三次采油。

现代农业及石油、化工等现代工业的发展，开发了一大批天然或合成的有机化合物，如农药、石油及其化工产品、塑料、染料等工业产品，这些物质连同生产过程中大量排放的工业废水、废气、废物已给我们赖于生存的地球带来了严重的污染。目前已发现有致癌活性的污染物达1100多种，严重威胁着人类的健康。但是小小的微生物有着惊人的降解这些污染物的能力。人们可以利用这些微生物净化有毒的化合物、降解石油污染、清除有毒气体和恶臭物质、综合利用废水和废渣、处理有毒金属等作用，达到净化环境、保护环境、废物利用并获得新产品的目的。

四、制造工业原料，生产贵重金属

利用微生物在生长过程中积累的代谢产物，生产食品工业原料，种类繁多。概括起来，主要有以下几个大类。

① 氨基酸类：目前能够工业化生产的氨基酸有20多种，大部分为发酵技术生产的产品，主要的有谷氨酸（味精）、赖氨酸、异亮氨酸、丙氨酸、天冬氨酸、缬氨酸等。

② 酸味剂：主要有柠檬酸、乳酸、苹果酸、维生素C等。

③ 甜味剂：主要有高果糖浆、天冬甜精（甜味是砂糖的2400倍）、氯化砂糖（甜味是砂糖的600倍）。

发酵技术还可用来生产化学工业原料。主要有传统的通用型化工原料如乙醇、丙酮、丁醇等产品。还有特殊用途的化工原料，如制造尼龙、香料的原料癸二酸，石油开采使用的原料丙烯酰胺，制造电子材料的黏康酸，制造合成树脂、纤维、塑料等制品的主要原料衣康酸，制造工程塑料、树脂、尼龙的重要原料长链二羧酸，合成橡胶的原料2,3-丁二醇，合成化纤、涤纶的主要原料乙烯等。

利用细菌的浸矿技术可浸提包括金、银、铜、铀、锰、钼、锌、钴、镍、钡、铊等10多种贵重金属和稀有金属。

第四节　现代生物工程对社会发展的影响

生物工程技术的广泛应用，让人们看到了无限广阔的发展前景。然而，历史和现实表明，任何科学技术都是一把“双刃剑”，在对社会或人类带来财富和幸福的同时，也会给社会、人类带来或多或少的危害。社会各界广泛关注生命科学和生物技术带来的社会影响，全球范围内的争论可谓如火如荼。争论的内容几乎涉及新兴生物工程的各个领域，也涉及社会的经济、伦理、法律等各个层面。

一、转基因食品的安全性问题

农业转基因技术为人类提供了大量的转基因食品，是当今世界最热门也是发展最快的研究领域之一。转基因技术因与人类生活密切相关而深受世人关注。一些国家出台政策对农业转基因技术的开发和应用积极扶持，也有一些国家特别是欧洲的一些国家对转基因食品存有疑虑和恐慌，纷纷要求对转基因食品的销售采取限制措施。转基因技术是在基因水平上进行操作，改变已有的基因，改良甚至创造新的物种。DNA是生命的蓝图，基因一旦被改动，可能引起生物体内一系列未知的结构与功能的变化，而这种变化又会通过遗传传递，产生无数拷贝并代代相传。如果转基因技术应用不当，一旦产生不良后果，其危害会不断扩展和传递。例如，人们普遍关心外源基因引入生物体特别是引入人体后，是否会影响其他重要的调节基因，甚至会激活原癌基因，转基因技术的广泛应用是否会导致难以消灭的新病原物的出现，是否会造成生态学灾难，人类摄食大量转基因食品是否会影响人类及其后代的健康。这些问题目前还难以用确切的实验证据来做出明确的答复，因为某些影响和作用目前还难以检测，或者还需要经过对几代人的分析后才能下结论。因此，转基因技术本身还有待发展。食品直接关系到人类的健康，发展基因食品，不仅要解决好技术问题，还必须能被社会接受。基因食品对人体必须无毒无副作用。

面对沸沸扬扬的舆论，为减少消费者的担心，很多国家采取或拟采取标识制度，让转基因食品亮出身份，把选择的权利交给消费者。我国的一些科学家认为，对转基因食品的恐慌是没有科学根据的，迄今为止还没有一个例子证明转基因作物有毒，农业转基因技术是福不是祸。当然转基因农业毕竟是前所未有的事业，由于事关广大人民群众的食品安全，我国政府采取了很审慎的态度。转基因食品的安全性已经成为一个社会问题，已从单纯的生物遗传学扩大为涉及生态环境、社会伦理甚至政治和国际贸易的焦点问题。

二、转基因生物对环境的危害

人类是地球长期自然进化的产物，而由于人的智力的进化以及科学技术在近代以后的快速发展，人产生了干预进化过程的能力。生物技术就可以彻底改变人们的生活和进化方向，生物技术不但可以使人类自身异化，也可以使人类的生存环境异化。

“基因污染”有可能成为人们在21世纪新的忧患。自然界中生物通过有性繁殖使染色体重组而产生基因交换，同样基因工程作物也通过有性繁殖的过程将基因扩散到其他同类作物上，即遗传学上的“基因漂移”。这种人工组合的基因，通过转基因生物扩散到其他栽培生物或自然界野生物种上，并成为后者基因的一部分，这就是“基因污染”。许多研究资料表明，大量种植经遗传改良的植物会导致编码有利性状的转基因转移到这些植物的野生种和近缘种中。令人担忧的是自然界生物被基因污染后将会产生什么样的后果，迄今人类对此还知之甚少。基因漂移的结果可能使某些野生物种从转基因中获得新的性状，如耐寒、抗病、速长等，具有更强的生命力并打破自然界的生态平衡。同样，基因漂移也可能产生新的耐抗生素细菌或新的超级病毒或病害，对生物甚至非生物目标造成伤害，对自然界的生物多样性形成严重威胁。如抗除草剂基因漂移到附近的植物上，其后果是造成了“超级杂草”的出现。又如基因工程BT杀虫植物持续而不可控制地产生大剂量的BT毒蛋白，能大规模地消灭害虫，但同时也伤害了这些害虫的天敌，因为BT毒蛋白同样能影响益虫的繁殖。此外，某些昆虫已经对BT毒蛋白产生抗性。与其他的环境污染相比，基因污染是唯一一种可以不断增殖和扩散的污染，而且极难消除，因此是一种非常特殊又非常危险的污染。目前，培育无繁殖能力，不会与野生种类或相互之间杂交的品种，是解决基因漂移的有效途径。

自然界是一个包含着诸多对立面的动态平衡系统，有着自身的生物链。“一物降一物”，正是生物链的真实写照。但转基因动植物的出现，由于没有天敌的制约，就会破坏原有物种之间的竞争协作关系，扰乱原本和谐有序的生态环境，甚至会使生态系统受到毁灭性打击。

三、人权的保护问题

在人类基因组计划建立之初，科学家们就十分关注基因组信息如何被正确地应用和个人与社会的利益如何有效地被保护等问题。为此，作为人类基因组计划的一部分，还特别设立了人类基因信息利用的伦理、法律和社会影响计划。个人基因信息的隐私权是一个很现实的问题，称为“后基因组时代的人权问题”。人类基因组计划的加速完成，使我们能够测定每个人的基因数据，能够鉴定或预测越来越多的与疾病相关的基因并设法治疗这些遗传疾病。但另一方面，基因研究的这一重大突破对个人的基因隐私权带来挑战。隐私权是人类基本权利之一，一个人的隐私被公诸于世，可能对本人造成不可估量的伤害和损失，甚至会影响当事人的正常生活，对社会的稳定和发展也会带来诸多问题。由于要获得个人的全套基因组非常容易，只需检测一滴血，甚至一根毛发就可以。也就是说，如果有人想要全盘或部分了解你个人版权的基因组内容，简直易如反掌。人们担忧，一旦个人遗传密码被破解和记录在案，那些有基因缺陷的人很有可能遭到歧视。基于利益的考虑，未来的企业老板或保险公司根据基因检测结果而对员工或客户做出差别性待遇，对于在基因上易患癌症、心脏病和其他基因缺陷的人，极有可能在就业、提升、人寿保险和其他选择上遭到拒绝；在爱情、婚姻和社交方面也必然会遇到无法克服的障碍。而且这种基因歧视将使我们的周围出现新的弱势群体。遗传密码的被滥用还会导致社会和政治事件的发生。由遗传基因引起的种族仇视、性别歧视和年龄歧视也必然会成为更严重的全球性问题。

随着在分子水平上对遗传疾病致病机理的深入研究，基因治疗技术今后还将有更深入的发展和更广泛的应用。最终可以用分子生物学技术对变异基因进行修正。到目前为止所实施的所有基因治疗病例都以患者的体细胞为转基因的受体或靶细胞，这种体细胞基因治疗只影响治疗对象，这种操作需得到知情的患者同意。但如果把基因治疗引入胚胎细胞或生殖细胞，这种操作则涉及后代（未出生婴儿）基因结构的改变。虽然有可能彻底治疗某种遗传疾病，但这一改变将直接影响下一代甚至下几代。克隆人引发的争论有技术方面的，也有社会伦理方面的。其焦点问题还在于它带来了某些潜在的威胁和社会伦理方面的问题。克隆技术一旦用于人类自身，人类新成员就可以被人为地创造，成为实验室中的高科技产物，他们不是来自合乎法律与道德标准的传统的家庭，兄弟、姐妹、父母、子女之间的相互人伦关系必将发生混乱。人们很难想象和接受这种对人类社会基本组织——家庭的巨大冲击。这对人类社会现有法律、伦理、道德产生威胁，对人类的观念是严峻的挑战。

四、生物工程引发的其他社会问题

生物工程技术已经展示了它无限广阔的应用前景，将给人类创造巨大的物质财富。然而，我们也必须有足够的警惕，关心由此引发的种种社会问题。

过去人类是通过适应自然而生存，而今天和未来，领先基因技术可以创造“超人”，人可以“四两拨千斤”，让自然适应人类。因而生物技术可以主导人类的进化方向并引发激烈和彻底的社会革命。人与其他物种的生存竞争完全不在一个层次上。人类还可以改变环境甚至改变自身，对人类的各种自然选择压力都已被征服了，人类不必再通过自然选择来被动地适应环境，人类现代的进化越来越多地受到人为的、来自科学技术的干预。人类目前的行为极大地改变着未来的物种进化过程。让很多科学家感到忧虑的是，在现代医学发展的同时，许多对人类产生死亡威胁的基因保存了下来。一方面，医学科学发展以及环境改善的同时，人类丧失了对一些传染病的抵抗力；另一方面，现在细菌和病毒几乎已经学会了如何对付所有的药物。

生物工程的发展可能给我们这样一个世界：物种会极丰富，而且有很多不是自然界进化的产物，也不是上帝创造的，而是人造的。现在已出现了“工程生物”的概念，工程生物是生物技术的产物，是人造的生物，其中会有一些并非人有意制造的，而是某种生产过程的“副产品”。工程生物将快速增加，可能有一天人成为真正的造物主。大量的工程生物对人类来说意味着什么？这是一个事关人类前途命运的问题。地球上物种的人为迁移也给人类造成不可收拾的局面，“生物入侵”成为一个新的令人头疼的问题。

科技先进、研究经费充足的国家，就可能首先获得一些涉及人类生存与发展的重要生物技术，而对这些技术实行垄断应用，特别是将生物技术应用于武器制造和战争，其后果将不堪设想。对人类可能将是一场比原子弹爆炸更为可怕和持久的灾难。有人曾设想利用不同种族的人在遗传基因上的特异性，设计一种生物技术武器，可以伤害一个民族的人，而对同样环境条件下的其他民族的人毫无威胁。在这个民族矛盾仍很普遍的人类社会，这种武器可助纣为虐。另外，宗教界与生物保护组织提出种种理由反对转基因技术应用也引发了另一方面的社会问题。

地球在过去200年间发生的变化比过去2000年还要大，而过去20年间的变化则超过了过去的200年。科学一开始就是一把“双刃剑”，如果没有人类自身的文明与反思的紧紧跟随，新科学所带来的可能是一场难以预料的大悲剧。当代科学技术需要伦理的规范。这并非杞人忧天。科学上迈出的一小步，可能是人类发展的一大步。这一大步迈向何方，须三思而行。因此，人类的任务不仅在于进行生物工程技术的研究、开发和成果应用，还在于如何用伦理、法律法规研究其成果的应用，以有利于人类和社会进步的方向健康发展。生物工程引发的伦理道德和社会问题，并不是生物工程技术本身所能够解决的，如何引导生物工程技术朝着有利于人类的方向发展，而将其负面影响减少到最低限度，是摆在我们面前迫切需要研究的重大课题。

第二章　细胞生物学基础

除病菌外，所有的生物体都是由细胞组成。细胞由膜包被，内含有细胞核或拟核和原生质。成千上万的细胞可以组成复杂的生物体，单个细胞也可以组成简单的生物体。病菌主要是由核酸和蛋白质外壳组成的简单生命个体，没有细胞结构但是具有生命的其他特征。最初产生的细胞是原核细胞，原核细胞的遗传物质分布于核区，没有膜包被的细胞器。真核细胞具有真正的细胞核和具有特定结构与功能的细胞器。

细胞是构成生命体及进行生命活动的基本单位。活细胞是一个微小的化学工业园，在极其复杂的结构空间内发生着数千种受到严格控制的生物化学反应。新陈代谢、生长和运动是生命的本能；生命通过繁殖而延续，DNA 是生物遗传的基本物质；生物具有个体发育的经历和系统进化的历史；生物对外界刺激可产生应激反应并对环境具有适应性。生命就是集合这些主要特征、开放有序的物质存在形式。

第一节　细胞生物学发展简介

从人类第一次发现细胞至今有 300 多年的历史了，在这期间，随着技术和实验手段的进步，细胞的研究显现出时代的特征，形成了不同的发展时期。细胞学创立时期（1665—1875 年）是以形态描述为主的生物科学时期；细胞学经典时期（1875—1900 年）主要是在显微镜下的形态描述，是对细胞认识的鼎盛或黄金时期；实验细胞学时期（1900—1953 年）是细胞学与各门学科的交融与汇合（细胞遗传学、细胞生理学、细胞化学等），诞生了细胞生物学。

一、细胞的发现

第一个发现细胞的是英国学者胡克（Rorbert Hooke），相隔 170 多年后，德国植物学家施莱登和动物学家施旺创立了细胞学说。

细胞的发现得益于光学显微镜的研制和发展。第一台显微镜是荷兰眼镜商詹森（Hans Janssen）在 1604 年发明的。1665 年，英国的物理学家胡克用自己设计并制造的显微镜观察栎树软木塞切片时发现其中有许多小室，状如蜂窝，称为“cella”，这是人类第一次发现细胞，不过，胡克发现的只是死的细胞壁。胡克的发现对细胞学的建立和发展具有开创性的意义。其后，生物学家就用“cell”一词来描述生物体的基本结构。1674 年，荷兰布商列文虎克（Anton van Leeuwenhoek）为了检查布的质量，亲自磨制透镜，装配了高倍显微镜(300 倍左右)，并观察到了血细胞、池塘水滴中的原生动物、人类和哺乳类动物的精子，这是人类第一次观察到完整的活细胞。列文虎克把他的观察结果写信报告给了英国皇家学会，得到英国皇家学会的充分肯定，并很快成为世界知名人士。

二、细胞学说的创立

1838 年，德国植物学家施莱登（Mathias Schleiden）提出，尽管植物的不同组织在结构上有着很大的差异，但是植物是由细胞构成的，植物的胚是由单个细胞产生的。1839 年，德国动物学家施旺（Theodor Schwann）提出了细胞学说（cell theory）的两条最重要的基本原理：①地球上的生物都是由细胞构成的；②所有的生活细胞在结构上都是类似的。1855

年，德国医生和病理学家魏尔肖（Rudolf Virchow）补充了细胞学说的第三条原理：所有的细胞都是来自于已有细胞的分裂，即细胞来自于细胞。

细胞科学是实验科学，而实验科学的发展既依赖于实验观察，又有待于理论的升华。尽管细胞是1665年发现的，但在其后的170年的时间里细胞学的研究没有什么大的发展，究其原因主要是没有将这一发现上升为理论，因而也就没有指导意义。但是，细胞学理论创立之后，在这一理论的指导下，细胞学得到了突飞猛进的发展。细胞学说的创立大大推进了人类对生命自然界的认识，有力地促进了生命科学的进步。恩格斯对细胞学说给予极高的评价，把它与进化论和能量守恒定律并列为19世纪的三大发明。

三、细胞生物学

生命科学发展至今，众多科学成果显示，生物的生殖发育、遗传、神经（脑）活动等重大生命现象的研究都必须以细胞为基础，这一认知已是毫无疑问，细胞就是研究生命科学均需接触到的实体。所有的生命体都是由细胞组成的，细胞是生命的基本单位。

细胞生物学是以细胞为研究对象，从细胞的整体水平（显微）、亚显微水平（包括各类细胞器、细胞内膜系统、细胞遗传信息结构体系、细胞骨架系统等）、分子水平等三个层次，以动态的观点，研究细胞和细胞器的结构和功能、细胞的起源与进化和各种生命活动规律的学科。

细胞生物学与其他学科的结合衍生了许多交叉学科，例如细胞遗传学（cytogenetics）、细胞生理学（cytophysiology）、细胞化学（cytochemistry），甚至有细胞社会学（cell sociology）。分子生物学的发展，使得细胞生物学取得了突破性的进展，产生了分子细胞生物学（molecular biology of the cell）。现代细胞生物学就是经典细胞学与分子生物学相结合形成的一门交叉学科，它是应用现代物理化学技术成就和分子生物学的概念与方法，以细胞作为生命活动的基本单位的思想为出发点，探索生命活动规律的学科。20世纪70年代中期开始，分子生物学的引入，使得细胞重要生命活动规律及其调控机制的研究迅猛发展，使得细胞的知识结构丰富起来，同时也极大地促进了生命科学的发展。

第二节 细胞的基本特性

一、细胞的形态

细胞具有球形、杆形、星形、多角形、梭形、圆柱形等多种多样的形态。多细胞生物体，依照细胞在各种组织和器官中所承担的不同功能，分化形成了各种不同的形状。这些不同的形状一方面取决于对功能的适应，另一方面亦受细胞的表面张力、胞质的黏滞性、细胞膜的坚韧程度，以及微管和微丝骨架等因素的影响。

细胞最为典型的特点是在一个极小的体积中形成极为复杂而又高度组织化的结构。典型的原核细胞的平均大小在1～10μm之间，细菌大小多在3～4μm，支原体大小只有0.1μm。而真核细胞的直径平均为3～30μm，一般为10～20μm。最大的细胞要属鸵鸟卵，可达10cm，卵黄只有5cm。隆鸟卵直径可达20cm。

生物体各种细胞的体积差别很大，即使同一个细胞，培养过程中也随生理状态不同表现出差异。一般讲来，真核细胞大于原核细胞，植物细胞大于动物细胞，高等动物的卵细胞大于体细胞。但是，同类型细胞的体积一般是相近的，不依生物个体的大小而增大或缩小。如人、牛、马、鼠、象的肾细胞、肝细胞的大小基本相同。因此，器官的大小主要决定于细胞的数量，与细胞的数量成正比，而与细胞的大小无关，把这种现象称之为“细胞体积的守恒定律”。当细胞增大到一定程度时，质膜的表面积就不适应细胞进行内外物质的交换，细胞为了维持一个最佳的生存条件，必须维持最佳的表面积，从而限制了体积的无限增大。

二、细胞的基本功能

虽然细胞学说是根据光学显微镜对不同类型的细胞进行形态观察得出的结论，但是它们在结构和功能上的相似性甚至超过形态上的相似性。无论何种来源的细胞，都具有基本相似的功能，如细胞增殖、新陈代谢、运动功能等。

细胞能够以一分为二的分裂方式进行增殖，动植物细胞、细菌细胞都是如此，区别在于增殖的机制及所需时间的差异，如大肠杆菌繁殖一代约需 30min，而一般动物细胞则需要约十几个小时。为了保证新产生的子细胞具有与亲代相似的遗传性，遗传物质在细胞分裂前要成功进行复制，并在分裂时均等分配给每个子细胞。在多数情况下，分裂而成的两个子细胞在体积上大致相等。但有例外，如人的卵母细胞在分裂时，其中有一个子细胞几乎得到全部的细胞质及一半遗传物质。此外，细胞都能利用遗传信息指导细胞物质的合成。

新陈代谢是细胞的基本活动，包括物质代谢和能量代谢。细胞内有机分子的合成和分解反应都是由酶催化的，而酶则受到遗传物质控制，因此本质上讲，细胞的代谢活动与细胞类型密切相关。

所有细胞都具有一定的运动性，包括细胞自身的运动和细胞内的物质运动。如植物细胞的中央液泡会影响细胞内物质的均匀分布，细菌的鞭毛及细胞的伪足等都是可以运动的结构。

当然细胞的功能远不止这些，不同的细胞具有其特殊的功能，以适应不同的生活环境，有关详细内容请参见本书相关章节或其他资料。

三、细胞结构上的相似性

不同类型的细胞不仅具有功能上的相似性，而且还具有结构上的相似性。

细胞都具有选择透性的膜结构。细胞都具有一层界膜，将细胞内的环境与外环境隔开。膜有两个基本的作用，一是在细胞内外起障碍作用，即不允许物质随意进出细胞，二是要在细胞内构筑区室，形成各功能特区。质膜包裹在细胞内的所有生活物质称为原生质（protoplasm），包括细胞核和细胞质（cell plasma）。植物细胞与动物细胞的一个重要差别是在植物细胞质膜的外面还有一层细胞结构，即细胞壁。在离体条件下细胞壁很容易被酶水解掉，脱去细胞壁的细胞就称为原生质体（protoplast）。

细胞都具有遗传物质和遗传体系。细胞内最重要的物质就是遗传物质 DNA。现有的研究表明，在生命的进化过程中，最早的遗传物质是 RNA 而不是 DNA，也就是说先出现 RNA，后逐渐进化形成 DNA。由于 DNA 储存遗传信息较之 RNA 更稳定，复制更精确，并且易于修复，所以它取代 RNA 成为遗传信息的主要载体。为了保证遗传信息的准确传递，RNA 被保留下来，专司遗传信息的转录和指导蛋白质的合成。所以，无论是原核生物还是真核生物都具有 DNA 和 RNA。不过，少数原始生命形式的病毒，仍然保留 RNA 作为遗传信息的载体。

细胞都具有核糖体。所有类型的细胞，包括最简单的支原体都含有核糖体。真核细胞和原核细胞的核糖体不仅功能相同，在结构上也十分相似，都是由大小两个亚基组成的，只不过原核细胞的核糖体比真核细胞的核糖体稍小一些。

第三节　细胞的类型、结构和功能

从进化的角度看，细胞分为原核细胞和真核细胞两大类。前者较为原始，而后者进化程度较高。真核细胞（eukaryotic cell）种类繁多，从原生动物到人，从绿藻到高等植物。大约在12亿～16亿年前在地球上出现，是具有典型细胞核和核膜、核仁，体积较大，结构较复杂，进化程度较高的一类细胞。可以是单细胞（原生动物和单细胞藻类）、草履虫、变形虫，也可以是多细胞生物（几乎包括所有的动、植物），成年人约有10^{14}个细胞，新生儿约有2×10^{12}个细胞。

原核细胞由细胞壁、细胞膜、细胞质和拟核四部分组成。真核细胞的组成包括细胞膜、细胞质和细胞核，动物细胞没有细胞壁，植物细胞和微生物细胞还具有细胞壁。去除细胞壁的细胞称为原生质体。

一、原核细胞

原核细胞（prokaryotic cell）是组成原核生物的细胞。原核细胞种类少，构造简单，进化原始。原核生物分为两大系：古细菌（archaebacteria）和真细菌（bacteria，eubacteria）。

（一）细菌

细菌（bacteria）是原核细胞的主要类群。细菌细胞的基本特点是：遗传信息量少，内部结构简单，特别是没有分化成以膜为基础的专门结构和功能的细胞器与核膜（图2-1）。

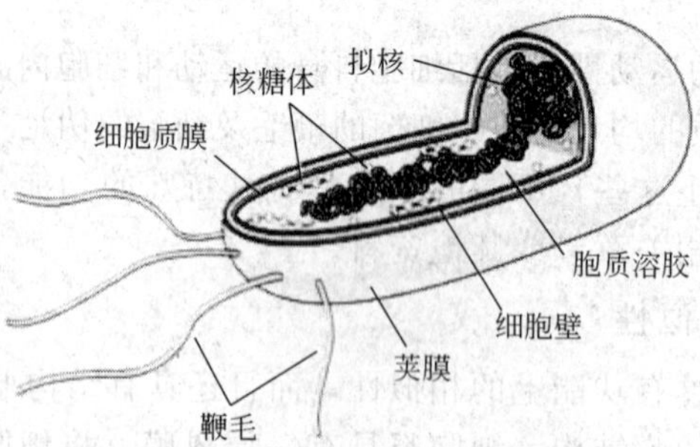

图2-1 典型的细菌细胞形态结构

细菌的细胞通常很小，只有几微米。细菌细胞的界膜，即细胞质膜的外侧都是被一层坚硬的细胞壁包裹起来。细胞壁的厚度有15～100nm，或更厚，有些细菌的表面还有一层荚膜。

原核细胞的细胞质膜是多功能的，其最重要的功能就是运输作用，包括营养物质的吸收、废物的排除、能量代谢等。细菌的细胞质膜往往会内陷折皱形成中膜体（mesosome），具有类似线粒体的作用，故称为拟线粒体。

细菌质膜还参与遗传物质的复制和分配，因为细菌没有细胞核，所以细菌的DNA在复制时只能结合在质膜上，然后进行细胞的分裂。

细菌没有细胞核结构，仅为DNA与少量RNA或蛋白质结合物，也没有核仁和有丝分裂器。大肠杆菌（*E. coli*）的DNA是环状的，长为4.2×10^6kb，约4000个基因。由于细菌没有核膜，DNA的转录与蛋白质合成没有空间的隔离，所以细菌的RNA转录与蛋白质翻译几乎是同步进行的，这是原核与真核生物的最主要的差别。细菌除了具有染色体DNA外，还有核外DNA，即质粒DNA。质粒是比染色体小的遗传物质，为环状的双链DNA，常常赋予细胞对抗生素的抗性。

细菌体表还有菌毛和鞭毛。菌毛有两种，一种短而细，具有呼吸作用；另一种是数量少但细长的性纤毛，为雄性菌所特有。鞭毛是细菌的运动器官，鞭毛蛋白的氨基酸组成与横纹肌中的肌动蛋白相似。

（二）支原体

支原体（mycoplasma）是目前发现的最简单、体积最小的原核细胞，也是唯一一种没有细胞壁的原核细胞（图 2-2）。支原体形态多变，有圆形、丝状或梨形，光镜下难以看清其结构，大小介于细菌与病毒之间，一般直径为 0.1～0.3μm，能够通过滤菌器，很容易造成培养细胞被支原体污染。并能独立生活。

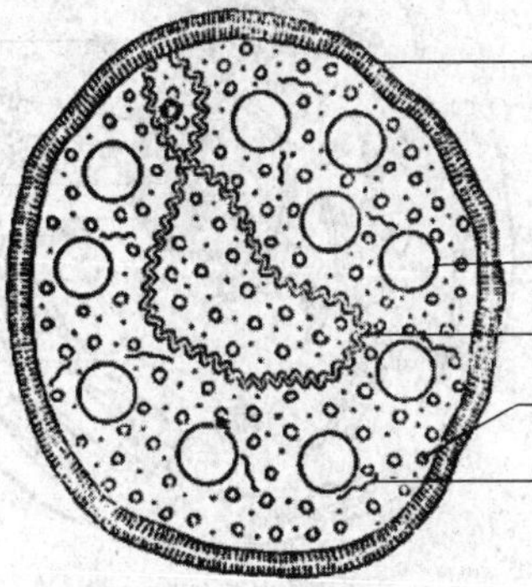

图 2-2　支原体的形态结构

二、真核细胞

真核细胞具有典型的细胞结构，其主要特点是以生物膜为基础进一步分化，使细胞内部产生许多功能区室，它们各自分工负责又相互协调和协作。它们具有明显的细胞核、核膜、核仁和核基质。真核细胞的种类繁多，包括大量单细胞生物和全部多细胞生物的细胞。

酵母菌是一类单细胞微生物，但不同于细菌，属真核微生物。酵母细胞的典型构造如图 2-3 所示。它一般包括细胞壁（一些种中有黏性荚膜）、细胞膜、细胞核、一个或多个液泡、线粒体、核糖体、内质网、微体、微丝、内含物等，此外还有出芽痕和诞生痕。

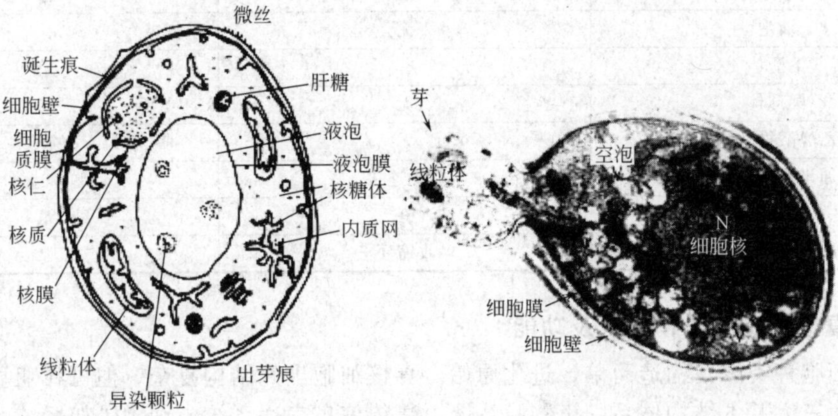

图 2-3　典型的酵母细胞形态结构

动物细胞是真核细胞的主要类型之一。它们没有细胞壁，其表面仅是一层单位膜结构。细胞内有一个明显可见的细胞核，被两层膜包裹着。核中含有大量的遗传物质，如 DNA 等，如：蛙细胞核内的 DNA 连接起来，总长度有 10m 之多。细胞内还有各种细胞器，它们具有各自不同的功能。

植物细胞与动物细胞结构相似，但是植物细胞还有一些独特的结构，包括细胞壁、质体、中央液泡等。液泡是植物细胞特有的结构，它是植物细胞的代谢库，起调节细胞内环境的作用。液泡是由膜包围的封闭结构，内含溶有盐、糖与色素等物质的水溶液。液泡的另一个作用可能作为渗透压计，使细胞保持膨胀的状态。

动物细胞和植物细胞的真核细胞形态结构如图 2-4 所示。

动物细胞具有的结构，植物细胞基本都有，但是植物细胞还有一些独特的结构，包括细胞壁、质体、中央液泡等（表 2-1）。

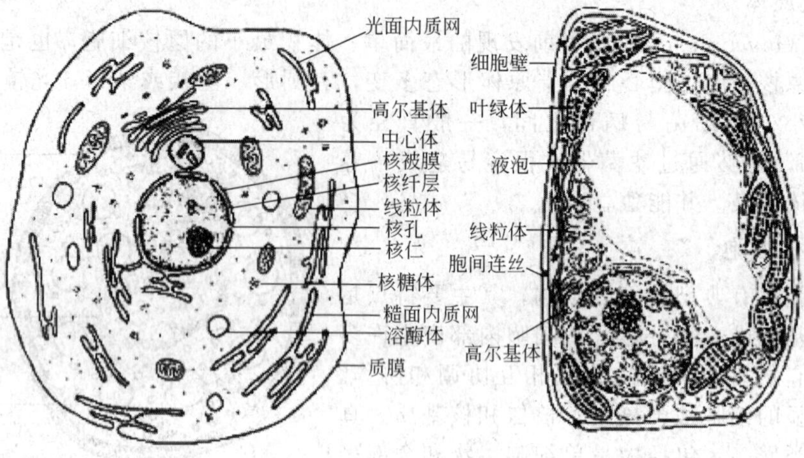

(a) 动物细胞　　(b) 植物细胞

图 2-4　动物细胞和植物细胞的真核细胞形态结构

表 2-1　动物细胞与植物细胞的比较

细胞器	动物细胞	植物细胞
细胞壁	无	有
叶绿体	无	有
液泡	无	有
溶酶体	有	无
圆球体	无	有
乙醛酸循环体	无	有
通讯连接方式	间隙连接	胞间连丝
中心体	有	无
胞质分裂方式	收缩环	细胞板

三、真核细胞的结构体系及功能

原核细胞种类少，构造简单，进化原始。真核细胞虽然结构复杂，但可在亚显微结构水平上划分为三大基本结构体系：生物膜系统、遗传信息表达系统、细胞骨架系统。

生物膜系统是细胞内各种膜性结构统称，以脂质及蛋白质成分为基础构建而成。由于细胞的进化，细胞功能分工出现分化，从而逐步形成各种“腔”、“室”，这些腔、室主要通过膜性结构来分割，它们组成了既独立又相互联系的膜结构系统。这些结构及细胞器包括细胞质膜、核膜、内质网、高尔基体、溶酶体、线粒体和叶绿体等。生物膜系统的基本作用是为细胞提供保护。例如：质膜将整个细胞与环境分割开来，从而保持细胞活动相对独立，并能通过膜与环境进行选择性的物质交换；核膜将遗传物质保护起来，使细胞核的活动更加有效；线粒体和叶绿体的膜将细胞的能量发生同其他的生化反应隔离开来，更好地进行能量转换。膜系统的出现也为细胞提供了更大的反应面积，使大多数生化反应能在膜表面进，效率更高。另外，膜上的特殊结构或蛋白质等构成各种特殊的运输通道，为膜内外的物质运输提供了保证。

遗传信息表达结构系统以核酸与蛋白质为主要成分构建而成。细胞核中主要包括染色质（它在细胞分裂期浓集形成棒状结构称为染色体），它由 DNA 和组蛋白构成，是细胞遗传的基础。染色体以核小体为单位形成串珠样结构，其直径为 10nm，故又称 10nm 纤维。核糖体是由 RNA 和蛋白质构成的颗粒结构，直径为 15～25nm，由大小两个亚基组成，它是细胞内蛋白质合成的场所。

细胞骨架系统由特异蛋白质分子装配而成，包括细胞质骨架和细胞核骨架。细胞骨架是由蛋白质与蛋白质搭建起的骨架网络结构。细胞骨架系统的主要作用是维持细胞一定形态，使细胞内各种生化反应得以有序进行。细胞骨架对于细胞内物质运输和细胞器的移动来说又起交通动脉的作用；细胞骨架还将细胞内基质区域化；此外，细胞骨架还具有帮助细胞移动行走的功能。细胞骨架的主要组成是微管、微丝和中间纤维。

四、真核细胞与原核细胞的比较

原核细胞和真核细胞无论在结构上还是在功能上都有许多相同之处（表 2-2），但真核细胞具有许多原核细胞所没有的特点（表 2-3）。

表 2-2 原核细胞与真核细胞的相同点

序号	内容
1	都具有类似的细胞质膜结构
2	都以 DNA 作为遗传物质，并使用相同的遗传密码
3	都是以一分为二的方式进行细胞分裂
4	具有相同的遗传信息转录和翻译机制，有类似的核糖体结构
5	代谢机制相同（如糖酵解和 TCA 循环）
6	具有相同的化学能贮能机制，如 ATP 合成酶（原核位于细胞质膜，真核位于线粒体膜上）
7	光合作用机制相同（蓝细菌与植物相比较）
8	膜蛋白的合成和插入机制相同
9	都是通过蛋白酶体（蛋白质降解结构）降解蛋白质（古细菌与真核细胞相比较）

表 2-3 真核细胞的特点

序号	内容
1	细胞分裂分为核分裂和细胞质分裂，并且分开进行
2	DNA 和蛋白质结合压缩成染色体结构，形成有丝分裂的结构
3	具有复杂的内膜系统和细胞内的膜结构（如内质网、高尔基体、溶酶体、过氧化物酶体、乙醛酸循环体、胞内体等）
4	具有特异的进行有氧呼吸的细胞器（线粒体）和光合作用的细胞器（叶绿体）
5	具有复杂的骨架系统（包括微丝、中间纤维和微管）
6	有复杂的鞭毛和纤毛
7	具有小泡运输系统（胞吞作用和胞吐作用）
8	含有纤维素的细胞壁（如植物细胞）
9	利用微管形成的纺锤体进行细胞分裂和染色体分离
10	每个细胞中的遗传物质成双存在，二倍体分别来自于两个亲本
11	通过减数分裂和受精作用进行有性生殖

五、病毒——非细胞的生命体

细胞虽然是地球上主要的生命形式，但并非是唯一的生命形式，病毒也是生命体，但它却不具有细胞结构。

病毒是比细胞更小的生命体。病毒是 19 世纪末通过对疾病的研究发现的，无法用光学显微镜观察。病毒没有细胞结构，不能在体外独立生活。在电子显微镜下可观察到病毒颗粒的体积大约在 10～100nm 之间，比细胞小得多。病毒的结构简单，主要由两部分组成：蛋白质外壳和遗传物质的核。病毒的遗传物质可以是DNA，也可是RNA，前者称为DNA病毒，后者称为RNA病毒。病毒的形态各异，有正二十面体的、有柱形的、也有丝状的（图2-5）。

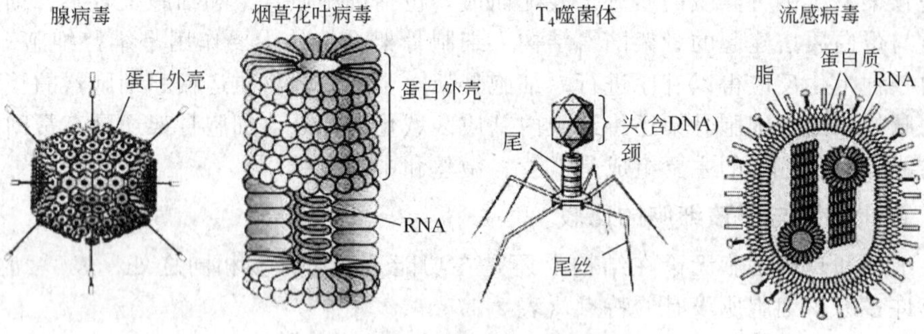

图2-5 常见病毒的形态和结构

病毒不仅没有细胞结构，而且也不能独立生存，只能在活细胞中进行增殖。病毒只有在侵入细胞以后才表现出生命现象。病毒的生活周期可分为两个阶段：细胞外阶段，以成熟的病毒粒子形式存在；细胞内阶段，即感染阶段，在此阶段中进行复制和繁殖。感染阶段开始时，病毒的遗传物质由衣壳中释放出来，注入宿主细胞中，然后在病毒核酸信息的指导控制下，形成新的病毒粒子。根据寄生的宿主不同，病毒可分为：动物病毒、植物病毒、细菌病毒（即噬菌体）。

病毒的生活史包括五个基本过程。

（1）吸附。病毒对细胞的感染起始于病毒蛋白外壳同宿主细胞表面特殊的受体结合，受体分子是宿主细胞膜或细胞壁的正常成分。因此，病毒的感染具有特异性。

（2）侵入。病毒吸附到宿主细胞表面之后，将它的核酸注入到宿主细胞内。病毒感染细菌时，用酶将细菌的细胞壁穿孔后注入病毒核酸；对动物细胞的感染，则是通过胞吞作用，病毒完全被吞入。

（3）复制。病毒核酸进入细胞后有两种去向，一是病毒的遗传物质整合到宿主的基因组中，形成溶原性病毒；第二种情况是病毒DNA（或RNA）利用宿主的酶系进行复制和表达。

（4）成熟。一旦病毒的基因进行表达就可合成病毒装配所需的外壳蛋白，并将病毒的遗传物质包裹起来，形成成熟的病毒颗粒。

（5）释放。病毒颗粒装配之后，它们就可从被感染的细胞中释放出来进入细胞外，并感染新的细胞。有些病毒释放时要将被感染的细胞裂解，有些则是通过分泌的方式进入到细胞外。

噬菌体侵染大肠杆菌的过程如图2-6所示。

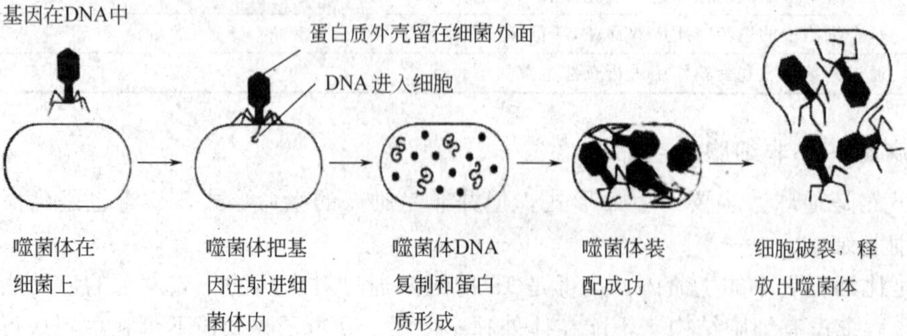

图2-6 噬菌体侵染大肠杆菌的过程

第四节　细胞的重要生命活动

每个生命体都是由细胞生长分化而来，细胞生长在生命体诞生、死亡及生命物种延续发展和维护个体生命中均起着重大作用，也是生物科学技术建立及应用的基础，在生命科学及医学研究中有非常重要意义。

一、细胞的繁殖

生物体内每时每刻都有许多细胞繁殖新生，更换衰老死亡的细胞，以维持机体的生长、发育、生殖、及损伤后的修补。细胞的繁殖是通过细胞的分裂来实现的。连续分裂的细胞从一次分裂完成时开始到下一次分裂完成时为止为一个细胞周期。分裂的方式可分为三种。

（一）间接分裂（有丝分裂）

有丝分裂是一个核改组的连续过程，根据形态学特征人为地划分为前期、早中期、中期、后期和末期 5 个时期。

前期主要的变化是出现线状的纤维，有丝分裂因此而得名，其实质是染色质的螺旋化、折叠和包装。此期内，染色体纤维缩短、变粗，能看到每条染色体包含有两条染色单体的结构，并能观察到着丝粒、纺锤体等结构。前期末，核仁消失，核膜崩解。

核膜一崩解则细胞进入早中期。前中期的特征是染色体剧烈地活动，并最终通过两侧的纺锤体排列在细胞中期的“赤道面”上。前中期在哺乳类细胞中持续 10～20min。

染色体排列在“赤道面”上，细胞即进入中期。这时染色体牵丝作用于染色体上的力量持平。纵向看，动物细胞染色体呈辐射状排列，植物细胞染色体则占据整个“赤道面”，小的染色体排列在内，大的排列在外。

排列在小期“赤道面”上的染色体，其姐妹染色体借着丝粒联系在一起。后期开始，几乎所有的姐妹染色单体同时分裂。此时每条染色单体称为染色体。染色体向两极移动。

后期结束时两组染色体完全分到两个子核中，核膜片段重新包围二组染色体，组成完整的核膜，形成两个间期核。同时染色体开始解螺旋，染色质分散于核中，核仁在后期及末期时重新出现。动物细胞有丝分裂期间纺锤体的构造如图 2-7 所示。

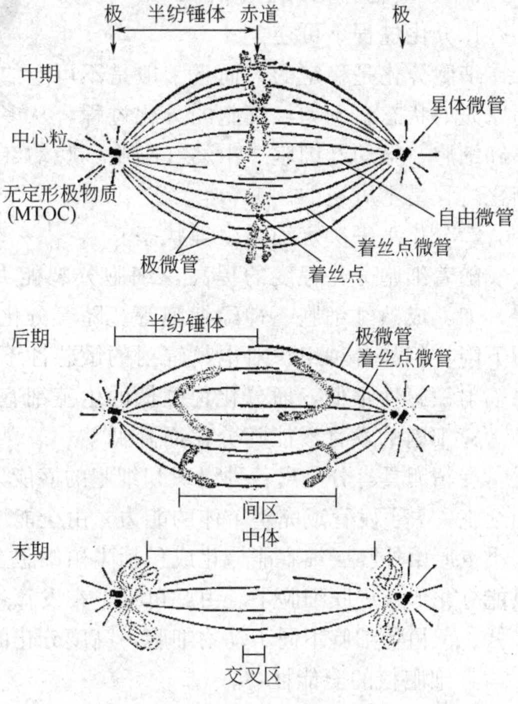

图 2-7　动物细胞有丝分裂

（二）直接分裂（无丝分裂）

直接分裂是最早发现的一种细胞分裂方式，早在 1841 年就在鸡胚的血细胞中看到了。因为这种分裂方式是细胞核和细胞质的直接分裂，所以叫做直接分裂。又因为分裂时没有纺锤丝出现，所以叫做无丝分裂。只有部分动物的部分细胞可以进行无丝分裂，比如蛙的红细胞。

直接分裂的早期，球形的细胞核和核仁都伸长。然后细胞核进一步伸长呈哑铃形，中央部分狭细。最后，细胞核分裂，这时细胞质也随着分裂，并且在滑面型内质网的参与下形成细胞膜。

在直接分裂中，核膜和核仁都不消失，没有染色体的出现，当然也就看不到染色体复制的规律性变化。但是，这并不说明染色质没有发生深刻的变化，实际上染色质也要进行复制，并且细胞要增大。当细胞核体积增大一倍时，细胞核就发生分裂，核中的遗传物质就分配到子细胞中去。至于核中的遗传物质 DNA 是如何分配的，还有待进一步的研究。

（三）减数分裂

这种细胞分裂形式是随着配子生殖而出现的，凡是进行有性生殖的动植物都有减数分裂过程。减数分裂与正常的有丝分裂的不同点，在于减数分裂时进行 2 次连续的核分裂，细胞分裂了 2 次，其中染色体只分裂 1 次，结果染色体的数目减少一半。

减数分裂发生的时间，每类生物是固定的，但在不同生物类群之间可以是不同的。大致可分为 3 种类型。一是合子减数分裂或称始端减数分裂，减数分裂发生在受精卵开始卵裂时，结果形成具有半数染色体数目的有机体。这种减数分裂形式只见于很少数的低等生物。二是孢子减数分裂或称中间减数分裂，发生在孢子形成时，即在孢子体和配子体世代之间。这是高等植物的特征。三是配子减数分裂或称终端减数分裂，是一般动物的特征，包括所有后生动物、人和一些原生动物。这种减数分裂发生在配子形成时，发生在配子形成过程中成熟期的最后 2 次分裂，结果形成精子和卵。

二、细胞分化

多细胞生物个体是由多种多样的细胞构成的，不同的细胞具有不同的结构和功能。但这些细胞都是由受精卵分裂产生的。在个体发育中，细胞后代在形态、结构和功能上发生差异的过程叫细胞分化。个体发育是通过细胞分化过程实现的，细胞分化是在高度精密机制的调控下有条不紊地进行的，一旦细胞发生突变或失去控制，分化程序就要发生异常，癌变可以看作是分化异常所致。

（一）细胞分化的基本特征

1. 分化过程不可逆

细胞分化是稳定的，而且一般是不可逆的，一旦细胞沿一定方向分化，便不会再反分化到原先的状态。例如红细胞的分化过程，从多能造血干细胞开始，分化成单能干细胞，经过原红细胞、早幼红细胞、中幼红细胞、晚幼红细胞几个阶段，最后分化成成熟红细胞。这一分化过程是不可逆的。

2. 分化水平决定细胞生理状态

随着细胞分化程度的提高，细胞分裂能力逐渐下降，高度分化的细胞往往不再发生分裂，如：成熟红细胞、神经细胞等。随着分化程度的提高，细胞对环境因子的反应能力也逐渐下降。例如各种组织对电离辐射的敏感性不一样，分化程度高的神经细胞和肌肉细胞对电离辐射敏感性很低，而分化程度低的生殖细胞则敏感性高。

3. 细胞的发育潜能随分化而降低

受精卵具有分化出各种组织和细胞的潜能，并建成完整个体。随着胚胎的发育，高等动物的细胞失去了发育成完整个体的能力，由全能性变成多能性，进而变成单能性。如：囊胚阶段的小鼠原始外胚层细胞能分化成包括生殖细胞在内的各种组织细胞，而成体中的表皮干细胞就只能分化形成皮肤细胞了。由此可见，在发育过程中，随着细胞的分化，细胞的分化潜能逐渐降低。但植物细胞不同于动物细胞，高度分化的组织仍具有生长成完整植株的能力。

4. 细胞核的全能性

上述动物细胞的全能性随着细胞分化程度提高而逐渐受到限制，分化潜能降低，这是指整体细胞而言。而细胞核则不同，它含有物种的全套基因，并没有因细胞分化而丢失基因，因此高度分化细胞的核仍具有全能性。1997 年诞生的克隆羊“多利”就是利用成体动物的细胞核，通过核移植的方法克隆的，它进一步证明哺乳类的分化细胞的核是全能性的。

（二）细胞质在细胞分化中的决定作用

实验发现受精卵细胞质对细胞分化具有决定性作用。例如：海胆卵细胞不同区域的卵块，受精后可发育成不同的幼虫。通常将能决定细胞分化方向的细胞质物质称为决定子。不同性质决定子影响细胞向不同方向分化。果蝇卵在受精后 2h 内只进行核分裂，细胞质不分裂，形成合胞体胚胎。随后核向卵边缘迁移，每个核周围包上了细胞膜，每一个核都具有全能性，既可分化成性细胞，也可分化成体细胞，细胞的分化命运决定于核迁入的不同细胞质区域。

对于卵细胞质决定子的性质，最初提出时仅是一种推测，并没有同具体化学物质联系起来。直至 20 世纪 70 年代才对决定子的化学性质有所认识。目前认为卵细胞质的决定子是贮存在卵细胞质中的分布不均匀的各种 mRNA，正是由于这些能指导蛋白质合成的 mRMA 的不均匀分布，才导致了不同的卵质最终分化成不同的细胞或组织。

三、细胞的癌变和衰老

癌细胞是细胞生长失去控制的细胞，具有无限增殖的能力。它实际上是一种突变的体细胞，这种突变体脱离了正常的细胞增殖控制，因此可以无限制地增殖产生肿瘤。体内的任何组织都有可能形成癌。根据癌变涉及的细胞类型的不同，癌分为 3 种：①癌，是最常见的一种类型，主要是从组织的外表面和内表面生长的癌，如肺癌、乳腺癌和结肠癌等；②瘤，主要是源于中胚层形成的支持组织（骨、软骨、脂肪、结缔组织和肌组织等）中形成的癌；③淋巴瘤和白血病，是由淋巴和血液产生的癌，白血病主要是指癌细胞已经大量进入血液中。

（一）癌细胞及其特征

正常细胞转变为癌细胞后，在结构上和化学性质上都有很大的变化，其主要有以下几个方面的行为特性变化。

1. 失去生长的接触抑制

正常细胞在体外培养时，当细胞生长到相互之间接触并铺满培养表面时，即停止分裂，这种现象被称为接触抑制。也有称其为密度依赖性生长抑制。而在相同条件下培养的恶性细胞对密度依赖性生长抑制失去敏感性，因而不会再相互接触，形成单层时停止生长，而是相互堆积形成多层生长的聚集体。这种现象说明恶性细胞的生长和分裂已经失去了控制，调节细胞正常生长和分裂的信号对于恶性细胞已不再起作用。而且，某些癌细胞能够分泌刺激自身增殖的生长因子促进自身分裂。

2. 细胞死亡特性改变

当正常细胞在特定条件下，如：生长因子分泌不足、受到有毒物质侵害、DNA 损伤等不良因素情况时，就会启动程序性细胞死亡，称为细胞凋亡，以清除、吸收这些细胞，避免造成更大的伤害。因此，细胞凋亡可被看作是体内存在的一种保护机制。但是，癌细胞丧失了程序化死亡机制，这也是导致癌细胞过渡增殖的重要原因之一。

3. 染色体异常

癌细胞细胞核的显著变化就是染色体的变化。正常细胞在生长和分裂时能够维持整倍体的完整性，而癌细胞常常出现非整倍性，有染色体的缺失或增加。一般而言，正常细胞中染色体整倍性的破坏，会激活导致细胞程序性死亡的信号，引起细胞的程序性死亡。但是癌细胞染色体整倍性的破坏，不会进入程序性死亡，因这种细胞对程序性死亡的信号已不再敏感了。这也是癌细胞区别于正常细胞的一个重要指标。

癌细胞还有细胞骨架的变化、细胞表面蛋白减少、异常蛋白质的分泌、细胞间隙连接的缺陷等均是重要的特征性变化。

(二) 细胞癌变的原因

引起癌细胞发生的原因很多，大致分为4种类型：化学因素、辐射、病毒和遗传。化学因素主要是各种化学致癌物；物理因素主要是紫外光等的辐射作用；病毒和遗传则是指病毒癌基因和细胞癌基因。

1. 化学因素

自从英国伦敦医生发现一些男性烟囱清洁工人的鼻腔和阴囊皮肤的癌与长期接触煤烟有关以来，目前已经证实大量的化学物质与细胞的癌变有关。仅煤烟中分离的致癌物质就有几百种。其他在煤炭工业、印染工业中也存在某些致癌物。表2-4列出了一些常见的化学致癌物质。由表中可见很多化学物质都可以引起癌的发生，而且越来越多的实验表明化学因素是癌症发生的因素之一。

表2-4　空气、食品、水、车间等环境中存在的某些化学致癌物

化学致癌物	诱发癌的部位	化学致癌物	诱发癌的部位
丙烯腈	结肠、肺	铅	肾
4-氨基二苯	膀胱	芥子气	肺、喉
苯胺衍生物	膀胱	α-萘胺	膀胱
砷化合物	肺、皮肤	镍	肺、鼻
石棉	肺、间皮	有机氯杀虫剂	肝
苯	白血病	聚氯联苯	肝
镉盐	前列腺、肺	氡	肺
四氯化碳	肝	煤烟和焦油	皮肤、肺和膀胱
铬与铬酸盐	肺、鼻窦	乙烯氯	肝、肺和脑
二乙基乙烯雌酚	子宫、阴道	吸烟	肺、口腔、胃、喉、食管、胰

2. 辐射

辐射的种类很多，常见的有紫外线、各种射线等。自然环境中的辐射主要来自太阳的紫外线及外层空间的宇宙射线。此外，还有来自医疗、工业和军事活动中人为产生的高能辐射，这些辐射主要是X射线和放射活性。紫外线致癌作用主要通过长时间暴露于阳光下，导致暴露部位易患皮肤癌；被遮盖的部位的皮肤癌发病率显著降低。

X射线穿透力强，其对细胞的伤害作用远大于紫外线，尤其对增殖迅速的细胞。正是利用它对细胞的破坏作用，临床上可以用来治疗某些疾病，如生长迅速的肿瘤细胞。不过X射线治疗带来的副作用是肯定的。因此在利用X射线作为治疗手段时一定要权衡利弊。

一些放射性元素的辐射对癌的诱发效应同X射线相类似。著名科学家居里夫人发现了放射性元素镭，但因工作中长期接触放射性物质，最后死于白血病。

化学致癌物和辐射等因素对癌的诱发机理目前虽不清楚，但知道它们与DNA突变有关。例如：黄曲霉毒素B诱发肝癌的其机制是导致DNA的突变，使肿瘤抑制基因 *p*53 的第249位密码中的碱基置换，即G→T；而紫外线照射可引起DNA中相邻胸腺嘧啶间形成二联体等。

3. 病毒和遗传

病毒与癌的发生有关，如：劳氏肉瘤病毒是一种RNA病毒，可使鸡产生肉瘤。现在发现，细胞内普遍存在与肿瘤发生有关的基因，如：癌基因、抑癌基因等。正常细胞内的癌基因称为原癌基因，它们编码的蛋白质在正常细胞中通常参与细胞的生长与增殖的调节，但并不引起癌变。在某些外界因素的刺激及体内环境改变时，可发生突变，从而引起细胞的癌变。抑癌基因，正常时能抑制细胞的癌变。同样，如果发生突变，则可失去抑制对癌基因的抑制作用而导致细胞癌变。

癌基因的来源分为两类，一类是细胞癌基因，由细胞原癌基因突变而来；另一类是病毒癌基因，已经鉴定了100多种不同的癌基因，它们中的大多数属于RNA肿瘤病毒基因组中的基因。癌基因与病毒癌基因是什么关系？目前尚无定论。有观点认为：癌基因来源于病毒入侵，即由古代的反转录RNA病毒感染宿主细胞后，将病毒RNA反转录成双链的DNA，整合到宿主基因组内形成；也有的认为：病毒癌基因感染宿主后，在病毒成熟前，病毒DNA要转录成RNA，将宿主细胞的原癌基因也一起转录下来，成为病毒RNA的一部分被包装进入病毒的蛋白质外壳内。

总之，癌基因与抑癌基因是与癌症发生密切相关的一对相互作用的基因，对细胞的正常生长起重要作用。在各种因素影响下，发生改变时，则会导致细胞的癌变。当然，细胞的恶性转化也是一个渐进式的过程，涉及多级反应和突变的积累。在此过程中，癌变的细胞越来越失去调节机制的控制，并最终形成危及生命的恶性肿瘤。

第五节　细胞的化学组成

细胞是生命的基本活动单位，它是由物质组成的，是一种特殊形式的物质运动，其中进行着各种化学反应，通过物质与能量的转换，维持细胞的功能。所有的细胞均含有水、蛋白质、糖类、脂类、核酸、盐类和各种微量物质。其中，蛋白质、多糖、核酸和脂类等化合物也被称为生物分子。

一、水

水是生命的源泉，细胞中水的含量最高，约占细胞总量的70%～80%。细胞中的所有反应都是在水中进行的，所以水是细胞生命活动的直接环境。

水是极性分子，相邻水分子间是靠氢键维系的。氢键赋予水分子一些独特的性质，而这些性质对于活细胞是十分重要的。首先，氢键能够吸收较多的热能，而打断氢键则需要较高的能量，所以，水能为细胞提供相对稳定的内环境。其次，水是极性分子，细胞内的大多数分子在水中有一定的溶解度，这为化学反应提供了溶液条件，水在细胞中既是反应剂也是溶剂。水分子参与了生命活动的一些重要反应，在大分子的合成过程中水是产物，而在分解反应中水是反应剂。

细胞中的水有两种形式：游离水和结合水。游离水是指未与其他物质结合，能参加代谢反应的水；结合水则是以氢键与蛋白质或其他物质结合的水分子，占细胞内全部水的4.5%，是细胞结构的一部分。

二、无机盐

无机盐是细胞的重要成分，并且是维持细胞生存环境的重要物质。根据无机离子在细胞内的作用分为3大类：①大分子的结构成分主要是C、H、N、O、P、S等的各种离子形态；②各种酶的激活剂主要有Ca^{2+}、Cu^{2+}、Mg^{2+}、K^{+}、Na^{+}、Cl^{-}等；③其他微量元素，包括Co^{2+}、Cu^{2+}、Fe^{3+}、Mn^{2+}、Zn^{2+}及I^{-}等。

无机离子在细胞内的主要作用是：维持细胞内的pH值和渗透压，以保持细胞的正常生理活动；同蛋白质或脂类结合组成具有特定功能的复合分子，参与细胞的生命活动；作为酶反应的辅助因子。

三、有机小分子

细胞内的有机小分子约占细胞总有机物的10%。主要包括：糖、脂肪酸、核苷酸和氨基酸。

（一）糖

糖类是细胞的营养物，包括单糖、双糖、低聚糖（2～6个糖）和多糖（由几百到几千个单糖组成），其中多糖属于生物大分子。葡萄糖是较简单的糖，也是细胞的主要营养物质，它经过一系列氧化反应，释放出能量，最终变成水和CO_2。

单纯的多糖由许多葡萄糖残基组成，如动物细胞中的糖原和植物细胞中的淀粉。它们是细胞内贮存的营养物质，提供细胞代谢所需的能源。

（二）脂肪酸

脂肪酸是脂的主要成分，是细胞膜的组分。细胞内几乎所有的脂肪酸分子都是通过它们的羧酸基团与其他分子共价连接。各种脂肪酸的碳氢链长度及所含碳-碳双键的数目和位置的不同，决定了它们不同的化学特性。

脂肪酸是营养价值较高的营养物，按重量比计算，脂肪酸分解产生的能量，相当于葡萄糖所产生能量的两倍。脂肪酸在细胞内最重要的功能是构成细胞结构。

除了脂肪酸外，细胞内还有其他一些脂类。

（三）核苷酸

核苷酸是组成核酸的基本单位，每个核苷酸分子由一个戊糖（核糖或脱氧核糖）、一个含氮碱基（嘌呤或嘧啶）和一个磷酸脱水缩合而成，如图2-8所示。

组成核苷酸的主要的碱基有5种。2种主要的嘌呤碱：腺嘌呤（A）和鸟嘌呤（G）；3种主要的嘧啶碱：胞嘧啶（C）、尿嘧啶（U）和胸腺嘧啶（U）。DNA和RNA都含有腺嘌呤、鸟嘌呤和胞嘧啶，但不同的是RNA含有尿嘧啶，而DNA却含有胸腺嘧啶。有时尿嘧啶也存在于DNA中，而胸腺嘧啶也存在于RNA中，但很少见。

除了作为核酸的构件分子之外，核苷酸还具有其他一些重要的生物功能：作为能量载体和化学信使。

（1）能量载体。三磷酸腺苷，简称ATP（图2-9）作为能量通用载体在生物体的能量转换中起中心作用，三磷酸尿苷（UTP）、三磷酸鸟苷（GTP）和三磷酸胞苷（CTP）则在某些专门的生化反应中起传递能量的作用。

（2）化学信使。3′，5′-环化单磷酸腺苷（cAMP）（图2-10）和3′，5′-环化单磷酸鸟苷（cGMP）分别具有放大和缩小激素作用的功能，被称为第二信使。除了植物以外，cAMP在所有细胞中都具有调节功能。

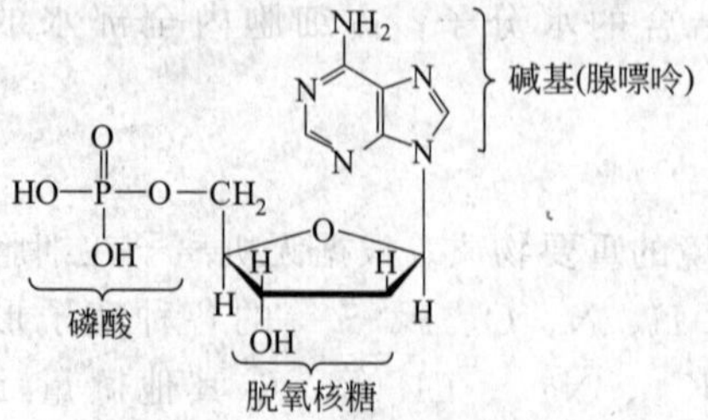

图2-8 核苷酸（dAMP）

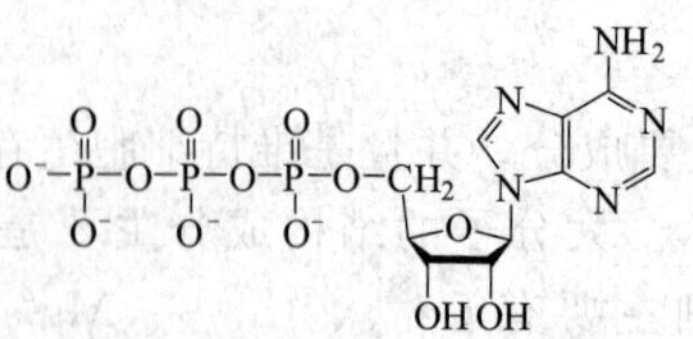

图2-9 三磷酸腺苷（ATP）

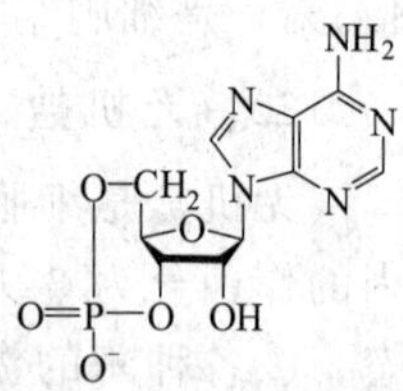

图2-10 3′，5′-环化单磷酸腺苷（cAMP）

此外，核苷酸还可以作为辅酶和辅基的结构成分，如：NAD、NADP、FAD、CoA 等都含有腺苷酸。食品工业上用的添加剂有些也是核苷酸，如：5′-肌苷酸（次黄嘌呤核苷酸）和 5′-鸟苷酸具有强烈的助鲜作用。在味精中加入 5%的 5′-肌苷酸能使味精鲜度提高 30 倍，加入 5%的 5′-鸟苷酸可使味精的鲜度增加 60～100 倍。

（四）氨基酸

氨基酸是组成蛋白质的基本单位。自然界已发现 300 余种氨基酸，但组成蛋白质的氨基酸仅有 20 种左右，这些构成蛋白质的氨基酸也可以游离存在，它们结构上有一个共同特点，即在连接羧基的 α 碳原子上还有一个氨基，故称 α-氨基酸。

组成蛋白质的 20 种氨基酸中，除甘氨酸外，其他氨基酸均含有不对称碳原子，形成两种不同的构型，分别称为 L-型和 D-型。如：L-丙氨酸和 D-丙氨酸，如图 2-11 所示。

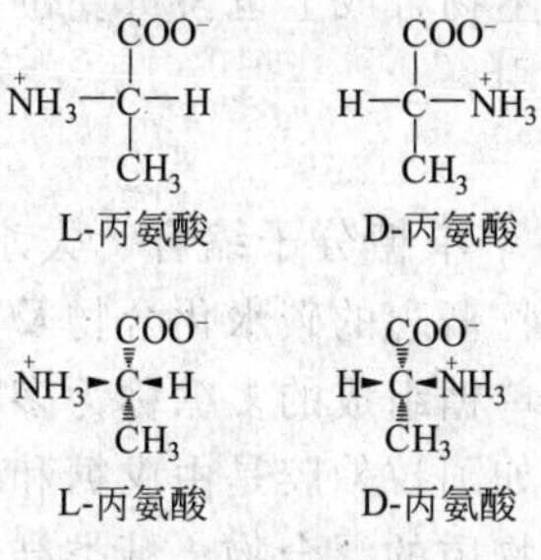

图 2-11　丙氨酸的构型

大多数氨基酸为无色晶体，熔点较高，一般在 200℃以上。在水中的溶解度差别很大，并能溶解于稀酸或稀碱中，但不溶于有机溶剂。通常用乙醇可以把氨基酸从其溶液中沉淀析出。氨基酸有些味苦、有些味甜、有些无味，谷氨酸的单钠盐有鲜味，是味精的主要成分。

由于氨基酸中氨基和羧基的存在，使其能与多种化学物质发生反应。另外，氨基酸与氨基酸之间也能发生化学反应生成肽类物质。如果是由两个氨基酸反应生成的肽，则被称为二肽，由三个氨基酸生成的叫三肽。如体内重要的活性三肽：谷胱甘肽是由谷氨酸、半胱氨酸和甘氨酸组成的。

四、生物大分子

所谓生物大分子，是由某些基本结构单位按一定顺序和方式连接所形成的多聚体，分子质量一般大于 10000 单位。蛋白质、核酸、和多糖等是大分子的典型代表。生物大分子的重要特征之一是具有信息功能，由此也称之为生物信息分子。

由于分子较大，结构复杂，因此常将其分成多个层次研究。其中一级结构是基本结构，它包括组成单位的种类、排列顺序和排列方式。空间结构是其高级结构。生物大分子的功能与其空间结构有关，通过分子之间的相互识别和相互作用来发挥作用。例如：蛋白质与蛋白质、蛋白质与核酸、核酸与核酸的相互作用在基因表达的调节中起着决定性作用。

（一）蛋白质

蛋白质是构成细胞的基本有机物，是生命活动的主要承担者。人体内蛋白质的种类很多，性质、功能各异，但都是由 20 多种氨基酸（amino acid）按不同比例组合而成的，并在体内不断进行代谢与更新。蛋白质是生物体中含量最丰富的生物大分子，约占人体固体成分的 45%，而在细胞中可达细胞干重的 70%以上。蛋白质分布广泛，几乎所有的器官组织都含有蛋白质。一个真核细胞可有成千上万种蛋白质，各自有特殊的结构和功能。生物体结构越复杂其蛋白质种类和功能也越繁多。具有复杂空间结构的蛋白质承担着完成生物体内各种生理功能的任务，如酶、抗体、大部分凝血因子、多肽激素、转运蛋白、收缩蛋白、基因调控蛋白等都是蛋白质，但结构与功能截然不同，在物质代谢、机体防御、血液凝固、肌肉收缩、细胞信息传递、个体生长发育、组织修复等方面发挥着不可替代的重要作用。可见，蛋白质是生命活动的物质基础；没有蛋白质就没有生命。

(二) 核酸

核酸同蛋白质一样，也是生物大分子。核酸的相对分子质量很大，一般是几十万至几百万。核酸存在于所有生物体细胞内，生物体内的核酸常与蛋白质结合形成核蛋白。根据化学组成不同，核酸可分为核糖核酸（简称 RNA）和脱氧核糖核酸（简称 DNA）。DNA 主要存在细胞核内，而大多数 RNA 则分布在胞浆中。

DNA 和 RNA 在蛋白质的复制和合成中起着储存和传递遗传信息的作用。核酸不仅是基本的遗传物质，而且在蛋白质的生物合成上也占重要位置，因而在生长、遗传、变异等一系列重大生命现象中起决定性的作用。

(三) 多糖

多糖（polysaccharide）是由多个单糖分子缩合、失水而成，是一类分子机构复杂且庞大的糖类物质。凡符合高分子化合物概念的碳水化合物及其衍生物均称为多糖。多糖相对分子质量从几万到几千万。由相同的单糖组成的多糖称为多糖，如淀粉、纤维素和糖原；以不同的单糖组成的多糖称为杂多糖，如阿拉伯胶是由戊糖和半乳糖等组成。多糖不是一种纯粹的化学物质，而是聚合程度不同的物质的混合物。糖类结合了蛋白质和脂类的，就整个分子而论，如果是属于高分子，则从广义上来看也属于多糖，因此特称为复合多糖或复合糖质（糖蛋白、糖脂类、蛋白多糖）。

多糖类化合物广泛存在于动物细胞膜和植物、微生物的细胞壁中，是由醛基和酮基通过苷键连接的高分子聚合物，也是构成生命的四大基本物质之一。多糖在自然界分布极广，也很重要。有的是构成动植物骨架结构的组成成分，如纤维素；有的是作为动植物储藏的养分，如糖原和淀粉；有的具有特殊的生物活性，像人体中的肝素有抗凝血作用，肺炎球菌细胞壁中的多糖有抗原作用。不均一多糖通过共价键与蛋白质构成蛋白聚糖发挥生物学功能，如作为机体润滑剂、识别外来组织的细胞、血型物质的基本成分等。细胞膜和细胞壁的多糖成分不仅是支持物质，而且还直接参与细胞的分裂过程，在许多情况下成为细胞和细胞，细胞和病毒，细胞和抗体等相互识别结构的活性部位。20 世纪 50 年代发现真菌多糖具有抗癌作用，后来又发现地衣、花粉及许多植物均含有多糖类化合物。

(四) 脂类

由脂肪酸和醇作用生成的酯及其衍生物统称为脂类（lipids）。脂类是在细胞中普遍存在的第四大类分子。它包括范围很广，其化学结构有很大差异，生理功能各不相同，其共同理化性质是不溶于水而溶于有机溶剂，在水中可相互聚集形成内部疏水的聚集体。严格地说，脂质不是大分子，因为它们的相对分子质量不如糖类、蛋白质和核酸的那么大，而且它们也不是聚合物，但可形成聚集态，而且脂质正是以这种聚集态在生物膜的结构基质中起着重要的作用。

与其他类型生物分子相比，脂类在结构上表现出更为繁杂的多样性，在某种程度上，可以说是包罗万象，而其共同点仅是它们大都不溶于或微溶于水。由于其疏水性，对脂类的研究要比其他易溶于水的物质更为困难。脂类不仅是生物能量的储存物质，而且行使着各种重要的生理功能。脂类是构成生物膜的重要物质，细胞内的磷脂类几乎都集中在生物膜中。脂类还是体内一些特殊生理活性物质，如某些维生素和激素等的前体。

第三章　生物大分子的结构与功能

在我们居住的地球，有大约 1000 万种生物。就生物大分子而言，人体大约有 50000 种以上的蛋白质，同时含有数以万计的核酸及其他大分子种类。生物大分子（biopolymer、biomacromolecule）是指生物体内由分子量较低的基本结构单位首尾相连形成的多聚化合物，分子量在 10～103KDa 之间。生物大分子虽然具有复杂的结构，但在组成方面却存在一种基本的简单性，DNA 由 4 种脱氧核糖核苷酸聚合而成，RNA 由 4 种核糖核苷酸聚合而成，蛋白质由 20 余种氨基酸聚合而成，多糖由少数几种单糖聚合而成。

所有的生物都使用相同种类的构件分子，似乎它们是从一个共同的祖先进化而来。每种生物的特性是通过它具有的一套与众不同的核酸和蛋白质而保持的。每种生物大分子在细胞中有特定的功能。生物功能由结构所决定。生物大分子在表现其生理功能过程中，必须具备特定的空间立体结构（即三维结构）。现已知道，在 DNA、基因或 RNA 水平，存在各种体现功能的结构域，结构域本身特点和形态及它们所处的空间大分子的空间结构形态都直接影响 DNA、基因或 RNA 的功能发挥。在蛋白质水平上，由于它们是直接体现生物理功能的物质，其空间结构对其功能影响更为直接。

第一节　生物功能大分子——蛋白质

蛋白质（protein）种类繁多，结构各异，但元素组成相似，主要有碳（50%～55%）、氢（6%～7%）、氧（19%～24%）、氮（13%～19%）和硫（0～4%）。有些蛋白质还含有少量磷或金属元素铁、铜、锌、锰、钴、钼等，个别蛋白质还含有碘。蛋白质是体内的主要含氮物。不同生物体内各种蛋白质的含氮量都很接近，平均为 16%。

一、氨基酸和肽

蛋白质的分子组成有其规律性，即由基本单位连接而成，氨基酸是组成蛋白质的基本单位。蛋白质就是由许多氨基酸残基组成的多肽链。蛋白质受酸、碱或蛋白酶作用而水解产生游离氨基酸。存在于自然界中的氨基酸有 300 余种，但组成人体蛋白质的氨基酸仅有 20 种，且均属 L-α-氨基酸（除甘氨酸外）。生物界中也有 D-氨基酸，大都存在于某些细胞产生的抗生素及个别植物的生物碱中。此外，哺乳动物中也存在不参与蛋白质组成的游离 D-氨基酸，如存在于前脑中的 D-丝氨酸和存在于脑和外周组织的 D-天冬氨酸，但不参与蛋白质组成。

（一）氨基酸的结构通式

构成蛋白质的 20 种常见氨基酸中，除脯氨酸外，在结构上的共同点是，与羧基相邻的 α-碳原子上的一个氢原子被氨基所取代，因而称为 α-氨基酸。结构通式如下。

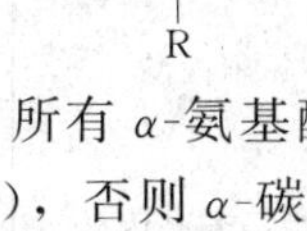

在结构通式中，除了 R 基不同外，所有 α-氨基酸都是相同的。同时，除非 R 基团是一个氢原子（此时对应的氨基酸为甘氨酸），否则 α-碳原子都是手性碳原子，氨基酸表现出旋光异构现象，具有 L-型和 D-型两种光学异构体。氨基酸的构型以甘油醛或乳酸作为基准进行比较而确定的。

除了甘氨酸不具有手性碳原子而没有L-型和D-型之分外，蛋白质中所有氨基酸都是L-型的。生物细胞内虽然也存在少量的D-氨基酸，但它们不参加蛋白质分子的组成，而是出现在小肽等一些生理活性分子中。因此，若未说明是L-型还是D-型时，通常是指L-型氨基酸，而D-型氨基酸一般不能省略“D-”符号。

（二）蛋白质中常见氨基酸

蛋白质中20种常见的氨基酸区别在于侧链R基团不同，氨基酸的分类也是根据R基团的结构或性质来进行。组成体内蛋白质的20种氨基酸，根据其侧链的结构和理化性质可分成三类：①中性氨基酸；②酸性氨基酸；③碱性氨基酸（表3-1）。

通常中性氨基酸侧链上不含有羧基或氨基；酸性氨基酸的侧链都含有羧基；而碱性氨基酸的侧链分别含有氨基、胍基和咪唑基。此外，20种氨基酸中脯氨酸和半胱氨酸结构较为特殊。脯氨酸应属亚氨基酸，但其亚氨基仍能与另一羧基形成肽链。由于N在杂环中移动的自由度受限制，脯氨酸在蛋白质合成加工时可被修饰成羟脯氨酸。此外，两个半胱氨酸通过脱氢后可以二硫键相结合，形成胱氨酸。蛋白质中有不少半胱氨酸以胱氨酸形式存在。

在蛋白质翻译后的修饰过程中，蛋白质分子中20种氨基酸残基的某些基团还可被甲基化、甲酰化、乙酰化、异戊二烯化和磷酸化等。这些翻译后修饰，可改变蛋白质的溶解度、稳定性、亚细胞定位和与其他细胞蛋白质的相互作用的性质等，体现了蛋白质生物多样性的一个方面。

表3-1　20种常见的氨基酸

名称与符号			$H_2N-\overset{COOH}{\underset{R}{C}}-H$	等电点（pI值）
			R—	
中性氨基酸	甘氨酸(甘)(Gly)(G)	氨基乙酸	H—	5.97
	丙氨酸(丙)(Ala)(A)	α-氨基丙酸	CH_3—	6.02
	丝氨酸(丝)(Ser)(S)	α-氨基-β-羟基丙酸	$\underset{OH}{CH_2}$—	5.68
	半胱氨酸(半胱)(Cys)(C)	α-氨基-β-巯基丙酸	SH—CH_2—	5.07
	苏氨酸(苏)(Thr)(T)	α-氨基-β-羟基丁酸	$CH_3-\underset{OH}{CH}-$	5.60
	蛋氨酸(蛋)(Met)(M)	α-氨基-r-甲硫基丁酸	$\underset{CH_3}{S}-CH_2-CH_2-$	5.74
	缬氨酸(缬)(Val)(V)	α-氨基异戊酸	$CH_3-\underset{CH_3}{CH}-$	5.97
	亮氨酸(亮)(Leu)(L)	α-氨基异己酸	$CH_3-\underset{CH_3}{CH}-CH_2-$	5.98
	异亮氨酸(异亮)(Ile)(I)	α-氨基-β-甲基戊酸	$CH_3-CH_2-\underset{CH_3}{CH}-$	6.02
	苯丙氨酸(苯)(Phe)(F)	α-氨基-β-苯丙酸	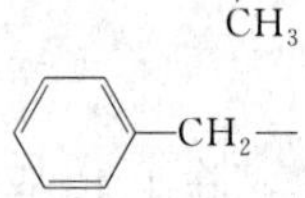	5.48
	酪氨酸(酪)(Tyr)(Y)	α-氨基-β-对羟苯基丙酸	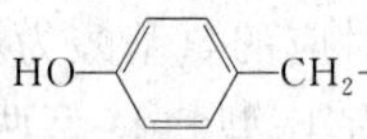	5.66

续表

名称与符号			$H_2N-\underset{\lvert \atop R}{\overset{COOH \atop \lvert}{C}}-H$ R—	等电点（pI 值）
中性氨基酸	天冬酰胺（天胺）(Asn)(N)	α-氨基-β-酰胺丙酸	$H_2N-\overset{O \atop \|}{C}-CH_2-$	5.41
	脯氨酸（脯）(Pro)(P)	四氢吡咯-2-羧酸	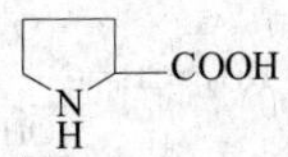	6.30
	色氨酸（色）(Trp)(W)	α-氨基-β-吲哚丙酸	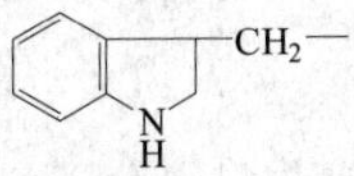	5.86
	谷氨酰胺（谷胺）(Gln)(Q)	α-氨基-r-酰胺丁酸	$H_2N-\overset{O \atop \|}{C}-CH_2-CH_2-$	3.22
酸性氨基酸	谷氨酸（谷）(Glu)(E)	α-氨基戊二酸	$HOOC-CH_2-CH_2-$	3.22
	天冬氨酸（天）(Asp)(D)	α-氨基丁二酸	$HOOC-CH_2-$	2.91
碱性氨基酸	精氨酸（精）(Arg)(R)	α-氨基-δ-胍基戊酸	$H_3N-\underset{\| \atop NH}{C}-NH-CH_2-CH_2-CH_2-$	10.76
	赖氨酸（赖）(Lys)(k)	α-ε-二氨基己酸	$\underset{\lvert \atop NH_2}{CH_2}-CH_2-CH_2-CH_2-$	9.74
	组氨酸（组）(His)(H)	α-氨基-β-4-咪唑丙酸	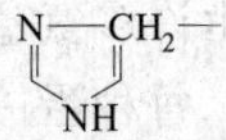	7.59

（三）氨基酸的理化性质

1. 两性解离及等电点

由于所有氨基酸都含有碱性的α-氨基和酸性的α-羧基，可在酸性溶液中与质子（H^+）结合呈有正电荷的阳离子（$—NH_3^+$），也可在碱性溶液中与 OH^- 结合，失去质子变成带负电荷的阴离子（$—COO^-$），因此氨基酸是一种两性电解质，具有两性解离的特性。氨基酸的解离方式取决于其所处溶液的酸碱度。在某一 pH 值的溶液中，氨基酸解离成阳离子和阴离子的趋势及程度相等，成为兼性离子，呈电中性，此时溶液的 pH 值称为该氨基酸的等电点（pI 值）。

2. 紫外吸收性质

根据氨基酸的吸收光谱，含有共轭双键的色氨酸、酪氨酸的最大吸收峰在 280nm 波长附近（图 3-1）。由于大多数蛋白质含有酪氨酸和色氨酸残基，所以测定蛋白质溶液 280nm 的光吸收值，是分析溶液中蛋白质含量的快速简便的方法。

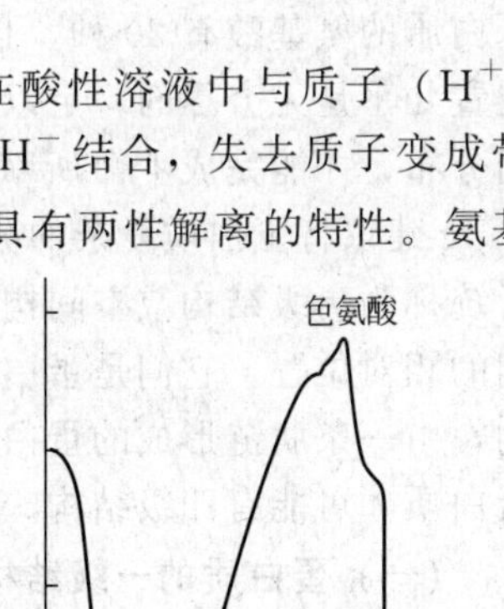

图 3-1　部分氨基酸的紫外吸收

3. 茚三酮反应

氨基酸与茚三酮水合物共加热，茚三酮水合物被还原，其还原物可与氨基酸加热分解产生的氨结合，再与另一分子茚三酮缩合成为蓝紫色的化合物，此化合物最大吸收峰在 570nm 波长处。由于此吸收峰值的大小与氨基酸释放出的氨量成正比，因此可作为氨基酸定量分析方法。

(四) 肽

早在1890—1910年间德国化学家E. Fischer已充分证明蛋白质中的氨基酸相互结合成多肽链，例如1分子甘氨酸和1分子甘氨酸脱去1分子水缩合成为甘氨酰甘氨酸，这是最简单的肽，即二肽。在甘氨酰甘氨酸分子中连接两个氨基酸的酰胺键称为肽键（图3-2）。

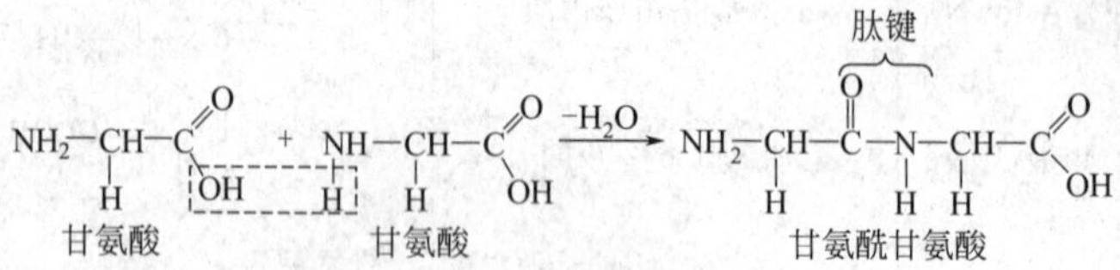

图3-2　肽键及其形成机理

二肽通过肽键与另一分子氨基酸缩合生成三肽。此反应可继续进行，依次生成四肽、五肽……一般来说，由10个以内氨基酸相连而成的肽称为寡肽，而更多的氨基酸相连而成的肽称为多肽。多肽链有两端，有自由氨基的一端称氨基末端或N端，有自由羧基的一端称为羧基末端或C端。肽链中的氨基酸分子因脱水缩合而基团不全，被称为氨基酸残基。

蛋白质和多肽在分子量上很难划出明确界限。在实际应用中，常把由39个氨基酸残基组成的促肾上腺皮质激素称作为多肽，而把含有51个氨基酸残基、相对分子质量为5733的胰岛素称作蛋白质。这似乎是习惯上的多肽与蛋白质的分界线。

二、蛋白质的分子结构

蛋白质分子是由许多氨基酸通过肽键相连形成的生物大分子。人体内具有生理功能的蛋白质都是有序结构，每种蛋白质都有其一定的氨基酸百分比组成及氨基酸排列顺序，以及肽链空间的特定排布位置。因此由氨基酸排列顺序及肽链的空间排布等所构成的蛋白质分子结构，才真正体现蛋白质的个性，是每种蛋白质具有独特生理功能的结构基础。由于组成人体蛋白质的氨基酸有20种，且蛋白质的分子量均较大，因此蛋白质的氨基酸排列顺序和空间位置几乎是无穷尽的，足以为人体多达数以万计的蛋白质提供各异的氨基酸序列和特定的空间分布，才能完成生命所赋予的数以千万计的生理功能。1952年丹麦科学家Linderstrom-Lang建议将蛋白质复杂的分子结构分成4个层次，即一级、二级、三级、四级结构，后三者统称为高级结构或空间构象。蛋白质的空间构象涵盖了蛋白质分子中的每一原子在三维空间的相对位置。它们是蛋白质特有性质和功能的结构基础。但并非所有的蛋白质都有四级结构，由一条肽链形成的蛋白质只有一级、二级和三级结构，由两条或两条以上多肽链形成的蛋白质才可能有四级结构。

(一) 蛋白质的一级结构

在蛋白质分子中，从N端至C端的氨基酸排列顺序称为蛋白质的一级结构。肽链主链骨架原子是由N(氨基氮)、C_α(α-碳原子) 和CO(羰基碳) 等原子依次重复排列。一级结构中的主要化学键是肽键。蛋白质的一级结构的书写规则是从N端至C端。

—Met—Ile—Val—Phe—Leu—

N端→→→→→→→→→→→→→→→C端

此外，蛋白质分子中所有二硫键的位置也属于一级结构范畴。体内种类繁多的蛋白质，其一级结构各不相同。一级结构是蛋白质空间构象和特异生物学功能的基础。随着蛋白质结构研究的深入，人们已认识到蛋白质一级结构并不是决定蛋白质空间构象的唯一因素。目前已知一级结构的蛋白质数量已相当可观，并且还以更快的速度增长。国际互联网有若干重要的蛋白质数据库，例如 EMBL（European Molecular Biology Laboratory Data Library）、Genbank（Genetic Sequence Databank）和 PIR（Protein Identification Resource Sequence Database）等，收集了大量最新的蛋白质一级结构及其他资料，为蛋白质结构与功能的深入研究提供了便利。

（二）蛋白质的二级结构

蛋白质的二级结构是指蛋白质分子中某一段肽链的局部空间结构，也就是该段肽链主链骨架原子的相对空间位置，并不涉及氨基酸残基侧链的构象。蛋白质的二级结构主要包括 α-螺旋、β-折叠、β-转角和无规卷曲。由于蛋白质是生物大分子，分子量较大，因此，一个蛋白质分子可含有多种二级结构或多个同种二级结构，而且在蛋白质分子内空间上相邻的两个以上的二级结构还可协同完成特定的功能。α-螺旋和 β-折叠，它们是蛋白质二级结构的主要形式。

在许多蛋白质分子中，可发现两个或三个具有二级结构的肽段，在空间上相互接近，形成一个特殊的空间构象，被称为模体。一个模体总有其特征性的氨基酸序列，并发挥特殊的功能。近年发现的锌指结构是模体一个的例子。此模体由 1 个 α-螺旋和 2 个反平行的 β-折叠三个肽段组成。它形似手指，具有结合锌离子功能。此模体的 N 端有 1 对半胱氨酸残基，C 端有 1 对氨基酸残基，此 4 个残基在空间上形成一个洞穴，恰好容纳 1 个 Zn^{2+}。由于 Zn^{2+} 可稳固模体中 α-螺旋结构，致使此 α-螺旋能镶嵌于 DNA 的大沟中，因此含锌指结构的蛋白质都能与 DNA 或 RNA 结合。可见模体的特征性空间构象是其特殊功能的结构基础。

蛋白质二级结构是以一级结构为基础的。一段肽链的氨基酸残基的侧链适合形成 α-螺旋或 β-折叠，会出现相应的二级结构。例如一段肽链有多个谷氨酸或天冬氨酸残基相邻，则在 pH7.0 时这些残基的游离羧基都带负电荷，彼此相斥，妨碍 α-螺旋的形成。同样，多个碱性氨基酸残基在一肽段内，由于正电荷相斥，也妨碍 α-螺旋的形成。此外天冬酰胺、亮氨酸的侧链很大，也会影响 α-螺旋形成。脯氨酸的 N 原子在刚性的五元环中形成的肽键 N 原子上没有 H，所以不能形成氢键，结果肽链走向转折，不形成 α-螺旋。形成 β-折叠的肽段要求氨基酸残基的侧链较小，才能容许两条肽段彼此靠近。

（三）蛋白质的三级结构

蛋白质的三级结构是指整条肽链中全部氨基酸残基的相对空间位置，也就是整条肽链所有原子在三维空间的排布位置。肌红蛋白是由 153 个氨基酸残基构成的单个肽链的蛋白质，含有 1 个血红素辅基。肌红蛋白分子中 α-螺旋占 75%，构成 8 个螺旋区，两个螺旋区之间有一段无规卷曲，脯氨酸位于转角处。由于侧链 R 基团的相互作用，多肽链缠绕，形成一个球状分子，球表面主要有亲水侧链，疏水侧链则位于分子内部。蛋白质三级结构的形成和稳定主要靠次级键——疏水作用、离子键（盐键）、氢键和范德华力等。

分子量大的蛋白质三级结构常可分割成 1 个和数个球状或纤维状的区域，折叠得较为紧密，各行其功能，称为结构域，如纤连蛋白，它由两条多肽链通过近 C 端的两个二硫键相连而成，含有 6 个结构域，各个结构域分别执行一种功能，有可与细胞、胶原、DNA 和肝素等配体结合的结构域。此外，一个配体也可与一个蛋白质分子中的多个结构域结合。结构域也可由蛋白质分子中不连续的肽段在空间结构中相互接近而构成。

（四）蛋白质的四级结构

对蛋白质分子的二、三级结构而言，只涉及由一条多肽链卷曲而成的蛋白质。在体内有许多蛋白质的分子含有二条或多条多肽链，才能全面地执行功能。每一条多肽链都有其完整的三级结构，称为亚基，亚基与亚基之间呈特定的三维空间排布，并以非共价键相连接，这种蛋白质分子中各个亚基的空间排布及亚基接触部位的布局和相互作用，称为蛋白质的四级

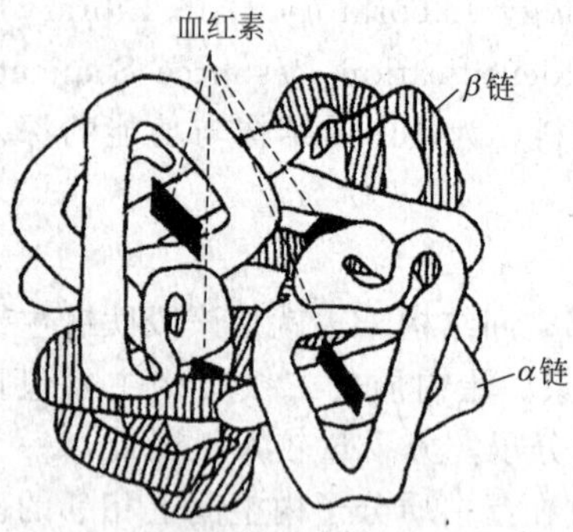

图 3-3 蛋白质的四级结构——血红蛋白结构示意图

结构。

在四级结构中，各亚基间的结合力主要是氢键和离子键。由两个亚基组成的蛋白质四级结构中，若亚基分子结构相同，称之为同型二聚体，若亚基分子结构不同，则称之为异型二聚体。含有四级结构的蛋白质，单独的亚基一般没有生物学功能，只有完整的四级结构寡聚体才有生物学功能。血红蛋白是由 2 个 α-亚基和 2 个 β-亚基组成的四聚体。两种亚基的三级结构颇为相似，且每个亚基都结合有 1 个血红素辅基（图 3-3）。4 个亚基通过 8 个离子键相连，形成血红蛋白的四聚体，具有运输氧和 CO_2 的功能。但每 1 个亚基单独存在时，虽可结合氧且与氧亲和力增强，但在体内组织中难于释放氧。

（五）蛋白质一级结构与空间结构的关系

Anfinsen 在研究核糖核酸酶时已发现，蛋白质的功能与其三级结构密切相关，而特定三级结构是以氨基酸顺序为基础的。并提出"蛋白质一级结构决定高级结构"的著名论断。近年来，人们对此进行更加深入的探讨。实验研究表明，蛋白质一级结构为空间结构决定因素，但空间构象的正确形成还需要一类称为分子伴侣的蛋白质参与。分子伴侣通过提供一个保护环境从而加速蛋白质折叠成天然构象或形成四级结构。分子伴侣广泛地存在于从细菌到人的生物体中，其中有很大一部分被称之为热休克蛋白。分子伴侣参与蛋白质折叠的作用机制正在不断被认识。蛋白质在合成时，还未折叠的肽段有许多疏水基团暴露在外，具有分子内或分子间聚集的倾向，使蛋白质不能形成正确空间构象。分子伴侣可逆地与未折叠肽段的疏水部分结合，随后松开，如此重复进行可防止错误的聚集发生，使肽链正确折叠。分子伴侣也可与错误聚集的肽段结合，使之解聚后，再诱导其正确折叠。此外，蛋白质分子中特定位置的两个半胱氨酸可形成二硫键，这是蛋白质形成正确空间构象和发挥功能的必要条件，例如胰岛素分子中有三个特定连接的二硫键。如二硫键发生错配，蛋白质的空间构象和功能都会受到影响，而分子伴侣对蛋白质分子折叠过程中二硫键的正确形成起到重要的作用，而且已经发现有些分子伴侣具有形成二硫键的酶活性。

三、蛋白质结构与功能的关系

（一）蛋白质一级结构与功能的关系

蛋白质一级结构是空间构象的基础。已有大量的实验结果证明，一级结构相似的多肽或蛋白质，其空间构象以及功能也相似。例如不同哺乳类动物的胰岛素分子结构都由 A 和 B 两条链组成，且二硫键的配对和空间构象也极相似，一级结构也相似，仅有个别氨基酸差异，因而它们都执行着相同的调节糖代谢等的生理功能（表 3-2）。

表 3-2 哺乳类动物胰岛素氨基酸序列的差异

胰岛素	氨基酸残基序号			
	A5	A6	A10	B30
人	Thr	Ser	Ile	Thr
猪	Thr	Ser	Ile	Ala
狗	Thr	Ser	Ile	Ala
兔	Thr	Gly	Ile	Ser

续表

胰岛素	氨基酸残基序号			
	A5	A6	A10	B30
牛	Ala	Gly	Val	Ala
羊	Ala	Ser	Val	Ala
马	Thr	Ser	Ile	Ala

注：A为A链，B为B链，A5表示A链第5位氨基酸，其余类推。

蛋白质一级结构中关键部位的改变，将导致其生物活性功的改变。胰岛素分子由51个氨基酸组成，不同哺乳类动物的胰岛素分子中有24个氨基酸完全相同，是其功能的关键部位；虽然其余27个氨基酸不尽相同，但都具有降低血糖，调节糖代谢的功能。

（二）蛋白质空间结构与功能的关系

20世纪60年代Anfinsen在研究核糖核酸酶时已发现，蛋白质的功能与其三级结构密切相关，而特定三级结构是以氨基酸顺序为基础的。核糖核酸酶由124个氨基酸残基组成，有4对二硫键（图3-4）。

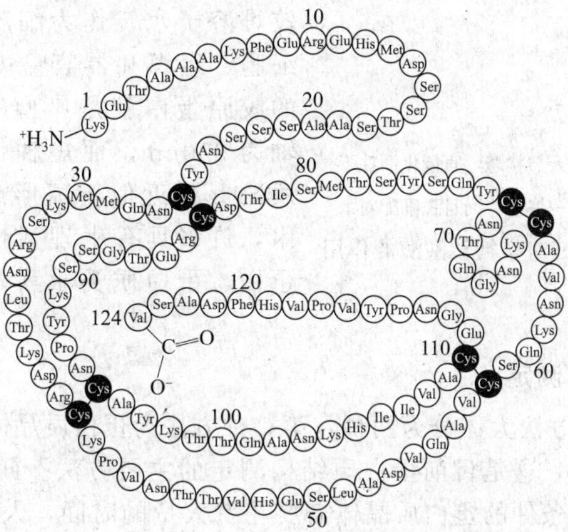

图3-4 牛核糖核酸酶的氨基酸序列

用尿素（或盐酸胍）和β-巯基乙醇处理该酶溶液，分别破坏次级键和二硫键，使其二、三级结构遭到破坏，但肽键不受影响，故一级结构仍存在，此时该酶活性丧失殆尽。核糖核酸酶中的4对二硫键被β-巯基乙醇还原成—SH后，若要再形成4对二硫键，从理论上推算有105种不同配对方式，唯有与天然核糖核酸酶完全相同的配对方式，才能呈现酶活性。当用透析方法去除尿素和β-巯基乙醇后，松散的多肽链循其特定的氨基酸序列，卷曲折叠成天然酶的空间构象，4对二硫键也正确配对，这时酶活性又逐渐恢复至原来水平（图3-5）。这充分证明空间构象遭破坏的核糖核酸酶只要其一级结构（氨基酸序列）未被破坏，就可能回复到原来的三级结构，功能依然存在。

生物体内酶原的激活也是由于蛋白质空间结构发生变化的结果。有些酶在细胞内合成与初分泌时没有催化活性，这种无催化活性的酶的前体称为酶原。使无活性的酶原转变为有活性的酶，称为酶原的激活。酶原的激活过程实质上是通过除去部分肽链片段，使酶蛋白空间结构发生变化，生成或暴露出催化所必需的“活性中心”，这样酶才表现出生物活性。例如胃蛋白酶，胰蛋白酶、胰凝乳蛋白酶等蛋白水解酶类，都是以酶原形式存在。其中胰蛋白酶

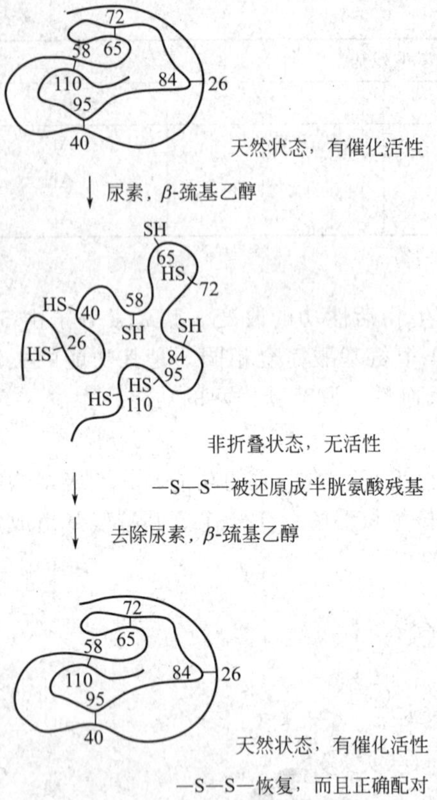

图 3-5　尿素及 β-巯基乙醇对核糖核酸酶的作用

原经肠激酶作用，水解掉一分子的 6 肽，肽链中的丝氨酸与组氨酸互相靠近，空间结构发生改变，形成活性中心，变成有催化活性的胰蛋白酶。若胰蛋白酶在理化因素作用下，空间结构发生改变，活性中心破坏，酶活性也就丧失。

一些蛋白质由于受某些因素的影响，其一级结构不变，但空间构象发生变化，也会导致其生物功能改变，这种现象被称为蛋白质的变构效应。蛋白质的变构效应是调节蛋白质生物功能普遍且有效的方式。如酶的变构调节、血红蛋白的变构效应等。

蛋白质还可根据其形状分为纤维状蛋白质和球状蛋白质两大类。一般来说，纤维状蛋白质形似纤维，其分子长轴的长度比短轴长 10 倍以上。纤维状蛋白质多数为结构蛋白质，较难溶于水，作为细胞坚实的支架或连接各细胞、组织和器官。大量存在于结缔组织中的胶原蛋白就是典型的纤维状蛋白质，其长轴为 300nm，而短轴仅为 1.5nm。球状蛋白质的形状近似于球形或椭球形，多数可溶于水，许多具有生理活性的蛋白质如酶、转运蛋白、蛋白质类激素及免疫球蛋白等都属于球状蛋白质。

四、蛋白质的结构测定

蛋白质的结构测定方法大体分为两种：第一种方法为蛋白质晶体结构分析，目前基本上是采用 X 射线衍射方法，这是目前蛋白质结构测定的主要方法。此方法的最大局限性在于要得到符合 X 射线衍射条件的蛋白质晶体需要花费大量的时间，人们正在探索采用电子 X-光测定仪和发展计算机软、硬件以及利用航天飞机的零重力消除对流效应，改善结晶条件等方法来提高工作效率。第二种方法为溶液中蛋白质分子构象分析。蛋白质晶体学提供的是高纯度结晶蛋白质分子的静态结构，而蛋白质的生物活性是在溶液中体现出来的，因此，人们更关心的是蛋白质在溶液中的分子构象及其变化，如蛋白质一维多肽链如何折叠成三维结构，三维结构又是经历怎样的动态过程发挥其生物活性的。只有深入了解这些问题，才能真正预测在基因水平改造后，将会对蛋白质的结构与功能产生什么结果，才能最终实现具有实际意义的分子设计。许多波谱学的手段，如紫外、红外、荧光、激光拉曼、圆二色等光谱以及顺磁共振、核磁共振等技术的应用，使蛋白质的溶液构象分析研究有明显的进展。但这些方法的局限是只能给出有关构象的局部信息，还不能像 X 射线晶体衍射方法给出蛋白质分子结构的全貌。随着核磁共振技术的发展，由于不需要结晶，测定可以在溶液中进行，二维核磁共振技术和多维核磁共振技术在测定蛋白质溶液构象方面的应用越来越广泛，但由于此方法只能测定氨基酸残基数目在 50 个左右的蛋白质分子，而在此大小范围内的蛋白质很少，所以其应用也受到了很大的限制，但随着方法的改进，也许会在不远的将来为生物大分子空间结构测定带来新的突破。

五、蛋白质的理化性质

蛋白质既然是由氨基酸组成，其理化性质必然有与氨基酸相同或相关的一方面。例如，两性电离及等电点、紫外吸收性质、呈色反应等。但蛋白质又是生物大分子化合物，还具有胶体性质、沉淀、变性和凝固等特点。

（一）蛋白质的两性电离

蛋白质分子除两端的氨基和羧基可解离外，氨基酸残基侧链中某些基团，如谷氨酸、天冬氨酸残基中的γ-羧基和β-羧基，赖氨酸残基中的ε-氨基、精氨酸残基的胍基和组氨酸残基的咪唑基，在一定的溶液 pH 值条件下都可解离成带负电荷或正电荷的基团。当蛋白质溶液处于某一 pH 值时，蛋白质解离成正、负离子的趋势相等，即成为兼性离子，净电荷为零，此时溶液的 pH 值称为蛋白质的等电点。蛋白质溶液的 pH 值大于等电点时，该蛋白质颗粒带负电荷，反之则带正电荷。

体内各种蛋白质的等电点不同，但大多数接近于 pH5.0。所以在人体体液 pH7.4 的环境下，大多数蛋白质解离成阴离子。少数蛋白质含碱性氨基酸较多，其等电点偏于碱性，被称为碱性蛋白质，如鱼精蛋白、组蛋白等。也有少量蛋白质含酸性氨基酸较多，其等电点偏于酸性，称为酸性蛋白质，如胃蛋白酶和丝蛋白等。

（二）蛋白质的胶体性质

蛋白质属于生物大分子之一，相对分子质量可达 1 万～100 万，其分子的直径可达 1～100nm，为胶粒范围之内。蛋白质颗粒表面大多为亲水基团，可吸引水分子，使颗粒表面形成一层水化膜，从而阻断蛋白质颗粒的相互聚集，防止溶液中蛋白质的沉淀析出。除水化膜是维持蛋白质胶体稳定的重要因素外，蛋白质胶粒表面可带有电荷，也可起胶粒稳定的作用。若去除蛋白质胶体颗粒表面电荷和水化膜两个稳定因素，蛋白质极易从溶液中析出。

（三）蛋白质的变性、沉淀和凝固

蛋白质的二级结构以氢键维系局部主链构象稳定，三级、四级结构主要依赖于氨基酸残基侧链之间的相互作用，从而保持蛋白质的天然构象。但在某些物理和化学因素作用下，其特定的空间构象被破坏，即有序的空间结构变成无序的空间结构，从而导致其理化性质的改变和生物活性的丧失，称为蛋白质的变性。一般认为蛋白质的变性主要发生二硫键和非共价键的破坏，不涉及一级结构中氨基酸序列的改变。蛋白质变性后，其理化性质及生物学性质发生改变，如溶解度降低，黏度增加，结晶能力消失，生物活性丧失，易被蛋白酶水解等。造成蛋白质变性的因素有多种，常见的有加热、乙醇等有机溶剂、强酸、强碱、重金属离子及生物碱试剂等。在临床医学上，变性因素常被应用来消毒及灭菌。此外，防止蛋白质变性也是有效保存蛋白质制剂（如疫苗等）的必要条件。

蛋白质变性后，疏水侧链暴露在外，肽链融会相互缠绕继而聚集，因而从溶液中析出，这一现象被称为蛋白质沉淀。变性的蛋白质易于沉淀，有时蛋白质发生沉淀，但并不变性。

若蛋白质变性程度较轻，去除变性因素后，有些蛋白质仍可恢复或部分恢复其原有的构象和功能，称为复性。在核糖核酸酶溶液中加入尿素和β-巯基乙醇，可解除其分子中的 4 对二硫键和氢键，使空间构象遭到破坏，丧失生物活性。变性后如经透析方法去除尿素和β-巯基乙醇，并设法使巯基氧化成二硫键，核糖核酸酶又恢复其原有的构象，生物学活性也几乎全部重现。但是许多蛋白质变性后，空间构象严重被破坏，不能复原，称为不可逆性变性。

蛋白质经强酸、强碱作用发生变性后，仍能溶解于强酸或强碱溶液中，若将 pH 值调至等电点，则变性蛋白质立即结成絮状的不溶解物，此絮状物仍可溶解于强酸和强碱中。如再

加热则絮状物可变成比较坚固的凝块，此凝块不易再溶于强酸和强碱中，这种现象称为蛋白质的凝固作用。实际上凝固是蛋白质变性后进一步发展的不可逆的结果。

（四）蛋白质的紫外吸收

由于蛋白质分子中含有共轭双键的酪氨酸和色氨酸，因此在280nm波长处有特征性吸收峰。在此波长范围内，蛋白质的OD值与其浓度呈正比关系，因此可作蛋白质定量测定。

（五）蛋白质的呈色反应

1.茚三酮反应

蛋白质经水解后产生的氨基酸也可发生茚三酮反应，详见本章第一节。

2.双缩脲反应

蛋白质和多肽分子中肽键在稀碱溶液中与硫酸铜共热，呈现紫色或红色，称为双缩脲反应。氨基酸不出现此反应。当蛋白质溶液中蛋白质的水解不断加强时，氨基酸浓度上升，其双缩脲呈色的深度就逐渐下降，因此双缩脲反应可检测蛋白质水解程度。

六、蛋白质中的非氨基酸组分

蛋白质是由20种氨基酸组成的大分子化合物，除氨基酸外，某些蛋白质还含有其他非氨基酸组分。因此根据蛋白质组成成分可分成单纯蛋白质和结合蛋白质，前者只含氨基酸，而后者除蛋白质部分外，还含有非蛋白质部分，为蛋白质的生物活性或代谢所依赖。结合蛋白质中的非蛋白质部分被称为辅基，绝大部分辅基通过共价键方式与蛋白质部分相连。构成蛋白质辅基的种类也很广，常见的有色素化合物、寡糖、脂类、磷酸、金属离子甚至分子量较大的核酸。细胞色素C是含有色素的结合蛋白质，其铁卟啉环上的乙烯基侧链与蛋白质部分的半胱氨酸残基以硫醚键相连，铁卟啉中的铁离子是细胞色素C的重要功能位点。免疫球蛋白是一类糖蛋白，作为辅基的数支寡糖链通过共价键与蛋白质部分连接。

七、蛋白质的分离和纯化

（一）透析及超滤

利用透析袋把大分子蛋白质与小分子化合物分开的方法叫透析。透析袋是用具有超小微孔的膜，如硝酸纤维素膜制成。微孔一般只允许相对分子质量为10000以下的化合物通过。当透析袋内盛有蛋白质溶液，再置于水中，则小分子物质如硫酸铵、氯化钠等即透过薄膜。蛋白质是高分子化合物，因此留在袋内。不断更换袋外的水，可把袋内小分子物质全部去尽。如果袋外放吸水剂如聚乙二醇，则袋内水分伴随小分子物质透出袋外，袋内蛋白质溶液尚可达到浓缩的目的。同样，应用正压或离心力使蛋白质溶液透过有一定截留分子量的超滤膜，达到浓缩蛋白质溶液的目的，称为超滤法。此法简便且回收率高，是蛋白质溶液浓缩的常用方法。

（二）丙酮沉淀、盐析及免疫沉淀

丙酮沉淀与盐析是两种常用的使蛋白质从溶液中沉淀的方法。蛋白质在溶液中一般含量很低，经沉淀浓缩，以利进一步分离纯化。使用丙酮沉淀时，必须在0～4℃低温下进行，丙酮用量一般10倍于蛋白质溶液体积。蛋白质被丙酮沉淀后，应立即分离，否则蛋白质会变性。除了丙酮以外，也可用乙醇沉淀。

盐析是将硫酸铵、硫酸钠或氯化钠等加入蛋白质溶液，导致蛋白质表面电荷被中和以及水化膜被破坏，即蛋白质在水溶液中的稳定性因素被去除而使蛋白质沉淀。各种蛋白质盐析时所需的盐浓度及pH值均不同。例如血清中的白蛋白及球蛋白，前者溶于pH7.0左右的半饱和的硫酸铵溶液中，而后者在此溶液中沉淀。当硫酸铵溶液达到饱和时，白蛋白也随之析出。所以盐析法可将蛋白质初步分离，但欲得纯品，尚需用其他方法。许多蛋白质经纯化后，在盐溶液中长期放置逐渐析出，成为整齐的结晶。

蛋白质具有抗原性，将某一纯化蛋白质免疫动物可获得抗该蛋白的特异抗体。利用特异抗体识别相应的抗原蛋白，并形成抗原抗体复合物的性质，可从蛋白质混合溶液中分离获得抗原蛋白，这就是免疫沉淀法。在具体实验中，常将抗体交联至固相化的琼脂糖珠上，易于获得抗原抗体复合物。进一步将抗原抗体复合物溶于含十二烷基磺酸钠和二巯基丙醇的缓冲液后加热，使抗原从抗原抗体复合物分离而获得纯化。

(三) 电泳

蛋白质在高于或低于其 pI 值的溶液中为带电的颗粒，在电场中能向正极或负极移动。这种通过蛋白质在电场中泳动而达到分离各种蛋白质的技术，称为电泳。根据支撑物的不同，有薄膜电泳、凝胶电泳等。薄膜电泳是将蛋白质溶液点样于薄膜上，薄膜两端分别置正负电极，此时带正电荷的蛋白质向负极泳动；带负电荷的向正极泳动；带电多，分子量小的蛋白质泳动速率快；带电少，分子量大的则泳动速率慢，于是蛋白质被分离。凝胶电泳的支撑物为琼脂糖、淀粉或聚丙烯酰胺凝胶。凝胶置于玻璃板上或玻璃管中，凝胶两端分别加上正、负电极，蛋白质即在凝胶中泳动。电泳结束后，用蛋白质显色剂显色，即可看到一条条已被分离的蛋白质色带。

若在蛋白质样品和聚丙烯酰胺凝胶系统中加入带负电荷较多的十二烷基磺酸钠（SDS），使所有蛋白质颗粒表面覆盖一层 SDS 分子，导致蛋白质分子间的电荷差异消失，此时蛋白质在电场中的泳动速率仅与蛋白质颗粒大小有关。加之聚丙烯酰胺凝胶具有分子筛效应，因而此种方法称之为 SDS-聚丙烯酰胺凝胶电泳（SDS-PAGE），常用于蛋白质分子量的测定。

在聚丙烯酰胺凝胶中加入一系列两性电解质载体，在电场中形成一个连续而稳定的线性 pH 值梯度，也即 pH 值从凝胶的正极向负极依次递增，电泳时被分离的蛋白质处在偏离其等电点的 pH 值位置时带有电荷而移动，至该蛋白质 pI 值相等的 pH 值区域时，其净电荷为零而不再移动，这种通过蛋白质等电点的差异而分离蛋白质的电泳方法称为等电聚焦电泳。

人类基因组计划完成后迎来了后基因组时代，其中蛋白质组学的研究颇受重视。双向凝胶电泳是蛋白质组学研究的重要技术。双向凝胶电泳是 O. Farrel 等于 1977 年首次报道，其原理为第一向的蛋白质等电聚焦电泳，加之第二向的 SDS-PAGE，通过被分离蛋白质等电点和分子量的差异，将复杂蛋白质混合物在二维平面上分离。随着技术的发展，包括 20 世纪 80 年代固相化 pH 值梯度的完善而改善了双向凝胶电泳的重复性、20 世纪 80 年代后期电喷雾质谱和基质辅助的激光解吸飞行时间质谱技术的发明，以及近年来蛋白质双向电泳图谱的各种分析软件不断涌现，不仅使双向凝胶电泳的分辨率提高，而且进一步获取被分离的单个蛋白质的若干参数甚至翻译后修饰等信息，从而加速了蛋白质组学的研究进程。

(四) 色谱分离

色谱分离是蛋白质分离纯化的重要手段之一。一般而言，待分离蛋白质溶液（流动相）经过一个固态物质（固定相）时，根据溶液中待分离的蛋白质颗粒大小、电荷多少及亲和力等，使待分离的蛋白质组分在两相中反复分配，并以不同速度流经固定相而达到分离蛋白质的目的。色谱法种类很多，有离子交换色谱、凝胶过滤和亲和色谱等。其中离子交换色谱和凝胶过滤色谱应用最广。

蛋白质和氨基酸一样，是两性电解质，在某一特定 pH 值时，各蛋白质的电荷量及性质不同，故可以通过离子交换色谱得以分离。如将阴离子交换树脂颗粒填充在色谱分离管内，由于阴离子交换树脂颗粒上带正电荷，能吸引溶液中的阴离子，然后再用含阴离子（如 Cl^-）的溶液洗柱。含负电量小的蛋白质首先被洗脱下来。增加 Cl^- 浓度，含负电量多的蛋白质也被洗脱下来，于是两种蛋白质被分开。

凝胶过滤又称分子筛色谱。色谱柱内填满带有小孔的颗粒，一般由葡聚糖制成。蛋白质溶液加于柱之顶部，任其往下渗漏，小分子蛋白质进入孔内，因而在柱中滞留时间较长，大分子蛋白质不能进入孔内而径直流出，因此不同大小的蛋白质得以分离。

（五）超速离心

超速离心法既可以用来分离纯化蛋白质也可以用作测定蛋白质的分子量。蛋白质在高达50万 g（g 为 gravity，即地心引力）的重力作用下，在溶液中逐渐沉降，直至其浮力与离心所产生的力相等，此时沉降停止。不同蛋白质其密度与形态各不相同，因此用上述方法可将它们分开。

蛋白质在离心场中的行为用沉降系数 S 表示。S 与蛋白质的密度和形状相关。应用超速离心法测定蛋白质分子量时，一般用一个已知分子量的标准蛋白质作为参照，因为沉降系数 S 大体上和分子量成正比关系。

第二节　生物遗传大分子——核酸

核酸（nucleic acid）是以核苷酸为基本组成单位的生物信息大分子。天然存在的核酸可以分为脱氧核糖核酸（DNA）和核糖核酸（RNA）两大类。DNA 存在于细胞核和线粒体内，携带遗传信息，决定着细胞和个体的遗传型；RNA 存在于细胞质、细胞核和线粒体内，参与遗传信息的复制与表达。病毒中，RNA 也可作为遗传信息的载体。核酸和蛋白质一样，都是生命活动中的生物信息大分子，具有复杂的结构和重要的功能。

一、核酸的化学组成及一级结构

核酸在酶作用下水解为核苷酸。核苷酸完全水解可释放出等量的含氮碱基、核糖和磷酸。因此，核酸的基本组成单位是核苷酸，而核苷酸则由碱基、核糖和磷酸三种成分连接而成。

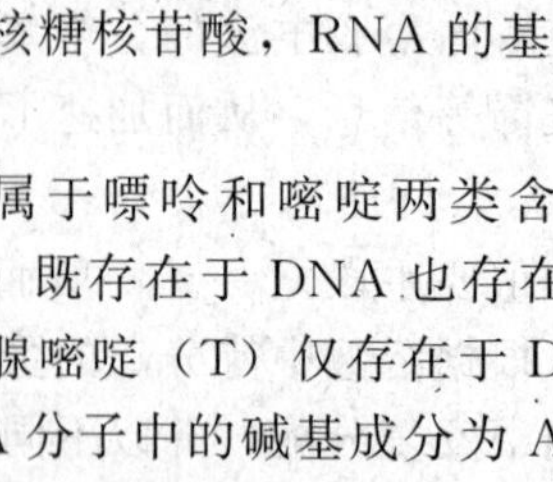

DNA 的基本组成单位是脱氧核糖核苷酸，RNA 的基本组成单位是核糖核苷酸。

（一）核苷酸的结构

构成核苷酸的五种碱基分别属于嘌呤和嘧啶两类含氮杂环化合物（图 3-6）。腺嘌呤（简写为 A，下同）和鸟嘌呤（G）既存在于 DNA 也存在于 RNA 分子中。胞嘧啶（C）存在于 DNA 和 RNA 分子中，而胸腺嘧啶（T）仅存在于 DNA 分子中，尿嘧啶（U）仅存在于 RNA 分子中。换句话说，DNA 分子中的碱基成分为 A、G、C 和 T 四种；而 RNA 分子则主要由 A、G、C 和 U 四种碱基组成。构成核酸的五种碱基的酮基或氨基均位于杂环上氮原子的邻位，受介质中 pH 值的影响，可形成酮或烯醇两种互变异构体，或形成氨基-亚氨基的互变异构体，这是 DNA 双链结构中氢键形成的重要结构基础。

核糖是核苷酸的另一重要成分。脱氧核糖核苷酸中的核糖是 β-D-2-脱氧核糖；核糖核苷酸中的戊糖为 β-D-核糖。这一结构上的差异使得 DNA 分子较 RNA 分子在化学上更为稳定，从而被自然选择作为生物遗传信息的储存载体。为区别于碱基中的碳原子编号，核糖或脱氧核糖中的碳原子标以 C1′、C2′（图 3-7）等。碱基和核糖或脱氧核糖通过糖苷键缩合形成核

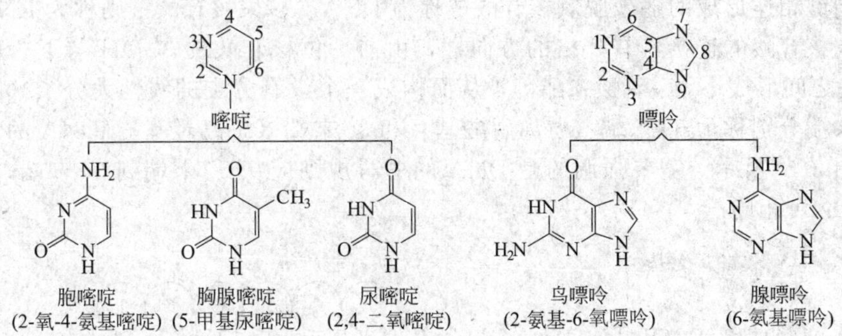

图 3-6　组成核酸的五种碱基

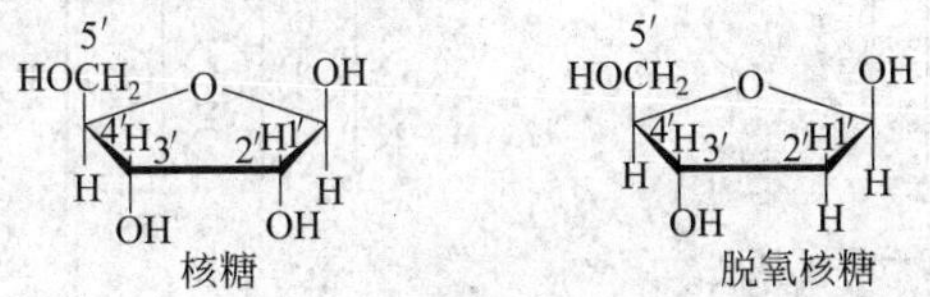

图 3-7　核糖和脱氧核糖

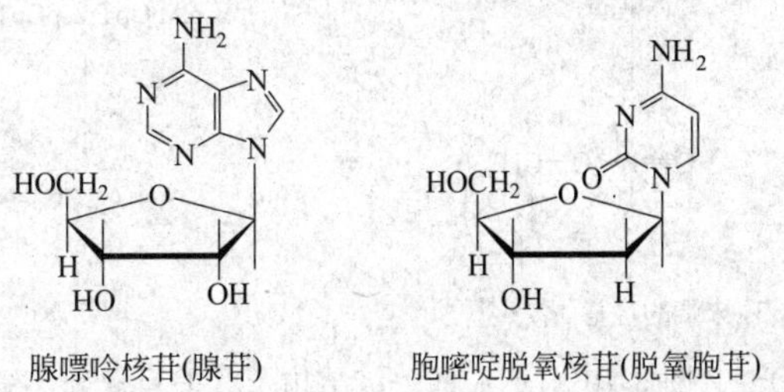

图 3-8　核苷和脱氧核苷

苷或脱氧核苷，连接位置是 C1′（图 3-8）。

核苷与磷酸通过酯键结合即构成核苷酸或脱氧核苷酸。尽管核糖环上所有的游离羟基（核糖的 C2′、C3′、C5′及脱氧核糖的 C3′、C5′）均能与磷酸发生酯化反应，生物体内多数核苷酸都是 5′核苷酸，即磷酸基团位于核糖的第五位碳原子 C5′上（图 3-9）。根据磷酸基团的数目不同，有核苷一磷酸（NMP）、核苷二磷酸（NDP）、核苷三磷酸（NTP）的命名方式；根据碱基成分的不同，有 AMP、ADP、ATP 等命名方式。

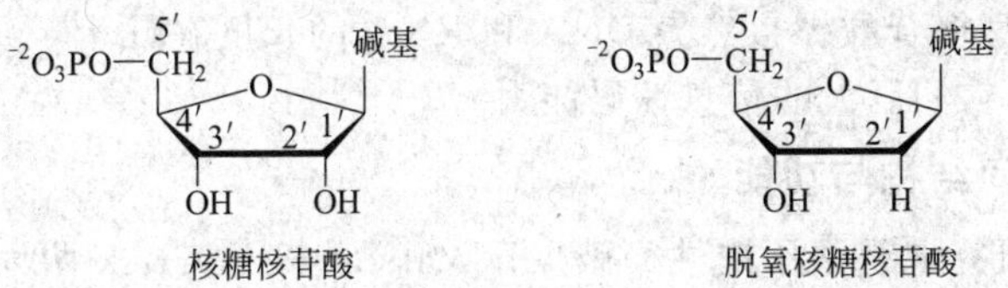

图 3-9　核苷酸和脱氧核苷酸

在体内，核苷酸除了构成核酸大分子以外，还参加各种物质代谢的调控和多种蛋白质功能的调节。例如 ATP 和 UTP 在能量代谢中均为重要的底物或中间产物；环型腺苷酸（cAMP）和环型鸟苷酸（cGMP）等则在细胞信号转导过程中具有重要调控作用。

（二）核酸的一级结构

DNA 和 RNA 的一级结构是指其中核苷酸的排列顺序，称为核苷酸序列。由于四种核苷酸间的差异主要是碱基不同，因此也称为碱基序列。四种脱氧核苷酸按照一定的排列顺序以磷酸二酯键相连形成的多聚脱氧核苷酸链称为DNA。多聚核苷酸链则称为RNA。这些脱氧核苷酸或核苷酸的连接具有严格的方向性，由前一位核苷酸的3′-OH与下一位核苷酸的5′位磷酸基之间形成3′,5′-磷酸二酯键，从而构成一个没有分支的线性大分子（图3-9）。它们的两个末端分别称为5′-末端（游离磷酸基）和3′-末端（游离羟基）。DNA的书写方式有多种，如图3-10所示。需要强调的是DNA的书写规则应从5′-末端到3′-末端。RNA的书写方式与DNA相同。

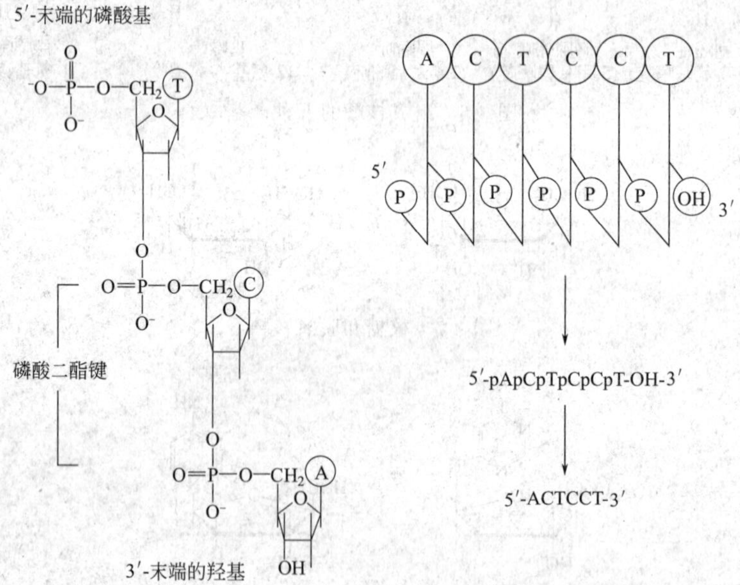

图3-10 DNA的一级结构及其书写规则

RNA是生物体内另一大类核酸。它与DNA的差别是：①组成它的核苷酸的戊糖不是脱氧核糖而是核糖；②RNA中的嘧啶成分为胞嘧啶和尿嘧啶，而不含有胸腺嘧啶。所以构成RNA的基本四种核苷酸是AMP、GMP、CMP和UMP，其中U代替了DNA中的T。

核酸分子中的核糖（脱氧核糖）和磷酸基团共同构成其骨架结构，但是不参与遗传信息的贮存和表达。DNA和RNA对遗传信息的携带和传递，是依靠碱基排列顺序变化而实现的。核酸分子的大小常用碱基数目（base，kilobase，用于单链DNA和RNA）或碱基对数目（base pair，bp或kilobase pair，kbp，用于双链DNA和RNA）表示。小的核酸片段（＜50bp）常被称为寡核苷酸。自然界DNA和RNA的长度在几十至几万个碱基之间，碱基排列顺序的不同赋予它们巨大的信息编码能力。

二、DNA的空间结构与功能

1953年，核酸研究取得了历史性突破。J. Watson和F. Crick两人在《自然》杂志上发表了DNA双螺旋结构模型的论文。这一发现揭示了生物界遗传性状得以世代相传的分子机制，可以认为是生物学发展的里程碑，是现代分子生物学的开始。这一历史性发现已经为生物学和医学的发展带来了巨大的变化，无论是对生命活动本质的深刻理解，还是改造生命的各种努力，无一不得益于这一发现所揭示的自然奥秘。

（一）DNA的二级结构——双螺旋结构模型

20世纪40年代末至50年代初期，人们已经证实了DNA是遗传信息的携带者，阐明DNA的分子结构很快成为当时最为引人注目的科学问题之一。

E. Chargaff等人采用色谱分析和紫外吸收分析等技术研究了DNA分子的碱基成分。他们提出了以下有关 DNA 分子的四种碱基组成的 Chargaff 规则：①腺嘌呤与胸腺嘧啶的摩尔数总是相等（A＝T），鸟嘌呤与胞嘧啶的摩尔数总是相等（G＝C）；②不同生物种属的 DNA 碱基组成不同；③同一个体不同器官、不同组织的 DNA 具有相同的碱基组成。这一规则预示着 DNA 分子中的碱基 A 与 T、G 与 C 以互补配对方式存在的可能性。

此后，R. Franklin 获得了高质量的 DNA 的 X 线衍射照片，显示出 DNA 是螺旋形分子，而且从密度上提示 DNA 是双链分子。这一照片为 DNA 双螺旋结构提供了最直接的依据，与 Watson 和 Crick 的论文发表在同一期《自然》杂志上。

Watson 和 Crick 两人巧妙地综合了当时人们对于 DNA 分子特性的各种认识和获得的各种资料，提出了 DNA 的双螺旋结构模型，亦称为 Watson 和 Crick 结构模型。

1. DNA 是反向平行的互补双链结构

在 DNA 双链结构中，亲水的脱氧核糖基和磷酸基骨架位于双链的外侧，而碱基位于内侧，两条链的碱基之间以氢键相结合。由于碱基结构的不同，造成了其形成氢键的能力不同，因此产生了固有的配对方式，即腺嘌呤与胸腺嘧啶配对，形成两个氢键（A＝T），鸟嘌呤与胞嘧啶配对，形成三个氢键（G≡C）。这种配对关系也称为碱基互补，每个 DNA 分子中的两条链互为互补链。每条链中的碱基以疏水的近于平面的环形结构彼此接近而堆积，碱基平面与线性分子结构的长轴相垂直（图 3-11）。

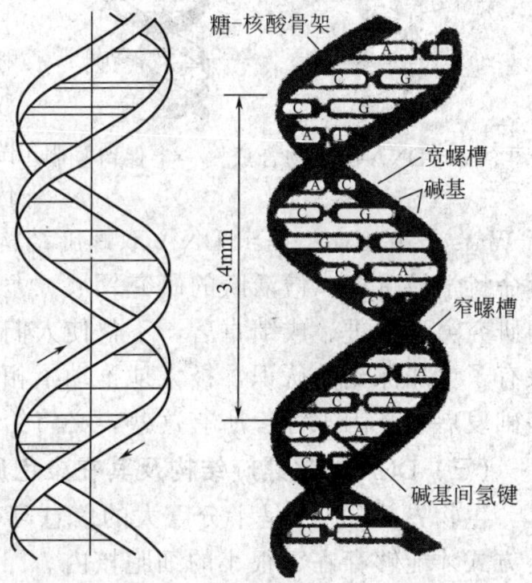

图 3-11　DNA 的二级结构——双螺旋结构模型

两条多聚核苷酸链的走向呈反向平行。一条链是 5′→3′，另一条链就一定是 3′→5′。这是由核苷酸连接过程中严格的方向性和碱基结构对氢键形成的限制共同决定的。

2. DNA 双链是右手螺旋结构

DNA 作为线性长分子，并非刚性结构，否则无法在小小的细胞核中存在。作为初始的折叠，DNA 形成了一个右手螺旋式结构（图 3-11）。DNA 双链所形成的螺旋直径为 2nm，螺旋每旋转一周包含了 10 对碱基，每个碱基的旋转角度为 36°，螺距为 3.4nm，每个碱基平面之间的距离为 0.34nm。从外观上看，DNA 双螺旋分子表面存在一个大沟和一个小沟，目前认为这些沟状结构与蛋白质和 DNA 间的识别有关。

3. 疏水力和氢键维系 DNA 双螺旋结构的稳定

DNA 双链结构的稳定横向依靠两条链互补碱基间氢键的维系，纵向则靠碱基平面间的疏水性堆积力维持。从总能量意义上来讲，碱基堆积力对于双螺旋的稳定性更为重要。

（二）DNA 的生物合成——半保留复制

Watson 和 Crick 于 1953 年提出 DNA 双螺旋结构模型时，就对其复制机制作出科学的预测，即在 DNA 复制过程中亲代 DNA 分子的两条链首先解螺旋和分离，然后以每条链为模板，按照碱基配对原则（A-T，G-C），在这两条模板链各合成一条互补链。这样，从亲代的一个双螺旋 DNA 分子形成了两个与原先的碱基序列完全相同的子代 DNA 分子。每个子代分子中有下一链来自亲代 DNA，另一条链则是新合成的。这样的复制方式称为半保留复制（图 3-12）。

DNA 的严格碱基配对形成互补的双链结构，对于保持遗传信息的稳定性和实现复制的

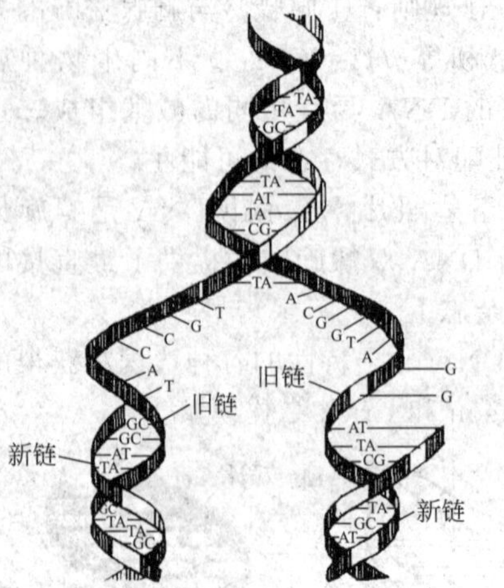

图 3-12 DNA 的生物合成——半保留复制

准确性具有十分重要的意义。原核生物每个细胞只含有一个“染色体”；真核生物每个细胞则含有多个染色体。在细胞周期的 S 期，整个染色体组进行精确复制，随后以染色体为单位把复制的基因组分配到子代细胞中去。DNA 的半保留复制具有极其重要的生物学意义。生物的遗传信息通过 DNA 复制，亲代 DNA 的一条链保留在子代 DNA 分子中，新合成的链必须与模板链碱基配对，从而使生物的遗传特性保持稳定性。

DNA 右手双螺旋结构模型的提出为 DNA 储存和复制遗传信息的机制提供了最好的解释。DNA 的双链碱基互补特点提示，DNA 复制时可以采用半保留复制的机制，两条链分别作为模板，生成新的子代互补链，从而保持遗传信息稳定传递。自从 1953 年 Watson 和 Crick 提出 DNA 双螺旋结构模型以来，人们对核酸的结构与功能的探索成为生命科学最重要、最活跃的研究领域。尤其是最近 20 年，对核酸的生物合成及其调控机理的研究突飞猛进、成绩卓著，不仅使人们对细胞的生长、发育、遗传、变异等重要的生命现象有了更加深刻的认识，极大地推动了相关领域的研究工作，而且以这方面的理论和技术为基础发展了基因工程。所有这些，必将给人类的生产和生活带来深刻的变革。

（三）DNA 的超螺旋结构及其在染色质中的组装

生物界的 DNA 是十分巨大的信息高分子，DNA 的长度要求其必须形成紧密折叠扭转的方式才能够存在于很小的细胞核内。因此，DNA 在形成双螺旋式结构的基础上，在细胞内会进一步旋转折叠，并且在蛋白质的参与下组装成为致密结构。

DNA 双螺旋链再盘绕即形成超螺旋结构。盘绕方向与 DNA 双螺旋方同相同为正超螺旋，盘绕方向与 DNA 双螺旋方向相反则为负超螺旋。自然界的闭合双链 DNA 主要是以负超螺旋形式存在。细胞内的 DNA 超螺旋结构始终处于动态变化中，整体或局部的拓扑学变化及其调控对于 DNA 复制和 RNA 转录过程具有关键作用。

1. 原核生物 DNA 的高级结构

绝大部分原核生物的 DNA 都是共价封闭的环状双螺旋分子。在细胞内进一步盘绕，并形成类核结构，以保证其以较致密的形式存在于细胞内。类核结构中约 80%为 DNA，其余为蛋白质。在细菌基因组中，超螺旋可以相互独立存在，形成超螺旋区（图 3-13），各区域间的 DNA 可以有不同程度的超螺旋结构。目前的分析表明，大肠杆菌的基因组中，平均每 200 个碱基就有一个负超螺旋形成。细菌基因组 DNA 的高级结构的许多特征还有待研究，例如，不同 DNA 区域间的结构是否具有特异性，碱基序列与高级结构的关系如何以及各局

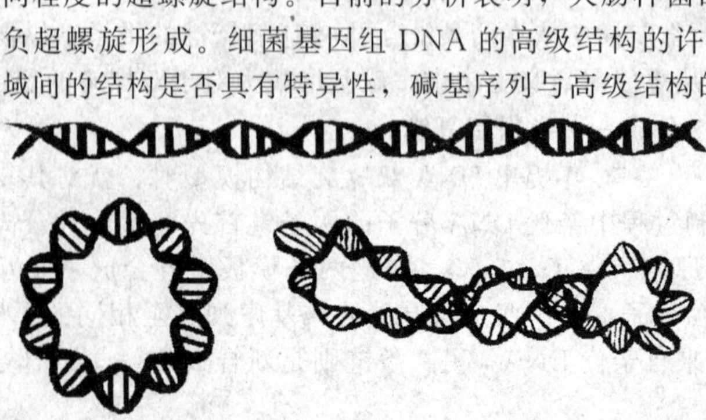
图 3-13 线性、环状和超螺旋 DNA 示意图

部结构如何维系等等。

2. DNA 在真核生物细胞核内的组装

在真核生物中，DNA 以非常致密的形式存在于细胞核内。在细胞周期的大部分时间里以分散存在的染色质形式出现，在细胞分裂期形成高度组织有序的染色体，在光学显微镜下即可见到。在这样一种致密结构中，DNA 要随时能够完成复制、转录等复杂功能。DNA 在真核生物细胞核内如何完成折叠和组装？又如何在基因复制和表达中发生动态变化？这些都是 DNA 高级结构研究的重点问题。

染色质的基本组成单位被称为核小体，由 DNA 和 5 种组蛋白共同构成。核小体中的组蛋白分别称为 H1，H2A，H2B，H3 和 H4。各两分子的 H2A，H2B，H3 和 H4 共同构成八聚体的核心组蛋白，DNA 双螺旋链缠绕在这一核心上形成核小体的核心颗粒。核小体的核心颗粒之间再由 DNA（约 60bp）和组蛋白 H1 构成的连接区连接起来形成串珠样的结构（图 3-14）。

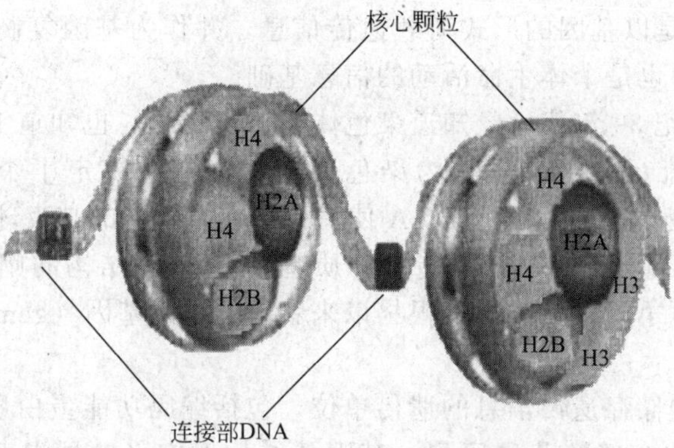

图 3-14　核小体结构示意图

核小体是 DNA 在核内形成致密结构的第一层次折叠，使得 DNA 的整体体积减少约 6 倍；第二层次的折叠是核小体卷曲（每周 6 个核小体）形成直径 30nm、在染色质和间期染色体中都可以见到的纤维状结构和襻状结构，DNA 的致密程度增加约 40 倍；第三层次的折叠是 30nm 纤维再折叠形成柱状结构，致密程度增加约 1000 倍，在分裂期染色体中增加约 10000 倍，从而将约 1m 长的 DNA 分子压缩，容纳于直径只有数微米的细胞核中（图 3-14）。这一折叠过程是在蛋白质参与下的一个非常精确的动态过程，但具体由哪些蛋白负责尚未得到最后确认。与原核细胞中的 DNA 分子不同，在真核细胞的基因组中，DNA 通常是与蛋白质结合在一起，形成 DNA-蛋白复合体即染色体。每一条染色体都是由一条线形 DNA 分子与多个蛋白质组成的复合体。图 3-15 是真核染色体的基本结构组成图。从图中可以看出，DNA 分子缠绕在一类称为组蛋白的外表面，而形成核小体；每个核小体由 DNA

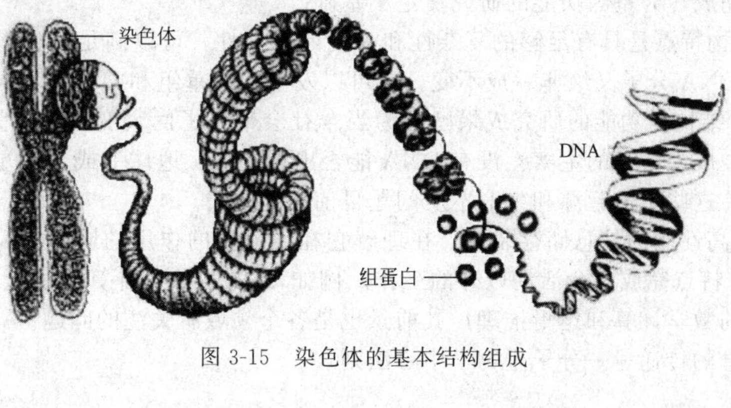

图 3-15　染色体的基本结构组成

串连在一起构成念珠状的核小体纤丝，并继续螺旋成核纤丝。

(四) DNA 的功能

生物与非生物的根本区别在于生物能进行新陈代谢和具有繁殖能力。新陈代谢为生物个体的生长发育提供了必要的物质和能量，而繁殖和遗传则使生物群体得以繁衍生息、不断进化。现代科学已经充分证明，核酸是生物遗传的物质基础。除少数 RNA 病毒外，几乎所有的生物均以 DNA 为遗传信息载体。生物的遗传信息以密码的形式贮存在 DNA 分子上，表现为特定的核苷酸排列顺序。在细胞分裂过程中，通过 DNA 复制把亲代细胞所含的遗传信息忠实地传递给两个子代细胞。在子代细胞的生长发育过程中，这些遗传信息通过转录传递给 RNA，再由 RNA 通过翻译转变成相应的蛋白质多肽链上的氨基酸序列，由蛋白质执行各种各样的生物学功能，使后代表现出与亲代极其相似的遗传特征。

1. DNA 是生命遗传的物质基础和个体生命活动的信息基础

DNA 的基本功能是以基因的形式荷载遗传信息，并作为基因复制和转录的模板。它是生命遗传的物质基础，也是个体生命活动的信息基础。

尽管人们在 20 世纪 30 年代已经知道染色体是遗传物质，也知道 DNA 是染色体的组成部分，不过当时更为流行的观点是认为染色体中的蛋白质决定了个体遗传性。1944 年，O. Avery 利用致病肺炎球菌中提取的 DNA 使另一种非致病性的肺炎球菌的遗传性状发生改变而成为致病菌，才证实了 DNA 是遗传的物质基础。DNA 结构的阐明使得它作为遗传信息载体的作用更加无可争议。生物学家很早以来就已使用的基因（gene）这一名词也最终有了它真实的物质基础。

基因是核酸分子中储存遗传信息的遗传单位，包括编码功能蛋白质或 RNA 序列信息及表达这些信息所必需的全部核苷酸序列。基因从结构上定义，是指 DNA 分子中的特定区段，其中的核苷酸排列顺序决定了基因的功能。DNA 是细胞内 RNA 合成的模板，部分 RNA 又为细胞内蛋白质的合成带去指令。DNA 的核苷酸序列以遗传密码的方式决定不同蛋白质的氨基酸顺序。依据这一原理，DNA 仅仅利用四种碱基的不同排列，可以对一个生物体的所有遗传信息进行编码，经过复制遗传给子代，经过转录和翻译保证支持生命活动的各种 RNA 和蛋白质在细胞内有序合成。

细胞或生物体中，一套完整单倍体的遗传物质的总和称为基因组。一个生物体的基因组包含了所有编码 RNA 和蛋白质的序列及所有的非编码序列，也就是 DNA 分子的全序列。一般来讲，进化程度越高的生物体其 DNA 分子越大、越复杂。最简单的单细胞生物基因组仅含几千个碱基对，人的基因组则有 2.8×10^9 个碱基对，使可编码的信息量大大增加。但也并非完全如此，青蛙的 DNA 分子就较人类大了将近 10 倍。人类基因组的全部碱基序列测定工作已经完成，为基因功能的研究奠定了基础。

DNA 的结构特点是具有足够的复杂性和高度的稳定性，可以满足遗传多样性和稳定性的需要。不过 DNA 分子又绝非一成不变，它可以发生各种重组和突变，为自然选择提供机会。尽管 DNA 结构与功能的研究成果已经为当今社会带来了巨大变化，但是 DNA 分子如何在进化过程中成为生命的主宰？没有 DNA 能否出现生命？地球上或其他星球是否有非核酸的生命形式？这些生命起源和生命本质问题目前尚未解决。

DNA 作为高性能的信息储存装置，在理解它在生命中的作用的同时，人们已经试图利用 DNA 的结构特点完成生命活动以外的工作。例如，DNA 分子计算机已经可以利用 DNA 分子完成简单的数学计算和逻辑推理，其前景也是各个领域所关注的问题。

2. 遗传信息的传递——分子生物学中心法则

基因从结构上定义，是指DNA分子中的特定区段，其中的核苷酸排列顺序决定了基因的功能。DNA是细胞内RNA合成的模板，部分RNA又为细胞内蛋白质的合成带去指令。DNA的核苷酸序列以遗传密码的方式决定不同蛋白质的氨基酸顺序。依据这一原理，DNA仅仅利用四种碱基的不同排列，可以对一个生物体的所有遗传信息进行编码，经过复制遗传给子代，经过转录和翻译保证支持生命活动的各种RNA和蛋白质在细胞内有序合成。

所谓“复制”是指以亲代DNA分子的双链为模板，按照碱基配对的原则，合成出与亲代DNA分子相同的两个双链DNA分子的过程。“转录”则是以DNA分子中的一条链为模板，按碱基配对原则，合成出一条与模板DNA链互补的RNA分子的过程。“翻译”或称“转译”，是指在mRNA指令下，按照三个核苷酸（碱基三联体密码子）决定一个氨基酸的原则，把mRNA上的遗传信息转换成蛋白质中特定的氨基酸序列的过程。后来人们发现，在宿主细胞中RNA病毒能以自己的RNA为模板复制出新的病毒RNA；逆病毒能以其RNA为模板合成DNA，称为逆转录。逆转录得到的DNA，称为cDNA。

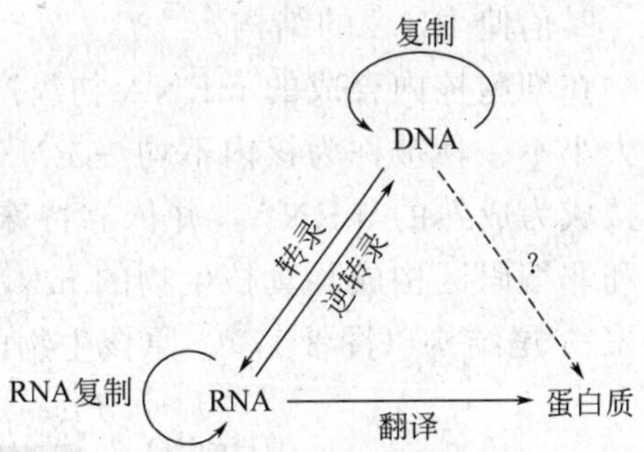

图3-16　中心法则示意图

上述遗传信息的流动过程被称为分子遗传的中心法则（图3-16）。目前普遍认为遗传信息不能从蛋白质流向核酸；DNA是否可以不经过RNA直接作为指令蛋白质合成的模板，尚待实验证明。

三、RNA的结构与功能

RNA在生命活动中同样具有重要作用。目前已知，它和蛋白质共同负责基因的表达和表达过程的调控。RNA通常以单链形式存在，但也有复杂的局部二级结构或三级结构，以完成一些特殊功能。RNA分子比DNA分子小得多，小的仅由数十个核苷酸，大的由数千个核苷酸通过磷酸二酯键连接而成。由于它的功能多样，因此它的种类、大小和结构都远比DNA多样化（表3-3）。

表3-3　动物细胞内主要的RNA种类及功能

RNA种类	细胞核和胞液	线粒体	功能
核蛋白体RNA	rRNA	mt rRNA	核蛋白体组成成分
信使RNA	mRNA	mt mRNA	蛋白质合成模板
转运RNA	tRNA	mt tRNA	转运氨基酸
不均一核RNA	hnRNA		成熟mRNA的前体
核内小RNA	snRNA		参与hnRNA的剪接、转运
核仁小RNA	snoRNA		rRNA的加工和修饰
胞质小RNA	scRNA/7SL-RNA		蛋白质内质网定位合成的信号识别体的组成成分

（一）信使RNA的结构与功能

1. 信使RNA的功能

20世纪50年代中期，DNA决定蛋白质合成的作用已经得到了公认。当时要解决的难题是：DNA主要存在于细胞核，如果作为蛋白质合成的模板，如何解释蛋白质合成是在细胞质中进行的这一事实？如果RNA是模板，DNA的基因作用又如何解释？尽管在20世纪

40 年代初期，一部分 RNA 研究者已经发现细胞质内蛋白质的合成速度与 RNA 水平相关，但是直到 1960 年 F. Jacob 和 J. Monod 等人才用放射性核素示踪实验证实，一类不同于 rRNA 的另一类 RNA 分子才是蛋白质在细胞内合成的模板。后来又确认了这些 RNA 是在核内以 DNA 为模板合成，然后转移至细胞质这一重要事实。由此很自然得出了结论：DNA 决定蛋白质合成的作用是通过这类特殊的 RNA 实现的。这种作用类似于信使，因此，这类 RNA 被命名为信使 RNA（mRNA）。

2. 信使 RNA 的结构

在细胞核内合成的 mRNA 初级产物比成熟的 mRNA 分子大得多，这种初级的 RNA 分子大小不一，被称为核内不均一 RNA（hnRNA）。hnRNA 在细胞核内存在时间极短，经过剪接成为成熟的 mRNA，并依靠特殊的机制转移到细胞质中。成熟的 mRNA 由氨基酸编码区和非编码区构成。真核生物的 mRNA 的结构特点是含有特殊 5′－末端的帽和 3′－末端的多聚 A 尾结构（图 3-17）。原核生物的 mRNA 未发现类似结构。

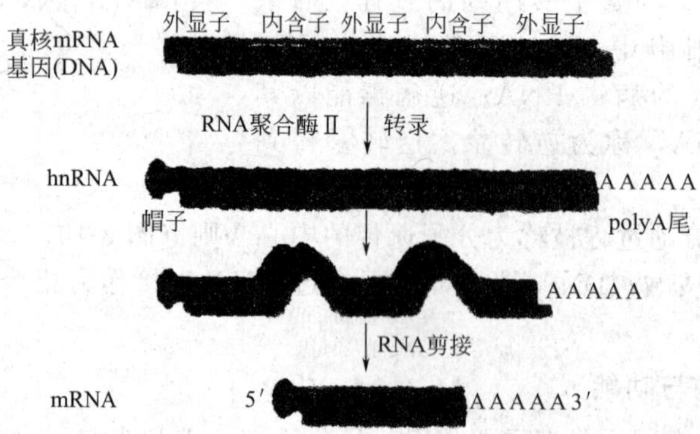

图 3-17 真核细胞的 mRNA 及其合成示意图

（1）5′－末端的帽结构

大部分真核细胞的 mRNA 的 5′－末端以 7-甲基鸟嘌呤-三磷酸鸟苷为起始结构，这种 m7GpppN 结构被称为帽结构。5′－帽结构是由鸟苷酸转移酶加到转录后的 mRNA 分子上的，与 mRNA 中所有其他核苷酸呈相反方向。帽结构中的鸟苷酸及相邻的 A 或 G 都可以发生甲基化，由于甲基化位置的差别可产生数种不同的帽结构。

mRNA 的帽结构可以与一类称为帽结合蛋白（CBPs）的分子结合。这种 mRNA 和 CBPs 复合物对于 mRNA 从细胞核向细胞质的转运、与核蛋白体的结合、与翻译起始因子的结合、mRNA 稳定性的维系等均有至关重要的作用。

（2）3′－末端的多聚 A 尾结构

在真核生物 mRNA 的 3′-末端，大多数有一段由数十个至百余个腺苷酸连接而成的多聚腺苷酸结构，称为多聚 A 尾（polyA）。polyA 结构也是在 mRNA 转录完成以后额外加入的，催化这一反应的酶为 polyA 转移酶。polyA 在细胞内与 polyA 结合蛋白（PABP）相结合而存在，每 10～20 个碱基结合一个 PABP 单体。所以，真核细胞的 mRNA 的 3′-端实际上是一个 polyA 和蛋白多聚体形成的复合物。目前认为，这种 3′-末端多聚 A 尾结构和 5′-帽结构共同负责 mRNA 从核内向胞质的转位、mRNA 的稳定性维系以及翻译起始的调控。去除多聚 A 尾和帽结构是细胞内 mRNA 降解的重要步骤。

生物体各种 mRNA 链的长短差别很大，主要是由其转录的模板 DNA 区段大小及转录后的剪接方式所决定的。mRNA 分子的长短决定了它要翻译出的蛋白质的分子量大小。在各种 RNA 分子中，mRNA 的半衰期最短，由几分钟到数小时不等，这也是 mRNA 的发现晚于其他 RNA 的原因之一。

mRNA 的功能是转录核内 DNA 遗传信息的碱基排列顺序，并携带至细胞质，指导蛋白质合成中的氨基酸排列顺序。mRNA 分子从 5′-末端的 AUG 开始，每 3 个核苷酸为一组，决定肽链上一个氨基酸，称为三联体密码或密码子。

（二）转运 RNA 的结构与功能

转运 RNA（tRNA）的功能是在蛋白质合成过程中作为各种氨基酸的载体，将氨基酸转呈给 mRNA。已完成了一级结构测定的 100 多种 tRNA 都是由 74～95 个核苷酸组成的。所有 tRNA 均有以下类似的结构特点（图 3-18）。

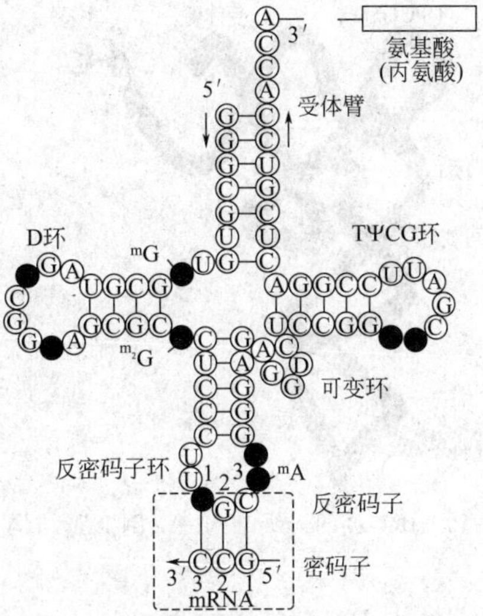

图 3-18　tRNA 的二级结构——三叶草形结构

1. tRNA 分子含有稀有碱基

稀有碱基是指除 A、G、C、U 外的一些碱基，包括双氢尿嘧啶（DHU）、假尿嘧啶（ψ）和甲基化的嘌呤（^{m}G，^{m}A）等。一般的嘧啶核苷以杂环上 N1 与糖环的 C1′连成糖苷键，假尿嘧啶核苷则用杂环上的 C5 与糖环的 C1′相连。tRNA 中的稀有碱基占所有碱基的 10%～20%。

2. tRNA 分子形成茎环结构

组成 tRNA 的几十个核苷酸中存在着一些能局部互补配对的区域，可以形成局部的双链。这些局部双链呈茎状，中间不能配对的部分则膨出形成环状或襻状结构，称为茎环结构或发夹结构。由于这些茎环结构的存在，使得 tRNA 整个分子的形状类似于三叶草形。位于两侧的环状结构以含有稀有碱基为特征，分别称为 D 环和 TψCG 环，反密码子序列位于下方的环内，称为反密码子环。

3. tRNA 分子末端有氨基酸接纳茎

所有 tRNA 的 3′-端的最后 3 个核苷酸序列均为 CCA，是氨基酸的结合部位，称为氨基酸接纳茎。不同 tRNA 的氨基酸接纳茎结合不同的氨基酸。有的氨基酸只有一种 tRNA 作为载体，有的则需要数种 tRNA 作载体，这主要是由于有的氨基酸可有多种密码子为其编码所造成，即存在着密码子的简并性（详见第五章　蛋白质工程）。不同 tRNA 的命名采用右上标不同的氨基酸 3 个字母代号区别，如 $tRNA^{Tyr}$ 表示可以与酪氨酸相结合的 tRNA。已经结合了氨基酸的 tRNA 用前缀氨基酸 3 个字母代号表示，如 Tyr-$tRNA^{Tyr}$ 代表 $tRNA^{Tyr}$ 的氨基酸接纳茎已经结合有酪氨酸。

4. tRNA 序列中有反密码子

每个 tRNA 分子中都有 3 个碱基与 mRNA 上编码相应氨基酸的密码子具有碱基互补关系，可以配对结合，这 3 个碱基被称为反密码子，位于反密码子环内。例如，负责 $tRNA^{Tyr}$ 中的反密码子序列 5′-GUA-3′与 mRNA 上相应的三联体密码 5′-UAC-3′（编码酪氨酸）序列互补配对。不同的 tRNA 有不同的反密码子，蛋白质生物合成时，就是靠反密码子来辨认 mRNA 上相互补的密码子，才能将其所携带的氨基酸正确的安放在正在合成的肽链上。

5. tRNA 的三级结构

X 射线衍射结构分析表明，tRNA 的共同三级结构是倒 L 形（图 3-19）。从 tRNA 的倒

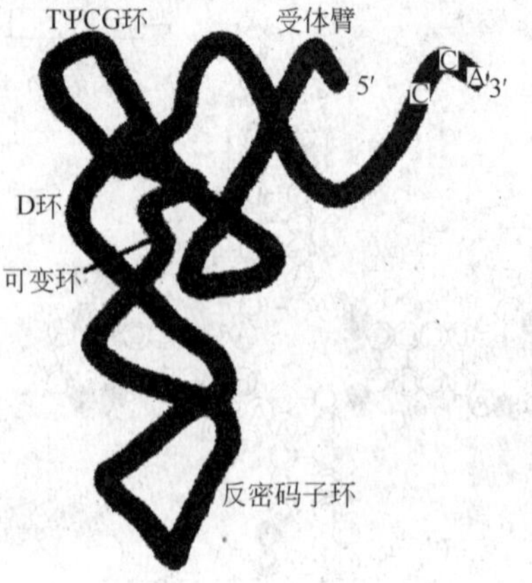

图 3-19 tRNA 的三级结构——倒 L 形结构

L 形三级结构中可以看出：TψCG 环与 D 环在三叶草形的二级结构上各处一方，但在三级结构上都相距很近。对于这种空间结构的具体功能目前还缺乏详细的认识，tRNA 的这种空间结构与核蛋白体中的蛋白质以及 rRNA 之间有着密切的相互作用的关系，但对于其具体功能目前还缺乏详细的认识。

tRNA 的一个最显著特点是有高达 25%的碱基被修饰，但这些被修饰的碱基没有一个是维持 tRNA 结构或与核糖体适当结合所必需的。碱基修饰可能有助于氨基酸臂与特定氨基酸的结合或加强密码子与反密码子的相互反应。

(三) 核蛋白体 RNA 的结构与功能

核蛋白体 RNA（rRNA）是细胞内含量最多的 RNA，约占 RNA 总量的 80%以上。rRNA 与核蛋白体蛋白共同构成核蛋白体或称为核糖体。原核生物和真核生物的核蛋白体均由易于解聚的大、小两个亚基组成。

原核生物有三种 rRNA，大小分别为 5S、16S、23S（S 是大分子物质在超速离心沉降中的一个物理学单位，可间接反映分子量的大小）。其中 16S rRNA 和 20 余种蛋白质构成核蛋白体的小亚基（30S）；大亚基（50S）则由 5S 和 23S rRNA 共同与 30 余种蛋白质结合构成。

真核生物的核蛋白体小亚基（40S）由 18S rRNA 及 30 余种蛋白质构成；大亚基（60S）则由 5S、5.8S、28S 三种 rRNA 加上近 50 种蛋白质构成。

各种 rRNA 的碱基顺序测定均已完成，并据此推测出了二级结构和空间结构。真核生物的 18S rRNA 的二级结构成花状，形似 40S 小亚基，其中的多个茎环结构为核蛋白体蛋白的结合和组装提供了结构基础。数种原核生物的 16S rRNA 的二级结构极为相似，形似 30S 小亚基。

将参与组成核蛋白体的蛋白质和 rRNA 纯化后在试管内混合，不需加入酶或 ATP 就可以自动组装成有活性的大、小亚基，但是 rRNA 之间不能互相代替，因此，核蛋白体立体结构的组装可能是以 rRNA 为主导的。

核蛋白体是细胞合成蛋白质的场所。核蛋白体中的 rRNA 和蛋白质共同为肽链合成所需要的 mRNA、tRNA 以及多种蛋白因子提供了相互结合的位点和相互作用的空间环境。

(四) 其他小分子 RNA 及 RNA 组学

除了上述三种 RNA 外，细胞的不同部位还存在着许多其他种类的小分子 RNA，这些小 RNA 被统称为非 mRNA 小 RNA（snmRNAs）。有关 snmRNAs 的研究近年来受到广泛重视，并由此产生了 RNA 组学的概念。RNA 组学研究细胞中 snmRNAs 的种类、结构和功能。同一生物体内不同种类的细胞、同一细胞在不同时间、不同状态下 snmRNAs 的表达具有时间和空间特异性。

snmRNAs 主要包括核内小 RNA、核仁小 RNA、胞质小 RNA、催化性小 RNA、小片段干涉 RNA 等等。这些小 RNA 在 hnRNA 和 rRNA 的转录后加工、转运以及基因表达过程的调控等方面具有非常重要的生理作用。

某些小 RNA 分子具有催化特定 RNA 降解的活性，在 RNA 合成后的剪接修饰中具有重要作用。这种具有催化作用的小 RNA 亦被称为核酶或催化性 RNA。T. Cech 和 S. Altman 两人由于这一发现在 1989 年获得了诺贝尔化学奖。

近来，siRNA 的研究受到了特别关注。siRNA 是生物宿主对于外源侵入的基因所表达的双链 RNA 进行切割所产生的、具有特定长度（21 个核苷酸）和序列的小片段 RNA。这些 siRNA 可以与外源基因表达的 mRNA 相结合，并诱发这些 mRNA 的降解。利用这一机制发展起来的 RNA 干涉（RNAi）技术正被广泛用于生命科学的各个研究领域，也将在病毒感染性疾病和其他疾病的治疗中发挥重要作用。

四、基因和基因组结构

基因（gene）是具有遗传功能的 DNA 或 RNA 分子片段，是遗传物质的最小功能单位。基因在染色体或 DNA 分子上，基因成串排列，它既是遗传的功能单位，同时也是交换单位和突变单位。但并非所有的 DNA 序列都是基因，只有某些特定的多核苷酸区段才是基因的编码区。一个基因应包含不仅是编码蛋白质肽链或 RNA 的核酸序列，还包括为保证转录所必需的调控序列、5′非翻译序列、内含子以及 3′非翻译序列等所有的核酸序列（蛋白质基因和 RNA 基因）。

基因组（genome）是细胞或生物体内一套完整单体的遗传物质的总和；或所含有的全部基因。基因组的功能是贮存和表达遗传信息。细胞内有两种基因组：一种是核基因组，重要的遗传信息存在于核基因组内；还有一种是核外基因组，包括质粒基因组、线粒体基因组、叶绿体基因组等。基因组的结构主要指不同的基因功能区域在核酸分列中的分布和排布情况。

（一）原核基因组

原核生物的染色体基因组是指其环状或线状的双链 DNA 分子所含有的全部基因，有的原核生物还含有染色体外的质粒基因组。原核细胞的基因是由成百上千个核苷酸对组成的。组成基因的核苷酸序列可以分为不同的区段。在基因表达的过程中，不同区段所起的作用并不相同，典型的原核细胞的基因结构如图 3-20 所示。

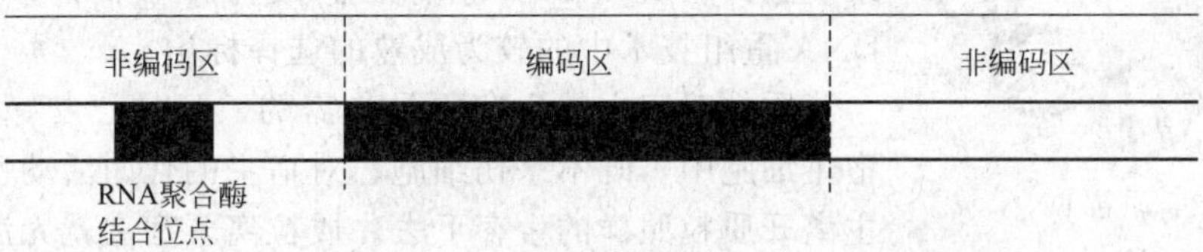

图 3-20　典型的原核细胞的基因结构

原核生物的染色体是由一个核酸分子（DNA 或 RNA）组成的，DNA（RNA）呈环状或线性，而且它的染色体分子量较小。功能相关的基因大多以操纵子形式出现。如大肠杆菌的乳糖操纵子等。操纵子是细菌的基因表达和调控的一个完整单位，包括结构基因、调控基因和被调控基因产物所识别的 DNA 调控原件（启动子等）。大肠杆菌乳糖操纵子的结构如图 2-21 所示，调节基因、结构基因分别编码一种蛋白质，其中调节蛋白与操纵子中特定的 DNA 序列 O 结合而阻遏转录过程；P 为启动子即 RNA 聚合酶结合位点；O 为调节蛋白结合位点，与启动子有部分区域重叠。CAP（降解物基因活化蛋白）结合位点为细胞内 CAP-cAMP 复合物结合部位。

原核生物的蛋白质基因通常以单拷贝的形式存在。一般而言，为蛋白编码的核苷酸顺序是连续的，中间不被非编码顺序所打断。基因组较小，只含有一个染色体，呈环状，只有一个复制起点，一个基因组就是一个复制子。重复序列和不编码序列很少。这点与真核生物明显不同，据估算，真核生物不编码序列可占基因组的 90%以上。这些不编码序列中大部分是重复序列。在原核生物中只有嗜盐细菌、甲烷细菌和一些嗜热细菌、有柄细菌的基因组中有较多的重复序列，在一般细菌中只有 rRNA 基因等少数基因有较大的重复。功能密切相

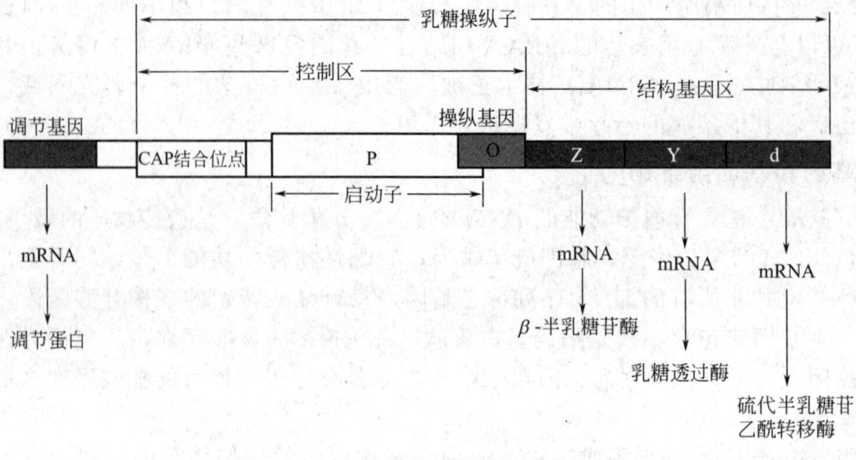

图 3-21 大肠杆菌乳糖操纵子的结构

关的基因常高度集中，越简单的生物，集中程度越高。DNA 绝大部分用于编码蛋白质，结构基因为单拷贝。结构基因中无重叠现象（一段 DNA 序列编码几种蛋白质多肽链）。基因组中存在可移动的 DNA 序列，如转座子和质粒等。

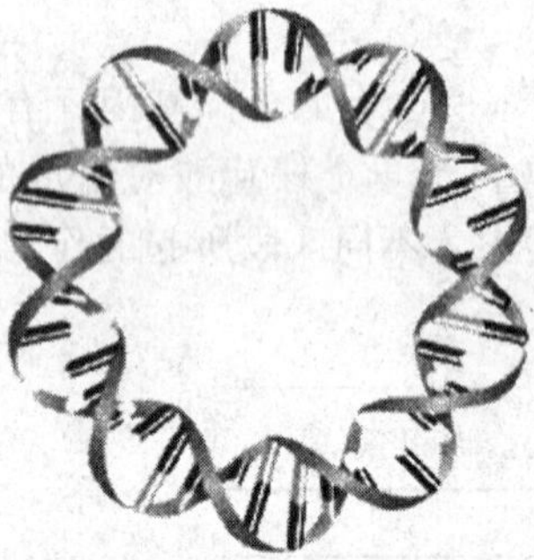

图 3-22 质粒 DNA

质粒（plasmid）是独立于许多细菌及某些真核细胞染色体外共价闭合环状的 DNA 分子（covalant closed circnlar, cccDNA），能独立复制的最小遗传单位（图 3-22）。

质粒是双链的 DNA 分子，大小在 1～200kb 之间，和病毒不同，它们没有衣壳蛋白（裸 DNA）。质粒可通过复制、转录、翻译，从而赋予寄主细胞某种性状，许多性状已作为 DNA 重组技术中的较为成熟的选择标记。

质粒对宿主的生存不是必需的，只是“友好”的“借居”宿主细胞中，既不杀伤细胞，对宿主的代谢活动也无影响，宿主离开质粒照样的生存下去。质粒离开宿主就无法生存，只有依赖宿主细胞的（酶和蛋白质）帮助，才能完成自身的复制（扩增）、转录。质粒经常为宿主执行一些适当的遗传功能，作为对宿主细胞的补偿。质粒赋予宿主各种有利的表型（质粒编码蛋白质或酶），使宿主获得生存优势，与我们基因工程实验紧密相关的，如抗生素抗性基因。质粒能够复制、传递和表达遗传信息，从分子遗传学观点来看是一种有机体，是比病毒更原始的生命形式，是生命起源研究的一块重要基石。

质粒是基因工程的重要载体（vector），能把外源基因（目的基因）送到宿主细胞中去克隆扩增或克隆表达。质粒是可以改造的，可以剪切、剪接的，基因工程的重要任务之一就是严格改造质粒的同时，控制质粒不传递，若一个致癌质粒可以传递就会传到外部。作为基因工程载体的质粒必须同时符合三个条件：①都能独立自主的复制；②都能便利的加以检测（如抗生素抗性）；③都能容易引进宿主细胞中去，也易从宿主细胞中分离纯化。

（二）真核生物基因组

真核生物的基因组一般比较庞大，例如人的单倍体基因组由 3×10^6 bp 碱基组成，但人细胞中所含基因总数大概会超过 3 万个。这就说明在人细胞基因组中有许多 DNA 序列并不转录成 mRNA 用于指导蛋白质的合成。研究发现这些非编码区往往都是一些大量的重复序列，这些重复序列或集中成簇，或分散在基因之间。在基因内部也有许多能转录但不翻译的间隔序列（内含子）。真核细胞的基因结构如图 3-23 所示。

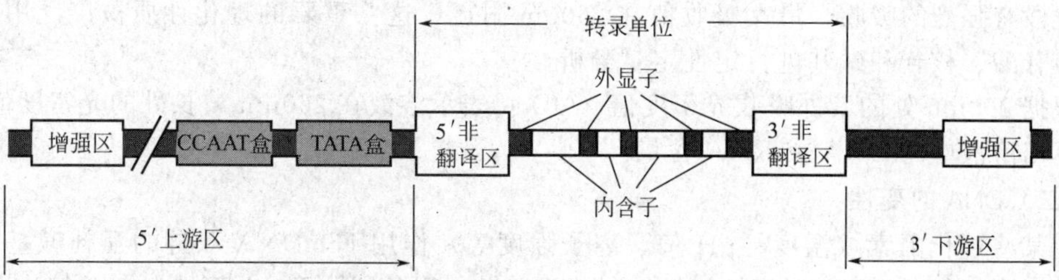

图 3-23　真核细胞的基因结构

真核生物基因组有以下特点。

(1) 真核基因组远远大于原核生物的基因组。

(2) 真核基因具有许多复制起点，每个复制子大小不一。每一种真核生物都有一定的染色体数目，除了配子为单倍体外，体细胞一般为双倍体，即含两份同源的基因组。

(3) 真核基因都由一个结构基因与相关的调控区组成，转录产物的单顺反子，即一分子 mRNA 只能翻译成一种蛋白质。结构基因（structural gene）指能转录成为 mRNA、rRNA 或 tRNA 的 DNA 顺序。

(4) 真核生物基因组中含有大量重复顺序。重复次数可达百万次以上。重复序列中，除了编码 rRNA、tRNA、组蛋白及免疫球蛋白的结构基因外，大部分是非编码序列。它们的功能主要与基因组的结构稳定性，组织形式以及基因表达调控有关。

(5) 真核生物基因组内非编码的顺序（NCS）占 90%以上。编码序列占 5%。但由于其基因组非常大，故其基因数量比原核生物基因组要大得多（几十倍）。

(6) 真核生物的结构基因是不连续的，即编码序列被非编码序列分隔开来，基因与基因内非编码序列为间隔 DNA，基因内非编码序列为内含子，被内含子隔开的编码序列则为外显子。

(7) 真核生物基因组功能相关的基因构成各种基因家族，它们可串联在一起，亦可相距很远，但即使串联在一起成簇的基因也是分别转录的。

(8) 真核生物基因组中存在着大量的非编码顺序，这些顺序中，只有很小一部分具有重要的调节功能，绝大部部分都没有什么特殊功用。在这些 DNA 序列中虽然积累了大量缺失、重复或其他突变，但对生物并没有什么影响，它们的功能似乎只是自身复制，所以人们称这类 DNA 为自私 DNA（selfish DNA）或寄生 DNA（parasite DNA）。自私 DNA 也许有重要的功能，但目前人类还不能完全了解。

五、核酸的理化性质

核酸的结构及成分赋予其一些特殊的理化性质，这些理化性质已被广泛用作基础研究工作及疾病诊断的工具。

（一）核酸的一般理化性质

核酸为多元酸，具有较强的酸性。DNA 是线性高分子，因此黏度极大，而 RNA 分子远小于 DNA，黏度也小得多。DNA 分子在机械力的作用下易发生断裂，为基因组 DNA 的提取带来一定困难。

溶液中的核酸分子在引力场中可以下沉。在超速离心形成的引力场中，不同构象的核酸分子，如环状、线性、开环和超螺旋等不同结构的 DNA 沉降的速率有很大差异。这是超速离心法可以纯化核酸的理论基础。

嘌呤和嘧啶环中均含有共轭双键，因此，碱基、核苷、核苷酸和核酸在 240～290nm 的紫外波段有强烈的吸收，最大吸收值在 260nm 附近。这一重要的理化性质被广泛用来对核酸、核苷酸、核苷和碱基进行定性定量分析。

根据 260nm 处的紫外吸收光密度值（OD_{260} 表示溶液在 260nm 波长处的光密度值），可以计算出溶液中的 DNA 或 RNA 含量。

（二）DNA 的变性

在某些理化因素（温度、pH 值、离子强度等）作用下，DNA 双链的互补碱基对之间的氢键断裂，使 DNA 双螺旋结构松散，成为单链的现象即为 DNA 变性（图 3-24）。

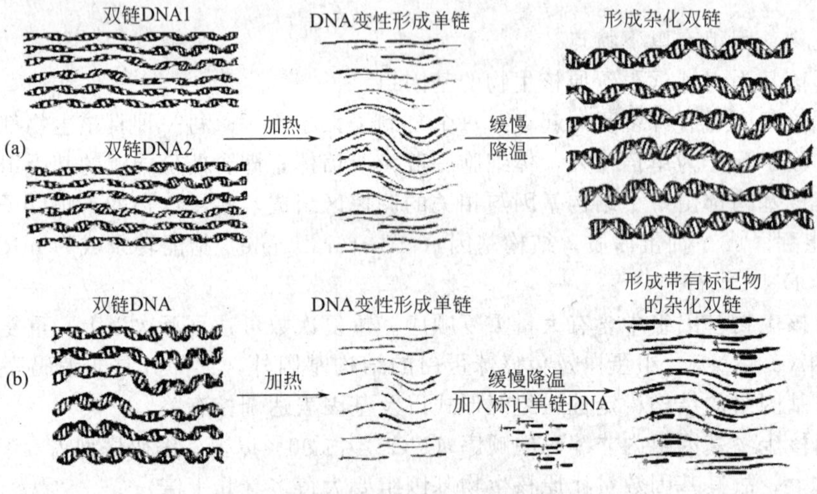

图 3-24 DNA 的变性、复性与分子杂交

DNA 变性只改变其二级结构，不改变它的核苷酸排列。在 DNA 解链过程中，由于更多的共轭双键得以暴露，DNA 在紫外区 260nm 处的吸光值增加，并与解链程度有一定的比例关系，这种关系称为 DNA 的增色效应，它是监测 DNA 双链是否发生变性的一个最常用的指针。在实验室内最常用的使 DNA 分子变性的方法之一是加热。如果在连续加热 DNA 的过程中以温度对 OD_{260} 值作图，所得的曲线称为解链曲线（图 3-25）。

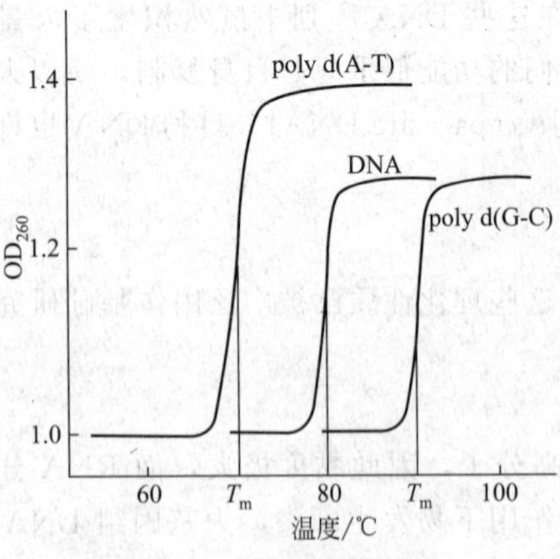

图 3-25 DNA 的变性曲线及 T_m 值

从曲线中可以看出，DNA 的变性从开始解链到完全解链，是在一个相当窄的温度内完成的。在这一范围内，紫外光吸收值达到最大值的 50%时的温度称为 DNA 的解链温度。由于这一现象和结晶体的溶解过程类似，又称融解温度（T_m）。在达到 T_m 时，DNA 分子内 50%的双链接构被打开。一种 DNA 分子的 T_m 值的高低与其分子大小及所含碱基中的 G 和 C 所占比例相关。G 和 C 的含量越高，T_m 值越高；分子越长，T_m 越高。T_m 值可以根据 DNA 分子大小及其 G 和 C 含量计算。

（三）DNA 的复性与分子杂交

变性 DNA 在适当条件下，两条互补链可重新配对，恢复天然的双螺旋构象，这一现象称为复性（图 3-24）。热变性的 DNA 经缓慢冷却后即可复性，这一过程称为退火。

DNA 的复性速度受温度的影响，只有温度缓慢下降才可使其重新配对复性。如加热后，将其迅速冷却至4℃以下，则几乎不能发生复性。这一特性被用来保持DNA的变性状态。一般认为，比 T_m 低25℃的温度是DNA复性的最佳条件。

在DNA变性后的复性过程中，如果将不同种类的DNA单链分子或RNA分子放在同一溶液中，只要两种单链分子之间存在着一定程度的碱基配对关系，在适宜的条件（温度及离子强度）下，就可以在不同的分子间形成杂化双链。这种杂化双链可以在不同的DNA与DNA之间形成，也可以在DNA和RNA分子间或者RNA与RNA分子间形成。这种现象称为核酸分子杂交。这一原理可以用来研究DNA分子中某一种基因的位置、鉴定两种核酸分子间的序列相似性、检测某些专一序列在待检样品中存在与否等等。分子杂交在核酸研究中是一个重要工具。最新发展出来的基因芯片等现代检测手段的最基本的原理就是核酸分子杂交。

第三节　碳水化合物

糖是人类的主要能量来源，是自然界中最丰富的一类生物分子，它广泛存在于植物体的各个部位，尤其在植物的果实、种子、根和根茎等部位更为丰富，糖也是植物的营养物质。由于糖分子中氢和氧原子数之比常常是2∶1，刚好与水分子中的氢氧原子数比相同，过去误以为糖是由碳和水构成的，因此又将糖称为碳水化合物。但后来的研究结果发现，糖分子的结构组成并非人们想象的是由碳和水构成，它实际上是一类含有多羟基的醛类或酮类化合物，但由于沿用已久，人们仍然使用碳水化合物这个名字。根据构成糖类化合物的组成单位的多少，可以将糖分为单糖、低聚糖和多糖。

一、单糖

单糖是多羟基醛或酮的化合物，是构成糖类物的最基本结构单位，亦即不能被水解成更小分子的糖。单糖是最简单的糖类，是由较小的前体合成的，而这些前体都是经由 CO_2 和 H_2O 经光合作用衍生出来的。自然界中分布广、意义大的是六碳糖和五碳糖。常见的如葡萄糖、果糖、半乳糖和核糖等。

单糖是至少含有3个碳原子的直链多羟醇的醛或酮衍生物。根据它们所含羰基的化学性质以及碳原子的数目分类。如果羰基是醛，则为醛糖；如果羰基是酮，则为酮糖。单糖又可根据分子内所含碳原子数的不同而分为庚糖、已糖、戊糖、四碳糖和三碳糖。最小的单糖含3个碳原子，称为丙糖，含4、5、6、7个碳原子的糖分别称为丁糖、戊糖、已糖和庚糖等。已醛糖D-葡萄糖的化学式为 $(CH_2O)_6$。6个碳原子中仅2个碳原子 C_1 和 C_6 是手性中心，因此D-葡萄糖是16（$2^4=16$）种可能的立体异构体中的一种。由于生物学中L-糖远比D-糖为少，因此D前缀常被省略。最重要的单糖是醛糖中的甘油醛、核糖、葡萄糖、甘露糖和半乳糖，以及酮糖中的二羟丙酮、核酮糖和果糖。

二、低聚糖

由2～10个单糖经脱水反应，通过糖苷键连接在一起形成的糖聚合物被称为低聚糖或寡糖。低聚糖中最常见的是蔗糖、乳糖和麦芽糖。蔗糖是植物甘蔗和甜菜的主要成分。乳糖是哺乳动物乳汁中的主要糖成分。麦芽糖大量存在于萌发的谷粒，特别是麦芽中。棉籽糖主要存在于甜菜制糖后剩下的废糖蜜中。

最简单的寡糖就是由不同的单糖通过糖苷键互相连接在一起形成的低聚糖。但随着更多寡糖从活性细胞中分离并搞清其结构后发现，凡是具有生物活性的寡糖，并非是多个单糖的简单连接。生物体内的天然寡糖常常都是含有不同取代基的低聚糖，其中的取代基大多都是带电基团。

三、多糖

多糖是由多个单糖分子通过缩合、脱水而生成的。多糖可以由同一种单糖缩合而成，如已糖类的纤维素和淀粉，戊糖类的木聚糖等，统称为均一多糖；也可以由多种不同的单糖缩合而成，如透明质酸，统称为非均一多糖。

多糖通常根据其功能和来源进行分类。主要包括：结构多糖如果胶、纤维素、木聚糖等；贮存多糖如植物淀粉、动物糖原（主要存在于骨骼肌和肝脏细胞中）和菊粉等；海洋多糖如海藻酸、卡拉胶、琼脂和几丁质等；某些细菌合成的多糖如黄原胶、聚麦芽三糖、葡聚糖和环状糊精等。

与生物大分子蛋白质不同，组成多糖的结构单体常常是单一的，很少有超过 3～4 个糖单体的多糖。结构通常都是随机盘旋而成，特别是在一些不溶性多糖中，经常会发现一些固定的结构如螺旋结构等，某些多糖分子中会连接有带电基团。

四、糖复合物

糖复合物是体内又一类生物大分子，在体内发挥着不可替代的作用。糖复合物主要包括糖蛋白、蛋白聚糖和糖脂。从结构而论，糖蛋白和蛋白聚糖都由共价键相连接的蛋白质和聚糖两部分组成。大多数真核细胞都能合成一定数量和类型的糖蛋白和蛋白聚糖，它们主要分布于细胞表面、细胞内分泌颗粒和细胞核内，也可被分泌出细胞，构成细胞外基质成分。糖蛋白分子中的聚糖占分子量 2%～10%，也有少数高达 50%，但一般讲，蛋白质重量百分比大于聚糖。而蛋白聚糖中聚糖所占重量在一半以上，甚至高达 95%，以致大多数蛋白聚糖中聚糖的相对分子质量高达 10 万以上。

五、糖类的生物功能

20 世纪 60 年代以前，人们认为碳水化合物仅仅具有充当能源（如葡萄糖和淀粉）和结构物质（如纤维素）的被动作用。尽管碳水化合物不能像蛋白质那样催化复杂的化学反应，也不能像核酸那样自我复制。又由于多糖不像核酸和蛋白质那样根据基因“蓝图”（遗传信息）进行构建。与其他生物大分子相比，多糖的大小和结构组成更加不均一。然而，后来的研究结果说明，这种固有结构的多样性正是糖生物活性的基础。因此，在大小和组成上它们倾向于比其他生物分子更具多样性。然而，人们已经清楚碳水化合物内在结构的变异是其生物活性的基础。碳水化合物在蛋白质和细胞表面貌似乎随机的排列，是蛋白质之间以及细胞之间许多识别活动的关键。只有了解碳水化合物的结构，从最简单的单糖到最复杂的分支多糖，才能正确评价糖类在生物系统中各种各样的功能。

糖的主要生物学功能是通过氧化反应而释放出大量的能量，以满足生命活动的需要。淀粉和糖原等是生命体最重要的生物能源和结构物质。淀粉是发酵工业的最主要原料；蔗糖等是人类食品的重要甜味剂；葡萄糖等则是医药上使用最多的营养物质。多糖的生物功能主要是用作细胞壁的结构组分或种子中的贮存组分。目前也发现，多糖可能在植物愈合过程中发挥某种作用，也可能具有抗微生物活性。糖与其他化合物结合可以形成糖苷，而此类物质具有显著的生理作用，是一类重要的药用成分。低分子量的多糖链与蛋白质结合形成糖蛋白或结合于细胞表面，是蛋白质或细胞间相互识别的关键物质。

在生命系统中，寡糖大都包被在细胞表面，因此寡糖的一个重要生物作用是在细胞间的相互识别和反应过程中发挥重要作用。每种类型的细胞表面都含有不同的寡糖，因此细胞表面寡糖可以用于区分不同类型细胞的标记物。当细胞发生病变时，其上的寡糖结构也会发生相应的变化，寡糖结构与特殊疾病之间存在着某种必然的联系。寡糖在治疗某些疾病如艾滋病、癌症和糖尿病等方面可能会发挥重要作用。各种寡糖是重要的药用物质，它不仅可以直接用药，更可以诱导植物的抗病性，是目前十分有价值的农药开发资源。

近年来，发现从一些植物中提取的某些糖类化合物对动物肿瘤具有明显的抑制作用，如从担子菌或地衣等植物中提取的多糖对小鼠 S180 分别有不同程度的抑制作用，而且毒性很小。

糖的主要生物功能有：①通过氧化反应提供能量；②作为能量的储存者；③为生物大分子的合成提供碳原子；④为 DNA 和 RNA 的合成提供碳骨架；⑤用于细胞间相互识别。

第四节　脂类与生物膜

脂类是脂肪及类脂的总称，是细胞内不溶于水、并能被机体利用的有机化合物的一大类物质。脂类来自于生物体，溶于有机溶剂如氯仿和甲醇中、可以用有机溶剂萃取分离，比分离其他生物物质更为容易。脂肪、油、某些维生素和激素，以及大多数生物膜中的非蛋白成分都属脂类。

一、生物体内的脂类

生物体内的各种脂类，按其组成可分为三类。①单纯脂。是脂肪酸和醇类所形成的酯，其中典型的为三酰甘油。②复合脂。除醇类、脂肪酸外尚含有其他非脂性物质，如磷酸、含氮化合物、糖基及其衍生物、鞘氨醇及其衍生物等。③萜类、前列腺素类和甾类化合物等。

脂肪是脂肪酸的甘油三元酯（称三酰甘油或中性脂肪），即 1 分子甘油与 3 分子脂酸通过酯键结合生成甘油三酯。脂肪的生理功能是储存能量及氧化供能。

类脂包括固醇及其酯、磷脂及糖脂等，是细胞的膜结构重要组分。甘油与 2 分子脂酸、1 分子磷酸及含氮化合物结合成甘油磷脂。与脂酸结合的醇有甘油（丙三醇）、鞘氨醇及胆固醇等。甘油磷脂包括磷脂酰胆碱（卵磷脂）、磷脂酰乙醇胺（脑磷脂）、磷脂酰丝氨酸、磷脂酰肌醇及二磷脂酰甘油（心磷脂）等，是构成生物膜脂双层的基本骨架，含量恒定。脂酸与鞘氨醇通过酰胺键结合的脂称为鞘脂，含磷酸者为鞘磷脂，含糖者称为鞘糖脂，是生物膜的重要组分，参与细胞识别及信息传递。

脂酸在体内主要与醇结合成酯。生物组织和细胞中的脂肪酸大部分以复合脂形式存在，以游离形式存在的脂肪酸含量极少。从动物、植物、微生物中分离出的脂肪酸已达数百种，油酸是哺乳动物中常见的单不饱和脂肪酸。体内脂肪酸（脂酸）的来源有二类：一类是机体自身合成，以脂肪的形式储存在脂肪组织中，需要时从脂肪动员。饱和脂酸及单不饱和脂酸主要靠机体自身合成。另一类是食物脂肪供给，特别是某些多不饱和脂酸。哺乳动物本身不能合成亚油酸和亚麻酸这两种不饱和脂肪酸；必须从食物中获得。因此，称它们为“必需脂肪酸”。植物能够合成亚油酸和亚麻酸，所以植物是这些脂肪酸的最初来源。它们又是前列腺素、血栓噁烷及白三烯等生理活性物质的前体。

总的来说，脂类的生物功能主要有三类（某些脂质在细胞中明显具有不止一种功能）：①形成脂双层，和蛋白质一起是构成生物膜的主要成分；②含有烃链的脂质是储能物质；③参与细胞内和细胞间的信号转导。

二、生物膜的化学组成

生物膜是细胞质膜和细胞内膜系统的总称。细胞质膜是围绕于细胞最外层的含有蛋白质的脂质双分子层，是细胞结构上的边界，与细胞的识别、种特异性和组织免疫等有密切关系。细胞内膜系统主要指核膜、内质网、高尔基体以及各种胞质内囊泡等。无论是细胞质膜还是细胞内膜，其化学成分基本相同，都是以脂类和蛋白质为主要成分，但不同膜的脂类与蛋白质的比例是不同的。

生物膜主要由脂类（主要是磷脂）、蛋白质（包括酶）和少量糖类组成。不同生物膜其脂类和蛋白质的比例是不同的，范围可从（1∶4）～（4∶1），一般来说，功能复杂或多样的生物膜，其膜蛋白所占的比例较大，相反，膜功能越简单，其膜蛋白的种类和含量越少。如神经髓鞘主要起绝缘的作用，仅含几种蛋白质；而线粒体内膜，功能复杂，含有电子传递和偶联磷酸化等酶系，共约 60 种蛋白质。

此外，生物膜上还含有一定量的水和无机盐（金属离子），膜上的水约 20%呈结合状态，其余则是自由水。膜上金属离子和一些膜蛋白与膜的结合有关，其中钙离子对于调节膜的生物功能有很重要的作用。

（一）膜脂

组成生物膜的脂类有磷脂、胆固醇和糖脂，不同的生物膜中的脂类含量及种类可能会有较大差异，其中以磷脂为主要成分。

1. 磷脂

磷脂是构成生物膜的主要成分，其分子中脂肪酸碳链的长短及其不饱和程度与生物膜的流动性有密切关系。构成生物膜的磷脂主要是甘油磷脂。甘油磷脂由甘油、脂肪酸、磷酸和胆碱或胆胺等组成，其结构通式如下：

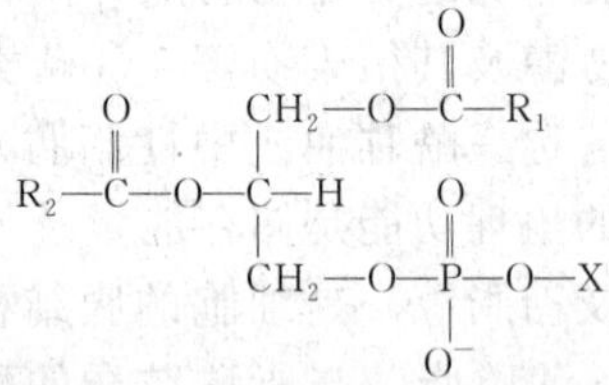

式中，R_1、R_2 分别表示脂酰基的烃链；X 表示胆碱等基团。除了甘油磷脂外，生物膜还含有鞘氨醇磷脂类组分。磷脂分子结构的两性特征决定了它们在生物膜中的双分子层排列（称为脂双层）及其与各种蛋白质相结合的特征。

2. 胆固醇

生物膜中还含有少量胆固醇，一般来说，动物细胞胆固醇的含量比植物细胞高，而质膜的胆固醇含量又比胞内膜要高。胆固醇的存在对生物膜中脂类的物理状态有一定的调节作用，主要在于调节其流动性。

3. 糖脂

组成生物膜的糖脂主要是甘油醇糖脂和鞘氨醇糖脂。甘油醇糖脂是甘油二酯与糖类（主要是己糖，如半乳糖、甘露糖）结合而成的化合物，鞘氨醇糖脂则是由神经鞘氨糖醇、脂肪酸和糖类结合而成的，糖残基在 1～15 个之间。细菌和植物细胞膜的糖脂几乎都是甘油醇糖脂，而动物细胞膜的糖脂则主要是鞘氨醇糖脂。

组成生物膜的脂类都是两性分子，且非极性部分所占的比例较大。这一特性使之在水中容易自动聚集成微团结构或片状双分子层结构。以磷脂为例，在水中磷脂分子就以微团和双分子层形式存在。

（二）膜蛋白

细胞中有 20%～25%的蛋白质是与膜结构相联系的，根据膜蛋白在膜上的定位可分为外周蛋白和内在蛋白（图 3-26）。

1. 外周蛋白

外周蛋白分布于膜的脂双层表面，它们通过静电力、范德华力与膜脂的极性头部结合。

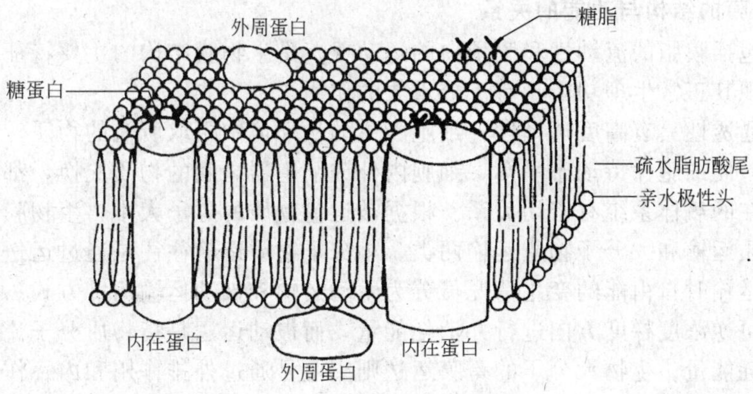

图 3-26　生物膜的流动镶嵌模型

外周蛋白比较易于分离，在不破坏膜结构的情况下，用温和的处理方法，如改变溶液的离子强度或改变 pH 值，或加入金属整合剂就能使之与膜脱离。这类蛋白质都能溶于水。外周蛋白占膜蛋白的 20%～30%。

2. 内在蛋白

内在蛋白也叫整合蛋白，占膜蛋白的 70%～80%。它们或部分镶嵌在脂双层中，或横跨全膜。这类蛋白主要靠疏水效应与膜脂相结合，蛋白质分子上非极性基团的氨基酸侧链与脂双层的疏水部分都与水疏远。大多数内在蛋白不溶于水，它们的疏水区与脂双层中磷酸分子的疏水尾部相互作用，亲水区暴露在膜的一侧或两侧表面。

三、生物膜的结构及功能

（一）生物膜的结构——流动镶嵌模型

流动镶嵌模型（图 3-26）是美国 S. J. Singer 和 G. Nicolson 于 1972 年提出的。他们认为，流动的脂质双分子是构成膜的主体，而蛋白质分子则像“冰山”一样分布在脂质双分子的“海洋”之中。此模型得到各种实验结果的支持。

流动镶嵌模型的基本观点目前已普遍为大家接受，主要内容如下。

① 组成膜的脂类分子呈双分子层排列，是构成膜结构的基础。脂双层有双重作用，既是内在蛋白的溶剂，又是物质通透的屏障。在生理条件下，膜脂处于流动状态，生物通过改变膜脂的脂肪酸组成等因素进行调节控制其流动性。

② 外周蛋白分子的表面分布有许多极性 R 基，通过静电力与膜脂的极性头部亲和而附着于膜两侧表面。内在蛋白以不同深度镶嵌在脂双层中，有的贯穿整个膜。其分子中有疏水结构域和亲水结构域，疏水域埋在脂双层中，与膜脂疏水尾相结合，亲水域朝向膜的表面。脂双层结构对于内在蛋白构象的形成和功能表现是必要的，若脱离膜，内在蛋白就失去活性。

③ 除非为特殊的相互作用所限制，膜蛋白在脂双层中可以自由地侧向扩散，但它们一般不能从膜的一侧翻转到另一侧。

生物膜的流体镶嵌模型，除强调了生物膜是由脂类和蛋白质镶嵌组成的以外，突出了生物膜的流动性，认为生物膜总是处于流动变化之中，并强调了膜的不对称性。这一模型能很好地解释许多生物膜的物理、化学及生物学性质，因此，被广泛接受。但是，仍然存在着许多局限性，如膜流动的不均匀性没有被引入模型中。相信随着研究的不断深入，生物膜流体镶嵌模型将会得到进一步完善和发展。

（二）生物膜的结构与功能的关系

流动性（包括膜脂的流动性和膜蛋白的运动性）是生物膜结构的主要特征，适当的流动性对生物膜表现其正常生理功能具有十分重要的作用。

生物膜的通透性具有高度选择性，细胞能主动从环境中摄取所需的物质，同时也排出代谢产物和废物，使细胞保持动态平衡。细胞内外或细胞器之间的物质交换，都与生物膜特有结构和膜上存在的载体系统有密切关系。根据被运输物质的分子大小，生物膜的物质运输可分为小分子物质运输和大分子物质运输两类。小分子物质运输往往是通过运送蛋白体系来实现的，根据其运输时自由能的变化情况可分为主动运输和被动运输两种方式。主动运输是指物质分子流动可逆浓度梯度方向进行并消耗能量，而被动运送是指物质分子流动由高浓度向低浓度，不消耗能量。生物大分子的跨膜运送则主要是通过外排作用和内吞作用实现的，涉及生物结构的改变。

膜脂、膜蛋白和膜糖在膜双层两侧分布都呈不对称分布。膜蛋白分布的不对称性表现为：膜脂内外两半层所含外周蛋白与内在蛋白种类及数量的不同，这是膜功能具有方向性的物质基础。细胞表面的受体、膜上载体蛋白都按一定的方向传递信号和转运物质，与细胞相关的酶促反应也发生在膜的某一侧面。糖蛋白与糖脂只存在膜的外半层，而且糖基暴露于膜外，呈现分布上的绝对不对称。膜的不对称性在时间和空间上确保了各项生理功能有序地进行。

第四章　基因工程

基因工程（genetic engineering）原称遗传工程，在英语中是同一个词汇。从字面上看，遗传工程就是按人们的意思去改造生物的遗传特性、或创建具有新遗传物性的生物。遗传是由基因决定的，改建生物的遗传性是改建生物的基因，因此狭义的遗传工程就是基因工程。

20 世纪 70 年代初，在生命科学发展史上发生了一个重大的事件，美国科学家 S. Cohen 第一次将两个不同的质粒加以拼接，组合成一个杂合质粒，并将其引入大肠杆菌体内表达。这种被称为基因转移或 DNA 重组的技术立即在学术界引起了很大的轰动。DNA 体外重组的创建成功，是“遗传工程”的奠基之作。很多科学家深刻认识到这一发现所包含的深层含义以及将会给生命科学带来的巨大变化，惊呼生命科学一个新时代的到来，并且预言 21 世纪将是生命科学的世纪。由于基因转移是将不同的生命元件按照类似于工程学的方法组装在一起，生产出人们所期待的生命物质，因此也被称为基因工程。基因工程的出现使人类跨进了按照自己的意愿创建新生物的伟大时代。虽然从它的诞生至今已有几十年，但这一学科却获得了突飞猛进的发展。

第一节　基因工程的基本原理

对多数生物来说，基因本质是 DNA，基因工程就是要改建 DNA，涉及 DNA 序列的重新组合和建造，所以基因工程的核心就是人工的 DNA 重组（DNA recombination）。

重组、建造的 DNA 分子只有纯化繁殖才有意义。纯的无性繁殖系统称为克隆。纯化繁殖 DNA 就称为 DNA 克隆或分子克隆，基因的纯化繁殖就称为基因克隆。所以 DNA 重组和分子克隆是与基因工程密切不可分的，是基因工程技术的核心和主要组成部分。重组 DNA、分子克隆甚至成了基因工程的代名词。

一、基因工程诞生的背景

基因工程或称基因操作，是在分子生物学和分子遗传学等学科综合发展的基础上、于 20 世纪 70 年代诞生的一门崭新的生物技术学科。它的创立与发展，直接地依赖于基因分子生物学的进步，两者之间有着密切而不可分割的内在联系。

基因（gene）是遗传学家约翰逊（W. Johannsen）在 1909 年提出来的。他用基因这一名词来表示遗传的独立单位，相当于孟德尔在豌豆试验中提出的遗传因子。在遗传学发展的早期阶段，基因仅仅是一个个逻辑推理的概念，而不是一种已经被证实了的物质和结构。由于科学研究水平的不断提高，从浅入深，由宏观到微观，基因的概念也在不断的修正和发展。根据不同历史时期的水平和特点，基因研究大体上可分为三个不同的发展阶段：在 20 世纪 50 年代以前，主要是细胞染色体水平上进行研究，属于基因的染色体遗传学阶段；50 年代之后，则主要从 DNA 大分子水平上进行研究，属于基因的分子生物学阶段；最近 40 多年，由于重组 DNA 技术的完善和应用，人们已经改变了从表型到基因型的传统研究基因的途径，而能够直接从克隆目的基因出发，研究基因的功能及其表型间的关系，使基因的研究进入反向生物学阶段。

基因工程诞生于 1973 年，它是数十年来无数科学家辛勤劳动的成果、智慧的结晶。分子生物学和分子遗传学理论上的三大发现和技术上的三大发明对基因工程的诞生起到了决定性的作用。

（一）理论上的三大发现

（1）确定了遗传信息的携带者，即基因的分子载体是DNA而不是蛋白质，从而明确了遗传的物质基础问题。

1928年，F. Griffith首先发现了肺炎双球菌的转化现象。1944年，美国著名微生物学家O. T. Avery与他的合作者们重复了Griffith的转化实验，并进一步对无毒细菌变成有毒细菌的转化物质进行了分离和化学上的鉴定，证明使细菌性状发生转化的因子是DNA而不是蛋白质或RNA分子。Avery等人的工作在遗传学理论上树起了全新的观点，即DNA分子是遗传信息的载体。

1952年，美国冷泉港卡内基遗传学实验室的科学家A. D. Hershey和他的学生用他们的噬菌体感染实验进一步肯定了Avery的结论。他们用放射性同位素^{35}S和^{32}P分别标记噬菌体的外壳蛋白质和核心DNA，用双标记的噬菌体感染大肠杆菌，结果表明噬菌体的蛋白外壳没有进入细菌体内，只有DNA进入到了细菌细胞中，进一步证实了遗传物质是DNA，而不是蛋白质。

（2）揭示了DNA分子的双螺旋结构模型和半保留复制机理，解决了基因的自我复制和传递问题。

1953年，Walson和Crick提出了DNA结构的双螺旋模型，这一发现常被认为是分子遗传学的真正开端，与达尔文的进化论和孟德尔的遗传定律相提并论。证明了DNA是遗传物质和基因的载体之后，遗传学家和分子生物学家进而着手研究维系生命现象的基础——DNA分子的自我复制的过程，以揭示遗传信息是如何从亲代准确地传递到子代的本质。1953年，J. Watson和F. Crick的DNA双螺旋结构模型成为解密DNA分子的复制过程的钥匙，特别是DNA半保留复制规律的揭示使遗传学家长期感到困惑的基因自我复制问题得到了解决，也为基因存在于DNA，遗传信息可以通过DNA的半保留复制而传代下去的认识提供了基础。

至此，基因以一种真正的分子物质呈现在人们面前，科学家能够像研究其他大分子一样，客观地探索基因的结构及功能，从分子层次上研究基因的遗传现象，进入了基因的分子生物学的新时代。

（3）提出了“中心法则”和操纵子学说，并成功地破译了遗传密码，从而阐明了遗传信息的流向和表达问题，即确定了遗传信息的传递方式。

1955年Sanger测定了牛胰岛素中氨基酸残基的准确序列，1958年Crick提出了中心法则，1961年，J. Monod和F. Jacb提出了操纵子学说。1967年，Nireberg等确定了遗传信息是以密码方式传递的，每三个核苷酸组成一个密码子，代表一个氨基酸。全部破译了64个密码，编排了密码字典，提出遗传信息流，即DNA→RNA→蛋白质。从分子水平上揭示了遗传现象，证实了遗传信息传递的中心法则。1970年，Baltimore等人和Temin等人同时各自发现了逆转录酶，修正了中心法则，使真核基因的制备成为可能。

这三大发现大大促进了生命科学的迅速发展，为基因工程的诞生奠定了重要的理论基础。由于这些问题的解决，人们期待已久的应用类似于工程技术的程序，能动地改造生物的遗传特性，创造具有优良性状的生物新类型的美好愿望，从理论上讲已有可能变为现实。

（二）技术上的三大发明

20世纪40—60年代，理论上的三大发现虽为基因工程的建立提供了可能，但是，基因工程是涉及内容广、综合性强的生物技术学科，如何从庞大的DNA分子中得到单个的基因片段，并进行加工和转移，仍是科学家们面对的难题。基因工程的诞生还归功于技术上的三大发明。

1. DNA分子的体外切割与连接技术（工具酶的发明）

应用限制性内切酶和DNA连接酶对DNA分子进行体外切割与连接，是重组DNA分子技术的核心。1970年，H. O. Smith、K. W. Wilcox和T. J. Kelley从流感嗜血杆菌中分离并纯化了限制性核酸内切酶*Hind* Ⅱ，使DNA分子的切割成为可能。1972年，H. Boyer实验室发现了核酸内切酶*Eco*R Ⅰ，识别GAATTC序列，切割DNA分子后形成具有黏性末端的片段，具有相同黏性末端的任何不同来源的DNA片段，都可以通过末端之间的碱基互补作用而彼此“黏合”起来。以后，又相继发现了大量类似于*Eco*R Ⅰ这样的核酸内切酶，这就使研究者可以获得所需的DNA特殊片段，为基因工程提供了技术基础。

另一发现是DNA连接酶。1967年，世界上有5个实验室几乎同时发现了DNA连接酶，这种酶能够参与DNA裂口的修复，而在一定条件下还能连接DNA分子的自由末端。连接的功能是通过合成相邻核苷酸之间的磷酸二酯键，从而修复缺口（nick）或单链的裂口（gap）。1970年，美国威斯康星大学的H. G. Khorana实验室发现了一种具有更高连接活性的DNA连接酶——T_4DNA连接酶，有时甚至能够催化完全分离的两段DNA分子进行平末端的连接。

2. 基因工程载体构建和大肠杆菌转化体系

在体外得到异源重组DNA片段只是第一步，因为大多数的DNA片段无自我复制能力，它必须回到宿主细胞中进行繁殖，这就需要有一种载体（克隆载体）来充当这样的角色。大肠杆菌转化体系的建立，对重组DNA技术的创立具有特别重要的意义，因早期使用的克隆载体都是在大肠杆菌中增殖的复制子。

基因工程载体的研究先于限制性核酸内切酶。从1946年起，Lederberg开始研究细菌的性因子——F因子，以后相继发现其他质粒，如抗药性因子（R因子）、大肠杆菌素因子（CoE）。根据微生物遗传学的研究成果，有可能作基因克隆载体的有病毒、噬菌体和质粒等不同的小分子量的复制子。鉴于多年以来，分子生物学家一直把注意力集中在病毒同其寄主细菌之间的相互关系上，因此很自然地在一开始就选定噬菌体作基因克隆最有希望的载体。其中研究得最为深入，而且已被改建成实用克隆载体的是大肠杆菌λ噬菌体载体。然而第一个将外源基因导入寄主的却不是λ噬菌体，而是质粒载体。将外源DNA分子导入细菌细胞的现象叫转化，早在肺炎链球菌中发现，但对大肠杆菌却迟至1970年才获得成功。当时M. Mandel和A. Higa发现大肠杆菌的细胞经过氯化钙的适当处理，便能够吸收λ噬菌体的DNA。S. Cohen等在质粒研究中做出了开创性工作。他们发现，经氯化钙处理的大肠杆菌细胞同样也能够摄取质粒的DNA。从此，大肠杆菌便成了分子克隆的良好的转化受体。

3. DNA分子序列分析及相关技术

由于发现了大量的类似于*Eco*RⅠ这样的核酸内切限制酶，而每种酶又具有自己独特的识别序列，所以应用核酸内切限制酶，便能随意地将DNA分子切割成一系列不连续的片段，从而识别不同的核苷酸序列。DNA核苷酸序列分析技术是在核酸的酶学和生物化学的基础上创立并发展起来的一门重要的DNA分析技术。

早在20世纪60年代，人们已经掌握了有关DNA的较为充分的知识，但由于技术上的问题，一直没有很好地解决DNA测序问题。1968年，华裔分子生物学家吴瑞博士创造性地提出了“引物-延伸”测序方法，这是较为成功的第一个DNA测序的方法。1971年，F. Sanger在吴瑞博士的基础上，又发展了快速测定DNA序列的“末端终止法”；K. Millis以这种方法完成了以聚合酶链式反应扩增DNA；M. Smith以这种方法发明了碱基定点突变技术。Sanger是世界上第一个实现蛋白质测序的科学家，也是第一个解决DNA测序的科学家。此后，许多科学家都投身到这一研究领域中，发展了琼脂糖凝胶电泳和 Southern 转移杂交技术，它们对于 DNA 片段的分离及检测同样重要。这些技术几乎都是同时得到发展，并迅速应用到基因操作实验中，对基因工程的开展起到了促进的作用。

二、基因工程的诞生及其意义

20 世纪 70 年代初期，DNA 重组工作无论从技术上还是从理论上都具备了条件。1972 年，P. Berg 领导的研究小组，用核酸内切限制酶 *Eco*R Ⅰ，在体外对猿猴病毒 SV40 的 DNA 和 λ 噬菌体的 DNA 分别进行酶切，然后再用 T_4DNA 连接酶将两种消化片段连接起来，结果获得了包括 SV40 和 λ 噬菌体 DNA 的重组的杂种 DNA 分子。这是历史上第一个体外重组的 DNA 分子（但是没有得到表达，只完成了基因工程的一半工作）。1973 年，S. Cohen 等人成功地进行了另一个体外 DNA 重组实验并实现了细菌间性状的转移。他们将大肠杆菌的抗四环素质粒 pSC101 和抗卡那霉素质粒 R6-5，在体外用 *Eco*R Ⅰ酶切后，用 T_4DNA 连接酶将它们连接成重组的 DNA 分子。连接混合物转化大肠杆菌，结果在含四环素和卡那霉素的平板中，选出了双抗的重组菌落。这种双抗性的大肠杆菌转化子细胞中分离出来的重组质粒 DNA 带有完整的 pSC101 分子和来自 R6-5 质粒编码卡那霉素抗性基因的 DNA 片段。这是基因工程发展史上第一次实现重组转化成功的例子。这个研究成果标志着基因工程技术的诞生。所以，1973 年通常被认为基因工程诞生的元年。

1974 年，S. Cohen 与 H. Boyer 合作，用类似的方法把非洲爪蟾的编码核糖体基因的 DNA 片段同 pSC101 重组后导入大肠杆菌。转化子分析结果表明，动物的基因的确进入了大肠杆菌，并转录出相应的 mRNA 产物。这是第一次成功的基因克隆实验，其重要意义在于：①说明了像 pSC101 这样的质粒分子可以作为基因克隆的载体，能够将外源的 DNA 导入寄主细胞；②说明了像非洲爪蟾这样的真核动物的基因可以被成功地转移到原核细胞中去，并实现其功能表达的；③说明了质粒——大肠杆菌细胞是一种成功的基因克隆体系，可以作为基因克隆的模式系统进行深入的研究。

此时，人们已经认识到通过 DNA 重组技术（基因工程技术），可以人为地改造生物体的遗传性状。比如，本来大肠杆菌是无法合成胰岛素的，但是通过基因工程技术，只要将哺乳动物中能够合成胰岛素的基因结合到大肠杆菌中，大肠杆菌就能合成胰岛素，而且这个性状是可以遗传的。这样，利用大肠杆菌每 20min 就繁殖一代的惊人速度，培养大量重组后的大肠杆菌，就可从中提取得到丰富的胰岛素。

1982 年，美国 Lilly 公司率先在世界上将第一个基因工程药物——重组人胰岛素推向市场，这标志着医药领域将进入一个新纪元，同时也向世人展示 DNA 重组技术在医药领域具有无限的应用发展前景和生命力。

基因工程的诞生具有重要的理论和实践意义。基因工程用途极为广泛，除构建基因工程菌用于生产蛋白质类药物或疫苗外，还可用于构建新物种，创造出自然界不存在的生物新性状或全新物种（如转基因动物、植物和微生物）。它开辟了短时间内改造生物遗传性能的新途径，将以千万年为进化单位的自然变异缩短为以几十年为进化单位的常规育种，再缩短到以几年为进化单位的基因工程育种。生物种属间不可逾越的鸿沟被彻底填平，在生物进化的阶梯上，一步跨过了几千年。基因工程是主动地按人的意志定向培育生物新品种、新类型乃至创造自然界从未有过的新生物的最佳途径。基因工程还可用于基因组研究，搜寻、分离、鉴定生物体尤其是人体的遗传信息资源，确定相应的生物功能，进行疾病的诊治等。基因工程是现代新技术革命的标志，以基因工程为核心的分子生物学技术把生物学推到了分子生物学的新阶段，使得人们在生命本质和生、老、病、死等生命现象的认识上发生了质的飞跃。由此可以预见，21 世纪在全球范围内将形成一个以基因工程技术为核心的巨大的生物药物高新技术产业，并将产生不可估量的社会效益和经济效益。

三、基因工程的基本概念及操作流程

基因工程是指将一种或多种生物体（供体）的基因与载体在体外进行拼接重组，然后转入另一种生物体（受体）内，使之按照人们的意愿遗传并表达出新的性状。因此，供体、受体和载体称为基因工程的三大要素，其中相对于受体而言，来自供体的基因属于外源基因。除了少数 RNA 病毒外，几乎所有生物的基因都存在于 DNA 结构中，而用于外源基因重组拼接的载体也都是 DNA 分子，因此基因工程亦称为重组 DNA 技术（DNA recombination）。另外，DNA 重组分子大都需在受体细胞中复制扩增，故还可将基因工程表征为分子克隆或基因的无性繁殖（molecular cloning）。

依据定义，基因工程的整个过程由工程菌（细胞）的设计构建和基因产物的生产两大部分组成（图 4-1）。

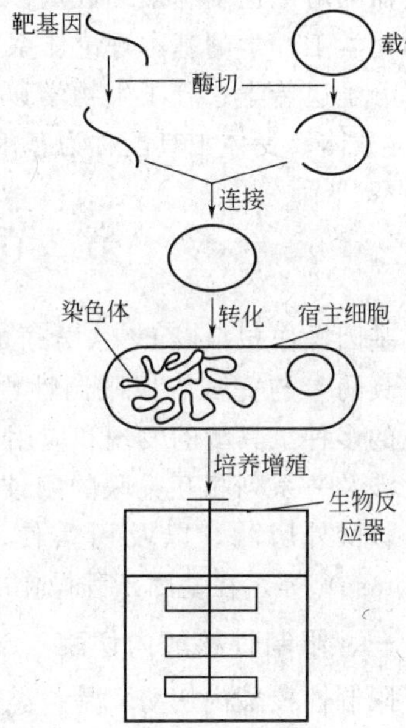

图 4-1　基因工程的操作流程

基因工程包括如下几个主要的内容或步骤（简称六字方针）：分、切、接、转、筛和表。

（1）分（离目的基因）：从复杂的生物有机体基因组中，分离出带有目的基因的 DNA 片段。

（2）切（割目的基因和载体）：在体外，用限制性内切核酸酶切割目的基因和基因载体，以利于将两者连接形成重组体。

（3）接（连目的基因和载体）：在体外，将带有目的基因的外源 DNA 片段连接到能够自我复制并具有选择记号的载体分子上，形成重组 DNA 分子。

（4）转（化宿主细胞）：将重组 DNA 分子转移到适当的受体细胞（亦称寄主细胞），并与之一起增殖。

（5）筛（选阳性克隆）：从大量的细胞繁殖群体中，筛选出获得了重组 DNA 分子的受体细胞克隆。进一步提取出已经得到扩增的目的基因，供进一步分析研究使用。

（6）表（达目的基因）：将目的基因克隆到表达载体上，导入寄主细胞，使之在新的遗传背景下实现功能表达，产生出人类想要的物质。

从基因工程定义上来讲，以上六个步骤已包括了这项技术的完整过程，但是，从基因工程的最终目的来讲，以上六个步骤还不是它的全部内容，因为一个基因工程产品的完成至少还涉及表达产物的纯化、复性、规模化生产工艺等内容的探索。因此，人们习惯把以上六个步骤称作基因工程的上游研究。而下游技术则涉及含有重组外源基因的生物细胞的大规模培养以及外源基因表达产物的分离纯化过程。

广义的基因工程定义为 DNA 重组技术的产业化设计与应用，包括上游技术和下游技术两大组成部分。上游技术指的是外源基因重组、克隆和表达的设计与构建（即狭义的基因工程）；而下游技术则涉及含有重组外源基因的生物细胞（基因工程菌或细胞）的大规模培养以及外源基因表达产物的分离纯化过程。因此，广义的基因工程概念更倾向于工程学的范畴。值得注意的是，广义的基因工程是一个高度统一的整体。上游 DNA 重组的设计必须以简化下游操作工艺和装备为指导思想，而下游过程则是上游基因重组蓝图的体现与保证，这是基因工程产业化的基本原则。

作为现代生物工程的关键技术，基因工程的主体战略思想是外源基因的稳定高效表达。为达到此目的，可从以下四个方面考虑。

（1）利用载体 DNA 在受体细胞中独立于染色体 DNA 而自主复制的特性，将外源基因与载体分子重组，通过载体分子的扩增提高外源基因在受体细胞中的剂量，借此提高其宏观表达水平。这里涉及 DNA 分子高拷贝复制以及稳定遗传的分子遗传学原理。

（2）筛选、修饰和重组启动子、增强子、操作子、终止子等基因的转录调控元件，并将这些元件与外源基因精细拼接，通过强化外源基因的转录提高其表达水平。

（3）选择、修饰和重组核糖体结合位点及密码子等 mRNA 的翻译调控元件，强化受体细胞中蛋白质的生物合成过程。上述两点均涉及基因表达调控的分子生物学原理。

（4）基因工程菌（细胞）是现代生物工程中的微型生物反应器，在强化并维持其最佳生产效能的基础上，从工程菌（细胞）大规模培养的工程和工艺角度切入，合理控制微型生物反应器的增殖速度和最终数量，也是提高外源基因表达产物产量的主要环节，这里涉及的是生物化学工程学的基本理论体系。

分子遗传学、分子生物学以及生化工程学是基因工程原理的三大基石。供体（目的基因）、载体、受体工具酶称为基因工程的四大要素。

第二节　重组 DNA 常用的工具酶

基因操作包括以 DNA 分子的切割和连接为核心的一系列步骤，需要多种具有不同功能的工具酶参与完成。以限制性内切酶（restriction endonuclease）和 DNA 连接酶（ligase）为主的多种工具酶的发现和应用，为基因操作提供了十分重要的技术基础。基因的重组与分离，涉及一系列相互关联的酶催化反应。已经知道有许多种重要的核酸酶，例如核酸内切酶、核酸外切酶，以及用信使 RNA 模板合成互补链 DNA 的反转录酶（reverse transcriptase）等，在基因工程操作中都有着广泛的用途。

一、限制性核酸内切酶

限制性核酸内切酶，是一类能够识别双链 DNA 分子中的某种特定核苷酸序列，并由此切割 DNA 双链结构的核酸内切酶。它们主要是从原核生物中分离纯化出来的。早在 20 世纪中期，以 Arber 等人对 λ 噬菌体在大肠杆菌不同菌株上的平板培养效应的研究为基础，发现了原核生物体内存在着寄生控制的限制（restriction）和修饰（modification）系统。在限制修饰系统中限制作用是指一定类型的细菌可以通过限制性酶的作用，破坏入侵的外源 DNA（如噬菌体 DNA 等），使得外源 DNA 对生物细胞的入侵受到限制；而生物细胞（如宿主）自身的 DNA 分子合成后，通过修饰酶的作用，在碱基中特定的位置上发生了甲基化而得到了修饰，可免遭自身限制性酶的破坏，这就是限制修饰系统中修饰作用的含义。

DNA 限制性内切酶具有重要的生物学功能。首先，限制酶构成了细菌细胞抵抗外源入侵 DNA 的防御机制。特别是Ⅰ型酶的限制-修饰功能，它一方面对外源 DNA 进行限制性降解，另一方面对宿主自身 DNA 进行修饰而不被降解。这是噬菌体和其他病毒有一定的宿主范围及病毒感染具有种属专一性的原因。其次，限制酶提供了细菌种属和菌株间进行交叉繁殖的屏障，但又允许外源 DNA 有某些遗漏。这样，既保证了物种的遗传稳定性，又有利于生物的进化。所以，限制酶是细菌为了提供特殊的重组机会和保卫种的稳定，在漫长的发展过程中进化而来的。从这个意义上讲，从细菌中分离出限制酶作为 DNA 重组的工具，与限制酶在细菌细胞中的生物功能是一致的。重组 DNA 技术也可说是人类对生物功能的模拟。

（一）限制性内切酶的分类和命名

凡能识别和切割双链 DNA（dsDNA）分子内特殊核苷酸序列的酶统称为 DNA 限制性

内切酶（简称限制酶），它是许多细菌等原核生物自己产生的一类核酸内切酶，它能分解外来侵入的DNA，保持本身DNA的完整性。目前，限制性内切酶主要分为三类：Ⅰ型酶、Ⅱ型酶和Ⅲ型酶。

Ⅰ型酶：兼具限制切割和修饰两种功能，但识别位点并非严格专一，需要Mg^{2+}、ATP和*S*-腺苷酰蛋氨酸作为催化反应的辅因子，在降解DNA时，伴有ATP的水解。

Ⅱ型酶：其限制修饰系统由一对酶组成，即由一种切割核苷酸特定序列的限制酶和一种修饰同样序列的甲基化酶组成。Ⅱ型酶分子质量较小，仅需要Mg^{2+}作为催化反应的辅因子，不需要ATP。识别位点严格专一，并在识别位点内将单链切断。

Ⅲ型酶：兼具限制切割和修饰两种功能，识别位点严格专一，但切点不专一，往往不在识别位点内部，需要Mg^{2+}、ATP和*S*-腺苷酰蛋氨酸作为催化反应的辅因子，在降解DNA时，伴有ATP的水解。

因此在基因工程中具有实用价值的是Ⅱ型限制性内切酶。目前已从各种不同微生物中发现1200种以上的Ⅱ型酶，搞清识别位点的有300多种，商品供应也有上百种，而实验室常用的有20多种。

通常说的限制酶就是指Ⅱ型酶，它只具有识别与切割DNA链上同一个特异性核苷酸序列，并产生特异性的DNA片段的功能。

Ⅱ型限制酶的命名最初是由Smith和Nathans在1973年提出的，1980年再由Roberts进行系统化和分类。命名原则是根据分离出此酶的微生物学名。一般取三个字母，即三字母命名法，第一个大写字母来自微生物的属名，第二、三个小写字母为种名。如果该微生物有不同的品系和变种，则要写上品系或变种的第一个字母，即限制酶命名中的第四个字母代表株。从一种微生物细胞中发现几种限制酶，则还要根据发现和分离的顺序用Ⅰ、Ⅱ、Ⅲ…等罗马数字表示。如*Eco*RⅠ，*E*为*Escherichia*属，*co*为*coli*种，R为RYl3株，Ⅰ为第一个被发现的核酸内切酶。又如，从*Heamophilus influenzae*菌株中分离得到三种限制酶，则分别命名为*Hind* Ⅰ、*Hind* Ⅱ、*Hind* Ⅲ。

（二）限制酶的识别与切割序列

限制酶的反应温度一般是37℃，少数酶耐热。所有Ⅱ型酶都需要Mg^{2+}作辅因子，Mg^{2+}浓度一般是9mmol/L。几乎所有Ⅱ型酶的反应pH值都是7.2～7.6。催化反应一般是在37℃保温4h，时间延长，酶量增加，可以避免部分消化，对结果无影响。如果市售酶制剂不纯，混有外切核酸酶，则限制酶的用量不能过高。

Ⅱ型酶的识别序列具有180°的旋转对称，识别序列为回文结构，即以识别序列的正中心为假想轴心，识别序列成反向重复，双链的切口是对称的。

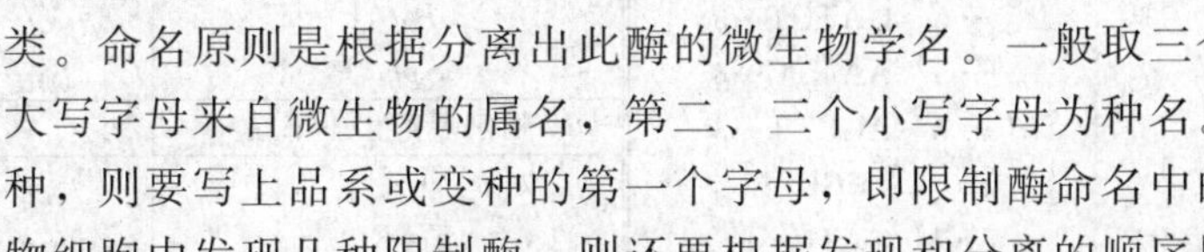

大部分内切酶识别序列为4～6bp，如*Eco*RⅠ为GAATTC，也有识别序列为6bp以上的，如*Not* Ⅰ为GCGGCCGC，但没有4bp以下的。它们对dsDNA的两条链同时切割，产生三种不同的切口。

① 形成平头末端　这类酶在其识别序列的对称轴上对dsDNA的两条链同时切割。如*Alu* Ⅰ、*Bsu*RⅠ、*Sma* Ⅰ等。

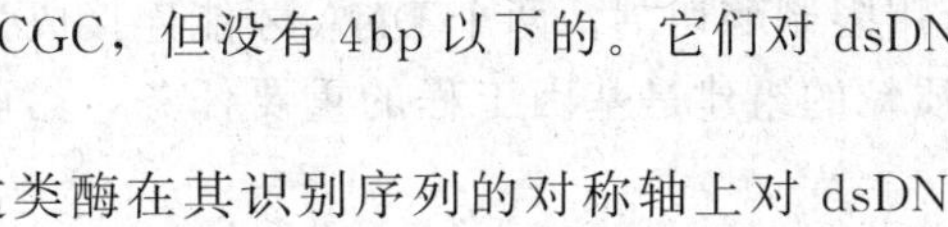

② 形成5′-黏性末端 这类酶在其识别序列的对称轴的两侧，从5′-末端切割dsDNA的两条链，产生5′-核苷酸末端。如*Eco*R Ⅰ。

```
       ↓
5′GAA ¦ TTC                  G3′         5′AATTC
3′CTT ¦ AAG   ————→       CTTAA5′   +         3′G
        ↑
```

③ 形成3′-黏性末端 这类酶在其识别序列的对称轴两侧的3′-端切割dsDNA的两条链，如*Pst* Ⅰ产生3′-核苷酸末端。

```
           ↓
5′CTG ¦ CAG             5′CTGCA3′              G3′
3′GAC ¦ GTC   ————→     3′G          +   3′ACGTC5′
      ↑
```

不同来源的DNA，由于黏性末端的序列是相同的，只要由同一种限制酶切割产生片段，彼此可以连接，这是重组DNA技术的基础。现列举某些限制性内切核酸酶如表4-1。

表4-1 限制性内切核酸酶

名　称	识别序列及切割位点	名　称	识别序列及切割位点
切割后产生5′-突出末端		*Hae* Ⅱ	5′…PuGCGC▼ Py…3′
*Bam*H Ⅰ	5′…G▼ GATCC…3′	*Kpn* Ⅰ	5′…GGTAC▼ C…3′
Bgl Ⅱ	5′…A▼ GATCT…3′	*Pst* Ⅰ	5′…CTGCA▼ G…3′
*Eco*R Ⅰ	5′…G▼ AATTC…3′	*Sph* Ⅰ	5′…GCATG▼ C…3′
*Hin*d Ⅲ	5′…A▼ AGCTT…3′	切割后产生平末端	
Hpa Ⅱ	5′…C▼ CGG…3′	*Alu* Ⅰ	5′…AG▼ CT…3′
Mbo Ⅰ	5′…▼ GATC…3′	*Eco*R Ⅴ	5′…GAT▼ ATC…3′
Nde Ⅰ	5′…GA▼ TATG…3′	*Hae* Ⅲ	5′…GG▼ CC…3′
切割后产生3′-突出末端		*Pvu* Ⅱ	5′…CAG▼ CTG…3′
Apa Ⅰ	5′…GGGCC▼ C…3′	*Sma* Ⅰ	5′…CCC▼ GGG…3′

有一些来源不同的限制酶识别的是同样的核苷酸靶序列，这类酶称为同裂酶（isoschizomers）。同裂酶产生同样的切割，形成同样的末端。例如，限制酶*Hpa* Ⅱ和*Msp* Ⅰ是一对同裂酶，共同的靶子序列是CCGG。

同尾酶（isocaudamer）是与同裂酶对应的一类限制性内切酶。同尾酶虽然来源不同，识别的靶序列也各不相同，但都能产生相同的黏性末端，称为同尾酶。常用的*Bam*H Ⅰ，*Bcl* Ⅰ，*Bgl* Ⅱ，*Xho* Ⅰ就是一组同尾酶。它们切割DNA之后都形成由-GATC-4个核苷酸组成的黏性末端。显然，由同尾酶所产生的DNA片段，是能够通过其黏性末端之间的互补作用而彼此连接起来的，因此在基因克隆实验中很有用处。

（三）限制性内切酶的应用

限制性内切酶在分子生物学和基因工程研究中占有举足轻重的地位，几乎每一个研究领域都离不开限制性内切酶，其应用之广，超过了任何其他工具酶。实际上，如果没有限制酶的发现和应用，就很难有分子生物学和基因工程的发展。归纳起来，其主要用途如下。

（1）DNA重组 只有用限制酶切割，两个DNA才能连接成为重组DNA分子。

（2）组建新质粒 新质粒的组建是基因工程的重要任务，然而，离开了限制酶的消化，质粒就根本无法组建。

（3）组建DNA的物理图谱 组建DNA物理图谱的方法虽然很多，然而，任何方法都是在限制性消化的基础上进行的，如限制酶的双酶消化法、部分消化法等等。

（4）DNA的分子杂交 在DNA分子杂交中，必须用限制性消化制备受体DNA片段，否则，难以进行成功的杂交。

(5) 制备DNA的放射性探针　在用DNA聚合酶以及外切核酸酶加DNA聚合酶制备探针时，都要用限制酶将标记的大片段切割成小片段，并用作放射性探针。

(6) DNA的序列分析　将庞大的DNA分子切割成小片段便于序列分析，是限制酶的重要用途。

(7) DNA甲基化碱基的识别与切割　由于某些限制酶有切割甲基化碱基的功能，因而，利用这一特点，可以研究真核DNA中甲基化碱基的分布和生物学功能，用以组建DNA甲基化图谱。

此外，在基因定位、DNA同源性等的研究中都离不开限制酶。限制酶是重组DNA技术最关键的工具酶。

二、DNA连接酶

同核酸内切限制酶一样，DNA连接酶的发现与应用，对于重组DNA技术学的创立与发展也具有十分重要的意义。它们都是在体外构建重组DNA分子所必不可少的基本工具酶。核酸内切限制酶可以将DNA分子切割成不同大小的片段，然而要将不同来源的DNA片段组成新的杂种DNA分子，还必须将它们彼此连接并封闭起来。

(一) DNA连接酶的连接机理

1967年，世界上有数个实验室几乎同时发现了一种能够催化在两条DNA链之间形成磷酸二酯键的酶，即DNA连接酶（ligase）。这种酶需要在一条DNA链的3′-末端具有一个游离的羟基（—OH），和在另一条DNA链的5′-末端具有一个磷酸基团（—P），只有在这种情况下，才能发挥其连接DNA分子的功能作用。同时，由于在羟基和磷酸基团之间形成磷酸二酯键是一种吸能的反应，因此还需要有一种能源分子的存在才能实现这种连接反应。在大肠杆菌及其他细菌中，DNA连接酶催化的连接反应，是利用NAD^+［烟酰胺腺嘌呤二核苷酸（氧化型）］作能源的；而在动物细胞及噬菌体中，则是利用ATP（腺苷三磷酸）作能源。

值得注意的一点是，DNA连接酶并不能够连接两条单链的DNA分子或环化的单链DNA分子，被连接的DNA链必须是双螺旋的一部分。实际上，DNA连接酶是封闭双螺旋DNA骨架上的缺口（nick），即在双链DNA的某一条链上两个相邻核苷酸之间失去一个磷酸二酯键所出现的单链断裂；而不能封闭裂口（gap），即在双链DNA的某一条链上失去一个或数个核苷酸所形成的单链断裂。

用于共价连接DNA限制片段的连接酶有两种不同的来源：一种是由大肠杆菌染色体编码的，叫做DNA连接酶；另一种是由大肠杆菌T_4噬菌体DNA编码的叫做T_4DNA连接酶。这两种DNA连接酶，除了前者用NAD^+作能源辅助因子，后者用ATP作能源辅助因子外，其他的作用机理并没有什么差别。T_4DNA连接酶是从T_4噬菌体感染的大肠杆菌中纯化的，比较容易制备，而且还能够将由限制酶切割产生的完全碱基配对的平末端DNA片段连接起来，因此在分子生物学研究及基因克隆中都有广泛的用途。

连接酶连接缺口DNA的最佳反应温度是37℃。但是在这个温度下，黏性末端之间的氢键结合是不稳定的。因此，连接黏性末端的最佳温度，应介于酶作用速率和末端结合速率之间，一般认为4～15℃比较合适。目前已知有三种方法可以在体外连接DNA片段。

(1) 用DNA连接酶连接具有互补黏性末端的DNA片段。

(2) 用T_4DNA连接酶直接将平末端的DNA片段连接起来，或是用末端脱氧核苷酸转移酶给具平末端的DNA片段加上poly(dA)-poly(dT)尾巴之后，再用DNA连接酶将它们连接起来。

（3）DNA 片段末端加上化学合成的衔接物或接头，使之形成黏性末端之后，再用 DNA 连接酶将它们连接起来。

这三种方法虽然互有差异，但共同的一点都是利用 DNA 连接酶所具有的连接和封闭单链 DNA 的功能。

（二）黏性末端 DNA 片段的连接方法

DNA 连接酶最突出的特点是，它能够催化外源 DNA 和载体分子之间发生连接作用，形成重组的 DNA 分子。应用 DNA 连接酶这种特性，可在体外将具有黏性末端的 DNA 限制片段，插入到适当的载体分子上，从而可以按照人们的意图构建出新的 DNA 杂种分子。具黏性末端的 DNA 片段的连接比较容易，也比较常用。当然，按上述这种方法构建重组体 DNA 分子，也有一些不便之处需要克服。其中最主要的缺点是，由限制酶产生的具有黏性末端的载体 DNA 分子，在连接反应混合物中会发生自我环化作用，并在连接酶的作用下重新变成稳定的共价闭合的环形结构。这样就会使只含有载体分子的转化子克隆的“本底”比例大幅度地上升，最终给重组体 DNA 分子的筛选工作带来了麻烦。为了克服这一缺点，现在的载体一般能提供多克隆位点，可采用双酶切进行酶切。

（三）不具黏性末端 DNA 片段的连接方法

不具有黏性末端的 DNA 分子也可以被连接起来。连接这种平末端 DNA 分子的方法有 4 种。

（1）直接用 T_4DNA 连接酶连接。T_4DNA 连接酶同一般的大肠杆菌 DNA 连接酶不同。T_4DNA 连接酶除了能够封闭具有 3′-OH 末端和 5′-P 末端的双链 DNA 的缺口之外，在存在 ATP 和加入高浓度酶的条件下，它还能够连接具有完全碱基配对的平末端的 DNA 分子。这种反应的原因目前尚不清楚。但平末端连接效率不高，基因操作不经常采用。

（2）同聚物加尾连接平末端 DNA 片段。先用末端核苷酸转移酶，给平末端 DNA 分子加上同聚物尾巴之后再用 DNA 连接酶进行连接。运用末端核苷酸转移酶，能够将核苷酸(通过脱氧核苷三磷酸前体)，加到 DNA 分子单链延伸末端的 3′-OH 基团上，它并不需要模板链的存在，它一个一个加上核苷酸，构成由核苷酸组成的尾巴。所加的同聚物尾巴的长度并没有严格的限制。连接分子的裂口可以通过大肠杆菌 DNA 聚合酶Ⅰ的作用于以填补上。留下的单链缺口则可由 DNA 连接酶封闭。上述这种连接 DNA 分子的方法叫作同聚物尾巴连接法，简称同聚物加尾法。这是一种十分有用的 DNA 分子连接法。不但由特定限制酶消化会形成具平末端的 DNA 片段，就是用机械切割法破裂大分子量 DNA，也经常会产生出平末端的 DNA 片段。此外在重组 DNA 技术学中占重要位置的，由 RNA 模板制备的 cDNA 同样也具有平末端的结构。这些 DNA 分子的连接，都往往要采用同聚物尾巴连接法。

（3）用衔接物连接平末端 DNA 分子。如果重组体 DNA 是用 T_4DNA 连接酶的平末端连接或是用同聚物加尾构建的，那么就无法用原来的限制酶作特异的切割，因此也不能获得插入 DNA 片段。为了解决这个问题，可采用衔接物法提供必要的序列，进行 DNA 分子的连接。

所谓衔接物（linker），是指用化学方法合成的一段由 10～12 个核苷酸组成的、具有一个或数个限制酶识别位点的寡核苷酸片段。

衔接物的 5′-末端和待克隆的 DNA 片段 5′-末端，用多核苷酸激酶处理使之磷酸化，然后再通过 T_4DNA 连接酶的作用使两者连接起来。接着用适当的限制酶消化具有衔接物的 DNA 分子和克隆载体分子，这样的结果使二者都产生出了彼此互补的黏性末端。于是便可以按照常规的黏性末端连接法，将待克隆的 DNA 片段同载体分子连接起来。

(4) DNA 接头连接法。DNA 衔接物连接法尽管有诸多方面的优越性，但也有一个明显的缺点，那就是如果待克隆的 DNA 片段或基因的内部，也含有与所加的衔接物相同的限制位点，这样在酶切消化衔接物产生黏性末端的同时，也就会把克隆基因切成不同的片段，从而为后续的亚克隆及其他操作造成麻烦。当然，在遇到这种情况时，一个方法可改用其他类型的衔接物，另一种公认的较好的替代办法是改用 DNA 接头（adapter）连接法。它是一类由人工合成的一头具有某种限制性内切酶黏性末端，另一头为平末端的特殊的双链寡核苷酸片段。当它的平末端与平末端的外源 DNA 片段连接之后，便会使后者成为具黏性末端的新的 DNA 分子，而易于连接重组。

三、DNA 聚合酶

分子克隆操作中，常使用的 DNA 聚合酶有大肠杆菌 DNA 聚合酶Ⅰ，大肠杆菌 DNA 聚合酶的 Klenow 大片段，T_4DNA 聚合酶，T_7DNA 聚合酶，逆转录酶等。这些 DNA 聚合酶的共同特点是，它们都能把脱氧核糖核苷酸连续加到双链 DNA 分子引物链的 3′-OH 末端，催化核苷酸的聚合，而不发生从引物模板上解离的情况。其中，T_7DNA 聚合酶的聚合能力最强。

(一) 大肠杆菌 DNA 聚合酶Ⅰ

目前，已从大肠杆菌中分离到 3 种不同类型的 DNA 聚合酶，即 DNA 聚合酶Ⅰ、DNA 聚合酶Ⅱ和 DNA 聚合酶Ⅲ。DNA 聚合酶Ⅰ和 DNA 聚合酶Ⅱ的主要功能是参与 DNA 的修复，而 DNA 聚合酶Ⅲ与 DNA 复制有关。在分子克隆中常用的是 DNA 聚合酶Ⅰ。

DNA 聚合酶Ⅰ是 Kronberg 等 1956 年发现的第一个 DNA 聚合酶，故也称为 Krorlberg 酶。它由单条多肽链组成，分子质量为 10^9 ku，具有 3 种活性。

(1) 5′→3′DNA 聚合酶活性。大肠杆菌 DNA 聚合酶Ⅰ(DNA pol Ⅰ) 能以 DNA 为模板，在四种 dNTP 和 Mg^{2+} 存在下，催化单核苷酸结合到引物分子的 3′-OH 末端，沿 5′→3′方向合成 DNA。这种聚合作用需要带有 3′-OH 末端的引物以及单链或双链 DNA 模板，双链 DNA 只有在其糖-磷酸主链上有一个或数个断裂时，才能作为有效模板。

(2) 5′→3′外切酶活性。大肠杆菌 DNA 聚合酶Ⅰ能从 5′-端降解双链 DNA，使之成为单核苷酸；也可降解 DNA：RNA 杂交体中 RNA 成分，即具 RNA 酶 H 活性。这种水解作用有三个特征：①待切除的核酸分子必须具有 5′-端游离磷酸基团；②核苷酸分子被切除前位于已配对的 DNA 双螺旋区段上；③被切除的核苷酸既可以是脱氧的也可以是非脱氧的。

(3) 3′→5′外切酶活性。在一定条件下，大肠杆菌 DNA 聚合酶Ⅰ还能从 3′-OH 末端降解单链或双链 DNA 分子，降解产物为单核苷酸；当存在 dNTP 时，对于双链 DNA 分子的这种 3′→5′外切酶活性，则被 5′→3′DNA 聚合酶活性所抑制。

DNA 聚合酶Ⅰ在分子克隆中的主要用途是，通过 DNA 缺口转移，制备供核酸分子杂交用的带放射性标记的 DNA 探针。缺口转移（nick translation）指在 DNA 分子的单链缺口上，DNA 聚合酶Ⅰ的 5′→3′，核酸外切酶活性和聚合作用可以同时发生。这就是说，当外切酶活性从缺口的 5′一侧移去一个核苷酸之后，聚合作用就会在缺口的 3′一侧补上一个新的核苷酸。但由 pol Ⅰ不能够在 3′-OH 和 5′-P 之间形成一个键，因此随着反应的进行，5′-侧的核苷酸不断地被移去，3′-侧的核苷酸又按序地增补，于是缺口便沿着 DNA 分子按合成的方向移动。这种移动被称为缺口转移。这对于重组 DNA 技术学来是十分重要的。

(二) Klenow 片段

大肠杆菌 DNA 聚合酶Ⅰ可被蛋白酶切割成两个片段，一个较小的片段具有 5′→3′外切酶活性，定位于酶分子的 N 末端；另一个较大的片段具有聚合酶活性和 3′→5′外切酶活性，称为 Klenow 片段或 Klenow 聚合酶。由于大肠杆菌 DNA 聚合酶Ⅰ的 5′→3′外切酶活性在使用时常引起一些麻烦，即它可以降解结合在 DNA 模板上的引物的 5′-端，而且可从作为连接底物的 DNA 片段末端除去 5′-磷酸。而 Klenow 片段丧失了全酶的这一活性，但仍保留 5′→3′聚合酶活性和 3′→5′外切酶活性。

在分子克隆中，Klenow 酶的主要用途是：①补平经限制性核酸内切酶消化 DNA 所形成的 3′-凹陷末端，包括带裂口的双链 DNA 的修复；②对带 3′-凹陷末端的 DNA 分子进行末端标记；③在 cDNA 克隆中，用于合成 cDNA 第二链；④用于 Sanger 双脱氧末端终止法进行 DNA 的序列分析；⑤在单链模板上延伸寡核苷酸引物，以合成杂交探针和进行体外突变。

在使用 Klenow 酶进行 DNA 末端标记时，DNA 片段应具有 3′-凹陷末端。

（三）T_4DNA 聚合酶

T_4DNA 聚合酶，是从 T_4 噬菌体感染的大肠杆菌培养物中纯化出来的一种特殊的 DNA 聚合酶。具有两种酶催活性，即 5′→3′的聚合酶活性和 3′→5′的核酸外切酶活性。

如同大肠杆菌 DNA 聚合酶的 Klenow 片段一样，T_4DNA 聚合酶也可以用来标记 DNA 平末端或隐蔽的 3′-末端。在没有脱氧核苷三磷酸存在的条件下，3′外切酶活性便是 T_4DNA 聚合酶的独特功能。此时它作用于双链 DNA 片段，并按 3′→5′的方向从 3′-OH 末端开始降解 DNA。如果反应混合物中只有一种 dNTP，那么这种降解作用进行到暴露出同反应物中唯一的 dNTP 互补的核苷酸时就会停止。这种降解速率的限制，使得 DNA 核苷酸的删除受到控制，从而产生出具有一定长度的 3′-隐蔽末端的 DNA 片段。于是，当反应物中加入标记的脱氧核苷三磷酸（a-^{32}P-dNTPs）之后，这种局部消化的 DNA 片段便起到了一种引物——模板的作用。T_4DNA 聚合酶的聚合作用速率超过了外切作用的速率，因此出现了 DNA 净合成反应，重新合成了完整的具有标记末端的 DNA 分子。由于在这种反应中，通过 T_4DNA 聚合作用，反应物中的 a-^{32}P-dNTP 逐渐地取代了被外切活性删除掉的 DNA 片段上的原有的核苷酸，因此特称为取代合成。

通过 T_4DNA 聚合酶作用的取代合成法可以给平末端的 DNA 片段或具有 3′-隐蔽末端的 DNA 片段作末端标记。

（四）逆转录酶

逆转录酶又称 RNA 依赖的 DNA 聚合酶（RNA-dependent DNA polymerase）。这是一种有效的转录 RNA 成为 DNA 的酶。产物 DNA 又称 cDNA，即互补 DNA。它首先是由 Baltimore 从鼠白血病毒（murine leukemia virus）以及 Temin 和 Mizutan 从劳氏肉瘤病毒（rous sarcoma virus）。

逆转录酶也是一个多功能性酶，主要有几种不同的酶活性。

（1）RNA 依赖的 DNA 聚合酶。以 RNA 链为模板，以带 3′-OH 末端的 DNA 片段为引物，沿 5′→3′方向合成 DNA 链。

（2）DNA 依赖的 DNA 聚合酶。以 ssDNA 为模板，以带有 3′-OH 末端的 DNA 片段为引物，从 5′→3′方向合成 DNA 链。

（3）外切 RNA 酶活性。底物是 RNA-DNA 杂交分子中的 RNA 链，有两种活性形式。从 RNA 链 5′-末端外切的称 5′→3′外切 RNA 酶，从 RNA 链 3′-末端外切的称 3′→5′外切 RNA 酶 H。

在基因工程中，逆转录酶的主要用途是转录 mRNA 成为 cDNA 制备基因片段。另外，它也可用 ssDNA 或 RNA 做模板制作制备，杂交探针。

现将某些常用工具酶概括于表 4-2。

表 4-2　重组 DNA 技术中常用的工具酶

工具酶种类	功能
限制性核酸内切酶	识别特异序列，切割 DNA
DNA 连接酶	催化 DNA 中相邻的 5′-磷酸基和 3′-羟基末端之间形成磷酸二酯键，使 DNA 切口封合或使两个 DNA 分子或片段连接
DNA 聚合酶Ⅰ	合成双链 cDNA 分子或片段连接，缺口平移制作高比活力探针，DNA 序列分析，填补 3′-末端
Klenow 片段（DNA 聚合酶Ⅰ大片段）	具有完整 DNA 聚合酶Ⅰ的 5′→3′聚合、3′→5′外切活性，无 5′→3′外切活性 常用于 cDNA 第二链合成，双链 DNA 3′-末端标记等
逆转录酶	合成 cDNA，替代 DNA 聚合酶Ⅰ进行填补，标记或 DNA 序列分析
多聚核苷酸激酶	催化多聚核苷酸 5′-羟基末端磷酸化，或标记探针
末端转移酶	在 3′-羟基末端进行同质多聚物加尾
碱性磷酸酶	切除末端磷酸基
DNA 甲基化酶	修饰限制酶识别位点，使其免受切割

第三节　重组 DNA 常用载体

外源 DNA（目的基因）不易直接进入受体细胞。要把一个有用的基因（目的基因——研究或应用基因）通过基因工程手段送到生物细胞（受体细胞），需要运载工具（交通工具）携带外源基因进入受体细胞，这种运载工具就叫做载体（vector）。基因工程所用的载体实际上是 DNA 分子，是用来携带目的基因片段进入受体细胞的 DNA。

基因工程载体有 3 个特点。

（1）都能独立自主的复制。载体 DNA 分子中有一段不影响它们扩增的非必需区域，插在其中的外源 DNA 片段，能被动的跟着载体一起复制/扩增，就像载体的正常成分一样。

（2）都能便利地加以检测。如载体的药物抗性基因，多是抗生素抗性基因，将受体细胞放在含有该抗生素培养板上培养生长时，只有携带这些抗性基因的载体分子的受体细胞才能存活。

（3）都能容易进入宿主细胞中去，也易从宿主细胞中分离纯化出来。

载体可以分成克隆载体和表达载体。克隆载体（cloning vector）都有一个松弛的复制子，能带动外源基因，在宿主细胞中复制扩增。它是用来克隆和扩增 DNA 片段（基因）的载体。表达载体（expression vector）具有克隆载体的基本元件，还具有转录/翻译所必需的 DNA 顺序的载体。还有一种人工构建的穿梭载体，它既含有原核细胞的复制元件，又含有真核细胞的复制元件，这样它既能在原核细胞中复制，又能在真核细胞中复制，因此在原核和真核细胞的分子克隆中均能应用。目的基因导入真核细胞时，一般是先在原核细胞中繁殖后，再引入真核细胞中表达，因为目的基因的克隆与鉴定在原核细胞中操作比在真核细胞中容易得多。

载体的选择和改进是一种极富技术性的专门工作，目的不同，操作基因的性质不同，载体的选择和改建方法也不同。一般常用的载体按来源分有质粒（plasmid）、噬菌体（phage）和病毒（virus）。天然的质粒、噬菌体和病毒都需经过人工改构才能成为合乎上述条件的基因工程载体。大肠杆菌的常用载体为质粒、λ 噬菌体衍生载体和柯斯质粒（cosmid）等，哺乳动物细胞的常用载体为 SV40 衍生载体、逆转录病毒载体、腺病毒载体等，用作植物细胞克隆的载体主要是 Ti 质粒载体。

一、质粒载体

质粒（plasmid）是一类存在于细菌细胞中能独立于染色体 DNA 而自主复制的共价、封闭、环状双链 DNA 分子（covalently closed circular DNA），也称为 cccDNA，其大小通常在 1500kb 范围内。质粒并不是细菌生长所必需的，但赋予细菌某些抵御外界环境因素不利影响的能力，如抗生素的抗性、重金属离子的抗性，细菌毒素的分泌以及复杂化合物的降解等，上述性状均由质粒上相应的基因编码。

（一）野生型质粒的基本特性

野生型质粒具有下列基本特性。

（1）自主复制性。质粒 DNA 含有自己的复制起始位点（origin，简称 *ori*）以及控制复制频率的调控基因，有些质粒还携带特定的复制因子编码基因，形成一个独立的复制子结构（replicon）。因此，质粒 DNA 能够摆脱宿主染色体 DNA 复制调控系统而进行自主复制，并在不同的宿主细胞内产生少则一个或几个，多则几百上千个拷贝数。野生型质粒的自主复制可通过自我调控，保证质粒在特定的宿主细胞中维持恒定的拷贝数。

（2）可扩增性。在革兰氏阴性细菌中，质粒的复制一般有两种形式，即严紧型复制（stringent）和松弛型复制（relaxed）。严紧型质粒（如 pSC101 和 p15A 等）的复制由宿主细胞内 DNA 聚合酶Ⅲ介导，并为质粒上编码的蛋白因子正调控，这些蛋白因子极不稳定，在宿主细菌的正常生长过程中，每个细胞通常只能复制少数几个质粒拷贝（15 个）；而松弛型质粒（如 pMB1 和 ColE1 等）的复制需要半衰期较长的 DNA 聚合酶Ⅰ、RNA 聚合酶以及其他复制辅助蛋白因子的参与，当宿主细胞内蛋白质合成减弱或完全中断时，质粒复制仍能持续进行，因此这类质粒在每个宿主细胞中通常具有较高的拷贝数（30～50）。

（3）可转移性。在天然条件下，许多野生型质粒可以通过细菌接合作用从一个宿主细胞转移至另一个宿主细胞，甚至另一种亲缘关系较近的宿主菌中，这一转移过程依赖于质粒上的 *mob* 基因产物与其他蛋白因子的相互作用。

（4）不相容性。具有相同或相似复制子结构及特征的两种不同的质粒不能稳定地存在于同一受体细胞内，这种现象称为质粒的不相容性。具有不同复制子结构的相容性质粒，尽管它们由于复制机制不同而造成各自的拷贝数有差异，但在细胞分裂时，每种质粒在两个子细胞中均可保持等同的拷贝数，因而它们可以稳定地存在于同一受体细胞中。

（二）质粒的改造与构建

外源基因克隆的目的不同，对质粒载体的性能要求也不同。野生型质粒存在着这样或那样的缺陷，不能满足需要，必须对之进行修饰和改造，其指导思想如下。

（1）删除不必要的 DNA 区域，尽量缩小质粒的分子量，以提高外源 DNA 片段的装载量。一般来说，大于 20kb 的质粒很难导入受体细胞，而且极不稳定。

（2）灭活某些质粒的编码基因，如促进质粒在细菌种间转移的 *mob* 基因，杜绝重组质粒扩散污染环境，保证 DNA 重组实验的安全，同时灭活那些对质粒复制产生负调控效应的基因，提高质粒的拷贝数。

（3）加入易于识别的选择标记基因，最好是双重或多重标记，便于检测含有重组质粒的受体细胞。

（4）在选择性标记基因内引入具有多种限制性内切酶识别及切割位点的 DNA 序列，即多克隆接头（polylinker），便于多种外源基因的重组，同时删除重复的酶切位点，使其单一化，以便环状质粒分子经酶处理后，只在一处断裂，保证外源基因的准确插入。

（5）根据外源基因克隆的不同要求，分别加装特殊的基因表达调控元件。

目前所用的质粒载体主要是以天然细菌质粒的各种元件为基础重新组建的人工质粒。

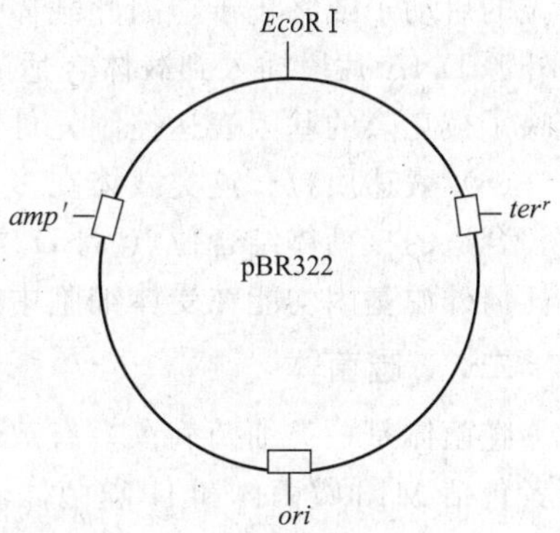

图 4-2　质粒 pBR322 的 DNA

pBR322 质粒（图 4-2）是稍早构建的较为理想的大肠杆菌质粒载体。pBR322 是按照标准的质粒载体命名法则命名的，“p” 表示质粒（plasrnid），“BR” 则是分剐来自该质粒的两位主要构建者 F. Bolivar 和 R. L. Rodriguez 姓氏的第一个字母，“322” 系指实验编号，以与其他质粒载体如 pBR 315、pBR027 及 pBR328 等相区别。pBR322 质粒载体来源于 3 个亲本质粒。质粒上的氨苄青霉素抗性基因（amp^r）来自于 pSF2124 质粒，四环素抗性基因（tet^r）来自于 pSC101，ColE 松弛型复制子（*ori*）来自于 pMB1。

pBR322 质粒 DNA 分子中含有单个 *Eco*R Ⅰ限制性核酸内切酶位点，可在此插入外源基因。还含有 tet^r 和 amp^r 抗药基因，分别为抗四环素、抗氨苄青霉素的酶编码，使细菌产生抗性。这个质粒还含有一个复制起始点（*ori*）及与 DNA 复制调节有关的序列，赋予 pBR322 质粒复制子特性。pBR322 质粒载体具有较小的分子量。它的长度为 4361bp，不仅易于自身 DNA 的纯化，而且即便克隆了一段大小达 6kb 的外源 DNA 之后，其重组体分子的大小也仍然在符合要求的范围内。

pBR322 质粒载体具有分子量小、拷贝数高及的优点。pBR322 质粒载体的优点是：分子质量小，容易提取，拷贝数较高，有两种抗菌素抗性基因作为选择标记，易导入宿主细胞等。但是，若插入片段过大，会导致重组载体扩增速度缓慢，甚至使插入片段丢失。

将 pBR322 进一步改造，可以形成更具优越性的衍生质粒载体。

（三）质粒的分类及用途

人工构建的载体质粒根据其功能和用途可分为下列几类。

（1）克隆质粒。这类质粒常用于克隆和扩增外源基因，它们或者含有氯霉素可扩增的松弛型复制子结构，如 pBR 系列；或者复制子经过人工诱变，解除对质粒拷贝数的负控制作用，使得质粒在每个细胞中可达数千个复制拷贝。

（2）测序质粒。这类质粒通常高拷贝复制，并含有多酶切口的接头片段，便于各种 DNA 片段的克隆与扩增，在多酶切口接头片段的两端邻近区域，设有两个不同的引物序列，使得重组质粒经碱变性后，即可进行 DNA 测序反应，如 pUC18/19 系列；另一种测序质粒是 M13 噬菌体 DNA 与质粒 DNA 的杂合分子，如 M13mp 系列，它们在受体细胞中复制后，可以特定的单链 DNA 形式分泌到细胞外，克隆在这种质粒上的外源基因无需变性即可直接用于测序反应。

（3）整合质粒。含有整合酶编码基因以及整合特异性的位点序列，克隆在这种质粒上的外源基因进入受体细胞后，能准确地重组整合在受体细胞染色体 DNA 的特定位点上。

（4）穿梭质粒。这类质粒分子上含有两个亲缘关系不同的复制子结构以及相应的选择性标记基因，因此能在两种不同种属的受体细胞中复制并检测，如大肠杆菌链霉菌穿梭质粒、大肠杆菌酵母菌穿梭质粒等。克隆在此类质粒上的外源基因可以不用更换载体直接从一种受体菌转入另一种受体菌中复制并且遗传。

（5）探针质粒。这类载体被设计用来筛选克隆基因的表达调控元件，如启动子和终止子等。它通常装有一个可以定量检测其表达程度的报告基因（如抗生素的抗性基因），但缺少相应的启动子或终止子，因此载体分子本身不能表达报告基因，只有当含有启动子或终止子的外源 DNA 片段插入到载体合适的位点上，报告基因才能表达，而且其表达量的大小直接反映了被克隆的基因表达控制元件的强弱。

（6）表达质粒。这类载体在多克隆位点的上游和下游分别装有两套转录效率较高的启动子、合适的核糖体结合位点（SD 序列）以及强有力的终止子结构，使得克隆在合适位点上的任何外源基因均能在受体细胞中高效表达，如 pSPORT 系列和 pSP 系列。

二、λ 噬菌体

噬菌体是一类细菌病毒，有双链噬菌体和单链丝状噬菌体两大类。前者为 λ 噬菌体类，后者包括 M13 噬菌体和 f1 噬菌体。常用作克隆载体的噬菌体 DNA 是 λ 噬菌体。

λ 噬菌体的生活周期包括溶菌周期和溶原周期：当 λ 噬菌体侵入大肠杆菌后，可以在细菌内扩增，并使细胞裂解，释放出大量的 λ 噬菌体颗粒。也可通过溶原途径，使其 DNA 整合到大肠杆菌的染色体上，以前噬菌体的形式潜伏下来。在某些特定条件下整合的 λ 噬菌体被切割下来，进入裂解周期，如图 4-3 所示。

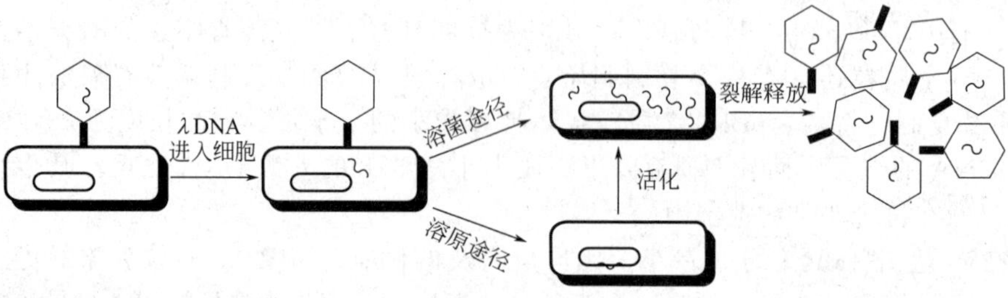

图 4-3 λ 噬菌体感染途径

λ 噬菌体的研究历史比较悠久，因此可以根据其生物学特性和遗传学背景有目的地进行利用。在寄主范围方面，λ 噬菌体比质粒载津要狭窄得多，因此作为基因克隆载津自然也就更加安全。迄今已经定位的 λ 噬菌体的基因至少有 61 个，其中有一半左右参与了噬菌体生命周期的活动，我们称这类基因为 λ 噬菌体的必要基因；另一部分基因，当它们被外源基因取代之后，并不影响噬菌体的生命功能，我们称这类基因为 λ 噬菌体的非必要的基因；取代了非必要基因的外源基因可以随寄主细胞一道复制和增殖，这是 λ 噬菌体赖以发展作为基因克隆载体的一种重要特性。

λ 噬菌体是线性双链 DNA，全长 48kb，两端各有 12 个碱基的单链互补黏性末端，称为 *cos* 区。当 λ 噬菌体被注入寄主细胞后，会迅速地通过 *cos* 区黏性末端的互补作用形成双链环形 DNA，在细菌内大量繁殖。噬菌体的中间部分基因约占全基因组的 30%，不是裂解生长所必需，此区域的缺乏或取代，对噬菌体的感染和生长都没有严重的影响，可作为外源 DNA 片段的克隆部位。当成熟噬菌体颗粒的外壳蛋白包装 DNA 时，只有 DNA 分子大小合适才能组装成成熟的病毒颗粒，即重组后的 DNA 分子是基因组全长的 75%～105%。这也意味着噬菌体在包装时对重组的外源 DNA 长度进行了一次筛选，分子过大或过小的外源 DNA 都不能被包装入噬菌体。

经 λ 噬菌体 DNA 改造成的载体系统有 λgt 系列（插入型载体，适合克隆 6～8kb 大小的 DNA 片段，常用于 cDNA 克隆）和 EMBL 系列（置换型载体，可以允许插入长度达 30kb 的外源 DNA 片段，因而适用于基因组 DNA 克隆）。外源的 DNA 克隆到插入型的 DNA 载体分子上，会使噬菌体的某种生物功能丧失效力，即所谓的插入失活效应。插入型载体所承受的外源 DNA 片段较小，一般在 10kb 以内，广泛应用于 cDNA 及小片段 DNA 的克隆。插入型载体只有一个限制酶切点，供外源 DNA 插入。置换型载体又称取代型载体，它有两个限制酶切点，当外源 DNA 插入时，一对克隆位点之间的 DNA 片段便会被置换掉，从而有效地提高了克隆外源 DNA 片段的能力。

λ 噬菌体主要用于建立基因文库和 cDNA 文库。

三、柯斯（cosmid）质粒载体

λDNA 载体装载量为 25kb，但在很多情况下，往往需要克隆更大的外源 DNA 片段，考斯质粒载体的构建就是为了进一步提高噬菌体 DNA 的装载量。在包装上限固定的条件下，大幅度缩短噬菌体 DNA 的长度，就能同步增加载体的装载能力。将噬菌体 DNA 与包装有关的序列与质粒组装在一起，既能最大限度地缩短载体的长度，同时又能保证重组 DNA 分子在体外仍被包装成有感染力的颗粒，这便是构建考斯质粒和噬菌粒载体的思路。当然，由于考斯质粒和噬菌粒不再携带包装蛋白基因，因此重组 DNA 分子在细胞内不能形成噬菌体颗粒。

“cosmid” 一词是由英文 “cos site-carrying plasmid” 缩写而成的，其原意是指带有黏性末端位点（*cos*）的质粒。cosmid 载体也称黏粒、柯斯载体。这是一类用于克隆大片段 DNA 的载体，它是由 λ 噬菌体的 *cos*（cohesive）末端及质粒（plasmid）重组而成的载体。cosmid 载体带有质粒的复制起点、克隆位点、选择性标记以及 λ 噬菌体用于包装的 *cos* 末端等，因此该载体在体外重组后，可利用噬菌体体外包装的特性进行体外包装，利用噬菌体感染的方式将重组 DNA 导入受体细胞。但它不会产生子代噬菌体，而是以质粒 DNA 的形式存在于细胞内。

柯斯质粒 pHC79 系由质粒 pBR322 和噬菌体 λ 的 *cos* 位点的一段 DNA 构成，全长 4.3kb（图 4-4）。

柯斯载体质粒和 λ 噬菌体黏性末端“尾巴”两部分组成，兼具有 λ 噬菌体的高效感染能力和质粒易于克隆选择的优点，既能像质粒一样在寄主细胞内复制，也能像 λDNA 一样包装成为具有感染性能的噬菌体颗粒。柯斯载体的特点如下。

（1）能像 λDNA 那样进行体外包装，并高效转染受体细胞。

（2）能像质粒那样在受体细胞中自主复制。

（3）重组操作简便，筛选容易。

（4）装载量大（45kb）且克隆片段具有一定的大小范围。

（5）不能体内包装，不裂解受体细胞。

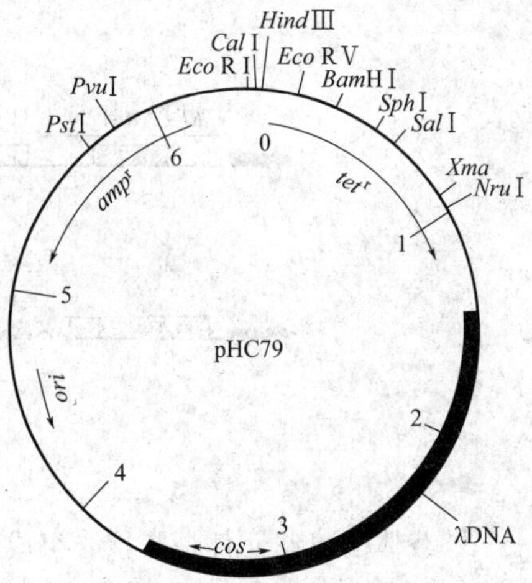

图 4-4　柯斯质粒 pHC79

目前已经发展出了许多不同类型的柯斯质粒载体，用作建立真核细胞基因组文库的载体。但是，由于细菌的菌落体积远大于噬菌斑，因此如用柯斯质粒制备基因文库，则筛选所需的含某一 DNA 片段的菌落很费时间。现虽建立了高密度菌落筛选法，但由于柯斯质粒制成的基因文库常常不太稳定，插入的大片段外源 DNA 有可能通过同宿主基因组交换而致丢失等，所以最常使用的还是噬菌体载体。

四、人工染色体载体

动物和植物的全基因组序列分析往往需要克隆数百甚至上千 kb 的 DNA 片段，此时柯斯质粒和噬菌粒载体的装载量也远远不能满足需要。

将细菌接合因子或酵母菌染色体上的复制区、分配区、稳定区与质粒组装在一起，即可构成染色体载体。当大片段的外源 DNA 克隆在这些染色体载体上后，便形成重组人造染色体，它能像天然染色体那样，在受体细胞中稳定的复制并遗传。染色体要确保在细胞分裂中保持稳定，必须要能够自我复制和向子细胞中平均分配。它需要 3 个关键序列，包括自主复制 DNA 序列（autonomously replicating sequence，ARS）、着丝粒 DNA 序列（centromere DNA sequence，CEN）和端粒 DNA 序列（telomere DNA sequence，TEL）。将 3 个关键序列用分子生物学方法拼接起来就得到人造微小染色体（artificial minichromosome），在大片段 DNA 分子的克隆、基因组分析、基因功能鉴定、基因治疗以及研究染色体结构与功能关系等研究中得到了广泛的应用，具有极为重要的价值。目前，正在研究或应用的有酵母人工染色体（yeast artificial chromosome，YAC）、细菌人工染色体（bacterial artificial chromosome，BAC）和哺乳动物人工染色体（mammalian artificial chromosome）。

酵母是研究真核生物 DNA 复制、重组、基因表达及调控等的理想材料。酵母人工染色体（yeast artificial chromosome，YAC）是模拟酵母菌染色体的复制而构建的载体（图 4-5）。

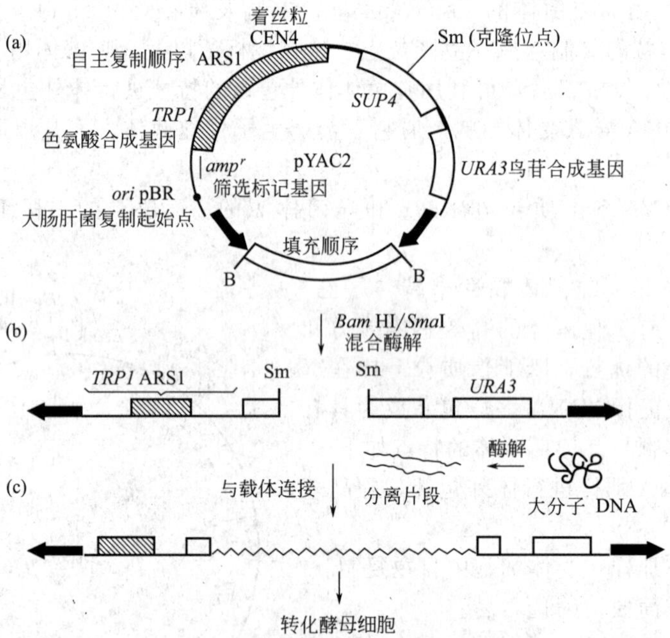

图 4-5 酵母人工染色体

YAC 载体的复制元件是其核心组成成分，其在酵母中复制的必须元件包括复制起点序列即自主复制序列、用于有丝分裂和减数分裂功能的着丝粒和两个端粒。这些元件能够满足自主复制、染色体在子代细胞间的分离及保持染色体稳定的需要。端粒重复序列是定位于染色体末端的一段序列，用于保护线状 DNA 不被胞内的核酸酶降解，以形成稳定的结构。着丝粒是有丝分裂过程中纺锤丝的结合位点，使染色体在分裂过程中能正确分配到子细胞中，在 YAC 中起到保证一个细胞内只有一个人工染色体的作用。YAC 载体主要是用来构建大片段 DNA 文库，特别是用来构建高等真核生物的基因组文库，并不用作常规的基因克隆。YAC 载允许插入片段大小没有限制，一般为 250～400kb。YAC 的优点是酵母细胞比大肠杆菌对不稳定的、重复的和极端的 DNA 片段有更强的容忍性，文库的代表性强，适合作真核染色体片段功能研究。YAC 的缺点是插入片段容易出现缺失和重排现象，YAC 与酵母染色体大小相似不容易分离和纯化。人基因组十分庞大，约含 4×10^9 bp，建立和筛选人的基因组文库，要求有容量更大的载体。酵母人工染色体成为人基因组研究计划的重要载体。

细菌人造染色体（bacterial artificial chromosome，BAC）通常是在大肠杆菌性因子 F 质粒的基础上构建的高容量低拷贝质粒载体，其装载量范围在 50～300kb 之间（图 4-6）。

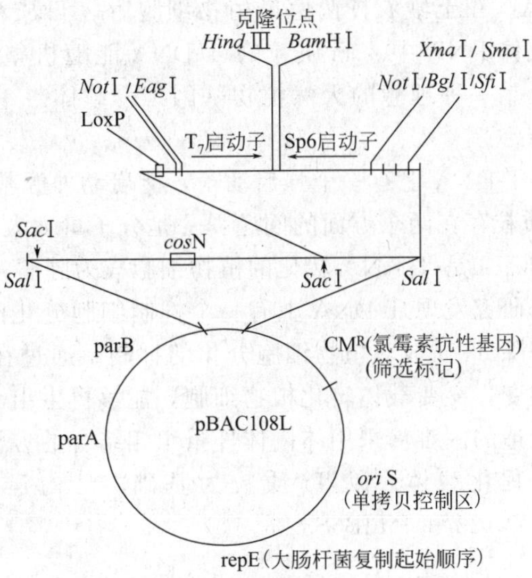

图 4-6 细菌人造染色体

F 质粒是一个约 100kb 的质粒，编码 60 多种参与复制、分配和结合过程的蛋白质。BAC 载体大小约 7.5kb，其本质是一个质粒克隆载体。BAC 载体与常见克隆载体的核心区别在于其复制单元的特殊性。复制单元来自 F 质粒，包括严谨型控制的复制区 *ori* S、启动 DNA 复制的由 ATP 驱动的解旋酶（RepE），以及 3 个确保低拷贝并使质粒精确分配至子代细胞的基因座（parA、parB、parC）。BAC 载体的工作原理与常规的质粒克隆载体相似。不同的是，BAC 载体装载的是大片段 DNA，一般在 100～300kb。对如此大的 DNA 片段一般要通过脉冲场凝胶电泳来分离。另外，由于 BAC 载体的拷贝数小，制备难度大。为解决这个问题，有的学者将 BAC 载体作为外源片段克隆到常规高拷贝质粒载体上，从而在大肠杆菌中以多拷贝的形式复制，便于载体的制备，使用时将高拷贝质粒去掉。细菌人造染色体主要适用于克隆大型基因簇（gene cluster）结构和构建动植物基因文库。

五、高等真核细胞的克隆载体

哺乳动物细胞不借助一些特殊手段，很难捕获和表达外源功能基因。目前这些手段有电穿孔技术、显微注射技术、原生质体融合技术和转染作用等。借助病毒将外源 DNA 导入动物细胞，是极为重要的手段。目前常用的动物病毒表达载体大体上可分为两大类：一类是整合型，即外源基因通过这种病毒载体与宿主细胞的染色体整合，外源基因随宿主细胞基因组的复制而扩增，这类载体的代表是 pSV 系列。另一类为游离型，或称病毒颗粒型。这类载体携带外源基因后，本质上仍然是一种完整或缺损的病毒，能够以病毒颗粒的形式在宿主细胞内自行复制或在辅助病毒存在下进行复制。常见的这类载体系统有痘苗病毒、腺病毒、杆状病毒及逆转录病毒等。

植物基因工程中的载体根据功能及构建过程，可分为四大类型：克隆载体、中间载体、卸甲载体和转化载体。用作外源 DNA 转化克隆的载体主要是 Ti 质粒载体，它是由野生型 Ti 质粒改造而来的。

Ti 质粒存在于能够引起植物形成冠瘿瘤的土壤农杆菌（根癌土壤杆菌）中，这种肿瘤的形成是由 Ti 质粒决定，因此，也称为诱导肿瘤的质粒（tumor inducing plasmid），简称 Ti 质粒。每种农杆菌只含有一种 Ti 质粒（不相溶性），而各种 Ti 质粒 DNA 的同源性很低，只有 12%～16%，说明它们有不同的进化史。Ti 质粒是一种环状 dsDNA，大约 185kb，相当于农杆菌染色体的 3%～5%。T-DNA 是 Ti 质粒最重要的组成部分，为转移

DNA。在土壤农杆菌感染植物细胞后，Ti质粒中的T-DNA区能够随机地共价整合到植物染色体DNA中。Ti质粒的T-DNA能随机整合到植物染色体DNA上，诱导植物形成肿瘤，是一种理想的天然植物基因工程载体。一旦T-DNA整合到植物染色体上就可以世代遗传。

T-DNA上有一个强启动子，能启动外源基因在植物细胞中高效表达。但是，直接采用Ti质粒存在两个方面的问题：一是分子量太大，限制酶切位点太多，不利于体外DNA重组操作；二是T-DNA转化的植物细胞成为肿瘤，不能进行分化，再形成植株。为克服这些缺点，研究发现T-DNA上有一个抑制细胞分化的功能区，称为Rooty区，如果在此区突变，会解除Ti质粒对植物细胞分化的抑制。通过在Rooty区插入一个外源DNA片段就可以引起突变，突变载体转化植物细胞，能够再生出一个完整的植株。为了克服Ti质粒分子量大，难改造的困难。采用体内体外重组相结合的方法，进行合作感染和同源重组，构建Ti质粒的工程化载体。以Ti质粒为基础，已构建出多种植物基因工程载体，如PGV-3850、PMON128和PTIB6S3等。

第四节　目的基因的获取及其与载体的连接

基因工程的主要目的是使优良性状相关的基因聚集在同一生物体中，创造出具有高度应用价值的新物种，或者说克隆出构成生物体生命活动相关的基因，生产出功能蛋白即基因产品。生物体中与优良性状或生命活动相关的基因通常称为目的基因。目的基因主要编码蛋白质（酶）的结构基因，例如抗逆性、生物药品、毒物降解和工业用酶等相关基因。自然界丰富的生物资源为人类提供了大量的有用基因。

作为一个具有功能的结构基因，从5′-端mRNA转录位点开始到3′-端的mRNA转录终止信号结束，而基因能否转录决定于其上游的转录启动子、调控因子与下游的终止子。转录出的mRNA能否翻译出功能蛋白质，则决定于mRNA是否存在核糖体识别和结合的位点，起始密码AUG和终止密码UAA或UAG或UGA。结构基因DNA序列的长短有很大的差别，一般来说，原核生物较短，而真核生物较长。

一、目的基因的获取途径

基因克隆的第一步就是获得目的基因，目的基因可以是含有目的基因的DNA片段，也可以是没有多余序列的纯基因cDNA。目前，有许多种方法获得目的基因，如采用化学方法人工合成基因，从构建的基因组文库获取目的基因，应用mRNA逆转录法合成cDNA等。

（一）利用化学合成法获取目的基因

就基因的化学本质而言，是一段具有特定生物功能的核苷酸序列。如果掌握了基因的分子结构和序列，便可以在实验室中人工化学合成基因。70年代后，由于蛋白质和DNA序列结构测定技术的发展，许多基因的序列结构被成功地测定出来。1977年，K. Itakura首先应用化学方法人工合成了生长激素释放抑制因子的基因，并成功地导入大肠杆菌细胞，实现了功能表达。随后，人工化学合成了多个基因。

如果已知某种基因的核苷酸序列，或根据某种基因产物的氨基酸序列推导出为该多肽链编码的核苷酸序列。在基因的化学合成中，首先要合成出有一定长度的、具有特定序列结构的寡核苷酸片段，然后在通过DNA连接酶按照一定顺序把这些片段共价地连接起来。最初，人工化学合成寡核苷酸片段只有15bp，而现在通过DNA自动合成仪，能合成200bp寡核苷酸片段。但是，绝大多数基因的DNA序列超过了这个范围，因此，需要一种特殊的基因组装程序，将人工化学合成的寡核苷酸片段装配成的完整基因。

目前利用化学法合成的基因有人生长激素释放抑制因子、胰岛素原、脑啡肽及干扰素基因等。

（二）通过建立基因组DNA文库分离目的基因

要想从生物材料，特别是高等真核生物的大型基因组分离特定的目的基因，就像大海捞针一样困难。基因文库（gene library）是指某一生物类型全部基因的集合。这种集合是以重组体形式出现。基因文库就像图书馆库存万卷书一样，涵盖了基因组全部基因信息，当然，也包括我们感兴趣的基因。与一般图书馆不同的是，基因文库没有图书目录，建立基因文库后需结合适当筛选方法从众多转化子菌落中选出含有某一基因的菌落，再行扩增，将重组DNA分离、回收，获得目的基因的无性繁殖系——克隆。因此，人们在研究某一重要的基因组时，往往要建立所谓的基因组文库，作为获取某些基因的基础。

构建基因文库的意义不只是使生物的遗传信息以稳定的重组体形式贮存起来，更重要的是它是分离克隆目的基因的主要途径。对于复杂的染色体DNA分子来说，单个基因所占比例十分微小，要想从庞大的基因组中将其分离出来，一般需要先进行扩增，所以需要构建基因文库。在很多情况下目的基因的分离都离不开基因文库。此外基因文库也是复杂基因组作图的重要依据。

基因文库构建包括以下基本程序。

（1）DNA提取及片段化，或是cDNA的合成。

（2）载体的选择及制备。

（3）DNA片段或cDNA与载体连接。

（4）重组体转化宿主细胞。

（5）转化细胞的筛选。

根据基因类型，基因文库可分为基因组文库（genomic DNA library）及cDNA文库（cDNA library）。基因组文库是指将某生物的全部基因组DNA切割成一定长度的DNA片段克隆到某种载体上而形成的集合。cDNA文库是指某生物某一发育时期所转录的mRNA经反转录形成的cDNA片段与某种载体连接而形成的克隆的集合。图4-7即为构建基因组DNA文库的全过程。

当获得了含重组体的宿主细胞时，即完成了基因的克隆。基因的克隆只是分离基因的基础，基因克隆后还要对克隆的基因进行分离，即利用各种手段把目的基因从文库中分离出来。分离出目的基因还必须对其进行必要的检测与分析：如进行序列测定，体外转录及翻译、功能互补实验等。通过这些实验确定出基因的结构及功能。到这时才能算分离到了目的基因。所以，基因的克隆、克隆基因的分离、分离基因的鉴定是利用基因文库技术分离目的基因的主要内容。

（三）通过建立cDNA文库分离目的基因

以mRNA为模板，利用反转录酶合成与mRNA互补的DNA（cDNA），再复制成双链cDNA片段，与适当载体连接后转入受体菌，即获得cDNA文库（cDNA library）。与上述基因组DNA文库类似，由总mRNA制作的cDNA文库包含了细胞表达的各种mRNA信息，自然也含有我们感兴趣的编码cDNA。然后，采用适当方法从cDNA文库中筛选出目的cDNA。当前发现的大多数蛋白质的编码基因几乎都是这样分离的。cDNA文库构建如图4-8所示。

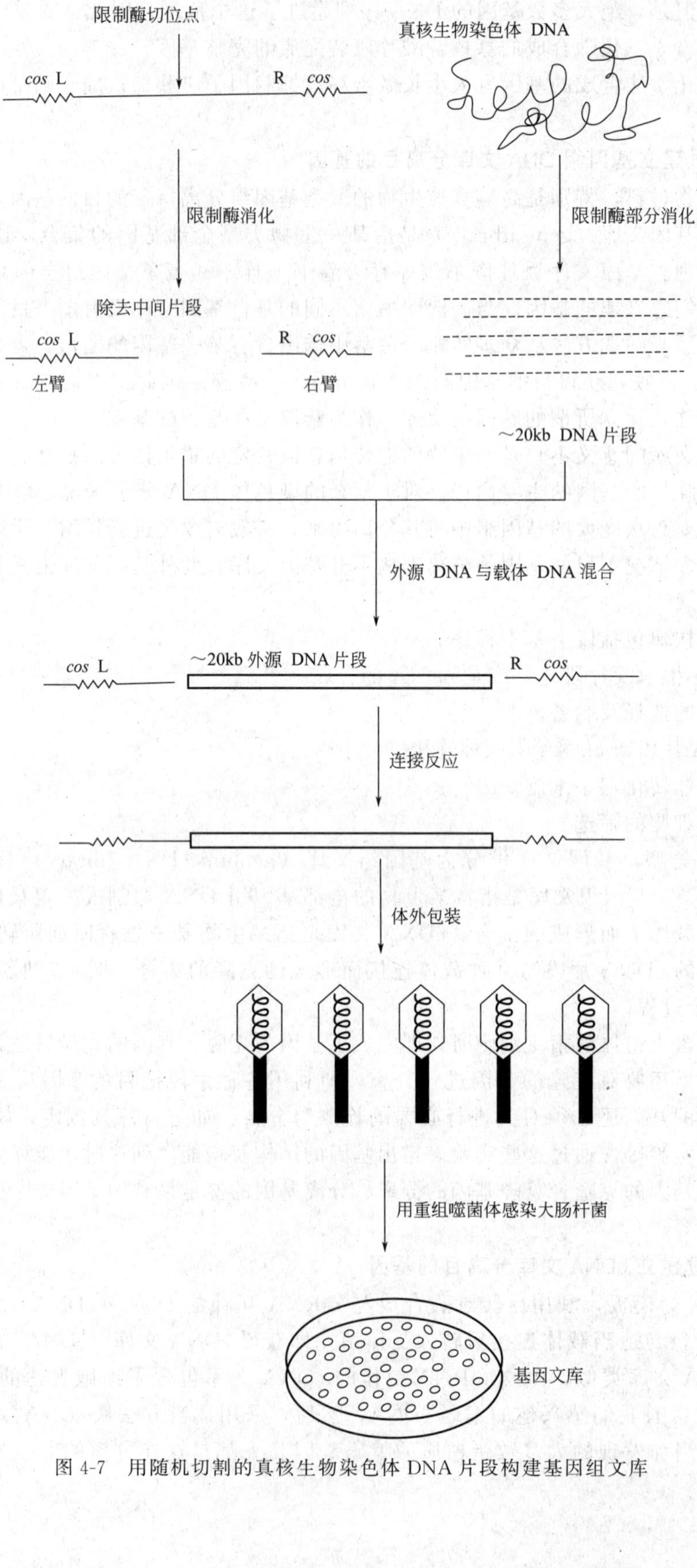

图 4-7 用随机切割的真核生物染色体 DNA 片段构建基因组文库

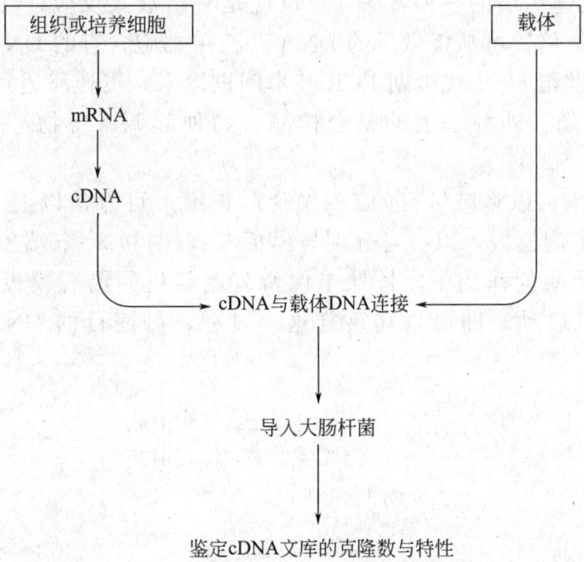

图 4-8 构建 cDNA 文库示意图

在基因工程中，为了获得真核的基因，一般是先分离纯化目的基因的 mRNA，再反向转录成 cDNA，最后再在原核细胞中进行 cDNA 的克隆表达。典型的真核生物细胞含有许多不同的 mRNA 分子，如果把这些 mRNA 都分离出来，不经分级获取，将每个 mRNA 逆转录的 cNDA 插入质粒载体形成重组体，转化大肠杆菌，形成不同的转化子细胞群体，这些转化子群体就构建出一个真核生物的 cDNA 基因文库。尽管也可以应用基因组文库来筛选真核生物的目的基因，但是工作量十分繁重。要从真核细胞中分离目的基因的难度更大。cDNA 文库的特点如下。

(1) 不含内含子序列。

(2) 可以在细菌中直接表达（一般选用的载体都是表达型的）。

(3) 包含了所有编码蛋白质的基因。

(4) 比 DNA 文库小得多，容易构建。

基因组 DNA 文库与 cDNA 文库的区别在于，cDNA 文库是有时效性的。cDNA 文库构建时的信息供体是某一时空条件下的细胞总 mRNA，它是在转录水平上反映该生物在某一特定发育时期，某一特定组织（或器官）在某种环境条件下的基因表达情况，并不能包括该生物有机体的全部基因。在某种意义上讲它可以表现基因组的功能信息。再者，cDNA 文库只反映 mRNA 的分子结构。cDNA 中不含有真核基因的间隔序列及调控区，确切说 cDNA 并不是真正意义上的基因。基因组 DNA 文库构建时遗传信息供体是基因组 DNA，因而无发育时期及组织器官特异性，在一个完全的基因组 DNA 文库中包含着基因组 DNA 上的所有编码区及非编码区序列的克隆。生物有机体的每一个基因在文库中都有其克隆，该克隆的基因片段里包括着间隔序列，所以基因组 DNA 文库可真实地显示基因组的全部结构信息。

目前这两类基因文库在基因工程中都得到有效应用。选择哪一种，主要是根据实验目的。在分离 RNA 病毒基因，研究功能蛋白序列，分离特定发育阶段或特定组织特异表达的基因时应构建 cDNA 文库。在研究 mRNA 分子中不存在的序列及基因组作图时必须构建核基因组文库。

（四）通过利用聚合酶链反应（PCR）扩增和分离目的基因

聚合酶链式反应（polymerase chain reaction，PCR）是利用单链寡核苷酸引物对特异

DNA 片段进行体外快速扩增的一种方法。该反应是一指数式反应，其可在短时间内使目的片段的扩增量达到 10^6 倍，可从极微量的 DNA 乃至单细胞含有的 DNA 起始，扩增出 μg 级的 PCR 产物。自 20 世纪 80 年代中期 PCR 技术问世以来，迅速渗透到了分子生物学的各个领域，现已在基因克隆、外源基因的整合检测、物种起源、生物进化等方面得到了广泛应用。

聚合酶链反应技术可以将微量目的 DNA 片段扩增一百万倍以上。其基本工作原理是：以拟扩增的 DNA 分子为模板，以一对分别与模板 5′-末端和 3′-末端相互补的寡核苷酸片段为引物，在 DNA 聚合酶的作用下，按照半保留复制的机制沿着模板链延伸直至完成新的 DNA 合成。反应一旦启动，即可自动重复这一过程，可使目的 DNA 片段得到大量扩增（图 4-9）。

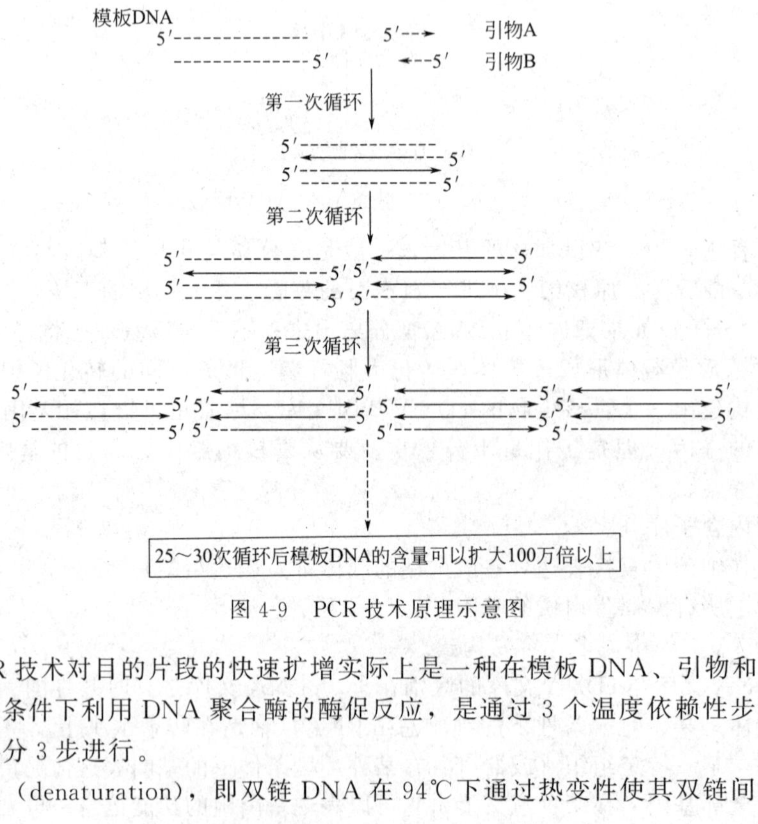

图 4-9 PCR 技术原理示意图

利用 PCR 技术对目的片段的快速扩增实际上是一种在模板 DNA、引物和 4 种脱氧核糖核苷酸存在的条件下利用 DNA 聚合酶的酶促反应，是通过 3 个温度依赖性步骤完成的反复循环。反应共分 3 步进行。

（1）变性（denaturation），即双链 DNA 在 94℃下通过热变性使其双链间氢键断裂而解离成单链。

（2）退火（annealling），即当变性温度突然降至引物 T_m 值以下时，引物与模板 DNA 互补序列杂交。由于模板 DNA 分子结构远复杂于引物结构，且反应体系中引物 DNA 分子的摩尔数远大于模板 DNA，故在退火温度下引物与模板 DNA 分子可形成互补的杂交链，而单链模板 DNA 间互补形成双链的机会要少得多。

（3）延伸（extension），即在 DNA 聚合酶、4 种脱氧核糖核苷酸、底物及 Mg^{2+} 存在的条件下，DNA 聚合酶依赖其 5′→3′的聚合酶活力，以引物为起始，互补的 DNA 链为模板，使引物序列得以延伸，形成模板 DNA 的互补链。

经过高温变性、低温退火、中温延伸 3 个温度的循环，模板上介于两引物之间的片段不断扩增，目的片段以 2^n 形式得到积累，经 25～30 个循环后目的片段的 DNA 量即可达到 10^6 倍。经 PCR 扩增所得目的片段的特异性取决于引物与模板 DNA 间结合的特异性，而

PCR 产物的大小则取决于两引物退火位点 5′-端之间的距离。

PCR 技术可用于目的基因的直接克隆或通过 RT-PCR 进行 cDNA 的克隆。要获得目的基因，除 PCR 技术的通用条件外，还必须知道目的基因 5′-端、3′-端的各一段核苷酸序列及其他相关条件，以设计出合适的引物。

由 PCR 工作原理可知，只要有适当的引物，PCR 基因扩增法可以产生 μg 级的特异性的靶 DNA 片段，达到这种数量级的基因组 DNA 可以直接克隆到相应的载体（如质粒或者噬菌体载体）中，不需要构建噬菌体或黏粒载体文库，经历漫长的筛选重组克隆、亚克隆等一系列过程。因此与常规的基因克隆方法相比，PCR 的优点是快速、简单；但用 PCR 克隆目的基因的限制是必须知道侧接靶序列的核苷酸序列，以制备引物，而这一点恰恰是难以达到的。正因为如此，PCR 克隆基因具有很大的局限性。

利用 PCR 技术，只需增加一步逆转录反应，便可从少数的 mRNA 构建 cDNA 文库。以 mRNA 为模板，以 oligo（dT）为引物，在依赖于 RNA 的 DNA 聚合酶催化下体外合成 cDNA 第一链之后，可通过 PCR 扩增此链。在已知 RNA（或其基因）两端的核苷酸序列，mRNA 5′-端核苷酸序列或其编码的蛋白质 N 端的氨基酸序列，便可设计特定的两端引物，用于直接克隆特定的目的基因的 cDNA，从而省略从 cDNA 文库中筛选 cDNA 克隆等系列费时的操作。由于引物的高度选择性，细胞总 RNA 无需进行分离即可直接使用。又由于 PCR 扩增效率极高，因此，可以获得在原始 mRNA 中含量极少的 mRNA 所对应的 cDNA 克隆，这在基因克隆操作中十分有用。

利用 PCR 可以快速有效地合成大量 cDNA 产物，这些产物即可克隆于适当的载体，也可以作为探针用于 Southern 或 Northen 印迹杂交或用于筛选 cDNA 与基因组 DNA 文库。PCR 技术也可用于基因的体外突变、DNA 和 RNA 的微量分析、DNA 和 RNA（RNA 需要先反转录成为 cDNA）序列测定。PCR 技术高度敏感，对模板 DNA 的含量要求很低，是 DNA 和微量分析的最好方法。理论上讲，只要存在 1 分子的模板，就可以获得目的片段。实际工作中，一滴血液、一根毛发或一个细胞已足以满足 PCR 的检测需要，因此在基因诊断方面具有极广阔的应用前景。

PCR 反应理论的提出和技术上的完善对于分子生物学的发展具有不可估量的价值。它以敏感度高、特异性强、产率高、重复性好以及快速简便等优点迅速成为分子生物研究中应用最为广泛的方法，并使得很多以往无法解决的分子生物学研究难题得以解决。

现在 PCR 技术还在不断发展，已知部分序列或未知序列的基因有的也能设计 PCR 来扩增和克隆，模板核酸可用双链 DNA、单链 DNA、甚至 RNA。

二、目的基因与载体的连接

通过不同途径获取含目的基因的外源 DNA、选择或改建适当的克隆载体后，下一步工作是将外源 DNA 与载体 DNA 连接在一起，即 DNA 的体外重组。外源 DNA 片段同载体分子连接的方法，即 DNA 分子体外重组技术，主要是依赖于核酸内切限制酶和 DNA 连接酶的作用。一般说来在选择外源 DNA 同载体分子连接反应程序时，需要考虑到下列三个因素：①实验步骤要尽可能地简单易行；②连接形成的“接点”序列，应能被一定的核酸内切限制酶重新切割，以便回收插入的外源 DNA 片段；③对转录和转译过程中密码结构的阅读不发生干扰。

大多数的核酸内切限制酶能够切割 DNA 分子，形成黏性末端。当载体和外源给体 DNA 用同样的限制酶，或是用能够产生相同的黏性末端的限制酶切割时，所形成的 DNA 末端就能够彼此退火，并被连接酶共价地连接起来，形成重组体分子（图 4-10）。

这种连接是指在一定条件下，由 DNA 连接酶催化两个双链 DNA 片段相邻的 5′-端磷酸

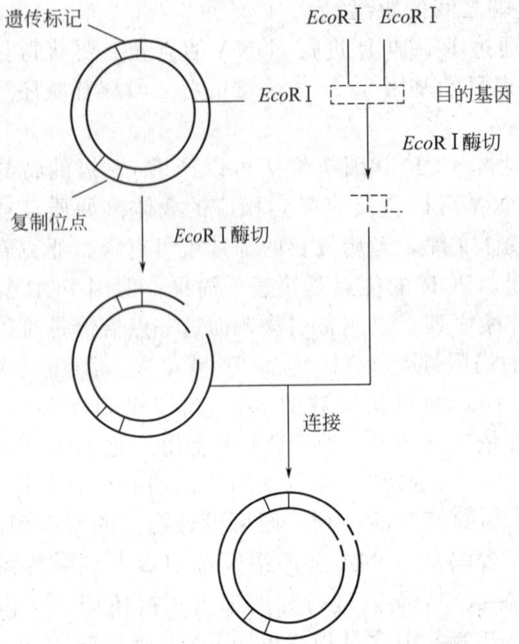

图 4-10 目的基因与载体 DNA 的连接

与 3′-端羟基之间形成磷酸二酯键的过程。把目的基因插入载体，这两种 DNA 分子连接起来得到的产物常称为重组体、重组子（recombinant）。在体外，相邻的 5′-磷酸基和 3′-羟基间磷酸二酯键的形成，可由两种不同的 DNA 连接酶催化。它们是 T_4 噬菌体 DNA 连接酶和大肠杆菌 DNA 连接酶。

目的基因与载体之间的连接有三种方法：①两个两端均为黏端的 DNA 片段间的连接；②两个两端均为平端的 DNA 片段间的连接；③一端为黏端，另一端为平端的 DNA 片段间的连接。应根据目的基因与载体本身的酶切位点特性而采用相应方式。在基因工程中，T_4DNA 连接酶是首选的连接酶，因为它不仅能完成黏端 DNA 片段间的连接，而且也能完成平端 DNA 片段间的连接。但大肠杆菌 DNA 连接酶对黏端 DNA 片段间的连接有效，对平末端 DNA 片段之间的连接几乎无效，即使有效，条件十分复杂。

（一）黏性末端连接

当用相同一种或相同两种限制酶，分别酶切目的基因和载体可产生相同的黏性末端时，可采用这种方式连接。

1. 同一限制酶切位点连接

由同一限制性内切核酸酶切割的不同 DNA 片段具有完全相同的末端。只要酶切割 DNA 后产生单链突出（5′-突出及 3′-突出）的黏性末端，如：

5′GGTG▼ 和 AATTCAGC3′
3′CCACTTAA ▲GTCG5′
5′TTGCTGCA 和 ▼ GAAG3′
3′AACG▲ ACGTCTTC5′

同时酶切位点附近的 DNA 序列不影响连接，那么，当这样的两个 DNA 片段一起退火时，黏性末端单链间进行碱基配对，然后在 DNA 连接酶催化作用下形成共价结合的重组 DNA 分子。

2. 不同限制性内切酶位点连接

由两种不同的限制性内切核酸酶切割的 DNA 片段，具有相同类型的黏性末端，即配伍末端，也可以进行黏性末端连接。例如 *Mbo* Ⅰ（▼ GATC）和 *Bam*H Ⅰ（G▼ GATCC）切割 DNA 后均可产生 5′-突出的 GATC 黏性末端，彼此可相互连接。

（二）平端连接

DNA 连接酶可催化相同和不同限制性内切核酸酶切割的平端之间的连接。原则上讲，限制酶切割 DNA 后产生的平端也属配伍末端，可彼此相互连接；若产生的黏性末端经特殊酶处理，使单链突出处被补齐或削平，变为平端，也可施行平端连接。

(三) 同聚物加尾连接

同聚物加尾连接是利用同聚物序列，如多聚 A 与多聚 T 之间的退火作用完成连接。在末端转移酶作用下，在 DNA 片段未端加上同聚物序列、制造出黏性末端，而后进行黏性末端连接。这是一种人工提高连接效率的方法，属于黏性末端连接的一种特殊形式。

(四) 人工接头连接

对平端 DNA 片段或载体 DNA，可在连接前将磷酸化的接头或适当分子连到平末端，使产生新的限制性内切核酸酶位点，再用识别新位点的限制性内切核酸酶切除接头的远端，产生黏性末端。这也是黏性末端连接的一种特殊形式。

第五节　重组 DNA 分子导入受体细胞

带有外源 DNA 片段的重组体分子在体外构成之后，需要导入适当的寄主细胞进行繁殖，才能够获得大量的纯一的重组体 DNA 分子。这样一种过程习惯上叫做基因的扩增 (amplification)。由此可知，选定的寄主细胞必须具备使外源 DNA 进行复制的能力，而且还应该能够表达由导入的重组体分子所提供的某种表型特征，这样才有利于转化子细胞的选择与鉴定。

将外源重组体分子导入受体细胞的途径，包括转化、转染、显微注射和电穿孔等多种不同的方式。转染和转化主要适用于细菌一类的原核细胞和酵母这样的低等真核细胞，而显微注射和电穿孔则主要应用于高等动植物的真核细胞。

一、受体细胞的选择

外源目的基因与载体在体外连接重组后形成重组分子，该重组分子必须导入适宜的受体细胞中才能使外源目的基因得到大量扩增与表达。选择适宜的受体细胞是重组基因高效克隆表达的前提条件。

受体细胞（receptor cell)，又称为宿主细胞或寄主细胞（host cell）等，从实验技术上讲是能摄取外源 DNA 并使其稳定维持的细胞；从实验目的上讲是有应用价值和理论研究价值的细胞。

一般情况下，受体细胞的选择应符合以下基本原则。

（1）便于重组 DNA 分子的导入，例如细菌，容易诱导形成感受态的细菌细胞。

（2）能使重组 DNA 分子稳定存在于细胞中，通常的做法通过修饰改造，选择某些限制性核酸内切酶缺陷型细胞，即限制与修饰体系缺陷型细胞。

（3）便于重组体的筛选，选择与载体所含的选择标记互补匹配的受体细胞，例如重组子含有 tet^r 基因，而受体细胞没有 tet^r 基因。

（4）遗传稳定性高，容易扩大培养或发酵生长。

（5）安全性高，无致病性，不会对外界环境造成污染。

（6）选用内源蛋白水解酶基因缺失的或含量低的细胞，利于外源基因表达产物在细胞内的积累。

（7）受体细胞不能干扰重组子遗传密码的正确阅读与翻译。

（8）具有较好的转译后的加工机制，便于真核目的基因的高效表达。

（9）在理论研究和生产实践上有较高的应用价值。

(一) 原核生物细胞

原核细胞是较为理想的受体细胞，其优点如下。

(1) 大部分原核生物细胞无纤维素组成的坚硬细胞壁，便于外源DNA的进入。

(2) 没有核膜，染色体DNA没有固定结合的蛋白质，为外源DNA与裸露的染色体DNA重组减少了麻烦。

(3) 原核生物多为单细胞生物，容易获得一致性的实验材料，并且培养简单，繁殖迅速，实验周期短，重复实验快。

(4) 基因组小，遗传背景简单，并且不含线粒体和叶绿体基因组，便于对引入的外源基因进行遗传分析。

鉴于以上优点，原核生物细胞普遍作为受体细胞用来构建基因组文库和cDNA文库，或者用来建立生产目的基因产物的工程菌，或者作为克隆载体的宿主细胞。

原核细胞作为受体细胞用来表达真核目的基因（cDNA）时，往往不能表达出有生物活性的蛋白质，原因如下。

(1) 原核生物细胞不具备真核生物的蛋白质折叠复性系统，即使真核生物基因能得到表达，得到的多是无特异性空间结构的多肽链。

(2) 原核生物细胞缺乏真核生物的蛋白质加工系统，而许多真核生物蛋白质的生物活性正是依赖于其侧链的糖基化或磷酸化等修饰作用。

(3) 原核细胞内源性蛋白酶易降解异源蛋白，造成表达产物不稳定。

目前，原核受体细胞主要采用大肠杆菌（人胰岛素、生长激素和干扰素）、枯草杆菌（人干扰素、白介素、乙型肝炎病毒核心抗原和动物口蹄疫病毒VPI抗原）和蓝细菌（工程菌用于降解塑料、生产生物燃料及药物）。

（二）真菌细胞

真菌是低等真核生物，其基因的结构、表达调控机制及蛋白质加工与分泌都具有真核生物的特征，因此，用真菌表达高等动植物基因具有原核生物细胞无法比拟的优点。最常用的就是酵母菌，它是外源真核基因最理想的表达系统。

(1) 单一细胞，基因表达调控机制清楚、遗传操作简单。

(2) 有真核生物蛋白的加工修饰系统。

(3) 不含有特异性的病毒，不产生毒素，安全。

(4) 培养简单、容易大规模发酵生产，成本低廉。

(5) 能将外源基因表达出的蛋白质分泌到培养基中，便于产物的提纯与加工。

（三）植物细胞

作为基因转移的受体细胞，植物细胞的最突出的优点是它的全能性，通过组织培养，一个单细胞可以分化成植株，这意味着一个获得外源基因的体细胞可以培养出稳定遗传的植株或品系。缺点是植物细胞有纤维素参与组成的坚硬细胞壁，不利于摄取重组DNA分子。可通过纤维素酶处理植物细胞除去细胞壁获得的原生质体，可以摄取外源DNA分子，且原生质体在适当的培养条件下再生细胞壁，进行细胞分裂。

现在用作转基因受体的植物有水稻、棉花、玉米、马铃薯、烟草等经济作物和拟南芥等模式植物。

（四）动物细胞

动物细胞也可以作为受体细胞，早期多采用生殖细胞、受精卵细胞或胚胎细胞。最近，体细胞克隆动物的诞生，动物细胞同样可以作为转基因受体细胞。动物细胞也可以作为受体细胞的优点如下。

(1) 能识别和除去外源真核基因中的内含子，剪切和加工成熟的mRNA。

(2) 真核基因的表达蛋白在翻译后能被正确加工或修饰，产物具有较好的蛋白质免疫原性，约为酵母细胞的16～20倍。

(3) 易被重组DNA质粒转染，具有遗传稳定性和可重复性。

(4) 经转化的动物细胞可将表达产物分泌到培养基中，便于提纯和加工，成本低。

动物细胞也可以作为受体细胞的缺点是组织培养技术要求高，难度较大。

目前用作基因转移的受体动物主要有猪，羊、牛、鱼等经济动物和鼠、猴等实验动物，主要用途在于大规模表达生产天然状态的复杂蛋白质或动物疫苗、动物品种的遗传改良及人类疾病的基因治疗等。

常用的动物受体细胞有小鼠L细胞、Hele细胞、猴肾细胞和中国仓鼠卵巢细胞（CHO）等。以动物细胞，尤其是哺乳动物细胞作为受体细胞的优点。

“克隆”和“转基因”之间最大的不同是前者完整地保留了原来的遗传性状，而后者则改变了原来的遗传性状。“克隆”是无性繁殖，克隆动物是不经过生殖细胞而直接由体细胞获得的新个体；而转基因动物和普通动物的区别只在于在受精卵或胚胎干细胞中转入了另外的基因。

如果能将克隆技术和转基因技术结合起来的话，也许可以在短时间内就得到许多一模一样的拥有优良性状的转基因动物。也就是说，转基因动物将不再是单个生产，而是批量生产。这对于制药或器官移植等领域来说是一个很有潜力的发展方向。

二、重组体DNA分子转化或转染导入微生物细胞

关于重组DNA的研究工作中，都使用了大肠杆菌K12突变体菌株。该株由于丧失了限制体系，故不会使导入细胞内的未经修饰的外源DNA发生降解作用。对于大肠杆菌寄主，无论是转化还是转导，都是十分有效的导入外源DNA的手段。当然，除了大肠杆菌之外，其他的一些细菌，例如枯草芽孢杆菌（*B. subtilis*），也已经发展成为基因克隆的寄主菌株。

在基因操作中，转化（transformation）一词，严格地说是指感受态的大肠杆菌细胞捕获和表达质粒载体DNA分子的生命过程，而转染一词（transfection），则是专指感受态的大肠杆菌细胞捕获和表达噬菌体DNA分子的生命过程。但从本质上讲，两者并没有什么根本的差别。无论转化还是转染，其关键的因素都是用氯化钙处理大肠杆菌细胞，以提高膜的通透性，从而使外源DNA分子能够容易地进入细胞内部。所以习惯上，人们往往也通称转染为广义的转化。

细菌转化（或转染）的具体操作程序是：用氯化钙制备新鲜的大肠杆菌感受态细胞的简单方案是Cohen等（1972年）所用方法的变通方案，常用于成批制备感受态细菌，这些细菌可使每微克超螺旋质粒DNA产生$5\times10^{6}\sim2\times10^{7}$个转化菌落，这样的转化效率足以满足所有在质粒中进行的常规克隆的需要。该方法完全适用于大多数大肠杆菌菌株。该法制备的感受态细胞可贮存于－70℃，但保存时间过长会使转化效率在一定程度上受到影响。

酵母经过处理后，也像大肠杆菌一样能够接受外源重组体的导入。酵母的转化过程一般是先用酶消化细胞壁形成原生质体，经氯化钙和聚乙二醇（PEG）处理，使质粒DNA进入细胞，然后在允许细胞壁再生的选择培养基中培养。

三、重组体DNA分子导入植物细胞

由于真核生物的细胞结构、基因组成和基因表达复杂，适用于原核生物的转基因方法大多不适用于真核生物受体细胞。

农杆菌介导的Ti质粒载体转化法是目前研究最多、机制最清楚、技术方法最成熟的植物细胞基因转化途径。80%的植物转基因是采用农杆菌介导的Ti质粒载体转化法。用于植物基因转化操作的受体通常称为外植体。选择适当的外植体是成功进行遗传转化的首要条

件。外植体材料非常广泛，涉及植物的各个组织、器官和部位，它们包括叶片、叶柄、子叶、茎、芽、根、胚及成熟的种子。但是，各种外植体材料的转化率有明显的差别。一般选择原则为：①优先考虑叶片、子叶、胚轴；②注意外植体的年龄，应选择转化能力强的幼龄期外植体，同时还要考虑最佳感受态时期；③转化外植体容易组织培养，并有较强的再生能力。④应考虑外植体中容易被转化的分生组织感受态细胞所在的部位及其数量。便于接种农杆菌。把农杆菌接种在外植体的损伤切面，将切割成小块的外植体浸泡在制备好的工程菌液中几秒至数分钟，然后转移到诱导愈伤组织分化的培养基中共培养。T-DNA 的转移及整合都在共培养时期完成。

植物细胞外层为坚韧的细胞壁，人们根据植物细胞的特点还发明了多种基因转移技术。植物细胞转化常用的方法为叶盘法。叶盘法是一种简单易行的植物细胞转化、选择与再生的方法。具体做法是：先将实验材料（如烟草）的叶子表面进行消毒，再用消毒过的不锈钢打孔器从叶子上取下圆形小片，即叶盘。为了对叶盘进行接种处理，需将它放在土壤农癌杆菌培养液中浸泡 4～5min，然后用滤纸吸干，放在看护培养基上进行培养，需将叶子背面接触培养基。所谓看护培养基为特定的固体培养基上均匀分布一层胡萝卜细胞或其他细胞的悬浮液，然后覆盖一层滤纸即成。叶盘在看护培养基上培养两天后，转移到含有适当抗生素的选择培养基上进行培养，经过数周后，叶盘周围会长出愈伤组织并分化出幼苗。对这些幼苗的进一步检测（如测胭脂碱，用 Southern 印迹法、Northern 印迹法、免疫分析法等）可以确定它们是否含外源基因以及外源基因的表达情况。叶盘法的优点是操作简便、适用性广，对于那些能被土壤农癌杆菌感染并能从离体叶盘形成的愈伤再生成株的各种植物都适用。这种方法具有很高的重复性，便于大量常规地培养转化的植株。目前，这种方法已成为双子叶植物基因导人的主要手段。用这种主法所得到的转化体，其外源基因能稳定地遗传和表达，并按孟德尔方式分离。

植物基因的转移（特别是单子叶植物）还经常采用以下两种方法。

（1）电击法。电击法（electroporation）的原理是，在很强的电压下，细胞膜会出现电穿孔现象。经过一段时间后，细胞膜上的小孔会封闭，恢复细胞膜原有特性。封闭所需的时间依赖于温度，温度越低，封闭所需的时间越长。据此原理设计的电击法可用于基因转移。电击法具有简便、快速、效率高等优点，但在植物中，由于细胞壁对外源基因的摄取有不利影响，所以一般以原生质粒为受体细胞。目前，该法用于烟草、玉米、水稻、小麦、高粱和大豆等植物，已得到了稳定的外源基因表达。有人将电击法与 PEG 的使用相结合，取得了良好的效果。因为 PEG 可以增加细胞膜的穿透性，使 DNA 容易进入细胞内。

（2）基因枪法。又称高速微型子弹射击法，它是将 DNA 吸附在由钨制作的微型子弹（直径约为 1.2μm）表面，通过特制的手枪，将子弹高速射入完整的细胞和组织内。用这种方法，已将 DNA 先后送入酵母的线粒体和核、衣藻的叶绿体和核、洋葱的表皮细胞以及玉米悬浮细胞中。研究结果表明，这种方法的转化效率与射击距离、真空度、子弹速度、子弹数目以及 $CaCl_2$ 和亚精胺（使子弹吸附在 DNA 上）的浓度等因素有关。基因枪法避开原生质体再生植株的难关，因此成为单子叶植物基因转移的有效途径。

四、重组体 DNA 分子导入哺乳动物细胞

动物细胞外层无细胞壁。将基因导入哺乳动物细胞的方法有多种多样，效率也不尽相同。

（1）磷酸钙沉淀法。目前仍有不少实验室采用这种经典而又简单的方法。具体做法大致是：先将需要被导入的 DNA 溶解在钙盐溶液中，然后在不停地搅拌下逐滴加到磷酸盐溶液中，形成磷酸钙微结晶与 DNA 的共沉淀物。再将这种共沉淀物与受体细胞混合、保温，

DNA 可以进入细胞核内，并整合到寄主染色体上。

（2）脂质体载体法。这种方法即用脂质体包埋核酸分子，然后将其导入细胞。脂质体是一种人工膜，制备方法很多，其中以反相蒸发法最适于包装 DNA。用于转移 DNA 的较理想的膜成分是带负电荷的磷脂酰丝氨酸。

（3）显微注射法。又简称为微注射法，它是创造转基因动物的有效途径。其技术关键如下：①理想外源基因的制备；②收集受精卵；③显微注射；④在几次细胞分裂后，将带有理想基因的受精卵移入母体，使受精卵孕育。

（4）DEAE 葡聚糖转染。二乙胺乙基葡聚糖（DEAE-dextran）是一种相对分子质量较大的多聚阴离子试剂，能促进哺乳动物细胞捕获外源 DNA，因此被用于基因转染技术。DEAE-dextran 转染主要有两种不同的方法。一种是先使 DNA 直接同 DEAE-dextran 混合，形成 DNA/DEAE-dextran 复合物后，再用来处理细胞；另一种是受体细胞先用 DEAE-dextran 溶液预处理，然后再用来与转染的 DNA 接触。其促进细胞捕获 DNA 的机理还不清楚。

（5）逆转录病毒感染。通过逆转录病毒感染可以将基因转移并整合到受体细胞核基因组中，它是各种转移方法中最有效的之一，具有转移率高、感染病毒高和高度整合的特点，尤其适用于处于多细胞发育阶段的胚胎。但反转录病毒载体容量有限，只能转移小片段 DNA（≤10kb），因此，转入的基因很容易缺少其相邻的调控序列。

第六节 重组体的筛选和克隆基因的表达

一、重组体的筛选

目的基因与载体 DNA 正确连接的效率、重组导入细胞的效率都不是百分之百的，因而最后生长繁殖出来的细胞并不都带有目的基因。一般一个载体只携带某一段外源 DNA，一个细胞只接受一个重组 DNA 分子。最后培养出来的细胞群中只有一部分、甚至只有很小一部分是含有目的基因的重组体（recombinant）。将目的重组体筛选出来就等于获得了目的基因的克隆，所以筛选（dcreening）是基因克隆的重要步骤。在构建载体，选择宿主细胞、设计分子克隆方案时都必须仔细考虑筛选的问题。

（一）根据重组载体的标志作筛选

最常见的载体携带的标志是抗药性标志，如抗氨苄青霉素（amp^r）、抗四环素（ter^r）、抗卡那霉素（kan^r）等。当培养基中含有抗生素时，只有携带相应抗药性基因载体的细胞才能生存繁殖，这就把凡未能接受载体 DNA 的细胞全部筛除掉了。如果外源目的序列插入在载体的抗药性基因中间使抗药性基因失活，这个抗药性标志就会消失。例如质粒 pBR322 含有 amp^r 和 ter^r 两个抗药基因，若将目的序列插入 ter^r 基因序列中，转化大肠杆菌，让细菌放在含氨节青霉素或四环素培养基中，凡未接受质粒 DNA 的细胞都不能生长；凡在含氨节青霉素和四环素中都能生长的细菌是含有质粒 pBR322 的，但其 pBR322 未插入目的序列，凡在氨节青霉素中能生长、而在四环素中不能生长的细菌就很可能是含有目的序列的重组质粒。

β-半乳糖苷酶（*lacZ* 基因）显色反应选择法，近年更被广泛应用。应用这样的载体系列，外源 DNA 插入到它的 *lacZ* 基因上所造成的β-半乳糖苷酶失活效应，可以通过大肠杆菌转化子菌落在 X-gal-IPTG 培养基中的颜色变化直接观察出来。凡能生长并呈白色的菌落，其细菌中就很可能含有插入目的基因的重组质粒，这样就很容易获得目的基因的克隆。其机理是β-半乳糖苷酶会把乳糖水解成半乳糖和葡萄糖。将 pUC 质粒转化的细胞培养在补加有 X-gal（5-溴-4-氯-3-吲哚-β-D-半乳糖苷）和乳糖诱导物 IPTG（异丙基硫代半乳糖苷）的培养基中时，由于基因内互补作用形成的有功能的半乳糖苷酶，会把培养基中无色的 X-gal 切割成半乳糖和深蓝色的底物 5-溴-4-氯-靛蓝（5-bromo-4-chloro-indigo），使菌落呈现出蓝色反应。在 pUC 质粒载体 *lacZ* 序列中，含有一系列不同限制酶的单一识别位点，其中任何一个位点插入了外源克隆 DNA 片段，都会阻断读码结构，使其编码的肽失去活性，结果产生出白色的菌落。因此，根据这种 β-半乳糖苷酶的显色反应，便可以检测出含有外源 DNA 插入序列的重组体克隆。

根据重组载体的标志来筛选，可以筛选去大量的非目的重组体，但还只是粗筛，例如细菌可能发生变异而引起抗药性的改变，却并不代表目的基因的插入，所以需要做进一步细致的筛选。

（二）根据插入序列的表型特征选择重组体分子的直接选择法

重组 DNA 分子转化到大肠杆菌寄主细胞之后，如果插入在载体分子上的外源基因能够实现其功能的表达，那么分离带有此种基因的克隆，最简便的途径便是根据表型特征的直接选择法。这种选择法依据的基本原理是，转化进来的外源 DNA 编码的基因，能够对大肠杆菌寄主菌株所具有的突变发生体内抑制或互补效应，从而使被转化的寄主细胞表现出外源基因编码的表型特征。例如，编码大肠杆菌生物合成基因的克隆所具有的外源 DNA 片段，对于大肠杆菌寄主菌株的不可逆的营养缺陷突变具有互补的功能。根据这种特性，便可以分离到获得了这种基因的重组体克隆。

目前已拥有相当数量的对其突变作了详尽研究的大肠杆菌实用菌株。而且其中有多种类型的突变，只要克隆的外源基因的产物获得低水平的表达，便会被抑制或发生互补作用。研究表明，一些真核的基因能够在大肠杆菌中表达，并且还能够同寄主菌株的营养缺陷突变发生互补作用。

当然，根据克隆片段为寄主提供的新的表型特征选择重组体 DNA 分子的直接选择法，是受一定条件限制的，它不但要求克隆的 DNA 片段必须大到足以包含一个完整的基因序列，而且还要求所编码的基因应能够在大肠杆菌寄主细胞中实现功能表达。无疑，真核基因是难以满足这些要求的，其原因在于有许多真核基因是不能够同大肠杆菌的突变发生抑制作用或互补效应的。此外，大多数的真核基因内部都存在着间隔序列，而大肠杆菌又不存在真核基因转录加工过程中所需要的剪接机理，这样便阻碍了它们在大肠杆菌寄主细胞中实现基因产物的表达。当然，在有些情况下，是可以通过使用 mRNA 的 cDNA 拷贝构建重组体 DNA 的办法来解决这些问题的。

（三）核酸分子杂交法

从基因文库中筛选带有目的基因插入序列的克隆，最广泛使用的一种方法是核酸分子杂交技术。

利用核酸杂交方法可以快速有效地筛选与鉴定重组克隆子，但是其应用的前提是需要具备合适的杂交探针。这种杂交探针是指带有同位素标记的能与互补的核苷酸序列复性杂交的具有一定序列的核苷酸片段。它所依据的原理是利用放射性同位素（^{32}P 或 1251）标记的 DNA 或 RNA 探针进行 DNA-DNA 或 RNA-DNA 杂交，即利用同源 DNA 碱基配对的原理检测特定的重组克隆。

原位杂交（insitu hybridization）亦称菌落杂交或噬菌体杂交。这是因为生长在培养基平板上的菌落或噬菌斑按照其原来的位置不变地转移到滤膜上，并在原位发生溶菌、DNA 变性和杂交作用。这种方法对于从成千上万的菌落或噬菌斑中鉴定出含有重组体分子的菌落或噬菌斑具有特殊的实用价值，是从基因文库中筛选阳性克隆的首选方法。

原位杂交和 Southern 印迹技术分别如图 4-11 和图 4-12 所示。原位杂交法的基本程序是，将被筛选的大肠杆菌菌落，从其生长的琼脂平板中小心地转移到铺放在琼脂平板表面的硝酸纤维素滤膜上，而后进行适当的温育，同时保藏原来的菌落平板作为参照，以便从中挑取阳性克隆。取出已经长有菌落的硝酸纤维素滤膜，使用碱处理，于是细菌菌落便被溶解，它们的 DNA 也就随之变性。然后再用适当的方法处理滤膜，以除去蛋白质，留下的便是同硝酸纤维素滤膜结合的变性 DNA。因为变性 DNA 同硝酸纤维素滤膜有很强的亲和力，便在膜上形成 DNA 的印迹。在 80℃下烘烤滤膜，使 DNA 牢固地固定下来。带有 DNA 印迹的滤膜可以长期保存。用放射性同位素标记的 RNA 或 DNA 作为探针，与滤膜上的菌落所释放的变性 DNA 杂交，并用放射自显影技术进行检测。凡是含有与探针互补序列的菌落 DNA，就会在 X 光胶片上出现曝光点。根据曝光点的位置，便可以从保留的母板上相应位置挑出所需要的阳性菌落。

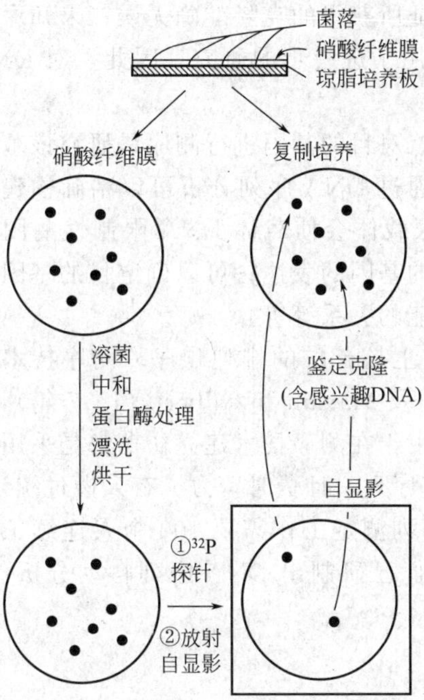

图 4-11　原位杂交

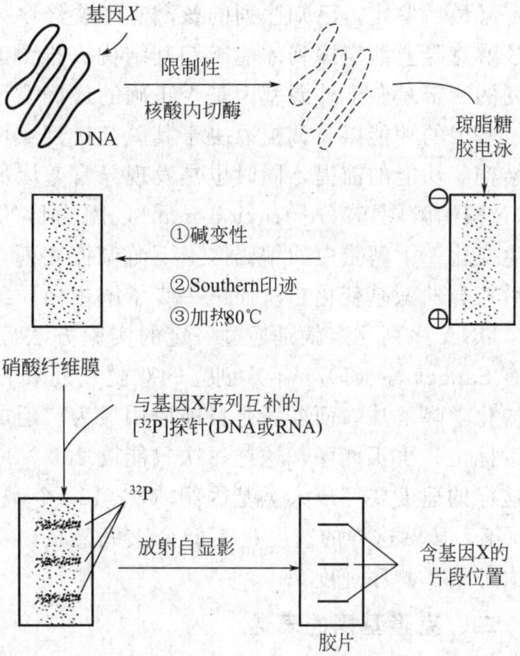

图 4-12　Southern 印迹

(四) 免疫学方法

利用免疫学方法筛选的原理是以目的基因在宿主细胞中表达的产物（蛋白质或多肽）为抗原，以该基因产物的免疫血清为抗体进行免疫反应，将目的基因克隆检验出来。如果要检测的重组克隆，既无任何可供选择的基因表型特征，又无得心应手的探针，而克隆基因的蛋白产物是已知的，那么免疫学方法则是筛选重组体的重要途径。

利用免疫学方法筛选，并不是直接筛选目的基因，而是通过与基因表达产物的反应，指示含有目的基因的转化细胞，因而要求实验设计要使目的基因进入受体细胞后能够表达出其编码产物。

直接的免疫化学检测技术同菌落杂交技术在程序上是十分类似的，但它不是使用放射性同位素标记的核酸作探针，而是用抗体鉴定那些产生外源 DNA 编码的抗原的菌落或噬菌斑。只要一个克隆的目的基因能够在大肠杆菌寄主细胞中实现表达，合成出外源的蛋白质，就可以采用免疫化学法检测重组体克隆。现在已经发展出一套特异地适用于这种检测法的载体系统，它们都是专门设计的“表达”载体。因此，插入到它上面的外源基因都能够在大肠杆菌寄主细胞中表达，即能够在大肠杆菌寄主细胞中进行转录和翻译成蛋白质。

免疫学方法特异性强、灵敏度高，适用于从大量转化细胞集合体中筛选很少几个含目的基因的细胞克隆。

（五）PCR 法

PCR 技术的出现给克隆的筛选增加了一个新手段。根据目的基因两端已知核苷酸序列设计合成一对引物，以转化细胞所得的 DNA 为模板进行扩增，将扩增反应产物进行凝胶电泳分析，若出现特异片段的扩增条带，即能得到预期长度的 PCR 产物，则该转化细胞就可能含有目的的基因。该法快速、灵敏、简单、易行，广泛应用于阳性重组子的筛选。

（六）DNA 序列分析鉴定

这是在上述筛选后的进一步分析。所得到的目的序列或基因的克隆，都要用其核酸序列测定来最后鉴定。已知序列的核酸克隆要经序列测定确证所获得的克隆准确无误；未知序列的核酸克隆要测定序列才能确知其结构、推测其功能，用于进一步的研究。因此，对 DNA 序列的测定是验证外源基因是否正确的最确凿证据。

基因的功能以及调控取决于其碱基排列顺序，因此，对目的基因进行测序是研究该基因的结构、功能的前提，同时也是发现异常基因的依据。通过 DNA 序列分析可以精确构建出 DNA 限制酶图谱（restriction map），因为目的基因插入载体会使载体 DNA 限制性酶图谱发生变化；了解蛋白质编码区上下游调控序列，研究目的基因的表达；可以确定目的基因插入后特异的碱基变化，从而进一步了解蛋白质结构和功能的关系等等。

DNA 序列测定就是通过一定的实验方法确定 DNA 上核苷酸的排列顺序。测序技术主要有 Sanger 等（1977 年）创立的双脱氧链末端终止法以及 Maxam 和 Gilbert（1977 年）创立的化学降解法，而前者是目前应用最为广泛的方法。由于在测序技术建立初期都是采用同位素标记，手工测序，这样每次只能读 200～300 个碱基序列，且费时费力。有人做过统计，按这样的速度要完成人类基因组（3×10^9 个碱基）的序列测定工作需要 100 个人连续工作 100 年，显然这样的速度是不能令人满意的。为此，人们已研制出 DNA 序列自动分析仪，大大加快了测序速度。

二、克隆基因的表达

基因工程的载体有克隆载体和表达载体之分。表达载体是适合在受体细胞中表达外源基因的载体。组建这类载体比较困难，目前仅有数十种被构建成功，并已商品化出售。表达体系的建立包括表达载体的构建、受体细胞的建立及表达产物的分离、纯化等技术和策略。外源基因表达系统泛指目的基因与表达载体重组后，导入合适的受体细胞，并能在其中有效表达，产生目的基因产物。它由基因的表达载体与相应的受体细胞两部分组成。

基因工程的表达系统包括原核和真核表达体系。在表达某一目的基因时，首先要弄清它是原核基因，还是真核基因。一般来说，原核基因选择在原核细胞中表达；真核基因选择在真核细胞中表达，也可选择在原核细胞中表达。

基因的体外重组和表达体系起始于大肠杆菌，迄今，它仍然是常用的体系。随着对真核基因表达和调控研究的深入，证明酵母也可以成为有用的表达体系，甚至植物的原生质体、动物的培养细胞等，都可以像大肠杆菌一样作为受体，这就为基因工程的操作开辟了全新的研究领域，也展示出光明的发展前景。

（一）原核表达体系

目前应用最广泛的是原核生物基因表达系统。例如大肠杆菌、芽孢杆菌、链霉菌和蓝藻表达系统。原核生物作为基因表达系统受体细胞具有如下特点。

(1) 原核生物大多数为单细胞、容易培养、生长快、代谢易于控制，可通过发酵迅速获得大量基因表达产物。

(2) 基因组结构简单，便于基因操作和分析。

(3) 多数原核生物细胞内含有质粒或噬菌体，便于构建相应的表达载体。

(4) 生理代谢途径及基因表达调控机制比较清楚。

(5) 不具备真核生物的蛋白质加工系统，表达产物无特定的空间构象。

(6) 内源性蛋白酶会降解表达出的外源蛋白，造成表达产物的不稳定性。

同所有的生命过程一样，外源基因在原核细胞中的表达包括两个主要过程：即 DNA 转录成 mRNA 和 mRNA 翻译成蛋白质。

在原核细胞中表达外源基因时，由于实验设计的不同，总的来说可产生融合型和非融合型表达蛋白。不与细菌的任何蛋白或多肽融合在一起的表达蛋白称为非融合蛋白。非融合蛋白的优点在于它具有非常接近于真核细胞体内蛋白质的结构，因此表达产物的生物学功能也就更接近于生物体内天然蛋白质。非融合蛋白的最大缺点是容易被细菌蛋白酶所破坏。为了在原核生物细胞中表达出非融合蛋白，可将带有起始密码 ATG 的真核基因插入到原核启动子和 S-D 序列的下游，组成一个杂合的核糖体结合区，经转录翻译，得到非融合蛋白。融合蛋白是指蛋白质的 N 末端由原核 DNA 序列或其他 DNA 序列编码，C 端由真核 DNA 的完整序列编码。这样的蛋白质由一条短的原核多肽或具有其他功能的多肽和真核蛋白质结合在一起，故称为融合蛋白。含原核细胞多肽的融合蛋白是避免细菌蛋白酶破坏的最好措施。而含另外一些多肽的融合蛋白则为表达产物的分离纯化等提供了极大的方便。表达融和型蛋白应非常注意其阅读框架，其阅读框架应与融和的 DNA 片段的阅读框架一致，翻译时才不至于产生移码突变。

原核细胞能够克隆真核生物的基因，对研究真核基因的结构和功能作出了贡献。但是，当要将真核基因放入原核细胞中表达产生蛋白质时，原核系统就表现出许多如下缺陷。

(1) 没有真核转录后加工的功能，不能进行 mRNA 的剪接，所以只能表达 cDNA 而不能表达真核的基因组基因。

(2) 没有真核翻译后加工的功能，表达产生的蛋白质，不能进行糖基化、磷酸化等修饰，难以形成正确的二硫键配对和空间构象折叠，因而产生的蛋白质常没有足够的生物学活性。

(3) 表达的蛋白质经常是不溶的，会在细菌内聚集成包涵体（inclusiion body），尤其当表达目的蛋白量超过细菌体总蛋白量 10%时，就很容易形成包涵体。生成包涵体的原因可能是蛋白质合成快速太快，多肽链相互缠绕，缺乏使多肽链正确折叠的因素，导致疏水基因外露等。细菌裂解后，包涵体的离心沉淀中，虽然有利于目的蛋白的初步纯化，但无生物活性的不溶性蛋白，要经过复性（renaturation），使其重新散开、重新折叠成具有天然蛋白构象和良好生物活性的蛋白质，常常是一件很困难的事情。也可以设计载体使大肠杆菌分泌表达出可溶性目的蛋白，但表达量往往不高。

欲将外源基因在原核细胞中表达，必须满足以下条件。

(1) 通过表达载体将外源基因导入宿主菌，并指导宿主菌的酶系统合成外源蛋白。

(2) 外源基因不能带有间隔顺序（内含子），因而必须用 cDNA 或全化学合成基因，而不能用基因组 DNA。

(3) 必须利用原核细胞的强启动子和 S-D 序列等调控元件控制外源基因的表达。

(4) 外源基因与表达载体连接后，必须形成正确的开放阅读框架（open reading frame，ORF）。

（5）利用宿主菌的调控系统，调节外源基因的表达，防止外源基因的表达产物对宿主菌的毒害。

（二）真核表达体系

与原核表达体系比较，真核表达体系除与原核表达体系有相似之处外，一般还常有自己的特点。真核表达体系大多是穿梭载体，有两套复制原点及选择标记，分别在大肠杆菌和真核细胞中作用。真核表达载体至少要含两类序列。

（1）原核质粒的序列，包括在大肠杆菌中起作用的复制起始序列、能用在细菌中筛选克隆的抗药性基因标志等，以便插入真核基因后能先在很方便操作的大肠杆菌系统中筛选获得目的重组 DNA 克隆、并复制繁殖得到足够使用的数量。

（2）在真核宿主细胞中表达重组基因所需要的元件，包括启动子、增强子、转录终止和加 polyA 信号序列、mRNA 剪接信号序列、能在宿主细胞中复制或增殖的序列，能用在宿主细胞中筛选的标志基因以及供外源基因插入的单一限制性内切酶识别位点等。

真核细胞中的表达水平要比原核细胞低得多，而且成本高，操作条件严格而复杂。因此，对不需要精确的翻译后加工的产物来说，即真核基因在原核细胞中表达的产物的生物学活性与在真核细胞中无差别时，通常选择原核细胞进行表达。但是，当外源基因在大肠杆菌中较高水平表达时，表达产物多以无活性的不可溶的包涵体形式存在，虽然比较稳定，但须经一系列处理后才能获得有活性的产物，此时采用真核表达系统自然比原核表达系统优越。真核细胞在翻译加工方面具有明显的优点。例如，蛋白质中二硫键的精确形成、糖基化、磷酸化、寡聚体的形成等在真核细胞中可进行。

常用的真核表达体系有酵母、昆虫及哺乳类动物细胞三类。最常用的就是酵母菌，它是外源真核基因最理想的表达系统，其特点如下。

（1）单一细胞，基因表达调控机制清楚、遗传操作简单。

（2）有真核生物蛋白的加工修饰系统。

（3）不含有特异性的病毒，不产生毒素，安全。

（4）培养简单、容易大规模发酵生产，成本低廉。

（5）能将外源基因表达出的蛋白质分泌到培养基中，便于产物的提纯与加工。

动物细胞作为受体细胞的优点是：能识别和除去外源真核基因中的内含子，剪接加工成成熟的 mRNA；表达的粗蛋白能被正确地折叠和修饰加工成具有较高生物活性的蛋白；容易被重组质粒转染，具有遗传稳定性和可重复性；转化的动物细胞可将表达产物分泌到培养基中，便于提纯加工，成本低。缺点是动物细胞组织培养和体细胞克隆难度大。哺乳类动物细胞，不仅可表达克隆的 cDNA，而且还可表达真核基因组 DNA。哺乳类细胞表达的蛋白质通常总是被适当修饰，而且表达的蛋白质会恰当地分布在细胞内一定区域并积累。当然，操作技术难、费时、不经济是哺乳类动物细胞表达体系的缺点。动物细胞作为受体细胞，早期多采用生殖细胞、受精卵细胞或胚胎细胞。最近，体细胞克隆动物的诞生，动物细胞同样可以作为转基因受体细胞。目前，用作基因转移的受体动物主要有猪、羊、牛和鱼等经济动物及鼠、猴等实验动物。

植物细胞可通过纤维素酶处理植物细胞除去细胞壁获得的原生质体，可以摄取外源 DNA 分子，且原生质体在适当的培养条件下再生细胞壁，进行细胞分裂。作为基因转移的受体细胞，植物细胞的最突出的优点是它的全能性，通过组织培养，一个单细胞可以分化成植株，这意味着一个获得外源基因的体细胞可以培养出稳定遗传的植株或品系。

第五章 蛋白质工程

基因是生命的蓝图，蛋白质是生命的机器。天然的正常构象是蛋白质的最佳状态，它既能高效地发挥功能，又便于机体的正常调控，因而极易失活而中止作用。组成一个天然蛋白质分子的氨基酸数通常在几十到几万之间。天然蛋白质是在生命机体中进化和发展的，经大自然精雕细刻所形成的优异结构与性能只是在生命机体内这一特定环境中具有最适状态。但是，在生物体外，特别是工业化的粗放生产条件下，蛋白质分子性质极不稳定，导致难以持续发挥应有的功能，成为限制其推广应用的主要原因。如温度、压力、机械力、重金属、有机溶剂、氧化剂以及极端 pH 值等都会影响它的作用。蛋白质工程技术针对这一现状，对天然蛋白质进行改造改良或全新设计模拟，使目的蛋白质具有特殊的结构和性质，能够抵御外界的不良环境，即使在极端恶劣条件下也能继续发挥作用。借助于蛋白质工程技术改造或创建新型工程蛋白，还能拓展功能蛋白在工业、农业以及医学等领域的应用范围，其经济和社会效益不可估量。

蛋白质工程是指通过改造与蛋白质相应的基因中的碱基顺序，使之表达出比天然蛋白质性能更为优异的突变蛋白（mutein）；或者通过设计合成新的基因，通过基因表达而制造出自然界不存在的全新蛋白质。这是一门从改变基因入手，定做新的蛋白质的技术，故有人将其称为“第二代基因工程”。

第一节 蛋白质工程的基本概念

从理论上讲，人们可以设计并生产出具有预定性状的各种蛋白质，而在实际操作中，要生产出具有预定性状的全新蛋白质并不容易，但改进现有的蛋白质性状还是可行的。这种改变可以是在基因水平上，也可以是在蛋白质水平上。基因水平上的改造是指对编码蛋白质的基因进行改造：小到改变一个核苷酸，大到加入或删除某一结构域的编码序列。蛋白质水平的改造是指对生产出的蛋白质进行各种加工和修饰，即通过各种方法使蛋白质分子的结构发生某些改变，如磷酸化、糖基化等，从而改变蛋白质的某些特性和功能。

由于对蛋白质分子的化学修饰条件剧烈，无专一性，且对生产的每批蛋白质都要进行操作；相比之下，在基因中加入新的编码，被改造的基因可以无限制地反复批量表达，因而基因操作要方便得多。虽然通过基因操作来改造蛋白质分子也存在一些困难，如必须预先知道是哪个（或几个）氨基酸影响了蛋白质的物理化学或动力学性质，经基因改造后表达的新蛋白质分子需要大量繁复的检测，来确定改造后的蛋白质是否具有预期的性状。但随着计算机技术的快速发展，以现有的蛋白质结构及其功能数据和知识为基础来编排计算机程序，可以帮助人们根据推测的氨基酸序列直接预测蛋白质的结构和功能。

一、蛋白质工程产生的背景

近半个世纪以来，随着分子生物学理论和技术的不断发展，人们对蛋白质结构与功能之间关系的理解日趋深入。胰岛素氨基酸序列的测定、肌红蛋白三维立体结构的建立以及 DNA 重组技术的问世，是蛋白质工程的三大理论技术基石。

20 世纪 70 年代，分子生物学已成为研究生命遗传现象的现代工具。理论上，人们可以分离出自然界中的任何蛋白质基因，并利用基因工程技术将其在特定的宿主中进行表达，再纯化成商品化的产品。但很多天然的蛋白质并不适宜进行工业生产，这就需要对其进行必要的改造。20 世纪 80 年代，结构生物学得到快速发展，人们对蛋白质的精确立体结构与复杂的生物功能的关系有了进一步的认识，使得设计改造天然蛋白质这一设想有可能变为现实，在这种背景下，诞生了蛋白质工程（protein engineering）。1982 年，Winter 等人首次报道了通过基因定点诱变获得改性酪氨酸 tRNA 合成酶的研究结果；1983 年，Ulmer 在 Science 上发表"Protein Engineering"为题的专论，一般认为这是蛋白质工程诞生的标志。

迄今为止，尽管蛋白质工程研究已经取得了许多激动人心的成果，但是在已报道的数以万计的突变实验结果中，成功的例子不多。现阶段蛋白质工程的基本困难是，人们对现有蛋白质的氨基酸序列决定其特定三维结构的内在规律还缺乏必要的了解。目前进行的蛋白质工程大多以可预测的方式，如同源蛋白模建，在一定程度上改变现有蛋白质结构，以达到改善功能的目的。要生产出具有预定性状的全新蛋白质，还存在着许多技术难题。尽管蛋白质工程的发展历史很短，但由于它在理论上对生命科学发展的贡献，以及商业上可能带来的巨大价值，使得它的发展异军突起，迅猛异常。总之，由于蛋白质工程能按人的意愿定向地改造蛋白质和酶，必然有着无限广阔的发展前景。

二、蛋白质工程的基本流程

蛋白质工程主要包括以下几个方面的工作：首先要通过各种方法来获得蛋白质的三维结构信息，在获得结构信息的基础上利用生物信息学及计算机模拟技术确定其特定功能相关的位点或结构域作为突变位点或要改变的序列区域，然后利用 PCR 等技术构建突变体并进行突变体的性质表征直到获得所需的蛋白质。蛋白质工程的基本流程可用图 5-1 表示。

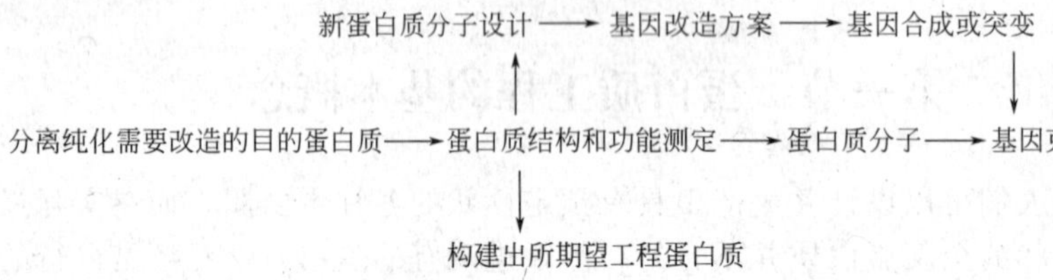

图 5-1 蛋白质工程的基本流程

在上述流程中，最重要也是最困难的步骤为蛋白质的分子设计，事实上它需要生物学、化学和物理学等多种学科知识的综合。蛋白质工程的这一程序并不是一次就能实现，往往要经过多次的循环，不断改进设计方案才能得到一个理想的新的改性蛋白质。由此可见，蛋白质工程是一个多学科交叉的复杂领域。受测定技术的限制，目前蛋白质空间结构测定速度远远落后于蛋白质（一级结构）序列的测定速度。因此可以这样说，对于蛋白质分子三维结构信息的获得是目前蛋白质工程的限速步骤。

三、蛋白质工程的特征

蛋白质工程与 DNA 重组技术、常规 DNA 诱变技术以及蛋白质侧链修饰技术有着本质的区别。

DNA 重组技术使得分离任何天然存在的基因并在特殊受体细胞中表达成为可能，它包括两方面：第一，原生物体中存在某一基因，但其表达效率甚低，利用 DNA 重组技术将之分离克隆，并通过基因扩增及基因强化表达使之合成大量基因产物，如将抗菌素生物合成基因克隆在质粒上，加装独立的强启动子，然后重新输回抗菌素生产菌中，以提高抗菌素的产量，头孢菌素生产菌的基因工程改良就是一例；第二，原生物体本不含有某一基因，但可从另一生物体中分离该基因，并在原生物体中表达，如将人的干扰素基因克隆到大肠杆菌中高效表达等。上述两种战略的共同之处在于所使用的目的基因均是天然存在的，在目标蛋白的编码区中未作任何改动，因而表达产物仍为天然蛋白。

传统的诱变及筛选技术能创造一个突变基因并产生相应的突变蛋白，但这种诱变方式是随机的，导致靶基因定点发生改变的频率极低。多肽链水平上的化学修饰也能在一定程度上改变天然蛋白的结构及性质，但其工艺十分繁杂，并且由于基因未发生突变，所以修饰的蛋白质不能再生。因此与上述基因重组、常规诱变以及多肽修饰技术相比，蛋白质工程的特征是在基因水平上特异性定做一个非天然的优良工程蛋白。

蛋白质工程就是根据蛋白质的精细结构与功能之间的关系，利用基因工程的手段，按照人类自身的需要，定向地改造天然的蛋白质，甚至创造新的、自然界本不存在的、具有优良特性的蛋白质分子。蛋白质工程自诞生之日起，就与基因工程密不可分。基因工程是通过基因操作把外源基因转入适当的生物体内，并在其中进行表达，它的产品还是该基因编码的天然存在的蛋白质。蛋白质工程则更进一步。它可以根据对分子预先设计的方案，通过对天然蛋白质的基因进行改造，来实现对它所编码的蛋白质进行改造。因此，它的产品已不再是天然的蛋白质，而是经过改造的、具有了人类所需要的优点的蛋白质。

天然蛋白质都是通过漫长的进化过程而形成的，而蛋白质工程对天然蛋白质的改造，就是在实验室快速进行的进化过程。通过分离目的基因重组 DNA 分子，再选择适宜的受体细胞使目的基因得以表达，从而创造新的生物类型或合成自然界固有的蛋白质。蛋白质工程是在重组 DNA 方法用于“操纵”蛋白质结构之后发展起来的一个分子生物学分支，是基因工程的继续。

蛋白质工程与基因工程不同的是，基因工程原则上只生产自然界已经存在的蛋白质，而蛋白质工程可以生产自然界没有的蛋白质。基因工程是实现蛋白质工程的关键技术。对于目前进行的蛋白质工程，无论是对蛋白质结构、功能研究分析做出怎样合理的分子设计，要想实现你的设计，最关键的技术就是基因工程。这一步包括基因工程的方方面面，从基因分离、克隆、表达、突变、一直到各种工程蛋白质特性分析。由此可见，基因工程是实现蛋白质工程的先决条件，蛋白质工程是基因继续。所以，蛋白质工程常常被人们称为第二代基因工程。

四、蛋白质工程的研究内容

蛋白质是所有生命过程的存在形式，它以高度的特异性直接推动数千种化学反应的进行，并以关键结构元件组成所有生物体的细胞和组织。作为酶分子，蛋白质维持着生物的整个新陈代谢；作为胶原、肌动蛋白、肌球蛋白和中间纤维，它又控制着细胞和生物个体的框架和运动；抗体提供免疫机能；膜蛋白控制细胞之间的物质传送和通讯识别；阻遏因子和激活因子操纵基因的表达开关；组蛋白协助 DNA 包装形成染色体等等。蛋白质在催化、构成、运动、识别、运输以及调控等各个生命环节均起着不可替代的作用。常见的蛋白质工程改造包括提高蛋白的热、酸稳定性，增加活性，降低副作用，提高专一性以及通过蛋白质工程手段进行结构-功能关系研究等。蛋白质工程的研究内容如下。

（一）蛋白质结构分析

蛋白质工程的核心内容之一就是收集大量蛋白质分子结构的信息，以便建立结构与功能之间关系的数据库，为蛋白质结构与功能之间关系的理论研究奠定基础。三维空间结构的测定是验证蛋白质设计的假设即证明是新结构改变了原有生物功能的必需手段。晶体学的技术在确定蛋白质结构方面有了很大发展，但最明显的不足是需要分离出足够量的纯蛋白质（几毫克至几十毫克），制备出单晶体，然后再进行繁杂的数据收集、计算和分析。

另外，蛋白质的晶体状态与自然状态也不尽相同，在分析的时候要考虑到这个问题。核磁共振技术可以分析液态下的肽链结构，这种方法绕过了结晶、X 射线衍射成像分析等难点，直接分析自然状态下的蛋白质结构。现代核磁共振技术已经从一维发展到三维，在计算机的辅助下，可以有效地分析并直接模拟出蛋白质的空间结构、蛋白质与辅基和底物结合的情况以及酶催化的动态机理。从某种意义上讲，核磁共振可以更有效地分析蛋白质的突变。国外许多研究机构正在致力于研究蛋白质与核酸、酶抑制剂与蛋白质的结合情况，以开发具有高度专一性的药用蛋白质。

（二）结构、功能的设计和预测

根据对天然蛋白质结构与功能分析建立起来的数据库里的数据，可以预测一定氨基酸序列肽链空间结构和生物功能；反之也可以根据特定的生物功能，设计蛋白质的氨基酸序列和空间结构。通过基因重组等实验可以直接考察分析结构与功能之间的关系；也可以通过分子动力学、分子热力学等，根据能量最低、同一位置不能同时存在两个原子等基本原则分析计算蛋白质分子的立体结构和生物功能。虽然这方面的工作尚在起步阶段，但可预见将来能建立一套完整的理论来解释结构与功能之间的关系，用以设计、预测蛋白质的结构和功能。

（三）蛋白质分子的创造和改造

蛋白质的改造，从简单的物理、化学法到复杂的基因重组等等有多种方法。物理、化学法：对蛋白质进行变性、复性处理，修饰蛋白质侧链官能团，分割肽链，改变表面电荷分布促进蛋白质形成一定的立体构象等等；生物化学法：使用蛋白酶选择性地分割蛋白质，利用转糖苷酶、酯酶、酰酶等去除或连接不同化学基团，利用转酰胺酶使蛋白质发生胶连等等。以上方法只能对相同或相似的基团或化学键发生作用，缺乏特异性，不能针对特定的部位起作用。采用基因重组技术或人工合成 DNA，不但可以改造蛋白质，而且可以实现从头合成全新的蛋白质。

蛋白质是由不同氨基酸按一定顺序通过肽键连接而成的肽构成的。氨基酸序列就是蛋白质的一级结构，它决定着蛋白质的空间结构和生物功能。而氨基酸序列是由合成蛋白质的基因 DNA 序列决定的，改变 DNA 序列就可以改变蛋白质的氨基酸序列，实现蛋白质的可调控生物合成。在确定基因序列或氨基酸序列与蛋白质功能之间关系之前，宜采用随机诱变，造成碱基对的缺失、插入或替代，这样就可以将研究目标限定在一定的区域内，从而大大减少基因分析的长度。一旦目标 DNA 明确以后，就可以运用定位突变等技术来进行研究。

蛋白质工程实施的前提条件是必须了解蛋白质结构与功能的对应关系。在多肽链中，往往只有几个氨基酸残基对蛋白质的某一功能负责，但是这些氨基酸残基必须处于一个极其精密的空间状态下才能发挥功能，这里涉及两大元件：即维持蛋白质特定空间构象的结构域以及赋予蛋白质特定生物活性的功能域。根据日益积累的蛋白质结构域和功能域信息，借助于电脑辅助设计绘制出特定突变蛋白的一级序列蓝图，并由此演绎出相应的 DNA 编码序列，人工合成基因，最终在合适的受体细胞内表达。对大多数复杂蛋白质尤其是高等哺乳动物蛋白质而言，其生物功能的发挥依赖于若干独立功能域的有序作用。只有搞清多肽链上各独立功能域结构与功能的关系，并将不同蛋白来源的相似功能域进行综合对比分析，才能建立起完整的蛋白信息谱。蛋白质工程在分子生物学研究领域中的应用就在于此。

第二节　蛋白质的生物合成

在遗传学上，蛋白质的生物合成过程又叫“转译”或“翻译”。它是将核酸中 4 种碱基（A、G、C、U）的排列顺序，以遗传密码的方式转换为蛋白质中氨基酸的排列顺序。编码蛋白质的基因首先在核内（原核生物则在染色体上）转录生成mRNA，并由mRNA在核糖体内翻译为多肽，多肽经加工修饰后转变为功能性蛋白质，行使特定的功能。整个翻译过程十分复杂，几乎涉及细胞内各种RNA和数百种蛋白质。

一、蛋白质合成中三类RNA的作用

蛋白质的生物合成是三类RNA协调配合，共同作用的结果：DNA经转录生成mRNA，从而使DNA储存的遗传信息转化成可翻译的mRNA；mRNA在核糖体（rRNA）上指导肽链合成；tRNA在其中起转运载体的作用。

（一）mRNA是翻译的直接模板

原核生物的一种mRNA往往能编码功能相关的几种蛋白质，例如*E. coli*乳糖操纵子的结构基因转录生成的mRNA含有三种酶（β-半乳糖苷酶，通透酶及乙酰转移酶）的编码序列，翻译后产生两种蛋白质，这种mRNA是多顺反子mRNA。而真核生物mRNA是单顺反子（即只编码单个蛋白质）。储存在DNA中的遗传信息正是通过mRNA翻译成蛋白质的，如图5-2所示。

DNA　3′—TACTATCACAAAAAC—5′　模板链

5′—ATGATAGTGTTTTTG—3′　编码链

↓转录

mRNA　5′—AUGAUAGUGUUUUUG—3′

→→→→→→→→→→→→→→

mRNA合成和阅读的方向

↓翻译

多肽链　—Met—Ile—Val—Phe—Leu—

N端 →→→→→→→→→→→→→→ C端

图5-2　遗传信息传递示意图

翻译总是从mRNA分子的5′-端开始，按5′→3′方向以三个核苷酸为一组即遗传密码子的形式阅读，每个遗传密码编码一个特定的氨基酸。

1.遗传密码及其破译

任何一种天然多肽都有其特定的严格的氨基酸序列。有机界拥有10^{10}～10^{11}种不同的蛋白质，而构成它们的单体却只有20种氨基酸。氨基酸在多肽中的不同排列次序是蛋白质多样性的基础。目前已知多肽上氨基酸的排列次序最终是由DNA上核苷酸的排列次序决定的，而直接决定多肽上氨基酸次序的却是信使RNA（mRNA）。不论DNA还是mRNA，基本上都由4种核苷酸构成，这4种核苷酸如何编制成遗传密码，遗传密码又如何被翻译成20种氨基酸组成的多肽，这都是蛋白质生物合成中遗传密码的翻译问题。

用数学方法推算，如果RNA分子中每两个相邻的碱基决定一个氨基酸在肽链中的位置，那么$4^2=16$，即4种碱基只能组成16组二联体，不能满足20种氨基酸编码的需要；如果每三个相邻碱基为一个氨基酸编码，则$4^3=64$，四种碱基可组合成64组三联体，可以满足20种氨基酸编码的需要且有剩余，所以，这种编码方式可能性最大。应用生物化学和遗传学实验证实了是三个碱基编码一个氨基酸，称之为三联体密码或密码子，并已通过大量实验破译了64组密码子的含义。

第一个三联体密码是1961年由美国科学家Nirenberg等破译成功的。他们采用大肠杆菌无细胞蛋白质合成体系（其中含有核糖体、tRNA、酶及蛋白因子等），向体系中加入20种放射性标记的氨基酸和人工合成的polyU模板，经保温后，发现新合成的是多聚苯丙氨酸。这一实验结果表明，苯丙氨酸的密码子是UUU。接着他们又用同样的方法破译了CCC是脯氨酸密码了，AAA是赖氨酸密码子。之后，Nirenberg及其他学者用重复顺序的多核苷酸为模板，以及用核糖体结合技术进行破译密码的工作，终于在不到4年的时间内完全弄清了64组密码子的含义，并编制了遗传密码字典（表5-1）。

表 5-1　遗传密码字典

<table>
<tr><th rowspan="2">密码子第一位
(5′-末端碱基)</th><th colspan="4">密码子第二位</th><th rowspan="2">密码子第三位
(3′-末端碱基)</th></tr>
<tr><th>U</th><th>C</th><th>A</th><th>G</th></tr>
<tr><td rowspan="4">U</td><td rowspan="2">苯丙氨酸</td><td rowspan="4">丝氨酸</td><td rowspan="2">酪氨酸</td><td rowspan="2">半胱氨酸</td><td>U</td></tr>
<tr><td>C</td></tr>
<tr><td rowspan="2">亮氨酸</td><td rowspan="2">终止密码</td><td>终止密码</td><td>A</td></tr>
<tr><td>色氨酸</td><td>G</td></tr>
<tr><td rowspan="4">C</td><td rowspan="4">亮氨酸</td><td rowspan="4">脯氨酸</td><td rowspan="2">组氨酸</td><td rowspan="4">精氨酸</td><td>U</td></tr>
<tr><td>C</td></tr>
<tr><td rowspan="2">谷氨酰胺</td><td>A</td></tr>
<tr><td>G</td></tr>
<tr><td rowspan="4">A</td><td rowspan="3">异亮氨酸</td><td rowspan="4">苏氨酸</td><td rowspan="2">天冬酰胺</td><td rowspan="2">丝氨酸</td><td>U</td></tr>
<tr><td>C</td></tr>
<tr><td rowspan="2">赖氨酸</td><td rowspan="2">精氨酸</td><td>A</td></tr>
<tr><td>蛋氨酸①</td><td>G</td></tr>
<tr><td rowspan="4">G</td><td rowspan="4">缬氨酸</td><td rowspan="4">丙氨酸</td><td rowspan="2">天冬氨酸</td><td rowspan="4">甘氨酸</td><td>U</td></tr>
<tr><td>C</td></tr>
<tr><td rowspan="2">谷氨酸</td><td>A</td></tr>
<tr><td>G</td></tr>
</table>

①兼作起始密码。

2. 遗传密码的特点

(1) 遗传密码不重叠、无标点。假设 mRNA 上的核苷酸顺序为 ABCDEFGHI…，密码不重叠的意思是在阅读密码时应读为 ABC、DEF、GHI 等，每三个碱基编码一个氨基酸，碱基的使用不发生重复，同时两个相邻密码子之间无空位，好比文章无标点。要正确阅读密码，需从一个正确的起点开始，一个碱基不漏地读下去，直至碰到终止信号止。若中间插入或删去一个或两个碱基就会使这以后的读码发生错误，称为移码。由移码引起的突变称移码突变。

(2) 密码的通用性。所谓密码的通用性是指各种高等和低等生物（包括病毒、细菌及真核生物等）在很大程度上可共用一套密码。过去曾认为密码是完全通用的，将家兔网织红细胞中的 mRNA 加入到大肠杆菌无细胞蛋白质合成体系中，结果合成出正常的家兔血红蛋白，这说明家兔 mRNA 上的遗传密码可以被大肠杆菌的 tRNA 正确阅读，也就是家兔的密码含义与大肠杆菌的密码含义是相同的，以后的大量实验也证明，遗传密码在各类生物中是通用的。但近年来发现这个结论并不完全适用于真核生物的线粒体遗传体系。这种例外情况说明，真核生物的线粒体遗传体系可能是一种较原始的密码系统。

(3) 密码子的简并性。从密码字典可以看出，大多数的氨基酸都有两种以上的不同密码子，称为同义密码。一种氨基酸有多种同义密码的现象称为密码简并性。密码简并性对保持生物物种的遗传稳定性有重要意义。当外界因素引起某个密码子突变为另一种同义密码时，翻译的结果仍然是结构相同的同一种蛋白质，生物性状也就没有变化。

(4) 起始密码子和终止密码子。64 组密码子中有两种特殊的密码子：一种是密码子 AUG，它既是蛋氨酸的密码子，又是肽链合成的起始密码子；另一种是终止密码子 UAG、

UAA、UGA，这三组密码子不编码任何氨基酸，仅指示肽链合成的终止位点。翻译时从 mRNA 上位于 5′-端的起始密码开始向 3′-端的终止密码解读，相应合成的多肽链是从 N 端向 C 端延伸。

(5) 密码子的摆动性。tRNA 上的反密码子与 mRNA 上的密码子碱基反向互补配对识别时，已经证明，密码子的第一、第二位碱基与反密码子的配对是标准的 A-U，G-C 配对，而密码子的第三位碱基与反密码子的配对不那么严格，称摆动配对。如反密码子第一位碱基（与密码子第三位碱基配对）是 G，它除了可与 C 配对外还可与 U 配对；若反密码子第一位出现 I（次黄嘌呤核苷酸），则它可与 U、C、A 配对。Crick 将密码子第三位碱基的这种特性称为密码子的摆动性。摆动性大大提高了 tRNA 阅读 mRNA 密码子的能力。

（二）核糖体是肽链合成的场所

细胞内蛋白质的生物合成是在核糖体上进行的。核糖体由核糖体 RNA（rRNA）和蛋白质组成。它为肽链合成所需要的 mRNA、tRNA 以及多种蛋白因子提供了相互结合的位点和相互作用的空间环境。

原核生物和真核生物的核糖体都是一个致密的核糖核蛋白颗粒，由大小两个亚基构成，它们含有不同的 rRNA 和蛋白质组分。核糖体蛋白质种类繁多，每种蛋白质各有功能，有些就是参与翻译的酶和蛋白质因子，但大部分核糖体蛋白的功能尚不明确。

核糖体相当于装配工厂，能促进 tRNA 所携带的氨基酸缩合成肽。核糖体上有三个位置可以与两个 tRNA 结合，分别称为肽基部位（P 位）、氨基部位（A 位）和排出部位（E 位）。P 位点与肽酰-tRNA 结合，A 位点与氨基酰-tRNA 结合，E 位点与已卸去氨酰基的 tRNA 短暂停留。当 A 位进入新的氨基酰-tRNA 后，E 位上空载的 tRNA 随之脱落。

核糖体的大亚基只有转肽酶活性，可使附着于 P 位上的肽酰-tRNA 转移到进入 A 位的新的 tRNA 所带的氨基酸上，使两者缩合成肽键。

（三）tRNA 是氨基酸的转运载体

各种 tRNA 都有相似的二级结构和三级结构：二级结构为三叶草形，由三个主要的环结构（分别称为 D 环、TΨCG 环、反密码子环）和一个氨基酸接受臂组成。三级结构呈倒 L 形。tRNA 在蛋白质合成中起了重要的接合体作用。tRNA 分子反密码环上的反密码子与 mRNA 上相应的密码子相识别配对，其 3′-端的氨基酸接受臂 CCA 序列中 3′-末端羟基与 mRNA 上密码子所限定的氨基酸上的羧基形成酯键，这种携带有氨基酸的 tRNA 称为氨基酰-tRNA。这种密码子-反密码子-氨基酸之间的严格对应关系，保证了把核酸储存的信息转化为蛋白质中氨基酸的排列顺序的准确性。现在知道一种氨基酸可以与 2～6 种 tRNA 特异地结合，已发现的 tRNA 有 40～50 种。

二、蛋白质的生物合成过程

蛋白质合成可分为合成前的准备、多肽链合成过程及合成后的加工等几个阶段。

（一）蛋白质合成前的准备

氨基酸在掺入蛋白质之前，首先要在氨基酰-tRNA 合成酶的催化下进行活化，活化了的氨基酸与 tRNA 形成氨基酰-tRNA，活化所需能量由 ATP 提供。活化反应分两步进行：①氨基酸-AMP-酶复合物的形成；②氨基酸从氨基酸-AMP-酶复合物转移到相应的 tRNA 上。

氨基酸一旦与 tRNA 结合成氨基酰-tRNA，那么进一步的去向就由 tRNA 决定。tRNA 凭借自身的反密码子与 mRNA 上的密码子相识别，而把所携带的氨基酸定位在肽链的一定位置上。

（二）多肽链的合成过程

在蛋白质的合成过程中，mRNA 携带了 DNA 上的全部遗传信息，是蛋白质合成的模板；rRNA 是合成蛋白质的场所或“装配机”；tRNA 是合成蛋白质的原料——氨基酸分子的运载工具。

DNA 将这三种 RNA 一起由细胞核送到细胞质中后，rRNA 沿着 mRNA 逐步向前移动时，不断接收 mRNA 的密码指令，选择吸引带有相应氨基酸的 tRNA 到“装配机”上来；tRNA 是氨基酸的“特异”运载工具。一种 tRNA 只能转运一种特定的氨基酸。tRNA 的一端是能与氨基酸连接的接受臂（氨基酸连接后形成氨基酰-tRNA 而被活化），另一端上有一反密码环，环的顶端有三个碱基，称为反密码子。反密码子能从相反的方向和 mRNA 上的密码子互补配对。这就保证了氨基酸能严格按照 mRNA 上的遗传信息的规定，准确无误地送到“装配机”内安装在肽链上。当一种 tRNA 把某一特定的氨基酸运到核糖体内，安放在相应的位置上之后，就再去运下一个相同的氨基酸。经过多种 tRNA 多次转运，使各种需要的氨基酸全部按 mRNA 携带的指令，排列到相应的位置上，这些氨基酸分子在连接酶的作用下彼此相接形成长链，就生成了一个按 DNA 遗传信息合成的蛋白质分子（图 5-3）。

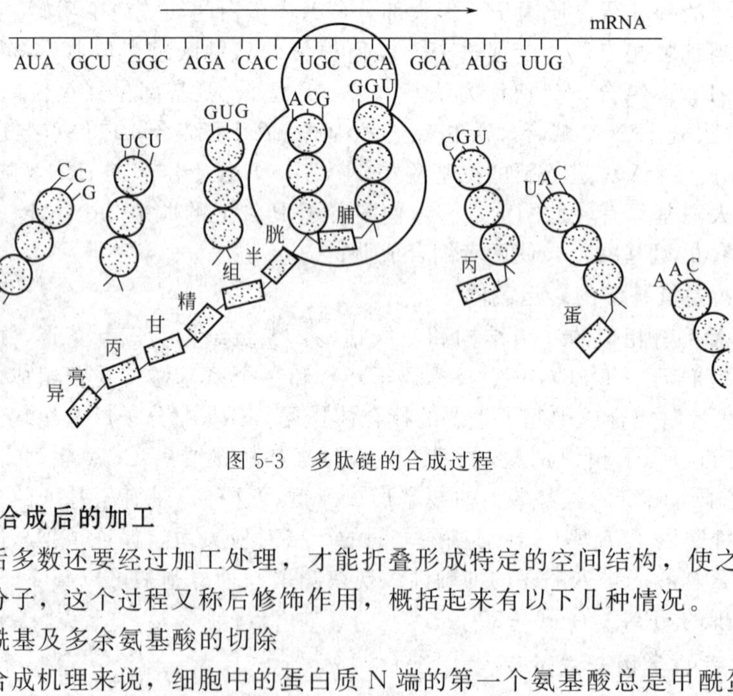

图 5-3 多肽链的合成过程

（三）肽链合成后的加工

肽链合成后多数还要经过加工处理，才能折叠形成特定的空间结构，使之转变为有生物活性的蛋白质分子，这个过程又称后修饰作用，概括起来有以下几种情况。

1. N 端甲酰基及多余氨基酸的切除

按蛋白质合成机理来说，细胞中的蛋白质 N 端的第一个氨基酸总是甲酰蛋氨酸（原核）或蛋氨酸（真核），但事实上成熟的蛋白质第一位氨基酸绝大多数不是这两种氨基酸。这是由于脱甲酰基酶除去了 N 端的甲酰基，氨肽酶切除了 N 端的一个或几个多余的氨基酸。此过程通常在肽链延伸至约 40 个氨基酸长度时开始。

2. 蛋白质内部某些氨基酸的修饰

氨基酸被修饰的方式是多样的，例如：胶原蛋白中的一些脯氨酸、赖氨酸被羟化，成为羟脯氨酸和羟赖氨酸；组蛋白中某些氨基酸被乙酰化；细胞色素 C 中有些氨基酸被甲基化；糖蛋白中有些氨基酸被糖基化。被修饰的部位通常是：丝氨酸或苏氨酸侧链上的羟基；天冬氨酸、谷氨酸侧链上的羧基；天冬酰胺侧链上的酰胺基；精氨酸、赖氨酸侧链上的氨基以及半胱氨酸侧链上的巯基等。这些修饰作用都是在专一的修饰酶催化下完成的。

3. 切除非必需肽段

有些酶、激素等，如一些消化酶：胃蛋白酶、胰蛋白酶等，最初合成的产物是无活性的酶原，需在一定条件下水解去除一段肽才能转变为有活性的酶。又如：胰岛素，初级翻译产物为前胰岛素原，经过两次切除，即首先切除 N 端的信号肽顺序变为胰岛素原，再切除中间部位的多余顺序 C 肽，才转变成有生物活性的胰岛素分子。

4. 二硫键的形成

蛋白质分子中常含有多个二硫键，这是特定部位的两个半胱氨酸侧链上的巯基在专一氧化酶作用形成的。

不同种类细胞内，肽链合成后的加工有差异。经基因改造后的大肠杆菌转译出的多肽链大多数会形成“包涵体”。这是一种因多肽链折叠不正确而形成的没有生物活性蛋白质。经研究后发现，在真核生物细胞内，有一种称为“分子伴侣”的物质参与了多肽链的后加工过程，它对多肽链折叠形成正确的、有生物活性蛋白质空间结构起着非常重要的作用。

蛋白质在核糖体上合成后，还要被送往细胞的各个部位去行使它们的功能。

三、新生肽链的折叠

新生肽链由一级结构形成三维结构，并成为具有生物活性的功能蛋白的过程称为新生肽链的折叠，这一过程包括了新生肽链的整个成熟过程。蛋白质在行使其生物功能时必须具有特定的三维结构，蛋白质折叠本质上是具有一定氨基酸序列的多肽链逐步折叠形成蛋白质的特定空间结构，从而表现其功能的过程。蛋白质折叠不仅包括新合成的肽链的折叠，也牵涉到诸如蛋白质在细胞中、跨膜运送前后的去折叠和再折叠过程。

新生肽链必须进行折叠，才能形成一定的空间结构，才能发挥其生物活性，成为真正的蛋白质。此外，新合成的多肽链必须定向转运到细胞内特定场所或者被分泌到细胞外，其中，跨膜运送过程可能出现蛋白质的去折叠和再折叠过程，由此蛋白质被运送到特定地点，从而发挥其生物学功能。那么多肽链中的氨基酸序列是按照什么规律决定其折叠成为具有特定构象或空间结构的蛋白质呢，是否在核苷酸密码之外还存在着另一套密码决定着这一过程？

（一）蛋白质折叠的一般规律

蛋白质折叠问题就是研究蛋白质天然结构是如何形成的，即具有一定氨基酸序列的多肽链如何逐步卷曲形成蛋白质特定空间结构。随着基因工程和蛋白质工程技术的发展，原则上人们已经可以按照需要设计和生产出各种特殊用途的蛋白质。但其中的难题之一就是，基因工程产物往往以没有生物活性的聚合物形式存在，即所谓的“包涵体”。如何使包涵体重新折叠成具有天然构象的活性蛋白质，这是当前基因工程和蛋白质工程中亟待解决的现实问题。

蛋白质较易受外界因素的影响而丧失活性，这一过程称为蛋白质的变性。高温、高压、溶液中存在变性剂（如酸、碱等），都能引起蛋白质的变性。蛋白质变性时，维系其空间结构的次级键被破坏，原有的空间结构解体，蛋白质肽链调整其结构以适应新环境。在弱变性条件下，蛋白质部分变性，肽链保持一定的结构；在强变性条件下，蛋白质完全变性，伸展成无规的随机肽链。很多变性蛋白质在去除变性因素后，可以自发地恢复其原有的空间结构和生物活性，这一过程称为变性蛋白的重折叠或再折叠。

维系和稳定蛋白质天然结构的作用力有氢键、疏水作用力、范德华力、电荷相互作用力、二硫键和配位键。疏水作用实质上也是一种范德华力，但是，由于它对蛋白质构象稳定有特殊作用，因此常单独考虑。

蛋白质肽链在溶液中可能取的构象数是一个天文数字。即使假定每个肽键只能有两种构象（每个肽键的实际构象数目远大于此），那么，由 100 个氨基酸残基肽链的可能构象也有 2100 种，经历全部构象的时间要 10^7 年以上。但是，一般变性蛋白质的体外重折叠时间只需要几分钟至几小时。这表明：蛋白质的折叠不是一个随机过程，而是通过特定的动力学途径达到天然构象的。

目前，蛋白质结构的测定速度远远低于核酸序列的测定速度，蛋白质结构预测已成为生物信息学的一个重要任务。在蛋白质二级结构和三级结构之间，由 α-螺旋和 β-折叠片组装成紧凑折叠单元，这种"单元"对于蛋白质结构的分类和预测有重要的作用，称为"折叠单元"或"折叠"。尽管蛋白质序列数以百万计，但是折叠的种类却极为有限，很可能不超过 1000 种。另一方面，蛋白质的氨基酸序列中含有一些在进化过程中最为保守的单元（称为结构域），它们通常可以相对独立地折叠，形成某种特定的局部空间结构或折叠单元。序列相同的结构域对应相同的折叠单元。蛋白质折叠具有很强的规律性，这意味着可以进行蛋白质结构预测。

（二）帮助新生肽链折叠的生物大分子

现在认识到的帮助新生肽链折叠的蛋白质可以分为两大类：一类是分子伴侣（molecular chaperone），另一类则是催化同折叠过程直接相关的化学反应的酶，现在又称为"折叠酶"（foldase）。

分子伴侣是一类相互之间没有关系的蛋白质，它们的功能是帮助含多肽结构的其他物质在体内进行正确的、非共价的组装，但在组装完成后，分子伴侣不作为具有正常生物功能的结构的组成部分。分子伴侣是从功能上定义的，凡是具有这种功能的蛋白质都是分子伴侣，它们的结构可以完全不同，甚至可以是完全不同的蛋白质。

与分子伴侣不同，已确定为帮助蛋白质折叠的酶目前只有两种：一种是蛋白质二硫键异构酶，另一种是肽基脯氨酰顺反异构酶。

（三）蛋白质构象病问题

与蛋白质折叠有关而且是近几年比较引人注意的是构象病假说的提出。生物医学研究表明蛋白质空间构象发生异常变化会引起疾病发生，形成了蛋白质构象病这一新的病理学概念。一般讲，引起构象病的蛋白质分子与正常蛋白质同时存在于机体内，至少部分蛋白质具有正常折叠的空间构象，并以正常形态释放。当蛋白质构象异常变化时可导致其生物功能丧失，或者引起其后发生的蛋白质聚集与沉积，使组织结构出现病理性改变。

第三节　蛋白质结构预测

蛋白质结构预测问题就是如何从蛋白质的氨基酸序列出发预测它的功能构象问题。蛋白质空间结构预测以成为近年来全世界生物学家关注的焦点。从 20 世纪 50 年代第一个蛋白质——肌球蛋白的空间结构被测定至今已有近 60 年的历史，但总计被测定结构的蛋白质结构只有 2 万多个，实验测定蛋白质的结构非常困难。因此，目前要想用实验的方法测定所有蛋白质的空间结构几乎是不可能的事情。解决这一问题的有效途径似乎只有从理论上发展预测蛋白质结构的新方法。自 Anfinsen 等提出蛋白质的一级结构完全决定了其三维空间结构的著名论断以来，根据蛋白质的氨基酸序列从理论上预测其相应的空间结构就成为分子生物学中一个最重要的、迄今仍未解决的难题。这一问题也被称为蛋白质折叠问题。

一、预测蛋白质空间结构的意义

研究蛋白质的结构意义重大，分析蛋白质结构、功能及其关系是蛋白质组计划中的一个重要组成部分。研究蛋白质结构，有助于了解蛋白质的作用，了解蛋白质如何行使其生物功能，认识蛋白质与蛋白质（或其他分子）之间的相互作用，这无论是对于生物学还是对于医学和药学，都是非常重要的。对于未知功能或者新发现的蛋白质分子，通过结构分析，可以进行功能注释，指导设计进行功能确认的生物学实验。通过分析蛋白质的结构，确认功能单位或者结构域，可以为遗传操作提供目标，为设计新的蛋白质或改造已有蛋白质提供可靠的依据，同时为新的蛋白质分子设计提供合理的靶分子结构。蛋白质结构是合理药物分子设计的基础。许多药物分子作用的靶是蛋白质或者酶，其活性部位或结合部位是药物作用的目标。这些部位具有特定的空间形状，只能和特定的分子相结合。在设计新的药物分子时，往往要考虑使得所设计的药物小分子结构与靶的活性部位互补，这样才能使得药物分子与靶结合，从而发挥药效。这就要求知道相应蛋白质活性部位的空间结构。

一种生物体的基因组规定了所有构成该生物体的蛋白质，基因规定了组成蛋白质的氨基酸序列。虽然蛋白质由氨基酸的线性序列组成，但是，它们只有折叠成特定的空间构象才能具有相应的活性和相应的生物学功能。在当今分子生物学领域中，蛋白质分子空间结构与功能的研究无疑是最具挑战性的问题。尽管三联体密码的破译使人们了解了遗传信息由 DNA 到 RNA 再到多肽链合成的基本规律，然而，研究表明蛋白质只有形成一定的空间结构，才可以具有特定的生物活性。从氨基酸序列到蛋白质三维结构的编码关系，被称为第二遗传密码，并被列位 21 世纪生物学的首要任务。

随着“人类基因组计划”的顺利完成，多种模式动植物基因序列的测定以及蛋白质工程技术的不断发展，一方面是由此产生的核酸与蛋白质一级结构数据库所包含的海量生物信息，以及由此提出的“后基因组时代”对蛋白结构与功能的研究，另一方面是利用传统的蛋白空间结构分析技术如 X 射线晶体衍射方法、核磁共振技术等的费时和费力，通过实验方法确定蛋白质结构的过程仍然非常复杂，代价较高，实验测定的蛋白质结构比已知的蛋白质序列要少得多。这意味着已知序列的蛋白质数量和已测定结构的蛋白质数量（如蛋白质结构数据库 PDB 中的数据）的差距将会越来越大。人们希望产生蛋白质结构的速度能够跟上产生蛋白质序列的速度，或者减小两者的差距。那么如何缩小这种差距呢？我们不能完全依赖现有的结构测定技术，需要发展理论分析方法。

采用理论分析方法来预测蛋白质空间结构的基本思想是将基于经验和知识的方法与计算化学、统计物理学、信息学的方法结合起来，从理论上预测蛋白质的空间结构。一旦这些方法取得成功，蛋白质折叠这一分子生物学难题将有望获得解决，同时也为分子生物学研究提供新的思路。

对蛋白质结构预测进行研究，对基础理论和实际应用都有重大意义。在理论上，如果弄清楚蛋白质一级结构是如何决定其高级结构这个基本问题，将会使人们更系统和完整地理解生物信息从 DNA 到具有生物活性蛋白质的传递全过程，使中心法则得到更完整的阐明，从而对生命过程中的各现象有进一步的深刻认识，最终推动生命科学的快速发展。在应用上，将使人们有能力解决诸如疾病等问题，设计具有新型生物功能的蛋白质，对医药、农牧业等将有极大的促进作用。

二、蛋白质序列分析及结构预测策略

蛋白质的空间结构决定蛋白质的生物学功能。但是，蛋白质的空间结构又是由什么决定的呢？

自从 Anfinsen 提出蛋白质折叠的信息隐含在蛋白质的一级结构中，科学家们对蛋白质结构的预测进行了大量的研究，实验结果证明：蛋白质的空间结构由蛋白质序列所决定，决定蛋白质结构的信息存在于氨基酸编码序列之中。从数学上讲，蛋白质结构预测的问题是寻找一种从蛋白质的氨基酸线性序列到蛋白质所有原子三维坐标的映射。现实是自然界实际存在的蛋白质是有限的，并且存在着大量的同源序列，可能的结构类型也不多，序列到结构的关系有一定的规律可循。因此，蛋白质结构预测是可能的。

蛋白质结构预测基本流程如图 5-4 所示。

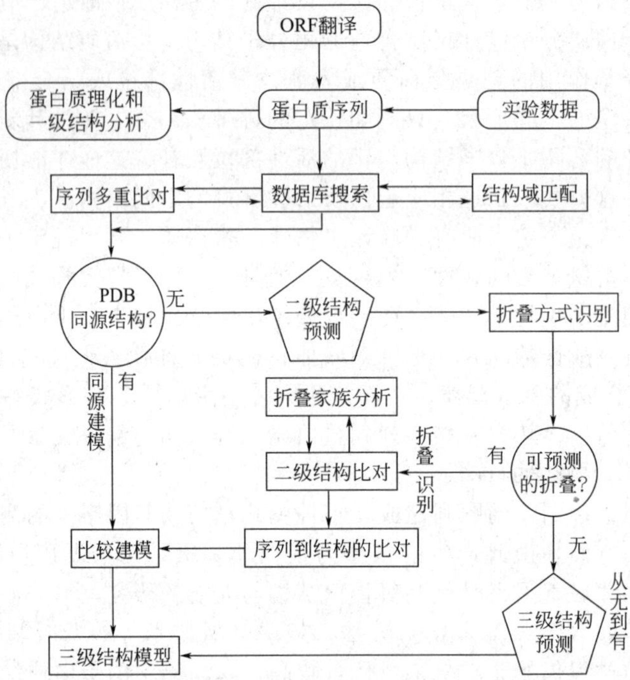

图 5-4 蛋白质结构预测基本流程

蛋白质结构预测主要有两大策略。一类是理论分析方法或从头计算方法：通过理论计算（如分子力学、分子动力学计算）进行结构预测。该类方法假设折叠后的蛋白质取能量最低的构象。从原则上来说，我们可以根据物理、化学原理，通过计算来进行结构预测。但是在实际中，这种方法往往不合适。主要有几个原因，一是自然的蛋白质结构和未折叠的蛋白质结构，两者之间的能量差非常小；二是蛋白质可能的构象空间庞大，针对蛋白质折叠的计算量非常大。另外，计算模型中力场参数的不准确性也是一个问题。另一类蛋白质结构预测的方法是统计方法，该类方法对已知结构的蛋白质进行统计分析，建立序列到结构的映射模型，进而根据映射模型对未知结构的蛋白质直接从氨基酸序列预测结构。映射模型可以是定性的，也可以是定量的。这是进行蛋白质结构预测较为成功的一类方法。这一类方法包括经验性方法、结构规律提取方法、同源模型化方法等。

同源模型化方法通过同源序列分析或者模式匹配预测蛋白质的空间结构或者结构单元（如锌指结构、螺旋-转角-螺旋结构、DNA 结合区域等）。蛋白质的同源性比较往往是借助于序列比对而进行的。在蛋白质结构分析方面，通过序列比对可以发现序列保守模式，这些序列模式中包含着非常有用的三维结构信息。同源模型化方法是蛋白质结构预测结果中最可靠的方法。利用同源模型化方法可以预测 10%～30%蛋白质的结构。

三、蛋白质二级结构预测

蛋白质的二级结构预测的基本依据是：每一段相邻的氨基酸残基具有形成一定二级结构的倾向。因此，进行二级结构预测需要通过统计和分析发现这些倾向或者规律，二级结构预测问题自然就成为模式分类和识别问题。蛋白质二级结构的组成规律性比较强，所有蛋白质中约 85%的氨基酸残基处于三种基本二级结构状态（α-螺旋、β-折叠和β-转角），并且各种二级结构非均匀地分布在蛋白质中。有些蛋白质中含有大量的α-螺旋，如血红蛋白和肌红蛋白；而另外一些蛋白质中则不含或者仅含很少的α-螺旋，如铁氧蛋白；有些蛋白质的二级结构以β-折叠为主，如免疫球蛋白。二级结构预测的目标是判断每一个氨基酸残基是否处于α-螺旋、β-折叠、β-转角（或其他状态）之一的二级结构态，即三态。蛋白质二级结构的预测开始于 20 世纪 60 年代中期。至今人们已经发展了几十种预测方法，大体上分为三代。

第一代是基于单个氨基酸残基统计分析，从有限的数据集中提取各种残基形成特定二级结构的倾向，以此作为二级结构预测的依据。Chou-Fasman 方法是一种基于单个氨基酸残基统计的经验参数方法，由 Chou 和 Fasman 在 20 世纪 70 年代提出来。通过统计分析，获得每个残基出现于特定二级结构构象的倾向性因子，进而利用这些倾向性因子预测蛋白质的二级结构。每种氨基酸残基出现在各种二级结构中倾向或者频率是不同的，例如 Glu 主要出现在α-螺旋中，Asp 和 Gly 主要分布在转角中，Pro 也常出现在转角中，但是绝不会出现在α螺旋中。因此，可以根据每种氨基酸残基形成二级结构的倾向性或者统计规律进行二级结构预测。另外，不同的多肽片段有形成不同二级结构的倾向。例如：肽链 Ala(A)-Glu(E)-Leu(L)-Met(M) 倾向于形成α-螺旋，而肽链 Pro(P)-Gly(G)-Tyr(Y)-Ser(S) 则不会形成β-螺旋。Chou-Fasman 预测方法原理简单明了，二级结构参数的物理意义明确，该方法中二级结构的成核、延伸和终止规则基本上反映了真实蛋白质中二级结构形成的过程。该方法的预测准确率在 50%左右。

第二代预测方法是基于氨基酸片段的统计分析，使用大量的数据作为统计基础，统计的对象不再是单个氨基酸残基，而是氨基酸片段，片段的长度通常为 11～21 个氨基残基酸。片段体现了中心残基所处的环境。在预测中心残基的二级结构时，以残基在特定环境中形成特定二级结构的倾向作为预测依据。这些算法可以归为几类：①基于统计信息；②基于物理化学性质；③基于序列模式；④基于多层神经网络；⑤基于图论；⑥基于多元统计；⑦基于机器学习的专家规则；⑧最邻近算法。

GOR 是一种基于统计信息的方法，将蛋白质序列当作一连串的信息值来处理，该方法不仅考虑了被预测位置本身氨基酸残基种类的影响，而且考虑了相邻残基种类对该位置构象的影响。GOR 针对长度为 17 个氨基酸残基进行二级结构预测。对序列中的每一个残基，GOR 方法将与它 N 端紧邻的 8 个残基和 C 端紧邻的 8 个残基与它放在一起进行考虑。与 Chou-Fasman 方法一样，GOR 方法也是通过对已知二级结构的蛋白样本集进行分析，计算出中心残基的二级结构分别为螺旋、折叠和转角时每种氨基酸出现在不同位置的直接信息量表，根据该表和相关计算公式，就可以对一条肽链中任一位置残基的构象进行预测。GOR 方法的物理意义明确，数学上比较严格，但计算过程较为复杂。应用 GOR 方法预测蛋白质的二级结构为螺旋、折叠或者转角的准确率大约为 65%。

基于氨基酸疏水性的预测方法是一种用物理化学方法进行二级结构预测的方法，或称为立体化学方法。在蛋白质中，氨基酸的理化性质对蛋白质的二级结构影响较大，因此在进行结构预测时需要考虑氨基酸残基的物理化学性质，如疏水性、极性、侧链基团的大小等，根据氨基酸残基各方面的性质及残基之间的组合预测可能形成的二级结构。疏水性是氨基酸的一种重要性质，疏水性的氨基酸倾向于远离周围水分子，将自己包埋进蛋白质的内部。这一趋势加上空间立体条件和其他一些因素决定了一个蛋白质最终折叠成的三维空间构象。随着蛋白质结构数据的积累，人们开始注意到一些较简单的序列与结构关系。可以利用各种氨基酸的疏水值定位蛋白质的疏水区域，通过疏水氨基酸出现的周期性预测蛋白质的二级结构。

根据蛋白质序列中疏水性氨基酸出现模式，可以预测局部的二级结构。原则上，通过在序列中搜寻特殊的亲疏水残基间隔模式，就可以预测 α-螺旋和 β-折叠。

从头计算方法是基于序列模式的预测方法。在既没有已知结构的同源蛋白质、也没有已知结构的远程同源蛋白质的情况下（具有相似空间结构的蛋白质序列氨基酸相同程度小于25%，这些蛋白质的同源性不能通过传统的序列比对方法所识别），上述两种蛋白质结构预测的方法都不能用，这时只能根据氨基酸序列本身，通过理论计算（如分子动力学计算）进行结构预测，假设折叠后的蛋白质取能量最低的构象。从头计算方法的不足之处：一是自然的蛋白质结构和未折叠的蛋白质结构，两者之间的能量差非常小。二是蛋白质可能的构象空间庞大，针对蛋白质折叠的计算量非常惊人。从头计算方法预测二级结构的准确度<65%。

第一代和第二代预测方法有共同的缺陷，它们对二级结构预测的准确率都低于70%，其主要原因是这些方法在进行二级结构预测时只利用局部信息，最多只用局部的20个残基的信息进行预测。二级结构预测的实验结果和晶体结构统计分析都表明，二级结构的形成并非完全由局域的序列片段决定，长程相互作用不容忽视。蛋白质的二级结构在一定程度上受远程残基的影响，尤其是 β-折叠。从理论上来说，局部信息仅包含二级结构信息的65%左右，因此，可以想象，只用局部信息的二级结构预测方法，其准确率不会有太大的提高。

第三代预测方法是利用蛋白质序列的远程信息和蛋白质序列的进化信息，使二级结构预测的准确程度有了比较大的提高，特别是对 β-折叠的预测准确率有较大的提高，预测结果与实验观察趋于一致。这样，从一个蛋白质家族中提取的残基替换模式，高度反映了该家族特异的结构。通过序列的比对可以得到蛋白质序列的进化信息，得到蛋白质家族中的特定残基替换模式，此外，通过序列的比对也可以得到远程信息。

各种方法预测的准确率随蛋白质类型的不同而变化。例如，一种预测方法在某些情况下预测的准确率能够达到80%，而在最差的情况下仅达到50%，甚至更低。在实际应用中究竟使用哪一种方法，还需根据具体的情况。虽然二级结构预测的准确性有待提高，其预测结果仍然能提供许多结构信息，尤其是当一个蛋白质的真实结构尚未解出时更是如此。通过对多种方法预测结果的综合分析，再结合实验数据，往往可以提高预测的准确度。

在实际进行蛋白质二级结构预测时，往往会综合应用各种分析方法和相关数据。实际应用中最常见的综合方法是同时使用多个软件进行预测，通过分析各个软件的特点以及各个软件预测结果，最终形成二级结构一致性的预测结果。

二级结构预测通常作为蛋白质空间结构预测的第一步，如二级结构预测是内部折叠、内部残基距离预测的基础。二级结构预测可以作为其他工作的基础，如用于推测蛋白质的功能，预测蛋白质的结合位点等。

四、蛋白质三级结构预测

蛋白质空间结构预测的一个主要目标是了解蛋白质序列与三维结构的关系，但是序列与结构之间的关系是非常复杂的。人们已经掌握了一些蛋白质序列与二级结构之间的关系，但是对于蛋白质序列与空间结构之间的关系了解得比较少。预测蛋白质的二级结构只是预测折叠蛋白的三维形状的第一步。一些结构不是很规则的环状区域与蛋白质的二级结构单元共同堆砌成一个紧密的球状天然结构。生物化学研究中一个活跃领域就是了解引起蛋白折叠的各种力。在蛋白质折叠过程中一系列不同的力都起到了重要作用，包括疏水作用、静电力、氢键和范德华力。疏水作用是影响蛋白质结构的重要因素。半胱氨酸之间共价键的形成在决定蛋白构象中也起了决定性的作用。在一类称为伴侣蛋白的特殊蛋白质作用的情况下，蛋白折叠问题变得更复杂。伴侣蛋白通过一些未知的方式改变蛋白质的结构，但这些改变方式是很重要的。

目前蛋白质三级结构预测的方法有：①在已知结构（如晶体结构）的基础上利用分子动力学方法研究蛋白质分子、核酸分子或复合物的动态性质；②利用能量优化或分子动力学方法对结构模型进行优化，或者是在整体结构已知的情况下建立点突变体的结构；③借助于类似物的结构参数建立未知蛋白质的结构；④结合 2D-NMR 数据或 X-RAY 粗结构数据或其他的实验数据建立蛋白质的整体结构模型；⑤在上述条件均不符合的情况下，根据一级结构进行二级结构预测，准确度<65%；⑥在已知二级结构的基础上进行片段堆积，根据从已知结构得出的一些规则进行筛选，挑选可能的结构，往往得到多种可能性，尚不能得到唯一的正确堆积方式；⑦在单体结构已知的情况下，建立复合物或多聚体的结构，参考复合物或聚合物本身的性质，利用几何匹配和最大接触面积规则进行。

同源模型化方法是蛋白质三维结构预测的主要方法，其主要思路是对于一未知结构的蛋白质，找到已知结构的同源蛋白质，以同源蛋白质的结构为模板，为未知结构的蛋白质建立结构模型；其依据是蛋白质一级结构决定高级结构，相似序列具有相似结构。对蛋白质数据库 PDB 分析可以得到这样的结论：任何一对蛋白质，如果两者的序列等同部分超过 30%（序列比对长度大于 80），则它们具有相似的三维结构，即两个蛋白质的基本折叠相同，只是在非螺旋和非折叠片层区域的一些细节部分有所不同。蛋白质的结构比蛋白质的序列更保守，如果两个蛋白质的氨基酸序列有 50%相同，那么约有 90%的碳原子的位置偏差不超过 3Å。这是同源模型化方法在结构预测方面成功的保证。同源模型化方法预测蛋白质三维结构的前提是必须要有一个已知结构的同源蛋白质。这个工作可以通过搜索蛋白质结构数据库来完成，如搜索 PDB。同源模型化方法是目前一种比较成功的蛋白质三维结构预测方法。但是，由于预测新结构是借助于已知结构的模板而进行的，因此选择不同的同源的蛋白质，则可能得到不同的模板，因此最终得到的预测结果并不唯一。

利用同源模型化方法建立结构模型的过程包括下述四个步骤（图 5-5）：①从待测蛋白质序列出发，搜索蛋白质结构数据库（如 PDB，SWISS-PROT 等），得到许多相似序列

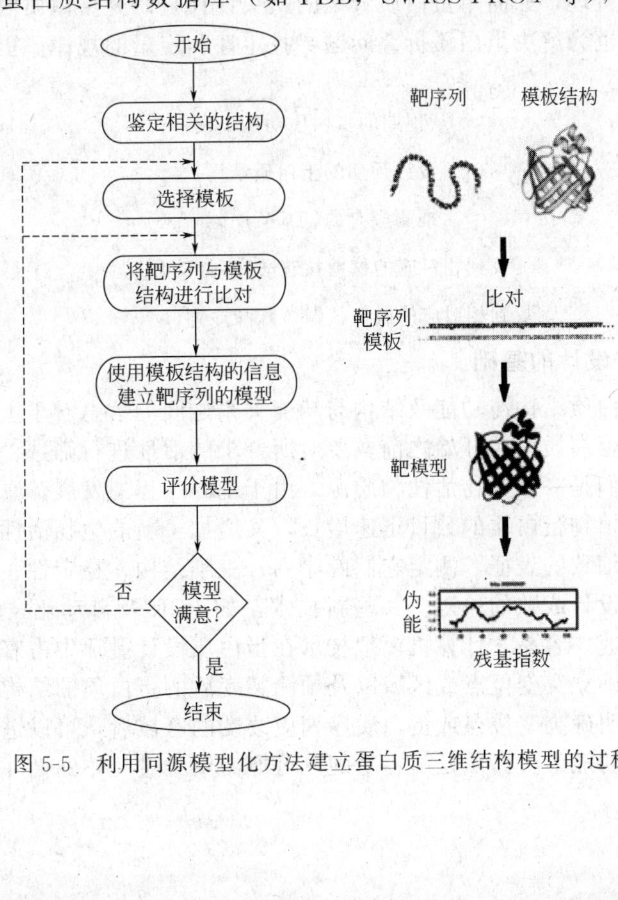

图 5-5　利用同源模型化方法建立蛋白质三维结构模型的过程

(同源序列)，选定其中一个（或几个）作为待测蛋白质序列的模板；②待测蛋白质序列与选定的模板进行再次比对，插入各种可能的空位使两者的保守位置尽量对齐；③建模，调整待测蛋白序列中主链各个原子的位置，产生与模板相同或相似的空间结构，形成待测蛋白质空间结构模型；④利用能量最小化原理，使待测蛋白质侧链基团处于能量最小的位置。

通过上述过程为目标蛋白质建立了一个初步的结构模型，在这个模型中可能存在一些不相容的空间坐标，因此需要进行改进和优化，如利用分子力学、分子动力学、模拟退火等方法进行结构优化。当然，如果能够找到一系列与目标蛋白相近的蛋白质的结构，得到更多的结构模板，则能够提高预测的准确性。通过多重序列比对，发现目标序列中与所有模板结构高度保守的区域，同时也能发现保守性不高的区域。将模板结构叠加起来，找到结构上保守的区域，为要建立的模型形成一个核心，然后再按照上述方法构建目标蛋白质的结构模型。一般，如果序列的等同部分大于30%，则可以期望得到比较好的预测结果。对于具有60%等同部分的序列，用上述方法建立的三维模型非常准确。若序列的等同部分超过60%，则预测结果将接近于实验得到的测试结果。

第四节　蛋白质的分子设计

蛋白质分子设计是蛋白质工程的一个重要方面，是为有目的的蛋白质工程改造提供设计方案，属于交叉学科。其设计过程主要依赖于蛋白质结构的测定和分子模型的建立，按照蛋白质结构功能的关系，综合运用各学科的技术手段，确保获得比天然蛋白质性能更加优越的新型蛋白质。

蛋白质分子设计的目的主要有两个：一是为有目的的蛋白质工程改造提供设计方案和指导性信息，如以此提高蛋白质的热、酸稳定性，增加活性，降低副作用，提高专一性等；二是探索蛋白质的折叠机理，如简单蛋白质骨架的从头设计是研究蛋白质内相互作用力的类型及本质的很好途径，也为解决蛋白质折叠问题寻找定性和定量的规律。蛋白质分子设计的基本思路如下。

从预期的蛋白质功能出发
↓
设计预期的蛋白质结构
↓
推测应有的氨基酸序列
↓
找到相对应的核糖核苷酸序列(RNA)
↓
找到相对应的脱氧核糖核苷酸序列(DNA)

一、蛋白质分子设计的基础

蛋白质序列、蛋白质结构与功能及结构与功能关系之间的信息对于蛋白质工程及蛋白质设计都非常重要。在蛋白质设计开始之前，要对所要求的活性进行筛选。由于真菌与细菌相对容易处理，因此它们是一个生物活性物质源。由于基因工程的发展，真核基因表达技术的发展使动物蛋白质与植物蛋白质的数目迅速增长，又增加了新的生物活性物质源。筛选以及纯化蛋白质需要进行细致的表征，测定它们的序列、三维结构、稳定性、催化活性等。专一性突变产物是蛋白质设计成败的关键。一些新技术，如PCR及自动化技术的发展使各种类型的基因工程变得快速、容易。计算机模拟技术在蛋白质设计循环中占有重要位置。建立蛋白质三维结构模型，确立突变位点或区域以及预测突变后的蛋白质的结构与功能对蛋白质工程是至关重要的。在明确突变位点或蛋白质序列应改变的区域后，可以进行定位突变，但要得到具有预期结构与功能的蛋白质是不容易的，可能需要经过几轮的循环。事实上，蛋白质设计是一个理论与实验之间的循环（protein design automation，PDA），其循环程序如下。

设计→模拟
↓　　↓
分析←实验

这个循环已经在蛋白质的合理设计中得到了许多重要进展。蛋白质结构与功能的关系的认识对蛋白质设计是至关重要的，蛋白质的结构涉及一级结构（序列）及三维结构。即使蛋白质的三维结构是已知的，选择一个合适的突变体仍是困难的，这说明蛋白质设计任务的艰巨性，它涉及多种学科的配合，如计算机模拟专家、X射线晶体学家、蛋白质化学家、生物技术专家等的合作与配合。蛋白质分子设计的基本原理如下。

(1) 内核假设。所谓内核是指蛋白质在进化中保守的内部区域。在大多数情况，内核由氢键连接的二级结构单元组成。

(2) 所有蛋白质内部都是密堆积（很少有空穴大到可以结合一个水分子或惰性气体），并且没有重叠。

(3) 所有内部的氢键都是最大满足的（主链及侧链）。

(4) 疏水及亲水基团需要合理地分布在溶剂可及表面和不可及表面。

(5) 在金属蛋白中，配位残基的替换要满足金属配位几何，符合正确的键长、键角及整体的几何。

(6) 对于金属蛋白，围绕金属中心的第二壳层中的相互作用是重要的。大部分配基含有多于一个与金属作用或形成氢键的基团。其余形成围绕金属中心的氢键网络，这涉及与蛋白质主链、侧链或水分子的相互作用。

(7) 最优的氨基酸侧链几何排列。

(8) 结构及功能的专一性。形成独特的结构，独特的分子间相互作用是生物相互作用及反应的标志。实践表明这是蛋白质设计最困难的问题。

蛋白质分子设计的原则如下。

(1) 活性设计。活性设计是蛋白质分子设计的第一步，主要是考虑被研究的蛋白质功能，涉及选择化学基团和化学基团的空间取向。在这类设计中应采用天然存在的氨基酸来提供所需的基团，尽管原则上并不限制引入其他外来基团。同时还应该考虑辅因子的使用。

(2) 对专一性的设计。功能性蛋白质在发挥其生理作用时，总是与其他分子发生专一性相互作用，理解并设计化学基团与底物的专一性结合对蛋白质设计也是十分重要的。

(3) 蛋白质分子的立体设计。天然蛋白质是框架化的。也就是说，催化部位和底物结合部位要适当地安装在大分子载体之中，给予各个基团以适当的空间排布，才能具有催化活性功能。因此要设计的蛋白质活性分子，也必须框架化。但是对复杂的多肽链而言，需要预测三级结构，需要大量的计算筛选所需的一级结构，其结果很难预测。

(4) 疏水基团与亲水基团需合理分布。这种分布并不仅仅是简单地使暴露在外面的残基具有亲水性，埋藏在内部的残基具有疏水性，而是还应安排少量的疏水残基在表面，少量亲水残基在内部。在蛋白质分子设计过程中要在原子水平上区分侧链的疏水部分与亲水部分。

(5) 最优的氨基酸侧链几何排列。为了获得蛋白质结构及功能的专一性，我们在构建一个蛋白质模型时必须满足所有合适的几何要求，并且要满足蛋白质折叠的几何限制。

二、蛋白质分子设计的流程

蛋白质三维结构知识对于蛋白质工程是绝对必要的。目前PDB（protein data bank）已收集数以万计个蛋白质晶体结构，但是通常蛋白质序列的数目比蛋白质三维结构的数目大100倍。当我们开始对某一天然蛋白质进行蛋白质分子设计时，首先要查找PDB了解这个蛋白质的三维结构是否已被收录。如果PDB中没有收录又未见文献报道，我们需要通过蛋白质X射线晶体学及NMR方法测定蛋白质的三维结构，或者通过结构预测的方法构建该蛋白质三维结构模型。蛋白质分子设计包括以下九个步骤。

1. 收集相关蛋白质的结构信息

收集待研究蛋白质的一级结构、立体结构、功能结构域及与之相关的同源蛋白质等相关数据，为蛋白质分子设计提供依据和蓝本。但在进行蛋白质分子设计时，首先要查找PDB了解三维结构，同时应查找同源性较高的蛋白质的三维结构。

2. 建立所研究蛋白质的结构模型

文献中有待研究的蛋白质的三维结构，则直接采用，还可通过蛋白质X射线晶体学等方法测定蛋白质的三维结构，此外还可以依据已有的同源性较高蛋白质的三维结构，结合三维结构预测方法，对待研究蛋白质进行结构预测。

3. 结构模型的生物信息分析

分析确定其有三维结构的特点，功能活性区域以及分布，结构中存在的二硫键数目和位置等，为选择设计目标提供依据。

4. 选择设计目标

确定所要建造的三级结构，找出对所要求的性质有重要影响的位点或区域。目前的水平，所选择的目标均是一些残基不多，结构简单，并且具有对称性的多肽结构。

5. 序列设计

选择的序列应尽可能不同于天然结构的序列，设计时，要充分考虑氨基酸残基形成特定二级结构的倾向性。

6. 预测结果

需通过理论预测方法预测出所设计的多肽的二级结构和三级结构，初步检验设计的正确程度，检验目标模型与预期目标的吻合程度并在此基础上加以调整和更正，使目标模型达到预期。

7. 获得新蛋白质

多肽化学合成方法，特别是固相合成技术，为合成新设计的蛋白质分子提供了有效途径，同时也可通过基因工程手段，人为合成或改造基因，实现蛋白质的改造，然后进行基因表达，并分离纯化获得新蛋白质分子，为进行新蛋白质功能的检验提供材料。

8. 新蛋白质的检验

①是否存在蛋白质多聚体状态；②二级结构与预期的是否吻合；③是否具有三级结构。对蛋白质分子进行功能设计，还需检验新蛋白质的功能活性，看新蛋白质的功能活性是否达到设计目标。

9. 完成新蛋白质设计

验证，评价，依据设计出的结果，进行多轮反复设计，反复修改和反复试验，直至达到目标。

蛋白质结构与功能的关系对于蛋白质工程及蛋白质分子设计都是至关重要的。如果我们想改变蛋白质的性质，必须改变蛋白质的序列。现有的蛋白质分子设计大多数主要是依据蛋白质的一级结构。由于对蛋白质结构-功能关系的了解不够深入，成功的实例还不是很多，因此更需要在蛋白质分子设计的方法学上开展深入研究。

三、蛋白质分子设计的类型

蛋白质分子设计分为两个层次：一是在蛋白质三维结构已知基础上的分子设计；二是在

三维结构未知的情况下，借助一级结构序列信息及生物化学性质进行分子设计工作。蛋白质设计分为基于天然蛋白质结构的分子设计及全新蛋白质设计两种。

1. 基于天然蛋白质结构的分子设计

基于天然蛋白质结构的分子设计，实际上就是对天然蛋白质的突变体或天然蛋白质的肽段（或结构域）的设计改造方案，即在知道了需要改造的蛋白质的性能及其相应的结构基础之后，通过理论的方法，提出蛋白质改造的设计方案。这一方案将提供改造后的蛋白质的哪些部分的氨基酸序列与天然蛋白质不同，这些新的序列可以导致怎样的空间结构的变化，从而赋予新蛋白质什么样的特性。根据被改造部位的多寡，基于天然蛋白质结构的分子设计分为“小改”和“中改”两种。

基于天然蛋白质结构的蛋白质分子“小改”是指对已知结构的蛋白质进行少数几个残基的修饰、替换或删除等，主要可分为蛋白质修饰和基因定位突变两类。基因定位突变是指从基因水平上进行蛋白质分子的改造，即采用定位诱变的方法，对编码蛋白质的基因进行核苷酸密码子的插入、删除、置换和改组，然后对突变后的基因进行蛋白表达并分析所表达蛋白质的功能活性，为蛋白质分子改造提供新的设计方案。常见的设计目标是提高蛋白质的热，酸稳定性，增加活性，降低副作用，提高专一性，以及通过蛋白质工程手段进行结构功能关系的研究。改善蛋白质的稳定性成为蛋白质设计和改造的重要目标之一。

蛋白质的立体结构可以看作由结构元件组装而成。基于天然蛋白质结构的蛋白质分子“中改”，又称分子剪裁，是在蛋白质中替换一个肽段或一个特定的结构域，将编码一种蛋白质的部分基因移植到另一种蛋白基因上，或将不同蛋白质基因的片段组合在一起，经基因克隆和表达，产生出新的融合蛋白质。基因剪接和融合技术为实现蛋白质分子的剪接和融合提供了有效的手段。现在研究得较多的所谓“嵌合抗体”和“人缘化抗体”等就是采用这种方法。所谓嵌合抗体就是用人抗体的恒定区替代鼠单克隆抗体的恒定区，这样它的免疫原性就显著下降，即被人免疫系统排斥的程度大大降低。尽管嵌合抗体还存在免疫原的问题，但已有几种嵌合抗体通过了临床试验。所谓人缘化抗体就是将抗原吸附区域（可变区）嫁接到人抗体上，这样的抗体用于人类疾病治疗时，抗体上的外源肽链降低到最小，免疫原性也就最小。

2. 全新蛋白质设计

蛋白质的空间结构受其氨基酸序列控制，而功能又与结构密切相关。如果能够找到构造蛋白质结构的方法，我们就能得到具有任意结构和功能的全新蛋白质。全新蛋白质设计是基于对蛋白质折叠规律的认识，从氨基酸的序列出发，设计制造自然界不存在的全新蛋白质，使之具有特定的空间结构和预期的功能。全新蛋白质设计是完全按照人的意志设计合成自然界从来没有的蛋白质，即蛋白质的从头设计，这是蛋白质工程中最有意义但也是最困难的操作类型。

蛋白质的全新设计可分为结构设计和功能设计两个方向。目前的重点是结构设计。同所有的探索工作一样，结构设计也是从最简单的二级结构开始，以摸索蛋白质结构稳定的规律。在超二级结构和三级结构的设计中，一般选择天然蛋白质结构中一些比较稳定的模块作为设计目标，如四螺旋束和锌指结构等。在蛋白质功能设计方面，设计主要通过一些特定的结构域，如金属结合蛋白和离子通道，模拟天然蛋白质的功能。

蛋白质分子设计是一个难度极大却又引人入胜的研究领域。通过蛋白质分子设计既可能得到自然界不存在的具有全新结构和功能的蛋白质，又是检验蛋白质折叠理论和研究蛋白质折叠规律的重要手段。但由于我们对蛋白质折叠规律即蛋白质设计的理论基础的认识还不够，蛋白质分子设计还处于探索阶段。目前还没有通过蛋白质分子设计得到既具有所希望的结构和功能又具有重要应用价值的全新蛋白质。但蛋白质设计对研究蛋白质的序列、三维结构、热力学及功能性质之间的关系也具有十分重要的意义，例如在蛋白质分子中引入特殊的替代氨基酸并观测给蛋白质功能造成的损失及变化，是鉴定蛋白质分子中氨基酸残基功能的重要手段，这同时也为蛋白质设计提供了依据，特别是给药物设计和开发带来无限的商机。

第六章 酶工程

新陈代谢是生命活动的基础，是生命活动最重要的特征。而构成新陈代谢的许多复杂而有规律的物质变化和能量变化，都是在酶催化下进行的。生命的生长发育、繁殖、遗传、运动、神经传导等生命活动都与酶的催化过程紧密相关，可以说，没有酶的参与，生命活动一刻也不能进行。

酶工程（enzyme engineering）是酶学、微生物学和化学工程相互渗透、结合、发展而产生的一门新的交叉科学技术。酶工程主要研究酶的生产、纯化、固定化技术、酶分子结构的修饰和改造以及在工农业、医药卫生和理论研究等方面的应用。根据研究和解决问题的手段不同将酶工程分为化学酶工程和生物酶工程。

第一节 酶学基础

一、酶的一般概念

酶是生物体活细胞产生的具有特殊催化活性和特定空间构象的生物大分子，包括蛋白质及核酸，又称为生物催化剂。绝大多数酶是蛋白质，少数是核酸 RNA，后者称为核酶。本章主要讨论以蛋白质为本质的酶。

根据酶的组成成分，酶可分为单成分酶（单纯酶）和多成分酶（复合酶）。

单纯酶（simple enzyme）是基本组成单位仅为氨基酸的一类酶。它的催化活性仅仅决定于它的蛋白质结构。脲酶、消化道蛋白酶、淀粉酶、酯酶、核糖核酸酶等均属此类。复合酶（conjugated enzyme）的催化活性，除蛋白质部分（酶蛋白 apoenzyme）外，还需要非蛋白质的物质，即所谓酶的辅助因子（cofactors），两者结合成的复合物称作全酶（holoenzyme）。

酶蛋白和酶的辅助因子分别单独存在时，均无催化活力，只有当酶蛋白与辅助因子结合成全酶时，才表现出催化活力。即：

全酶（结合酶）=酶蛋白+辅助因子（辅酶或辅基，金属离子）

酶的辅助因子可以是金属离子，也可以是小分子有机化合物。常见酶含有的金属离子有 K^+、Na^+、Mg^{2+}、Cu^{2+}（或 Cu^+）、Zn^{2+} 和 Fe^{2+}（或 Fe^{3+}）等。它们或者是酶活性的组成部分；或者是连接底物和酶分子的桥梁；或者在稳定酶蛋白分子构象方面所必需。小分子有机化合物是一些稳定的小分子物质，其主要作用是在反应中传递电子、质子或一些基团，常可按其与酶蛋白结合的紧密程度不同分成辅酶和辅基两大类。辅酶（coenzyme）与酶蛋白结合疏松，可以用透析或超滤方法除去；辅基（prosthetic group）与酶蛋白结合紧密，不易用透析或超滤方法除去，辅酶和辅基的差别仅仅是它们与酶蛋白结合的牢固程度不同，而无严格的界限。

大多数维生素（特别是 B 族维生素）是组成许多酶的辅酶或辅基的成分。体内酶的种类很多，而辅酶（基）的种类却较少，通常一种酶蛋白只能与一种辅酶结合，成为一种特异的酶，但一种辅酶往往能与不同的酶蛋白结合构成许多种特异性酶。酶蛋白在酶促反应中主要起识别底物的作用，酶促反应的特异性、高效率以及酶对一些理化因素的不稳定性均决定于酶蛋白部分。

根据酶的结构特点及分子组成形式分为：单体酶、寡聚酶和多酶复合体。

单体酶只含一条肽链，分子量小，大多数水解酶属于此类。寡聚酶由几条或几十条多肽链组成，每条肽链是一个亚基，单独的亚基无酶的活力。如已糖激酶、乳酸脱氢酶，均含四个亚基，谷氨酸脱氢酶含六个亚基。多酶复合体是由若干个功能相关的酶彼此嵌合形成的复合体。每个单独的酶都具有活性，当它们形成复合体时，可催化某一特定的链式反应，如丙酮酸氧化脱羧酶复合体，含三个酶六个辅助因子；脂肪酸合成酶复合体，含有六个酶及一个非酶蛋白质。

根据酶的存在状态分为胞内酶和胞外酶。

胞内酶是在合成分泌后定位于细胞内发生作用的酶，大多数的酶属于此类。胞外酶是在合成后分泌到细胞外发生作用的酶，主要为水解酶。

二、酶的分类与命名

（一）国际系统分类法及编号

按照 1961 年国际生化会议的规定，酶可分为下列六大类。

（1）氧化还原酶类（oxidoreductases）：促进氧化还原反应，如脱氢酶、氧化酶。

（2）转移酶类（transferases）：使一个底物的基团或原子转移到另一底物分子上，如转氨酶。

（3）水解酶类（hydrolases）：使底物加水分解，如蛋白水解酶。

（4）裂合酶类（lyases）：使底物失去或加上某一部分，如脱羧酶，羧化酶。

（5）异构酶类（isomerases）：使底物分子内部排列改变，如变位酶。

（6）合成酶类（ligases）：整两个底物结合，如谷氨酰胺合成酶。

每一大类酶分为若干个亚类，每一亚类又分若干个亚-亚类，每一亚-亚类中有若干个酶，每一个酶都有一个由 4 个数字组成的编号，并在编号前冠以 EC（enzyme commission，酶委员会）字样，表示是按照酶委员会所制定的方法的编号。在酶的 4 个数字编号中：第一个数字表明该酶属于六大类中的哪一类；第二个数字表示该酶属于哪一个亚类；第三个数字表示该酶属于哪一个亚-亚类；第四个数字表示该酶在一定亚-亚类中的位置。一切新发现的酶都能按此系统得到适当的编号。例如乳酸脱氢酶的分类号为 EC1. 1. 1. 27。

（二）国际系统命名法

国际酶学委员会规定了一套系统的命名规则，使每一种酶都有一个名称，包括它的系统名及四个数字的分类编号。系统名称中应包括底物的名称及反应的类型，若有两种底物，它们的名称均应列出，并用冒号“:”隔开；若底物之一为水则可略去，例如催化下述乳酸脱氢反应中的酶：

$$\text{L-乳酸}+\text{NAD}=\!=\!=\text{丙酮酸}+\text{NADH}_2$$

乳酸脱氢酶的系统命名为

L-乳酸：NAD 氧化还原酶，分类编号为 ECl. 1. 1. 27。

系统命名法根据酶的催化反应的特点，每一种酶都有一个名称，不至于混淆不清，一般在国际杂志、文献及索引中采用，但名称繁琐，使用不便。故在工作中及相当多的文献中仍沿用习惯命名法。

（三）习惯命名法

习惯命名法也根据底物名称和反应类型来命名，但没有系统命名法那样严格详细。习惯命名法常根据酶所作用的底物来命名：如水解淀粉的酶称为淀粉酶，水解蛋白的酶称为蛋白酶；有时根据酶的来源以区别同一类酶，如胃蛋白酶、胰蛋白酶等；还有的是根据催化反应的类型来命名：如催化氧化反应的称为氧化酶、脱氢酶；催化基团转移的酶称为转移酶，如：转氨酶。

习惯命名法比较简单，应用历史较长，但缺乏系统性，有时出现一酶多名和一名多酶的情况。

三、酶催化反应作用的特点

（一）高效性

酶催化反应与一般催化反应不一样，它可以在常温常压和温和的酸碱度下高效地进行。一个酶分子在1min内能引起数百万个底物分子转化为产物，酶的催化能力比一般催化剂的催化能力大10^3～10^{13}倍。

酶的催化作用不但与底物一接触便发生，并且不用附加剧烈的条件，而一般催化剂往往需要辅以较高的温度、压力等条件。在看似平静的自然界中，每时每刻都在发生着无法计数的酶促反应，而与酶促反应的酶量又是极少量的。譬如土壤中的固氮菌，把空气中的氮转化成复杂的含氮化台物，组成自身的菌体物质，并供植物利用。反应速度差不多是每秒钟有10万个氨分子反应，可见反应之快。

由于酶的催化效能如此大，因此人们只能相对地以催化了多少底物来表示它们的含量。在一定的时间、温度、酸碱度等条件下，催化一定数量的底物转化，定为1个“单位”；单位数越多，酶活力越高。为了统一起见，第五届国际生化会议采纳了国际理论和应用化学联合会（IUPAC）和国际生化协会酶学委员会推荐的酶单位定义：规定1个酶单位是在25℃、特定的最适缓冲液的离子强度和pH值、特定的底物浓度等条件下，1min内转化1μmol的底物的酶量，或转化底物的有关基团的1μmol的酶量。1mL酶蛋白所含的酶活力单位，叫做比活力。1mL溶液中的酶单位（U/mL）或每升所含的酶单位（U/L）称为酶的浓度。

（二）专一性

酶促反应的另一个特点，就是酶对底物高度的专一性。一种酶只能催化一种或一类物质反应，即酶是一种仅能促进特定化合物、特定化学键、特定化学变化的催化剂。如淀粉酶只能催化淀粉水解，蛋白酶只能催化蛋白质水解，而无机催化剂如酸或碱既催化淀粉水解，也催化蛋白质或其他物质水解，对作用物的选择并无特异性。根据酶对底物结构选择的严格程度不同，酶的专一性又可分为以下三种类型。

1.绝对专一性

这类酶只对一定化学键两端带有一定原子基团的化合物发生作用，即只能催化某一种底物的反应。例如脲酶只能催化脲的分解反应，过氧化氢酶只能催化过氧化氢的分解。

2.相对专一性

属于这一类专一性的酶，有的只对作用物的某一化学键发生作用，而对比化学键两端所连接的原子基团并无多大的选择，例如酯酶能水解不同酯酸与醇所合成的酯键，二肽酶可水解由不同氨基酸所组成的二肽的肽键。另有一些相对专一性的酶类，不但要求作用物具有一定化学键；而且对此键两端连接的两个原子基团之一亦有一定的要求，例如麦芽糖酶可水解麦芽糖及葡萄糖苷，它作用的对象，不仅是苷键而且必须是α-葡萄糖所形成的苷键。

3.立体构型专一性

这类酶只对某一定构型的化合物作用，对其对映体则无作用。例如L-精氨酸酶只对L-精氨酸起分解作用，而对D-精氨酸则无作用。

第二节 酶的结构与功能的关系

一、酶的结构及其催化功能

酶的分子结构是酶催化功能的物质基础。酶蛋白之所以异于非酶蛋白质，各种酶之所以有催化性和专一性，都是由于其分子结构的特殊性。每种蛋白质分子肽链上的氨基酸残基都严格地按一定顺序排列。一个蛋白质分子可能由一条肽链组成，也可能由几条肽链组成。完整的蛋白质分子的肽链在空间的排列并非杂乱无章，而是按照严格的立体结构盘曲折叠而成一个完整的分子。

酶的一级结构是酶具有催化功能的决定性部分，而高级结构为酶催化功能所必需部分。酶的一级结构是酶的基本化学结构，是催化功能的基础。一级结构的改变使酶的催化功能发生相应的改变。酶原的激活机制也充分说明结构和功能的关系：酶原是活性酶的前体，它们需要经激活后才显示出酶的活性。由前体转变为活性酶，可通过酶或氢离子的催化而实现。

酶的二级、三级结构是所有酶都必须具备的空间结构，是维持酶的活性部位所必需的构型。当酶蛋白的二级、三级结构彻底改变时，就可使酶遭受破坏而丧失其催化功能，这是蛋白质变性的原理。反过来，同样可以使酶的二级和三级结构发生改变，以使酶形成正确的催化部位而发挥其催化功能。由于底物的诱导而引起酶蛋白空间结构发生某些精细的改变，与适应的底物相互作用，从而形成正确的催化部位，使酶发挥其催化功能，这是诱导契合学说的基础。

具有四级结构的酶，按其功能可分为两类：一类与催化作用有关，另一类与代谢调节关系密切。只与催化作用有关的具有四级结构的酶由几个亚基组成，每个亚基都只有一个活性中心。只有在四级结构完整时，酶的催化功能才会充分发挥出来。当四级结构被破坏时，亚基被分离，被分离的亚基有可能保留其催化功能。与代谢调节有关的具有四级结构的酶，其组成亚基中，有的亚基具有调节中心。调节中心可分为激活中心和抑制中心，使酶的活性受到激活或者抑制，从而调节酶反应的速度和代谢过程。

二、酶的活性中心

酶蛋白与许多蛋白不同之处在于酶都具有活性中心。所谓活性中心是指酶蛋白上与催化有关的一个特定区域，其中包括催化过程中关键的催化基团以及与底物结合有关的结合基团。酶蛋白上虽只有活性中心具有催化能力，但活性中心是由整个蛋白质结构决定的，破坏了酶蛋白的整个结构，也必然破坏活性中心。从而使酶丧失活性。活性中心以外的酶蛋白的其余部分不仅具有维持结构的作用，而且具有确定微环境的作用。酶分子的亲水性强弱、分子的电性和电荷的分布，以及活性中心周围的环境都是由整个酶蛋白构决定的，这些对于酶的催化特性具有很大的影响。

三、酶的催化机制

酶的催化机理是解释酶催化特性的理论，如：酶为什么能催化化学反应、酶是如何催化化学反应的、酶为什么有专一性、酶为什么有高效性等。

（一）酶的作用在于降低化学反应活化能

一个化学反应能够发生，关键是反应体系中的分子必须具备一定能量即分子处于活化状态，活化分子比一般分子多含的能量就称为活化能。反应体系中活化分子越多，反应就越快。因此，设法增加活化分子数量，是加快化学反应的唯一途径。增加反应体系的活化分子数有两条途径：一是向反应体系中加入能量，如通过加热、加压、光照等，二是降低反应活化能。酶的作用就在于降低化学反应活化能（图 6-1）。

（二）酶如何降低化学反应的活化能——中间产物学说

中间产物学说认为：酶在催化化学反应时，酶与底物首先形成不稳定的中间物，然后分解酶与产物。即酶将原来活化能很高的反应分成两个活化能较低的反应来进行，因而加快了反应速度。

$$\underset{\text{酶}}{E} + \underset{\text{底物}}{S} \longrightarrow \underset{\text{中间产物}}{ES} \longrightarrow \underset{\text{最终产物}}{P} + \underset{\text{酶}}{E}$$

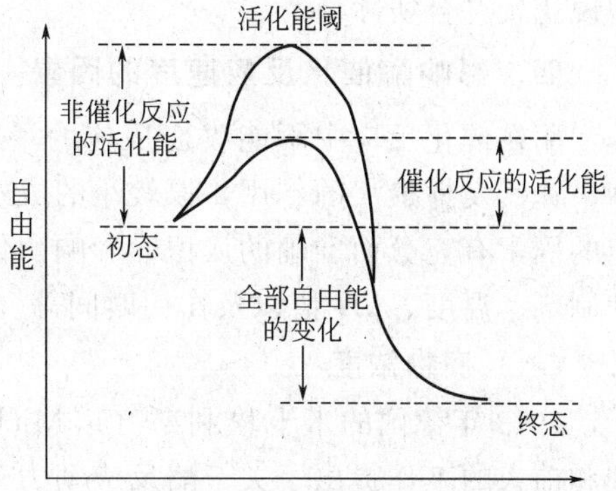

图 6-1　非催化过程和催化过程自由能的变化

中间产物学说已经得到一些可靠的实验依据。如：用吸光法证明了含铁卟啉的过氧化物酶参加反应时，单纯的酶的吸收光谱与加入了第一个底物 H_2O_2 后确实产生了变化。

（三）酶的专一性的解释

酶催化反应中的反应物称为底物。一个酶分子在 1min 内能引起数百万个底物分子转化为产物，酶在反应过程中并不消耗。但是，酶实际上是参加反应的，只是在一个反应完成后，酶分子本身立即恢复原状，又继续参加下次反应。已有许多实验间接地或直接地证明酶和底物在反应过程中生成络合物，这种中间体通常是不稳定的。

对酶催化的选择性机制曾有许多种假说，其中为大多数人所接受的是“锁和钥匙”模式和诱导契合假说。

酶与底物的结合有很强的专一性，也就是对底物有严格的选择性，即使底物分子结构稍有变化，酶也不能将它转变为产物。因此，1890 年，E. Fisher 提出这种关系可以比喻为锁和钥匙的关系。按照这个模式（图 6-2），在酶蛋白的表面存在一个与底物互补的区域，互补的本质包括大小、形状和电荷。如果一个分子的结构能与这个模板区域充分地互补，那么它就能与酶相结合。当底物分子上的敏感键正确地定向到酶的催化部位时，底物就有可能转变为产物。

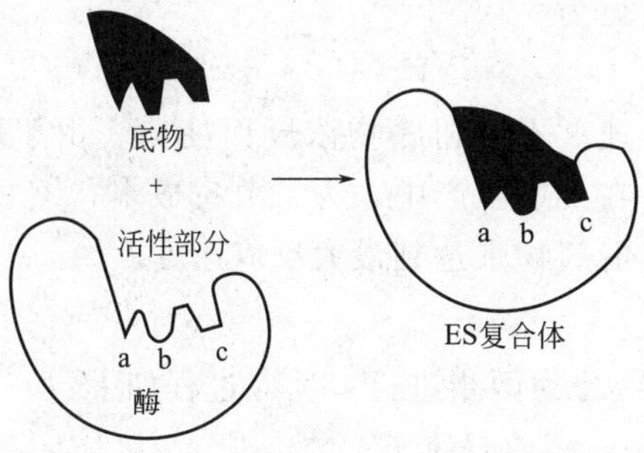

图 6-2　“锁和钥匙”模式示意图

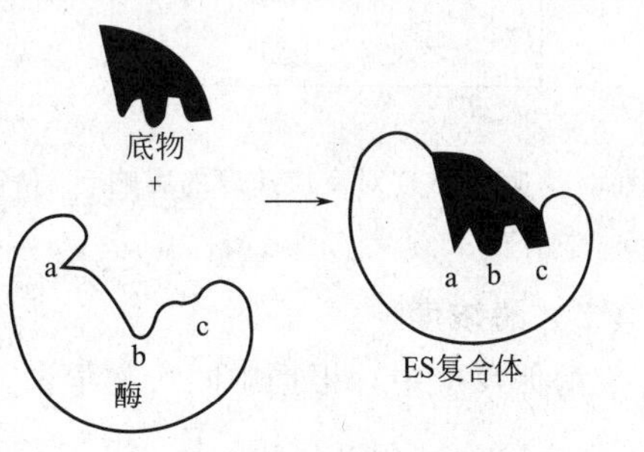

图 6-3　诱导契合假说示意图

各种酶催化反应不能用一个统一的机制来说明，因为即使是催化相同的反应，不同的酶也可能有不同的催化机制。诱导契合假说认为：当酶分子与底物分子接近时，酶蛋白受底物分子的诱导，其构象发生有利于底物结合或催化的变化，酶与底物在这个基础上互补契合，进行反应，如图 6-3 所示。诱导契合假说认为催化部位不是现成的，而是要诱导才能形成。这样可以排除那些不适合的物质偶然“落入”现成的催化部位而被催化的可能。它也能很好地解释所谓“无效”结合，因为这种物质不能诱导催化部位形成。因此，目前公认诱导契合假说比较符合实际。

四、影响酶催化反应速度的因素

酶在催化反应中不能改变反应的平衡，但可以加快反应速度。要想在实际生产中用好酶，让其发挥最大的作用，以较小的成本也能生产出同样价值量的产品，必须对影响酶促反应的因素有充分而准确的认识。影响酶促反应的主要因素有：底物浓度、酶浓度、激活剂、抑制剂、温度、pH 值以及作用时间等。

（一）底物浓度

1913 年德国的米卡埃利斯（L. Michaelis）和门坦姆（M. L. Menten）利用物理化学原理和前人的工作提出了关于酶反应动力学的表达式。Michaelis 和 Menten 通过研究后指出，在不同底物浓度下酶催化的反应有两种状态：在底物浓度较低时，酶分子的活性中心未饱和，此时的酶促反应速度随底物浓度提高而加快；当底物浓度很大时，底物分子的数目增加，酶的活性中心被底物分子结合直到饱和，这时酶促反应速度则不再取决于底物浓度，并提出了著名的 Michaelie-Menten（米氏）方程：

$$v=\frac{v_{max}[S]}{K_m+[S]}$$

式中，v 为在一定底物浓度［S］时测得的反应速度；v_{max} 为底物饱和时的最大反应速度；K_m 为米氏常数（与酶的种类和反应条件有关）。米氏方程确定了在一定条件下（即 K_m 不变），酶促反应速度与底物浓度的定量关系，从上式可知是一条双曲线（图 6-4）。

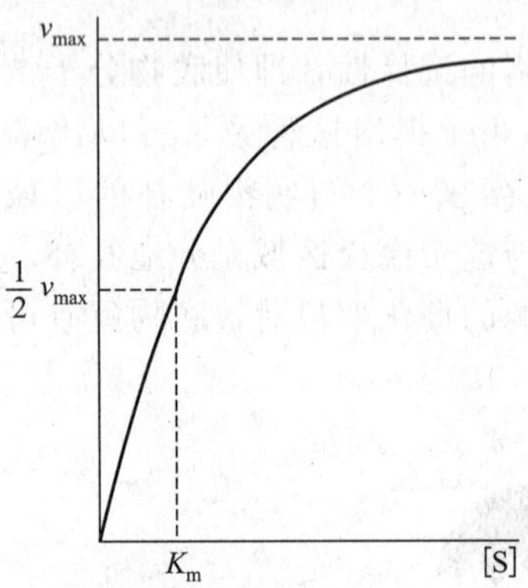

图 6-4　底物浓度对反应速度的影响

当底物浓度很小时，K_m +［S］$\approx K_m$，米氏方程可简化为：

$$V=\frac{V_{max}}{K_m}[S]$$

即底物浓度与反应速度成正比，是一条直线；当底物浓度逐渐增加时，底物浓度与反应速度的关系是双曲线。当底物浓度很大时，K_m +［S］$\approx$［S］，米氏方程可简化为：

$$V=V_{max}$$

此时，速度不再随底物浓度而变化。由于酶制剂价格较贵，在工业生产中，为了节省成本，缩短时间，一般以过量的底物来达到最大反应速度。

（二）酶浓度

在酶促反应中，根据中间产物学说，催化反应分为两步进行，反应过程如下：

$$\underset{\text{酶}}{E}+\underset{\text{底物}}{S}\longrightarrow\underset{\text{中间产物}}{ES}\longrightarrow\underset{\text{最终产物}}{P}+\underset{\text{酶}}{E}$$

酶促反应的速度是以反应产物 P 的生成速度来表示的。根据质量作用定律，产物 P 的生成速度取决于中间产物 ES 的浓度。ES 的浓度越高，反应速度也就越快。

在底物大量存在时，形成中间产物的量就取决于酶的浓度。酶分子越多，则底物转化为产物的速度也就相应地增加，此时酶浓度［E］与酶促反应速度 v 呈直线关系［图 6-5(a)］。

（三）温度

温度（T）对酶的影响有两个方面［图 6-5(b)］。

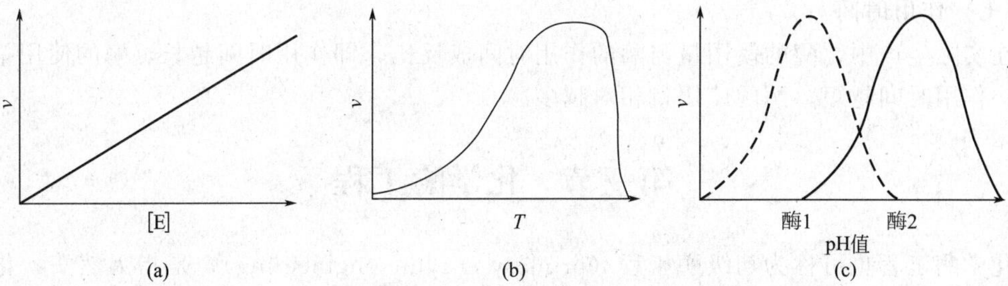

图 6-5　酶浓度（a）、温度（b）和 pH 值（c）对反应速度的影响

（1）提高温度可加速催化反应。一般而言，温度每升高 10℃，反应速度相应增加一到二倍。温度对酶促反应速度的影响通常用温度系数 Q_{10}（temperature coefficient）来表示：

$$Q_{10}=\frac{(t+10)\text{℃时的反应速度}}{t\text{℃时的反应速度}}$$

酶促反应的 Q_{10} 一般为 1～2。

（2）当温度升高到酶的变性温度，酶开始变性，直至完全失活。在较高的温度下，酶的变性与酶反应的速度同样加快，而且这种变性是不可逆的。酶在低温下催化反应速度较慢，甚至慢到不易察觉。一般采用低温冷藏技术来保存酶制剂，因为低温下酶的变性很小。在生产实际中，酶反应的最适温度应在酶的变性温度之下，尽可能地提高反应温度。

（四）pH 值

大多数酶的活性受 pH 值影响较大［图 6-5(c)］。在极端条件下（强酸或强碱）会导致酶蛋白的变性，使酶永远失活。酶对 pH 值的敏感程度比对温度要高。所以在生产中应严格控制 pH 值，要调整 pH 值时，必须事先调好 pH 值，然后再加入酶。在一般情况下，由于酶蛋白的两性特点，酶在溶液中可同时存在带正电荷和负电荷的基团，这种可离子化的基团常常是酶活性中心的一部分。为了完成催化反应，酶必须以一种特定的离子化状态存在，这就要求系统应具有与之相适应的 pH 值。在一定条件下，能使酶发挥最大活力的 pH 值称为酶的最适 pH 值。

（五）激活剂

能提高酶的活性、加速酶催化反应的物质被称为酶的激活剂（activator）。如 Co^{2+}、Mg^{2+}、Mn^{2+} 等金属离子可显著增加 D-葡萄糖异构酶的活性；Cu^{2+}、Mn^{2+}、Al^{3+} 三种金属离子对黑曲霉酸性蛋白酶有协同激活作用，若三者同时加入酶活性可提高两倍。一般认为，在这里金属离子可使底物更有利于同酶的活性部位相结合而加速反应，金属离子在其中起了搭桥作用。有的酶的激活剂是无机阴离子或半胱氨酸及维生素 C 等小分子化合物。

（六）抑制剂

抑制剂是能引起酶活性降低的一类物质。酶在不变性的情况下，由于必需基团或活性中心化学性质的改变而引起酶活性的降低，称为抑制作用。引起抑制作用的物质称为抑制剂。抑制剂可能是外来物，也可能是反应产物（产物抑制）或底物（底物抑制）。

抑制作用在酶催化反应中非常普遍，是酶催化与非酶催化反应之间一个重要的区别。生物体内新陈代谢过程之所以能有条不紊地进行，均得益于酶的这一特性，即抑制剂在生物体内起到了调节和控制代谢速度的作用。

酶的抑制有可逆和不可逆之分。在可逆抑制时，当移除抑制剂后，酶能恢复其活力；在不可逆抑制的情况下，酶不能恢复活力。

（七）作用时间

在实际生产中，酶的使用量与酶的作用时间成反比，即作用时间越长，酶的使用量相对越少；作用时间越短，酶的使用量相对越多。

第三节 化学酶工程

化学酶工程也可称为初级酶工程（primary enzyme engineering），是指天然酶、化学修饰酶、固定化酶及人工模拟酶的研究和应用。

一、酶分子的化学修饰

天然蛋白质分子的多数非极性侧链（疏水侧链）位于非常致密的分子基体的中心，而多数极性带电侧链（亲水侧链）位于基体的表面。通过各种方法使酶分子的结构发生某些改变，从而改变酶的某些特性和功能的过程称为酶分子修饰。酶分子是具有完整的化学结构和空间结构的生物大分子。酶分子的结构决定了酶的性质和功能。正是酶分子的完整空间结构赋予酶分子以生物催化功能，使酶具有催化效率高、专一性强和作用条件温和等特点。但是在另一方面，也是酶的分子结构使酶具有稳定性较差、活性不够高和可能具有抗原性等弱点。当酶分子的结构发生改变时，将会引起酶的性质和功能的改变。

（一）金属离子置换修饰

把酶分子中的金属离子换成另一种金属离子，使酶的功能和特性发生改变的修饰方法称为金属离子修饰。

通过金属离子置换修饰，可以了解各种金属离子在酶催化过程中的作用，有利于阐明酶的催化作用机制，并有可能提高酶活力，增加酶的稳定性。

有些酶中含有金属离子，而且往往是酶活性中心的组成部分，对酶催化功能的发挥有重要作用。例如，α-淀粉酶中的钙离子（Ca^{2+}）、谷氨酸脱氢酶中的锌离子（Zn^{2+}）、过氧化氢酶中的铁离子（Fe^{2+}）等。

金属离子置换修饰只适用于那些在分子结构中本来含有金属离子的酶。用于金属离子置换修饰的金属离子，一般都是二价金属离子，如 Ca^{2+}、Mg^{2+}、Mn^{2+}、Zn^{2+}、Co^{2+}、Cu^{2+}、Fe^{2+} 等。

（二）大分子结合修饰

若采用的修饰剂是水溶性大分子，则称为大分子结合修饰。通过分子结合修饰，可以提高酶活力，增加酶的稳定性，降低或消除酶蛋白的抗原性等。

水溶性分子与酶蛋白的侧链基团通过共价键结合后，可使酶的空间构象发生改变，使酶活性中心更有利于与底物结合，并形成准确的催化部位，从而使酶活力提高。例如，每分子核糖核酸酶与 6.5 分子的右旋糖酐结合，可以使酶活力提高到原有酶活力的 2.25 倍；每分子胰凝乳蛋白酶与 11 分子右旋糖酐结合，酶活力达到原有酶活力的 5.1 倍等。

通过修饰可以增加酶的稳定性。酶的稳定性可以用酶的半衰期表示。酶的半衰期是指酶的活力降低到原来活力的一半时所经过的时间。酶的半衰期长，则说明酶的稳定性好；半衰期短，则稳定性差。例如，超氧化物歧化酶（SOD）在人体血浆中的半衰期仅为 6min，经过分子结合修饰，其半衰期可以明显延长。

通过修饰降低或消除酶蛋白的抗原性。酶大多数是从微生物、植物或动物中获得的，对人体来说是一种外源蛋白质。当酶蛋白非经口（注射等）进入人体后，往往会成为一种抗原，刺激体内产生抗体。产生的抗体可与作为抗原的酶特异地结合，使酶失去其催化功能。

抗体与抗原的特异结合是由它们之间特定的分子结构所引起的。通过酶分子修饰，使酶蛋白的结构发生改变，可以大大降低或消除酶的抗原性，从而保持酶的催化功能。例如，精氨酸酶经聚乙二醇结合修饰后，其抗原性显著降低；L-天冬酰胺酶经聚乙二醇结合修饰后，抗原性完全消除。

（三）肽链有限水解修饰

酶分子的主链包括肽链和核苷酸链，主链被切断后，可能出现下列3种情况。

(1) 若主链的断裂引起酶活性中心的破坏，酶将丧失其催化功能。这种修饰主要用于探测酶活性中心的位置。

(2) 若主链断裂后，仍然可以维持酶活性中心的空间构象，则酶的催化功能可以保持不变或损失不多，但是其抗原性等特性将发生改变。有些酶蛋白具有抗原性，除了酶分子的结构特点以外，还由于酶是生物大分子。酶蛋白的抗原性与其分子大小有关，大分子的外源蛋白往往有较强的抗原性，而小分子的蛋白质或肽段的抗原性较低或无抗原性。若采用适当的方法使酶分子的肽链在特定的位点断裂，其相对分子质量减少，就可以在基本保持酶活力的同时使酶的抗原性降低或消失，这种修饰方法又称为肽链有限水解修饰。例如，木瓜蛋白酶用亮氨酸氨肽酶进行有限水解，除去其肽链的三分之二，该酶的活力基本保持，其抗原性却大大降低；又如，酵母的烯醇化酶经肽链有限水解，除去由150个氨基酸残基组成的肽段后，酶活力仍然可以保持，抗原性却显著降低。

(3) 若主链的断裂有利于酶活性中心的形成，则可使酶分子显示其催化功能或使酶活力提高。例如，胰蛋白酶原用胰蛋白酶进行修饰，除去一个六肽，从而显示胰蛋白酶的催化功能；天冬氨酸酶通过胰蛋白酶修饰，从其羧基末端切除10多个氨基酸残基的肽段，可以使天冬氨酸酶的活力提高4～5倍；线性间隔序列LIVS的5′-末端切除19个核苷酸残基后，形成多功能核酸类酶L-19IVS。

（四）酶蛋白的侧链基团修饰

采用一定的方法（一般为化学法）使酶蛋白的侧链基团发生改变，从而改变酶分子的特性和功能的修饰方法称为侧链基团修饰。

酶蛋白的侧链基团修饰可以用于研究各种基团在酶分子中的作用及其对酶的结构、特性和功能的影响，在研究酶的活性中心中的必需基团时经常采用。如果某基团修饰后不引起酶活力的变化，则可以认为此基团是非必需基团；如果某基团修饰后使酶活力显著降低或丧失，则此基团很可能是酶催化的必需基团。

酶蛋白的侧链基团是指组成蛋白质的氨基酸残基上的功能团，主要包括氨基、羧基、巯基、胍基、酚基等。这些基团可以形成各种副键，对酶蛋白空间结构的形成和稳定有重要作用。侧链基团一旦改变将引起酶蛋白空间构象的改变，从而改变酶的特性和功能。

（五）氨基酸置换修饰

酶蛋白的基本组成单位是氨基酸，将酶分子肽链上的某一个氨基酸换成另一个氨基酸的修饰方法，称为氨基酸置换修饰。

酶分子经过组成单位置换修饰后，可以提高酶活力，增加酶的稳定性或改变酶的催化专一性。通过修饰可以提高酶活力、增加酶的稳定性或使酶的专一性发生改变。

（六）酶的亲和修饰

酶的位点专一性修饰是根据酶和底物的亲和性，修饰剂不仅具有对被作用基团的专一性，而且具有对被作用部位的专一性，即试剂作用于被作用部位的某一基团，而不与被作用部位以外的同类基团发生作用，这类修饰剂也称为位点专一性抑制剂。一般它们都具有与底物项类似的结构，对酶活性部位具有高度的亲和性，能对活性部位的氨基酸残基进行共价标记，因此这类专一性化学修饰也称为亲和标记或专一性的不可逆抑制。

（七）酶分子的物理修饰

通过物理修饰，可以了解不同物理条件下，特别是在极端条件下（高温、高压、高盐、极端 pH 值等）由于酶分子空间构象的改变而引起酶的特性和功能的变化情况。酶分子物理修饰的特点在于不改变酶的组成单位及其基团，酶分子中的共价键不发生改变，只是在物理因素的作用下，副键发生某些变化和重排。酶分子的空间构象的改变还可以在某些变性剂的作用下，首先使酶分子原有的空间构象破坏，然后在不同的物理条件下，使酶分子重新构建新的空间构象。例如，首先用盐酸胍使胰蛋白酶的原有空间构象被破坏，通过透析除去变性剂后，再在不同的温度条件下，使酶重新构建新的空间构象。结果表明，在 20℃ 的条件下重新构建的胰蛋白酶与天然胰蛋白酶的稳定性基本相同，而在 50℃ 的条件下重新构建的酶的稳定性比天然酶提高 5 倍。

二、固定化酶

酶是一种蛋白质，稳定性差，对热、强酸、强碱、有机溶剂等均不稳定，即使在酶反应最适条件下，也往往会很快失活，随着反应时间的延长，反应速度会逐渐下降，反应后又不能回收，而且只能采用分批法生产手段等，对于现代工业来说还不是一种理想的催化剂。

如果能设计一种方法，将酶束缚于特殊的相，使它在整体相（或整体流体）分割开，但仍能进行底物和效应物（激活剂或抑制剂）的分子交换。这种固定化的酶可以向一般化学反应的固体催化剂一样，既具有酶的催化特性，又具有一般化学反应催化剂能回收、反复使用等优点，并且生产工艺可以连续化、自动化。

（一）固定化酶的基本概念

酶对环境十分敏感，各种因素如物理因素（温度、压力、电磁场）、化学因素（氧化、还原，有机溶剂、金属离子、离子强度、pH 值）和生物因素（酶修饰和酶降解）均有可能使酶丧失生物活力。即使在酶反应的最适条件下，酶也会失活，随着反应时间的延长，反应速度会逐渐下降，反应后不能回收，只能采用分批法进行生产等，这说明对于现代工业来说，酶还不是一种理想的催化剂。

在洗衣粉中加入一些酶可大大加强其去污能力，这是把酶催化剂作为一种添加剂加入到产品中去，促进了产品与作用对象的化学反应。这种酶的作用方式较简单，只需把酶提取出来，进行浓缩，做成固态酶，与产品混合便可。但是对于像用葡萄糖生产果糖行业来说，需要用酶，而酶又不能留在产品中，否则会影响产品纯度。再说，成批的反应物中，加入的酶在反应结束后，没有被消耗掉，但却失去了再被利用的机会，这显然是一种浪费。若能够将酶固定起来，不仅能使其在常温、常压下行使专一的催化功能，而且由于酶密度提高，使催化效率更高、反应更易控制。固定着的酶不会跑到溶液里，与产物混合，这样酶便可反复使用，从而使产品成本降低。因此，固定化酶技术十分重要。

固定化酶是 20 世纪 50 年代开始发展起来的一项新技术。固定化酶在文献中曾用水不溶酶、不溶性酶、固相酶、结合酶、固定酶、酶树脂及载体结合酶等名称。最初是将水溶性酶与不溶性载体结合起来，成为不溶于水的酶的衍生物。所以曾叫过“水不溶酶”和“固相酶”。但是后来发现，也可以将酶包埋在凝胶内或置于超滤装置中，高分子底物与酶在超滤膜一边，而反应产物可以透过膜逸出，在这种情况下，酶本身仍处于溶解状态，只不过被固定在一个有限的空间内不能再自由流动。因此，用水不溶酶或固相酶的名称就不恰当了。在 1971 年第一届国际酶工程会议上，正式建议采用“固定化酶”（immobilized enzyme）的名称。

所谓固定化酶，是指在一定空间内呈闭锁状态存在的酶，能连续地进行反应，反应后的酶可以回收重复使用。因此，不管用何种方法制备的固定化酶，都应该满足上述固定化酶的条件。例如，将一种不能透过高分子化合物的半透膜置入容器内，并加入酶及高分子底物，使之进行酶反应，低分子生成物就会连续不断地透过滤膜，而酶因其不能透过滤膜而被回收再用，这种酶实质也是一种固定化酶。

固定化对酶活性可产生不同影响。和可溶性酶易出现酶活力的降低或升高两种情况。例如，交联的枯草杆菌蛋白酶晶体水解氨基酸酯的活力比可溶性酶低 96.4%；然而，使用固定化的脂肪酶或酶制备物在溶剂中合成酯，其活力比酶粉增加 40 倍。目前，人们对固定化酶极感兴趣，因为其性质比可溶性酶及其相关技术优越，对固定化酶的利用也与日俱增。

固定化酶依不同用途有颗粒、线条、薄膜和酶管等形状。颗粒状占绝大多数，它和线条主要用于工业发酵生产。薄膜主要用于酶电极。酶管机械强度较大，主要用于工业生产。

固定化酶与游离酶相比，具有下列优点：①极易将固定化酶与底物、产物分开；②可以在较长时间内进行反复分批反应和装柱连续反应；③在大多数情况下，能够提高酶的稳定性；④酶反应过程能够加以严格控制；⑤产物溶液中没有酶的残留，简化了提纯工艺；⑥较游离酶更适合于多酶反应；⑦可以增加产物的收率，提高产物的质量；⑧酶的使用效率提高，成本降低。

与此同时，固定化酶也存在一些缺点：①固定化时，酶活力有损失；②增加了酶生产的成本，工厂初始投资大；③只能用于可溶性底物，而且较适用于小分子底物，对大分子底物不适宜；④与完整菌体相比不适宜于多酶反应，特别是需要辅助因子的反应；⑤胞内酶必须经过酶的分离手续。

1971 年首届国际酶工程会议提出了酶的分类：酶可粗分为天然酶和修饰酶。固定化酶属于修饰酶。修饰酶中，除固定化酶外尚有经过化学修饰的酶和用分子生物学方法在分子水平上改良的酶等。

（二）固定化酶的制备

酶的本质是蛋白质，酶的固定化实际上是具有催化活性的蛋白质的固定化。酶的催化活性主要依赖于它特殊的高级结构——活性中心。当高级结构发生变化时，酶的催化活性、底物的特异性都可能发生变化。酶的催化反应依赖于它的活性部位的完整性，因此在固定某一酶时必须选择适当条件，使其活性部位的基因不受影响，并避免高温、强酸及强碱等条件，不使蛋白质变性。因此，在制备固定化酶时应尽量避免那些可能导致酶高级结构发生破坏的因素，并采取尽可能温和的条件。

固定化酶，是用物理或化学方法处理水溶性的酶使之变成不溶于水或固定于固相载体的但仍具有酶活性的酶衍生物。在催化反应中，它以固相状态作用于底物，反应完成后，容易与水溶性反应物分离，可反复使用。固定化酶不但仍具有酶的高度专一性和高催化效率的特点，且比水溶性酶稳定，可较长期使用，具有较高的经济效益。将酶制成固定化酶，作为生物体内的酶的模拟，可有助于了解微环境对酶功能的影响。酶的固定化方法如图 6-6 所示。

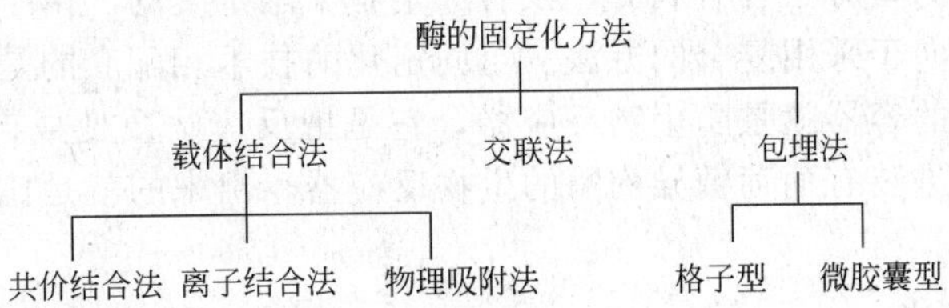

图 6-6　酶的固定化方法

1.载体结合法

载体结合法是将酶结合在非水溶性载体上。载体结合法又分为物理吸附法、离子结合法和共价结合法。

(1) 物理吸附法是将酶吸附在水不溶性载体上。常用载体有活性炭、高岭土、白土、硅胶、氧化铝、多孔玻璃等。用物理吸附法制成的固定化酶，酶活力损失少，但酶与载体的结合力相当弱，酶易于脱落，实用价值很少。

(2) 离子结合法是利用电性作用将酶与含有离子交换基团的水不溶性载体相结合。例如，氨基酰化酶在pH=7.0的磷酸盐溶液中，于37℃条件下，即可与DEAE-葡聚糖发生离子结合反应，制得固定化氨基酰化酶。此法处理条件温和，酶活力损失少，载体与酶分子的结合力较物理吸附法牢固。

(3) 共价结合法是利用酶蛋白分子上的非必需基团和活化的载体表面上的反应基团之间形成化学共价键而将酶固定在载体上。例如，酶蛋白分子上的氨基能够与含有酸酐、酰化基团等的聚合物发生偶联，从而使酶固定。采用此法载体与酶结合牢固，半衰期较长。但由于化学共价法结合时反应剧烈，常引起酶蛋白的高级结构发生变化，因此一般活性回收率较低。此法曾先后用于3′-核糖核酸酶、5′-磷酸二酯酶和葡萄糖淀粉酶等的固定化。

2.包埋法

将酶包裹在有限空间（如凝胶格子或聚合物的半透膜微胶囊）内的方法称为包埋法。酶被包埋后不会扩散到周围介质中去，而底物和产物能自由扩散。包埋法的条件较温和，酶分子仅仅是被包埋起来，而与载体不发生结合或化学反应，故酶活力回收率较高。此法对大分子底物和产物不适宜，因为它们不能通过高聚物网架扩散。

根据包埋形式不同，包埋法又分为格子型和微胶囊型两种。

(1) 格子型是将酶包含在聚合物的凝胶格子中。最常用的凝胶是聚丙烯酰胺凝胶。制备时，在含酶的水溶液中，加入一定比例的单体丙烯酰胺和交联剂*N*-*N*′-亚甲双丙烯酰胺，然后在催化剂（四甲基乙二胺）和引发剂（过硫酸钾）等的作用下进行聚合，酶被包埋在聚合物凝胶格子中，所得的凝胶酶块用适当的方法分成一定大小的颗粒状物即为固定化酶。

(2) 微胶囊型固定化酶是将酶分子液滴包埋于半透性高聚物薄膜内。制备方法有多种，常用的是界面聚合法，其过程是：将含酶的亲水性单体乳化分散在水不溶性的有机溶剂中，再加入溶于有机溶剂的疏水性单体，在油水两相界面上发生聚合反应后，形成高分子聚合物薄膜，将酶包裹在形成的胶囊之中。

3.交联法

交联法又称架桥法，是借助于双功能或多功能试剂与酶分子中的氨基或羧基发生反应，使酶蛋白分子之间发生交联，使之结成不溶于水的网状结构，从而制成固定化酶。常采用的双功能团试剂有戊二醛、顺丁烯二酸酐等。酶蛋白的游离氨基、酚基、咪唑基及巯基均可参与交联反应。交联法与共价结合法一样，由于酶的功能团（如氨基、酚基、巯基、咪唑基）参与反应，可能引起酶活性中心结构的改变，使酶活性下降。

上述固定化酶的制备方法各有利弊，没有一个是十全十美的。由于仅一种方法很难取得满意的结果，一般倾向于采用复合的方法。与固定化酶技术相配套的是酶生物反应器。一个安装有固定化酶材料的容器就是酶生物反应器，它是把反应物质变成产品的重要生产车间。如葡萄糖溶液缓缓流进装有葡萄糖异构酶的生物反应器，出来的就是比原来溶液甜得多的新液体。

三、细胞的固定化

随着固定化技术的发展，作为固定化的对象不仅有酶，也可以有微生物或细胞器，这些固定化物可统称为固定化生物催化剂。

固定化细胞就是被限制自由移动的细胞，即细胞受到物理化学等因素约束或限制在一定的空间界限内，但细胞仍能保留催化活性并具有能被反复或连续使用的活力。这是在酶固定化基础上发展起来的一项技术，也是酶工程的主要研究内容之一。固定化细胞的研究和应用始于20世纪70年代，且后来居上，发展迅速，实际应用超过了固定化酶。

(一) 固定化细胞的特点

固定化细胞保持了胞内酶系的原始状态与天然环境，因而更稳定。固定化细胞保持了胞内原有的多酶系统，这对于多步催化转换，如合成干扰素等，其优势更加明显，而且无需辅酶再生。尤其是固定化增殖细胞发酵更具有显著优越性。

与固定化酶相比较，固定化细胞的优越性表现如下。

(1) 固定化细胞保持了胞内酶系的原始状态与天然环境，因而更稳定。

(2) 固定化细胞保持了胞内原有的多酶系统，而且无需辅酶再生。

(3) 固定化细胞的密度大、可增殖，因而可获得高度密集而体积缩小的工程菌集合体，不需要微生物菌体的多次培养、扩大，从而缩短了发酵生产周期，可提高生产能力。

(4) 发酵稳定性好，可以较长时间反复使用或连续使用。

(5) 发酵液中含菌体较少，有利于产品分离纯化，提高产品质量等。

由于固定化细胞既有效地利用了游离细胞的完整的酶系统和细胞膜的选择通透性，又进一步利用了酶的固定化技术，兼具二者的优点，制备又比较容易，所以在工业生产和科学研究中广泛应用。

当然，固定化细胞技术也有它的局限性。如利用的仅是胞内酶，而细胞内多种酶的存在，会形成不需要的副产物，细胞膜、细胞壁和载体都存在着扩散限制作用，载体形成的孔隙大小影响高分子底物的通透性等，但这些缺点并不影响它的实用价值。实际上固定化细胞现在已经在工业、农业、医学、环境科学、能源开发等领域得到广泛的应用。

(二) 固定化细胞的制备

固定化生长细胞，又称为固定化增殖细胞，是将活细胞固定在载体上并使其在连续反应过程中保持旺盛的生长、繁殖能力的一种固定化方法。被固定在载体内的细胞在形态学上一般没有明显的变化。通过光学显微镜、电子显微镜观测表明细胞的形态与自然细胞没有明显差别。但是，扫描电镜观察到固定化酵母细胞膜有内陷现象。

固定化酶和固定化细胞都是以酶的应用为目的，其制备方法和应用方法也基本相同。上述的固定化酶方法大部分适合于微生物细胞的固定化，既适用于固定化死细胞（休止细胞），也适用于固定化活细胞。我们可把死细胞看作是一个充满酶的口袋，其唯一的作用是要保持酶的活性；而固定化活细胞是传统发酵工艺的一种变体，具有增加细胞密度，提高连续过程的功效。对一个特定的目的和过程来说，是采用细胞还是采用分离后的酶作催化剂，要根据过程本身来决定。一般来说，对于一步或两步的转化过程用固定化酶较合适；对多步转换，采用整细胞显然有利。

所有固定化细胞的方法都涉及细胞本身的改变或它的微环境的改变，从而使细胞的催化动力学性质发生改变，结果是降低了天然活力。为了长期、连续使用天然状态细胞，还可采用沉淀、透析等方法。例如，多次重复使用菌丝沉淀是最简单的细胞固定化形式之一，并已在工业上应用。影响沉淀生成的因素主要是培养基、pH值、氧浓度、振荡等。微生物菌体本身可认为是天然的固定化酶。适当条件的选择，如可以经过热处理使其他酶失活，而保存所需酶活力。固定化完整细胞的方法虽有很多种，但没有一种理想的通用方法，每种方法都有其优缺点。对于特定的应用，必须寻找价格低廉、操作简便、高的活力保留和操作稳定性的方法，后两条是评价固定化微生物催化剂的先决条件。

随着基因工程技术的发展，固定化细胞技术也应用于基因工程菌。质粒的不稳定性对工程菌的培养和产物的生产有着极大的影响，将基因工程和酶工程相结合，有可能使大规模培养过程中重组菌的稳定性问题得到较好对解决。最近已有一些固定化基因工程菌用于生产的报道，与传统培养方法相比，显示出一定的优势。将基因工程菌固定化后培养可提高基因工程菌的稳定性、生物量和克隆基因产物的产量。培养条件对固定化工程菌的培养有一定的影响。非生长的基因工程菌的固定化，可提高其半衰期并能稳定操作较长时间。基因工程提供了改进的微生物，在利用这些微生物的时候.人们自然地考虑到使用具很多优势的固定化技术，事实上正是基因工程菌的固定化研究推动了固定化技术。

（三）固定化酶和固定化细胞的应用

酶经过固定化后，比较能耐受温度及 pH 值的变化，最适 pH 值往往稍有移位，对底物专一性没有任何改变，实际使用效率提高几十倍（如 5′-磷酸二酯酶的工业应用）甚至几百倍（如青霉素酰化酶的工业应用）。目前用固定化酶，甚至固定化细菌作为催化剂的生产已相当普遍，规模最大的是以玉米为原料利用固定化糖化酶生产葡萄糖以及进一步用固定化异构酶生产果葡糖浆；其次是以青霉素 G 或青霉素 V 为原料用相应的固定化青霉素酰化酶，以制取 6-氨基青霉烷酸（6-APA），为生产氨苄或羟苄等半合成青霉素提供母核。此外，也能通过固定化头孢菌素酰化酶制取 7-氨基头孢烷酸（7-ACA）以制取半合成头孢霉素。

固定化酶或固定化细胞形式多样，可制成机械性能好的颗粒装成酶反应柱（罐）中实现连续化生产；或在反应器中进行批式搅拌反应；也可制成酶膜、酶管等应用于分析化学；又可制成微胶囊酶，作为治疗酶应用于临床。固定化酶技术还可用来制备有关酶传感器。现在有人用酶膜（包括细胞、组织、微生物制成的膜）与电、光、热等敏感的元件组成一种装置称生物传感器，用于测定有机化合物和发酵自动控制中信息的传递及环境保护中有害物质的检测。最常用的是酶膜与离子选择电极组成的生物传感器。例如脲传感器是由固定化脲酶、固定化硝化菌及氧电极组成。脲经脲酶分解成氨及二氧化碳，氨又继续被硝化菌氧化，总耗氧量则通过氧电极反映出电流的变化，用以计算脲的含量。再如用固定化葡萄糖氧化酶的酶传感器可用来测定溶液中的葡萄糖浓度，因为在有氧的情况下葡萄糖会转化为葡萄糖酸，同时释出 H_2O_2，而所产生的 H_2O_2 会被分解而释出电子，因而产生电流并被传感器测出。

生物芯片就是采用光导原位合成或微量点样等方法，将大量生物大分子比如核酸片段、多肽分子甚至组织切片、细胞等生物样品有序地固化于支持物（如玻片、硅片、尼龙膜等载体）的表面，组成密集的二维分子排列，然后与已标记的待测生物样品中靶分子杂交，通过特定的仪器（比如激光共聚焦扫描仪）对杂交信号的强度进行快速、并行、高效地检测分析，从而判断样品中靶分子的数量。

第四节　生物酶工程

生物酶工程（biological enzyme engineering）是用生物学方法，特别是基因工程、蛋白质工程和组合库筛选法改造天然酶，创造性能优异的新酶。它是酶学和以 DNA 重组技术为主的现代分子生物学技术相结合的产物，也称高级酶工程（advanced enzyme engineering）。

生物酶工程主要包括三个方面：①用 DNA 重组技术（即基因工程技术）大量地生产酶（克隆酶）；②对酶基因进行修饰，产生遗传修饰酶（突变酶）；③设计新的酶基因，合成自然界不曾有过的、性能稳定、催化效率更高的新酶。

酶的蛋白质工程是在基因工程的基础上发展起来的，而且仍然需要应用基因工程的全套技术。所不同的是，基因工程的目的在于高效率地表达某些目的酶（蛋白质），而蛋白质工程则是通过结构基因的改造达到修饰酶蛋白分子结构，从而改变该酶的性能，如提高酶的产量、增加酶的稳定性、使酶适应低温环境、提高酶在有机溶剂中的反应效率、使酶在后提取工艺和应用过程中更容易操作等。蛋白质工程不仅为研究酶的结构与功能提供了强有力的手段，而且为修饰已知酶，创造新酶开辟了一条可行的途径。基因工程和蛋白质工程将对酶工业产生重大影响。基因工程主要解决的是酶大量生产的问题，它可以降低酶产品的成本，同时也使稀有酶的生产变得更加容易，而蛋白质工程则可以生产出完全符合人们要求的酶，即主要改进酶的质量。

一、克隆酶

克隆酶是利用基因工程的技术，通过酶基因的高效表达而提高酶的产量。目前已经克隆成功的酶基因有 100 多种。其中尿激酶、纤溶酶原激活剂和凝乳酶等已获得有效表达，已经或将要投入生产。

通过基因工程的手段，人们能够克隆各种天然的酶蛋白基因，并将其与适当的调节信号连接，再通过一定的载体导入很容易大量繁殖的微生物体内，使之高效表达。在以往的生产实践中，许多酶由于是胞内酶或结合酶，分离纯化比较困难，成本也很高。还有一些十分理想的医药用酶是来源于人体，如治疗血栓病的尿激酶是从人尿提取的，治疗溶血酶缺陷症的酶必须用人胎盘制备，其来源亦比较困难，可以利用基因工程等技术大量生产。运用基因工程技术可以将原来由有害的、未经批准的微生物产生的酶的基因，或由生长缓慢的动植物产生的酶的基因，克隆到安全的、生长迅速的、产量很高的微生物体内，改由高效微生物来生产。运用基因工程技术还可以通过增加编码该酶的基因的拷贝数来提高微生物产生的酶的数量。这一原理已成功地应用于酶制剂的工业生产。目前世界上最大的工业酶制剂生产厂商丹麦诺维信公司（Novozymes）生产酶制剂的菌种，约有 80%是基因工程菌。

克隆酶技术的主要过程如图 6-7 所示。

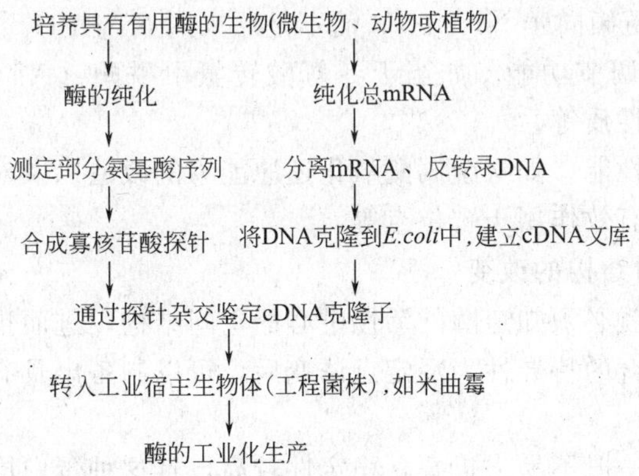

图 6-7 克隆酶技术示意图

克隆技术具体操作详见本书基因工程有关章节。

酶基因的克隆和表达技术的应用使我们有可能克隆各种天然的蛋白基因或酶基因。先在特定的酶的结构基因前加上高效的启动基因序列和必要的调控序列，再将此片段克隆到一定的载体中，然后将带有特定酶基因的上述杂交表达载体转化到适当的受体细菌中，经培养繁殖，再从收集的菌体中分离得到大量的表达产物——我们所需要的酶。一些来自于人体的酶制剂，如治疗血栓栓塞病的尿激酶原，就可以用此法取代从大量的人尿中的提取。此外还有组织纤溶酶原激活剂（TPA）与凝乳酶等一百多种酶的基因已经克隆成功，其中一些已进行了高效的表达。此法产生出大量的酶，并易于提取分离纯化。

二、突变酶

目前，在实验室中进行研究过的酶不只几千种，但应用的只有极少数，其主要原因是这些酶在生物条件或自然条件下具有活性，但在实际生产系统中，其活性极差，不能应用。工业生产中，几乎所有的反应体系都是在酸、碱或溶剂体系，温度也较高，因此绝大多数酶在这种条件下都会变性。因此，提高酶的稳定性在工业生产中是重要的。此外，酶的专一性、抗原性、动力学特性等都是很重要的。近几年兴起一个新研究领域：酶的选择性遗传修饰，即酶基因的定点突变。研究者们在分析氨基酸序列弄清酶的一级结构及 X 射线衍射分析弄清酶的空间结构的基础上，再在由功能推知结构或由结构推知功能的反复推敲下，设计出酶基因的改造方案（主要是突变），确定选择性遗传修饰的修饰位点。

（一）突变对酶性能的改善

突变酶是利用有控制地对天然酶基因进行剪切、修饰或突变，从而改变这些酶的催化特性、底物专一性或辅酶专一性，大致包括以下几个方面。

（1）提高酶的活性。如将枯草杆菌蛋白酶的 Met222 改为 Cys 后，其催化活性大大提高。

（2）提高酶的稳定性。如将 T_4 溶菌酶的 Ile3 改为 Cys 后再经氧化，即与 Cys97 形成二硫键该酶仍具有催化活性，但其稳定性大大提高。

（3）改变底物专一性。如胰蛋白酶底物结合部位的 Gly216 或 Gly226 改为 Ala 后，提高了酶对底物的选择性。其中突变酶 Ala216 对含 Arg 底物的 K_{cat}/K_m 提高了。而突变酶 Ala226 对含 Lys 的底物的 K_{cat}/K_m 提高了。

（4）改变酶的最适 pH 值。如枯草杆菌蛋白酶 Met222 之改为 Lys 后，其最适 pH 值由原来的 8.6 上升至 9.6。

（5）改变酶对辅酶的要求。如二氢叶酸还原酶的双突变体（Arg44 改为 Thr，Ser63 改为 Glu）对辅酶的要求更倾向于 $NADH_2$，而不是原来的 $NADPH_2$。

（6）改变酶的别构调节功能。如当天冬氨酸转氨甲酰酶（ATC）的 Tyr 改为 Ser 后，酶就失去了别构调节的性质等。

（7）改变酶的其他性能。如对金属酶氧化还原能力的改造以及对某些酶结构的改造，使一些专一性抑制剂能够有效作用于靶位点等。

（二）突变对酶蛋白结构的改变

要提高酶的活性，就必须知道酶的活性中心的空间结构，进而推断出哪些特定的氨基酸的变化可以改变底物结合的特异性。经定点诱变后，可以制备出具有新序列的特异酶蛋白。

1. 导入二硫键

含有二硫键的蛋白一般不易去折叠，稳定性较高，且这种蛋白即使在有机溶剂或非正常生理条件下也不易变性。二硫键存在时，酶的热稳定性升高；二硫键越多，酶越稳定。

2. 肽链构象发生改变

肽链构象局部发生变化，可能导致蛋白失活，从而提高蛋白的热稳定性。例如，酿酒酵母的磷酸丙糖异构酶有两个相同的亚基，每个亚基含有 2 个 Asn，它们位于亚基之间的界面上，对酶的热稳定性起一定作用。科学家通过寡核苷酸诱变，将 14 位和 78 位的 Asn 突变掉，突变成 Thr 或 Ile，有助于增强酶的热稳定性，而如果 Asn 突变成 Asp，则降低酶的热稳定性。

3. 氨基酸置换

氨基酸置换往往也能达到同样的提高蛋白质热稳定性的目的。例如，对许多蛋白质而言，将 Gly 置换成 Ala 可以提高蛋白质的热稳定性。同时，对这一问题的研究也表明，氨基酸置换的效果可以定量，其稳定性的效果还可以叠加。

总之，酶的选择性遗传修饰，就是通过对酶结构基因进行改造，使酶分子中 1 个或 1 个以上的氨基酸残基为其他氨基酸残基所取代，或者删除或者增加 1 个或数个氨基酸残基，从而使酶的催化机理，底物特异性和稳定性等方面人为地向着最优化的方向转变，为酶学性质的研究和酶制剂的开发应用开辟新途径。

三、从头设计酶

定位突变方法对酶分子的改进只是酶中少数的氨基酸残基的更换，而且酶的空间结构基本保持不变，因此突变体的改造是有限的。从理论上来讲，如果人为地有目的地设计酶基因，导入适当的微生物中加以表达，就可以生产出超自然的优质酶。这个过程的关键是对酶分子各个结构层次上的设计与组合。随着现代分子生物学与遗传工程的迅速发展，全新的蛋白质和酶分子的设计已不是十分遥远的事情。如果我们能够研究出全新构建酶的方法，我们就能够设计制造出具有任意结构和功能的全新酶，这就是酶分子的从头设计（enzyme de novo design）。具体来说，酶分子的从头设计是从一级结构出发，设计制造出自然界还没有酶，使之具有特定的结构和功能。现在人们已掌握技术，所以只要有遗传设计蓝图，就能人工合成出所设计的酶基因。酶遗传设计的主要目的是创制优质酶，用于生产昂贵特殊的药品和超自然的生物制品，以满足人类的特殊需要。

从头设计酶，包括对酶空间结构的框架设计，酶催化的活性设计以及酶结合底物的专一性设计。天然蛋白质或酶的空间结构都是框架化的。譬如，一个小的酶分子的相对分子质量量一般也超过 1 万，大约有 3 个基因的产物参与催化，还有几个基因产物参与结合底物。这些基因完成其使命的关键条件之一就是框架化，也就是说，催化部位和底物结合部位要适当地安装在大分子载体之中，给予各个基因产物以适当的空间排布。框架设计的难度是很大的，对小的酶分子也许能给出适当的结果，但对复杂的多肽链而言，需要预测三级结构，在大量的数理计算后筛选出所需要的一级结构。对较为简单的小肽，框架设计已经有成功的例子，主要涉及的是对二级结构的预测，特别是设计形成比较牢固的 α-螺旋的序列。例如，在设计鸡卵清溶菌酶活性分子过程中，各种合成肽曾被用于试验有无酶活性，其中，一种 9 肽（ELAEEAAF）能水解几丁质和葡聚糖，但糖苷酶活性较低。Gutte 也设计了一种 34 肽，具有明显的核酸酶活性，但其主要活性是源于二聚体。这种人工设计肽可水解下列底物，但水解能力依次降低：polyC、polyA、polyU、polyG。天然核酸酶仅消化 polyC、polyU、polyA，特别倾向于水解 polyC 的 3′-末端。

对酶活性的设计涉及选择化学基团及其空间取向。一般来说，在这类设计中，一般采用天然存在的氨基酸来提供所需的化学基团，尽管原则上并不限制引入其他外来基团。例如，Gutte 等人在构建具有核酸酶活性或核酸结合活性的蛋白质时，重点使用了组氨酸的催化活性。如果缺少可信的经验数据来推论产生活性所需的催化基团，那么将借助于量子力学进行计算。由于酶的功能区域可分为催化部位和底物结合部位，酶的专一性是与后一部分相关的。有的酶分子这两个部位是在一条肽链上，如丝氨酸蛋白水解酶类，也有些酶分子的这两个部位分别处在不同肽链上。如凝血酶的催化活性与 B 链相关，而 A 链则与底物的专一性有关。因此对酶分子设计时，需认真考虑与底物结合的化学基团的性质，空间取向以及稳定性等问题。

目前的关键问题在于如何设计超自然的优质酶基因，即如何作出优质酶基因的遗传设计蓝图。现在还不可能根据酶的氨基酸序列预言其空间结构，但随着计算机技术和化学理论的进步，酶或其他大分子的模拟在精确度、速度及规模上都会得到改善，这将导致产生有关酶行为的新观点或新理论。酶的化学修饰及遗传修饰也将提供更多的实验依据及数据，有助于解决关于酶的结构与功能的关系，因而将促进酶的遗传设计的发展。设计酶或蛋白质分子能力的发展将开创从分子水平根据遗传设计理论制造超自然生物机器的新时代。

四、进化酶

（一）天然酶分子的进化潜力

自然界提供给我们的所有复杂的生物都是自然进化的结果，所有复杂适应系统都是进化过程的产物。生物进化的本质是分子进化，酶（蛋白质）的进化是生物进化的核心之一。19世纪科学家们宣扬的“存在即合理”的思想，在一定程度上反映了生命科学的研究状况，近现代生物学家们的目光总是在自然界中不断地发掘生命物质。酶学研究也是这样，不断地发现新的酶，并对其结构与性质加以表征。虽然也有不少的酶学研究者尝试对天然酶分子加以改造，或创造一种非天然的反应环境，希望能获得比天然酶更高的活力或不同的催化活性，但是，当时所有的工作结果都在不同程度上验证了“存在即合理”的思想。酶催化的精确性和有效性往往并不能满足通常的工业化要求，天然的酶通常缺乏有商业价值的催化功能及其他性质。因此对天然酶分子水平上的改造，显得十分重要。

随着电子科学的迅猛发展及计算机的广泛应用，人们对生命体系有了更加深入的认识，酶学研究也跨入了新的阶段。基因工程的出现与发展，被首先应用于酶学领域的研究。睿智的研究者看到利用基因工程的原理，可以在实验室中模拟几十亿年来发生在自然界中的漫长的进化过程。这种思想很快得到了实验的支持，并由此建立了酶分子的定向进化方法，用于构建新的非天然酶或改造天然酶分子。

天然酶在自然条件下已经进化了千百万年，但是酶分子仍然蕴藏着巨大的进化潜力。这是酶的体外定向进化的基本先决条件。酶分子存在着进化的潜力主要原因如下：一是天然酶在生物体内存在的环境与酶的实际应用环境不同；二是实际应用中，总是期待酶的活力和稳定性越高越好，这样可以加快反应速度、提高酶的利用率、降低反应成本，但在生物体内更重要的是各种生物分子之间协同作用，作为一个整体去适应环境。生物对环境适应的进化主要不是表现为某个酶分子的活力和稳定性的不断提高，而是在于整体的适应能力，调控能力的增强。在自然选择的筛选压力下，更主要是这个系统中的瓶颈部分的进化。对于某个酶分子来说，其活力可以受到调节部位的调节，含量可以受到基因表达的调控，而当其酶活力和稳定性已经超过了满足整个体系在环境中生存的需求时，它们的提高就显得没有必要了，即失去了进化的筛选压力，因而进化的机会很有限。这也为体外定向进化留下了很大的进化空间。三是某些酶或蛋白质待进化的性质不是其在生物体内所涉及的，例如对蛋白质药物改造消除其副作用，而这部分性质的改善有着很大的进化潜力。

（二）酶的体外定向进化

对酶分子的研究可以分为认识和改造两个方面，一是利用各种生物化学、晶体学、光谱学等方法对天然酶或其突变体进行研究，获得酶分子特征、空间结构、结构和功能之间关系以及氨基酸残基功能等方面的信息，以此为依据对酶分子进行改造，称为酶分子的合理设计（如化学修饰、定点突变等）；二是与此相对应，不需要准确的酶分子结构信息而通过模拟自然界的演化进程，用随机突变、基因重组、定向筛选等方法对其进行改造，则称为酶分子的非合理设计（如定向进化、杂合进化等）。非合理设计的实用性较强，往往可以通过随机产生的突变，改进酶的特性。对酶分子的设计与改造方法，是基于基因工程、蛋白质工程和计算机技术互补发展和渗透的结果，它标志着人类可以按照自己的意愿和需要改造酶分子，甚至设计出自然界中原来并不存在的全新的酶分子。目前，在酶分子人为改造还不成熟的情况下，通过定点突变技术改造成功了大量的酶分子，获得了比天然酶活力更高、稳定性更好的工业用酶。但总体说来，我们的能力并未达到对复杂的生物体系进行有效的人为改造的水平。近年来，易错 PCR、DNA 改组和高突变菌株等技术的应用，在对目的基因表型有高效检测筛选系统的条件下，建立了酶分子的定向进化策略，尽管不清楚酶分子的结构，仍能获得具有预期特性的新酶，基本上实现了酶分子的人为快速进化。

较之蛋白质分子的合理设计，酶的体外定向进化属于蛋白质的非合理设计，它不需事先了解酶的空间结构和催化机制，人为地创造特殊的进化条件，模拟自然进化机制（随机突变、基因重组和自然选择），在体外改造酶基因，并定向选择（或筛选）出所需性质的突变酶。它适宜于任何蛋白质分子，大大地拓宽了蛋白质工程学的研究和应用范围。特别是它能够解决合理设计所不能解决的问题，使我们能较快、较多地了解蛋白质结构与功能之间的关系，为指导应用（如药物设计等）奠定理论基础。此外，该技术简便、快速、耗资低且有实效。

酶体外定向进化的主要操作步骤如图 6-8 所示。

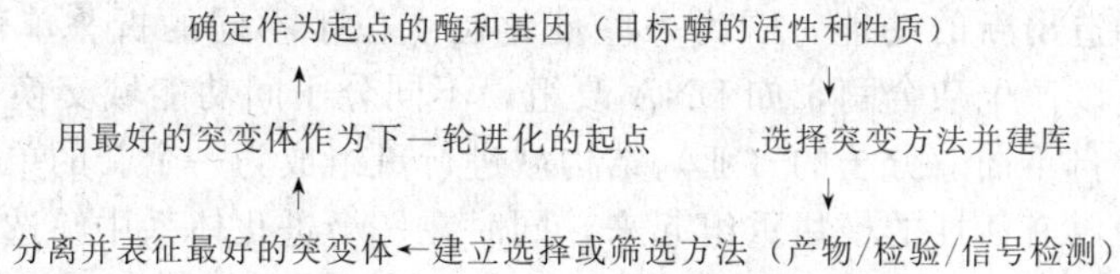

图 6-8　酶体外定向进化示意图

酶分子定向进化是从一个或多个已经存在的亲本酶（天然的或者人为获得的）出发，经过基因的突变和重组，构建一个人工突变酶库，通过筛选最终获得预先期望的具有某些特性的进化酶。定向进化的基本规则是“获取你所筛选的突变体”，即：

定向进化＝随机突变＋正向重组＋选择(或筛选)

与自然进化不同，定向进化是人为引发的，相当于环境作用于突变后的分子群；相当于通过选择某一方向的进化而排除其他方向突变的作用。酶分子的定向进化过程完全是在人为控制下进行的，是酶分子朝向人们期望的特定目标进化。定向进化常采用的方法有：易错 PCR、DNA 改组和外显子改组、杂合酶、体外随机引发重组、交错延伸（以及酶法体外随机-定位诱变等。

酶的体外定向进化是非常有效的、更接近于自然进化的蛋白质工程研究新策略。是分子进化的一个重要分支，是组合化学的思想和方法在酶分子改造上的应用。同时酶分子的定向进化设计因为研究对象的特殊性，而在其思想和方法上具有自身特点，对组合化学而言，是一种很重要的发展。酶分子定向进化设计在组合化学的随机库（突变库）和筛选的基础上，增加了利用基因改组技术的有性进化思想，与自然进化更加接近，有效地解决了对于酶这样的大分子物质，其天文数字级别的突变库与有限的筛选容量之间存在的矛盾。以基因重组技术为表现形式，有性进化思想对于酶（蛋白质）的改造具有里程碑式的意义，因此定向进化是在组合化学思想和方法基础上的又一次飞跃。它不仅能使酶进化出非天然特性，还能定向进化某一代谢途径；不仅能进化出具有单一优良特性的酶，还可能使已分别优化的酶的两个或多个特性叠加，产生具有多项优化功能的酶，进而发展和丰富酶类资源。完全在试管中进行的酶的体外定向进化，使在自然界需要几百万年的进化过程缩短至几年，几个月甚至更短的时间，这无疑是蛋白质工程技术发展的一大飞跃。进化能发生在自然界，也能发生在试管中。它与合理设计互补，将会使分子生物学家更加得心应手地设计和剪裁酶分子，将使蛋白质工程学显示出更加诱人的前景。酶分子的定向进化被认为是“一场达尔文做梦也没有想到的进化革命，是再设计生命世界的开端”。

五、杂合酶

杂合酶是把来自不同酶分子中的结构单元或整个酶分子进行组合或交换从而产生具有所需新酶活性的杂合体。产生杂合酶的方法大致分两类：一是非合理设计法，主要是通过构建各种库，再从库中筛选出所需性质的杂合体，实际上就是进化酶；二是理论设计法，这要求对操作对象的结构和功能有详尽的了解，才能实现结构元件从一个蛋白质转移至另一蛋白质。从而产生性能新奇的杂合体。杂合酶技术在改变酶的酶学或非酶学特性、弄清结构与功能的关系上也起重要作用，而且杂合酶的产生扩大了天然酶的理论应用，杂合酶允许用酶或酶的片段构建新催化剂去催化天然酶无法催化的反应。因此，杂合酶的出现是酶学发展的必然结果，而蛋白质工程技术则发挥了关键作用，因为蛋白质工程的主要目标是通过改变现有蛋白质的氨基酸序列，创造具有改进的或新性质的新蛋白质。

天然蛋白质功能的进化有一部分是通过结构域或亚结构域的重组来实现的，例如底物结合结构域、调节结构域、催化结构域这些相互独立的结构域之间的重组。这不但可以进化某种功能，还可以创造出新的功能，因为一些催化位点位于不同的折叠单位相互作用的界面上。有许多方法可以产生杂合酶，如 DNA 改组，不同分子间功能域交换，甚至两个酶分子的融合，或者把来自不同酶分子的（亚）结构域进行重组成为一个新的单一结构域，或者把来自不同酶的本身没有活性的模块重组起来，同时在一个进化体系中筛选，就有可能获得比亲本催化效率高，或者衍生出新功能的子代重组体，即杂合酶。从这个意义上来讲，杂合酶实际上是进化酶的一种。

蛋白质工程的令人激动的前景是制造具有特定折叠，特定功能的新蛋白质。现在已经能用体外 DNA 合成和重组 DNA 合成技术设计和产生任何类型的多肽。然而，由于我们对蛋白质结构与功能关系的理解有限，从头预测新的蛋白质结构，或者预测已知序列多肽的功能，都超出了目前计算机制作模型的能力，因而目前我们还不能随心所欲地设计合成新蛋白质。用于获得新功能蛋白质的传统方法是大规模随机突变现有蛋白质，然后筛选感兴趣的蛋白质突变体，然而这种方法很耗时，即使出现噬菌体呈现技术这样强有力的筛选技术，这种方法仍局限于非常短的片段，因为候选者的数目（库容量）随有待独立改变的残基数呈指数增加。现在有一种产生新结合活力和新催化活力的合理方法是，将功能部位转移至具有适当天然结构的骨架上。实验证明，功能部位确实可以从一个蛋白质转移至另一个蛋白质上，同时保持结构的完整性并获得新功能。杂合酶就是将属于不同酶/蛋白质的结构成分组合在一起，产生新性质酶/蛋白质的方法。

杂合酶的构建常用的几种方法是：基因随机缺失法、同源基因改组、非同源基因改组、增长截短法、应用蛋白质内含子构建等。例如，人们利用高度同源的酶之间的杂交，将一种酶的耐热性和稳定性等非催化特性“转接”给另一种酶。这种杂交是通过相关酶同源区间残基或结构的交换来实现的。新获得的杂交酶的特性。通常介于其双亲酶的特性之间。例如，利用根癌土壤杆菌和淡黄色纤维弧菌的β-葡萄糖苷酶进行杂交，构建成的杂交β-葡萄糖苷酶，其最佳反应条件和对各种多糖的 K_m 值都介于双亲酶之间。人们创造具有新活性的杂交酶，其最便捷的途径就是调节现有酶的专一性或催化活性。迄今为止得到的杂合酶大都属于这类酶。有时单个氨基酸残基的变化就能够改变酶的催化活性。创造新杂合酶还可以利用功能性结构域的交换，以及向合适的蛋白质骨架引入底物专一性和催化特性的活性位点等技术。

杂合酶技术还可以用于研究酶的结构和功能之间的关系。例如，可以用来确定相关酶之间的差异。当某个酶的特性在同源酶中缺失时，人们可以用杂合酶技术分析、研究该特性有关的残基或片段等。杂合酶技术还可以将目前采用多酶处理的多步反应工艺过程的反应步骤减少，甚至变为一步反应，大大降低工业成本。例如用基因随机缺失法构建的天冬氨酸酶与α-天冬氨酰二肽酶的杂合酶，具有这两种酶的活性。

杂合酶技术是将DNA水平上的突变筛选和蛋白质水平上的酶学研究相结合的一门综合技术，它将传统酶学活性筛选法同简便的DNA重组技术有机地结合起来。这一技术的引入，使酶工程的研究摒弃了烦琐的蛋白质序列研究和繁重的菌种选育这一传统做法，为加快对现有酶的改造和构建新酶以及改进生物工艺过程开创了一条新途径。

六、核酶和脱氧核酶

1981年，Cech等发现四膜虫的rRNA前体可以在没有蛋白质存在的情况下，自身催化切除内含子，完成加工过程。这一具有催化活性的RNA的发现，丰富和发展了酶的概念，改变了传统上的“酶是蛋白质”的观念。从此对具有催化活性的RNA，即核酶（ribozyme，RNAzyme）的结构、催化机制以及应用的研究日益深入。核酶由于具有许多优点而受到重视，如用于治疗的核酶注射人体内不会产生免疫原性，对具有切割活力的核酶可以更加自由地设计其切割RNA的位点等。分子进化工程的诞生，使核酶的研究迅速发展，人工进化出自然界中不存在的多种功能的核酶（包括脱氧核酶，DNAzyme），这些研究成果在理论和实际应用中都有重要的意义。

（一）核酶

到目前为止，在自然界中发现的核酶根据其催化的反应可以分成两大类：一类是剪切型核酶，此类核酶催化自身或异体RNA的切割，相当于核酸内切酶，主要包括锤头形核酶、发夹形核酶、丁型肝炎病毒（HDV）核酶，以及有蛋白质参与协助完成催化的蛋白质-RNA复合酶（RNase P）；第二类是剪接型核酶，此类核酶主要包括组Ⅰ内含子和组Ⅱ内含子，实现mRNA前体自我拼接，具有核酸内切酶和连接酶两种活性。

（二）脱氧核酶

DNA是一种很不活泼的分子，在生物体内通常以双链形式存在，比较适合编码和携带遗传信息。但迄今为止，在自然界中还没有发现脱氧核酶。从结构上来分析，单链DNA由于没有2′-羟基，不能像RNA那样通过自身卷曲形成不同的三维空间结构而行使特定的功能，也没有RNA分子中的2′-羟基，作为质子和受体直接参与催化反应。现有的脱氧核酶都是通过体外选择得到的。脱氧核酶由于其具有结构稳定（生理条件下DNA比RNA稳定10^6倍，DNA的磷酸二酯键比蛋白质的肽键抗水解能力要高100倍）、成本低廉、易于合成和修饰等特点，很快成为了人们研究的关注点。已经获得的脱氧核酶有切割RNA和DNA水解酶、连接酶、多核苷酸激酶、过氧化物酶和卟啉环金属螯合酶。

（三）核酶和脱氧核酶的体外选择

体外选择是从顺序随机的RNA或DNA分子构成的大容量随机分子库出发，在其中筛选得到极少数具有特定功能的分子。在体外选择中可以得到与目标分子（包括有机物或蛋白质等配体）专一、高效结合的RNA分子或DNA分子，被称为目标分子的RNA适体或DNA适体。用与体外选择适体类似的方法也可以获得具有催化功能的核酸——核酶和脱氧核酶。这样的策略已经用来改变已知核酶和脱氧核酶的催化功能，创造具有新的催化活性的核酶和脱氧核酶，解析它们的空间结构以及研究它们的催化机制和折叠途径。核酶或脱氧核酶明显比适体类 RNA 或 DNA 的结构复杂得多，所以很难从一个随机库中直接筛选得到，需要在每轮筛选之间用易错 PCR 的方法向已获得的催化潜能大的库中引入突变，增加其多样性，最终获得优化的核酶或脱氧核酶。

为了获得催化种类更加多样、性质更加优良的核酶和脱氧核酶，还可以采用以下几种策略来克服由于核酸本身以及筛选条件造成的障碍：①引入其他催化基团；②扩大筛选库的容量；③模拟自然进化的合理性设计。

第七章 细胞工程

细胞工程（cell engineering）是应用细胞生物学和分子生物学方法，借助工程学的试验方法或技术，在细胞水平上研究改造生物遗传特性和生物学特性，以获得特定的细胞、细胞产品或新生物体的有关理论和技术方法的学科。

动物细胞工程包括：细胞培养技术（组织培养、器官培养），细胞融合技术，胚胎工程技术（核移植、胚胎分割等），克隆技术（单细胞系克隆、器官克隆、个体克隆）。

植物细胞工程包括：植物组织培养技术，器官培养技术，细胞培养技术，原生质体融合与培养技术，亚细胞水平的操作技术等。

微生物细胞工程是指应用微生物细胞进行细胞水平的研究和生产。具体内容包括各种微生物细胞的培养、遗传性状的改变、微生物细胞的直接利用以及获得微生物细胞代谢产物等。本章仅从细胞工程的角度，概述通过原生质体融合的手段改造微生物种性、创造新变种的途径与方法，其他内容见本书第八章发酵工程。

细胞培养技术是其他细胞工程技术的基础。

第一节 植物组织与细胞培养

由于体外培养技术最初是从培养组织发展起来的，所以在动物学和医学上往往习惯上用组织培养这一术语来泛指细胞、组织和器官在适当的培养条件下离体生长的技术。

细胞培养（cell culture）是将组织块用机械方法或酶解法分离成单个细胞，做成细胞悬液，再培养于固体基质上，成单层细胞生长，或在培养液中呈悬浮状态培养的技术称为细胞培养。细胞培养是细胞在体外条件下的保存或生长，在培养的过程中细胞不再形成组织。

组织培养（tissue culture）是将活体的一小片组织放在盛有培养液的玻璃或塑料培养器皿中，待组织块黏着后，沿底面平面移动生长的过程。从组织块中生长出来的仍然是细胞，细胞在生长的同时也发生移动，致使组织培养难以长时间维持其原有结构，结果也就成了细胞培养。组织培养是组织在体外条件下的保存或生长。

器官培养（organ culture）是采取某些措施使器官的原基、器官的一部分或整个器官在体外存活、生长和分化，并保持器官原有立体结构或功能。

原代培养物经首次传代成功后即成细胞系，由原先存在于原代培养物中的细胞世系（lineages of cells）所组成。如果不能继续传代或传代数有限，可称为有限细胞系（finite cellline）。

通过选择法或克隆形成法从原代培养物或细胞系中获得的具有特殊性质或标志的培养物称为细胞株（cell strain）。细胞株的特殊性质或标志必须在整个培养期间始终存在。描述一个细胞株时，必须说明它的特殊性质或标志。与细胞系类似，如果不能继续传代或传代数有限，可称为有限细胞株（finite cell strain）；如果可以连续传代，则可称为连续细胞株（continuous cell strain）。

克隆（clone）则为细胞株的一种特殊情况，系指由一个细胞增殖所形成的群体。

一、植物组织培养

植物组织培养（plant tissue culture）是在无菌和人工控制的环境条件下，将离体的植物器官（如根尖、茎尖、叶、花未成熟的果实、种子）、组织（如花药组织、胚乳、皮层等）、胚胎、原生质等培养在人工配置的培养基上，诱发产生愈伤组织、或者长成完整的植株的技术。由于培养的植物材料已脱离母体，又称为植物离体培养（plant culture in vitro）。植物组织培养的基本过程如下：

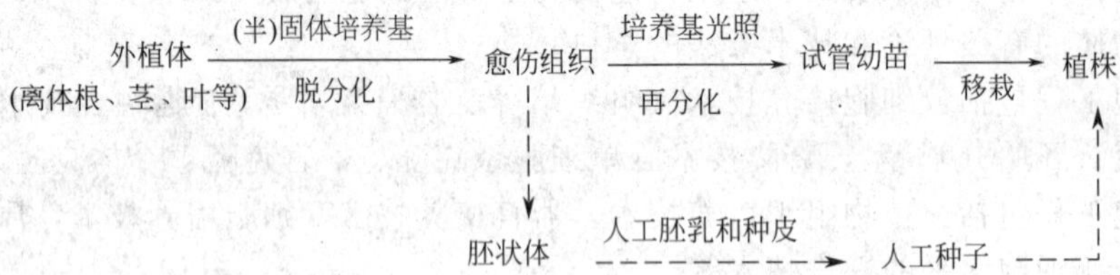

植物细胞培养是指在离体条件下将易分散的植物组织或植物的愈伤组织置于液体培养基中，将组织振荡分散成游离的悬浮细胞，通过继代培养使细胞增殖来获得大量细胞群体的方法。继代培养是指愈伤组织在培养基上生长一段时间后，营养物枯竭，水分散失，并已经积累了一些代谢产物，此时需要将这些组织转移到新的培养基上，这种转移称为继代培养或传代培养。

从严格意义上来说，细胞培养与组织和器官培养在技术上具有较大的区别：组织培养是指从机体内取出组织或细胞，模拟机体内生理条件，在体外进行培养，使之生存或生长形成组织；细胞培养是指动植物细胞在体外条件下的存活或生长，此时细胞不再形成组织。

植物细胞工程是在植物组织培养的基础上发展和完善起来的，因此，植物细胞工程亦是广义概念上的植物组织培养。在现代植物细胞工程中，植物组织培养主要指用于植物快速繁殖的组织培养技术。植物细胞培养主要是指以生产次生代谢产物（色素、固醇、生物碱、植物杀虫剂等）为目的的大规模细胞培养技术。

（一）植物细胞培养的基本原理

植物组织培养技术的重要理论基础是植物细胞的全能性。细胞全能性是指每一个植物细胞具有该植物的全部遗传信息，在适当条件下可表达出该细胞的所有遗传信息，分化出植物有机体所有不同类型细胞，形成不同类型的器官甚至胚状体，直至形成完整再生植株。植物细胞在什么条件下表现出全能性呢？实验表明，一旦脱离原来所在的器官和组织，处于离体状态时，在一定的营养物质、激素和其他外界条件的作用下，就可能表现出全能性，发育成完整的植株。人工条件下实现的这一过程，就是植物组织培养。

1. 植物细胞的细胞全能性学说

植物的细胞具有发育为胚胎和植株的潜在能力。植物组织培养的大量实践证实了植物细胞全能性学说，但是也告诉我们，并不是植物体内的每一个细胞都具有全能性。只有那些胚性细胞或分化程度不高的细胞才可具备发育为胚胎或植株的全能性。

被子植物的合子是胚性细胞（embryogenic cells，embryonic cells），植物的早期胚胎细胞也属于胚性细胞。植物的分生组织细胞也是一种胚性细胞或胚胎干细胞。有些植物的成熟器官和组织中也保留着一些胚性细胞。植物学家早就发现，在自然条件下，植物体内的许多细胞可以不断地产生不定胚或芽，表明它们保留着胚性。在自然界表现出胚性的细胞可以分为三大类，即早期胚胎细胞、茎端分生细胞和成熟组织中遗留的胚性细胞。

合子发育为胚胎，因此合子是真正意义上的胚性细胞。胚胎发育到一定阶段只有两端各有一团细胞保持着分生状态，后来发育成为茎端和根端分生组织。顶端分生组织来源于胚胎。植物的连续的器官分化是由顶端分生组织来完成的。顶端分生组织是植物胚胎、胚芽和胚根顶端的分生细胞团，分别称之为茎端分生组织和根端分生组织。茎端分生组织包含全能性细胞，它们相当于动物的胚胎干细胞（embryonic stem cells）。在植物的组织和器官中也保留少数未分化或分化程度不高的细胞，它们可以在自然条件下形成不定胚（adventitious embryo）或不定芽（adventitious bud），进行无性繁殖。我们把这些能够产生不定胚或不定芽的体细胞定义为遗留的胚性细胞。

愈伤组织是植物外植体组织增生的细胞形成的细胞团结构。其细胞结构、大小、形状、液泡化程度、胞质含量、细胞壁透性等有很大差异。还没有形成组织上的结构，没有明显的器官分化。在离体培养的条件下，一个已分化的细胞转变为分生状态，形成胚性细胞团或愈伤组织的现象称作脱分化（dedifferentiation）。一个已分化细胞若要表现其全能性，形成完整植株，首先要经历脱分化过程，然后经历再分化（redifferentiation）过程。

2. 植物细胞的全能性与细胞分化

植物细胞全能性是指植物体的每一个活细胞具有发育成完整个体的潜在能力。即植物体的每个细胞都具有该植物的全部遗传信息，在适当的内、外条件下，一个细胞有可能形成一完整的新个体。

在植物的生长发育中，从一个受精卵可产生具有完整形态和结构机能的植株，这是全能性，是该受精卵具有该物种全部遗传信息的表现。同样，植物的体细胞，是从合子有丝分裂产生的，也应具有像合子一样的全能性。但在完整植株上，某部分的体细胞只表现特定的形态和局部的功能，这是由于它们受到具体器官或组织所在环境的束缚，但细胞内固有的遗传信息并没有丧失。因此，在植物组织培养中，由于被培养的细胞、组织或器官离开了整体，再加上切伤的作用以及培养基中激素等的影响，就可能表现全能性，生长发育成完整植株。

分化（differentiation）是指个体发育过程中，不同部位的细胞形态结构和生理功能发生改变，形成不同组织或器官。生物体内的细胞为什么没有表现出全能性，而是分化成不同的组织、器官？这是基因在特定时间和空间条件下选择性表达的结果。对于植物细胞来说，全能性是一个相当基本的属性，但全能性只是一种可能性。要把这种可能性变为现实必须满足两个条件：一是要把这些细胞从植物体其余部分的抑制性的影响下解脱出来，即处于离体状态；二是要给予它们适当的刺激，即给予它们一定的营养物质，并使它们受到一定的激素的作用。一个已分化的细胞若要表现其全能性，要经历细胞脱分化和再分化两个过程才能实现。

3. 植物细胞的脱分化和再分化

通常，我们用于组织培养的植物材料，大多是已分化了的细胞。一个已分化有一定机构和功能的细胞要表现它的全能性，首先要经过一个脱分化的过程。

脱分化是指已分化的细胞在一定因素作用下，失去它原由的机构和功能，重新恢复分裂机能。细胞脱分化的机构通常形成愈伤组织。从外植体形成愈伤组织的过程，根据其群体细胞的形态、细胞分裂、生长活动和 RNA 相对含量的变动，愈伤组织的诱导形成大致要经过启动期、分裂期和形成期三个阶段。

（1）启动期。当外植体已分化的活细胞在外源植物生长物质的作用下，通过脱分化启动而进入分裂时期，进而形成愈伤组织。此期的细胞大小无明显变化，胞内 RNA 含量迅速明显增加，细胞核变大。

（2）分裂期。是指细胞通过一分为二的方式不断增生子细胞的过程。外植体的细胞一旦经过诱导，其外层细胞开始细胞分裂，使细胞脱分化。此期细胞分裂快、结构疏松、缺少组织结构。

（3）形成期。是指外植体细胞经过诱导、分裂形成了无序结构的愈伤组织时期。此期细胞大而不规则、高度液泡化、无次生细胞壁和胞间连丝，整个组织结构较松散；表面以下约5～10个细胞是细胞生长的中心，分生中心的细胞明显小些，出现了胞间连丝和果胶质，这些中心是愈伤组织的主要生长部位。

一般来说，愈伤组织的增殖生长只发生在不与琼脂接触的表面，而与琼脂接触的一面极少细胞增殖，只是细胞分化形成紧密的组织块。外植体的脱分化因植物种类和器官及其生理状况而有很大差别，如烟草、胡萝卜等脱分化较易，而禾谷类的脱分化较难；花器脱分化较易，而茎叶较难；幼嫩组织脱分化较易，而成熟的老组织较难。脱分化细胞不断进行分裂，从而形成了愈伤组织，愈伤组织在培养基上生长一段时间以后，由于营养物质枯竭，水分散失，以及代谢产物的积累，必须转移到新鲜培养基上培养。这个过程叫做继代。通过继代培养，可使愈伤组织无限期地保持在不分化的增殖状态。然而，如果让愈伤组织留在原培养基上继续培养而不继代，它们则不可避免地发生分化，产生新的结构。

再分化是通过脱分化形成的愈伤组织，在一定的培养条件下，可经器官发生或胚状体发生进而发育成完整的植株。由于这是由原来分化状态的细胞脱分化培养后，再次分化，所以称为再分化。

脱分化和再分化的比较如表7-1所示。

表7-1 脱分化和再分化的比较

比较内容	脱分化	再分化
过程	细胞→愈伤组织	愈伤组织→幼苗
形成体特点	排列疏松、高度液泡化的薄壁细胞	有根、芽
需要条件	① 离体 ② 适宜的营养 ③ 生长素和细胞分裂素	① 离体 ② 适宜的营养 ③ 生长素和细胞分裂素 ④ 光照

4. 器官发生、胚状体发生和人工种子

愈伤组织在某些条件下可以通过器官发生的再分化途径产生不定芽和根或胚状体，然后再发育成苗或完整的小植株。

器官发生是指植物组织培养中通过培养形成芽或根的现象。器官发生可通过在愈伤组织中形成一些分生细胞团，随后由其分化成不同的器官原基；也可不通过愈伤组织，由最初的外植体产生器官或由最初外植体通过拟分生组织产生器官。在组织培养中通过形成芽或根而再生植株的方式大致有以下三种：先产生芽，于芽伸长形成茎的基部长根而形成小植物；先长根，在根上长出芽来；在愈伤组织不同部位分别形成芽和根，通过形成连接两者的维管束组织而形成一个轴，从而形成小植株。大量的研究结果表明：一般地说，植物组织培养中如先形成芽者，其基部多易生根。反之，如先形成根，则往往会抑制芽的形成。

离体培养下没有经过受精过程，但经过了胚胎发育过程所形成胚的类似物，统称为体细胞胚或胚状体。胚状体是指在培养过程中由外植体或愈伤组织产生的与合子胚发育方式类似的胚状结构。胚状体的发生和器官发生一样是以离体组织或细胞的脱分化开始，但以后的一些过程则与单极器官（如芽和根）的发育不同。胚状体的发生过程一般由单个细胞（胚状体原始细胞）进行一次不均等分裂产生两个大小不等的细胞，然后由较小的细胞进行连续分裂产生原胚，而较大的细胞也进行1～2次分裂构成胚柄。胚状体的一个主要特点是两极性，即在其发生的最早阶段就具有了根端和茎端。因此，胚状体一旦形成，即可长出小植株。

人工种子（plant artificial seed）是指利用植物组织培养中具有体细胞胚胎（胚状体）发生的特点，把植物离体培养产生的胚状体包埋在含有营养成分和保护功能的胶囊内形成球状结构，使其具有种子的机能，并可直接播种于田间物质中，在适宜条件下可以发芽成苗的植物幼体。人工种子外形就像一颗颗乳白色、半透明、圆粒状的石榴果实内的小颗粒（图 7-1）。

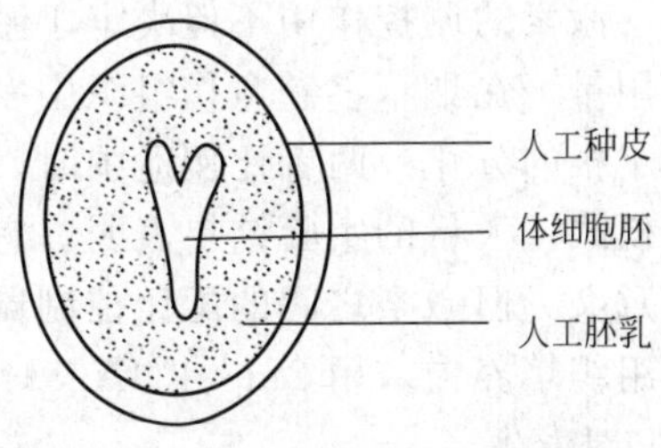

图 7-1　人工种子的基本构造

人工种子最里面一层为体细胞胚；中间层是人工胚乳，含有培养物（即胚状体）所需的营养成分和某些植物激素；最外一层是在胚状体外面包裹一些有机薄膜，作为保护胚状体及提供营养的人工种皮，形成与真种子类似的结构，以保护水分免于丧失和防止外部物理力量的冲击，其主要特点如下。

（1）在无性繁殖植物中，有可能建立一种高效快速的繁殖方法；可以对优异杂种种子不通过有性制种而快速获得大量种子；使自然条件下不易结实或种子昂贵的某些材料能快速繁殖和保存，真正达到了快速繁殖的要求。

（2）对生育周期长的多年生植物、育性不良的且难于有性繁殖的植物可用人工种子技术进行繁殖；可以对优异杂种种子不通过有性制种而快速获得大量种子；对一些不能正常产生种子的特殊植物可能通过人工种子在短期内加大繁殖应用。

（3）在人工种子种皮制作中，加入各种营养成分或生长调节剂，调节植物生长，提高植物抗逆性。处理后，可抵抗外来病毒和微生物的侵袭。

（4）节省制种用地，不受季节限制；可避免移栽困难，坚硬的种皮适于机械化播种操作，便于储藏和和远距离运输。

人工种子有可能替代传统种子和试管苗的新的繁殖体，为基因工程技术应用于生产提供桥梁，具有巨大的应用潜力。

5.植物激素的调控

大量研究表明，在调节控制脱分化和再分化的过程中，除了植物材料本身的特性以及营养、光照、温度等条件外，植物激素起着十分重要的作用。其中影响最显著的是生长素和细胞分裂素。植物组织培养中常用的生长素类有吲哚乙酸（IAA）、萘乙酸（NAA）、2,4-二氯苯氧乙酸（2,4-D）等；细胞分裂素类有激动素（KT）、6-苄基氨基嘌呤（6-BA）、玉米素（ZT）等。

通常，在外植体经脱分化形成愈伤组织的过程中，生长素和细胞分裂素是必要的。但由于植物种类及所取部分的不同，诱导其形成愈伤组织所需的激素浓度和组合不同。

双子叶植物一般采用生长素/细胞分裂素比例高的配方；单子叶植物的细胞增殖比双子叶植物要求较高的生长素浓度，而对细胞分裂素无明显反应。在大多数情况下，只用 2,4-D 就可以成功地诱导愈伤组织。在再分化的过程中，激素的种类和浓度对培养中的再生方式和器官发生的类型可产生不同的影响。例如在矮牵牛茎、叶组织切块的培养中，用同一浓度（1mg/L）、不同种类的生长素（IAA、NAA、2,4-D）处理，可得到不同的结构。IAA 只引起愈伤组织的有限生长；NAA 可引起根的大量形成；2,4-D 则促进愈伤组织产生，培养两周后还有胚状体发生。用 2,4-D 做进一步浓度实验，发现 0.1～0.5mg/L 的浓度可诱导材料形成胚状体，提高 2,4-D 浓度（2mg/L），促进愈伤组织生长，但抑制胚状体形成。生长素，特别是 2,4-D 是控制体细胞胚状体发生的重要因素。在不少材料中均可看到，2,4-D 对促进胚状体的发生虽有良好效果，但对胚状体的形成和发育有抑制倾向。所以，为了促进培养物分化，应及时除去或减少培养基中 2,4-D。

激素的调控作用不但决定于激素的种类和浓度，而且还决定于激素相互之间的配比和绝对用量。在烟草茎髓愈伤组织中发现激动素/生长素的比例高时，利于芽的分化；比例低时，利于根的分化；两者比例适中时，愈伤组织占优势。激动素/生长素比例控制器官发生的这种模式。大量的实验结果表明，它在组织培养中（特别对双子叶植物的器官发生）具有较普遍意义，但激素之间的配比控制器官发生的类型还受激素绝对用量的影响。例如在番茄叶愈伤组织培养中，用 2mg/L IAA＋2mg/L KT 发生根，茎芽则仅在用 4mg/L IAA＋4mg/L KT 时发生。

6. 植物组织培养操作要点

（1）选择外植体时，由于外植体的脱分化难易因植物种类、器官来源及生理状况的不同而有很大差异。花和幼嫩的组织脱分化较为容易，而植物的茎、叶和成熟的老组织则较难。另外制备外植体时应选取有形成层的部分，因为形成层细胞易脱分化。

（2）消毒。植物组织培养要想取得成功，必须有效防止细菌等的污染。因为如果培养基上有细菌等微生物存在时，它们比植物细胞生长、繁殖得更快，而且它们会产生毒素，使培养的植物细胞很快中毒死亡。因此在培养过程中要求进行一系列的消毒、灭菌，并且要求无菌操作。

（3）光照。离体的植物细胞、组织和器官脱分化形成愈伤组织时，需避光处理。愈伤组织再分化形成植物幼苗时，需光照处理。

（4）激素调控。生长素含量高于细胞分裂素时，主要诱导植物组织脱分化和根原基的形成；当细胞分裂素的效应高于生长素时，主要诱导植物组织再分化和芽原基的形成。

（二）植物组织培养的环境条件

植物组织培养在容器中进行，打破了正常的植物发育过程和格局；无菌培养环境，排除了微生物如真菌、细菌以及害虫等的侵入；各种环境因子如营养因子、激素因子以及光照、温度等物理因子处于人工控制之下，并可达到最适条件。

1. 温度

温度是植物组织培养成功的重要条件，对植物细胞生长及二次代谢产物生成有重要影响。在植物组织培养中大多采用最适温度，并保持恒温培养，以加速生长。温度不仅对增殖，而且对器官的形成也有影响。通常采用（25±2）℃的温度，对大多数植物来讲是合适的，但也因种类而异。在植物组织培养以前先对培养材料进行低温或高温处理，往往有促进诱导和生长的作用，为此，常在培养和实践中采用。

2. 光照

组织培养中光照也是重要条件，它对生长和分化有很大影响，当然这也与材料的性质，培养基情况以及由于光照引起的温度上升等方面因素有关。光照射条件不仅通过光照周期、光的质量（即种类、波长），而且通过光照量（光强度）的调节来影响植物细胞的生理特性和培养特性。研究表明，有的材料适合光培养，有的则适合暗培养。光调节着细胞中的关键酶的活性，有时光能大大促进代谢产物的生成，有时却起着阻害作用。

3. 湿度

组织培养中湿度的影响有两个方面：培养容器内的湿度条件和环境的湿度条件。容器内的湿度几乎是100％的相对湿度，环境的相对湿度一般要求70％～80％。周围环境的相对湿度低于60％时，培养基容易干涸，培养基的干涸会改变培养基的渗透压。由于渗透压的改变必然会影响到培养组织、细胞的脱分化、分裂和再分化。相反周围环境相对湿度过高，培养室潮湿，具备各种细菌和霉菌的滋生条件，它们的芽孢和孢子侵入培养瓶，造成培养基和培养材料的污染。

4. 渗透压

培养基的渗透压是由培养基中各种物质的总浓度决定的。培养细胞是通过细胞渗透来吸取营养的，当培养材料和培养基之间处于等渗时，或者培养材料的渗透压略低于培养基渗透压时，培养材料才可能从培养基中吸取养分和水分。

培养基各种物质中，糖对培养基渗透压起决定性作用。因此渗透压调节往往从调节糖浓度着手。最多用蔗糖，也可以用葡萄糖和果糖。不同种植物细胞脱分化和再分化所需糖浓度不同，多数植物适宜的糖浓度为2%～6%。诱导器官脱分化形成愈伤组织为3%～6%，愈伤组织芽分化为3%～6%，根分化为2%～3%。棉花器官培养3%蔗糖或葡萄糖，原生质体培养1%蔗糖、0.5%葡萄糖、11%甘露糖。当然也可以用其他渗透压调节剂，如甘露醇、盐类等。

5. pH值

植物组织和细胞在离体培养条件下，植物体内的酸碱度失去自行调节能力。因此在配制培养基时，应根据需要进行人工调节。植物细胞培养通常使用的pH值范围是5.5～6.5。pH值在4.0以下或7.0以上培养物就不能正常生长。

6. 通气条件

无论是植物细胞培养还是动物细胞培养，容器空间中的O_2及CO_2用以保证细胞体内代谢活动的进行。通气是细胞液体深层培养重要的物理化学因子。好气培养系统的通气与混合及搅拌是相互关联的。对摇瓶试验，通常500mL的三角瓶内装80～200mL的植物细胞培养液较适宜。当然，气液传质还与瓶塞的材料有关。试验表明，从溶氧速率考虑，以棉花塞最好，微孔硅橡胶塞次之，铝箔塞最差。

(三) 植物组织培养的营养基质

培养基是离体培养的组织或者细胞赖以生存的营养基质，是为离体培养材料提供的近似于生物体内生存的营养环境，满足其正常生长和维持其完整结构及功能。

1. 无机盐

无机盐在植物发育中非常重要，Mg是叶绿素分子的一部分，Ca是细胞壁的组分之一，N是各种氨基酸、维生素、蛋白质和核酸的重要组成部分。此外，Fe、Mo、Zn等是某些酶的组成部分，植物除了C、H、O外，已知还有12种元素对于植物的生长是必需的，它们是N、P、K、Ca、Mg、S、Fe、B、Mn、Zn、Cu、Mo。其中前6种元素需要的数量大，因此称为大量元素或主要元素（一般指浓度大于0.5mmol/L）；后6种元素需要的数量较小，因此称为微量元素或次要元素（一般指浓度小于0.5mmol/L）。

2. 碳源

碳源有蔗糖（具有热易变性，经高压灭菌后大部分分解为D-葡萄糖、D-果糖，只剩下部分蔗糖）或葡萄糖、果糖等。组织培养中蔗糖使用量为1%～5%，常用量2%～3%。质量分数过低，不能满足细胞营养、代谢和生长的需要；质量分数过高，可能会干扰糖类物质的正常代谢，也可能会导致培养物渗透压的增加，阻碍细胞对水分的吸收，但在幼胚培养、茎间分生组织培养、花药培养和原生质体培养时，需要较高质量分数的糖，一般需要10%左右或更高。蔗糖的作用有：①为培养物提供能源和碳骨架；②可以调节培养基的渗透压。

3. 有机氮源

有机氮源包括氨基酸类、酰胺类，对细胞初级培养早期阶段有利。

4. 活性物质

维生素类、肌醇、生物素等。维生素类在植物细胞里主要以各种辅酶的形式参与多项代谢活动，对生长、分化等有很好的促进作用。包括维生素B_1、盐酸吡哆醇、烟酸、生物素、叶酸、维生素C等。肌醇促进愈伤组织生长、胚状体和芽的形成；对组织细胞繁殖、分化的促进作用；使用浓度100mg/L。

5.生长调节物质

一般分为生长素和分裂素，还包括赤霉素、乙烯和脱落酸。分裂素和生长素通常一起使用，来促使细胞分裂、生长，使用量在0.1～10mg/L之间，可根据不同细胞株而异。

生长素主要用来刺激细胞分裂和诱导根的分化。常用的生长素有：吲哚乙酸（IAA）、2,4-二氯苯氧乙酸（2,4-D）、萘乙酸（NAA）、吲哚丁酸（IBA）等。IAA活力较弱。NAA启动能力要比IAA高出3～4倍。IBA是促进发根能力较强的生长调节物质。NAA和IBA广泛用于生根，并与细胞分裂素互作促进芽的增殖和生长。2,4-D启动能力比IAA高10倍，特别在促进愈伤组织的形成上活力最高，但它强烈抑制芽的形成。

细胞分裂素类的作用是促进细胞分裂与扩大；诱导不定芽分化和茎、苗增殖；抑制根的分化。因此，细胞分裂素多用于诱导不定芽的分化、茎、苗的增殖，而避免在生根培养时使用，常用的细胞分裂素有6-苄氨基腺嘌呤（6-BA）、激动素（KT）、玉米素（ZT）。

已分别从植物，真菌和细菌中发现赤霉素赤霉素（gibberellic acid，GA）类物质超过140种。GA3是目前主要的商品化和农用形式，其作用是促进幼苗茎伸长，促进不定胚发育成小植株；添加赤霉素可促进器官或胚状体的生长。赤霉素还用于打破休眠，促进种子、块茎、鳞茎等提前萌发。

6.有机添加物

有机添加物为复合物质，通常作为细胞生长的调节剂，包括酵母抽提液、麦芽抽提液、椰子汁和水果汁等，其成分比较复杂，大多含氨基酸、激素、酶等一些复杂化合物。它对细胞和组织的增殖与分化有明显的促进作用，但对器官的分化作用不明显。它的成分大多不清楚，所以一般应尽量避免使用。

7.凝胶成分

在固体培养中凝胶成分作为培养组织和器官的支撑物是不可缺少的。包括琼脂、琼脂糖、藻酸盐，新的凝胶成分包括树胶、六磷酸肌醇胶等。

8.活性炭

活性炭可以吸附非极性物质和色素等大分子物质，包括琼脂中所含的杂质，培养物分泌的酚、醌类物质以及蔗糖在高压消毒时产生的5-羟甲基糖醛及激素等。活性炭对于在茎尖初代培养时可吸附外植体产生的致死性褐化物（吸附酚类化合物时的适宜浓度是0.1%～0.5%）；减弱光照促进生根；此外，在培养基中加入0.3%活性炭，还可降低玻璃苗的产生频率，对防止产生玻璃苗有良好作用，活性炭在胚胎培养中也有一定作用。

（四）植物组织培养的类型

1.根据培养材料的不同分类

（1）完整植株培养（plant culture）：对幼苗和较大植株等的培养。

（2）胚胎培养（embryo culture）：包括成熟胚、幼胚、子房、胚珠等的培养。

（3）器官培养（organ culture）：包括离体根、茎、叶、果实、种子、花器官的培养。

（4）组织培养（tissue culture）：包括分生组织、薄壁组织、输导组织培养。

（5）细胞培养（cell culture）：指对单细胞或较小的细胞团进行培养。

（6）原生质体培养（protoplast culture）：指对去掉细胞壁后所获得的原生质体进行培养。

2.根据再生途径的不同分类

（1）器官发生途径（organogenesis）。直接器官发生途径：植物器官可以直接由外植体上诱导，如茎尖培养；间接器官发生途径：成熟细胞经过脱分化（dedifferentiation）及再分化（redifferentiation）过程而形成新的组织和器官的过程，如叶片培养。

（2）体细胞胚胎发生（somatic embryogenesis）。体胚发生途径是指二倍体或单倍体的体细胞在特定条件下，未经性细胞融合而通过与合子胚发生类似的途径发育出新个体的形态发生过程。经体胚发生形成类似合子胚的结构称为胚状体（embryoid）或体细胞胚（somatic embryo）。

3.根据培养基的不同分类

（1）固体培养（solid culture）：固体培养是在微生物培养的基础上发展起来的植物细胞培养方法。固体培养基的凝固剂除特殊研究外，几乎都使用琼脂、卡拉胶等固化。接种材料放在培养基上，原生质体固体培养则需混入培养基内进行嵌合培养，或者使原生质体在固体-液体之间进行双相培养。

（2）液体培养（liquid culture）：液体培养也是在微生物培养的基础上发展起来的植物细胞培养方法。液体培养可分为静止培养和振荡培养等两类。静止培养不需要任何设备，适合于某些原生质体的培养。振荡培养需要摇床或转床等设备使培养物和培养基保持充分混合以利于气体交换。液体培养的优点是不使用凝固剂，节约生产成本，营养吸收充分，操作过程简化。

（3）半液半固体培养（semisolid culture）：固液双层培养，培养皿底部铺一层琼脂糖的固体培养基，在其上进行液体浅层培养。

（五）植物组织培养的主要特点

植物组织培养可用于植物品种的改良、植物次生代谢物质的生产以及研究细胞生理代谢过程及各种影响因子，其的主要特点如下。

（1）培养材料经济。由于植物细胞具有全能性，故单个或小块组织细胞培养即可再生植株，这在研究上有重大价值。在生产实践中，由于取材少，培养效果好，对于新品种的推广和良种复壮更新，都有重大的实践意义。

（2）培养条件可人为控制。组织培养采用的植物材料完全是在人为提供的培养基质和小气候环境条件下进行生长，摆脱了大自然中四季、昼夜的变化以及灾害性气候的不利影响，且条件均一，对植物生长极为有利，便于稳定地进行周年培养生产。

（3）繁殖系数大，培养周期短。植物组织培养是由于人为控制培养条件，根据不同植物不同部位的不同要求而提供不同的培养条件，因此生长较快。另外，植株也比较小，往往20～30d为一个周期。所以，虽然植物组织培养需要一定设备及能源消耗，但由于植物材料能按几何级数繁殖生产，故总体来说成本低廉，且能及时提供规格一致的优质种苗或脱病毒种苗。

（4）管理方便，有利于实现工厂化生产和自动化控制。植物组织培养是在一定的场所和环境下，人为提供一定的温度、光照、湿度、营养、激素等条件，既利于高度集约化和高密度工厂化生产，也利于自动化控制生产。它是未来农业工厂化育苗的发展方向。

二、植物细胞培养

植物细胞培养（plant cell culture）是指在离体条件下对植物单个细胞或小的细胞团进行培养使其增殖的技术。植物细胞培养有利于进行细胞生理代谢以及各种不同物质对细胞代谢影响的研究。进行细胞培养，通过单细胞的克隆化，即称为“细胞株”（cell line），可以把微生物遗传技术用于高等植物以进行农作物的改良。细胞培养的增殖速度快，适合大规模悬浮培养，生产一些特有的产物，如许多种植物的次生代谢产物，包括各种药材的有效成分等，用于医药业、酶工业及天然色素工业，这是植物产品工业化生产的新途径。

根据培养规模分为小规模培养和大批量培养；根据培养方式分为单细胞培养悬浮培养等；根据要求产物分为用于诱变的细胞培养和生产次生产物的细胞培养；根据培养材料分为单细胞培养、原生质体培养、固定化细胞培养、小细胞团培养等。

植物细胞培养需要解决的问题如下。

（1）氧和二氧化碳的控制，氧过多或过少均不利于生长。

（2）营养物的供应。

（3）细胞密度过高引起细胞团聚甚至分化。

（4）培养过程中细胞的分化的防止。

（5）细胞取得中微生物的去除。

（6）细胞壁脆性的存在要求培养体系剪切力要小。

（一）植物单细胞（小细胞团）的分离培养

植物单细胞的分离培养是从外植体、愈伤组织、细胞团中分离得到单细胞（或小细胞团），然后在一定条件下进行培养的过程。通过单细胞培养可以观察细胞个体的分裂、生长和繁殖情况，可以获得细胞团，进而得到从单细胞形成的细胞系。从单细胞分裂、繁殖得到的细胞团和细胞系，可以认为具有相同的基因和特性。用这种细胞系进行大规模细胞培养，得到较为均一的细胞及其代谢产物。

植物单细胞的获得，可由完整的植物器官分离（叶片是分离单细胞的最好材料），也可由培养组织（如愈伤组织）中分离。机械法分离叶肉细胞，要求材料是薄壁细胞、组织排列松散，细胞间结触点很少，其分离有两种：①撕去叶表皮，暴露叶肉细胞，然后用解剖刀把细胞刮下来，离体细胞可直接种在液体培养基中培养；②先将叶片组织轻轻研磨，然后将匀浆用两层细纱布过滤，滤液经低速离心，使游离细胞沉降到试管的底部，得到纯化的细胞。从愈伤组织诱导获取单细胞，首先诱导产生愈伤组织，愈伤组织反复继代，使组织不断增殖，提高愈伤组织的松散性；再将愈伤组织在液体培养基中进行振荡培养，使其分散成小的细胞团或单细胞，然后用适当孔径的细胞筛过滤除去大的细胞团和残渣，离心除去小的残渣，得到单细胞悬浮液。通过原生质体再生法获取单细胞，是将外植体、愈伤组织或细胞团通过纤维素酶和果胶酶等的作用，除去细胞壁得到原生质体；原生质体分离后，在一定条件下进行原生质体培养，使细胞壁再生，而获得单细胞悬浮液。

小细胞团是指由2～8个植物细胞聚合在一起而形成的细胞团块。小细胞团培养是将小团块接种于培养基中，在一定条件下进行培养的过程。植物小细胞团的形成可采用愈伤组织分割法、单细胞增殖法和细胞团分散法。愈伤组织分割法是在无菌条件下用镊子或者小刀将愈伤组织块分割成为小细胞团的过程。由于植物细胞具有群体生长特性，细胞外围有一层果胶等胶体物质，容易将细胞粘在一起而形成细胞团，单细胞培养过程中，单细胞经过分裂繁殖，也形成细胞团。细胞团分散法是通过机械搅拌或者通入无菌空气等，在剪切力的作用下，使大细胞团分散成为小细胞团的过程。

由于植物细胞具有群体生长特性，单细胞往往难以生长、繁殖。为此，需要采用如下一些特殊培养方法。

1. 平板培养法

将制备好的单细胞悬浮液，按照一定的细胞密度，接种在1mm的薄层固体培养基上进行培养，称之为平板培养法（plate cultivation method）。

平板培养是选择优良单细胞株常用的方法。因为由平板培养所增殖的细胞团大多来自一个单细胞。平板培养用的是1mm厚的薄层固体培养基，在显微镜下可对细胞的分裂和细胞团的增殖进行追踪观察。单细胞悬浮液的密度一般为10^3个/mL。接种单细胞将调整好细胞密度的单细胞悬浮液与50℃左右的固体培养基混合均匀，分装于无菌的培养皿中，水平放置，冷却，即为单细胞培养平板。将上述单细胞培养平板置于培养箱中培养。选取生长良好的由单细胞形成的细胞团，接种于新鲜的固体培养基上进行继代培养，获得由单细胞形成的细胞系。

2. 看护培养法

有些植物细胞，一旦单离出来，不仅不能分裂、增殖，还可能死亡。如果用一块愈伤组织（生长旺盛）来哺育单细胞，从而使其正常分裂、增殖的方法，称看护培养法（nurse cultivation method）。

如图7-2所示，在一个培养瓶中加入一定量厚的固体培养基，灭菌后备用。在无菌的条件下，将生长活跃的愈伤组织块植入固体培养基的中间部位；愈伤组织接种几天后，在愈伤组织块的上方放置1片面积为$1cm^2$左右的无菌滤纸，取一小滴经过稀释的单细胞悬浮液接种于滤纸上方；置于培养箱中，在一定的温度和光照条件下培养若干天，单细胞在滤纸上进行持续的分裂和增殖，形成细胞团；将在滤纸上由单细胞形成的细胞团转移到新鲜的固体培养基中进行继代培养，获得由单细胞形成的细胞系。

将分离出的单个细胞接种到培养基的滤纸上进行培养，滤纸起到了渗透扩散养分作用。愈伤组织块可以促进单细胞的生长繁殖：愈伤组织给单细胞传递了某些生物信息，或为单细胞的生长繁殖提供了某些物质条件，例如植物激素等内源化合物。看护培养法简便易行，效果好，但不能在显微镜下追踪细胞分裂、生长过程。

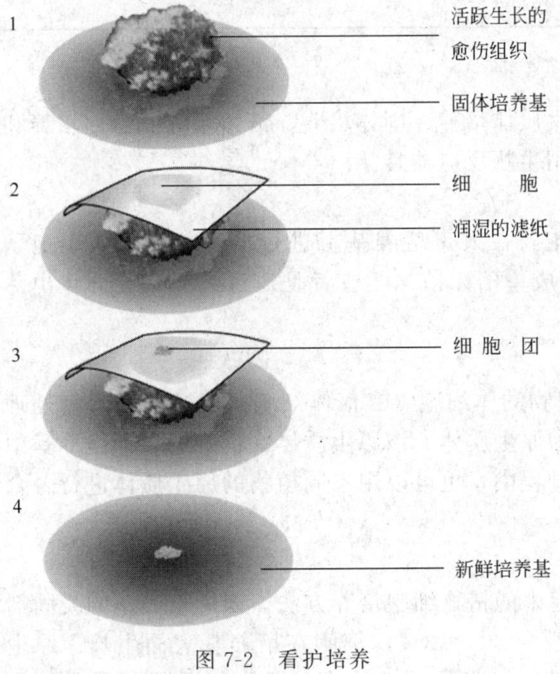

图7-2　看护培养

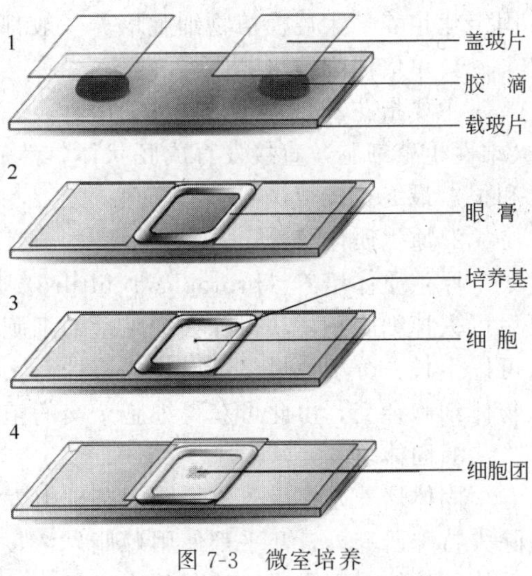

图7-3　微室培养

3. 微室培养

在人工制造的无菌小室中，将一滴悬浮细胞液培养在少量培养基上，使其分裂增殖形成细胞团的方法，称微室培养（microculture）。

如图7-3所示，接种的细胞起始密度：30～80个/室以上。密度过低，细胞无法进行生长繁殖；密度过高，则形成的细胞团混杂在一起，难于获得单细胞形成的细胞系。由于微室培养培养基少，营养和水分难以保持，pH 值变动幅度大，培养细胞仅能短期分裂，因此，当细胞团长到一定大小，要将其转移到另外培养基上。

微室培养所使用的培养基用量少，可以通过显微镜观察单个细胞的生长、分裂、分化和发育情况，有利于对细胞特性和单个细胞生长发育的全过程进行跟踪研究。

4. 条件培养基培养法

曾培养过一段时间组织或细胞的培养基被称为条件培养基。条件培养基培养法（conditioned medium culture method）是在培养基中加入高密度的细胞进行培养，经过一定时间后，这些细胞向培养基中分泌一些促进细胞生长的物质，使培养基条件化。使原来在合成培养基上不能分裂的细胞发生分裂。其具体操作是把在液体培养基里培养 4～6 周的高浓度细胞滤掉，而用其培养基制成悬滴或薄层来培养单细胞或低密度细胞群体。

几种植物单细胞培养方法与特点见表 7-2。

表 7-2　植物单细胞培养方法与特点

培养方法	培养基	特点
看护培养	固体培养基	采用一活跃生长的愈伤组织块来看护单细胞，培养效果较好
微室培养	固体培养基、液体培养基	培养基用量少，可以通过显微镜观察单个细胞的生长、分裂、分化、发育情况。有利于对细胞特性和单个细胞生长发育的全过程进行跟踪研究
平板培养	固体培养基	操作简便，由单细胞生成的细胞团容易观察和挑选，培养效果较好
条件培养	条件培养基	由条件培养基提供单细胞生长繁殖所需的条件，具有看护培养和平板培养的特点，在植物单细胞培养中经常采用

（二）植物细胞培养的类型

植物细胞培养的方法有单倍体培养、原生质体培养、固体培养、液体培养、悬浮培养和固定化培养。大规模植物细胞培养一般都采用生物反应器悬浮培养。

1. 单倍体细胞培养

主要指花药培养（anther culture）。将花药在人工培养基上进行培养，可以从小孢子（雄性生殖细胞）直接发育成胚状体，然后长成单倍体植株，或者是通过组织诱导分化出芽和根，最终长成植株。

2. 原生质体培养

原生质体培养（protoplast culture）是植物的体细胞（二倍体细胞）经过纤维素酶处理后可去掉细胞壁，获得除去细胞壁的细胞称为原生质体。该原生质体在良好的无菌培养基中可以生长、分裂，最终可以长成植株。实际过程中，也可以用不同植物的原生质体进行融合与体细胞杂交，由此可获得细胞杂交的植株。

3. 固体培养

固体培养是在微生物培养的基础上发展起来的植物细胞培养方法。固体培养基的凝固剂除去特殊研究外，几乎都使用琼脂，浓度一般为 2%～3%，细胞在培养基表面生长。原生质体固体培养则需混入培养基内进行嵌合培养，或者使原生质体在固体-液体之间进行双相培养。

4. 液体培养

利用固体琼脂培养基对植物的离体组织进行培养的方法在某些方面还存在一些缺点，比如在培养过程中，植物的愈伤组织在生长过程中的营养成分、植物组织产生的代谢物质呈现一个梯度分布，而且琼脂本身也有一些不明的物质成分可能对培养物产生影响，从而导致植物组织生长发育过程中代谢的改变。利用液体培养基则可以克服这一缺点，当植物的组织在液体培养基中生长时，我们可以通过薄层振荡培养或向培养基中通气用以改善培养基中氧气的供应。液体培养可分为静止培养和振荡培养等两类。静止培养不需要任何设备，适合于某些原生质体的培养。振荡培养需要摇床，使培养物和培养基保持充分混合以利于气体交换。

5.悬浮培养

悬浮培养（suspension culture）是指将组织培养物分离成单细胞或小细胞团，悬浮在液体培养基上进行培养的方法，在单细胞培养的基础上，得到优良的遗传基础稳定的单细胞无性系扩大培养。20 世纪 50 年代以来，从试管的悬浮培养发展到大容量的发酵罐培养。其优点是可提供大量比较均匀一致的植物细胞；细胞增殖的速度比愈伤组织快；适宜大规模工业化培养。与固体培养相比，悬浮培养具有三个基本优点：①增加培养细胞与培养液的接触面，改善营养供应；②可带走培养物产生的有害代谢产物，避免有害代谢产物局部浓度过高等问题；③保证了氧的充分供给。

6.固定化培养

固定化培养是在微生物和酶的固定化培养基础上发展起来的植物细胞培养方法。该法与固定化酶或微生物细胞类似，应用最广泛、能够保持细胞活性的固定化方法是将细胞包埋于海藻酸盐或卡拉胶中。由于固定化细胞比悬浮细胞培养机械性较好、较高的产率、更长的产物合成期，所以特别适合细胞培养产生活性代谢产物。因此，固定化培养技术是植物细胞大规模培养的发展方向。

（三）植物细胞的悬浮培养

悬浮培养系统是指离体的植物细胞悬浮在液体培养基中进行无菌培养。由愈伤组织液体培养技术发展而来。其特点是细胞可以不断增殖，形成高密度的细胞群体；还能够提供大量较为均匀的细胞，为研究细胞的生长、分化创造方法和条件。目前这项技术已经广泛应用于细胞的形态、生理、遗传、凋亡等研究工作，特别是为基因工程在植物细胞水平上的操作提供了理想的材料和途径。经过转化的植物细胞再经过诱导分化形成植株，即可获得携带有目标基因的个体。

1.细胞悬浮培养的要求

植物细胞的悬浮培养是指将植物细胞或较小的细胞团悬浮在液体培养基中进行培养，在培养过程中能够保持良好的分散状态。若从植物器官或组织开始建立细胞悬浮培养体系，就包括愈伤组织的诱导、继代培养、单细胞分离和悬浮培养。

细胞悬浮培养的材料要求为保持良好分散状态的单个细胞或小细胞聚集体。细胞悬浮培养的材料一般通过愈伤组织反复继代培养获得。选择疏松易碎的、外观新鲜湿润的愈伤组织继代培养，在培养的过程中不断进行搅拌和振荡，使得愈伤组织上分裂的细胞不断游离下来。在液体培养基中的培养物是混杂的，既有游离的单个细胞，也有较大的细胞团块，还有接种物的死细胞残渣。在液体悬浮培养过程中应注意及时进行细胞继代培养，因为当培养物生长到一定时期将进入分裂的静止期。对于多数悬浮培养物来说，细胞在培养到第 18～25d 时达到最大的密度，此时应进行第一次继代培养。在继代培养时，应将较大的细胞团块和接种物残渣除去。

细胞悬浮培养要注意以下几个问题。

（1）防止细胞凝聚成块植物细胞具有聚集在一起的特性，它们容易聚集成细胞团（2～200 个细胞，直径 2mm），或者细胞分裂后没有分离或分泌的黏多糖和蛋白质——细胞密度过大或黏性高引起混合和循环的不良。细胞增殖速度变慢，影响产物的质量和产量。

（2）剪切力的影响。植物细胞壁脆，对剪切力敏感。剪切力积极影响表现为增加通气，保持良好的混合状态和细胞分散性，对细胞生长繁殖有利，提高细胞产率和次生代谢产物产量多数情况下则呈现副作用，较高的搅拌速度会造成细胞损伤，引起胞内化合物的释放，影响细胞形态、代谢和产率及聚集状态等。因此要选择合适的搅拌方式。

(3) 保持细胞培养无菌。植物细胞培养成分复杂而丰富，适合真菌生长，植物细胞生长速度慢，生长周期长，要 2～3 周或者 2～3 个月极易造成污染。所以在植物细胞培养系统的准备及培养操作中，保持无菌状态相当重要。

2.悬浮细胞的生长与增殖

在悬浮细胞分批培养过程中，细胞数目不断发生变化，呈现出明显的由慢到快，再到慢，最后增长停止的细胞周期。悬浮培养时细胞的生长曲线如图 7-4 所示，细胞数量随着时间的变化曲线呈现 S 形，经历延迟期，对数生长期和直线生长期，减慢期和静止期。

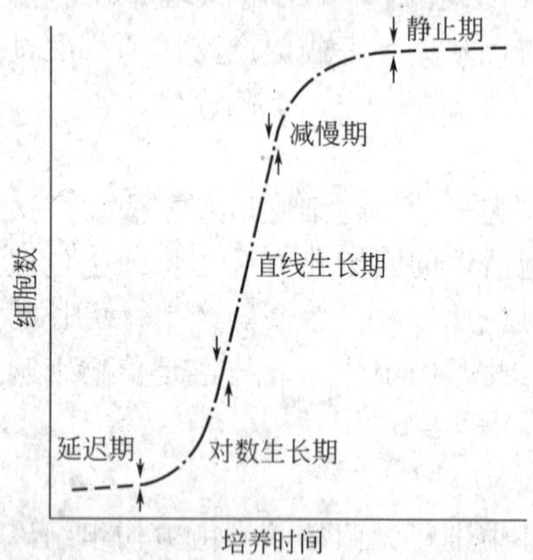

图 7-4 悬浮培养细胞在一个培养世代中细胞数的增长情况

(1) 延迟期 (lag phase)：细胞很少分裂，细胞数目增加少。延滞期的长短主要取决于在继代时原种培养细胞所处的生长期和转入细胞数量的多少。加入条件培养基，可以缩短滞后期。最佳继代时期应选择指数生长期和直线生长期。继代方法：用注射器或移液管吸取一定量的含单细胞和小细胞团的悬浮培养物，并移到含有新鲜培养基的培养瓶里，继续进行培养。对悬浮培养细胞继代时，进液口的孔径要小，只能通过单细胞或小细胞团（2～4 细胞），使用吸管或注射器。继代前，培养容器静置短时间，大细胞团沉降，再吸上层悬浮液。依此多次，可建立良好的细胞悬浮培养物。

(2) 对数生长期 (logarithmic phase)：细胞分裂活跃，数目迅速增加。缩短两次继代时间间隔，则可使悬浮培养的细胞一直保持指数生长期。

(3) 直线生长期 (linear phase)：细胞增殖最快时期，单位时间内细胞数目增长大致恒定，细胞数目达到最高峰。

(4) 缓慢期 (retard phase)：由于培养基中某些营养物质已经耗尽，或是由于有毒代谢产物的积累，细胞的增长逐渐减慢。

(5) 静止期 (stationary phase)：生长几乎处于停止状态，细胞数目增加极少，甚至开始死亡。如果使处在静止期的细胞悬浮液保持时间太长，则会引起细胞的大量死亡和解体。

在细胞接种到培养基中最初的时间内细胞很少分裂，经历一个延迟期后进入对数生长期和细胞迅速增殖的直线生长期，接着是细胞增殖减慢的减慢期和停止生长的静止期。整个周期经历时间的长短植物种类和起培养细胞密度的不同而不同。在细胞培养过程中，一般在静止期或静止期前后进行继代培养，具体时间可根据静止期细胞活力的变化而定。

悬浮培养细胞起始密度一般应在 $(0.5\sim2.5)\times10^5$ cells/mL，在培养过程中增加到 $(1\sim4)\times10^6$/mL，每个细胞平均分裂 4～6 次，历经 18～25d。

3.悬浮培养细胞的同步化

细胞团大小不一，所处的生长期有所不同，生长繁殖的能力和新陈代谢的水平也就有很大差别。为了使小细胞团在悬浮培养时处于比较均一的状态，需要进行同步化处理，使培养中大多数细胞都能同时通过细胞周期的各个阶段。

实现悬浮培养细胞同步化的方法主要有以下几种。

（1）体积选择法

体积选择法是根据细胞团的体积大小进行选择。将培养一段时间的细胞悬浮液，在无菌条件下，用一定孔径的不锈钢筛网过滤，除去大细胞团，再用较小孔径的筛网过滤，获得颗粒大小较均匀的小细胞团，再悬浮于新鲜的液体培养基中进行培养。

（2）低温处理法

将收集得到的细胞或小细胞团，在4℃左右的低温条件下处理1～3d，植物细胞在低温下全部停止生长繁殖，然后再悬浮于新鲜的液体培养基中，在25℃培养，于是细胞几乎同时开始生长繁殖，处于同步状态。

（3）限制营养处理法

断绝供应细胞进行正常细胞分裂所必需的一种营养成分或激素，将细胞或小细胞团悬浮在营养物质受到限制的培养液中培养几天，由于营养缺乏，细胞的生长繁殖受到限制，几乎所有的细胞都停止生长。经过一段时间的饥饿处理后，重新将这种限制因子加入培养基，则细胞几乎同步地开始生长繁殖。

（4）细胞分裂抑制法

在细胞或小细胞团培养过程中，通过向培养液中添加某种细胞分裂抑制剂处理一段时间，所有的细胞都停止分裂；处理一段时间后，把这些抑制物除去或将细胞转移到新鲜的液体培养基中，则所有的细胞几乎同步地开始分裂。

4. 悬浮培养的操作方式

按照不同的操作方式，植物细胞悬浮培养有以下三种方式。

（1）分批培养

分批培养指把细胞分散在一定容积的培养基中进行培养，建立单细胞培养物的培养方式。除了气体和挥发性代谢产物可以与外界环境交换之外，其他条件密闭。当培养基中的主要成分耗尽时，细胞的分裂和生长停止。因此，为了使分批培养的细胞不断增殖，需要进行继代培养。从培养开始起到细胞增长，停止的整个生长周期中，细胞数目增加的变化大致呈S形曲线（图7-4）。

为了达到大量积累产物的目的，近年来又发展了补料分批培养。当培养进入产物合成阶段时添加一定量的有利于产物合成的培养基，提高产物的积累量。分批培养培养装置和操作简单，培养周期短，但培养过程中细胞生长、产物积累、培养基物理状态随时间的变化而变化。

（2）连续培养（continuous culture）

连续培养是利用特制的培养容器进行大规模细胞培养的一种培养方式。连续地以一定速度添加培养液或营养盐，同时排出培养液，总培养液体积维持不变。连续培养可以延长细胞培养周期，延长了产物积累的时间，增加了产量。同时，细胞密度、基质及产物浓度等趋于恒定，便于对系统检测。但连续培养装置相对复杂。

连续培养的特点：①不断注入新鲜培养基，排掉旧的培养基，可以保证养分的充足供应，不会出现悬浮培养物发生营养亏缺的现象；②可在培养期间内使细胞长时间保持在对数生长；③适于大规模工厂化生产。

（3）半连续培养

半连续培养是利用培养罐进行大量细胞培养的一种方式。当培养罐内细胞数目增殖达到一定数量后，将1/2的细胞悬浮液倒于另一个培养罐中，分别添加新鲜培养基继续进行培养。该培养方法能重复地获得大量均匀一致的培养细胞。这种培养方式可以节省种子培养成本，但保留细胞的状态差异较大，特别是衰老细胞不能及时淘汰，从而影响下一培养周期细胞生长的一致性。

由于不同植物细胞的生长和产物代谢存在较大差异，因此，植物细胞培养除了上述基本方式外，常根据不同的要求进行相应改进。如当细胞生长和产物合成需要不同的培养基时，就需要建立两步法培养体系：先在细胞生长培养基中培养大量细胞，当细胞生长进入合成产物阶段后，再将其转入到产物合成培养基（生产培养基）中培养，在产物合成阶段又可采用连续培养方式以延长细胞生产时间。

第二节 动物细胞与组织培养

动物细胞与组织培养是从动物体内取出细胞或组织，模拟体内的生理环境。在无菌、适温和丰富的营养条件下，使离体细胞或组织生存、生长并维持结构和功能的一门技术。细胞或组织培养是细胞学研究的技术之一，是动物细胞工程的基础。

一、动物细胞与组织培养的基本概念

动物细胞培养（cell culture）是指从活体中取出小块组织分离出细胞，在一定条件下进行培养，使之能继续生存、生长、增殖的一种方法。其优点是离体条件下观察细胞生命活动规律，不受体内环境影响可人为改变条件，进一步观察生理功能的改变。

细胞培养使用单个细胞悬液，组织培养使用组织块（0.5～1mm^3）或薄片（厚0.2mm），器官培养使用器官原基或器官的一部分或整个器官。细胞培养可在体外进行（in vitro），也可在完整机体内进行（in vivo）。

动物单细胞制备的方法有酶法、机械法和螯合剂解离法。目前最常用的方法是酶法，即将动物胚胎或幼龄动物的器官、组织取出后，放在含抗生素的平衡盐溶液中，在无菌条件下，用胰蛋白酶或胶原酶解离主要成分为胶原蛋白、层粘连蛋白、纤粘连蛋白和弹性蛋白的细胞间基质，使组织分散，获得单个细胞。

动物单细胞的制备方法如图 7-5 所示。

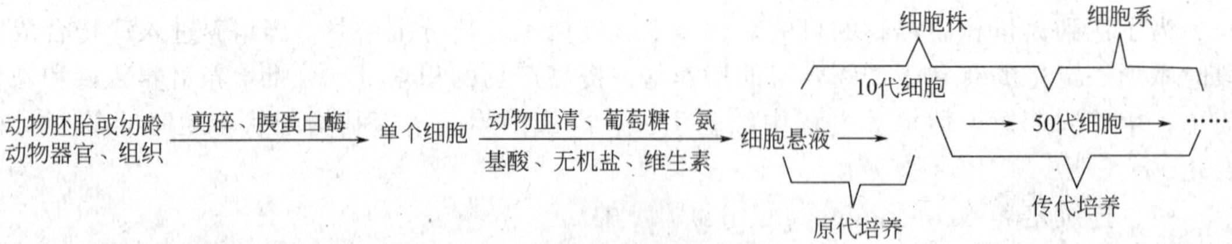

图 7-5 动物单细胞的制备方法

将组织取出来后，先用胰蛋白酶等处理使组织分散成单个细胞，然后配制成一定浓度的细胞悬浮液，再将该悬浮液放入培养瓶中，这个过程称为原代培养（primary culture）。也有人把第一代细胞的培养与10代以内的细胞培养统称为原代培养。

把原代培养增殖的细胞定期用胰蛋白酶从瓶壁上脱离出来，配制悬浮液，分装到两个或两个以上的培养瓶中培养，这个过程称为传代培养（secondary culture）。

原代培养的细胞一般传至10代左右就不容易传下去了，细胞的生长就会停滞，大部分细胞衰老死亡，极少数存活，并能传到40～50代，这种传代细胞叫做细胞株。40～50代后，大多数细胞又出现不能再传代下去的情况，但仍有部分细胞的遗传物质发生改变，并且有癌变的特点，有可能在培养条件下无限地传下去，这种传代细胞称为细胞系。

动物细胞培养技术可用来生产病毒疫苗、单克隆抗体、干扰素等。利用动物细胞培养技

术中的细胞贴壁生长和接触抑制的特点，可用烧伤患者自己的健康皮肤细胞培养出大量的薄层皮肤细胞，以供植皮所需。培养的动物细胞用于检测有毒物质，判断物质的毒性。

二、动物细胞的体外培养生长特性

动物细胞在体外培养条件下，由于生存环境大体相似，通过适应和修饰，原来在体内差异很大的各种细胞可以变得非常相似。无论上皮细胞抑或成纤维细胞，无论其来源是正常组织抑或是肿瘤组织。在形态、代谢、功能、结构（尤其是表面结构、细胞内骨架的分布、气体交换的方式）等方面尤为相似，致使彼此难以区别。体外培养细胞具备一系列共同的特征，其中特别值得一提的是，任何培养细胞均倾向于去分化；细胞与细胞之间的相互作用有所减弱；生长能力、有丝分裂活动有所激发；细胞的活动能力、吞噬能力及胞饮能力则有所增强。一切侥幸得以传代下去的细胞株、细胞系，实际上都是一些经过选择后的细胞群体，均有所变异。

培养细胞的生长方式有：贴附生长、悬浮生长等。贴附生长是指培养的细胞必须贴附于支持物表面才能生长，主要是各种实体瘤细胞。悬浮生长是指培养细胞于悬浮状态下生长，而不需要贴附于支持物表面，主要是各种造血系统肿瘤细胞。

培养细胞的生长过程通常包括 5 期：游离期、贴壁期、潜伏期、对数生长期及停止期(平台期)。游离期是细胞接种后在培养液中呈悬浮状态的时期，也称悬浮期。此时细胞质回缩，胞体呈圆球形。历时 10min～4h。贴壁期是细胞附着于底物上，游离期结束。细胞株平均在培养开始后 10min～4h 贴壁。细胞贴壁常需要其他物质或特殊的表面，如：胶原、玻璃、塑料、其他细胞等。血清中有促使细胞贴壁的球蛋白和纤粘素、胶原等糖蛋白（生长基质），这些带正电荷的糖蛋白先吸附于器皿表面，悬浮细胞再附着于吸附有促贴壁因子的表面。潜伏期，此时细胞有生长活动，而无细胞分裂。细胞株潜伏期一般为 6～24h。对数生长期，此期细胞数随时间变化成倍增长，活力最佳，最适合进行实验研究。停止期（平台期)：细胞长满瓶壁后，细胞虽有活力但不再分裂。

不同的动物细胞可表现出不同的形态，主要可分为：成纤维型细胞、上皮型细胞、游走型细胞和多形型细胞。

① 成纤维型细胞由形态与体内成纤维细胞的形态相似而得名，细胞在支持物表面呈梭形或不规则三角形生长，细胞中央有卵圆形核，胞质向外伸出 2～3cm 个长短不同的突起。除真正的成纤维细胞外，凡由中胚层间质起源的组织细胞常呈本类形态生长。

② 上皮型细胞在培养器皿支持物上生长具有扁平不规则多角形特征，细胞中央有圆形核，细胞紧密相连、单层膜样生长。起源于内、外胚层细胞如皮肤、表皮衍生物、消化管上皮等组织细胞培养时，皆呈上皮型形态生长。

③ 游走型细胞在支持物上散生长，一般不连成片。细胞质经常伸出伪足或突起，呈活跃地游走或变形运动，速度快且不规则。此型细胞不很稳定，有时亦难和其他型细胞区别。在一定的条件下，由于细胞密度增大连成片后，可呈类似多角型或成纤维细胞形态，常见于羊水细胞培养的早期。

④ 除了上述三型细胞外，还有一些组织和细胞，如神经组织的细胞等，难于确定它们的形态，可统归于多形型细胞。

三、动物细胞培养的营养和环境条件

离体细胞与体内的细胞在营养代谢上是有区别的。机体内的细胞营养可受神经和激素等进行一系列的统一调节，而离体的细胞则不受其调节。体外培养细胞的生长所需的基本营养物质，除碳水化合物、氨基酸和脂类三大类营养物质外，也需要一定量的无机盐、维生素和微量元素等。动物细胞培养所用的液体培养基与植物细胞培养所用的培养基在成分上有所不同，条件更为苛刻，培养液中除了含有葡萄糖、氨基酸、无机盐和维生素之外，还需要动物血清。

葡萄糖是机体活动能量的主要来源，并维持渗透压。维持细胞生存需12种氨基酸（精氨酸、胱氨酸、亮氨酸、异亮氨酸、赖氨酸、蛋氨酸、苯丙氨酸、苏氨酸、色氨酸、组氨酸、酪氨酸、缬氨酸)。酶的辅酶和辅基的组成部分，对细胞的代谢有重大的影响，某些维生素缺乏，短期可引起细胞死亡。如生物素、叶酸、胭酰胺、泛酸、吡多醇、核黄素、硫胺素及B_{12}等。维生素C也是不可少的，是氧化还原剂，具有递氢作用，利于细胞生物氧化还原作用，其他脂溶性维生素（A、D、E、K等）对细胞生长也有作用，它们常从血清中得到补充。补加白蛋白、谷胱甘肽、核酸和糖代谢中间物对细胞生长有益。

水是细胞生命活动的重要因素之一，细胞培养用的各种液体都要用水配制。由于有毒物质和元素等即使含量很低也能引起细胞培养的失败，所以细胞中所用的水必须经过高度的纯化。通常使用的是三次蒸馏水或去离子水。

无机离子既是维护细胞生命所需要的成分，而且对维持一定的渗透压、缓冲和调节溶液的酸碱度等方面都起着重要的作用。所以在配制细胞培养液时，必须根据这几方面的需要，加入必需的一些无机盐类。就多数动物来说，所需的无机盐类有Na^+、K^+、Ca^{2+}、Mg^{2+}、Cl^-、碳酸盐、磷酸盐等。它们彼此之间常保持一定的比例。破坏了这种关系，就会使培养的细胞受到损害。

血清是细胞培养液中的重要成分之一。血清中含有丰富的营养物质，如蛋白质和核酸等，还提供细胞生长所需的各种激素和生长因子，是维持细胞有丝分裂不可缺少的物质。血清不仅为细胞的生长提供所必需的营养，还具有促细胞附着、生长的能力，并能中和有毒物质的毒性，使细胞不受到损伤。用于细胞培养的血清来源是多种的，如人血清、马血清、兔血清等。最常用的是牛血清。一般来讲，动物愈年轻，其血清愈有利于细胞生长，其中以胎盘血清及新生牛血清最为常用。细胞培养中所用血清的质量会直接影响到细胞生长的状况。

pH值对细胞生长有影响。来源不同的细胞，由于它们处于有机体的不同部位或器官，其所处外环境的pH值也不相同，所以在培养细胞时，应参考该细胞在机体内所处外环境的pH值配置适宜pH值培养基（液）。一般以中性为好，刚开始培养的哺乳动物的细胞，pH值在7.0左右较好，贴壁生长的细胞在pH7.2～7.4生长最好，以不超过pH6.8～7.6为宜。高于或低于此限度时，往往会引起细胞死亡。在细胞培养过程中，必须注意培养液pH值改变与细胞生长的关系，找出规律。在pH值变得不适于细胞生长时，应及时更换新的营养液。

离体培养细胞一般要参考该种动物的体温设计培养时所用温度。通常哺乳动物的体温在37～38.5℃，禽类略高些，温度在39～40℃。因此，离体哺乳动物细胞培养的温度最适为37～38.5℃。在较低温度环境中，对细胞影响不大，但细胞对较高温度却比较敏感。

在细胞培养中，接种的细胞数目对细胞的生长状况有很大的影响。适宜的细胞浓度可以促进细胞的增殖。接种的细胞浓度过大或过小，均对细胞的增殖不利。尤其是原代细胞，其接种量与培养时细胞增殖的关系最大。一般接种的细胞（如肾细胞）数目以30～70万/mL为宜。

气体环境是人体细胞培养生存必需条件之一，所需气体主要有氧气和二氧化碳。氧气参与三羧酸循环，产生供给细胞生长增殖的能量和合成细胞生长所需用的各种成分。二氧化碳既是细胞代谢产物，也是细胞生长繁殖所需成分，它在细胞培养中的主要作用在于维持培养基的pH值。开放培养时一般把细胞置于95%空气加5%二氧化碳混合气体环境中。

在培养液配制后，培养液内常加适量抗菌素，以抑制可能存在的细菌的生长。通常是青霉素和链霉素联合使用。培养基内青霉素、链霉素最终使用浓度为100单位/mL。庆大霉素方便、广谱、稳定，培养基100单位。比较合理的建议是，在常规的细胞培养中不要使用抗生素。只有在培养污染源很多（比如组织培养），或者培养非常珍贵的细胞株时才使用抗生素。

此外，还需要促生长因子、激素类物质、促细胞贴附物质等。

动物细胞培养与植物组织培养的比较见表7-3。

表7-3 动物细胞培养与植物组织培养的比较

比较项目	动物细胞培养	植物组织培养
原理	细胞的增殖	植物细胞的全能性
培养基的物理性质	液体	固体
培养基的成分	营养物质、动物血清等	营养物质、激素
培养结果	培育成细胞系或细胞株	培育成新的植株或组织
培养的目的	获得细胞产物或细胞等	快速繁殖无病毒植株等
取材	动物胚胎或出生不久的幼龄动物的器官或组织	植物幼嫩部位或花药等
其他条件	均为无菌操作，需要适宜的温度、pH值等条件	

四、动物细胞培养技术

动物细胞的一般培养方式为群体培养，即将含有一定数量细胞的悬液置于培养瓶中，让细胞贴壁生长，汇合后形成均匀的单细胞层；另一种培养方式是克隆培养，即将高度稀释的游离细胞悬液加入培养瓶中，各个细胞贴壁后，彼此距离较远，经过生长增殖后，每一个细胞形成一个细胞集落，称为克隆。一个细胞克隆中的所有细胞均来源于同一个祖细胞。此外，也可以在培养过程中不断地转动培养瓶，使培养的细胞始终处于悬浮状态之中而不贴壁。

（一）原代细胞培养

将动物机体的各种组织从机体中取出，经各种酶（常用胰蛋白酶）、螯合剂（常用EDTA）或机械方法处理，分散成单细胞，置合适的培养基中培养，使细胞得以生存、生长和繁殖，这一过程称原代培养。原代培养细胞离体时间短，性状与体内相似，适用于研究。一般说来，幼稚状态的组织和细胞（如动物的胚胎、幼仔的脏器）等更容易进行原代培养。

组织块培养法是细胞培养技术中最简单和最常用的方法。要培养的瘤块或组织用营养液漂洗，用剪刀或组织解剖刀将材料剖成1～2mm的组织块，移液管将这些组织块移至培养瓶，用橡皮塞封口，开放式培养瓶用金属螺纹帽封口，添加培养液后翻转培养瓶使组织块脱离培养液10～15min（37℃）以使组织块能贴附于容器的壁上。待由培养细胞组成的生长晕有足够大的时候，可用物理的方法（如冲洗、刮取等）或化学的方法取得。细胞取下移至另一培养瓶中试以传代。本法所获得的细胞其实是一个混合的细胞群体，很难用定量的方法来估计其组成比例。

悬浮细胞原代培养法是将待培养的组织或瘤块漂洗和挑选后先用刀具破碎，在无钙无镁（此种情况下细胞间的黏附力会下降）但含有蛋白酶（如胰酶、胶原酶、蛋白酶）或整合剂的溶液中温育，获得分散的细胞悬液，获得的细胞以一定的数量移植至培养瓶内，静置30min至24h不等以待其贴壁，细胞增殖到一定数量即可将之转移到另一培养瓶以试图传代。

（二）继代细胞培养

体外培养的原代细胞或细胞株要在体外持续地培养就必须传代，以便获得稳定的细胞株或得到大量的同种细胞，并维持细胞种的延续。培养的细胞形成单层汇合以后，由于密度过大、生存空间不足而引起营养枯竭，将培养的细胞分散，从容器中取出，以1∶2或1∶3以上的比率转移到另外的容器中进行培养，即为传代培养。根据细胞生长的特点，传代方法有3种。

1.悬浮生长细胞传代

离心法传代：离心（1000r/min）去上清，沉淀物加新培养液后再混匀传代。

直接传代法：悬浮细胞沉淀在瓶壁时，将上清培养液去除1/2～2/3，然后用吸管直接吹打形成细胞悬液再传代。

2.半悬浮生长细胞传代（Hela细胞）

此类细胞部分呈现贴壁生长现象，但贴壁不牢，可用直接吹打法使细胞从瓶壁脱落下来，进行传代。

3.贴壁生长细胞传代

采用酶消化法传代。常用的消化液有0.25%的胰蛋白酶液。

（三）细胞的无血清培养

培养基中的血清虽然为细胞生长所必需，但由于其非限定性和批间差异性已使实验无法在一个控制的条件下进行。还可因此引起污染，给日后纯化细胞产物带来诸多不便，成本也十分昂贵。人们正试用各种生长因子组成的无血清培养基来代替经典的含血清培养基，目前已取得相当成功。20世纪60年代利伯曼和奥弗等首先进行了无血清培养的尝试，经山根、佐藤等发展，目前无血清培养基（又称无血清限定培养基或简称限定培养基）已在全世界广泛应用和发展。这类培养基主要以各种激素（如胰岛素、各种前列腺素、生长激素等）、生长因子（如表皮生长因子、成纤维细胞生长因子、神经生长因子、M6A等）、维生素、载体蛋白（如转铁蛋白、铜蓝蛋白等）、微量元素（乙醇胺）以及贴壁与展开因子（如昆布氨酸、纤维黏素等）取代含血清培养基中的血清部分。这样，不但排除了血清的干扰，在更接近体内的条件下维持细胞的功能和活力。山根等人发现，不同组织学类型的细胞所需要的活性物质在质的方面完全不同，而不同动物来源的同一组织学类型的细胞所需要的活性物质在质的方面极为相似。

五、细胞培养物的保存和复苏

鉴于用长期传代的方法来保存细胞株系不但十分困难，而且有可能出现变异，所以培养物应保存在液氮或－70℃冰箱中。一般都用试剂级的体积分数5%、10%或15%的甘油以及10%的二甲亚枫（DMSO）冻存原代或传代的细胞，体积分数5%的甘油对大多数动物细胞的冻存非常适合。在解冻时用培养基稀释的办法也易将这种低浓度的甘油除去。

保存的主要操作方法：换液后24h的细胞收获在适当的培养液中，有5%或10%的甘油或DMSO作为冷冻保护剂；细胞浓度为（2～6）$\times 10^6$个/mL的悬液；分装1mL于容量为2.2mL的厚壁安瓿中；通入5%或10%的CO_2平衡碱性；将安瓿封口，浸入5℃的亚甲基蓝30min；使冷冻保护剂分布趋于平衡，检出封口不好的安瓿；以1～3℃/min的速率降至－30℃，15～30℃/min的速率降至－150℃，再迅速转入液氮（－196℃）中保存；－90℃时细胞能保存6个月以上，而－196℃几乎可以无限期地保存。

冻存细胞的复苏：必须戴面罩保护好面部和颈部，还要戴绝热手套；迅速取出所需安瓿并立即投入37℃水浴中，摇动安瓿使内容物在20～60s内完全恢复悬液状态；将安瓿浸入

70%乙醇溶液中（室温下），用预先浸在乙醇中的小砂轮在标准的安瓿上划痕，在划痕处弄断瓶颈；用消过毒的移液管或注射器将内容物移到至少 10mL 完全培养基中，1000g 离心 10min，将沉淀的细胞加一份新鲜培养液混匀后按标准步骤培养细胞。

六、动物细胞的大规模培养

动物细胞大规模培养的工艺流程如图 7-6 所示，先将组织切成碎片，然后用蛋白质酶处理得到单个细胞，收集细胞并离心。获得的细胞植入营养培养基中，使之增值至覆盖瓶壁表面，用酶把细胞消化下来，再接种到若干培养瓶以扩大培养，获得的细胞可作为“种子”进行液氮保存。需要时，从液氮中取出一部分细胞解冻，复活培养和扩培，之后接入大规模反应器进行产品生产。需要加入诱导物才能得到产物或者病毒感染后才能得到产物的细胞，需在生产过程中加入适量的诱导物或感染病毒，再经分离纯化获得目的产品。

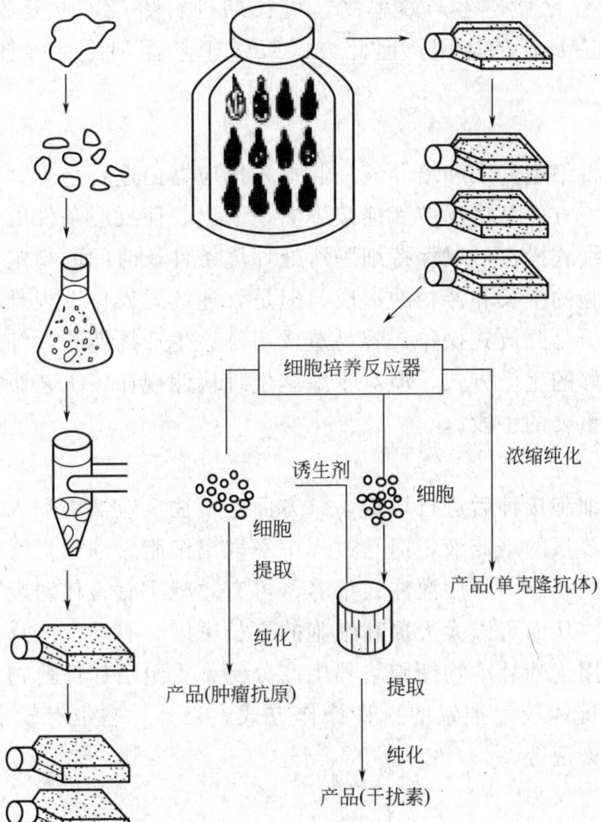

图 7-6　动物细胞大规模培养工艺流程

动物细胞无论是贴壁培养或是悬浮培养，均可分为分批式、流加式、半连续式、连续式、灌注式等多种操作方式。

1. 分批式操作

将动物细胞和培养液一次性装入反应器内培养，待产物形成和细胞增长到适当时间，终止培养，收获细胞和产物。分批式培养操作简单、培养周期短、污染和细胞突变的风险小，是动物细胞大规模培养发展进程中较早采用的方式，也是其他操作方式的基础。但在分批式培养中细胞不是总处在最优条件下，细胞密度也受到培养基浓度的限制，因此这种操作方式不是最佳的操作方式。

2.流加式操作

先将一定的培养液装入反应器，在适宜的条件下接种细胞，进行培养，使细胞不断生长，产物不断形成。在此过程中随着营养物质的不断消耗，不断地向系统中补充新的营养成分，使细胞进一步生长代谢，直到整个培养结束后取出产物。流加式操作是当前动物细胞培养工艺中占有主流优势的培养工艺，也是近年来动物细胞大规模培养技术研究的热点。与单纯的分批式操作相比，流加式操作对培养的控制更为细致，保证细胞在比较好的环境下繁殖和产生目的产物，因此往往能实现高密度培养。

3.半连续式操作

半连续式操作是在分批式操作的基础上，将分批培养的培养液取出一部分，并重新补充加入等量的新鲜培养基，从而使反应器内培养液的总体积保持不变的操作方式。由于该操作方式具有操作简便，生产效率高，可长期进行生产，反复收获产品等优点，目前在动物细胞培养中有广泛的应用。但此方式只适于悬浮细胞培养体系，不适合贴壁细胞培养。

4.连续式操作

连续式操作是指将细胞种子和培养液一起加入反应器内进行培养，一方面新鲜培养液不断加入反应器内，另一方面又将反应液连续不断地取出，使反应条件处于一种恒定状态。与分批式操作不同，连续式操作可以保持细胞所处环境条件长时间的稳定，使细胞保持在最优化的状态下，促进细胞的生长和产物的形成。但是，连续式操作下很难实现细胞的高密度培养，生产效率低；由于是开放式操作，容易造成污染；生产周期长，细胞容易变异。所以连续式操作不一定是很好的生产方式，但对于细胞生理代谢规律、工艺研究、动力学研究，连续式培养仍然是一种重要的手段。

5.灌注式操作

灌注式操作是把细胞接种后进行培养，一方面连续往反应器中加入新鲜的培养基，同时又连续不间断地取出等量的培养液，但是过程中不取出细胞，细胞仍留在反应器内，使细胞处于一种营养不间断的状态。采用灌注式培养，可有效减小有害代谢废物的浓度，保持细胞所需的最佳生长条件，从而可以大大提高细胞的生长密度，有助于产物的表达和纯化。灌注式操作方式是近年来用于哺乳动物细胞培养生产分泌型重组治疗性药物和嵌合抗体，以及人源化抗体等基因工程抗体较为推崇的一种操作方式。当然，它也有缺点，如培养基消耗量大、操作复杂、容易染菌等。

第三节 细胞工程的主要技术及其应用

一、细胞融合

在外力（诱导剂或促融剂）作用下，两个或两个以上的异源（种、属间）细胞或原生质体相互接触，从而发生膜融合、胞质融合和核融合并形成杂种细胞的现象称为细胞融合（cell fusion）或细胞杂交（cell hybridization）。如取材为体细胞则称体细胞杂交（somatic hybridization）。体细胞融合后可形成四倍体或多倍体细胞，由此形成的杂交细胞，其特性会有很大的变化。

细胞融合过程是：两原生质体或细胞互相接近→形成细胞桥→胞质渗透→细胞核融合。其中，细胞桥的形成是细胞融合的最关键的一步。细胞融合技术包括以下几种类型。

（1）原生质体的制备

① 植物原生质体的制备。由于植物细胞具有细胞壁，所以常用酶解法制备原生质体，即用复合酶制剂，如纤维素酶类、半纤维素酶类、果胶酶类、崩溃酶或蜗牛酶对细胞或组织进行酶解，释放出裸露的原生质体。

② 动物单细胞的获得。动物细胞没有细胞壁，但细胞间存在胶原蛋白、层粘连蛋白等连接物质，因此用胰蛋白酶或胶原酶解离胞间基质，可获得动物单细胞。

（2）原生质体融合

原生质体融合的主要方法是利用高钙、高 pH 值条件下的聚乙二醇法（PEG）融合方法，该方法由加拿大籍华人高国楠最终完善，它显著提高了原生质体的融合率。1979 年 Senda 发明了以电激法提高原生质体融合率的新方法。由于这一系列方法的提出和建立，促使原生质体融合实验蓬蓬勃勃开展起来。聚乙二醇（PEG）法诱导原生质体融合过程如图 7-7 所示。

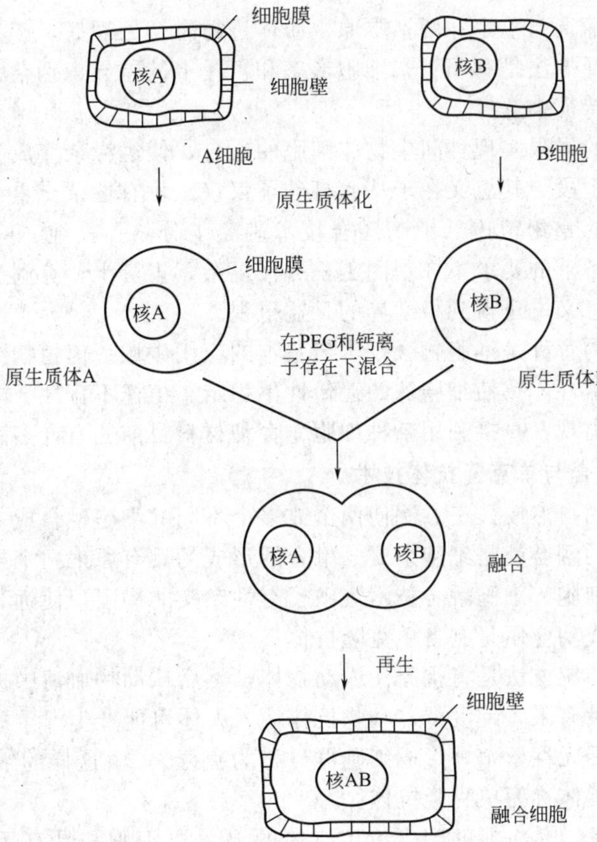

图 7-7　聚乙二醇（PEG）法诱导原生质体融合过程

原生质体融合后所形成的融合细胞，含有来自不同亲本的细胞核，因此又称为异核体。植物异核体获得的方法有无机盐诱导融合法、聚乙二醇（PEG）结合高钙-高 pH 值诱导法、电融合诱导法等；动物细胞融合常用的方法主要是灭活的仙台病毒介导法；微生物细胞融合常用 PEG 融合法（表 7-4）。

表 7-4 几种原生质体融合的原理和优缺点

方法	原理	优缺点
化学法	用化学融合剂促进原生质体融合，常用化学试剂中最常用的就是 PEG 结合高 Ca^{2+}、pH 值诱导法	优点：不需要特别的仪器设备，操作简便 缺点：原生质体聚集成团的大小不易控制，且 PEG 本身对原生质体具有一定的毒性，可能影响原生质体的再生，另外融合率不高
物理法	用物理的手段（如电场、激光、超声波、磁声等）使亲本的原生质体发生融合，最常用的主要有：电处理融合法、激光诱导融合法以及在电融合技术上改进的方法如磁-电融合法、超声-电融合法及电-机械融合法等	优点：电融合条件可控，融合率高，无毒 缺点：设备条件要求高，费用较贵
生物法	紫外灭活的病毒膜片能使细胞间产生凝聚和融合	病毒制备困难，操作复杂，实验重复性差，融合率很低，适用于动物细胞融合

（3）杂种细胞的筛选与鉴定。两亲本原生质体进行融合处理后，产生的细胞并不都是杂种细胞。最简单的选择方法是利用双亲细胞形态和色泽上的差异识别杂种细胞，但多数是根据细胞生理遗传上的特征来选择。

细胞能不受种属的局限实现种间生物体细胞的融合，使远缘杂交成为可能，因而是改造细胞遗传物质的有力手段，其意义在于从此打破了仅仅依赖有性杂交重组基因创造新种的界限，扩大了遗传物质的重组范围。细胞融合技术避免了分离、提纯、剪切、拼接等基因操作，在技术和仪器设备上的要求不像基因工程那样复杂，投资少，有利于广泛开展研究和推广，有着重大的实践意义，正得到科学界的日益重视。

用于植物和微生物育种是细胞融合技术最基本的应用领域。但植物细胞融合后获得的杂种细胞具有染色体异倍性，致使细胞株的遗传性不稳定、植株不育性、畸形、生育迟缓等不符合育种要求的性状出现，直接利用杂种细胞作育种材料目前还有许多障碍。

（一）动物细胞融合与单克隆抗体技术

动物细胞融合指用自然或人工方法使两个或多个不同的细胞融合成一个细胞的过程。不同基因型的细胞之间的融合就是细胞杂交。融合后形成的具有原来两个或多个细胞遗传信息的单核细胞成为杂交细胞。细胞融合技术突破了有性杂交的局限，使远缘杂交成为可能。目前，动物细胞融合的成功应用是制备单克隆抗体。

人们获得抗体的传统方法是将抗原注入动物体，然后从动物血清中提取抗体。这种方法的缺点是效率低，产量有限，纯度低，动物抗体注入人体可能产生严重的过敏反应。

由单个浆细胞进行无性繁殖，形成细胞群（称为克隆），由这样的细胞群产生的化学性质单一、特异性强的抗体称为单克隆抗体。

单克隆抗体的制备，是将能够产生特定抗体的 B 淋巴细胞和具有无限增殖能力的骨髓瘤细胞融合在一起，形成杂交瘤细胞。杂交瘤细胞既能在体外快速生长，又能持续分泌成分单一的特异性抗体。这种单一类型的只针对某一特定抗原决定簇的抗体分子，就是单克隆抗体。

哺乳动物体内主要有两类淋巴细胞：T 淋巴细胞和 B 淋巴细胞。前者能分泌淋巴因子（如干扰素），发挥细胞免疫的功能；后者能分泌抗体，具有体液免疫的作用。由于外环境纷繁复杂，千差万别的抗原诱使 B 淋巴细胞群产生的抗体高达数百万种。不过每个 B 淋巴细胞都仅专一地产生、分泌一种针对某种抗原决定簇的特异性抗体。显然，要想获得大量专一性抗体，就得从某个特定B淋巴细胞培养繁殖出大量的细胞群体，即克隆。如此克隆出的细胞其遗传性质高度一致，由它们分泌出的抗体即叫作单克隆抗体。令人遗憾的是，B淋巴细胞在体外不能无限分裂繁殖。为此，1975年柯勒（Kohler）和米尔斯坦（Milstein）利用肿瘤细胞无限增殖的特性，将B细胞与之融合，终于获得了既能产生单一抗体又能在体外无限生长的杂合细胞，他们由此荣获1984年诺贝尔生理学与医学奖。

利用淋巴细胞杂交瘤技术制备单克隆抗体流程如图7-8所示。

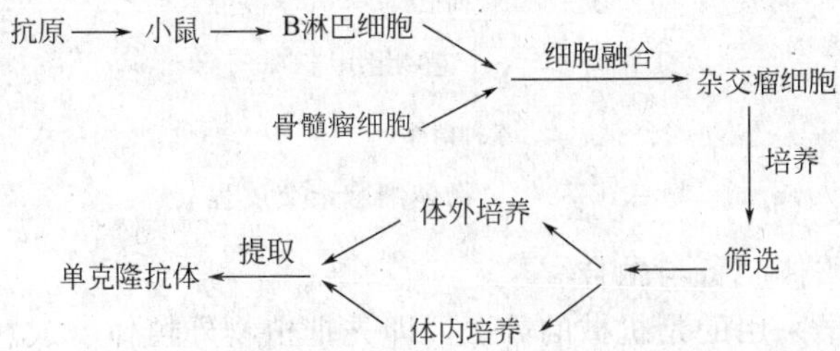

图7-8　单克隆抗体制备流程图

实验前数周分次用特异抗原免疫实验动物（小鼠），使其脾内产生大量处于活跃增殖状态的特异B细胞。杀鼠取脾制得含大量B细胞的脾细胞后，将鼠骨髓瘤细胞和脾细胞以聚乙二醇（PEG）法进行细胞融合。杂合细胞的筛选是本技术的关键。B细胞天然地不能在体外增殖，而骨髓瘤细胞是所谓的HGPRT（hypoxanthine-guanine phosphoribosyl transferase，次黄嘌呤-鸟嘌呤磷酸核糖转移酶）基因缺陷细胞，因此只有从淋巴细胞获得HGPRT基因等因子的骨髓瘤细胞才能在HAT（H—hypoxanthine次黄嘌呤，A—aminopterin甲氨喋呤，T—thymidine胸腺嘧啶核苷）选择培养液中生长。由于脾中具极多种B细胞，融合后也必然产生很多种杂合细胞，因此必须对筛选得到的杂合细胞高度稀释后进行单细胞培养，待其增殖成一个细胞群体（克隆）后，用特异技术分别检测它们产生的抗体，从中挑出能产生所需单一性抗体的杂合细胞，即杂交瘤细胞，这就是所谓的二级筛选法。此外还应注意，杂交瘤细胞是准四倍体细胞，遗传性质不稳定，随着每次细胞有丝分裂，都可能丢失个别或部分染色体，直到细胞呈现稳定状态为止。因此在建立杂交瘤细胞系的过程中要经常检查，存优汰劣。

获得较稳定的单克隆杂交瘤细胞后，可将它们注射入哺乳动物（小鼠）腹腔（体内），然后从腹水中分离、提取单克隆抗体；或者将它们移到培养瓶或生物反应器中培养（体外），再从培养液中回收产生的抗体。

单克隆抗体特异性强，灵敏度高，可大量制备；作为诊断试剂在临床生化诊断、病理组织定位、体内肿瘤的定位等，与常规抗体相比，具有准确、高效、简易、快速特点；用于治疗疾病和运载药物，主要用于癌症治疗。单克隆抗体作为生物导弹，能准确找到癌细胞位置，利用其携带的放射性同位素、化学药物或细胞毒素，原位杀死癌细胞。

（二）植物细胞融合

对于植物，若亲本细胞是体细胞，植物细胞融合也叫体细胞杂交（somatic cellhybridization）。由于它不仅能产生同种细胞融合，也能产生种间细胞的融合，因此细胞融合技术在创造新细胞、培育新品种方面意义重大。通过细胞融合可获得细胞核、叶绿体、线粒体基因组的重新组合，可应用于遗传性状改良、克服远缘杂交中的不亲和障碍、更加广泛地组合起各种生物的优良遗传性状，从而培育出理想的新品种。

植物体细胞杂交过程如图7-9所示。

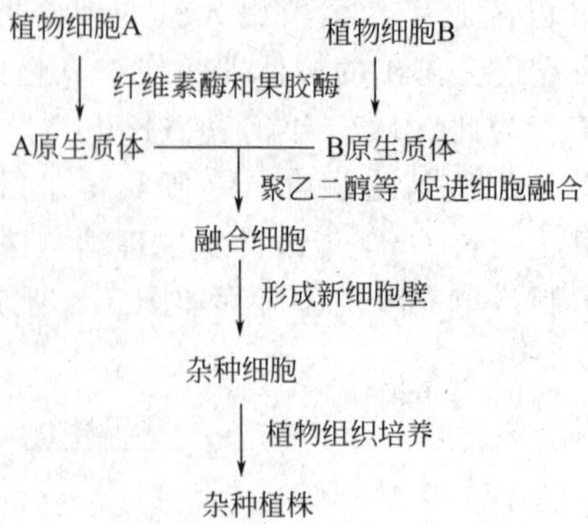

图 7-9 植物体细胞杂交过程

1. 植物细胞原生质体制备与融合

制备原生质体最早采用的是机械的方法，即先把植物外植体（或愈伤组织、悬浮培养细胞）进行糖或盐的高渗处理，细胞质收缩，最后导致质壁分离；随后用组织捣碎机等高速运转的刀具随机切割细胞，最终可能从中获得少量脱壁细胞（或亚细胞）供细胞融合用。不过用机械法制取的脱壁细胞往往损伤严重、数量少，难以进行有效的融合。1960 年该领域终于出现了重大突破。由英国诺丁汉大学 Cocking 教授领导的小组率先利用真菌纤维素酶，成功地制备出了大量具有高度活性可再生的番茄幼根细胞原生质体，开辟了原生质体融合研究的新阶段。

植物细胞原生质体是指那些已去除全部细胞壁的细胞。这时细胞外仅由细胞膜包裹，呈圆形，要在高渗液中才能维持细胞的相对稳定。此外在酶解过程中残存少量细胞壁的原生质体叫原生质球或球状体。它们都是进行原生质体融合的好材料。

2. 杂合体的鉴别与筛选

双亲本原生质体经融合处理后产生的杂合细胞，一般要经含有渗透压稳定剂的原生质体培养基培养（液体或固体），再生出细胞壁后转移到合适的培养基中。待长出愈伤组织后按常规方法诱导其长芽、生根、成苗。在此过程中可对是否杂合细胞或植株进行鉴别与筛选。鉴别与筛选可采用杂合细胞的显微镜鉴别或互补法筛选方法。根据亲本细胞特征进行鉴别，如：细胞大小、颜色等，若一方细胞大，另一方细胞小，则大、小细胞融合的就是杂合细胞；若一方细胞基本无色，另一方为绿色，则白绿色结合的细胞是杂合细胞等。发现上述杂合细胞后可借助显微操作仪在显微镜下直接取出，移置再生培养基培养。互补法筛选则利用亲本细胞遗传性状的互补特性进行筛选。

（三）微生物细胞融合

对微生物而言，细胞融合技术主要用于改良微生物菌种特性，提高目的产物的产量，使菌种获得新的性状、合成新产物等。与基因工程技术相结合，使对遗传物质进一步修饰提供了各种各样的可能性。目前微生物细胞融合的对象已扩展到酵母、霉菌、细菌和放线菌等多种微生物的种间以至属间，不断培育出用于各种领域的新菌种。

1. 原核细胞的原生质体制备

细菌是最典型的原核生物，它们都是单细胞生物。细菌细胞外有一层成分不同、结构相异的坚韧细胞壁形成抵抗不良环境因素的天然屏障。根据细胞壁的差异一般将细菌分成革兰氏阳性菌和革兰氏阴性菌两大类。前者肽聚糖约占细胞壁成分的 90%，而后者的细胞壁上除了部分肽聚糖外还有大量的脂多糖等有机大分子。由此决定了它们对溶菌酶的敏感性有很大差异。

溶菌酶广泛存在于动植物、微生物细胞及其分泌物中。它能特异地切开肽聚糖中 N-乙酸胞壁酸与 N-乙酰葡萄糖胺之间的 β-1,4 糖苷键，从而使革兰氏阳性菌的细胞壁溶解。处理革兰氏阴性菌时，除了溶菌酶外，一般还要添加适量的 EDTA（乙二胺四乙酸），才能除去它们的细胞壁，制得原生质体。

2. 真菌的原生质体制备

真菌主要有单细胞的酵母类和多细胞菌丝真菌类。它们的细胞壁成分比较复杂，主要由几丁质及各类葡聚糖构成纤维网状结构，其中夹杂着少量的甘露糖、蛋白质和脂类。因此可在含有渗透压稳定剂的反应介质中加入消解酶或用取自蜗牛消化道的蜗牛酶（复合酶）进行处理。此外还可用纤维素酶、几丁质酶等。

3. 原生质体融合

所谓原生质体融合，就是将双亲株的微生物细胞分别通过酶解脱壁，使之形成原生质体，然后在高渗的条件下混合，并加入物理的、化学的或者生物的助融条件，使双亲株的原生质体间发生相互凝集，通过细胞质融合、核融合，而后发生基因组间的交换重组，进而可以在适宜的条件下再生出微生物的细胞壁来，从而获得重组子的过程。

PEG 诱导细胞融合由于具有容易制备和控制、活性稳定、使用方便等特点，在细胞融合领域取得了可喜的成绩，大量的研究仍采用此法。虽然 PEG 作为融合剂有很多成功的报道，但存在着对细胞损伤大、残存有毒性、融合率较低及经验性差等缺陷。近年来，细胞电融合技术迅速崛起并显示出强大的生命力。

4. 融合体的检出与分离

融合体中除重组体外，还有异核体或部分结合子、杂合二倍体或杂合系，这些都会在平板上形成菌落，检出融合体的方法有多种，在育种工作中可根据实验目的和微生物的不同加以选择。检出融合体的常用方法有利用营养缺陷型标记选择、利用耐药性选择、利用灭活原生质体检出、利用荧光染色法选择、利用双亲对碳源利用不同而检出、利用形态差异检出。

真菌一般都是单倍体，只有那些形成真正单倍重组体的融合子才能稳定传代。具有杂合双倍体和异核体的融合子遗传特性不稳定，尚需经多代考证才能最后断定是否为真正的杂合细胞。至今国内外已成功地进行了蘑菇、香菇、木耳、凤尾菇、平菇等真菌的融合改造，取得了相当可观的经济效益。

二、染色体工程

染色体是真核细胞的遗传物质的存在形式。染色体变异在自然界里经常发生，但是频率较低。为了增加变异的概率，可以利用各种物理（如射线、超声波、高温等）和化学药剂（如秋水仙素等）人工诱发染色体变异，这样得到的诱发频率要高出自然突变概率的几百倍甚至几千倍。

染色体工程（chromosome engineering）是指按照预先的设计，有计划地消减、添加或替换同种或异种染色体，从而达到定向改变生物遗传性状和选育新品种的一种技术。由于多倍体动物具有生长速度快，成活率高及抗病能力强等特点，所以人工诱导多倍体、改善动物经济性状备受重视。在高等植物中染色体组成多倍性现象相当多，但动物界的多倍体现象却少得多。染色体工程目前主要应用于植物的遗传育种领域。

根据育种目标要求，采用染色体加倍或染色体数减半的方法选育植物新品种的途径称为倍性育种。目前最常用的是整倍体，包括两种形式，一种是利用染色体数加倍的多倍体育种，另一种是利用染色体数减半的单倍体育种。它所涉及的是整套的染色体，还没有达到基因水平或分子水平。

(一) 多倍体育种

在一个植物属内，以染色体数目最少的二倍体种的配子染色体数为准，作为全属植物的染色体基数，包括这一基数的染色体称为一个染色体组。只有一个染色体组的植物称为单倍体；有两个染色体组的植物称为二倍体；有三个或三个以上染色体组的植物统称为多倍体。在同一属植物内常存在一连串不同倍性的物种，从而排成一个由少至多的多倍体系列。多倍体在植物进化中起着重要作用：多倍体在自然界普遍存在，被子植物中 1/2 以上为多倍体，花卉中 2/3 为多倍体。多倍体与二倍体相比，最显著的特点是形态上的巨大性，代谢更为旺盛。此外，糖类、蛋白质及其他产物的含量也有所提高。多倍体具有花大、重瓣性强、花色浓艳、抗逆性强等优点，是克服远缘杂交不亲和性及远缘杂种不育性的重要手段。

人工诱导多倍体的方法有生物学、物理学和化学方法。其中物理方法主要用于多倍体育种史的初期，现已不常用；生物方法是随着组织培养技术发展起来的新技术，尚不成熟。这两种方法由于加倍的效率低而很少使用。目前最普遍采用的方法是化学试剂诱导法，其中秋水仙素则是至今发现的最有效、使用最为广泛的染色体加倍诱导剂。

秋水仙素（colchicine）是从一种百合科秋水仙属植物器官中提取的一种生物碱，特异性地与细胞中的微管蛋白质分子结合，从而使正在分裂的细胞中的纺锤丝合成受阻，导致复制后的染色体无法向细胞两极移动，最终形成染色体加倍的核。通常以植物茎端分生组织或发育期的幼胚为材料。在一定浓度范围内，秋水仙素不会对染色体结构有破坏作用，在遗传上也很少引起不利变异。处理一定时间的细胞可以在药剂去除后恢复正常分裂，形成染色体加倍的多倍体细胞。

无籽西瓜的果实由于没有籽、品质好、食用方便、高产、抗病、耐贮运等优点而深受生产者、经营者和消费者欢迎。普通西瓜为二倍体植物，即体内有两组染色体。无籽西瓜是用种子种出来的，但这个种子不是无籽西瓜里的种子，而是自然的二倍体西瓜跟经过诱变产生的四倍体杂交后形成的三倍体西瓜里的种子。由于是三倍体，所以本身是没有繁殖能力的，即在果实内没有种子，因而称为三倍体无籽西瓜。三倍体无籽西瓜的培育过程如图 7-10 所示。

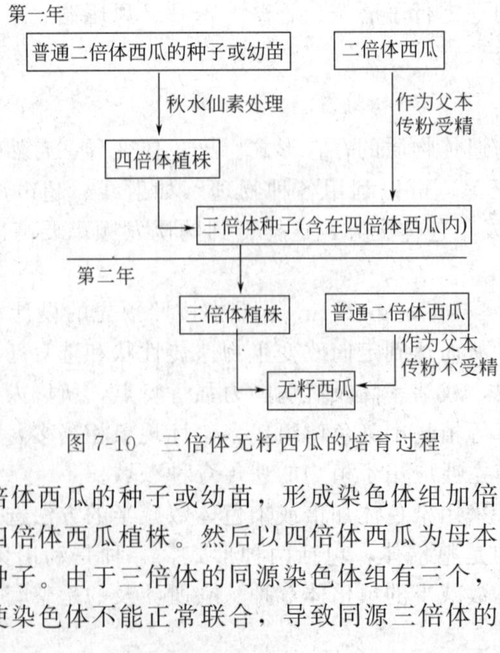

图 7-10　三倍体无籽西瓜的培育过程

用秋水仙素处理二倍体西瓜的种子或幼苗，形成染色体组加倍的细胞，使普通二倍体西瓜染色体组加倍而得到四倍体西瓜植株。然后以四倍体西瓜为母本、二倍体西瓜为父本进行杂交，从而得到三倍体种子。由于三倍体的同源染色体组有三个，在减数分裂后期配子染色体组合成分的不平衡，使染色体不能正常联合，导致同源三倍体的高度不育，也没有籽。

(二) 单倍体育种

不论细胞本身含有几个染色体组，只要细胞中含有正常体细胞的一半染色体数，即具有配子染色体数目的个体都叫单倍体。单倍体与二倍体形态基本相似，植株矮小，叶薄，花器较小，生活力较弱。单倍体表现高度不育，原因在于其无法实现正常的减数分裂。

单倍体育种是指将具有单套染色体的单倍体植物，经人工染色体加倍，使其成为纯合二倍体，从中筛选出优良个体，直接繁育成新品种；或选出具有单一优良性状的个体，作为杂交育种的原始材料。由于单倍体只有一套染色体，染色体上的每个基因都能显示相应的性状，所以极易发现所产生的突变，尤其是隐性突变，在表型上可以直接表现出来，所以单倍体是研究基因或基因效应、进行染色体遗传分析的理想实验材料。由于通过人工方法，使单倍体的染色体加倍就可以获得纯合二倍体，因此在育种上具有极高价值。可以克服杂种分离的困难，缩短杂交育种时间，一般只需一年就可迅速获得自交系，两年就可获得纯系。大大提高选育效率，若按照理论推算，效率较常规育种的效率提高 2000 多倍。能克服远缘杂交的不孕性，创造出新物种。

单倍体既可以自然产生，也可以人工诱导，它一般是由不正常的受精过程产生的，即由孤雌生殖、孤雄生殖、无配子生殖等方式产生的。在育种工作中，单倍体主要靠人工诱导单性生殖，使杂交后代的异质配子形成单倍体植株，经染色体加倍成为纯系，然后进行选育获得新品种。人工获得单倍体的途径有两种：一是诱导孤雌生殖，即利用远缘的异属花粉授粉、延迟授粉、用高剂量射线照射的花粉授粉、化学药剂处理或异常变温处理；机械刺激子房等；二是离体诱导，即花药培养（器官培养)、花粉培养（细胞培养)、胚珠培养或未授粉子房培养。

单倍体育种（花药离体培养）的基本过程如图 7-11 所示。

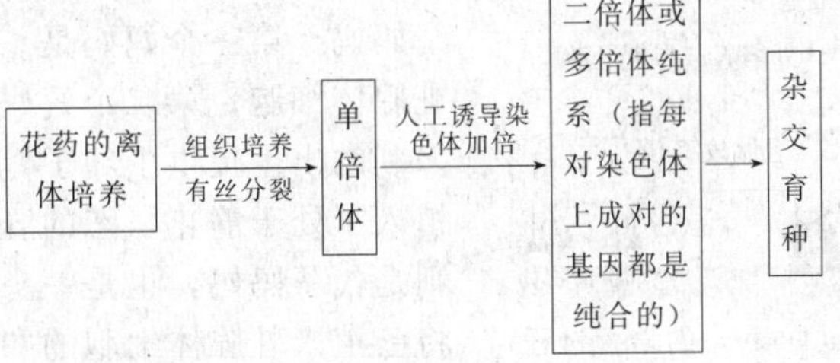

图 7-11　单倍体育种（花药离体培养）的基本过程

单倍体育种与多倍体育种的比较见表 7-5。

表 7-5　单倍体育种与多倍体育种的比较

项　目	多倍体育种	单倍体育种
原理	染色体数目以染色体组的形式成倍增加	染色体数目以染色体组的形式成倍减少，再加倍后获得纯种
常用方法	秋水仙素处理萌发的种子或幼苗（或低温诱导植物染色体数目加倍）	花药离体培养，然后进行人工诱导染色体加倍（秋水仙素处理萌发的种子或幼苗、低温诱导植物染色体数目加倍）
优点	器官大，提高产量和营养成分	明显缩短育种年限
缺点	适用于植物，在动物方面难以开展	技术复杂，须与杂交育种配合

三、动物体细胞核移植技术和克隆动物

克隆来源与英语“clone”或“cloning”的音译，曾译为无性生殖或无性繁殖，即由同一个祖先细胞分裂而形成的纯细胞系，这个细胞系每个细胞的基因彼此是相同的。动物细胞核全能性的特点是，随着动物细胞分化程度的提高而逐渐受到抑制。全能性表达很难，但动物的细胞核内仍含有该种动物的全部遗传基因，具有发育成完整个体的潜能，即动物的细胞核仍具有全能性。要使动物细胞核全能性得到表达，只靠动物的细胞核是不行的，必须提供促进细胞核表达全能性的物质和营养条件，还要保证细胞核全能性的表达。去核的卵母细胞是最合适的细胞，因为卵母细胞体积大、易操作，并且含有促使细胞核表达全能性的物质和营养条件。哺乳动物核移植可以分为胚胎细胞核移植和体细胞核移植。由于动物胚胎细胞分化程度低，恢复其全能性相对容易，而动物体细胞分化程度高，恢复其全能性十分困难，因此，动物体细胞核移植的难度也就明显高于胚胎细胞核移植。

1997 年，英国 Roslin 研究所克隆羊多利（Dolly）的诞生揭示一个全新概念，由成年机体的一个体细胞核，可以复制一个基因完全相同的新生命个体，其培育过程如图 7-12 所示。

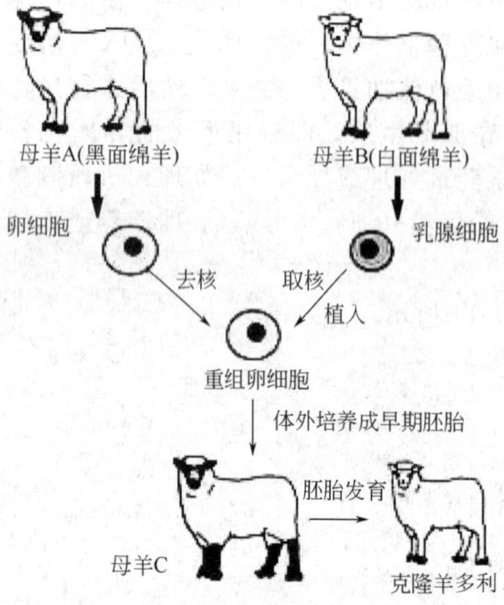

图 7-12 克隆羊多利（Dolly）的培育过程

将一只母羊（A 羊）卵细胞的细胞核吸出。然后，将在一定培养基上培养几天后的另一只母羊（B 羊）乳腺上皮细胞的细胞核，注入到上述无细胞核的卵细胞中，并进行电激融合，这样，就形成了一个含有新的遗传物质的卵细胞。融合后的卵细胞开始卵裂，形成早期的胚胎。然后，把这个胚胎移植到第三只母羊（C 羊）的子宫内，让它继续发育。经过 140 多天的怀孕期，C 羊就产下了小母羊多利。多利没有爸爸，却有三个妈妈。第一个妈妈是一头白脸绵羊，为它提供乳腺体细胞；第二个妈妈是一头黑脸绵羊，它为多利的出生提供了卵子，此卵子在体外去核后被植入了处于静止状态的乳腺体细胞；第三个妈妈则是代孕妈妈，也是一头黑脸绵羊，它的任务是将已植入乳腺体细胞的卵细胞植入它的子宫，最后生出白脸的多利来。因此说，多利应是第一个妈妈的复制品，第二个妈妈仅提供了一个空的卵壳，第三个妈妈则是提供了“胚胎”后期妊娠的场所。

这一成果的重要生物学意义在于它证明了一个已经完全分化了的动物体细胞仍然保持着当初胚胎细胞的全部遗传信息，并且经此技术处理后，体细胞恢复了失去的全能性形成完整个体。多利是世界上首例利用成年哺乳动物体细胞作为供体细胞繁殖的克隆羊，即成体母羊的复制品。它的成功提示我们可以进一步做到，在培育体细胞成为核供体之前，利用“基因靶”技术精确地诱发核基因的遗传改变或精确地植入目的基因，再用选择技术准确地挑选那些产生了令人满意变化的细胞作为核供体，从而生产出基因克隆体。也就是说，我们可以按照人的意志去改选、生产物种。

用体细胞成功复制哺乳动物是一件突破性的工作，解决了使供体细胞与核受体细胞（去核卵细胞）同步的方法和用体细胞做核供体与转基因的问题。在现代生物学领域中，没有任何一项研究成果能够比通过对基因进行有规律地控制而解决更多的问题的先例。多利羊的诞生及生长表明，利用克隆技术复制哺乳类动物的最后技术障碍已被突破，在理论上已成为可

能。随着克隆鼠、克隆牛等实验的成功，进一步证明将体细胞核移植去核卵细胞形成的克隆细胞，其基因组 DNA 与细胞核供体一致，由克隆细胞可复制出供移植、无免疫排斥的各种组织细胞、器官。由于人和羊同属于哺乳动物，既然羊已经复制成功，应该存在着利用无性繁殖技术复制人的可能性。

克隆技术还存在的两个方面的问题。在理论方面，分化的体细胞克隆对遗传物质重编（细胞核内所有或大部分基因关闭，细胞重新恢复全能性的过程）的机理还不清楚；克隆动物是否会记住供体细胞的年龄，克隆动物的连续后代是否会累积突变基因，在克隆过程中胞质线粒体所起的遗传作用等问题还没有解决。在实践方面，克隆动物的成功率还很低，生出的部分个体表现出生理或免疫缺陷。即使是正常发育的“多利”，也被发现有早衰迹象。除了以上的理论和技术障碍外，克隆技术（尤其是在人胚胎方面的应用）对伦理道德的冲击和公众对此的强烈反应也限制了克隆技术的应用。

四、胚胎工程

胚胎工程（embryo engineering）是在胚胎发育过程中进行的生物技术，即所有对配子和胚胎进行人为干预，使其环境因素、发育模式或局部组织功能发生量和质的变化的综合技术。在研究过程中发现，低等动物的生存和发育环境相对比高等动物简单，材料易得，容易操作，因此研究成果较多。但由于哺乳动物的胚胎工程意义较低等动物大，目前主要是对哺乳动物的胚胎进行某种人为的工程技术操作，获得人们所需要的成体动物。

胚胎工程是在胚胎移植技术上发展起来的现代生物技术，采用的新技术包括胚胎分割技术、胚胎融合技术、卵核移植技术、体外受精技术、胚胎培养、胚胎移植以及性别鉴定技术、胚胎冷冻技术等。目前在生产中应用较多的是家畜的胚胎移植、胚胎分割和体外生产胚胎技术，还有多项胚胎工程技术仍在深入研究或小规模试用阶段。

（一）胚胎移植

胚胎移植（embryo transfer）是指将雌性动物的早期胚胎，或者通过体外受精及其他方式得到的胚胎，移植到同种生物的、生理状态相同的其他雌性动物的体内，使之继续发育为新个体的技术。这个来自供体的胚胎能够在受体的子宫着床，并继续生长和发育，最后产下供体的后代，所以也称为“借腹怀胎”。

胎移植的供体一般是选择需要加速繁殖的有较大生产应用价值的健康的优良畜种，受体则是繁殖能力较强的健康本地品种。胚胎移植时，供体胚胎必须与受体子宫内膜发育状态高度同步化，才能获得好效果，这个过程称为同期发情（oestrus ynchronization），包括自然同期发情和人工同期发情。自然同期发情即不经任何药物处理，依靠动物自身的性周期规律，选择处于适当时期的母畜作为受体。人工同期发情又称同步发情，就是利用某些激素制剂人为地控制并调整一群母畜发情周期的进程，使之在预定时间内集中发情。

胚胎移植的操作对象是雌性动物的早期胚胎或通过体外受精及其他方式得到的胚胎。供体和受体是同种的、生理状态相同的雌性个体。胚胎移植能否成功，与供体和受体的生理状况有关：第一，同种动物排卵后，不管是否妊娠，在一定时间内，生殖器官的生理变化是相同的，这就为供体的胚胎移入受体提供了相同的生理环境；第二，哺乳动物的早期胚胎在一定时间内不会与母体子宫建立组织上的联系，而是处于游离状态，这就为胚胎的收集提供了可能；第三，大量的研究已经证明，受体对移入子宫的外来胚胎基本上不发生免疫排斥反应，这就为胚胎在受体内的存活提供了可能；第四，供体胚胎可与受体子宫建立正常的生理和组织联系，但其遗传特性在孕育过程中不受任何影响。

牛胚胎移植的基本程序如图 7-13 所示。

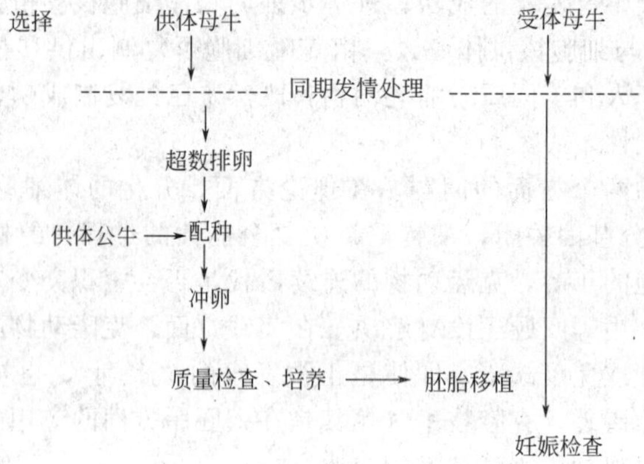

图 7-13 牛胚胎移植的基本程序

(1) 对供体、受体母牛进行选择，并用激素进行同期发情处理；还要用激素对供体母牛做超数排卵处理。

(2) 超数排卵的母牛发情后，选择同种优良的公牛进行配种或进行人工授精。

(3) 对胚胎的收集：配种或输精后第 7 天，用特制的冲卵装置，把供体母牛子宫内的胚胎冲出来（也叫冲卵）。冲卵后，对胚胎进行检查，这时的胚胎应发育到桑葚胚或囊胚阶段。将收集来的胚胎直接向受体移植或放入－196℃的液氮中保存。

(4) 对胚胎进行移植。移植分为手术移植和非手术移植，在无菌条件下，向输卵管或子宫内用微吸管将吸入的胚胎注入，在小鼠、大鼠和仓鼠都应在动物背部开口，找出输卵管将胚胎移入；向子宫内移植多在囊胚期，成功率较高，在小鼠和大鼠，可达到 70%～80%。羊和猪的胚胎移植一般是开腹进行手术移植，牛的胚胎移植目前多进行非手术移植。

(5) 胚胎移植后的检查。对受体母牛进行是否妊娠的检查。

(6) 分娩。受体母牛产下胚胎移植的犊牛。

胚胎移植的意义在于：①哺乳动物如牛、羊等，妊娠时间长，产仔数量少，繁殖速度慢。而通过胚胎移植可以获得比自然繁殖多十几倍甚至几十倍的后代，扩大了良种的推广范围，增加了珍稀濒危品种的数量；②胚胎冷冻保存技术的成功，使胚胎移植不再受时空的限制，便于优良品种的种质运输和保存；③胚胎移植作为胚胎工程的最终技术环节，是胚胎分割、胚胎嵌合、性别鉴定和核移植等其他胚胎生物技术的基础，也是基础生命科学研究的重要手段。

(二) 胚胎分割

大多数哺乳动物早期胚胎属于调整发育类型，去掉早期胚胎的一半，剩余部分仍可发育为一个完整的胚胎。早期卵裂阶段的胚胎，至少在 8 细胞以前，每个卵裂球都有相同的发育能力，桑葚胚单个卵裂球的调整发育能力减弱。桑葚期以后胚胎的调整发育能力减弱，神经轴时期失去调整能力。

胚胎分割（embryo splitting）是将一枚胚胎用显微手术的方法分割成二分、四分甚至八分胚，经体内或体外培养，然后移植入受体中，以得到同卵双生或同卵多生后代的技术，也是胚胎克隆的一种方法。由于胚胎发育早期，每个卵裂球都具有发育成一个完整个体的潜在可能性，采用胚胎分割技术，可以人工制造同卵双胎或多胎，可成倍地增加胚胎数和产犊数，加速优良种群的繁殖。通过胚胎分割，可以提高胚胎的利用率。由于来自同一胚胎的后代具有相同的遗传物质，因此，胚胎分割可以看作动物无性繁殖或克隆的方法之一。

胚胎分割的基本过程为：胚胎移入培养液→分割胚胎（机械法、酶处理）→移植胚胎给受体→着床产仔。

选择的胚胎一般是发育良好的、形态正常的桑葚胚或囊胚，将其移入盛有操作液的培养皿中，然后用分割针或分割刀进行分割。根据卵裂球具有发育成为一个个体的全能性的特点，胚胎的分割在不同时期有不同的分离培养方法，如卵裂球分离培养法、致密化前各期胚胎分割法、桑葚胚至囊胚期胚胎分割法等。对于不同发育阶段的胚胎，分割的具体操作不完全相同。具体操作时，用分割针或分割刀片将胚胎切开，吸出其中的半个胚胎，注入预先准备好的空透明带中，或直接将裸半胚移植给受体。在对囊胚阶段的胚胎进行分割时，要注意将内细胞团均等分割，否则会影响分割后胚胎的恢复和进一步发育。

尽管胚胎分割技术已在多种动物包括人类取得成功，但是仍然存在很多问题须作深入研究。

（1）胚胎分割产生的后代初生体重低。在牛切割胚胎移植实践中发现，有些分割胚即使培养到囊胚阶段与正常胚胎相比，细胞数明显减少，移植后代的体重也相应降低。这可能与早期胚胎细胞的分化和定位有关，但发育机制还有待深入研究。

（2）遗传一致性问题。同一胚胎切割后获得的后代，在理论上，遗传性状应该完全一致，但事实并不这样。人们发现 6～7 日龄牛胚胎分割后，同卵双生犊牛的毛色和斑纹并不完全相同，而在细胞阶段分割，却表现出遗传一致性。这种现象与胚胎细胞的分化有密切关系，但目前对不同阶段胚胎细胞的分化时间和发育潜力了解很少。

（3）最后还存在同卵多胎的局限性。从目前的研究来看，由一枚胚胎通过胚胎分割方式获得的后代数量有限。迄今，最好的结果是由一枚牛胚胎获得 3 个牛犊，这说明孪生胚胎的发育潜力很有限。因此，通过胚胎分割技术生产大量克隆动物目前难以取得进展。

（三）体外生产胚胎

体外生产胚胎是相对于超数排卵体内生产胚胎而言的，是指卵母细胞在体外成熟，而且与获能的精子受精并分裂发育到桑葚胚或囊胚期（5～7d）的技术，包括卵母细胞体外成熟、体外受精和体外培养。体外受精技术是继人工授精、胚胎移植技术之后，家畜繁殖领域的第三次革命。目前 30 多种哺乳动物体外受精获得成功，其中兔、大鼠、牛、小鼠、山羊、绵羊以及猪等已产生出正常后代。

1. 卵母细胞体外成熟

尽管家畜体内成熟的卵母细胞体外受精后胚胎发育良好，但未成熟的卵母细胞体外受精则不能完成胚胎发育。如果让这些细胞在体外成熟，体外受精胚发育率将大大改善。目前，牛体内成熟卵母细胞体外受精的囊胚发育率在 45%左右，体外成熟的卵母细胞体外受精的囊胚率受不同培养条件影响，发育率在 20%～63%。从超排牛卵巢获取的未成熟卵母细胞发育率明显高于未超排牛的。要提高体外成熟卵母细胞的质量和数量，主要应解决以下问题：了解控制卵母细胞成熟的机制，卵母细胞的选择和合适培养体系的选择。体外培养胎儿卵巢被认为是将来的发展方向，因为胎儿卵巢在体外培养可以像活体睾丸产生精子一样不断产生卵母细胞。

2. 体外受精

精子必须先获能才能完成体外受精的过程。已应用多种方法进行精子体外获能。一般说来，凡能促使钙离子进入精子顶体，使精子内部 pH 值升高的刺激均可诱发获能。牛、绵羊、猪和山羊的受精率都高达 70%～80%。

3. 体外培养

精子与卵子在体外受精后，应将受精卵移入发育培养液中继续培养，以检查受精状况和受精卵的发育能力。培养液成分较复杂，除一些无机盐和有机盐外，还需添加维生素、激素、氨基酸、核苷酸等营养成分，以及血清等物质。当胚胎发育到适宜的阶段时，可将其取出向受体移植或冷冻保存。不同动物胚胎移植的时间不同，牛、羊一般要培育到桑葚胚或囊胚阶段才能进行移植，小鼠、家兔等实验动物可在更早的阶段移植，人的体外受精胚胎可在4个细胞阶段移植。

体外受精可大量利用卵巢内的卵子，可提供更多的低成本胚胎，并且体外受精胚胎可以冷冻保存。这样就可以将卵母细胞体外成熟-体外受精-体外培养，甚至冷冻保存结合在一起，建立工厂化生产胚胎的成套技术，以大量生产质优价廉的胚胎。但是目前体外受精胚胎的移植妊娠率还比较低，尤其是冷冻后胚胎移植妊娠率更低，限制了其在生产中的大规模应用。

五、干细胞及组织工程

干细胞（stem cell，SC）是一类具有自我更新和分化潜能的细胞。干细胞的“干”是从英文“stem”翻译而来的，意为“树”、“干”和“起源”。正如树的树干，可以长出许许多多的枝叶，干细胞可以分化出各种不同类型的细胞。分化后的细胞，往往由于高度分化而完全丧失了再分化的能力，这样的细胞最终将衰老和死亡。然而，动物体在发育的过程中，体内却始终保留了一部分未分化的细胞，这就是干细胞。

干细胞技术是一种再造组织器官的新医疗技术，它将使任何人都能用上自己（或者他人）的干细胞和干细胞衍生的新组织器官，来替代病变或衰老的组织器官，并且可以广泛涉及用传统医学方法难以医治的多种顽症的治疗，因此，干细胞又被医学界称为“万用细胞”。

组织工程（tissue engineering）是利用生命科学、医学、工程学原理与技术，单独或组合地利用细胞、生物材料、细胞因子实现组织修复或再生的一门技术。组织工程包括种子细胞（seed cell）、支架材料、细胞因子三要素。

种子细胞的培养是组织工程的最基本要素。种子细胞是组织修复或再生的细胞材料，包括干细胞（胚胎干细胞、成体干细胞）、组织来源的体细胞。种子细胞可以来自于自体细胞，也可以来自异体细胞，后者包括同种细胞和异种细胞。理想的组织工程种子细胞应该容易获得和体外培养、遗传稳定。

（一）干细胞的基本概念

干细胞又叫做起源细胞，是一类具有自我更新和分化潜能的细胞。动物体就是通过干细胞的分裂来实现细胞的更新，从而保证动物体持续生长发育的。干细胞在形态上具有共性，通常呈圆形或椭圆形，细胞体积小，核相对较大，细胞核多为常染色质，并具有较高的端粒酶活性。

根据干细胞的发育潜能或分化能力强弱，可分为单能干细胞（monopotent stem cell）、多能干细胞（multipotent stem cell）与全能干细胞（almighty stem cell）。根据干细胞所处的发育阶段或材料来源，又可以分为胚胎干细胞（embryonic stem cell，ESC）与成体干细胞（adult stem cell，ASC）两大类。

单能干细胞是只能分化为单一类型细胞的干细胞。例如表皮的基质细胞（即表皮干细胞）只能分化产生角化表皮细胞。多能干细胞是能够形成两种或两种以上类型细胞的干细胞。例如骨髓造血干细胞就是典型的多能干细胞，可以分化成红细胞、巨噬细胞、粒细胞（中性、嗜碱性、嗜酸性）、巨核细胞（发育成血小板）、淋巴细胞（至少6种以上的淋巴细胞）等多种类型细胞。多能干细胞能形成包括生殖系统在内的所有组织类型，但形成一个完整的生物体的可能性很小。全能干细胞是具有无限分化潜能的干细胞，具有形成完整生物体的潜能，例如胚胎干细胞。

胚胎干细胞是从着床前胚胎内细胞团或原始生殖细胞经体外分化抑制培养分离的一种全能性细胞，可以分化成任何一种组织类型的细胞，一般称为 ES 细胞。成体干细胞是成体组织内具有进一步分化潜能的细胞，是多能或单能干细胞。

（二）胚胎干细胞

胚胎干细胞这一名词因其来源于胚胎而得名，属全能干细胞。目前胚胎干细胞的获取途径主要有两个方面：一是从自然胚胎中获取，可在胚胎发育的不同阶段获得；二是通过细胞克隆得到的胚胎中获取，也可在胚胎的不同发育阶段获得。随着克隆技术的发展，后者显得更为容易。

ES 细胞的全能性指 ES 细胞在解除分化抑制的条件下能参与包括生殖腺在内的各种组织的发育潜力，即 ES 细胞具有发育成完整动物体的能力，可以为细胞的遗传操作和细胞分化研究提供丰富的试验材料。ES 细胞的多能性是指 ES 细胞具有发育成多种组织的能力，参与部分组织的形成。胚胎干细胞是具有分化为体内所有类型细胞的全能干细胞，只要控制好相应的环境和其他条件，胚胎干细胞就可能向着我们所希望的细胞类型甚至各种组织分化。将 ES 细胞培养在不含分化抑制物的培养基上，可以形成类胚体。将 ES 细胞在特定培养基进行培养，可以定向分化成特定组织，如 ES 细胞在含有白血病抑制因子（LIF）和维生素 A 酸（RA）的培养基上，可以分化形成全壁内胚层。将 ES 细胞与胚胎细胞共培养或将 ES 细胞注入囊胚腔中，ES 细胞就会参与多种组织的发育。

胚胎干细胞可用于生产克隆动物和转基因动物以及应用于器官组织移植和细胞治疗等方面（图 7-14）。

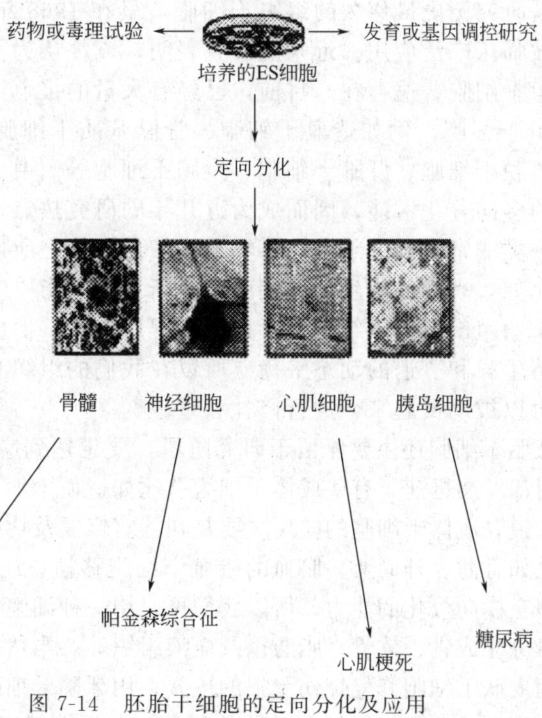

图 7-14　胚胎干细胞的定向分化及应用

ES 细胞从理论上讲可以无限传代和增殖而不失去其正常的二倍体基因型。胚胎干细胞作为核供体进行核移植后，在短期内可获得大量基因型和表现型完全相同的个体，ES 细胞与胚胎进行嵌合克隆动物，可解决哺乳动物远缘杂交的困难问题，生产珍贵的动物新种。亦可使用该项技术进行异种动物克隆，对于保护珍稀野生动物有着重要意义。

用ES细胞生产转基因动物，可打破物种的界限，突破亲缘关系的限制，加快动物群体遗传变异程度，可以进行定向变异和育种。利用同源重组技术对ES细胞进行遗传操作，通过细胞核移植生产遗传修饰性动物，有可能创造新的物种；利用ES细胞技术，可在细胞水平上对胚胎进行早期选择，这样可以提高选样的准确性，缩短育种时间。

在组织工程中，ES细胞作为“种子细胞”，为临床的组织器官移植提供大量材料。人ES细胞经过免疫排斥基因剔除后，再定向诱导终末器官以避免不同个体间的移植排斥。这样就可能解决一直困扰着免疫学界及医学界的同种异型个体间的移植排斥难题。

细胞治疗是指用遗传工程改造过的人体细胞直接移植或输入患者体内，达到治愈和控制疾病的目的。ES细胞经遗传操作后仍能稳定地在体外增殖传代。以ES细胞为载体，经体外定向改造，使基因的整合数目、位点、表达程度和插入基因的稳定性及筛选工作等都在细胞水平上进行，容易获得稳定、满意的转基因ES细胞系，为克服目前基因治疗中导入基因的整合和表达难以控制以及用作基因操作的细胞在体外不易稳定地被转染和增殖传代开辟了新的途径。

（三）成体干细胞

成体的许多组织和器官，如表皮和造血系统，具有修复和再生的能力，未分化的细胞在其中起着关键作用。这种存在于已分化组织中的未分化细胞便是成体干细胞。由于存在于各种各样的组织和器官中，成体干细胞又被称为组织干细胞。在特定条件下，组织干细胞能产生不对称分裂，得到一个子代干细胞和一个祖细胞。后者只有有限的自我更新能力，能按一定的程序分化，形成新的功能细胞，从而使组织和器官保持生长和衰退的动态平衡。

造血干细胞便是研究历史最悠久的组织干细胞，早在1968年人们便对其进行了较为深入的研究，目前已被临床广泛应用。近来的研究表明，以往认为不能再生的神经组织仍然存在干细胞，说明组织干细胞普遍存在。目前，已经有大量的报道证实，几乎所有的成熟组织中都存在相应的组织干细胞，例如造血干细胞、骨髓基质干细胞、脂肪干细胞、神经干细胞、表皮干细胞、角膜干细胞、肝脏干细胞、小肠干细胞等。由于组织干细胞不存在伦理学问题，且有着较好的多向分化潜能，因而成为近几年的研究热点。

成体干细胞是一类非常有用的细胞。事实上，我们人体之所以有一定的再生能力，就是靠着成体干细胞，比如，表皮的再生、血细胞的换新、头发指甲的生长等。这是因为在我们体内的成体干细胞、增殖出新的干细胞或者按一定程序分化，形成新的功能细胞，从而使我们的组织和器官保持生长和衰退的动态平衡。所以在我们的组织和器官受到损伤或者失去功能的时候，它们也可以被动员起来，进行修补和重建。

到目前为止，胚胎干细胞还主要停留于研究阶段，要想达到应用还有一段很长的路要走。而成体干细胞的应用却发展迅速，有些成体干细胞（比如造血干细胞）在临床上的应用可以说是常规手段。总的来说，成体干细胞的应用主要是在器官修复及功能恢复上。首先，最常用的就是自体移植了，比如骨髓、外周血、脐血的造血干细胞移植；还有间充质干细胞的移植等。由于有的成体干细胞有横向分化的能力，所以我们可以用一种细胞来修复不同的组织。比如间充质干细胞，就可以分化成骨、软骨、脂肪以及血液组织等。当然，用专门的细胞修复专门的组织更容易。比如用皮肤干细胞修复烧伤受损的皮肤；用牙髓干细胞来修复牙周和牙骨质，都是已经或即将施行。不过，这些修复都需要患者自身拥有足够健康可用的组织，还要有提取、体外分选和培养以及移植的过程，有一定的适应证，不是什么时候都能用。其次，成体干细胞也可以进行异体移植，比如一位母亲将自己的一部分胰脏的胰岛细胞移植给了自己得糖尿病的女儿，胰岛细胞可以正常行使功能产生胰岛素。不过，由于异体移植的免疫排斥现象，以及移植物来源的问题，异体移植不是研究和发展的最主要方向。

成体干细胞治疗是目前发展最快也是最成熟的干细胞治疗手段。使用成体干细胞有很多的优点：①获取相对容易，每个人都有；②成瘤性低，不容易在人体内“变坏”，变成肿瘤；③得自于成人，所以不太存在伦理争议（这个不像胚胎干细胞那么麻烦）；④可以应用患者自身的成体干细胞，不存在组织相容性问题，避免了移植物排斥反应和免疫抑制剂的使用；⑤许多种成体干细胞还有多向分化的潜能，可以由一种细胞分化成多种不同组织和功能的细胞，而分化的定向性却比胚胎干细胞要好。

但是，成体干细胞在成人体内的储量是非常少的，特别是一些特殊组织的干细胞，比如神经干细胞、心肌干细胞等；其次，要分离到它们也很困难。除了造血干细胞在外周血中就可以分离到它们，其他的成体干细胞基本上都存在于机体组织中。因此，研究成体干细胞是非常有必要的。人们希望把成体干细胞从人体内分离出来，控制一定的条件进行增殖，再把它们送回体内，让它们发挥功能。人类再生医学的最终梦想就是有什么器官组织坏了，马上就可以有一个新的、好用的器官组织换上来，安全快捷。要想制造出新的器官组织，必然得了解这些器官组织是怎么来的、怎么新陈代谢保持活力的，那就要研究这些器官组织的特异性成体干细胞的特性了。如它们是怎么来的？它们又是怎么分化的？如何用它们形成新的组织器官等。特别是它们是怎么来的，现在我们已经可以把终末分化的细胞重编程成为类似胚胎干细胞的多能性细胞，如果我们知道了各种成体干细胞是怎么来的，只需要一点皮肤，或者几毫升血，甚至是几根毛发，就可以把患者自身的诱导多能性干细胞分化成我们需要的成体干细胞，再变成我们需要的组织器官。

利用体细胞克隆技术获得胚胎干细胞，通过不同的控制条件诱导分化为不同的细胞、组织甚至器官，实现自体细胞与器官移植（图 7-15）。这不仅安全可靠，而且将实现器官移植的普遍性，并最终攻克癌症、心脏病等目前的不治之症，在医学上具有极高的应用价值。从目前的发展状况看来，该项技术极有可能首先在帕金森病、阿尔茨海默病、糖尿病、脊髓损伤及动脉粥样硬化等疾病中获得突破，而无限量制造人体组织器官作为医学用途的梦想也终有会实现的一天。

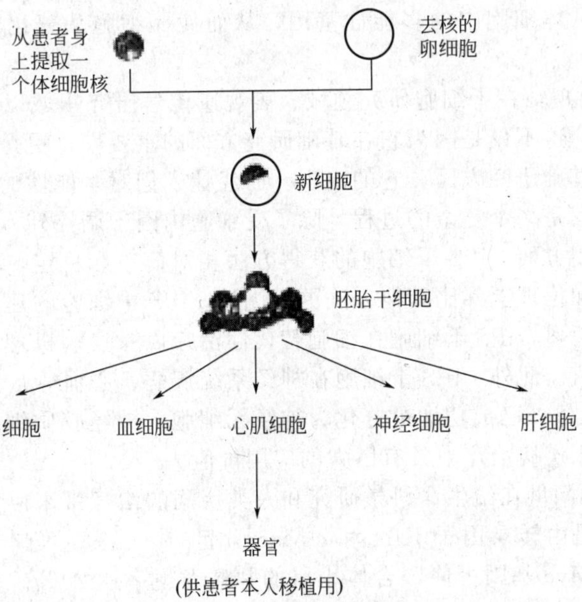

图 7-15　体细胞克隆获得胚胎干细胞的定向分化及应用

（四）诱导性多能干细胞

由于人胚胎干细胞在再生医学、组织工程和药物发现与评价等领域极具应用价值，科学家们曾尝试通过不同途径实现体细胞重编程以获取ES细胞、ES细胞样的细胞或多潜能干细胞，但是这些方法在技术、细胞来源、免疫排斥、伦理、宗教和法律等方面存在诸多限制。通过一定的途径将与细胞多能性有关的基因导入到已分化的体细胞中，或者同时添加一些辅助作用的小分子化合物使体细胞去分化重编程回到胚胎干细胞状态，所获得的细胞即为诱导多能干细胞（induced pluripotent stem cells，iPS细胞）。iPS细胞最初是日本科学家山中伸弥（Shinya Yamanaka）于2006年利用病毒载体将四个转录因子（Oct4、Sox2、Klf4和c-Myc）的组合转入分化的体细胞中，使其重编程而得到的类胚胎干细胞的一种细胞类型，在功能上几乎可以和胚胎干细胞相媲美。随后世界各地不同科学家陆续发现其他方法同样也可以制造这种细胞。目前获得iPS细胞的方法有多种，主要包括以下几个方面。

（1）体细胞核移植。将体细胞核导入到去核的卵母细胞，使体细胞核在去核的卵母细胞重新编程而获得类似于ES细胞的发育多能性。

（2）细胞融合。将哺乳动物的成年体细胞和具有多能性的ES细胞融合可产生四倍体细胞，这种四倍体细胞具有发育的多能性。

（3）体细胞核直接重编程。即将Oct4、Sox2、Klf4和c-Myc四种转录因子通过病毒或质粒载体导入到体细胞中，使体细胞核重编程而获得发育的多能性。

（4）细胞培养。将生殖细胞置于特定培养条件下进行培养，可使生殖细胞重新编程变成多能性细胞。由此可见多能性诱导因子可能在维持类似于胚胎干细胞的多能性中起非常重要的作用。

iPS细胞与胚胎干细胞（ES）形态相似，核型、端粒酶活性、体外分化潜能均相同，同时也能够表达相同的表面标志分子。iPS细胞可定向表达胚胎干细胞某些特定的标志基因，与胚胎干细胞一样具有发育全能性。不同的是，ES细胞中的与细胞多能性有关的基因能够表达，如Oct4、Sox2等。而已分化的体细胞中的这些基因不能表达。通过导入与多能性有关的外源基因来激活体细胞中的多能性基因，从而使体细胞从分化状态重编程为多能性干细胞。

iPS干细胞的出现，在干细胞研究领域、表观遗传学研究领域以及生物医学研究领域都引起了强烈的反响，这不仅是因为它在基础研究方面的重要性，更是因为它为人们带来的光明的应用前景。在基础研究方面，它的出现，已经让人们对多能性的调控机制有了突破性的新认识。细胞重编程是一个复杂的过程，除了受细胞内因子调控外，还受到细胞外信号通路的调控。在实际应用方面，iPS干细胞的获得方法相对简单和稳定，不需要使用卵细胞或者胚胎。这在技术上和伦理上都比其他方法更有优势，iPS干细胞的建立进一步拉近了干细胞和临床疾病治疗的距离，iPS干细胞在细胞替代性治疗以及发病机理的研究、新药筛选方面具有巨大的潜在价值。此外，iPS干细胞在神经系统疾病、心血管疾病等方面的作用也日益呈现，iPS干细胞在体外已成功地被分化为神经元细胞、神经胶质细胞、心血管细胞和原始生殖细胞等，在临床疾病治疗中具有巨大的应用价值。

iPS细胞技术的问世在给生命科学研究和人类疾病的治疗带来巨大希望的同时，也存在潜在风险。一方面是由转录因子Klf4和c-Myc引起的，因为它们本身就是一种原癌基因，有研究发现导入c-Myc基因可使嵌合体小鼠的肿瘤发生率达20%。另一方面是由介导外源基因表达的逆转录病毒或慢病毒引起的，无论是逆转录病毒还是慢病毒都会将外源基因整合到基因组DNA中，这有可能导致插入突变。目前研究表明，提高制备iPS细胞的安全性可以从三个方面入手：①降低 iPS 细胞的致癌性；②减少病毒在基因组 DNA 中的整合；③以非转基因方法诱导体细胞重编程为 iPS 细胞。

（五）组织工程

随着医学科学的发展，器官移植技术已经较为广泛地应用于临床，但至今器官移植仍存在一些问题，其中最严重的是器官和组织短缺，供体不足。组织工程的诞生与发展为人类再造各种人体组织和器官、解决棘手的器官移植供体短缺问题带来了希望。

组织工程（tissue engineering）是将细胞工程和材料科学相结合，利用具有较好生物相容性的材料，按缺损组织或器官的结构要求制成模型或支架放在体外培养系统中，使细胞沿着模型或支架不断地生长扩增，构建成新的组织、器官。组织工程作为一门多学科交叉的新兴边缘学科，像工厂生产零部件一样，针对患者组织或器官缺失情况，利用构成组织或器官的基本单位——细胞以及为细胞生存提供空间的支架材料，在体内外培育出所需的人体组织或器官，需要多少就培育多少，量体裁衣制备完成后再给患者安装上去。

1. 组织工程的原理

在机体生长发育过程中，细胞在不同基因和细胞内外各种生物因子的共同作用下，定向聚集、凋亡和分化形成具有特定功能的组织器官。组织工程的原理是应用细胞生物学和工程学方法和手段，模拟体内的组织微环境条件，调控种子细胞在体外培养过程中的生长和分化。

组织工程的基本方法是将体外培养的高浓度的正常组织细胞扩增后吸附于一种生物相容性良好并可被机体降解吸收的生物材料上，形成具有三维空间结构的复合体。然后将这种细胞-生物材料复合体植入组织器官的病损部位，种植的细胞在生物材料被机体逐渐降解吸收过程中继续生长繁殖，形成新的具有相应形态和功能的组织和器官，达到修复创伤和重建功能的目的，其具体过程如下。

自体或异体组织分离干细胞
↓
体外扩增达一定细胞数量
↓
种植于构建好的聚合物骨架
↓
细胞沿聚合物骨架迁移、铺展、生长、分化
↓
发育成具特定形态及功能的工程组织

组织工程的核心是细胞、生物材料及组织工程化组织构建，因此，组织工程研究的方向主要集中于四个方面：①种子细胞的性质；②细胞外基质替代物（生物材料支架）的性质及选取；③种子细胞和细胞外支架材料的相互作用；④充分认识哺乳动物正常和病态组织或器官结构和功能关系，以研究工程组织对机体内各种病损组织的替代。

2. 种子细胞的体外培养

应用组织工程的方法再造组织与器官所用的各类细胞统称为种子细胞。种子细胞的培养是组织工程的基本要素，种子细胞研究的目的在于获取足够数量的接种细胞，同时保持细胞增殖、合成基质等生物功能并防止细胞老化。组织工程种子细胞主要有三个来源：①与缺损组织细胞同源的自体细胞；②组织特异干细胞，主要包括骨髓基质干细胞等具有多向分化潜能的多能干细胞及皮肤、肌肉前体细胞等具有定向分化潜能的专能干细胞；③胚胎干细胞，干细胞将作为组织工程的“上游”研究为组织工程的进一步发展提供技术储备，近年研究进展尤为突出。

种子细胞经过体外培养、扩增后达到一定数量。然后需要种植（吸附）到预先构建好的细胞外支架上，这种支架为细胞提供三维生长的依托。在适宜的培养条件下，细胞沿细胞外支架迁移、铺展、生长和分化，最终发育形成具有特定形态功能的工程组织。因此，对细胞外支架（细胞外基质替代物）有严格的要求。

3. 组织工程支架材料

组织工程支架材料是指替代细胞外基质使用的生物医学材料。按照不同的分类标准可以分为：有机材料与无机材料、天然材料和人工合成材料、单一材料和复合材料。

（1）可降解高分子材料国内外研究较多的是聚羟基乙酸（polyglycolic acid，PGA）、聚乳酸（polylact acid，PLA）、聚羟基乙酸与聚乳酸的共聚物（PLGA）等。这些材料具有可标准化生产、可降解、细胞相容性好等优点。但其酸性降解产物有可能对细胞的活性产生不利影响；同时其亲水性、细胞相容性、力学强度等均尚待改进。采用多种改性技术有可能满足组织工程对支架材料的要求。

（2）陶瓷类材料。目前研究较成熟的是多孔羟基磷灰石（hydroxylapatite，HA）、磷酸三钙等。这类材料生物相容性好，有一定强度，是骨的无机盐成分，常用作骨组织工程的支架材料。但由于它们降解慢，脆性大，降低了这类材料的实用性。

（3）复合材料。将有机材料如 PGA 与无机材料如 HA 复合，或将 HA 与胶原、生长因子如骨形态发生蛋白（bone morphogenetic protein，BMP）复合形成复合材料，可克服单纯材料的缺点，并能综合其优点。近几年对纳米材料或纳米复合材料的研究有了新的突破，这已成为组织工程支架材料研究的方向之一。

（4）生物衍生材料。生物组织经过处理后获得的材料称为生物衍生材料。来源于人体的生物衍生材料保留了正常的网架结构，组织相容性好，是较为理想的组织工程支架材料。如胶原凝胶、脱细胞真皮构建组织工程皮肤，纤维蛋白凝胶构建组织工程软骨等。脱细胞、去抗原处理的生物衍生骨支架构建的组织工程骨已有临床应用报道。

4. 组织构建技术

组织工程有三条技术路线：①将支架材料与细胞混合，移植到受损部位，随着细胞生长、支架材料的降解而取代或填补受损部位；②将体外培养的细胞接种到受损部位生长进行原位修复；③使用可降解三维多孔支架材料，接种培养细胞，体外再生组织或器官，移植替换。

根据所构建组织的结构与功能的不同，组织构建的研究主要可划分为两个领域：①结构复杂并具有不同代谢功能器官的组织构建研究，如肝脏、肾脏、心脏等复杂器官的组织构建。②结构较为简单不执行或仅执行简单代谢功能的结构性组织的组织工程化构建研究，如骨、软骨、肌腱、神经等组织的构建。

组织工程化组织构建主要有三种方式。①体内构建：种子细胞与生物材料复合后，组织尚未完全形成“成熟”时即植入体内，组织形成与生物材料降解在体内完成；②体外构建：在体外模拟体内环境，应用生物反应器形成组织与器官；③原位组织构建：单纯植入生物材料支架于体内组织缺损部位，依靠周围组织细胞迁移并黏附于生物材料支架，形成并再生组织，这种方式并非经典的组织工程概念。

5. 工程组织体外培养条件

体内组织的生长发育过程是在一定的内环境条件下进行的，因此工程组织体外培养条件需模拟在体内情况下的微环境。常规的体外培养方法不能提供组织正常生长发育所需的环境条件，通常细胞发生分化，培养的细胞失去原有的正常形态和功能性质。所以需要通过特殊培养技术对种子细胞周围环境因素进行有效的调控。首先，维持恒定的 pH 值和气体分压，对培养液中所需各种营养物质、微量元素和生长因子的浓度进行精确控制；其次，调节培养容器中剪应力的大小，在确保三维组织培养中高密度的种子细胞获得充足营养物质和氧气的同时，减少强剪切力对细胞的损伤，以利种子细胞沿细胞外支架进行三维生长发育。

第八章　发酵工程

发酵工程（fermentation engineering）是应用微生物学等相关的自然科学以及工程学原理，利用微生物等生物细胞进行酶促转化，将原料转化成产品或提供社会性服务的一门科学。虽然现代发酵工程已扩展到培养细胞（含动、植物细胞和微生物）来制得产物的所有过程，但已有的研究和应用成果显示，用于发酵技术过程最有效、最稳定、最方便的形式是微生物细胞。因此，目前普遍采用的发酵技术都是围绕微生物过程进行的，故发酵工程又称为微生物工程。随着生物技术的发展，动、植物等较高级生物细胞必将在发酵工程中发挥越来越大的作用。

第一节　发酵工程概述

发酵技术具有悠久的历史。但是，作为现代科学概念的微生物发酵工业，是在20世纪40年代随着抗生素工业的兴起而得到迅速发展的。在现代微生物学、生物化学和遗传学等基础理论的推动下，抗生素、氨基酸、有机酸、酶制剂等新兴工业的迅速崛起，在国民经济众多领域中发挥了巨大作用，逐步形成了一个大有发展前途的工业部门。现代发酵工程是以基因工程为标志，以微生物工程为核心技术，有目的地改造原有的微生物菌种，生产人类所需要的产品。现代发酵工程已成为一个包括了微生物学、化学工程、基因工程、细胞工程、机械工程和计算机软硬件工程的一个多学科工程。随着科学技术的发展，发酵作为一门工程学科的定义将不断得到发展和充实。

发酵技术主要由两个核心部分组成：一是获得最精良的生物细胞（酶）；二是创造生物细胞（酶）作用的最佳环境（优选发酵工艺和设备）。发酵工程的主要内容包括生产菌种的选育、发酵条件的优化与控制，反应器的设计及产物的分离、提取与精制等过程。

一、发酵工程技术的发展历史

发酵工程技术的历史大致可分为自然发酵阶段、纯培养发酵阶段、深层通气发酵阶段、代谢调控发酵阶段、全面发展阶段、基因工程阶段六个阶段，其每个阶段的特点见表8-1。

表8-1　发酵工程技术的历史阶段及其特点

阶段及年代	技术特点及发酵产品
自然发酵阶段 （1900年以前）	利用自然发酵制曲酿酒、制醋、栽培食用菌、酿制酱油、酱品、泡菜、干酪、面包以及沤肥等
纯培养发酵阶段 （1900—1940年）	利用微生物纯培养技术发酵生产面包酵母、甘油、酒精、乳酸、丙酮、丁醇等厌氧发酵产品和柠檬酸、淀粉酶、蛋白酶等好氧发酵产品 该阶段的特点是：生产过程简单，对发酵设备要求不高，生产规模不大，发酵产品的结构比原料简单，属于初级代谢产物
深层通气发酵阶段 （1940—1957年）	利用液体深层通气培养技术大规模发酵生产抗生素以及各种有机酸、酶制剂、维生素、激素等产品 该阶段的特点是：微生物发酵的代谢从分解代谢转变为合成代谢；真正无杂菌发酵的机械搅拌液体深层发酵罐诞生；微生物学、生物化学、生化工程三大学科形成了完整的体系

续表

阶段及年代	技术特点及发酵产品
代谢调控发酵阶段（1957—1960年）	利用诱变育种和代谢调控技术发酵生产氨基酸、核苷酸等多种产品 该阶段的特点是：发酵罐达50～200m^3；发酵产品从初级代谢产物到次级代谢产物；发展了气升式发酵罐（可降低能耗、提高供氧）；多种膜分离介质问世
全面发展阶段（1960—1979年）	利用石油化工原料（碳氢化合物）发酵生产单细胞蛋白；发展了循环式、喷射式等多种发酵罐；利用生物合成与化学合成相结合的工程技术生产维生素、新型抗生素；发酵生产向大型化、多样化、连续化、自动化方向发展
基因工程阶段（1979至今）	利用DNA重组技术构建的生物细胞发酵生产人们所希望的各种产品，如胰岛素、干扰素等基因工程产品 该阶段的特点是：按照人们的意愿改造物种、发酵生产人们所希望的各种产品；生物反应器也不再是传统意义上的钢铁设备，昆虫躯体、动物细胞乳腺、植物细胞的根茎果实都可以看作是一种生物反应器；基因工程技术使发酵工业发生了革命性变化

二、发酵和发酵工程的定义

发酵（fermentation）一词，最初来源于拉丁语“发泡、沸涌”（fervere）的派生词，即指酵母菌在无氧条件下利用果汁或麦芽汁中的糖类物质进行酒精发酵产生CO_2的现象，或者是指酒的生产过程。

生化和生理学意义的发酵，是指微生物在无氧条件下，分解各种有机物质产生能量的一种方式，或者更严格地说，发酵是以有机物作为电子受体的氧化还原产能反应。如葡萄糖在无氧条件下被微生物利用产生酒精并放出CO_2。

生化工程是研究生物反应过程中（包括微生物发酵、动植物细胞培养、酶促反应）中带有共性的特殊性工程技术问题的学科，是传统发酵生产工艺与化学工程的结合的产物。

工业上的发酵泛指利用微生物制造或生产某些产品的过程。包括：①厌氧培养的生产过程，如酒精，乳酸等；②通气（有氧）培养的生产过程，如抗生素、氨基酸、酶制剂等。产品有细胞代谢产物，也包括菌体细胞、酶等。

发酵工程是利用微生物的生命活动进行物质加工的工程。工业生产是通过微生物群体的生长代谢活动来加工产品，其相应的工艺被称为发酵工艺。为了实现工业化生产，就要解决发酵工艺的工业生产环境、设备和过程控制等工程学问题。由此，就有了发酵工程。所以，发酵工程学就是解决按发酵工艺进行工业化生产的工程学问题的学科。

随着科学的发展，发酵工程的生物学属性逐渐明朗，发酵工程正在走近科学。发酵工程的生物学原理就是发酵工程最基本的原理，并可简称为发酵原理。

三、发酵工程产品的类型

发酵工业涉及的生产部门有食品工业、农产品加工、酒精和饮料酒工业、氨基酸工业、有机酸工业、化学工业、医药工业、工农业下脚料的处理和增值、工业废水的处理和增值等。每种发酵至少同一种微生物相联系。目前已知具有生产价值的发酵工程产品类型有：微生物菌体的本身；菌体生长所必需的基本代谢产物；菌体生长不必需的次生代谢产物；由菌体合成的大分子化合物；由菌体或酶系实现生物转化所得的产物等。

1.微生物菌体的培养与发酵生产

属于食品发酵产品范围的有酵母菌、单细胞蛋白、螺旋藻、食用菌、活性乳酸菌和双歧杆菌等益生菌；涉及其他发酵产品范围的还有人畜用活菌疫苗、生物杀虫剂（杀鳞翅目、双翅目昆虫的苏云金芽孢杆菌、蜡样芽孢杆菌菌剂；防治松毛虫的白僵菌、绿僵菌菌剂）。

2.微生物酶的发酵生产

目前工业用酶大多来自微生物发酵产生的胞外酶或胞内酶，再经分离、提取、精制得到酶制剂（emzyme preparation），酶制剂的种类主要有α-淀粉酶、β-淀粉酶、葡萄糖苷酶、支链淀粉酶、蔗糖酶、乳糖酶、葡萄糖异构酶、纤维素酶、碱性蛋白酶、酸性蛋白酶、中性蛋白酶、果胶酶、脂肪酶、凝乳酶、过氧化氢酶；还有某些用于医药生产和医疗检测的药用酶，如青霉素酰化酶、胆固醇氧化酶、葡萄糖氧化酶、氨基酰化酶；用于传统酿酒工业的各种酒曲的生产可看成是复合酶制剂的生产。现在已有很多酶制剂加工成固定化酶，使发酵工业和酶制剂的应用范围发生重大变化。

3.微生物代谢产物的发酵生产

微生物的代谢产物有初级代谢产物、中间代谢产物、次级代谢产物，为了提高代谢产物的产量，需要对发酵微生物进行遗传特性的改造和代谢调控的研究。利用发酵工程技术生产的微生物代谢产物主要有氨基酸、核苷酸、维生素、有机酸、脂类、功能性食品活性成分、食品添加剂、有机溶剂、抗生素、生物能源物质（酒精、生物柴油、氢氧型微生物电池）、激素、生长素等。

4.生物转化发酵

利用生物细胞中的一种或多种酶作用于某一底物的特定部位（基团），使其转化为结构类似并具有更大经济价值的化合物的生化反应。生物转化的最终产物不是生物细胞利用营养物质经过代谢而产生，而是生物细胞中的酶或酶系作用于某一底物的特定部位（基团），进行化学反应而形成。生物转化包括脱氢、氧化、脱水、缩合、脱羧、羟化、氨化、脱氨、异构化等。其特点是特异性强（反应的特异性强、结构位置的特异性强、立体的特异性强）、工艺简单、操作方便、条件温和、环境污染小。发酵工业中最重要的生物转化是高附加值化合物的生产，如结构类似的同族抗生素、类固醇、前列腺素的生产。

5.微生物特殊功能的利用（微生物废水处理和其他）

利用微生物消除环境污染（生产生物可降解塑料聚羟基丁酯PHG）；利用微生物发酵保持生态平衡；微生物湿法冶金；利用基因工程菌株开拓发酵工程新领域。

四、发酵工程的基本内容

从工程学的角度，把实现发酵工艺的发酵工业过程分为菌种、发酵和分离提取三个阶段，这三个阶段都有各自的工程学问题，一般分别把它们称为上游工程、中游工程和下游工程。

上游工程包括：①物料的输送和原料的预处理；②发酵培养基的选择、制备和灭菌；③菌种的选育、保藏、复壮和扩大培养。

中游工程包括：①发酵过程的动力学；②发酵醪的特性；③氧的传递、溶解和吸收；④发酵生产设备的设计、选型和计算；⑤发酵过程的工艺技术控制。

下游工程包括：①发酵醪与菌体的分离；②发酵产物的提取；③发酵产物的精制。

此外，与工业发酵相关的辅助工程包括：①空气净化除菌与调节系统；②水处理和供水系统；③加热和制冷系统。

发酵生产的基本过程如图8-1所示。

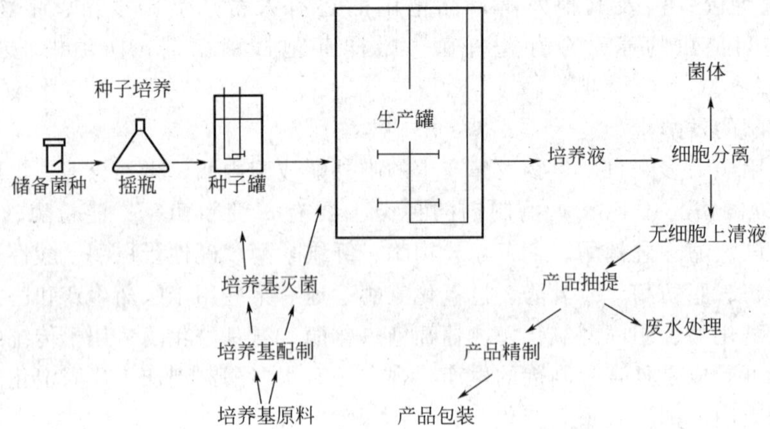

图 8-1 发酵生产基本过程示意图

第二节 发酵工业用菌种

发酵工业的生产水平取决于三个要素：生产菌种、发酵工艺和设备。菌种在发酵工业中起着重要作用，它是决定发酵产品是否具有产业化价值和商业化价值的关键因素，是发酵工业的灵魂。

一、工业上常见的微生物

自然界中存在着各种各样的微生物，它们具有不同的形态结构和生理特征，可以分成不同的类群。其中，细菌、放线菌、酵母和霉菌等已广泛应用于发酵工业。微生物具有体积小、种类多、分布广、繁殖快、便于培养和容易发生变异等特点，并且在生产中不易受时间、季节、地区的限制，所以在工业生产上越来越广泛地被重视和应用。有些微生物既是工业生产菌，又可能是杂菌，杂菌污染会严重影响甚至完全破坏我们所需的工业发酵过程。例如醋酸菌在生产醋时是生产菌，但会引起酒类的败坏。

1. 细菌

细菌（bacteria）是一类单细胞的原核微生物，在自然界分布最广，数量最多，与人类生产和生活关系十分密切，也是工业微生物学研究和应用的主要对象之一。细菌以较典型的二分分裂方式繁殖。细胞生长时，环状 DNA 染色体复制，细胞内的蛋白质等组分同时增加一倍，然后在细胞中部产生一横段间隔，染色体分开，继而间隔分裂形成两个相同的子细胞。如间隔不完全分裂就形成链状细胞。

工业生产常用的细菌有枯草芽孢杆菌、醋酸杆菌、棒状杆菌、短杆菌等。用于生产各种酶制剂、有机酸、氨基酸、肌苷酸等。此外，细菌常用作基因工程载体的宿主细胞，用于构建基因工程菌来生产外源物质，如利用大肠杆菌生产核酸和蛋白质疫苗等。

2. 放线菌

放线菌（actinomycetes）因菌落呈放射状而得名，是一类介于细菌和真菌之间的单细胞微生物，它的细胞构造和细胞壁的化学成分与细菌相同。但在菌丝的形成、外生孢子繁殖等方面则类似于丝状真菌。它是一个原核生物类群，在自然界中分布很广，尤其在含有机质丰富的微碱性土壤中分布较广，大多腐生，少数寄生。放线菌主要以无性孢子进行繁殖，也可借菌丝片段进行繁殖。它的最大经济价值在于能产生多种抗生素。从微生物中发现的抗生素有 60%以上是由放线菌产生的，如链霉素、红霉素、金霉素、庆大霉素等。

常用的放线菌主要来自于链霉菌属、小单孢菌属和诺卡菌属等。

3.酵母菌

酵母菌（yeast）不是微生物分类学上的名词，通常指一类单细胞，且主要以出芽方式进行无性繁殖的真核微生物。酵母菌在自然界中普遍存在，主要分布于含糖较多的酸性环境中，如水果、蔬菜、花蜜和植物叶子上以及果园土壤中。酵母菌多为腐生，常以单个细胞存在，以出芽方式进行繁殖，母细胞体积长到一定程度时就开始出芽。芽长大的同时母细胞缩小。在母细胞与子细胞之间形成隔膜，最后形成同样大小的子细胞。如果子细胞不与母细胞脱离就形成链状细胞，称为假菌丝。在发酵生产旺期，常出现假菌丝。

工业生产中常用的酵母有啤酒酵母、假丝酵母、类酵母等，分别用于酿酒、制造面包、生产脂肪酶以及生产可食用、药用和饲料用酵母菌体蛋白等。

4.霉菌

霉菌（mould），指“发霉的真菌”，是一群在营养基质上形成绒毛状、网状或絮状菌丝真菌的通称，并非微生物分类学上的名词。霉菌是人们早就熟知的一类微生物，与人类日常生活关系密切。它在自然界广为分布，大量存在于土壤、空气、水和生物体中。它喜欢偏酸性环境，大多数为好氧性，多腐生，少数寄生。霉菌的繁殖能力很强，能以无性孢子和有性孢子进行繁殖，多以无性孢子繁殖。其生长方式是菌丝末端的伸长和顶端分支，彼此交错呈网状。菌丝的长度既受遗传性状的控制，又受环境的影响。菌丝或呈分散生长，或呈团状生长。

工业上常用的霉菌有藻状菌纲的根霉、毛霉、犁头霉，子囊菌纲的红曲霉，半知菌纲的曲霉、青霉等。它们可广泛用于生产酶制剂、抗生素、有机酸及甾体激素等。

5.未培养微生物

自从科赫于19世纪发明使用固体培养基及纯培养技术以来，人们采用各种纯培养方法从自然环境中分离得到众多微生物的纯培养。但同时人们也发现，在显微镜下可以观察到的绝大部分自然环境微生物，很难或不能通过传统纯培养分离方法得到其纯培养。于是，人们对这类微生物进行了广泛深入的研究，将那些利用分子生物学技术能够检测到，但还不能获得纯培养的微生物定义为“（至今）未培养微生物（uncultured microorganisms）”。

未培养微生物广泛存在于各种自然环境中，特别是各种极端环境中。在极端环境下能够生长的微生物，称作极端微生物，又称嗜极菌（extremophiles）。极端环境指普通微生物不能生存的环境，如高温、低温、高压、高盐度、高辐射以及较强的酸碱环境。研究极端微生物有利于人们了解生命的本质，同时这些微生物在发酵工业中具有极为重要的应用价值。

未培养微生物在自然环境微生物群落中占有非常高的比例（约为99%），但成功应用未培养微生物的例子还不多。目前研究较多的是诸如油层、环境污水及火山口、温泉等极端环境中的未培养微生物，无论是其物种类群，还是新陈代谢途径、生理生化反应、产物等都存在着不同程度的新颖性和丰富的多样性，因而其中势必蕴藏着巨大的生物资源。

6.微生物病毒——噬菌体

病毒是一种比细菌还要微小的生物体，其直径为10～35nm。病毒的内部组织、化学组成和生长特性方面都和单细胞机体有巨大的区别。病毒只有在活的寄主细胞中才能复制。纯化了的病毒粒子实际上是一种壳包核酸，它由一个或几个分子的DNA或RNA组成，核酸外有一个蛋白质组成的外壳。病毒的核酸具有复制和形成壳包核酸所需的全部信息。病毒的外形可以是圆形、卵圆形、立方体、鞭状或蝌蚪状。

病毒分为动物病毒、植物病毒和微生物病毒三类。就微生物病毒来说，又分为寄生在原核微生物中的病毒和寄生在真核微生物中的病毒两种。前者叫噬菌体，每种细菌都可能成为一种或几种噬菌体的寄主。生产菌种在发酵过程中受到噬菌体侵入导致发酵失败是发酵工业突出的问题。但病毒或噬菌体也可被用来为人类服务。人们发现在感染了病毒的细胞中，当病毒处于增殖高峰时会产生干扰素，其作用在于直接或通过酶反应来抑制病毒核酸的复制。因而可利用其生产干扰素。

自然界除了存在能引起寄主细胞迅速裂解的烈性噬菌体外，还存在一种温和噬菌体，它们侵入寄主细胞后，并不迅速增殖和使细胞裂解，而是使自身的遗传信息和寄主细胞的遗传物质紧密结合在一起，随寄主细胞的繁殖而增殖，在子代细胞中找不到形态上可见的壳包核酸而只有能形成噬菌体的结构单位存在。这种含有温和噬菌体的细菌称作溶源性细菌，每代有 $10^{-5}\sim10^{-2}$ 频率的细胞发生裂解，并释放出与入侵噬菌体相同的噬菌体。当这种温和噬菌体从寄主细胞释放出来时，可能会带有寄主细胞的某种遗传基因，当它再次感染其他细菌时，就会将基因带到新的微生物细胞中去，并可能引起基因重组。该方法已被发展成为微生物基因重组的重要方法——转导法。

工业上常用的微生物见表 8-2。

表 8-2 工业上常用的微生物

类别	名称	产物	用途
细菌	短杆菌	味精、谷氨酸	食用、医药
	枯草杆菌	淀粉酶	酒精浓醪发酵、啤酒酿造、葡萄糖制造、糊精制造、糖浆制造、纺织品退浆、铜版纸加工、洗衣业、香料加工(除去淀粉)
	枯草杆菌	蛋白酶	皮革脱毛柔化、胶卷回收银、丝绸脱胶、酱油速酿、水解蛋白、饲料、明胶制造、洗衣业
	梭状杆菌	丙酮、丁醇	工业有机溶剂
	巨大芽孢杆菌	葡萄糖异构酶	由葡萄糖制造果糖
	大肠杆菌	酰胺酶	制造新型青霉素
	短杆菌	肌苷酸	医药、食用
	节杆菌	强的松	医药
	蜡状芽孢杆菌	青霉素酶	青霉素的鉴定、抵抗青霉素敏感症
酵母菌	酒精酵母	酒精	工业、医药
	酵母	甘油	医药、军工
	假丝酵母	石油及蛋白	制造低凝固点石油及酵母菌体蛋白等
	假丝酵母	环烷酸	工业
	啤酒酵母	细胞色素、辅酶甲、酵母片、凝血质	医药
	类酵母	脂肪酶	医药、纺织脱蜡、洗衣业
	阿氏假囊酵母	核黄素	医药
	脆壁酵母	乳糖酶	食品工业
霉菌	黑曲霉	柠檬酸	工业、食用、医药
		柚苷酶	柑橘罐头脱除苦味
		酸性蛋白酶	啤酒防浊剂、消化剂、饲料
		单宁酶	分解单宁、制造没食子酸、酶的精制
		糖化酶	酒精发酵工业

续表

类别	名　称	产　物	用　途
霉菌	栖土曲霉	蛋白酶	用途与枯草杆菌蛋白酶同
	根霉	根霉糖化酶	葡萄糖制造、酒精厂糖化用
	根霉	甾体激素	医药
	土曲霉	甲叉丁二酸	工业
	赤霉菌	赤霉素	农业(植物生长刺激素)
	梨头霉	甾体激素	医药
	青霉菌	青霉素	医药
	青霉菌	葡萄糖氧化酶	蛋白除去葡萄糖、脱氧、食品罐头储存、医药
	灰黄霉菌	灰黄霉素	医药
	木霉菌	纤维素酶	淀粉和食品加工、饲料
	黄曲霉菌	淀粉酶	医药、工业
	红曲霉	红曲霉糖化酶	葡萄糖制造、酒精厂糖化用
放线菌	各类放线菌	链霉素、新生霉素、卡那霉素	医药
	小单孢菌	庆大霉素	医药
	灰色放线菌	蛋白酶	用途与枯草杆菌蛋白酶同
	球孢放线菌	甾体激素	医药

工业上对菌种的要求如下：①本身有自我保护机制，抗噬菌体及杂菌污染的能力强；②生长速度和反应速度都较快，发酵所需周期短；③能够在廉价原料制成的培养基上生长良好，生成的目的产物产量高、易回收；④菌体本身不是病源菌，不产生任何有害的生物活性物质和毒素（包括抗生素、毒素和激素），保证工业生产安全；⑤菌种要纯粹，不易变异退化，遗传性稳定；⑥培养和发酵条件温和（pH值、渗透压、温度及溶解氧等）易控制；⑦单产量高（可选择野生型、营养缺陷型或调节突变株）。

二、菌种的选育

发酵工业获得生产菌株主要有以下两个途径：①从自然界如土壤、水、空气、植物体等中采集样品，从中进行分离筛选；②向菌种保藏机构索取有关的菌株、向各种实验室免费索取或购置有关的菌株，或直接购置专利菌种或向生产单位购置优良的菌种。

1. 新菌种的分离筛选

现有的菌种是有限的，而且其性能也不一定完全符合生产的要求，所以筛选新菌种是必须而又重要的任务。目前工业微生物所用菌种的根本来源还是自然环境。微生物由于个体小、数量大、繁殖快和适应性强的特点而广泛分布于自然界。地球上除了火山的中心区域外，无论是土壤、空气、水，还是动物和植物残体以及各种极端恶劣的环境（如高温、低温、高盐、高压、高酸、高碱等）都有微生物的踪迹。但是，由于地理条件的差异，水土的不同，甚至在不同的基质上，微生物的区系也是不同的，它们都以各种形式混杂地生长繁殖在同一环境中。然而每一种菌种的特性、嗜好、形态是不同的，菌种的分离工作不仅要把混杂的各种微生物单个分开，而且还要依照生产实际要求、菌种的特性，灵活、有的放矢地采用各种筛选方法，快速、准确地把目的菌种从中挑选出来。

从自然界中分离筛选菌种主要包括采样、富集培养、微生物纯种分离和微生物筛四个步骤。

（1）微生物样品的采集。采样是指从自然界中采集含有目的菌的样品。在采集微生物样品时，要遵循的一个原则是材料来源越广泛，就越有可能获得新的菌种。特别是在一些极端环境中，如高温、高压、高盐、低 pH 值环境中，存在着适应各种环境压力的微生物类群，是尚待开发的重要资源。但是从何处采样，这要根据筛选的目的、微生物的分布概况及菌种的主要特征与外界环境关系等，进行综合地、具体地分析来决定。

土壤是微生物聚集的大本营，因土壤的组成和含有的有机物的种类及数量的差异，微生物的种群分布也不同。如农田及菜地耕作地的表层，有机质较丰富，常以细菌和放线菌较多；果园树根土壤中酵母菌的含量较高；动植物残骸及腐质土中霉菌较多；豆科植物的根系土壤中，则根瘤菌较多；在油田及炼油厂附近的土层中，则分解代谢石油的微生物多。

（2）微生物的富集培养。富集培养是指在目的微生物含量较少时，根据微生物的生理特点，制定特定的环境条件，使目的微生物在最适的条件下迅速地生长繁殖，从而增加样品中目的微生物的数量和比例，以利于分离到所需要的目的菌株。如果目的微生物在土壤或其他样品中所含的数量足够多时，可直接进行常规的单菌分离。但对于很多样品，由于目的微生物含量较少，会给分离筛选工作带来困难，在此情况下，可以对采集到的样品进行多次富集培养。富集培养的条件主要根据目的微生物对营养、pH 值、温度、氧气、光照等方面的需求而进行控制。

（3）微生物纯种分离。从自然界采集的样品中含有多种微生物，即使通过增殖培养也只能使目的菌在数量和相对比例上得以提高，还不能得到微生物的纯种。因此，经过富集培养后的样品，需要进一步分离纯化，纯种分离的目的是将目的菌从混杂的微生物中分离出来，获得纯培养。分离微生物的常用方法有倾注平板分离法、涂布平板分离法、平板划线分离法和组织分离法等。前三种方法由于操作简便、有效，工业生产中应用较多。组织分离法则通常是从感病植株或特殊组织中分离菌株。

（4）微生物的筛选。在目的微生物分离的基础上，进一步对获得的纯培养菌株进行筛选，从中选出符合生产要求的菌株，筛选即对分离获得的纯培养菌株进行生产性能的测定，经过初筛和复筛，从中选出适合生产要求的菌株。

初筛主要以量为主，对所有分离菌株进行略粗放的生产性能测试，淘汰多数无用的微生物，把少量的有用微生物筛选出来，如可以直接将斜面培养物接种摇瓶，每菌株接种一个摇瓶，选出其中10%～20%生产潜力较大的菌株。

复筛以质为主，对经初筛所获得的少量生产潜力较大菌株进行比较精确生产性能测试，如一般先培养液体种子，每个菌种接3～5个摇瓶，考察产量的稳定性等，从中选出10%～20%的优秀菌株再次进行复筛。复筛可反复进行多次，直至选出最优的1～3个菌株。最终筛选出的菌株可供发酵条件的优化研究和生产试验，如果产量尚不够理想，可以作为育种的出发菌株对其进行育种改造。

直接从自然界分离得到的菌株称为野生型菌株，以区别于经人工育种改造后得到的变异菌株或重组菌株。

2. 工业微生物育种技术

早期工业生产使用的优良菌种都是从自然界分离得到的。从自然界新分离的菌种产量都很低，如不进行菌种改良就没有工业生产的价值。因为在正常的生理条件下，微生物依靠其代谢调节系统，趋向于快速生长和繁殖。但是，发酵工业的需要与此相反，需要微生物能够积累大量的代谢产物，为此，就要采用种种措施来打破微生物正常的代谢途径，使之失去调节控制，从而大量积累人们所需的代谢产物。

育种即按照发酵生产的要求，根据微生物遗传变异理论，对现有的发酵菌种的生产性状进行改造或改良，以提高产量、改进质量、降低成本、改革生产工艺。如青霉素生产菌种(penicillium notatum)，1929年弗莱明刚发现时，其浅表层培养只有1～2U/mL。经过多年的诱变育种，目前已达到60000U/mL以上，产量提高了几万倍。具体来说，工业微生物育种的目的有两个：①提高其生产能力；②选育能适应工艺条件的菌种，如能利用廉价的发酵原料、能耐受某些化学消沫剂等。

工业微生物育种过程分为两个阶段：①菌种基因型改变——筛选菌种，确认并分离出具有目的基因型或表型的变异株；②产量评估——全面考察变异株在工业化生产上的性能。

育种技术包括诱变育种、原生质体融合育种、代谢控制育种、基因工程育种。其中基因工程定向育种是现代育种技术的标志。

(1) 诱变育种

诱变育种是利用物理或化学诱变剂处理均匀分散的微生物细胞群，促进其突变率大幅度提高，然后采用简便、快速和高效的筛选方法，从中挑选少数符合育种目的的突变株，以供生产实践或科学研究用。

诱变育种在工业微生物育种方面具有较大用途，不但能够提高产物的产量，还可达到改善产品质量、扩大品种和简化生产工艺等目的。诱变育种具有方法简单、快速和收效显著等特点，故仍是目前被广泛使用的主要育种方法之一。

(2) 原生质体融合育种

原生质体融合是通过人工方法，使遗传性状不同的两个细胞的原生质体发生融合，并产生重组子的过程，亦可称为细胞融合。原生质体融合技术最早是在动物细胞实验中发展起来的，后来，在酵母菌、霉菌、高等植物以及细菌和放线菌中也得到了应用。原生质体融合技术是又一个极其重要的基因重组技术。应用原生质体融合技术后，细胞间基因重组的频率大大提高了。发生基因重组亲本的选择范围也更大了，原来的杂交技术一般只能在同种微生物之间进行，而原生质体融合可以在不同种、属、科，甚至更远缘的微生物之间进行。这为利用基因重组技术培育更多、更优良的生产菌种提供了可能。

微生物原生质体融合的主要步骤为：选择亲株、制备原生质体、原生质体融合、原生质体再生及筛选优良性状的融合子。

(3) 代谢控制育种

从工业微生物育种史来看，诱变育种曾取得了巨大的成就，使微生物有效产物成百倍、乃至成千倍的增加。但是经典的育种工作量繁重，具有一定盲目性。近年来由于应用生物化学和遗传学原理，深入研究了生物合成代谢途径以及代谢调节控制的基础理论，人们不仅可进行外因控制，通过培养条件来解除反馈调节而使生物合成的途径朝着人们所希望的方向进行，即实现代谢控制发酵；同时还可进行内因改变，改变微生物的遗传型往往是控制代谢的更为有效的途径。

代谢控制育种的通过改变微生物遗传物质可以从根本上打破微生物原有的代谢控制机制，包括特定的营养缺陷型突变株和抗反馈调节的突变株的选育。

代谢控制育种将微生物遗传学的理论与育种实践密切结合，先研究目的产物的生物合成途径、遗传控制及代谢调节机制，然后进行定向诱变，可以大大减少传统育种的盲目性，大大提高了的筛选效率。代谢控制育种的兴起标志着微生物育种技术发展到理性育种阶段，实现人为的定向控制育种。

(4) 基因工程育种 (genetic engineering breeding)

基因工程 (genetic engineering) 是一种全新的育种技术。所谓工程菌 (engineering

bacteria）就是采用基因工程技术将多种微生物的基因从细胞中取出，然后组装到一个细胞中，使这个菌株具有多功能、高效和适应性强等特点的新型微生物。目前，基因工程产品主要是一些短肽和小分子蛋白质，对一些受多个基因控制的发酵产物，基因工程育种还不能完全取代传统的育种方法。

杂交育种和分子育种的具体方法可参见本书细胞工程和基因工程有关章节。

3. 高通量筛选技术

由于在诱变育种实验中要对平板中的正突变菌株进行筛选，而一般情况下的正突变率非常低，传统的人工操作筛选方法效率较低、工作量较大，且要耗费大量的人力物力，并且很可能筛选不出所需要的正突变菌株。在这种背景下，高通量筛选技术则应运而生。高通量筛选技术必须要达到两个条件：①根据目的样品的特性（理化特性、生物学特性等）开发出合适的筛选模型；②有自动化或者自动化的实验操作系统，能够进行移液、接种、清洗等设备操作。

高通量筛选（high throughput screening）是将许多模型固定在各自不同的载体上，用机器人加样，培养后用计算机记录结果，并进行分析，使筛选从繁重的劳动中解脱出来，实现大规模筛选。高通量筛选模型有两种：①细胞模型，包括各种正常细胞和病理细胞，观察待测样品对细胞的作用，只能反映药物对细胞生长等过程的综合作用，不能反映作用的途径和靶点；②分子模型，包括受体、酶，其特点是药物作用的靶点明确。

通过高通量筛选方法，可以发现效果好、临床应用价值高的创新药物，治疗疑难病症。由于高通量筛选在很大程度上依赖于自动化、高效率的仪器装备，因此目前开发出了多种适于高通量筛选的仪器与设备。如具有 96 孔甚至更多孔道的微孔板，每个孔道都是单独的可以盛放样品的容器，孔中可以直接进行微生物培养，也可进行酶学反应等。为了便于孔中样品的处理，目前开发了可以对多样品进行移液处理的多通道（连续）移液器，这种移液器可以一次性实现多孔道移液，且保持每个移液器上所取样品的一致性，并且一些连续移液器可以一次性吸取大量的液体，并通过设定释放体积，分多次释放出等体积液体。移液器需要手动操作，而现在开发出的全自动移液工作站则可在无人值守下进行自动移液工作，是自动化更高的高通量设备。

针对微孔板的应用，目前设计了一系列的微孔板后续操作仪器设备，如微孔板恒温振荡培养器、微孔板离心机等，但更值得一提的是酶标仪，它可以一次性快速的测定微孔板各孔道样品吸光值的分光光度计，并且具有在紫外光区、可见光区、甚至荧光区下工作的能力。另一种值得一提的高通量设备就是自动挑取菌落仪，在微生物育种的过程中，常常需要进行大量的微生物菌落挑种工作，而自动菌落挑取仪则可以帮助实验员从繁重的接种工作中解放出来。它采用 400 万像素彩色 CCD 相机拍摄图像，结合计算机，实现菌落识别，可将菌落自动挑选到多孔板上，也可以将一块微孔板上菌落捡拾到多块目的微孔板上。

以上高通量仪器设备的开发应用，能够提高微生物研究工作效率，将实验员从传统、繁重的手工操作中解放出来，这对于工业微生物的快速发展具有重要的意义。针对高通量筛选，目前也开发了一些新的筛选技术，以下简要进行介绍。

（1）报告基因的应用。报告基因是一种编码可被检测的蛋白质或酶的基因，也就是一个其表达产物非常容易被鉴定的基因。把它的编码序列和基因表达调节序列或者其他目的基因相融合，可以形成嵌合基因。在调控序列控制下进行表达，可以利用报告基因的表达产物来判断目的基因的表达与否以及表达量的大小。常见的报告基因有：绿色荧光蛋白（*GFP*）、β-半乳糖苷酶（*lacZ*）、氯霉素乙酰转移酶（*CAT*）、荧光素酶（*luc*）、碱性磷酸酯酶（*SEAP*）、β-葡糖醛酸酶（*GUS*）等。例如绿色荧光蛋白与目的蛋白融合，融合蛋白诱导表达后，用488nm的紫外光照射检测，可检测到已成功表达并正确折叠的融合蛋白菌落，从中筛选荧光光度高的菌落，即目的蛋白表达水平高的菌落。

(2) 流式细胞术。流式细胞仪是一项集激光技术、光电测量技术、计算机技术、电子物理、流体力学、细胞免疫荧光化学技术以及单克隆抗体技术为一体的新型高科技仪器。流式细胞术（flow cytometry，FCM）是利用流式细胞仪，使细胞或微粒在液流中流动，逐个通过一束入射光束，并用高灵敏度检测器记录下散射光及各种荧光信号，对液流中的细胞或其他微粒进行快速测量的新型分析和分选技术。FCM通过激光光源激发细胞上所标记的荧光物质的强度和颜色以及散射光的强度可以得到细胞内部各种各样的生物信息；也可以利用高分子荧光微球在流式细胞仪上做免疫和聚合酶链反应等多种生物技术检测。FCM主要包括了样品的液流技术、细胞的分选和计数技术以及数据的采集和分析技术等，具有测量速度快、测量参数多、采集数据量大、分析全面、方法灵活以及对所需细胞进行分选等优点。

近年来FCM在微生物学研究中得到了广泛应用，范围涉及医学、发酵和环保等诸多领域。FCM可以快速、准确地检测样品中细菌数目，并且已与荧光原位杂交技术相结合，是目前细菌检测和鉴定、产品质量控制、研究细菌机理以及微生态系统中细菌群落结构的一个重要手段。有研究者应用FCM检测生乳中细菌总数，发现FCM与平板菌落计数法相比，检测的结果更精确、更可靠，除可以极大地缩短检测时间外，还可以同时进行多个样品处理，能够满足大量样品在线检测的要求，并且FCM可以区分具有生命活力的细菌和已经死亡的细菌。

实际上，利用FCM不但可以对细胞进行计数、倍性分析、细胞周期分析、分拣染色体等，还可以用于测量基因组大小、流式核型分析以及更进一步定位基因，构建染色体文库等。随着科学家和仪器制造商将研究的重点转向新型荧光染料开发、单克隆抗体技术、细胞制备方法以及提高电子信号处理能力上来，FCM及其在高通量筛选中的应用将日趋广泛。

三、菌种的退化与复壮

优良的工业生产菌种来之不易，但微生物菌种在传代繁殖和保藏过程中会出现退化现象，所以在科研和生产中仅仅单纯保持菌种存活是不够的，还应设法减少菌种的退化和死亡。菌种保藏的目的就是保证菌种经过较长时间保藏后仍然保持较强的活力，不被其他杂菌污染，且形态特征和生理性状应尽可能不发生变异，以便今后长期使用。对不同的菌种，要根据其生理特性采取不同的保藏方法。

1. 菌种的退化及其原因

菌种退化是指由于自发突变，使某物种原有的一系列生物学性状发生量变或质变的现象。菌种退化可以是形态上的，也可以是生理上的，如产孢子能力、发酵主产物比例下降等。具体表现有：①原有的形态性状变得不典型，包括分生孢子减少或颜色改变等；②生长速度变慢；③代谢产物的生产能力下降；④致病菌对宿主侵染能力下降；⑤对外界不良条件包括低温、高温或噬菌体侵染等的抵抗能力下降等。

菌种退化是发生在细胞群体中一个由量变到质变的逐渐演化过程。首先，在细胞群体中出现个别发生负变的菌株，这时如不及时发现并采取有效的措施，而一味地移种传代，则群体中这种负变个体的比例逐渐增大，最后在群体中占据了优势，导致菌株产量下降和优良性状丧失。整个群体发生严重的退化。所以，开始时，所谓“纯”的菌株，实际上其中已包含着一定程度的不纯因素；同样，到了后来，整个菌种虽已“退化”，但也是不纯的，即其中还会有少数尚未退化的个体存在。菌种退化的原因如下。

(1) 基因突变。基因突变是菌种退化的主要原因。微生物在移种传代过程中会发生自发突变，这些突变包括高产菌株的回复突变和新的负变菌株，它们都是低产菌株。开始时，这些突变菌株在群体所占的比例很小，但由于这些低产菌株的生长速率往往大于高产菌株，所以经过传代后，它们在群体中的数量逐渐增多，直至占优势，表现为退化现象。

(2) 连续传代。连续传代是加速菌种退化的直接原因。微生物自发突变都是经过繁殖传代发生的，移种代数越多，发生突变的概率就越高。另外，基因突变在开始仅发生在个别细胞，如果不传代，个别低产细胞不会影响群体的表型。只有通过传代繁殖后，低产细胞才能在数量上占优势，使群体表型发生变化，即导致菌种退化。

(3) 培养和保藏条件。培养条件和保藏条件可多方面影响菌种的性状，不良的培养条件如营养成分、温度湿度、pH 值、通气量等和保藏条件如营养、含水量、温度、氧气等，都可能会造成菌种的退化。

2. 菌种退化的防治

遗传是相对的，变异是绝对的，所以菌种退化是不可避免的。退化是菌种自发突变的结果，培养环境营养不良、发酵时间过长而积累有害产物都会加快菌种退化。根据菌种退化原因分析，要采取积极措施防止菌种退化。为了防止菌种退化，需要采取以下措施。

(1) 从菌种选育角度考虑。在育种过程中，应尽可能使用孢子或单核菌株，避免对多核细胞进行处理，采用较高剂量使单链突变的同时，另一条单链丧失了模板作用，可以减少出现分离回复现象；同时，在诱变处理后应进行充分的后培养及分离纯化，以保证获得菌株的“纯度”。放线菌和霉菌的菌丝细胞是多核的，其中也可能存在异核体或部分二倍体，所以，用菌丝接种、传代易产生分离现象，会导致菌种退化。因此，要用单核的孢子进行移种，最好选用单菌落的孢子进行传代，因为单菌落是由单个孢子发育而形成的，其遗传特性一致，不会发生分离现象。

(2) 从菌种保藏角度考虑。连续传代是加速菌种退化的直接原因。微生物都存在着自发突变，而突变都是在繁殖过程中发生或表现出来的，减少传代次数就能减少自发突变和菌种退化的可能性。所以，不论在实验室还是在生产实践上，必须严格控制菌种的传代次数。斜面保藏的时间较短，只能作为转接和短期保藏种子用，应该在采用斜面保藏的同时，采用沙土管、冻干管和液氮管等能长期保藏的手段以防止菌种优良性状的退化。

(3) 从菌种培养角度考虑。培养基和培养条件可以从多方面影响菌种的性状。因此，为了防止菌种退化，要选择合适的培养基和培养条件。各种生产菌株对培养条件的要求和敏感性不同，培养条件要有利于生产菌株，不利于退化菌株的生长。如营养缺陷型生长菌株培养时应保证充分的营养成分，尤其是生长因子；对一些抗性菌株应在培养基中适当添加有关药物，抑制其他非抗性的野生菌生长。另外，应控制碳源、氮源、pH 值和温度，避免出现对生产菌不利的环境，限制退化菌株在数量上的增加，例如添加丰富的营养物后，有防止菌种退化的效果；改变培养温度的措施，防止菌种产孢子能力的退化。由于微生物生长过程产生的有害代谢产物，也会引起菌种退化，因此应避免将陈旧的培养物作为种子。

(4) 从菌种管理的角度考虑。要防止菌种退化，最有效的方法是定期使菌种复壮。所谓的菌种复壮就是在菌种发生退化后，通过纯种分离和性能测定，从退化的群体中，找出尚未退化的个体，以达到恢复该菌种原有性状的一种措施。但这是一种消极的措施。

另外，经常进行菌种纯化。所谓菌种纯化就是对菌种进行自然分离。首先将菌种制成单细胞或单孢子悬浮液，经稀释后将其涂布于在琼脂平板上培养，待平板上单菌落培养成熟后挑取单菌落移种斜划，再经摇瓶试验测定其生产能力，从中选出高水平的菌种。

3. 菌种复壮

菌种退化是不可避免的，如果生产菌种已经退化，那么我们要及时对已退化的菌种进行复壮，使优良性状得以恢复。

广义的复壮应是一项积极的测定措施，是在菌种尚未退化之前，定期地进行纯种分离和性能测定，以使菌种的生产性能保持稳定，广义的复壮过程有可能利用正向的自发突变，在生产中培育出更优良的菌株。

从菌种退化的演化过程看，开始时所谓纯的菌株实际上已包含了很少的衰退细胞，到菌种退化时，虽然群体中大部分是衰退细胞，但仍有少数尚未衰退的细胞存在。因此，可以通过自然分离的方法将那些尚未衰退的细胞从群体中分离出来，使菌种的优良性状得以恢复。这就是所谓的菌种复壮。

这种在菌种已退化的情况下通过自然分离的方法将少数尚未衰退的个体从退化的群体中分离出来以恢复菌种原有优良性状的复壮，是一种消极的措施。积极的措施应该是在菌种的生产性能尚未退化前，经常进行自然分离，以保持菌种的生产性能稳定，同时也有可能使菌种的生产性能得到进一步的改进或提高。

对于一般菌种，包括生产菌种，复壮工作主要是进行纯种分离和筛选。对于一些寄生性微生物，特别是一些病原菌，长期在实验室人工培养会发生致病力降低的退化。可将其接种到相应的昆虫或动、植物宿主中，通过连续几次转接，就可以从典型的病灶部位分离到恢复原始毒力的复壮菌株。

四、菌种的保藏

菌种保藏要求不受杂菌污染，使退化和死亡降低到最低限度，从而保持纯种和优良性能。微生物种子的保藏方法很多，但它们的原理基本上是相同的，即选用优良的纯种（最好是休眠中，如分生孢子、芽孢等），并创造一个使微生物代谢不活泼，生长繁殖受抑制，难以突变的环境条件。其环境要素是干燥、低温、缺氧、缺营养以及添加保护剂等。以下列出了目前常见的菌种保藏方法。

1.斜面保藏

斜面保藏法是一种短期的保藏方法，操作简便，较为常用，广泛适用于细菌、放线菌、酵母菌和丝状真菌。

将菌种在适宜的斜面培养基和温度条件下培养，待菌种生长良好后，置于4℃左右的冰箱中保藏。影响斜面保藏法的因素很多，主要有保藏培养基和保藏条件两个方面。保藏培养基一般要求营养成分相对贫乏些，氮源略高而碳源略低，以减少pH值下降。放线菌和霉菌以适当控制菌体生长而有利于孢子形成为原则；采用贫乏和丰富培养基交替培养进行菌种保藏，有利于延缓菌种衰退。保藏条件要求冰箱温度控制在4℃左右；每1～3个月移接一次；传代次数不超过3～4次。

斜面保藏的缺点是斜面在保藏期间菌种的生长繁殖没有完全停止，存在自发突变的可能；在斜面转接过程中，易发生退化、污染；斜面在保藏期间，培养基中的水分易蒸发，导致渗透压增大，易引起菌种衰退、死亡。

2.石蜡油封保藏

石蜡油封保藏法亦称液体石蜡保藏法或矿油重层法，是一种从传代保藏变通来的方法，该法保藏时间较长。石蜡油保藏法适用的微生物较为广泛，尤其适用于担子菌、镰刀菌、红曲霉等微生物菌种。一些酵母菌、放线菌及少数细菌也可采用，但不适用于那些能够利用石蜡为碳源的微生物。

液体石蜡保藏法是直接将灭过菌的液体石蜡加入到生长好的菌种斜面上，然后将其放入4℃冰箱保藏。石蜡油层可以防止培养基中水分的蒸发和传代培养菌种的干燥死亡，同时能限制氧的供应而抑制或减低菌的代谢，这样更可推迟细胞老化。该法优于传代培养保藏。随菌种不同，保藏时间可由几年至10年。液体石蜡保藏法的缺点是必须直立放入冰箱内，占据较大的空间。

3. 砂土管保藏

砂土管保藏法的优点是操作简便，使用方便，可反复多次使用，此法操作较简单，保藏效果较好，保藏时间可达1年至数年。其缺点是微生物的新陈代谢没有完全停止，易引起菌种退化变异。砂土管保藏法适合于产分生孢子的霉菌、放线菌以及产芽孢的细菌，但不适于担子菌类、只靠菌丝繁殖的真菌、无芽孢的细菌、酵母等。

砂土管保藏法的原理是造成干燥和寡营养的保藏条件。它的制备方法是，首先将沙和土分别洗净烘干并过筛（一般沙过80目筛，土过100目筛），将沙与土的比例为（1～2）：1混合混匀，分装于小试管中，分装高度1cm左右，121℃高压蒸汽间歇灭菌2～3次，无菌实验合格后烘干备用，也有用土或只用沙作载体进行保藏的。菌种可制成浓的菌或孢子悬液加入，放线菌和真菌也可直接刮下孢子与载体混匀。接种后置于干燥器真空抽干封口（熔封或石蜡封口），置4℃左右冰箱内保藏。有时不进行真空抽干让其自然干燥，也具有较好的效果。

4. 冷冻真空干燥保藏

该法是将菌液在冻结状态下升华其中水分，最后获得干燥的菌体样品。它同时具备干燥、低温和缺氧的菌种保藏条件，具有变异少、保存时间长、输送与贮存方便等优点，是目前菌种保藏的较好方法之一。冻干的菌种密封在较小的安瓿瓶中，避免了保藏期间的污染，也便于大量保藏。但是，该法操作相对繁琐，技术要求较高。该法适用范围广，除不产生孢子只产菌丝体的丝状真菌不宜用此法外，其他微生物，如病毒、细菌、放线菌、酵母、霉菌等都能冻干保藏。许多菌种用此法可保藏10年以上。

冷冻真空干燥保藏的操作是预先将安瓿管用2%盐酸浸泡，洗净、烘干后，加入菌种编号标签纸条，加棉塞，湿热灭菌后烘干备用。微生物斜面培养至稳定期（最好形成孢子），加入保护剂制成细胞悬液。将菌悬液分装到安瓿管内，塞上棉塞，置于低温冰箱中预冻2h左右。预冻的目的是使水分在真空干燥时直接出冰晶升华为水蒸气。预冻一定要彻底，否则，干燥过程中一部分冰会融化而产生泡沫或氧化等副作用，或使干燥后不能形成易溶的多孔状菌块，而变成不易溶解的干膜状菌体。预冻的温度和时间很重要，预冻温度一般应在−30℃以下，−30℃下冻结，冰晶颗粒细小，对细胞损伤小。

预冻后将安瓿管放入冷冻干燥机中抽真空4h左右。整个干燥过程，先是升华干燥，然后蒸发除去水分。干燥结束后，在真空下进行熔封。安瓿管密封后以高频电火花检查安瓿管的真空情况，管内呈灰蓝色光表示已达真空。检查时电火花应射向安瓿的上半部，切勿直射样品。制成的安瓿管置于4℃冰箱或室温下保藏。

冷冻干燥法保藏的菌种，使用时可在无菌环境下开启安瓿管进行复水培养。可用锉刀在安瓿上部横锉一道痕迹，再用烧热的玻棒置痕迹处，安瓿壁即出现裂纹。也可将安瓿上部置酒精灯上烧热，用冷的无菌水或培养基滴在痕迹处使其崩裂而打开安瓿管。将无菌的培养基注入安瓿管中，溶解干燥的样品丸，摇匀，用无菌吸管取出悬液并移入适宜的培养基中培养。

5. 甘油悬液低温冷冻保藏

甘油保藏法与液氮超低温保藏法类似。菌种悬浮在10%（体积分数）甘油蒸馏水，置低温（−80～−70℃）保藏。该法较简便，保藏期较长，但需要有超低温冰箱。

实际工作中，常将待保藏菌培养至对数期的培养液直接加到已灭过菌的甘油中，并使甘油的终浓度在10%～30%，制成细胞密度为10^7～10^8个/mL的悬浮液，加入到密封性能好的专用螺口塑料管中，旋紧螺盖，置于−70%冰箱中，则保藏效果更佳。使用此法保藏感受态大肠杆菌细胞 3 个月，转化率无明显下降。

6. 液氮保藏

鉴于有些微生物不宜采用冷冻干燥法，而其他方法又不能长期保藏，目前液氮超低温保藏技术已被公认为当前最有效的菌种长期保藏技术之一，也是适用范围最广的微生物保藏法。几乎所有微生物及动物细胞等均可采用液氮超低温保藏，只有少量对低温损伤敏感的微生物例外。液氮保藏的另一大优点是可利用各种培养形式的微生物进行保藏，不论孢子或菌体、液体培养物或固体培养物均可使用该法。

液氮超低温保藏法是以甘油或二甲基亚砜为保护剂，将菌种直接放入液氮瓶中超低温（－196℃）保藏，此法是防止菌种退化的最好办法。由于微生物在－130℃以下新陈代谢处于停止，在此温度下，微生物处于休眠状态，可减少死亡或变异。因此，液氮超低温保藏法的保存时间长，死亡率低，变异少，活性稳定，甚至菌种不需要再次分离，即可直接用于生产。

液氮超低温保藏过程是将菌种悬浮液封存于圆底安瓿管或塑料的液氮保藏管（材料应耐受较大温差骤变）内，放到－196～－150℃的液氮罐或液氮冰箱内保藏。在操作过程中的一大原则是"慢冻快融"。另外，细胞解冻的速度对冷冻损伤的影响也很大。因为缓慢解冻会使细胞内再生冰晶或冰晶的形态发生变化而损伤细胞，所以，一般采取快速解冻。在恢复培养时，将保藏管从液氮中取出后，立即放到 38～40℃的水浴中振荡至菌液完全融化，此步骤应在 1min 内完成。

液氮冷冻保藏管应严格密封。若有液氮渗入管内，在从液氮容器中取出时，管中液氮的体积将膨胀 680 倍，具很强的爆炸力，必须特别小心。因为液氮容易渗透逃逸，所以，需要经常补充液氮，这是该法操作费用较大的原因。

7. 工程菌的保藏

目前常用的工程菌宿主主要是大肠杆菌和毕赤酵母菌，它们构建成基因工程菌之后，易出现质粒丢失、非同源重组或其他退化现象。常用的保藏方法是将甘油与菌体或菌悬浮液摇匀后，置于－80℃冰箱保存，甘油浓度一般为 15%。也可在斜面上保存，但要在培养基中加入抗生素或其他的选择压力，以保持菌种的稳定性。

除上述几种方法外，微生物菌种保藏的方法还有很多，如纸片保藏、薄膜保藏、寄主保藏、麦粒保藏、麸皮保藏、生理盐水保藏等。由于微生物的多样性，不同的微生物往往对不同的保藏方法有不同的适应性，因此，在具体选择保藏方法时必须对被保藏菌株的特性、保藏物的使用特点及现有条件等进行综合考虑。对于一些比较重要的微生物菌株，则要尽可能地采用多种不同的方法进行保藏，以免因某种方法的失效而导致菌种失活。

第三节　发酵生产过程

除某些转化过程外，典型的发酵生产过程可以划分成以下 6 个基本组成部分。

（1）繁殖种子和发酵生产所用的培养基组分设定。

（2）培养基、发酵罐及其附属设备的灭菌。

（3）培养出有活性、适量的纯种，接种入生产的容器中。

（4）微生物在最适合于产物生长的条件下，在发酵罐中生长。

（5）产物萃取和精制。

（6）过程中排出的废弃物的处理。

发酵工艺一向被认为是一门艺术，需凭多年的经验才能掌握。发酵生产受许多因素的影响和工艺条件的制约，即使同一种生产菌种和培养基配方，不同厂家的生产水平也不一定相同。掌握生产菌种的代谢规律和发酵调控的基本知识对生产的稳定和提高具有重要的意义。

一、培养基及其灭菌

微生物培养基的营养成分包括碳源、氮源、无机盐、生长因子及水等。培养基类型种类较多，一般可根据其用途、物理性质以及培养基组成物质化学成分等方面加以区分。工业发酵中，培养基往往是依据生产流程和作用分为种子培养基以及发酵培养基。

1.种子培养基

种子扩大培养的目的是短时间内获得数量多、质量高的大量菌种，以满足发酵生产需要。为了使微生物细胞快速分裂和生长，种子培养基必须有较完全和丰富的营养物质，特别需要充足的氮源和必需的生长因子。但是，由于种子培养时间较短，且不要求它积累产物，故一般种子培养基中各种营养物质的浓度也不需要太高。供孢子萌发生长用的种子培养基，可添加一些容易被吸收利用的碳源和氮源，如葡萄糖、硫酸铵、尿素、玉米浆、蛋白胨等。

此外，种子培养物将直接转入发酵罐进行发酵，为了缩短发酵阶段的适应期（延滞期），种子培养基成分还应考虑与发酵培养基的主要成分相近，使之在种子培养过程中已经合成有关的诱导酶系，这样进入发酵阶段后就能够较快地适应发酵培养基。

2.发酵培养基

发酵培养基是发酵生产中最主要的培养基，它不仅要采用大量的原材料，而且也是决定发酵生产成功与否的重要因素。由于发酵培养基的主要作用是为了最大限度地获得目的产物，因此必须根据菌体自身生长规律、产物合成的特点来设计培养基。如对于生产氨基酸等含氮的化合物时，它的发酵培养基除供给充足的碳源物质外，还应该添加足够的铵盐或尿素等氮素化合物。

发酵培养基中某些成分的加入有助于调节产物的形成，这些添加的物质一般被称为生长辅助物质包括生长因子、前体、产物抑制剂和促进剂。

发酵培养基的要求有：①满足产物最经济的合成；②发酵后所形成的副产物尽可能地少；③培养基的原料应因地制宜，价格低廉，且性能稳定，资源丰富，便于采购运输，适合大规模储藏，能保证生产上的供应；④应能满足总体工艺的要求，如不影响通气、提取、纯化及废物处理等。

3.培养基灭菌

配制培养基的原料营养丰富，容易受到杂菌污染。在发酵工业中，培养基灭菌最有效、最常用的方法是利用高压蒸汽进行湿热灭菌。在培养基灭菌过程中，微生物被杀死的同时，培养基成分也会因受热而部分破坏。因此，适宜的灭菌工艺既要达到杀灭培养基中微生物的目的，又要使培养基组成成分的破坏减少至最低程度。发酵生产中培养基灭菌有分批灭菌和连续灭菌两种。

将配制好的培养基置于发酵罐中，通入蒸汽将培养基和所用设备一起加热灭菌的操作过程，叫做实罐灭菌，又称分批灭菌。灭菌过程包括加热、维持和冷却三个阶段。分批灭菌法不需要专门的灭菌设备，投资少，操作简单，灭菌效果可靠。其缺点是灭菌与发酵不能同时进行，设备利用率较低，并且灭菌过程需要的时间较长，培养基营养成分破坏较多。该法多用于中小型发酵罐和种子罐的灭菌。

连续灭菌（continuous sterilization）又称连消，是将培养基在发酵罐外通过专用灭菌装置，连续不断地加热、维持保温和冷却后，送入已灭菌的发酵罐内的工艺过程。其加热、保温、冷却三阶段是在同一时间、不同设备内进行的，需设置加热器、维持设备及冷却设备等。其优点是灭菌在流动过程中完成，灭菌温度高，时间短，因而培养基受破坏较少；灭菌不在发酵罐内进行，发酵罐的利用率高；连消过程不排气，热能利用较合理，适于自动化控制。但连续灭菌所需要的设备多，投资大，中小型发酵生产企业应用较少。

由于连续灭菌时，培养基能在短时间内加热到保温温度，并能很快被冷却。因此可在比分批灭菌更高的温度下灭菌，而保温时间则很短，这样就有利于减少营养物质的破坏，提高发酵产率。

二、种子扩大培养

种子扩大培养是指将保存在砂土管、冷冻干燥管中处休眠状态的生产菌种接入试管斜面活化后，再经过扁瓶或摇瓶及种子罐逐级扩大培养而获得一定数量和质量的纯种过程。这些纯种培养物称为种子。

目前工业规模的发酵罐容积已达几十立方米或几百立方米。如按百分之十左右的种子量计算，就要投入几立方米或几十立方米的种子。要从保藏在试管中的微生物菌种逐级扩大为生产用种子是一个由实验室制备到车间生产的过程。种子液质量的优劣对发酵生产起着关键性的作用。作为种子的准则是：①菌种细胞的生长活力强，移种至发酵罐后能迅速生长，迟缓期短；②生理性状稳定；③菌体总量及浓度能满足大容量发酵罐的要求；④无杂菌污染；⑤保持稳定的生产能力。

发酵菌种扩大培养过程可分为实验室和生产车间两个阶段，其一般工艺流程如下。

实验室阶段菌种的扩大培养：　原种活化

↓

试管固体或液体培养

↓

三角瓶液体振荡培养（或茄子瓶斜面培养或三角瓶固体浅层培养）　一级种子

↓

生产车间菌种的扩大培养：　种子罐培养　二级种子

↓

扩大的种子罐培养　三级种子

对于不同产品的发酵而言，应根据菌种生长繁殖速度的快慢决定菌种扩大培养的级数。以细菌为发酵菌种的发酵生产，如谷氨酸及某些氨基酸发酵，由于细菌的生长繁殖速度快，一般采用二级扩大培养的种子进行发酵；以放线菌为发酵菌种的发酵生产，如抗生素发酵，由于放线菌的生长繁殖速度慢，一般采用三级扩大培养的种子进行发酵；有些采用四级扩大培养的种子进行发酵，如链霉菌；以霉菌和酵母菌为发酵菌种的发酵生产，大都采用三级扩大培养的种子进行发酵，有的采用四级扩大培养的种子进行发酵。

三、发酵方式

根据发酵培养基的物理性状、微生物的种类以及微生物生长特性的不同，发酵过程分别可以分为固体发酵与液体发酵，厌氧发酵与好氧发酵，分批发酵、补料分批发酵与连续发酵和以及好氧液体杂层发酵。

1. 固体发酵与液体发酵

固体发酵是指微生物生长在潮湿不溶于水的基质进行发酵，在固体发酵过程中不含任何自由水，随着自由水的增加，固体发酵范围延伸至黏稠发酵（slurry fermentation）以及固体颗粒悬浮发酵。按发酵基质的物理性质分为：固态发酵（solid state fermentation，SSF）是指在没有或几乎没有游离水的不流动基质上培养微生物的过程，此基质称为“醅”。液态发酵（liquid state fermentation 或 liquid submerge fermentation，LSF）基质是流动状态，称为发酵“液”。半固态发酵（SSF）发酵基质是流动状态，原料颗粒悬浮于液体中。基质呈流动状态，称为“醪”。

液体发酵技术是现代生物技术之一，它是指在生化反应器中，模仿自然界将菌株在生育过程中所必需的糖类、有机和无机含有氮素的化合物、无机盐等一些微量元素以及其他营养物质溶解在水中作为培养基，灭菌后接入菌种，通入无菌空气并加以搅拌，提供适于菌体呼吸代谢所需要的氧气，并控制适宜的外界条件，进行菌大量培养繁殖的过程。工业化大规模的发酵培养即为发酵生产，亦称深层培养或沉没培养。发酵液直接供作药用或供分离提取，也可以作液体菌种。

固态发酵与液态发酵本质区别是以气相还是以液相为连续相的差异，具体表现是固体发酵基质中游离水的多少（表 8-3）。固态发酵中微生物生长在缺乏或几乎缺乏不可见液体水的颗粒之间，在固态发酵系统中，微生物可以从湿的基质颗粒中获得所需的水分。固体发酵基质的含水量可以有效控制在 12%～80%之间，大多含水量在 60%左右。与固态发酵相反，典型的深层液体发酵的发酵液中含有 5%左右的溶质，至少有 95%的水。当前发酵工业所使用的主要是深层液态发酵。

表 8-3　固态发酵与液态发酵的比较

固态发酵	液态发酵
培养基中没有游离水的流动，水是培养基中较低的组分	培养基中始终有游离水的流动，水是培养基中主要组分
微生物从湿的固态基质吸收营养物，营养物浓度存在梯度	微生物从溶解水中吸收营养物，营养物浓度始终不存在梯度
培养体系涉及气、液、固三相，气相是连续相，而液相不是连续相	培养体系大多仅涉及气、液两相，而固相所占比例低，悬浮在液相中；液相为连续相
接种比较大，大于 10%	接种比比较小，小于 10%
微生物所需氧主要来自于气相，只需少量无菌空气，能耗低	微生物所需氧来自于溶解氧，需要消耗较大能耗用于微生物溶解氧需求
气体循环和通气不仅可提供氧气和排除挥发性产物，而且也排除代谢热量	气体循环和通气仅仅提供氧气和排除挥发性产物，代谢热量需要冷却水排除
微生物吸附于固态底物的表面生长或渗透到固态底物内生长	微生物均匀分布在培养体系中
发酵结束时，培养基是湿物料状态，产物浓度高	发酵结束时，培养基是液体状态，产物浓度低
使用浓缩的培养基和较小的固态发酵生物反应器，因此生产率高，而得率和生长速率低	使用稀释的培养基和较大体积的生物反应器，因此生产率较低
高底物浓度可以产生高的产物浓度	高底物浓度产生非牛顿流体问题，需要补料系统
由于系统压力低，所需通气的压力低	由于需要克服液位差和气体从气相到液相的阻力，系统需要较高气源压力
颗粒内的混合难以实现，且微生物生长受营养扩散的限制	可实现有效混合，营养扩散通常不受限制
有效去除代谢热困难，易出现过热问题	高水含量使发酵温度控制容易，发酵设备庞大
发酵不均匀，菌体的生长、对营养物的吸收和代谢产物的分泌在各处都是不均匀	发酵均匀

续表

固态发酵	液态发酵
由于缺乏有效在线测量手段，过程控制比较困难	许多在线传感器的成熟，可以实现发酵过程控制
由于产物高，提取工艺简单可控，因此没有大量有机废液产生，但提取物含有底物成分	需要去除大量高浓度有机废水，分离设备的体积常很庞大，费用高，而产物纯化比较容易
一般可以使用固体原料，在发酵过程中，糖化与发酵过程同时进行，简化操作工序，节约能耗	一般发酵原料需要经过较复杂的加工，消耗能量大
在需要大量供氧过程中，空气通过固体层的阻力较小，能量消耗少，固态发酵中固态颗粒提供的液体表面积比深层液体发酵中气泡提供的界面高很多	在好氧发酵中，需要克服静液层阻力才能将供氧的通过深的液层，消耗能量大
固体培养基的水活度在0.99以下，适宜于水活度在0.93～0.98的微生物生长，限制了应用范围，同时也限制了某些杂菌生长	适用于大多数微生物的生长
代谢热驱除比较困难，主要依靠通气蒸发冷却，易造成局部水分缺乏	代谢热驱除比较容易通过冷却水控制，不存在通气造成水分缺乏
固态发酵微环境利于微生物分化，特别是丝状真菌分化代谢	液态发酵环境抑制微生物分化代谢，不利于次生代谢产物生产
所需设备不完善、缺乏在线传感仪器，机械化程度低，产品不稳定，重复性差	所需设备完善，自动化程度高，技术比较成熟
模拟自然生长环境，使微生物保持与自然界相似的生长状态；微生物是在接近于自然状态下的生长，有可能产生一些通常液体发酵中不产生的酶和其他代谢产物，如霉菌毒素、分生孢子等	在人工液体培养基中均匀生长

传统固态发酵是发酵工业中古老而又落后工艺的代名词。随着科学技术发展和可持续发展的影响，国内外逐步重视对固态发酵的研究开发，已取得了很大进展。现代固态发酵是为了充分发挥固态发酵的优势，针对传统固态发酵存在的问题，使之适应现代生物技术的发展而进行的，可以实现限定微生物的纯种大规模培养（表8-4）。

表8-4　现代固态发酵与传统固态发酵

现代固态发酵	传统固态发酵
在密闭容器的固态发酵反应器中进行	在极为简单的发酵容器中或敞口式固态发酵进行
采用单一菌株纯种或限定菌株混合发酵	基本是自然富集发酵或强化菌种发酵
扩大了固态发酵的应用范围	限于传统食品的生产
增加了操作能耗，设备投资较大	操作能耗低，设备投资小，劳动强度大
需要无菌处理发酵原料	可直接利用粮食和纤维素原料，价格低廉
适宜于分离纯化高附加值产品	一般产品后处理简单，可直接烘干

2.厌氧发酵与好氧发酵

根据微生物的种类不同，发酵过程可以分为厌氧性发酵和好氧性发酵两大类。

厌氧性发酵是在发酵时不需要供给空气，如乳酸杆菌引起的乳酸发酵，梭状芽孢杆菌引起的丙酮、丁醇发酵等。固态厌氧发酵可因陋就简、因地制宜地利用一些来源丰富的工农业副产品，至今仍在白酒、酱油等产品的生产上沿用着。但是这种方法有许多缺点，如劳动强度大，不便于机械化操作，微生物品种少、生长慢，产品有限等，所以目前主要的发酵生产多为液态发酵。厌氧发酵需使用大剂量接种（一般接种量为总操作体积的10%～20%），使菌体迅速生长，减少其对外部氧渗入的敏感性。酒精、丙酮、丁醇、乳酸和啤酒等都是采用厌氧液态发酵（liquid fermentation）工艺生产的。严格的厌氧液态深层发酵要排除发酵罐中的氧，罐内的发酵液应尽量装满，以便减少上层空气的影响，必要时还需充入无氧气体。发酵罐的排气口要安装水封装置，培养基应预先还原。

好氧性发酵（aerobic fementation technology）是利用好氧性微生物在生长发育和代谢活动过程中合成所需要的代谢产物的一种发酵方式。好氧发酵是在发酵过程中需要不断地通入一定量的无菌空气，如利用黑曲霉进行的柠檬酸发酵，利用棒状杆菌进行的谷氨酸发酵，利用黄单孢菌进行的多糖发酵等。微生物主要通过糖的分解代谢得到各种代谢产物（metabolite）。

此外，酵母菌是兼性厌氧微生物，它在缺氧条件下进行厌氧发酵积累酒精，而在有氧即通气条件下则大量繁殖菌体细胞，因此称为兼性发酵。

3. 分批发酵、补料分批发酵与连续发酵

分批发酵是在灭菌后的培养基中接入生产菌，而后不再向发酵液加入或移出任何物质（需氧微生物则需加氧）的培养方式。

连续发酵是一个开放系统，通过连续流加新鲜培养基并以同样的流量连续地排放出发酵液，可使微生物细胞群体保持稳定的生长环境和生长状态，并以发酵中的各个变量多能达到恒定值而区别于瞬变状态的分批发酵。

分批补料（流加）发酵介于前两者之间，在分批发酵的前提下，连续地或按一定规律地向系统内补入营养物，补的可以是单一营养物也可是多种营养物，到一定时候，便进行排料但并不排完，留1/3～2/3，然后再补料，重复上述操作。

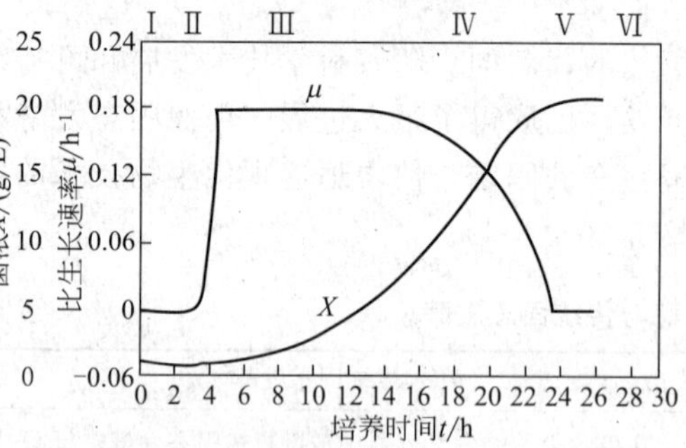

图 8-2 分批培养中的微生物的典型生长曲线

分批发酵，又称间歇式发酵，是一种准封闭式系统，种子接种到培养基后除了气体流通外发酵液始终留在生物反应器内。分批发酵过程一般可粗分为四期，即适应（停滞）期、对数生长期、生长稳定期和死亡期；也可细分为六期（图8-2）：即停滞期（Ⅰ）、加速期（Ⅱ）、对数期（Ⅲ）、减速期（Ⅳ）、静止期（Ⅴ）和死亡期（Ⅵ）。

在停滞期（Ⅰ），即刚接种后的一段时间内，细胞数目和菌量不变，因菌对新的生长环境的有一适应过程，其长短主要取决于种子的活性、接种量和培养基的可利用性和浓度。工业生产中从发酵产率和发酵指数以及避免染菌考虑，希望尽量缩短适应期。加速期（Ⅱ）通常很短，大多数细胞在此期的比生长速率在短时间内从最小升到最大值。如这时菌已完全适应其环境，养分过量又无抑制剂便进入恒定的对数或指数生长期（Ⅲ）。对数生长期的长短主要取决于培养基，包括溶解氧的可利用性和有害代谢产物的积累。在减速期（Ⅳ）随着养分的减少，有害代谢物的积累，生长不可能再无限制地继续。这时比生长速率成为养分、代谢产物和时间的函数，其细胞量仍旧在增加，但其比生长速率不断下降，细胞在代谢与形态方面逐渐变化，经短时间的减速后进入生长静止（稳定）期（Ⅴ）。静止期实际上是一种生长和死亡的动态平衡，净生长速率等于零。

由于此期菌体的次级代谢十分活跃，许多次级代谢物在此期大量合成。当养分耗竭，对生长有害代谢物在发酵液中大量积累便进入死亡期（Ⅵ），这时活菌体浓度呈负增长。

分批发酵应根据产物的不同，掌握不同的工艺重点。若产物为细胞本身，应采用能维持最高生长量的培养条件；若产物为初级代谢物，可设法延长与产物关联的对数生长期；对次级代谢物的生产，可缩短对数生长期，延长生产（静止）期，或降低对数期的生长速率，从而使次级代谢物更早形成。采用分批作业操作简单，周期短，染菌的机会减少和生产过程、产品质量易掌握。但分批发酵存在基质抑制问题。如对基质浓度敏感的产物或次级代谢物，如抗生素，用分批发酵不合适，因其周期较短，一般在1～2d，产率较低。这主要是由于养分的耗竭，无法维持下去。据此，发展了补料-分批发酵。

补料-分批发酵是在分批发酵过程中补入新鲜的料液，以克服由于养分的不足，导致发酵过早结束。由于只有料液的输入，没有输出，因此，发酵液的体积在增加。补料-分批发酵的优点在于它能在系统中维持很低的基质浓度，从而避免快速利用碳源的阻遏效应和能够按设备的通气能力去维持适当的发酵条件，并且能减缓代谢有害物的不利影响。

在补料-分批发酵的基础上，间歇放出部分发酵液送到产物提纯工段，被称为半连续发酵。这是考虑到补料-分批发酵虽可通过补料补充养分或前体物的不足，但由于有害代谢物的不断积累，产物合成最终难免受到阻遏。放掉部分发酵液，再补加适当料液不仅补充养分和前体，而且代谢有害物被稀释，从而有利于产物的继续合成。但半连续发酵也有它的不足：①放掉发酵液的同时也丢失了未利用的养分和处于生产旺盛期的菌体；②定期补充和带放使发酵液稀释，送去提炼的发酵液体积更大；③发酵液被稀释后可能产生更多的代谢有害物，最终限制发酵产物的合成；④一些经代谢产生的前体可能丢失；⑤有利于非生产菌突变株的生长。

连续发酵是在发酵过程中，一边流加新鲜的料液，一边以相同的流速放料，维持发酵液原来的体积。在稳态条件下可通过补料速率来控制比生长速率不变。流入罐内的料液使得基质浓度上升、菌体浓度变稀，细胞生长将导致菌体浓度变浓、基质浓度下降。连续发酵达到稳态时，放出发酵液中的细胞量就等于生成细胞量。

多级连续培养发酵是一个具有多个串联发酵罐的连续反应系统。将灭菌的新鲜发酵液不断流入第一只发酵罐，发酵液则以同样流量依次流入下一只发酵罐，并从最后一只发酵罐流出。多级连续培养可以在每个罐中控制不同的反应条件，以满足微生物生长各个阶段的不同要求。培养液中的营养成分也能较充分地利用。最后流出的发酵液中，细胞和产物的浓度较高。

连续培养发酵可以保持微生物以恒定的培养条件，有效地延长对数期到稳定期阶段的持续时间，使微生物的生长速率、代谢活动始终处于恒定状态，发酵产物产量高、质量稳定，从而提高发酵设备利用率。但连续培养远不如分批培养应用普遍，这主要是因为连续培养持续的时间长，发生杂菌污染的机会多。

4.好氧液体深层发酵

好氧液体深层发酵是发酵工业中应用最多、最广泛的方法，是指从种子罐或发酵罐底部送入无菌空气，再由搅拌桨叶将无菌空气分散成微小气泡溶解在液体培养基中。其特点是，能够按照菌种的代谢特性以及不同生理时期的通气、搅拌、温度、pH值等要求，选择最佳培养条件。目前几乎所有好气性发酵都采取液体深层培养法，发酵罐的容积达到500～1000t，温度、pH值、溶解氧等均采用自动仪器或微机控制。

好氧液体深层通气发酵包括三个基本控制点。第一，培养基的灭菌和冷却。发酵罐设置夹套（小型发酵罐或种子罐）或安装立式热交换器（大型发酵罐），以便对培养基进行蒸汽加热灭菌或冷却水冷却；或者将培养基通过连续加热灭菌冷却装置，再输送至灭菌的发酵罐中。第二，发酵温度的控制。采用冷却水循环流入发酵罐夹套或立式热交换器中，对发酵微生物生长繁殖和发酵产生的生物热进行冷却，维持恒定的发酵温度。第三，通气搅拌的控制。空气经过过滤器除菌后，由发酵罐底部进入发酵罐，再通过搅拌器将无菌空气打碎成微小的气泡，以延长气液接触的时间，加速和提高溶氧，并有利于传质和传热。

固态发酵的通风与搅拌技术，按参与发酵的微生物种类分单菌发酵和混菌发酵。

纯菌发酵是指接种纯种微生物进行培养的发酵过程，大多数发酵过程采用纯种培养。单菌发酵（monoculture fermentation），只有一种微生物对产品的形成是必需的。混菌发酵（polyculture fermentation）是指接种多种微生物进行培养的发酵过程，少数发酵过程采用混菌培养，如白酒酿造和维生素C发酵等。一般采用两种或两种以上的已知或未知的微生物进行的发酵。

大规模的微生物培养基都是采用纯种培养，需要严格的防止杂菌的污染，以保证产量和产品的纯度。而在自然生态环境中，许多微生物都是混居的。它们之间的关系有互生、共生和拮抗。如果能在发酵工业中将两种或多种具有互生性质的菌株进行混合培养，有时也能获得良好的效果。典型的一个例子是将苯丙氨酸营养缺陷型的乳酸杆菌和叶酸营养缺陷型的链球菌混合培养，它们就能相互交换生长因子共同生长，而将它们分开进行纯培养，它们的生长都受到抑制。几乎所有的传统食品发酵都是利用天然微生物的混菌培养，例如奶酪的发酵生产是在新鲜的消毒牛奶中接种乳酸链球菌和乳酸杆菌，发酵产生的乳酸使蛋白发生凝固，形成蛋白沉淀块，细菌或一些霉菌会使蛋白块进一步老化。

四、发酵工艺控制

在微生物发酵过程中，发酵条件既能影响微生物的生长，又能影响代谢产物的形成。例如在谷氨酸发酵过程中，发酵条件不同，则生成的主要产物也不同。在发酵过程中除了满足菌体生长生长需要之外，还要有利于发酵的形成。

1. 温度对发酵的影响及其控制

在发酵过程中，既有产生热能的因素，又有散失热能的因素，因而引起发酵温度的变化。发酵中随着菌体的生长以及机械搅拌的作用，将产生一定的热量；同时由于发酵罐壁的散热、水分的蒸发等将会带走部分热量。

微生物的生长和产物的合成都是在各种酶催化下进行的，温度是保证酶活性的重要条件，因此，在发酵系统中必须保证稳定而合适的温度环境。发酵过程中，菌体进行氧化代谢所释放的能量一部分被利用，其余则变成热量释放出来。一般发酵初期释放的热量较少，而中期较多。发酵温度升高，生长代谢加快，菌体易衰老，发酵周期缩短，最终影响产量。温度对细胞的酶结构与组成有较大的影响，它关系到代谢途径和代谢产物的生物合成。例如，用黑曲霉生产柠檬酸时，随培养温度的升高，草酸产量增加，柠檬酸产量下降。在用链霉素发酵生产四环素时会同时产生金霉素；若培养温度在30℃以上，随着温度的增加，四环素产量增加，当温度达到35℃时，金霉素几乎完全停止产生而仅产生四环素。

最适温度是一个相对的概念，最适合于菌体的生长温度未必最适合于微生物的生物合成；反之亦然。在工业发酵中，为取得高产发酵，要特别注意发酵过程中的菌体生长与代谢产物积累两个阶段的最适温度的控制。

2. pH值对发酵的影响及其控制

各种微生物需要在一定的pH值环境下方能正常生长繁殖。如果pH值不合适，不但妨碍菌体的正常生长，而且还会改变微生物代谢途径和产物的性质。一般来说，细菌在中性或弱碱性条件下生长良好，酵母和霉菌喜欢酸性，而乳酸菌和醋酸菌则对低pH值环境有很好的耐受性。同一微生物在其不同的生长阶段和不同的生理、生化过程中，也有不同的pH值要求。例如，黑曲霉在pH值为2～2.5范围内有利于产柠檬酸，在pH值为2.5～6.5范围内以菌体生长为主，而在pH值为7左右时，则以合成草酸为主。又如丙酮-丁醇梭菌在pH

值为5.5～7.0范围内，以菌体生长繁殖为主，而在pH值为4.3～5.3范围内才进行丙酮-丁醇发酵。

微生物在其生命活动过程中，会改变外界环境的pH值。其中可能发生变酸的反应，也可能发生变碱的反应。对发酵生产来说，pH值的这种变化往往对生产不利，因此，在微生物的培养过程中，及时调节合适的pH值很有必要。pH值过小时，可加NaOH、Na_2CO_3、氮源（尿素、Na_2NO_3、蛋白质）等或提高通气量；pH值过大时，加H_2SO_4、HCl、碳源（糖、乳酸、油脂）等或降低通气量。

3.通风对发酵的影响及其控制

在好氧性发酵中，通常需要供给大量的空气才能满足菌体对氧的需求。

通气程度对微生物生长繁殖影响很大。好氧微生物在生长繁殖过程中，需要不断地摄取周围环境中的氧。微生物在发酵中能利用的氧必须是溶解于培养基中的溶解氧（DO）。不影响菌的呼吸所允许的最低氧浓度，称临界氧浓度，如酵母菌在20℃时的临界氧浓度为0.0037μmol/L。生物合成最适氧浓度与临界氧浓度是不同的，前者指溶氧浓度对生物合成的最适范围，低了固然不好，但过高也未必有利，不仅造成浪费，甚至可能改变代谢途径。厌氧性微生物不需要分子态氧，分子态氧对它们有毒害作用，如双歧杆菌、丙酮丁醇产生菌只能在无氧条件下生活。兼性微生物既能在有氧条件下生长，又能在无氧条件下生活。如酵母在有氧条件下迅速生长繁殖，产生大量菌体；在无氧条件下则进行发酵，产生大量酒精。

目前工业上应用的微生物，除酒精、丙酮丁醇及乳酸发酵外都是好氧菌。好氧性微生物在液体深层发酵中除不断通气外，还需搅拌，搅拌能打碎气泡，增加气液接触面积，加速氧的溶解速度，提高空气利用率。但过度剧烈的搅拌可能会导致培养液大量涌泡，增加杂菌污染的机会。

4.发酵过程中的泡沫控制

在好氧液体深层发酵过程中，培养基的物理化学性质对于泡沫的形成及多少有一定影响。蛋白质原料，如蛋白胨、玉米浆、黄豆粉、酵母粉等是主要发泡剂。葡萄糖等本身起泡能力很低，但丰富培养基中浓度较高的糖类增加了培养基的黏度，起到稳定泡沫的作用，糊精含量多也会引起泡沫的形成。另外，细菌本身有稳定泡沫的作用。特别是当感染杂菌和噬菌体时，泡沫特别多，发酵条件不当，菌体自溶时泡沫也会增多。

起泡会带来许多不利因素，如发酵罐的装料系数减少、氧传递系统减小等。泡沫过多时，影响更为严重，造成大量逃液，发酵液从排气管路或轴封逃出而增加染菌机会等，严重时通气搅拌也无法进行，菌体呼吸受到阻碍，导致代谢异常或菌体自溶。所以，控制泡沫乃是保证正常发酵的基本条件。

泡沫的消除方法很多，可以采用调整培养基中的成分以减少泡沫形成的机会，如少加或缓加易起泡的原材料或改变某些物理化学参数（如pH值、温度、通气和搅拌）；或者改变发酵工艺来控制，如采用分次投料方法。而对于已形成的泡沫，工业上一般采用机械消泡和化学消泡剂消泡或两者同时使用。

5.发酵终点的确定

微生物发酵终点（fermentation end）的判断，对提高产物的生产能力和经济效益是很重要的，既要有高产量，又要降低成本。不同的发酵类型，要求达到的目标不同，因而对发酵终点的判断标准也应有所不同。临近发酵终点时加糖、补料或加消泡剂要慎重，因残留物对产品提取有影响。例如抗生素发酵在放罐前约16h便应停止加糖或消泡剂，判断放罐指标主要有产品浓度、过滤速度、菌丝形态、氨基氮、pH值、DO、发酵液黏度和外观等。

要确定一个合理的放罐时间，必须要考虑经济因素、产品质量因素和其他特殊因素。对于成熟的发酵工艺，放罐时间一般都根据作业计划放罐，但是在发酵异常的情况下，则需根据具体情况，确定放罐时间。例如当发现发酵液染菌时，则放罐时间就需当机立断，以免倒罐，造成更大损失。

五、基因工程菌的发酵特性

近年来，重组DNA技术（基因工程）已开始由实验室走向工业生产，走向实用。它不仅为我们提供了一种极为有效的菌种改良技术和手段，也为攻克医学上的疑难杂症——癌、遗传病及艾滋病的深入研究和最后的治愈提供了可能，为农业的第三次革命提供了基础，为深入探索生命的奥秘提供了有力的手段。现在由工程菌产生的珍稀药物，如胰岛素、干扰素、人生长激素、乙肝表面抗原等等部已先后面市，基因工程不仅保证了这些药物的来源，而且可使成本大大下降。但是从许多研究中发现，工程菌在保存过程中及发酵生产过程中表现出不稳定性，因而工程菌不稳定性的解决已日益受到重视并成为基因工程这一高技术成就转化为生产力的关键之一。

工程菌应具备的条件：①发酵产品是高浓度、高转化率和高产率的，同时是分泌型菌株；②菌株能利用常用的碳源，并可进行连续发酵；③菌株不是致病株，也不产内毒素；④代谢控制容易进行；⑤能进行适当的DNA重组，并且稳定，重组的DNA不易脱落。

基因工程细胞的培养过程与一般需氧细胞培养基本一致，培养方式亦无实质差异，重点要对基因工程菌的营养控制、质粒稳定性、重组质粒拷贝数的控制及表达效率加以关注。工艺上施加选择压力、控制基因过量表达和控制培养条件。

六、发酵产物的分离提取

从发酵醪中获得的发酵产物大致可分为菌体和代谢产物两类。发酵醪具有的一般特征包含：①含水量高，一般可达90%～99%；②产品浓度低；③悬浮物颗粒小，密度与液体相差不大；④固体粒子可压缩性大；⑤液体黏度大，大多为非牛顿型流体；⑥产物性质不稳定。

发酵产物的分离提取过程包括三个步骤：发酵液的预处理→提取→精制。

1.发酵液的预处理

预处理的目的是改变发酵液的物理性质，促进悬浮液中分离固形物的速度，提高固液分离器的效率；尽可能使产物转入便于后处理的某一相中（多数是液体）；去除发酵液中部分杂质，以利于后续各步操作。预处理主要去除以下的内容物：菌体的分离；固体悬浮物的去除；蛋白质的去除；重金属离子的去除；色素、热原质、毒性物质等有机杂质的去除；改变发酵醪的性质；调节适宜pH值和温度。

预处理的常用方法有：①加热法。可降低悬浮液的黏度，除去某些杂蛋白，降低悬浮物的最终体积，破坏凝胶状结构，增加滤饼的空隙度。②调节悬浮液的pH值。通过调节发酵醪pH值到蛋白质的等电点使蛋白质沉淀，同时络合重金属离子；常用的酸化剂有草酸，盐酸，硫酸和磷酸。③凝聚和絮凝。即在投加的化学物质（比如水解的凝聚剂，像铝，铁的盐类或石灰等）作用下，胶体脱稳并使粒子相互聚成1mm大小块状凝聚体的过程。常见的凝聚剂有无机类电解质，大多为阳离子；无机盐类如硫酸铝、明矾、硫酸铁、硫酸亚铁、三氯化铁、氯化铝、硫酸锌、硫酸镁、铝酸钠；金属氧化物类如氢氧化铝、氢氧化铁、氢氧化钙、石灰；聚合无机盐类如聚合铝、聚合铁。④ 添加助滤剂。一般为惰性助滤剂，其表面具有吸附胶体的能力，并且由此助滤剂颗粒形成的滤饼具有格子型结构，不可压缩，滤孔不会被全部堵塞，可以保持良好的渗透性。常用的助滤剂：硅藻土、膨胀珍珠岩、石棉、纤维素、未活化的碳、炉渣，重质碳酸钙等。⑤添加反应剂。添加可溶解的盐类，生成不溶解的沉淀；生成的沉淀能防止菌丝体黏结，使菌丝具有块状结构；沉淀本身可作为助滤剂，还能使胶状物和悬浮物凝固。

2.提取和精制

预处理除去发酵产物的杂质后，进行提取和精制。大多数的发酵代谢产物都存在于发酵醪液中，可以将细胞去除后，从滤液（有时称原液）中提取和精制。胞内产物需经细胞破碎，分离细胞碎片，对余下的液体进行提取和精制。发酵产物的初步分离方法大多采用的是离心分离及过滤。后几步操作所处理的体积小，操作要容易些。

对于某些发酵产品在提取和精制过程中要注意防止变性和降解现象的发生，过酸、过碱、高温、剧烈的机械作用、强烈的辐射等都可能导致大分子活性丧失和不稳定。因此，在提取和精制过程中要注意避免 pH 值过高或过低，避免高温、激烈搅拌和产生大量泡沫，避免和重金属离子及其他蛋白质变性剂接触。有必要用有机溶剂处理的，必须在低温下，短时间内进行。有些酶以金属离子或小分子有机化合物为辅基，在进行提取和精制时，要防止这些辅基的流失。此外，在发酵液中，除所需要的酶以外，常常还同时存在蛋白酶，为防止发酵醪中所需的酶被蛋白酶所分解，要及早除去蛋白酶或使其失活。

各种发酵醪特性不同，含菌体不同，发酵产物的化学结构和物理性质不同，提取和精制的方法选择也不同。提取和精制程序见图 8-3。

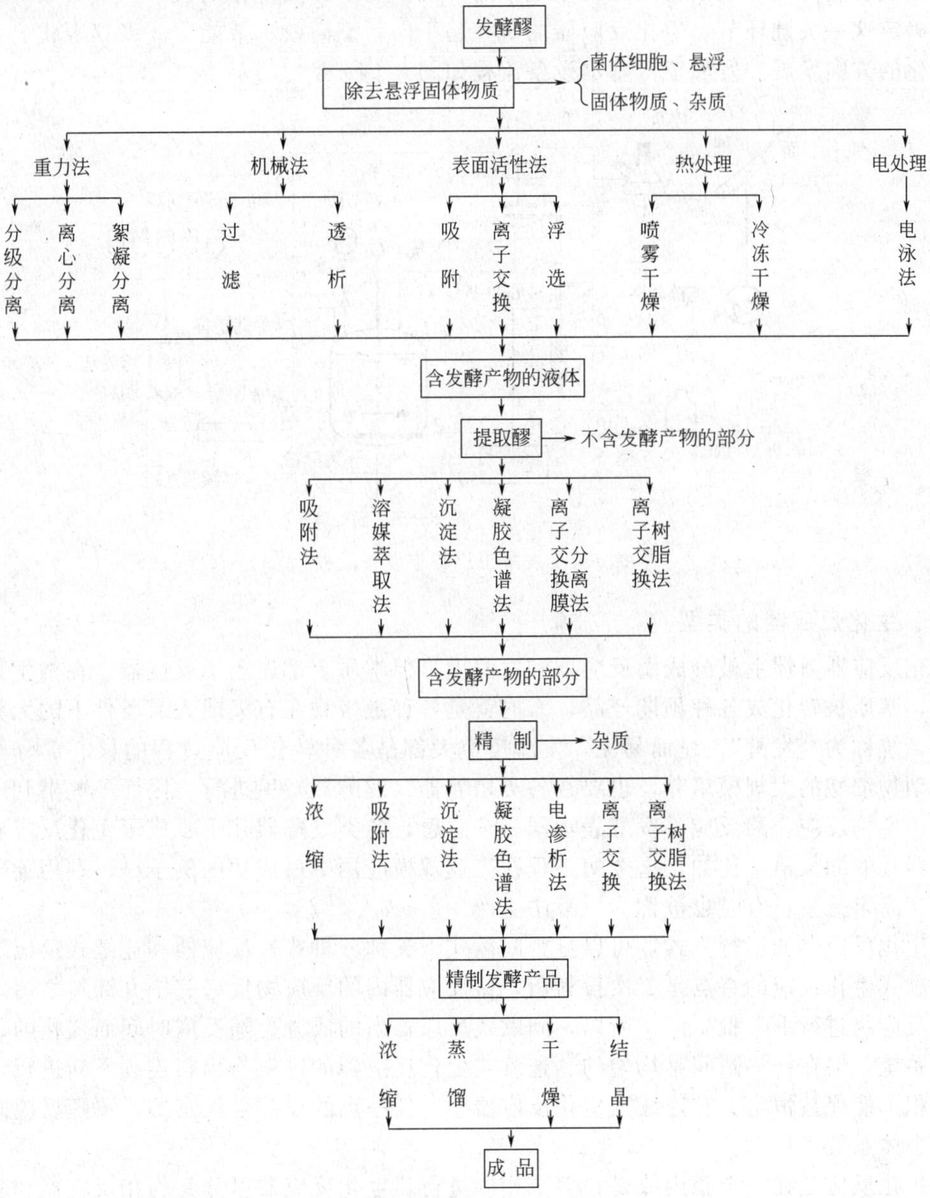

图 8-3　发酵产物分离提取精制程序

第四节　发酵设备

发酵设备包括物料的处理与输送设备、培养基的制备设备、空气除菌设备、生化反应器、过滤与分离设备、浓缩与结晶设备、干燥设备、蒸馏设备、冷冻设备等。其中生化反应器是发酵工业最基本和最主要的设备。生化反应器必须具有适宜于微生物生长和产物形成的各种条件，促进微生物的新陈代谢，使之能在低消耗下获得高产量。生化反应器发酵的制造已进入专业化生产，并将其系列化。工业生产用的发酵罐向着大型化发展。谷氨酸生产罐已达 480m^3（日本），这种大罐安装在室外，在控制室内遥控，简化了管理，提高了氧的利用率。单细胞蛋白的生产罐已达 2000m^3（英国）。发酵工程的发展在很大程度上依赖于生化反应器的进展。因为大多数生物工程技术成果的开发都离不开反应器的设计、放大及最适操作条件的确定这一关键环节。生化反应器的研究趋于向新型高效、节能、高度仪表化、大型化和多样化的方向发展。发酵工厂基本设备流程如图 8-4 所示。

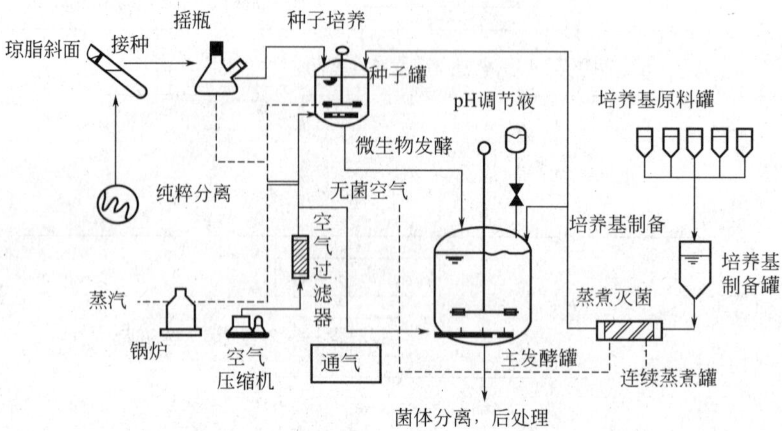

图 8-4　发酵工厂基本设备流程

一、生化反应器的类型

生化反应器习惯上被分成酶反应器和发酵罐，但本质上都属于酶反应器。在微生物发酵工业中，基质被转化成各种预期产品，靠的就是各种微生物在有氧或无氧条件下的无数种代谢活动，统称为“发酵”。显而易见，发酵反应大都是各种转化反应过程的核心部分。植物细胞、动物细胞的大规模培养，也要在各类培养器（发酵器）里进行。因而一些书刊中，生化反应、生物反应、酶反应、发酵表示同一个意思，各类发酵器几乎也成了生化反应器（生物反应器）的同义语。比如，迄今酶工程在工业规模应用中最成功的例子——利用葡萄糖异构酶生产高果糖浆，有时也被称为发酵法生产。

按生化反应器的运行方式，可以分为间歇式（又称分批式）反应器和连续式反应器两大类。间歇式生化反应的特点是二次投料后，待反应器内的反应物反应完毕并卸料之后，再投入新的反应物进行下一批生产。所以，间歇式反应器内的成分是随反应时间而变化的，属于非稳态系统，但在任一瞬间是均匀的。连续式生化反应器的进料与出料连续不断进行，反应物的体积不能保持恒定。在连续式生化反应器中，任一点的成分是恒定的，不随反应时间而变，整个体系处于稳态。

按生化反应是在一个相内或是在多个相内进行，生化反应器可分为均相反应器和非均相反应器。均相反应器是反应只在一个相内进行。如葡萄糖异构化反应，葡萄糖及异构酶溶解于水，反应在液相内进行。由于反应物、催化剂及产物之间互相搅拌作用下能达到分子水平的均匀混合，不存在传质问题，因而这种反应器一般比较简单。非均相反应器是反应物不在同一相中。如在以正烷烃为基质的酵母发酵器中，正烷烃不溶于水，空气难溶于水，酵母也不溶于水。但酵母必须将基质用酶催化水解，然后才能获得能量，并将小分子基质摄入细胞，合成新的细胞物质。这一系列生物化学反应能否进行，取决于反应器能否把作为基质的正烷烃、氧和水及酵母菌体充分乳化，使这些不在同一相内的基质充分接触，这就是传质问题。非均相反应器在结构上较均相反应器远为复杂。发酵工业中的绝大多数反应器属于非均相反应器。

二、机械搅拌式发酵罐

机械搅拌式发酵罐如图 8-5 所示，内设搅拌装置，借搅拌涡轮输入混合以及相际传质所需要的功率。它还利用机械搅拌器的作用，使得经过过滤除菌的无菌空气与发酵液充分混合，促进氧的溶解。这种发酵罐的适应性最强，从牛顿型流体直到非牛顿型的丝状菌发酵液，都能根据实际情况和需要，为之提供较高的传质速率和必要的混合速度。当前国内外几乎全部使用机械搅拌式发酵罐，尽管有少量使用其他两类发酵罐的试验报道，但都经不起实际的竞争。它的缺点是机械搅拌器的驱动功率较高，一般每立方米液体为 2～4kW。这对一只大型的反应器是个巨大的负担，因而其容积受到限制，超过 400m^3 的较少。

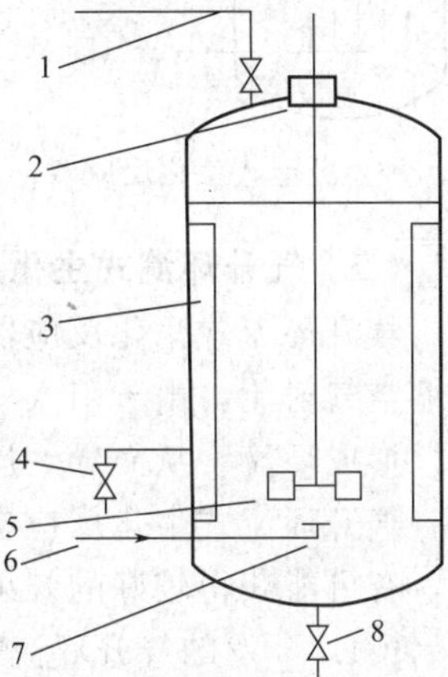

图 8-5　机械搅拌式发酵罐

1—无菌接种管；2—机械轴封；3—挡板；4—取样口；5—搅拌器；6—无菌空气；7—空气分布器；8—排放口

三、自吸式发酵罐

自吸式发酵罐是近年发展起来的一种新型发酵罐。它由充气搅拌叶轮或循环泵来完成对发酵液的搅拌，并且在搅拌过程中自动吸入空气。其优点是：①不用空气压缩机或鼓风机，节省投资；②在所有机械搅拌通气发酵罐形式中，自吸式充气发酵罐的充气质量是最好的。通入发酵液中的每立方米空气可形成 2315m^2 的气液接触界面面积；③动力消耗低，据报道以糖蜜为基质培养酵母时，自吸式充气发酵罐生产 1kg 干酵母的电耗为 0.5kW・h 左右。其缺点是：①由于空气靠负压吸入罐内，所以要求使用低阻力、高除菌效率的空气净化系统；②由于结构上的特点，大型自吸式充气发酵罐的搅拌充气叶轮的线速度在 30m/s 左右，在叶轮周围形成强烈的剪切区域。据研究各种微生物中以酵母和杆菌耐受剪切应力的能力最强，因此应用于酵母生产时自吸式充气罐最能发挥其优势；③充气搅拌叶轮的通气量随发酵液的深度增大而减少，因此比拟放大有一最适范围，现时最大容积为 250m^3。据报道，这种自吸式发酵罐目前国内外多用于乙酸和酵母的发酵生产中。

四、气升式发酵罐

(一) 鼓泡式生化反应器

鼓泡式反应器搅拌主要依赖于引入的空气或其他气体。它通过薄壳圆柱形容器的底部鼓入空气提供混合和传质所需功率（图 8-6）。在低黏度、牛顿型流体的小型鼓泡式生化反应器内，它的动力效率［mol 溶氧/(kW・h)］可能比机械搅拌式的为高。但容积放大后，液体深度增大，气泡在上升过程中重新聚合成大气泡，导致传质速率下降，动力效率跌落。为了改善这一缺点，可在容器的横截面上分段装置多只筛孔板，以重新分散气体。然而这样做的本身也必然有损它的动力效率，因之这种生化反应器的容积也受到一定限制。

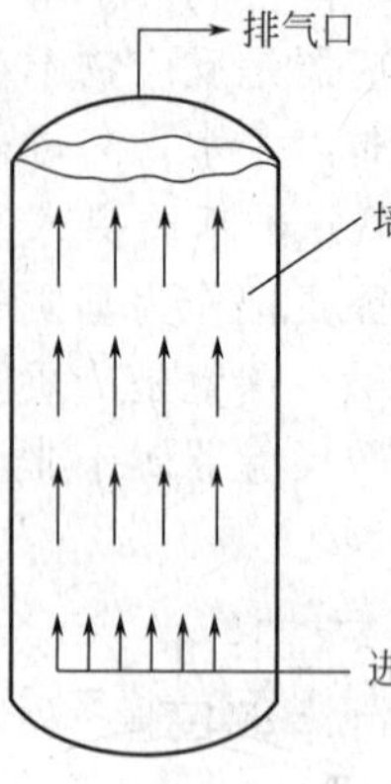

图 8-6 鼓泡式生化反应器

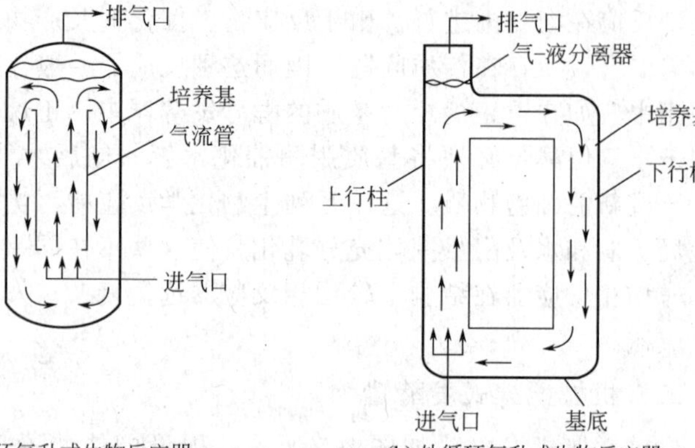

(a) 内循环气升式生物反应器 (b) 外循环气升式生物反应器

图 8-7 气升环流式生化反应器

（二）气升环流式生化反应器

气升环流式生化反应器如图 8-7 所示，内设内置或外置的循环管道，在中央拉力管中用压缩空气射流，由于引入气体的运动，诱导液体自拉力管内上升。然后自拉力管外的环隙下降，形成环流。从而导致反应器内培养液进行混合，并保持循环流动。

气升环流式生化反应器，对于低黏度、牛顿型流体，如细菌、酵母菌的澄清基质发酵液，有可能获得较好的效果。特别是在机械结构上较易做成巨大的，如英国帝国化学工业公司（ICI）开发的气升环流式生化反应器，单只容积已达到 $2000m^3$，用于甲醇为原料的 SCP 生产，溶氧速率及动力效率较高，获得生化工程界的高度重视和寄予很大希望。但这类反应器及鼓泡式反应器，它们的适用对象较窄，因而应予通过实验来决定能否被采用。它常用于生产单细胞蛋白（SCP）和废水处理。近来废水好氧生物处理中出现的所谓深井曝气用的反应器，实质上也是这类气升环流式生化反应器。

五、塔式发酵罐

塔式发酵罐的特点是罐身高，高径比较大（一般为 6～7），可视为气升环流式生化反应器的延伸。它也无搅拌传动装置，通过微生物代谢产生的 CO_2 等气体，造成罐内上下培养液的密度差来进行液体的上下对流循环。塔式罐中空气利用率高，节省空气（约 50%）和动力（约 30%），不用电机搅拌，设备较简单；但底部有存在沉淀物的现象，降温较难。它多用于啤酒发酵。

六、发酵与产物分离偶联

目前生物工程产品的生产过程还不能像其他工业生产过程那样实现连续化、自动化。它们普遍存在的问题是：①传统的生物反应中，由于多种原因大多数采用批式反应方式，花费大量的时间、人力、物力和财力培养的细胞或制备的酶往往仅使用一次，在其生产能力未有明显损失的情况下废弃是一种巨大的浪费；②在发酵和细胞培养过程中，细胞生长和产物的生产过程同时进行，底物大量消耗，造成转化率和产物浓度较低，使产物的回收和纯化困难，能耗高；③产物形成的生物反应过程中，产物达到一定浓度后往往发生产物抑制作用，使细胞生长和生物反应过程受阻，使生物反应一般只能在稀溶液中进行，反应速度低；④细胞产生的其他代谢物也会对生物反应产生抑制作用，或改变反应环境条件（如 pH 值等），使细胞生长和生物反应速度降低或停止，甚至发生其他副反应。

由于以上原因，生物反应的生产效率较低，反应系统组成复杂，造成生物产物的后处理难度较大，对分离纯比技术和工艺要求高等问题。为了解决这些问题，以实现生物反应过程连续化、简化产物分离过程、降低产物分离过程费用和能耗，近年来根据生物反应和产物特性，结合产物分离单元操作技术的特点发展了生物反应和产物分离偶联技术。

生化反应器与分离设备偶联的方式通常有两种：一种是将生物反应器与分离设备融合为一体的称为原位偶联或一体化偶联；另一种是将生化反应器与分离设备简单连接的称为异位偶联或循环偶联。

原位偶联，在设备上是指将生化反应器与分离设备融为一体而设计的兼有进行生物反应和产物分离功能的设备，如膜生物反应器，其设备结构比较特殊。在技术上是指分离介质加到发酵液中，于同一设备内进行发酵和产物分离，如萃取发酵、吸附发酵、膜分离发酵等。在这样的系统中，由于分离介质直接与发酵液接触，发酵产生的产物或副产物可快速而有效地从细胞周围移走，因而对于那些对产物或副产物的抑制敏感的发酵更有效。

异位偶联是指发酵和产物分离分别在发酵和分离设备内进行，设备间通过管道相连接，产物分离后的物料再返回发酵设备内，如此循环反复进行。因此，异位偶联又称为循环偶联，在设备和技术上与原位偶联完全不同。这样系统的效率不仅与对细胞有抑制作用的产物或副产物的分离效率有关，也与循环速率有直接关系。

偶联设备的合理设计取决于生物反应器类型的确定，分离技术和设备的选择，反应器与分离设备的匹配和连接方式和系统操作方式等。一般来说。原位偶联比较适合实验研究考察偶联技术的基本特性和规律，异位偶联更具有实用价值。

常用的发酵与产物分离偶联技术有透析培养、膜分离和培养耦合、发酵与蒸馏耦合、萃取发酵和吸附培养等。

第九章　生物工程在农业和食品方面的应用

农业是世界上规模最大和最重要的产业，即使在发达国家如美国，其农业总产值也占国民生产总值的20%以上，而发达的农业经济在很大程度上依赖于科学技术的进步以达到高产和高效的目的。现代生物技术越来越多地运用于农业中，生物工程技术是实现高效农业的重要技术手段，在农业上具有广阔的应用前景。其应用包括培育高产、优质、抗逆动植物新品种等，以及应用于生物固氮，牧畜重要疾病的防治等方面。目前，研究的重点主要集中在转基因动植物方面。

转基因植物研究已经取得了很大的成绩，例如，培育成功了抗烟草花叶病毒的烟草，抗棉铃虫的棉花，抗虫的蔬菜，抗腐烂的西红柿等。在转基因动物应用方面，已成功培育出快速生长的鱼，奶汁中分泌有大量有效药物的羊或其他动物等。农用基因工程微生物取得的成绩有：改造联合固氮或共生固氮的工程菌以提高固氮能力，带有毒蛋白基因的工程菌用作杀虫剂等。其他如兽用疫苗的研制、利用牛胚胎工程快速繁殖良种牛等。这些令人振奋的成就正在逐步完善并由点到面逐渐推广应用到其他动植物品种，可以预计这些成果的广泛应用必将从根本上改变农业生产的面貌与旧的生产格局。

生物工程技术在食品工业中的应用越来越广泛，它不仅用来制造某些特殊风味品；还用于改进食品加工工艺和提供新的食品资源，食品生物技术已成为食品工业的支柱。

第一节　利用转基因技术培育抗逆性农作物品种

自然界中的植物体与环境间有着密不可分的关系。环境提供了植物体生长、发育、繁殖所必不可少的物质基础，如阳光、水分、土壤、空气等；但环境又会给予植物体很大的选择压力，如气候寒冷、土壤或水分含盐量过高、病虫害等。面对这些不利的环境条件，许多种植物消亡了。但同时也有许多品系发生遗传变异，以适应恶劣条件的影响，表现出一种抗逆性，如抗寒、抗冻、抗盐、抗虫害、抗病毒、抗真菌等。在自然条件下，植物体的这种自发遗传变异以达到抗逆性的过程，是一个漫长且效率较低的过程，而逆性环境的出现，特别是病虫害的发生是频繁的，例如水稻的稻瘟病、白叶枯病、棉花的棉铃虫病等都会造成农业上大面积的减产。这就需要人们利用现代生物技术的方法来培育抗逆性植物。

传统的方法是在一定逆性环境选择压力下，采用随机筛选或通过诱变、组织培养、原生质体融合、体细胞杂交等方法定向筛选。这些方法一方面盲目性较大，同时由于植株遗传变异频率较低导致筛选效率不高；另一方面由于植物体间的种属界限明显，在一种植物体上的优良抗逆性状出现后，很难顺利地将这种遗传性状转移到其他种的植物体中去。目前发展起来的植物基因工程技术，可以有效地解决这些问题，并能实现特定抗性基因定向转移，从而大大提高选择效率，极大地避免了盲目性；而其基因来源也打破了种属的界限，不仅植物来源的基因可用，动物、细菌、真菌，甚至病毒来源的基因都可以使用。

目前植物基因工程技术已成为一种广泛且有效地培育植株抗逆性的手段。通过基因工程技术获得的植物称为转基因植物。转基因技术可使作物具有对害虫、杂草、除草剂、病毒、昆虫、盐、pH 值、温度、霜冻、干旱等的抗性，从而减少对化学杀虫剂的需要，降低庄稼歉收的危险并增加产量。

一、抗除草剂作物

通过化学方法来控制杂草已成为现代化农业不可缺少的一部分。除草剂在抑制或杀灭杂草的同时，也显著地伤害农作物。把耐除草剂的基因转入现有农作物中，扩大了现有除草剂的应用范围。在全世界种植的转基因作物中，耐除草剂作物占有的比例最大。其中在品种上以大豆最多，其次为油菜、棉花和玉米。

除草剂中现在使用最广泛的是草甘膦，又名镇草宁。很小剂量的草甘膦即可杀死世界上绝大多数有害杂草。草甘膦进入土壤后能被微生物迅速降解，基本上不污染环境。草甘膦的除草机理是强烈抑制植物叶绿体内芳香族必需氨基酸生物合成途径中的5-烯醇-丙酮酰莽草酸-3-磷酸酯合酶（EPSP 合酶）活性。将来自矮牵牛花的 EPSP 基因导入植物中，转基因植物细胞内的 EPSP 活性提高了20倍，因而使草甘膦的耐受性得到提高，但生长缓慢。人们从一种抗草甘膦的大肠杆菌突变株中分离出 EPSP 基因，并转入植物细胞内，由此构建的植物能合成足够量的 EPSP 变体蛋白，以取代被草甘膦抑制了的 EPSP 酶系，转基因植物因而表现出较高水平的耐除草剂能力，生长也正常。耐除草剂作物还可促进表层土壤及土壤中水分的保持，从而起到保护耕地的作用。

20世纪80年代以来，由于生物基因工程技术的发展，转基因技术已经在除草剂研究中被广泛应用。近年来对植物抗除草剂机理分子水平上的研究进展和积累的知识使得通过转基因让农作物获得抗除草剂性状成为可能。1983年第一个除草剂抗性作物烟草问世，标志着这一领域的研究从探索走向成功。涉及的除草剂主要有草甘膦、草铵膦、磺酰脲类、咪唑啉酮类、溴苯腈、2，4-D 等。

二、抗昆虫作物

苏云金杆菌（Bt）毒蛋白是苏云金杆菌在形成芽孢时产生的一种蛋白质，以结晶出现，称为伴孢晶体。这种毒蛋白对鳞翅目昆虫有特异的毒性作用。它在昆虫消化道内的碱性条件下，裂解成为活性多肽并造成昆虫消化道损伤，最终可使昆虫死亡，而对其他生物则无害。目前已获得含有毒蛋白基因的烟草转基因植株，可对鳞翅目害虫产生一定的特异性抗性。在美国已获准进行大田试验。该毒蛋白抗昆虫谱较窄，昆虫也可产生抗性，限制了其应用范围。而苏云金杆菌以色列变种所产生的毒蛋白则具有抗同翅目昆虫的作用，从而扩大了毒蛋白基因的应用范围。德国科学家已分离出了抗鞘翅目昆虫的苏云金杆菌变株。苏云金杆菌毒蛋白基因的研究已为科学家们所关注。

人们在植物体内植入能够产生毒杀害虫的基因，以此来毒杀害虫。这种基因在植物体内一代代传下去，成为新作物品种。许多植物食品，如大豆、土豆和玉米通过转基因技术生产工程化蛋白质（一种生物杀虫剂），这种有毒的工程化蛋白质可防治携带病毒和有害微生物的昆虫，减少对化学杀虫剂的需求。目前已有不少国家利用生物工程技术培育出各种抗病虫害的作物新品种。比利时科学家把苏云金杆菌基因植入烟草细胞，使烟草的害虫于48h麻痹、3d内死亡。美国科学家培育出抗钻心虫玉米，这种玉米防治钻心虫的效率达80%，而使用化学农药，害虫死亡率仅50%。蚁象已成为世界性的头等甘薯虫害。世界各国对大量甘薯品种资源的鉴定结果表明，抗病毒病或蚁象的材料极少。为此，人们将解决这一问题的途径集中在抗病虫基因工程上。目前已获得少量转基因植株。棉花生产过程中虫害尤其是棉铃虫害甚烈。棉铃虫大爆发时，棉农大量使用农药，不仅污染了自然环境，破坏了生态平衡，同时也使害虫产生了抗药性，给棉花带来更大的危害。转基因抗虫棉，是将抗棉铃虫的 Bt 基因转育到高产优质的传统棉花中成为新型的棉花品种。该新品种在生长中自身能生产一种特殊杀虫蛋白，棉铃虫吃之即死。

三、抗病害作物

20世纪初，科学家就发现病毒的交叉保护现象，即接种弱毒株系可以保护植物免受强毒株系的侵染。1986年首次获得能够抗烟草花叶病毒的转基因烟草植株，对烟草花叶病毒的预防效果可达70%。目前利用基因工程不断获得了各种抗病毒植株。如病毒病是甘薯最主要的病害之一，虽然通过培育脱毒苗可有效地防治甘薯病毒病，但成本高，并且仍存在再感染问题。因此，真正解决甘薯病毒病的经济而有效的方法是培育抗病毒病的新品种。

烟草花叶病毒（TMV）是一种 RNA 病毒，由单链 RNA 及外壳蛋白所组成，它主要感染烟草等植物。受感染的植物组织具有抵抗 TMV 再感染的能力。据认为，这种免疫力是因为感染病毒后的产物可抑制新侵入病毒释放 mRNA 所致。TMV 的外壳蛋白在此起缓解感染作用。最近，已成功地将 TMV 外壳蛋白基因引入到烟草细胞中，转化植物细胞中可以产生这种外壳蛋白，并表现出对 TMV 感染具有一定的抗性。

苜蓿花叶病毒（AMV）是一种较为复杂的 RNA 病毒，具有交叉保护功能，由 3 条 RNA 所组成。它们分别包装在不同长度杆状颗粒内。美国科学家利用 Ti 质粒作为载体，成功地将 AMV 外壳蛋白基因转移到烟草细胞内。外壳蛋白基因在转化植株中所产生的外壳蛋白可以具有抗病毒的效果。

黄瓜花叶病毒（CMV）可以广泛地感染瓜类作物。含有 CMV 的卫星 RNA 基因拷贝的转化植物在受到 CMV 感染时产生大量的卫星 RNA。植物细胞内过量的卫星 RNA 可以抑制病毒 RNA 的复制，还可能显著减轻病状的发展。含有 CMV 卫星 RNA 的基因工程植物还具有一定的抗番茄病毒（TAV）的能力。含有两个单链 RNA 分子，它可以广泛感染双子叶植物，并可引起大豆芽枯病。感染期间有一种小分子量的 RNA 在细胞内大量复制。这种 RNA 分子与病毒基因组 RNA 没有同源性，它的复制也不依赖于病毒基因 RNA 的复制。

几丁质是真菌细胞壁的组分之一。几丁质酶可破坏几丁质。美国科学家已从灵杆菌中分离出几丁质酶基因并导入烟草中。大田试验结果表明，这种转基因烟草抗真菌感染与施用杀真菌剂同样有效，而且收成更好。目前，已将几丁质酶基因导入番茄、马铃薯、莴苣和甜菜，并正准备进行大田试验。这一技术将对蔬菜和果实类植物抗真菌感染具有重要意义。

上述研究和应用成果已充分显示了作为现代农业生物技术重要组成部分的植物基因工程技术的强大威力。由于目前各方面条件的限制，作为转基因抗性植物还存在许多问题，其中引起人们的争议和探讨的主要有两个问题。一个是这种植物的安全性问题，另一个是耐受性问题。例如转入了抗虫基因的棉花，稳定遗传后，在初始阶段，昆虫吞食叶片后会引起死亡从而起到抗虫作用，但随着时间的推移，昆虫面对抗虫棉所给予的这种选择压力，其自身也会发生遗传变异，出现耐受性，导致抗虫棉无效，棉花继续受虫害影响。解决这个问题主要有两种方法：一种是针对不断出现的新的耐受昆虫，不断寻找新基因，创造新品系与之对抗，另一种是在农业生产中采取一些降低耐受性的方法。如采用间种法，即在大面积种植抗虫棉的同时，划出一小片区域种植非抗虫棉，让昆虫食用，从而减少对昆虫的选择压力，避免耐受性的出现。

四、抗重金属镉的作物

用哺乳动物基因组编码的金属硫蛋白基因转化植物，可使受体植物获得抗重金属镉的能力。镉对植物的污染会影响固氮过程，降低植物体水分和养分的运输能力，最终抑制植物细胞的光合作用。加拿大科学家将中国仓鼠金属硫蛋白基因插入 CaMV 衍生的载体中，然后用这种重组子感染野生油菜叶片，受感染的叶片能提高产生金属硫蛋白的水平，并能产生对镉的抗性。

第二节　利用转基因技术提高农作物产量和品质

植物通过光合作用所形成的产物是人类及其他生物直接或间接的食物来源，植物所创造的产品及用途与人是密不可分的。很早以前人们就不断寻求提高重要作物的质量和产量的方法，传统的育种过程是一个缓慢而艰辛的过程，但它取得了重大的成功。现在高质量的水稻、玉米、小麦、土豆等就是从它们早先的种演变而来的。传统的育种方式，包括生殖杂交，将继续作为提高谷物农学性状的主要方式，但一些新技术如组织培养、单倍体育种、细胞融合和基因工程等现代生物技术方法将发挥越来越重要的作用。

一、提高农作物产量

由于人口的增加，工业的发展，耕地面积不断减少，粮食的增产也主要依靠增加单产来实现。20 世纪 60 年代，矮化育种和杂种优势利用的成功使水稻产量获得了空前的两次飞跃，而通过突破性良种的选育而实现产量的第三次飞跃，已成为科技工作者孜孜以求的奋斗目标。

植物光合作用的过程是把无机物转变为有机物并同时贮存能量的过程，也是提高作物产量的生物化学基础。目前，提高农作物产量的主要设想是通过改造光合作用的过程来提高植物固定 CO_2 转化为淀粉的能力。

华盛顿州立大学的 Moulise 教授将来自玉米的 C_4 光合型 PEPCase 基因导入水稻愈伤组织并获得转基因再生植株，表现出较强的光合能力，水稻单株产量比未转化对照株提高近 30%。

由云南大学和云南省农科院共同承担的“应用 ADP 葡萄糖焦磷酸酶基因提高水稻产量的研究”经过 4 年多的努力，获得了比原高产材料还增产的新材料，并建立起了与国际同步的水稻转基因技术体系。研究人员通过研究 ADP 葡萄糖焦磷酸酶基因提高水稻产量的方法、途径和基础理论问题，构建出含有目的基因和不同水稻胚乳启动子及不同内含子的转化质粒，利用水稻高频转基因技术，获得了转基因植株，同时与常规育种相结合，获得了目的基因稳定遗传和高效表达植株。此基础上，初步研究了水稻中目的基因的遗传规律和高效表达规律。经田间试验证明，该项目分别比原高产材料增产 11.10%和 6.53%。

菲律宾的国际水稻研究所的科学家经过五年多的努力，培育成功了稻米单产比现有品种增加 25%的“超级水稻”新品种。

二、提高大豆中蛋白质和氨基酸的含量

大豆是世界上种植历史最悠久的作物之一。它几乎能生长于任何土质，也不需太多肥料。作为豆科植物，大豆能直接吸取空气中的氮为养料。大豆的蛋白质属于高平衡蛋白，最适宜作为人类食物。也就是说，这种蛋白质中含有多种不同的氨基酸，符合人体补充能量的需要。基于这一点，美国科学家早在几十年前就已开始研究培育高产并含丰富高平衡蛋白的大豆品种。他们多年的辛勤工作使美国成为世界上大豆产量最高的国家。美国农业部的专家发现一种叫做钾硫氨的氨基酸，能够打开大豆中一部分氨基酸细胞的基因，能使大豆蛋白达到更高的平衡。他们还证明，只要在种植大豆的土壤或水分中加入一种氨基酸，就可以使大豆中同一种氨基酸的含量增加。此外，也可以采取用针管将氨基酸直接注入大豆植株的办法来增加氨基酸的含量。

三、改变油料作物的油脂组成及含量

鱼类富含对人体有益的多不饱和脂肪酸，但一些人却因鱼有腥味而不爱吃鱼。将硬脂酰

CoA 脱饱和酶基因导入作物后，可使转基因作物中饱和脂肪酸（棕榈酸、硬脂酸）的含量有所下降，而不饱和脂肪酸（油酸、γ-亚油酸）的含量则明显增加，其中油酸的含量可增加7倍。德国科学家最近利用转基因技术，首次培育出含多不饱和脂肪酸的亚麻籽，使人们不用吃鱼也能摄入这类脂肪酸。用基因工程的方法可以方便地改变油料作物的油脂组成及含量，以使其更加适于食用或加工的需要。植物油大多是含有双键的不饱和脂肪酸，故在室温下呈液态。人造黄油的制作通过催化加氢使植物油熔点上升，这种工艺不但加工成本很高，而且还会导致顺式双键转变为对健康不利的反式双键。利用反义 RNA 技术特异性灭活植物体内硬脂酰-ACP 脱饱和酶的结构基因，即可提高转基因油料作物中饱和脂肪酸的含量。如通过导入硬脂酸-ACP 脱氢酶的反义基因，可使转基因油菜种子中硬脂酸的含量从 2%增加到 4%。而除了改变油脂分子的不饱和度外，基因工程技术在改良脂肪酸的链长上也取得了实效。事实上，高油酸含量的转基因大豆及高月桂酸含量的转基因油料作物卡诺拉（Canola）在美国已成为商品化生产的基因工程油料作物品种。转基因技术可创造一些特种作物种子油，例如短、中、长链脂肪酸的特种油脂，在一些特别位置含双键脂肪酸的油脂或携带含羟基或环氧基脂肪酸的油脂，这些含特种脂肪酸的油脂可用于肥皂、清洁剂、代可可脂，脂肪替代品中作为工业用油而大显身手。

四、彩色棉花

美国科学家正在加紧采用植入基因再生技术培育农产品，经基因工程技术改造的棉花植株不久将结出天然蓝色棉绒。其最终目的是用这种棉绒直接纺织出无需染色的斜纹粗棉布，即人们通常所称的劳动布。美国孟山都公司生化技术部主任柯林·梅里特博士说："我们已经成功地将蓝色素基因导入棉株中，并使它们在棉花中再现植入基因颜色。我们还直接从棉蕾中提取到蓝色棉绒。"孟山都公司承认，目前这种基因的表达过程尚处于试验阶段，棉网中仍呈现有云魔状颜色分布。科研小组主任斯蒂芬·莫尔展望说："我们仍致力于优化基因重组再造技术，以确保棉株不断产生蓝色素；稳定再现蓝色素技术还需花费几年时间才能实现，然后才会获得蓝色基因棉。"

五、其他超级农作物品种

在利用细胞融合技术培育抗病、高产、优质的作物新品种的同时，人们还期望利用细胞融合技术，在不同生物品种细胞之间进行融合，培育出杂交超级生物品种。

当今，科学家正在对数千种苹果进行分类，找出它们的起源、进化过程，进而确定影响其味道、脆度和保鲜持久性的基因，以建立苹果基因的 DNA 目录。有了这个 DNA 目录，并将这个 DNA 的核苷酸序列与苹果的甜、酸、色、形联系起来，就能设计和制造出适合人类不同需求的各种完美的苹果品种。目前在这方面已取得了若干进展，为创造一种新的"超级苹果"开辟了道路。英国园艺研究国际公司是从事苹果基因研究的组织之一，该公司的格雷厄姆·金博士指出，相互影响以产生不同种类苹果的基因多达 5 万种以上。金博士领导的研究小组已确定了 3000 种苹果基因，种植者可利用它们预测所种苹果的特征。这项苹果基因研究计划还将帮助种植者为市场"定制"苹果，即根据市场需要制定生产何种类型苹果。这种控制来自基因技术。该研究小组的科学家指出：购物者大多根据质地或颜色而不是味道选购苹果。一旦苹果的全部基因被确定，就有可能生产新类型苹果，例如味道像梨、葡萄、香蕉或其他任何水果的苹果。该研究组的规划预计在 10 年内完成。有学者指出，由于 DNA 分析技术的进步及快速分析仪的出现，这一计划将会提前实现。

1978 年，德国科学家利用细胞融合技术获得了"番茄土豆"的杂种植株，它的外形像番茄，花、叶都具有杂种的特性，并且结出了奇异果实，只是地下没有形成土豆块茎。1982

年，美国科学家运用细胞融合技术也培育出“土豆番茄”新植株，它基本上属于一种土豆植株，但带有番茄的某些特性，如能抗凋萎病。1988年，德国科学家对细胞融合技术加以改进。他们在培育土豆番茄时，分别将番茄和土豆的细胞剥除一层壳，即剥去细胞壁，使这两种植物细胞处于裸露状态，成为原生质体，然后小心翼翼地把番茄和土豆的原生质体相互融合，再将融合后的原生质体取出来。这种相互融合后的原土质体就是杂种。杂种在人工培养剂中长出细胞壁，成为杂种细胞，经过连续不断的细胞分裂，最后长出新的植株。用这种方法培育出的土豆番茄有番茄的枝干，枝头上开花，结出鲜红的番茄；而地下块茎却是土豆。这种新品种兼有番茄和土豆两者的口味。

日本北海道大学农学系已将大豆的蛋白质基因转移到水稻种子中去，培育出“大豆米”新品种。用这种大豆米做成的米饭，兼有大豆和大米的营养价值，比现有的大米品种更具发展前景。

巴西农业专家路易斯·马雷托利用细胞融合技术将普通大豆中的蛋白质基因移植到巴西果核中，培育出了杂交果核大豆新品种。这种果核大豆含有丰富的蛋氨酸，营养较好，又可以大量、快速地繁殖，不失为一种物美价廉的新食品。

德国汉堡大学的两位遗传工程专家把牛的细胞与番茄细胞加以融合，长出来的竟是一棵番茄树。结出的番茄除比一般番茄个大以外，最奇怪的是番茄树干的外皮，其纤维组织与硬度竟与牛皮相同，而且还可以剥下来，加以硝制以后，便成为“牛皮”。这种动物与植物的细胞融合，尚属首次获得成功，新品种被命名为“番茄牛”。

第三节 应用转基因技术生产经济动物

自1981年，第一次成功地将外源基因导入动物胚胎，创立了转基因的动物技术。转基因动物是指以实验方法导入外源基因，在染色体组内稳定整合并能遗传给后代的一类动物。1982年，Palmiter将大鼠的生长激素（GH）基因导入小鼠基因组，得到了世界上第一只转基因超级巨型小鼠，以后相继在10年间报道过转基因兔、绵羊、猪、鱼、昆虫、牛、鸡、山羊、大鼠等转基因动物的成功，就为运用转基因动物技术改良畜禽经济性状带来了曙光。人们由此受到启发，能否通过外源基因的导入，使畜禽生长速度加快、产量（肉、蛋、奶）提高、耗料减少和品质改进呢？后来的大量研究证实，通过转基因技术，可使受体动物自身合成某些必需的氨基酸，或改变畜禽生长调节系统进而促进其生长性能、改善胴体成分、提高饲料的利用效率和缩短生长周期等。

一、应用转基因技术改善动物的生产性能

应用生物工程技术改善动物的生产性能主要从两个方面着手，一方面是通过应用各种生物工程产品，如前已述及的各种饲用酶、氨基酸、维生素等提高动物的饲料利用效率，促进动物生长；另一方面是直接对与动物生产性能密切相关的基因进行操作，从而改变动物的生产性能，这一方面的成果集中体现在转基因技术的应用上。

最早的转基因动物是Gordon等将疱疹病毒基因与SV40早期启动子一起，用显微注射法导入小鼠受精卵获得的转基因小鼠。特别是将人生长激素基因转入小鼠受精卵，获得了生长速度为对照鼠4倍，终重增加2倍的“硕鼠”以来，各种生产性能明显提高的转基因动物相继诞生，人生长激素（KH）转基因猪的成功尤其令人鼓舞。

转基因猪技术体系的建立不仅为猪的基因工程育种打下基础，也为利用猪作为受体进行其他类型的研究打下基础。中科院水生生物研究所在世界上率先进行转基因鱼的研究，成功地将人生长激素基因和鱼生长的激素基因导入鲤鱼，育成当代转基因鱼。目前转基因鸡是用

逆转录病毒作为载体的转化技术获得的。美国农业部家畜研究所将 A 型囊膜基因转入鸡，获得了抗 A 型白血病病毒的转基因鸡，如果这种鸡用于产业化，每年可以使美国养鸡业减少损失几亿元。美国新泽西州将牛生长素基因成功地转入鸡，转基因的鸡比对照明显增大。美国、加拿大和日本等国将鱼类的生长激素基因、催乳素基因和抗冻蛋白基因转入虹鳟鱼和蛙鱼等。

二、改变代谢途径提高经济动物的产量

用基因工程技术改变动物的代谢途径以提高经济动物的产量是一个很有前途的方法。这种方法包括两个方向，一是重建某些丢失的代谢途径，二是导入新的目前尚未发现的代谢途径。

半胱氨酸是羊毛合成的限制性氨基酸。由于半胱氨酸在羊瘤胃中降解，饲料中加入半胱氨酸时并不能提高它在羊血中的水平。如果得到一种能自身合成半胱氨酸的转基因羊，这将会大大提高羊毛产量。为达此目的，可将大肠杆菌中编码丝氨酸转乙酰酶和乙酰丝氨酸硫氢化酶基因与适当的调控元件重组后导入羊体内，并在其中表达。这一转基因羊的胃上皮细胞就能利用胃中的硫化氢而合成半胱氨酸。1996 年，新西兰科学家将小鼠超高硫角蛋白基因显微注入绵羊。羔羊在 14 月龄剪毛时，转基因羊净毛平均产量比其半同胞非转基因羊提高了 6.2%。此外，Powell 等将毛角蛋白Ⅱ型中间细丝基因导入绵羊基因组，转基因羊毛光泽亮丽，羊毛中羊毛脂的含量得到明显的提高。

有人提出了这样一个设想，把苏氨酸和赖氨酸在微生物中生物合成的途径导入哺乳动物，使哺乳动物自己就能合成苏氨酸和赖氨酸这样的必需氨基酸，从根本上改造哺乳动物，因而可大大降低畜禽日粮中必需氨基酸的需要量。也就是说，这种动物可以少吃或不吃蛋白质饲料而能正常生长。为此，有人首先研究了苏氨酸和赖氨酸在大肠杆菌中生物合成的途径，并将有关酶的基因导入动物细胞中，在缺乏苏氨酸时，对细胞进行生长能力的筛选，得到了表现两种酶活性并能在缺乏苏氨酸时正常生长的细胞克隆。这些实验表明，使用类似技术可将合成苏氨酸的能力转至动物细胞。由此可见，将苏氨酸和赖氨酸生物合成基因导入动物细胞，最终形成转基因动物是可行的。相信在不久的将来，可以自身合成某些必需氨基酸的转基因动物将会诞生。

此外，应用生物工程调控动物代谢还可通过对动物肠道内的微生物（主要是反刍动物瘤胃微生物）进行改造，赋予细菌以新的代谢能力，从而使动物获得利用原来不能利用物质的能力。目前，国外已有实验室在进行将白蚁中编码分解木质素的有关酶基因克隆并转给瘤胃微生物的工作，如果获得成功，那么反刍动物对秸秆类饲料的利用效率将大幅度提高，这对于提高饲料资源的利用效率具有重要意义。

三、利用胚胎技术加快家畜良种的繁殖

在细胞工程中，对动物卵细胞（胚胎）进行人工操作和改造而形成的胚胎技术（也叫胚胎工程），在畜牧业已形成较实用的家畜良种的繁殖技术，主要包括以下几方面。

（1）胚胎分割技术　我国在这项技术的应用已获得成功，并实现商业化生产。如在乳牛生产中用一枚胚胎经分割后可以稳定地生产两头小牛。分割后的胚胎还可以经过低温冷冻保存，解冻后仍然可用于胚胎移植，但其成活率低于新鲜胚胎。

（2）体外受精技术　这项技术使我们能够利用屠宰场不用的卵巢分离大量未成熟的卵细胞，在试管中培育成熟，受精并培育成可供移植的胚胎。在正常情况下，每一对废弃的卵巢可以生产两头小牛，这样，从一个每年屠宰 10000 头母牛的小型屠宰场中收集废弃卵巢，可获得 4000 头小牛，创造产值 2000 万元。

（3）连续核移植　胚胎克隆技术的应用是许多胚胎工程学家和畜牧生产者的理想，它的意义在于从一枚优良胚胎出发，将其培养到多细胞时，通过酶处理使其分成许多单细胞卵裂球，再用每一个卵裂球的细胞核为核供体，再将它们移植到去核的受体卵细胞中，使其发育成一个胚胎，由于所有胚胎的细胞核来自同一枚起始优良胚胎，它们都具有优良的潜质，经过核移植的胚胎发育成多细胞后，还可以再次制成许多卵裂球，并再次作为核供体，生产更多的同质胚胎。如此周而复始，从一枚优良胚胎出发，理论上可以生产出无数优良胚胎，最大限度地利用特别优秀的母畜的遗传潜力。

（4）性别鉴别技术　在上述各项技术的基础上，如果能在动物胚胎阶段鉴别它的性别，就可以根据生产的需要，有所取舍，如奶牛需要更多的雌性胚胎，可以大大减少不必要的损失，从而提高有效产值，降低成本。我国的研究处于国际先进水平，我们已经可以用 PCR 技术，扩增出胚胎一个细胞中的 *SRY* 基因片段，准确率达 95%以上。利用基因工程技术，已克隆到牛雄性特异性（Mea），用它表达出的抗原可制成单克隆抗体，用它对胚胎性别进行无损伤鉴别，具有更强的特异性，也更加准确。

四、转入抗病毒基因提高动物抗病能力

猪瘟是危害养猪业最严重的疾病之一，如果能培育出抗猪瘟的新品种，将对养猪业作出巨大的贡献。目前用基因工程方法设计出了能够破坏猪瘟病毒 RNA 的核酶，并合成和克隆，同时构建了外壳蛋白和反义 RNA 两种抗猪瘟病毒的载体，用于转基因抗猪瘟猪的培育。目前，已利用核酶基因得到转基因兔和转基因猪，这是一项很有前途的工作。

绵羊豆病毒可导致绵羊脑炎、肺炎、关节炎。绵羊髓鞘脱落病毒（Visna）是该病毒家族的原型，该病毒产生的衣壳蛋白对于病毒与宿主细胞的黏着以及之后发生的融合具有重要作用。Clements 等将 Visna 病毒的衣壳蛋白基因与其长末端重复导入绵羊基因组，得到了三只成纤维细胞表达 *Eve* 基因的母羊，两只血液中能够检出 *Eve* 糖蛋白的免疫抗体。这三只羊体质健康，*Eve* 基因表达产生的糖蛋白对绵羊没有造成明显的毒性作用。

此外，对一些种属特异性的疾病，如果可以从抗该病的动物体中克隆出有关的基因，并将其转移给易感动物品种，就有希望培育出抗该病的品系。而在对畜禽类病原体基因组结构进行深入研究的基础上，可将病原体致病基因的反义基因导入畜禽细胞，使侵入畜禽机体的病原体所产生的 mRNA 不能表达，从而起到抗病作用。1988 年，有人将小鼠抗流感基因转入了猪体内，使转基因猪增加了对流感病毒的抵抗能力。通过克隆特定病毒基因组中的某些编码片段，对之加以一定形式的修饰后转入畜禽基因组，如果转基因在宿主基因组中能得以表达，那么畜禽对该种病毒的感染应具有一定的抵抗能力，或者应能够减轻该种病毒侵染时为机体带来的危害。

转基因动物尚未达到高等转基因植物的发展水平，但人们仍设法用它来表达高价值蛋白。转基因技术与克隆技术的有机结合，将会培育出多功能、多用途的转基因克隆哺乳动物，使之成为真正的最优良的活体生物反应器，按生物工程的原理，凡是基因产品，均可由转基因动物生产。一个数百亿美元到数千亿美元的蛋白质类药品市场，正等待有远见卓识的科技型企业家去开发。

第四节　转基因食品

转基因食品是指利用基因工程技术改变基因组构成的动物、植物和微生物生产的食品和食品添加剂。20 世纪 90 年代基因工程凝乳酶应用于干酪的生产。它是采用 DNA 重组技术将牛胃细胞的遗传基因转移到微生物细胞中（大多采用啤酒酵母），此基因指导微生物细胞

合成凝乳酶，这标志着第一例转基因食品被人们所接受。

目前，转基因食品中多是转基因农作物。目前常见的转基因食品有大豆、玉米、油菜、西红柿、土豆、笋瓜、甜瓜、生菜等。据专家预计，21 世纪全球转基因农产品推广速度将明显加快，同时我国开发和推广转基因产品的力度也将不断加大。DNA 重组技术和细胞融合技术相结合，不仅培育出高产、抗病、抗虫、生长快、抗逆、高蛋白的基因改良植物，对食品生产也具有重要意义。

一、已改良营养品质的植物转基因食品

（一）提高蛋白质的含量和质量

数百年来，人们一直致力于食品营养品质改良的研究。大部分作物的蛋白质含量低，氨基酸构成不合理，利用转基因技术提高农作物蛋白质含量和质量，已取得一定突破。蛋白质质量的改良包括作物中必需氨基酸含量的提高，如小麦、玉米等谷物种子缺乏赖氨酸，豆类作物种子缺乏蛋氨酸，将富含赖氨酸和蛋氨酸的种子基因进行分离鉴定，并转入相应的作物中去，可以得到营养品质较为完全的蛋白质。通过基因工程不仅可增加食品中必需氨基酸（如甲硫氨酸、赖氨酸）的含量，还能提高食品的功能特性，拓宽植物蛋白的使用。转基因技术还可使蛋白质功能特性改善，从而扩大了植物蛋白质在不同食品体系的作用，例如通过去除脂肪氧合酶以减除大豆豆腥味。

（二）增加碳水化合物含量

转基因西红柿淀粉含量高，这对加工西红柿酱是很有利的。土豆经过基因改良具有高固形物含量，有利于用来制作炸土豆片。把某些细菌中产淀粉基因与土豆基因重组，得到的土豆可缩短烹调时间，降低成本和原料消耗。如孟山都公司将细菌产生淀粉的基因移入土豆获得较高固形物，在加工成炸土豆片时吸收较少的油。

（三）提高矿物质和维生素的含量

基因工程可以用在普通的大宗作物中引进或富集某些营养成分（如维生素 A、维生素 C、维生素 E、铁、碘、类胡萝卜素、番茄红素、黄酮醇等），从而为世界上某些地区供应关键营养素或预防某些地方性营养素缺乏病，使人们的癌症及心脏病的发病率降低。

二、高产优质的肉、奶和畜类动物转基因食品

基因工程，尤其是克隆技术，可以通过促进牲畜大规模生产来提高畜牧产量，转基因动物经处理后可以生产更多具有优良品质的奶和肉，满足人们对肉类和蛋白质食品的高要求。转基因动物不仅使产奶或产肉量增加，而且可提高食品营养品质，可得到具有特殊功能的奶或肉类产品，如去乳糖牛奶、低脂牛奶、低胆固醇、低脂肪肉食品以及含特殊营养成分或具有某些功能特性的特种蛋白质的肉食品等。基因重组的牛生长激素（rBST）可提高乳牛的产奶量。重组过的猪生长激素（rPST）可增加猪肉的产量，减少脂肪的含量。转基因牲畜生产的转基因蛋白质可用来代替来源于人体的血液蛋白质，而不用担心人所捐血液会存在艾滋病毒（HIV）和疯牛病（BSE）的潜在危害。

三、富含功能性成分的转基因食品

当今，保健食品的发展有赖于基因工程这个新技术。转基因技术可用于设计功能性食品，使食品中含有抗氧化剂、维生素、果聚糖、低胆固醇油脂、多不饱和脂肪酸油脂等具有防病、抗病、减轻病症和增强抗病能力的化合物。

基因修饰过的椰菜富含抗氧化性物质；而基因修饰过的茶叶富含黄酮类物质；转基因水稻可生产维生素 A 前体、富集更多的可防止病毒感染和贫血症的金属离子。此外，将基因工程应用于油料作物，可生产许多不饱和脂肪酸，如富含油酸、亚麻酸的大豆油，富含月桂

酸的菜籽油等。通过转基因技术不仅可以改变脂肪酸的结构，而且能导致脂肪结构本身的生物协同作用，利用基因工程可以有计划、有目的地设计出许多新奇的脂肪和油脂，以满足许多功能性食品生产的需求。人们正研究生产富含淀粉酶的小麦，它有助于粮食充足国家的节食者减肥。

可以采用转基因手段，在动、植物细胞中，得到基因表达而制造有益于人类健康的保健成分或有效因子。例如，将一种有助于心脏病患者血液凝结溶血作用的酶基因克隆至牛或羊中，便可以在牛乳或羊乳中产生这种酶。又例如，把人的血红素基因克隆至猪中，最后，猪的血可以用做人类血液的代用品。

四、色香味独特的转基因食品添加剂

利用细胞杂交和细胞培养可生产独特的食品香味和风味的添加剂，如香草素、可可香素、菠萝风味剂以及高级的天然色素。如咖喱黄、类胡萝卜素、紫色素、花色苷素、辣椒素、靛蓝等。并且通过杂种选育，培养的色素含量高，色调和稳定性好，如转基因的*E. coli*玉米黄素最高产量可达 289μg/g。采用细胞分离法分离出香草植物细胞，然后进行人工培养，大量繁殖，提取出香味物质与植物栽培法相同，极大提高了香草香料产量。

通过基因工程生产的大豆，营养更丰富，风味更佳。

五、可延长贮藏保鲜期的转基因果蔬食品

利用植物基因工程可以改善作物采收后品质，延缓果蔬成熟，控制果蔬软化。果实的成熟是一个复杂的发育过程，是由一系列基因相继活化而控制的，但乙烯是果实成熟过程中调节基因表达的最重要、最直接的指标。

乙烯是催化植物成熟的内源植物激素，利用基因工程手段分离和鉴定出与乙烯合成有关的多聚半乳糖醛酸酶（PG 酶）、ACC 合成酶和 ACC 氧化酶等基因，并利用反义 RNA 导入正常植株中，获得乙烯合成缺陷型植株，使转基因植物的 PG 酶、ACC 合成酶和 ACC 氧化酶等的合成受到一定程度的抑制，从而实现在基因水平上对果实成熟的调控，达到控制果实成熟的目的。此外，PG 酶可分解果实细胞壁的有效成分，使果实变软不利于运输和贮藏，而随着 PG 酶合成被抑制，使果实延缓成熟，果实变软问题也迎刃而解。

用基因工程的方法导入 ACC 还原酶、ACC 氧化酶的反义基因和外源的 ACC 脱氨酶基因已在番茄中实现。这一成就已被迅速推广到其他果实成熟的调控中，如转基因的芒果、桃子、苹果、梨、草莓、香蕉和橘子等水果中，这些技术必将发展成为调控果实成熟和衰老的普通技术，为水果的贮藏保鲜带来一次革命。这可延长水果、蔬菜的货架期及感官特性，比如转基因番茄具有更长的货架期，延长其熟化、软化和腐烂过程。基因的水果和蔬菜也具有更好风味、色泽、质地、更长的货架期和更好的运输及加工特性。

美国 Calgene 公司的转基因番茄，首先获得 FDA 核准上市，一般番茄果实是在成熟期或转色期被采摘下贮存或上市，而该转基因番茄是在完熟期才采收下来，此时的果实风味佳、质地硬，室温下可贮存两周，贮运期间也不需冷藏设备。

第五节　生物工程技术在食品工业中的应用

生物技术在食品生产中的应用已有几个世纪，主要采用微生物发酵生产许多传统的食品，如面包、酸奶、奶酪、啤酒、酱油等，始终与人类生活息息相关。目前，国际上对食品的品质有下面四方面的要求趋势：一是要求食品应更天然、新鲜；二是要求食品低脂肪、低胆固醇、低热量；三是增强食品储藏中品质的稳定性；四是不用或少用化学合成的添加剂。

近年来，随着许多新兴的生物工程技术应用于食品生产与开发，促进了食品工业的飞速发展。

一、利用基因工程、细胞工程技术改良食品资源

1982年美国成功地把细菌抗卡那霉素的基因移植到向日葵中，这是应用生物工程技术改变农作物性状一个突破。随后，利用基因工程技术获得了多种具抗病性的农作物。具抗虫能力的西红柿、马铃薯、可抗病毒感染的稻米和甘薯等都已问世，有的已形成商品。利用基因工程可大大提高农作物品质，提高其食用价值。目前，含甜味蛋白的马铃薯已种植成功，并培育出了自身咸味和奶味的适于膨化加工的玉米新品种和不饱和脂肪酸含量较高的油料作物及用于制作面包的蛋白含量较高的小麦。

通过转基因手段，可使动物品种获得优良性状。目前，生长速度快、抗病力强、肉质好的转基因兔、猪等已陆续问世。人们也试图利用生物工程技术改变乳成分，如生产酪蛋白含量高的奶、生产含改良蛋白（酪蛋白和乳清蛋白）牛奶等。

利用基因工程技术，还可以针对传统食品加工操作的难点，对食品原料的关键成分进行改造，以改良和简化传统的加工工艺。例如，牛乳加工中如何提高其热稳定性是关键问题。牛乳中的酪蛋白分子含有丝氨酸磷酸，它能结合钙离子而使酪蛋白沉淀。现在可以采用基因操作，增加κ-酪蛋白编码基因的拷贝数和置换，κ-酪蛋白分子中ALa-53被丝氨酸所置换，可提高其磷酸化程度，使κ-酪蛋白分子间斥力增加，以提高牛奶的热稳定性，这对防止消毒奶沉淀和炼乳凝结起重要作用。

把农产品的种子送入太空后带回到地球，然后科学家们对它们进行了细致的筛选，并且培育出了性状稳定的下一代。未来的农产品可能与目前地球上的产品大不相同。目前，中国科学家已经种出了垒球大小的西红柿，垒球棒那么长的黄瓜。他们采用的就是曾经发射到太空的作物种子，这些种子在太空期间长期暴露在如失重、粒子辐射以及亚原子等七种外太空条件下。这些种子回到地球后，科学家们按照体形、外观和营养等特性对它们进行了细致的筛选，并且培育出了性状稳定的下一代。现在，越来越多的中国公司加入到了太空作物的研发上来，它们的最终目的就是提升农作物的产量，让有限的土地养活更多的人。

用生物合成法代替化学方法合成食品添加剂已是大势所趋。目前，甜味剂中木糖醇、甘露糖醇、阿拉伯糖醇、甜味多肽等都可用发酵法生产，以淀粉、豆饼为原料在微生物作用下可得到一种低糖甜味剂——天冬氨素。利用细胞杂交和细胞培养技术还可生产独特的食品香味和风味的添加剂，如香草素、可可香素、菠萝风味剂以及高级的天然色素，如类胡萝卜素、紫色素、花色甘素、辣椒素、靛蓝等。通过把风味前体转变为风味物质的酶基因的克隆或通过微生物发酵产生风味物质都可使食品芳香风味得以增强。

二、利用现代微生物发酵工程技术改造传统的食品加工工艺

（一）利用微生物发酵代替化学合成

由于化学合成产率低、周期长，并且合成产品中往往含诱变剂，因此，人们逐渐转向于用微生物合成各种食品添加剂和生物活性物质，这些物质往往具有化学合成不可比拟的优越性。例如：黏红酵母GLR513生产油脂，油脂含量高，不饱和脂肪酸含量也高；用微生物脂肪酸合成短链芳香酯，不仅得到高质量的天然产品，且条件温和、转化率高；用热带假丝酵母生产木糖醇，产量高，且没有乙酸盐及化学提取残留物；最近，日本还开发研究利用链球菌和乳酸菌生产酪氨酸。目前，已出现了品种繁多的低糖甜味剂、酸味剂、鲜味剂、维生素、活性多肽等现代发酵产品。

（二）以现代发酵工程技术改造传统食品工业

发酵工业关键是优良菌株的获取，除选用常用的诱变、杂交和原生质体融合等传统方法

外，还与基因工程结合，大力改造菌种，给发酵工业带来生机。而作为基因工程和蛋白质工程，为便于目的表达产品的大量工业化生产，最后大多选用微生物进行目的基因表达而生产出基因工程菌，再通过发酵工业大量生产各种新产品。微生物的遗传变异性及生理代谢的可塑性都是其他生物难以比拟的，故其资源的开发有很大的潜力。

第一个采用基因工程改造的食品微生物为面包酵母。由于把具有优良特性的酶基因转移至该菌中，使该菌含有的麦芽糖透性酶及麦芽糖酶的含量比普通面包酵母高，面包加工中产生 CO_2 气体的量也较高，最终制造出膨发性能良好、松软可口的面包产品。这种基因工程改造过的微生物菌种（或称为基因菌）在面包烘焙过程会被杀死，所以，使用上是安全的，英国于 1990 年已经批准使用。美国的 Biotechnica 公司克隆了编码黑曲霉的葡萄糖淀粉酶基因，并将其植入啤酒酵母中，在发酵期间，由酵母产生的葡萄糖淀粉酶将可溶性淀粉分解为葡萄糖，这种由酵母代谢产生的低热量啤酒不需要增加酶制剂，且缩短了生产时间。基因工程技术还可将霉菌的淀粉酶基因转入 *E. coli*，并将此基因进一步转入酵母单细胞中，使之直接利用淀粉生产酒精，省掉了高压蒸煮工序，可节约 60%的能源，生产周期大为缩短。利用优选的微生物菌群发酵，缩短发酵周期，提高原料利用率，改良风味和品质。

用酵母或细菌等微生物苗体发酵得到的单细胞蛋白（SCP），含有丰富的蛋白质、碳水化合物、维生素、矿物质等，营养价值极高。富硒酵母的生产开辟了发酵工艺应用于微量元素生产上的新途径，经研究发现酵母细胞对硒具有富集作用（吸收率约 75%）。利用酵母的这一特点，在特定培养环境下及不同阶段在培养基中加入硒，使它被酵母吸收利用而转化为酵母细胞内的有机硒，然后由酵母自溶制得产品。此外利用现代发酵技术生产不同用途、品种多样的食品添加剂是新趋势，如甜味剂中木糖醇、甘露糖醇、阿拉伯糖醇、甜味多肽等；酸化剂中的 L-苹果酸、L-琥珀酸等；氨基酸中的各种必需氨基酸；稠化剂中的黄原酸、普鲁兰、茁霉多糖、热凝性多糖等；风味添加剂中的多种核苷酸、琥珀酸钠、异丁醇、香茅醇、双乙酰等；香味剂中脂肪酸酯、6-戊酰-乙-吡喃酮、异丁醇、色素中的类胡萝卜素。红曲霉色素、柯精宁等；维生素中的维生素 C、维生素 B 及核黄素等；生物活性添加剂中的各种保健活性菌、活性多肽、超氧化物歧化酶抑制因子等。

三、酶工程食品工业中的应用

酶工程也是食品科学中运用最为广泛的一项生物技术之一。目前已有几十种酶成功地运用于食品加工，涉及淀粉的深度加工，果汁、肉蛋制品，乳制品等加工制造，在改进食品技术，提高食品质量，改善食品风味等方面发挥了重要作用，应用广泛。

最典型的应用是使用双酶法糖化工艺取代传统的酸法水解工艺，用于生产味精，可提高原料利用率 10%左右；采用新工艺，生产高果糖浆，产量和纯度都有很大提高。又如在啤酒生产中，国外采用固定化酵母的连续发酵工艺进行啤酒酿造，可以明显缩短发酵时间。日本利用纯种曲酶进行酱油酿造，原料的蛋白质利用率高达 85%。我国在酒类、酱类等传统酿造技术方面做了许多工作。如 Aftra 等人运用固定化醋酸菌酿制食醋，可缩短发酵延缓期，醋化能力提高 9～25 倍。我国对传统酿造制品，如黄酒酿造、豆腐乳酿造、酱类酿造方面利用优选的微生物菌群发酵，提高原料利用率、缩短了发酵周期、改良风味和品质取得一定成效。

在食品生产工艺中，往往会碰到饮料、酒等浑浊的问题，从而影响其质量，解决此问题最常用的方法就是添加一些适当的酶。果汁澄清时，添加果胶酶可降低果汁黏度，并使浑浊液澄清。在葡萄酒酿造中，加入果胶酶不仅可以加快葡萄汁和酒汁的澄清，提高酒液过滤效率，而且它还可以水解葡萄汁中的单萜糖体，得到易挥发的单萜风味物质，增加了葡萄酒的芳香风味。

生物酶用于食品保鲜主要就是制造一种有利食品保质的环境，它主要根据不同食品所含的酶和种类，而选用不同的生物酶，使食品所含的不利食品保质的酶受到抑制或降低其反应速度，从而达到保鲜目的。

由于酶具有特异性，因此它适合于植物和动物材料的化合物的定性和定量分析。例如：采用乙醇脱氢酶测定食品中的乙醇含量，采用柠檬酸裂解酶测定柠檬酸的含量等。另外，在食品中加入一种或几种酶，根据它们作用于食品中某些组分的结果，可以评价食品的质量，这是一种十分简便的方法。

第十章　生物工程在医药方面的应用

生物工程产业起源于医药领域。基因重组与杂交瘤技术的工业应用均从医药开始。医药生物技术的重点是应用基因工程技术，从生物细胞内获得所需基因，将其进行剪切、拼接、重组，并转入受体细胞，从而生产具有生理活性的蛋白质、多肽、酶、疫苗、细胞因子及单克隆抗体等，产品主要用于疾病的诊断、治疗和预防。以基因工程产品、抗体工程产品和细胞工程产品为主要代表的生物制药产业是发展最快的高技术产业之一。基因工程药物的研究和商品化，被称为生物技术及产业发展的“第一个浪潮”。生物技术在疾病诊断与治疗中的应用，开辟了医学科学的新纪元。

第一节　生物技术药物

DNA 双螺旋结构的发现和遗传密码的破译奠定了现代分子生物学的基础，而限制性内切酶和连接酶的发现直接导致了基因重组技术的创立和应用，使得基因重组蛋白的表达成为可能。杂交瘤技术的创立为大量生产各种诊断和治疗用抗体奠定了基础，并和基因重组技术一同，成为推动生物制药前进的两个车轮。人胚胎干细胞体外培养和定向分化技术的出现，极大促进了细胞治疗和组织工程的发展，人类基因组计划的完成，更有利于帮助我们确定疾病发生和发展的靶标以及寻找更多的有效治疗药物。人源化抗体技术和人源抗体技术的出现，克服了鼠源抗体用于人体治疗的很多缺陷，使抗体类药物成为增长最迅速、种类最多和销售额最大的一类生物技术药物。

一、生物技术药物的概念

生物制药是利用生物活体来生产药物的方法，通常是利用生物体、生物组织或其成分，综合应用生物学、生物化学、微生物学、免疫学、物理化学和药学的原理与方法进行加工及制造诊断、治疗或预防的生物药物。

广义的生物药物包括从动物、植物、微生物等生物体中制取的以及运用现代生物工程技术产生的各种天然生物活性物质及其人工合成或半合成的天然物质类似物，包括天然生化药物、生物制品和生物技术药物。

天然生化药物是指天然存在于生物体（动物、植物、微生物和海洋生物），通过提取、分离、纯化获得的药理有效成分。其化学本质多数已比较清楚，故一般按其化学本质和药理作用进行分类和命名。分为氨基酸类药物、多肽和蛋白质类药物、酶与辅酶类药物、核酸及其降解物和衍生物、多糖类药物、脂类药物和细胞生长因子与组织制剂等。

生物制品含预防用制品、治疗用制品和诊断用制品。按制造的原材料不同，预防用制品主要指各类疫苗（如卡介苗、甲肝疫苗、白喉类毒素）。治疗用制品有特异性治疗用品与非特异性治疗用品，前者如狂犬病免疫球蛋白，后者如白蛋白。诊断用制品主要指免疫诊断用品，如结核菌素、锡克试验毒素及多种诊断用单克隆抗体等。随着生物科学的迅速发展，生物制品在品种上从原来的疫苗发展到菌苗和类毒素等，在性质上从减毒活苗发展到灭活疫苗和死菌苗，并由自动免疫制剂发展到抗毒素等被动免疫制剂，在用途上从预防制剂发展到治疗和诊断制剂。由于基因工程的发展，生物制品也不再只限于来自天然材料加工而成的产品，尚可来自人工合成的化合物。应用范围也不局限于传染病等，例如对肿瘤的诊断与治疗等也出现不少新品种。诊断试剂是生物制品开发中最活跃的领域。各种单克隆抗体诊断试剂的大量上市，正促使诊断试剂朝着更方便使用、更准确可靠、更加标准化的方向发展。

生物技术药物与传统化学药物不同，其产生和构思是生物药学和生物医学学科理论和实验发展的产物，每类和每个生物技术药物有各自的理论、假设或作用机制的背景，有深思熟虑的创新特点。传统的药物主要是小分子化合物，而生物技术药物主要是大分子物质，如基因重组蛋白、基因重组多肽、单克隆抗体、核酸、细胞或组织、灭活（减毒）病毒或细菌等。

生物技术药物目前还没有统一的界定，比较广义的生物技术药物的一般概念是：利用生物技术生产的在生物体内存在的天然活性物质。这一定义有两个关键词：一是生物技术，包括基因工程、蛋白质工程、细胞工程、酶工程、微生物发酵工程、生物电子工程、生物信息技术与生物芯片、生物材料、生物反应器、大规模蛋白纯化制备技术等；二是天然活性物质，即生物技术药物的来源是细菌、酵母、昆虫、植物和哺乳动物细胞等各种生物内的特征细胞产物。按照这个定义，许多利用生物技术生产的药物都可以归类于广义的生物制药，如从血液中提取的多克隆抗体、凝血因子，用微生物发酵生产的抗生素如青霉素，用生物技术生产的人用、兽用疫苗如流感疫苗、甲肝疫苗等，从动物、植物、微生物或海洋生物中提取的活性物质，如从猪胰中提取的胰岛素，从红豆杉中提取的紫杉醇等，这些药物的生产都可称为广义的生物制药。由于抗生素发展迅速，已成为制药工业的独立门类，所以生物药物通常不包括抗生素。

更广义的生物药物是指利用现代生物技术发现、筛选或生产得到的药物，这种界定既包括利用生物技术作为发现药物的研究而发现的小分子药物，如基因敲除技术或高通量药物筛选技术等确定药物靶标，筛选得到的小分于药物，还包括利用生物技术作为药物生产新技术方法的药物。按照这个定义，美国 FDA 的“新生物技术药物”就把一些生物活性物质、治疗性抗体和疫苗或能引起细胞凋亡的物质都归于新生物技术药物范畴，而不是仅限于来自生物体内的天然活性物质的药物，都归类于“新生物技术药物”。

生物技术药物有以下特征。

（1）生物技术药物产品的来源包括细菌、酵母、昆虫、植物和哺乳动物细胞等各种表达系统得到的特征细胞产物。

（2）生物技术药物的适应证：包括人体内诊断药物、治疗药物或预防药物。

（3）生物技术药物的活性物质包括蛋白质或多肽，蛋白多肽类似物或衍生物，由蛋白多肽组成的药物产品。这些蛋白或多肽可能是来自细胞培养，或用重组 DNA 技术生产，也包括用转基因植物和动物生产的产品。

（4）生物技术药物的主要生产技术包括基因工程技术，抗体工程技术或细胞工程技术。基因工程技术是指将编码目的蛋白外源基因转染至宿主细菌或细胞（如大肠杆菌、酵母或哺乳动物细胞）中，通过培养基因工程菌株或细胞株来生产蛋白；抗体工程技术也称细胞融合技术或杂交瘤技术，主要用于非基因重组的治疗性抗体药物的生产；细胞工程技术主要是指动物细胞的大规模培养技术，主要用于用哺乳动物细胞表达的基因工程产品或杂交瘤细胞分泌的单克隆抗体的生产，也是细胞治疗/组织工程产品的主要生产技术，还是生产基因治疗病毒载体或灭活或减毒病毒疫苗的主要生产技术。

生物技术药物的生产当然还需要其他生物技术，如发酵工程、纯化技术等。这里指的主要生产技术是生产某类生物技术药物的决定技术，如上述两种技术生产的基因工程产品（所有的基因重组蛋白）、抗体工程产品（所有通过杂交瘤技术生产的治疗性抗体，主要是鼠源抗体）、细胞工程产品（所有的细胞治疗和组织工程产品及细胞培养生产的疫苗）几乎覆盖了所有的生物技术药物。

二、生物技术药物的种类

生物技术药物是指采用DNA重组技术、单克隆抗体技术或其他生物新技术研制的蛋白质、抗体或核酸药物。生物技术药物可以是在药理上有高度活性的，也可以是在免疫或其他生理系统上有活性的。

(一) 重组蛋白质药物

重组蛋白是应用重组DNA或重组RNA的技术从而获得的蛋白质，是生物技术药物最主要的一类。绝大部分重组蛋白药物是人体蛋白或其突变体，主要作用机理为弥补某些体内功能蛋白的缺陷或增加人体内蛋白功能。重组蛋白生产过程包括：鉴定具有药物作用活性的目的蛋白，分离或合成编码该蛋白的基因，然后将其插入合适的载体，转入宿主细胞，构建能高效表达蛋白的菌种库或细胞库，最后扩大规模应用到发酵罐或生物反应器进行大量的目的蛋白药物生产。

广义的重组蛋白质药物包括所有化学本质为蛋白质的产品，如生长因子/细胞因子、激素、蛋白酶、受体分子、单克隆抗体及抗体相关分子、部分蛋白或多肽疫苗等，各种利用蛋白质（如抗体）作为载体的药物复合体也涵盖其中。通过基因工程生产的人重组蛋白几乎已经完全取代从组织中提取的蛋白，其价值不仅仅在于可以精确地复制人类蛋白，并且重组蛋白药物的药代谢动力学特性能弥补天然蛋白的缺陷，成为治疗性药物中的重要分支。在临床应用方面，治疗性蛋白已经为各种威胁人类生命的重大疾病提供了必需的治疗。

重组蛋白质药物可分为以下几类。

(1) 重组细胞因子药物。细胞因子（cytokine）是由机体各种细胞合成和分泌的调节机体的生理功能、参与细胞增殖、分化、凋亡和行使功能的小分子多肽，包括：干扰素（interferon，IFN）、集落刺激因子（colony stimulating factor，CSF）、白细胞介素（interleukin，IL）、肿瘤坏死因子（tumor necrosis factor，TNF）、趋化因子（chemokine）、转化因子β（transforming growth factor β TGF-β）、生长因子（growth factor）。

(2) 重组激素类药物。激素是由内分泌腺或特异细胞产生的含量极少的一类生物分子，为信号分子，包括：多肽蛋白质类激素、类固醇激素和氨基酸类激素。目前已批准上市的有：生长激素（rhGH）、胰岛素（insulin）和人促卵泡激素（rhFSH）。

(3) 重组溶血栓药物。已批准的重组溶血栓药物有：链激酶（SK）、尿激酶（u-PA）、重组组织型纤溶酶原激活剂（rt-PA）、APSAC、r-SK等。

(4) 人血液代用品。血液制品是采用大批混合的人体血浆制成的，由于人血难免被各种病原体所污染，如艾滋病病毒及乙肝病毒等，通过输血而使患者感染艾滋病或乙型肝炎的案例时有发生，因此利用基因工程开发血液替代品引人注目。人血液代用品是指人红细胞代用品，它具有氧传递功能、可维持血液渗透压和酸碱平衡及扩充溶量的人工制剂，包括全氟碳化合物和生物技术制备的血红蛋白类和红细胞类人血液代用品。全氟碳化合物有毒副作用，前景不佳。以红细胞蛋白为基质的携氧剂，克服在人体内半衰期短及免疫原性。造血干细胞培养、基因重组技术：大大扩大了血红蛋白来源。以红细胞为基质的携氧剂为人血液代用品的研发主攻方向。

(5) 可溶性细胞因子受体类。

(6) 导向毒素类：如IL-2、IL4、EGF导向毒素、单克隆抗体导向毒素。

重组蛋白药物的表达系统分为原核生物和真核生物表达系统。原核生物主要是大肠杆菌表达系统，真核生物表达系统主要有酵母菌、哺乳动物细胞、昆虫细胞等表达系统。采用原核表达系统一般适合分子量小的蛋白，而采用哺乳动物细胞表达蛋白与天然蛋白在结构和功能上较为一致，且单位体积表达量远高于大肠杆菌，因此在2000年以后，哺乳动物细胞表达系统更受重视。目前美国在研药物中70%是由以中国仓鼠卵巢细胞（CHO）为主的哺乳动物细胞表达的。

重组蛋白质药物的获得途径可以分为体外方法和体内方法。重组蛋白药物的生产过程为：发现具有药物作用特性和活性的目的蛋白、分离或合成相关基因，将该基因插入合适的载体中（质粒、病毒等），转入宿主细胞，构建能表达产生目的蛋白的菌种库或细胞库，然后扩大规模，应用生物反应器、发酵罐或细胞培养制造目的蛋白。利用基因工程技术，可以使细胞或者动物本身变成“批量生产药物的工厂”，即利用转基因动物的乳腺或者植物生产重组蛋白药物。

（二）治疗性抗体药物

抗体是高等脊椎生物的免疫系统受到外界抗原刺激后，由成熟的B淋巴细胞产生的能够与该抗原发生特异结合的糖蛋白分子，它是机体免疫系统中最重要的效应分子，具有结合抗原、结合补体、中和毒素、介导细胞毒、促进吞噬等功能，从而可以发挥抗感染、抗肿瘤、免疫调节与监视等作用，因此，抗体又称为免疫球蛋白。

治疗性抗体类药物以单克隆抗体、免疫球蛋白相关分子为主，是目前研究最多，也是未来最有发展前景的群体。治疗性抗体既可以通过直接干扰靶分子或靶组织功能发挥作用，也可以借助抗体特异性结合治疗靶点，将高毒性的小分子药物、毒素或同位素等效应分子靶向运送到疾病部位，发挥治疗作用。

抗体作为疾病预防、诊断和治疗的制剂已有上百年的发展历史。第一代抗体为免疫血清。大多数抗原分子具有多个表位，每种表位均可刺激机体1个B细胞克隆产生1种特异性抗体。因此，传统制备的免疫血清被称为多克隆抗体，特异性差，易出现交叉反应，限制了在免疫化学试验以及疾病诊断和治疗中的应用。第二代抗体为单克隆抗体。抗体可以对抗各种病原体，亦可作为导向器。杂交瘤技术的问世使产生仅识别1种表位的同源抗体成为可能，称为单克隆抗体（mono-clonal antibody，McAb）。McAb具有特异性高、亲和力强、效价高、血清交叉反应少等优点，与化学药物、毒素或同位素等连接后，借助识别特异性，可有效地将治疗性药物运送到靶细胞，这种称为“魔弹”或“生物导弹”的导向药物疗法为攻克癌症带来了希望。第三代抗体为基因工程抗体。近30多年来，抗体药物经历了鼠源抗体、人-鼠嵌合抗体、人源化抗体和全人源抗体4个阶段。尽管单抗药物有明确的靶向性、作用机制明确、疗效好、副作用小等诸多优点，但是，单克隆抗体多为鼠源抗体，注入人体后会产生抗体（抗抗体）或激发免疫反应。因此，抗体药物的研究目标是向全人源方向进行。

基因工程抗体始于20世纪80年代中期，它是利用重组DNA和蛋白蛋工程技术，对抗体基因进行加工改造和重新装配，经转染适当的受体细胞所表达的抗体分子。其主要工作包括：运用DNA重组技术对已有的单克隆抗体进行“人源化”和“小型化”的改造；用噬菌体抗体库技术筛选、克隆新的单克隆抗体。

利用噬菌体抗体库技术可以得到完全人源性的抗体，在HIV等病毒感染和肿瘤的诊断与治疗方面有其独特的优越性，其生产过程为：将体外克隆的抗体基因片段插入噬菌体载体，转染工程细菌进行表达，然后用抗原筛选即可获得特异的单克隆噬菌体抗体。随着噬菌体展示技术以及由此衍生的*E. coli*展示技术、酵母展示技术的发展，使人工合成全人源抗体成为可能，这类技术现在已经成为体外抗体筛选的主流技术平台。

重组蛋白质药物和治疗性抗体在生物技术药物中占绝对主导地位，随着生产技术进步及药理学理解的深入，该类药物必将成为治疗人类多种疾病的有效手段。

(三) 核酸药物

核酸药物（gene medicines）亦称为DNA药物、基因药物或基因转录表达调控药物。它是将具有治疗意义的DNA重组入真核表达载体，直接转移至人体细胞，在体内表达出具有治疗作用的多肽和蛋白质；或应用直接作用于细胞内或RNA、抑制基因复制和表达的核酸片段或其人工合成的类似物，以及对RNA具有特异切割作用的核酶及核酸适配体等，从而达到治病目的的一种新方法。它是对既往传统药物的一个挑战，被称为医药产业的一次革命。与经典的基因治疗的区别是：它不要求整合进基因组而终身表达，也不要求100%的细胞转染外源基因。它不同于传统药物，它持续，无耐药性。

DNA药物可用于基因治疗，通过基因置换、基因修复、基因修饰、基因失活、免疫调节、增加对治疗的敏感性等治疗人类的遗传病症、肿瘤的转移和扩散等并发症、衰老疾病、心血管病症、传染性疾病和代谢性疾病等众多疾病。

核酸药物根据靶位点和作用机制的不同，可以分为以下几类。

(1) 反义核酸（antisence)。反义核酸是指能与特定mRNA精确互补、特异阻断其翻译的RNA或DNA分子。利用反义核酸特异地封闭某些基因表达，使之低表达或不表达，这种技术即为反义核酸技术。它包括反义RNA、反义DNA和核酶三大技术。与传统药物主要是直接作用于致病蛋白本身的原理相比，反义核酸作为直接作用于致病编码基因的治疗药物，显示出诸多优点。

① 高度特异性：反义核酸药物通过特异的碱基互补配对作用于靶RNA或DNA，犹如“生物导弹”。

② 高生物活性、丰富的信息量：反义核酸是一种携带特定遗传信息的信息体，碱基排列顺序可千变万化，不可穷尽。

③ 高效性：直接阻止疾病基因的转录和翻译。

④ 最优化的药物设计：反义核酸技术从本质上是应用基因的天然顺序信息，实际上是最合理的药物设计。

⑤ 低毒、安全：反义核酸尚未发现其有显著毒性，尽管其在生物体内的存留时间有长有短，但最终都将被降解消除，这避免了如转基因疗法中外源基因整合到宿主染色体上的危险性。

目前，应用反义核酸治疗恶性肿瘤，已在神经母细胞瘤、膀胱癌、多发骨髓瘤、乳腺癌、胃癌中取得了一定的疗效，并且以反义寡核苷酸药物的应用最为广泛有效。尽管在临床研究中反义技术表现欠佳，但在现阶段彻底将其抛弃还为时尚早。反义技术仍然有很大的发展空间，因为人类基因组的很多相关信息还未被研究透彻。一旦外源性核苷酸物质的调节影响和人类细胞的应答过程被研究清楚，更好的基因药物也将被设计开发出来。

(2) 核酶（ribozyme)。具有催化功能的RNA和DNA，分别称为酶性RNA和酶性DNA，两者统称核酶（nucleozyme)。理论上，通过人工设计，核酶可以从mRNA水平对活体细胞内的任何基因进行灭活，从而调控相应蛋白的表达，以达到治疗疾病的目的。目前对于核酶治疗癌症等的研究较多。

(3) 抗基因核酸化合物（antigene nucleic acid com-pound)。目前发现的抗基因核酸化合物大多是DNA。它能与基因组在复制泡或转录泡处结合，对两个过程都有影响，但只对转录过程的影响具有基因特异性。同样，抗基因核酸化合物也可以结合在双链DNA的大沟处，形成三螺旋或三体，阻止转录所需的各种蛋白质因子与DNA的结合，或转录复合物的启动和延长。

(4) Aptamer。Aptamer是一种能与蛋白质或其他小分子物质结合的单链或双链寡核苷酸。Aptamer一词来源于拉丁语，译为适合（fit)。Aptamer所结合的蛋白质主要是与基因表达调控有关的蛋白质（如转录因子），妨碍蛋白质发挥正常的生理功能，继而影响该蛋白所调控的基因的表达。所以，尽管 aptamer 结合的是蛋白质，但它所调控的是基因的表达。体外筛选技术的发展和 PCR 技术的应用，使得 aptamer 的研究近年来有了长足的进步，筛选到了一大批能与各种蛋白或小分子特异紧密结合的核酸分子（aptamer）。这些 aptamer 包含了 RNA、双链 DNA、单链 DNA 等多种形式的寡聚核苷酸，其配体的性质各异。用于抗病毒的 aptamer 多为 RNA 分子，与基因表达调控有关的重要病毒蛋白作为其作用靶点，如 HCV NS3-4A 蛋白酶等均是理想的药物筛选靶点。

（5）RNA 干扰剂。RNA 干扰（RNA interference，RNAi）是指在进化过程中高度保守的、由双链 RNA（double-stranded RNA，dsRNA）诱发的、同源 mRNA 高效特异性降解的现象，是生物长期进化过程中对病毒、转录因子和其他转移核酸等外源物质的防御系统。RNA 干扰剂由人工体外合成，通过转染进入人体内，是 RNA 干扰的中间产物。作用机制为抑制转座子活性和病毒感染，导致靶标基因的降解，即为转录水平后调控。由于使用 RNAi 技术可以特异性剔除或关闭特定基因的表达，所以该技术已被广泛用于探索基因功能和传染性疾病及恶性肿瘤的基因治疗领域。

核酸药物的分类如表 10-1 所示。

表 10-1 核酸药物的分类

项　目	aptamer	抗基因(antigene)	核酶(ribozyme)	反义核酸(antisense)
概念	能与蛋白质或其他小分子物质结合的单链或双链寡核苷酸	能与基因组 DNA 结合的寡核苷酸，无裂解活性，通过结合作用妨碍基因的转录或其他功能	能催化裂解靶 RNA 共价键的 RNA	能与靶基因或其转录物相互补，抑制其表达的单链寡核苷酸（DNA 或 RNA）
靶物质	蛋白质或其他小分子物质	DNA	mRNA	DNA 或 mRNA
药物类型	DNA/RNA	DNA/RNA	RNA	DNA 或 RNA
作用机制	结合：影响生物学功能	形成三体：阻止转录或复制	异体杂交：切割、降解靶物质	异体杂交：阻止翻译或发挥 RNaseH 活性
反应位点	细胞内或细胞外	细胞核内	胞核内和/或胞浆	脑核内和/或胞浆

（四）基因工程疫苗

传统疫苗（traditional vaccine）是用人工变异或从自然界筛选获得的减毒或无毒的活的病原微生物制成的制剂或者用理化方法将病原微生物杀死制备的生物制剂，用于人工自动免疫以保护人或动物产生免疫力，这些制剂被称为疫苗（多用于预防），即疫苗是由病原体制成的。这些疫苗并不理想，有可能发生回复突变，恢复毒性；或者因为灭活不适当引起疾病流行。

利用基因工程技术生产的新型疫苗，可以克服传统疫苗价格昂贵、安全性能差等缺点。基因工程疫苗是用基因工程方法或分子克隆技术，分离出病原的保护性抗原基因，将其转入原核或真核系统使表达出该病原的保护性抗原，制成疫苗，或者将病原的毒力相关基因删除，使成为不带毒力相关基因的基因缺失苗。

基因工程疫苗，也称遗传工程疫苗（genetic engineering vaccine），指使用重组 DNA 技术克隆并表达保护性抗原基因，利用表达的抗原产物，或重组体本身制成的疫苗。主要包括基因工程亚单位疫苗、基因工程载体疫苗、基因缺失活疫苗、蛋白工程疫苗及核酸疫苗五种：①基因工程亚单位疫苗主要是指将基因工程表达的蛋白抗原纯化后制成的疫苗；②基因工程载体疫苗是指利用微生物做载体，将保护性抗原基因重组到微生物体中，使用能表达保护性抗原基因的重组微生物制成的疫苗；③基因缺失活疫苗是使用分子生物学技术去除与毒力有关的基因获得的缺失突变毒株制成的疫苗；④蛋白质工程疫苗是指将抗原基因加以改造，使之发生点突变、插入、缺失、构型改变，甚至进行不同基因或部分结构域的人工组合，以期达到增强其产物的免疫原性，扩大反应谱，去除有害作用或副反应的一类疫苗；⑤核酸疫苗或称基因疫苗（gene vaccine），是指使用能够表达抗原的基因本身，即核酸制成的疫苗。

三、生物技术药物的发展趋势

随着基因组和蛋白质组研究的深入，越来越多的与人类疾病发展相关的靶标被确定，使得我们能够研发更精确的药物来防治这些疾病。这意味着生物制药将有更多机会获得突破性进展，最终将使更多更好的生物技术药物被批准上市。生物技术药物的发展趋势主要有以下几个方面。

（1）哺乳动物细胞表达的生物技术药物所占比重越来越大，将在相当长的时间内占统治地位。生物制药的发展初期都是表达一些分子量较小、结构简单的蛋白质，如胰岛素、干扰素或集落刺激因子，氨基酸残基都在200个以下，一般只有1～2对二硫键甚至没有二硫键，因此采用大肠杆菌表达系统既经济又简便。但是，越来越多的分子量大、结构复杂的功能性蛋白得到开发，如抗体和酶，都是分子量在50～200kDa的糖蛋白。由于这些蛋白结构复杂，二硫键多，并且翻译后的修饰如糖基化对蛋白活性的影响很大，采用原核表达系统往往不能满足蛋白表达的需要。而采用哺乳动物细胞表达既能保证重组蛋白质二硫键的正确配对和蛋白质折叠、又能保证蛋白质的糖基化，即用哺乳动物细胞表达的重组蛋白与天然蛋白在结构和功能上都高度一致。

（2）治疗性抗体发展迅猛，将会是生物制药领域第二次创新高潮。由于抗体分子与靶标抗原具有高度特异的亲和力，抗体类药物在治疗过程中表现出专一性强、疗效好、毒副作用小等特点，成为各大制药公司研究开发的热点领域。1986年FDA批准了第一个治疗性鼠源单抗一Orthoclone OK-T3用于防止肾移植的超急性排斥。但是，随后抗体药物的开发却陷入低潮。鼠源抗体人源化技术的出现，大大促进了治疗性抗体药物的开发，人源化技术包括嵌合抗体制备技术和人源化抗体，用这些技术制备的抗体克服了鼠源抗体的缺点，使得治疗性抗体成为目前最大的一类生物技术药物。

（3）越来越多分子量大、结构复杂的功能蛋白将被开发成生物技术药物。许多遗传性疾病如血友病、溶酶体贮积病、肺囊性纤维化等都是难于治愈危及生命的疾病，其病因都是基因突变等导致体内缺乏某种生理活动（代谢过程）所需要的酶。这些酶都是分子量大、结构非常复杂的蛋白质，在基因工程时代到来之前，有的只能通过从人体血液或组织中提取才能获得，不仅来源有限，而且易传播传染性疾病，如治疗血友病的凝血因子。还有一些非遗传性疾病，由于某些蛋白的分泌不足导致疾病，如不孕症，或者提高某些蛋白（酶）的浓度可以缓解或治愈某些疾病，如治疗心梗的TNK-tPA、治疗脓毒症的蛋白C或治疗高尿酸症的Rasburicase。随着真核表达系统的日臻成熟，以及大规模动物细胞培养技术的进步，FDA近年来批准了多种高分子量的复杂蛋白药物，这些药物在治疗血友病、戈谢病、法布莱氏病、黏多糖病、囊性纤维化、不孕症、心肌梗死、脓毒症和高尿酸症等发挥了关键作用。

（4）生物技术药物的化学修饰尤其是PEG化以改善药物性能。对原产品的化学修饰尤其是PEG化以改善产品的性能是近年来生物技术药物发展的新趋势。PEG化是指将聚乙二醇（PEG）分子通过化学交联共价结合到多肽或蛋白质药物上。最近几年FDA几乎没有批准一个新的细胞因子类药物，但是却批准了几个PEG化的细胞因子产品。PEG化有以下优点：①极大延长了药物半寿期；②降低了某些药物的免疫原性；③增强药物活性；④降低药物毒性；⑤血浆的药物浓度波动小，可提高疗效；⑥可减少给药次数；⑦可改变药物作用机制。

(5) 通过构建突变体以创造新一代生物技术药物。利用基因工程技术对已有的蛋白质药物进行改造以获得性能更好的产品，也是近年生物技术药物发展的趋势，这明显表现在胰岛素、EPO和t-PA突变体药物研究与开发方面。

Amgen公司利用定点突变技术开发的第二代EPO产品Aranesp，与第一代EPO相比，*N*-糖链从3条增加至5条，分子量从30kDa增加到37kDa，其半寿期延长了3倍，因而给药方式从2～3次/周改为1次/周。

一般速效、中效、长效和双重胰岛素都是通过剂型的改变而改变胰岛素的吸收，其生物活性成分都是基因重组人胰岛素。通过定点突变技术构建胰岛素突变体如速效胰岛素Humalog、Novolog和长效胰岛素Lantus，都是改变胰岛素分子结构以改变药物吸收速度或药代动力学，从而起到速效或长效的作用。

溶栓药物t-PA一直是治疗心肌梗死溶栓治疗的首选药物，由于用药剂量大，给药方式比较复杂，寻找安全、有效、给药剂量小且方便的溶栓药物一直是生物制药领域的研究课题。FDA批准的两种t-PA突变体r-PA和TNK-tPA具有溶栓效果好、使用剂量小、使用方便和安全性较好的特点，已成为t-PA的更新换代产品。

第二节　人类基因组计划

人类基因组计划是人类科学历史上的重大工程，是一项改变世界、影响到每一个人的科学计划。其具体目标就是测定30亿个核苷酸的序列，从而奠定阐明人类基因组及所有基因的结构与功能，解读人类的全部遗传信息的基础。人类基因组计划对生命科学研究及生物产业发展具有规模化、序列化、信息化及医学化、人文化的巨大导向性意义。该计划已经给社会带来很大冲击，人类共同的基因组需要大家一起来保护，基因对整个人类都是平等的，是人类的共同财富与遗产，基因信息是重要隐私，是自然进化的产物，应该保证公众对基因研究的知情权，防止非和平使用的可能性，确保基因安全。

一、人类基因组计划的内容

20世纪80年代，通过大量的实验和研究，科学家们发现癌症并不是人们想象的那么简单，癌是基因突变而导致基因调控失灵，从而使正常细胞无序生长和不断突变，要破译癌症之谜或生命之谜，首先破译基因之谜。“人类基因组计划”的目的是解码生命、了解生命的起源、了解生命体生长发育的规律、认识种属之间和个体之间存在差异的起因、认识疾病产生的机制以及长寿与衰老等生命现象、为疾病的诊治提供科学依据。1990年10月1日，被誉为生命科学“登月计划”的伟大科学工程——“人类基因组计划”(human genome project，HGP)正式启动，到2000年6月26日人类基因组草图的初步绘制完成，历时10余年。期间共有6个国家的16所实验室的1100多名生物学家和计算机专家参与了这一人类有史以来最为庞大的科学研究计划。6个国家分别为：美国、英国、日本、法国、德国、中国，测序所占份额依次为：54%、33%、7%、3%、2%、1%。加拿大、丹麦、以色列、瑞典、芬兰、挪威、澳大利亚、新加坡、前苏联和东德也都开始了不同规模、各有特色的人类基因组研究。

人类基因组计划是一项国际性的研究计划。它的目标是通过以美国为主的全球性的国际合作，在大约15年的时间里完成人类24条染色体的基因组作图，测定组成人类基因组的30亿个核苷酸的序列，进行基因的鉴定和功能分析，并对模式生物（线虫、酵母、大肠杆菌、拟南芥、果蝇、小鼠等）基因组进行比较研究。人类基因组计划的最终目标：就是确定人类基因组所携带的全部遗传信息，并确定、阐明和记录组成的人类基因组的全部DNA序列。

HGP的主要任务是人类的DNA测序，内容是完成4张图谱：物理图谱、遗传图谱、序列图谱和转录图谱，这四张图称为“人类基因解剖图”。

物理图谱（physical map）是指DNA序列上两点的实际距离，通常由DNA的限制酶片段或克隆的DNA片段有序排列而成。物理图谱是进行DNA分析和基因组织结构研究的基础。物理图谱是根据DNA序列上的碱基位置来确定基因的位置，是确定基因的顺序和间隔的最基本的工作。绘制物理图谱的目的是把有关基因的遗传信息及其在每条染色体上的相对位置线性而系统地排列出来。

遗传图谱（genetic map），又称连锁图（linkage map），是指基因或DNA标志在染色体上的相对位置与遗传距离。遗传距离通常由基因或DNA片段在染色体交换过程中分离的频率厘摩（cM）来表示。1厘摩表示每次减数分裂的重组频率为1%。厘摩值越高表明两点之间距离越远，厘摩值越低表示两点间距离越近。遗传图谱的建立为致病基因识别和基因定位创造了条件。

转录图谱又称cDNA图谱，是用基因表达的各种mRNA产物在识别基因组所包含的蛋白质编码序列的基础上绘制的结合有关基因序列、位置及表达模式等信息的图谱。在人类基因组中鉴别出占具2%～5%长度的全部基因的位置、结构与功能，最主要的方法是通过基因的表达产物mRNA反追到染色体的位置。基因图谱能为估计人类基因的数目提供可靠的依据；能提供不同组织、不同时期基因表达的信息（数目、种类及结构功能）；能提供结构基因的标记，可以作为筛选基因的探针，有直接的经济价值；能鉴定病态基因（如癌基因）的变异位置。

序列图谱是指完整的人类基因组图谱，是人类基因组计划中最重要、最难“画”的一张图。人类基因组计划最终将测定出人类基因组的全部序列。这种序列测定不同于以往那种只对某一个特定的感兴趣的区域进行DNA序列分析的工作。DNA序列分析技术是一个包括制备DNA片段化及碱基分析、DNA信息翻译的多阶段的过程，通过测序得到基因组的序列图谱。HGP能提前完成，在一定程度上也是分子生物学技术的迅速发展，尤其是DNA测序的自动化和生物芯片技术的问世。

HGP除了对人类基因组的测序外，还包括大肠杆菌、酵母菌、线虫、果蝇、拟南芥、小鼠、水稻等模式生物体的研究计划。生物学研究早已表明，从模式生物获得的数据，对于研究和阐明人类生物学是必不可少的。在研究人类基因组的同时，研究上述模式生物的基因组的作图和测序，可以摸索、改进和提高作图和测序技术。因为这些模式生物的基因组相对于人的基因组来说都比较小、结构比较简单，易于操作；这些模式生物还具有生活周期短，遗传背景清楚，易于培养繁殖，可以得到很多后代，获得很多遗传信息和各种遗传变异等优点；在进化的过程中，从低等到高等生物许多功能基因十分保守，许多核苷酸序列也十分保守，根据比较基因组学原理，相同的功能基因有着相似的生物学功能，同线群（syntenic group）的基因有类似的分布。因此，从模式生物基因组得到的数据和资料，将对分析人类基因组的组织结构及阐明一些基因和DNA片段的功能，具有十分重要的作用。在原核生物中已开展基因组计划并完成基因组测序的主要有流感嗜血杆菌、支原体、大肠杆菌和枯草杆菌等。在真核生物中，已经开展基因组计划并完成测序工作的有拟南芥、线虫、果蝇、酵母、水稻等。

二、人类基因组计划的研究结果

科学家不止一次宣布人类基因组计划完工，但推出的均不是全本，直到美国和英国科学家2006年5月18日在英国《自然》杂志网络版上发表了人类最后一个染色体——1号染色体的基因测序。杀青的“生命之书”更为精确，覆盖了人类基因组的99.99%。解读人体基因密码的“生命之书”宣告完成，历时16年的人类基因组计划书写完了最后一个章节。人类基因组的研究结果如下。

(1) 全部人类基因组约有2.91Gbp，约有39000多个基因；平均的基因大小有27kb；到目前仍有9%的碱基对序列未被确定。在人体全部22对常染色体中，1号染色体包含基因数量最多，达3141个，是平均水平的两倍，共有超过2.23亿个碱基对，破译难度也最大，而13号染色体含基因量最少。

(2) 目前已经发现和定位了26000多个功能基因，其中尚有42%的基因不知道功能，在已知基因中酶占10.28%，核酸酶占7.5%，信号传导占12.2%，转录因子占6.0%，信号分子占1.2%，受体分子占5.3%，选择性调节分子占3.2%等。发现并了解这些功能基因的作用对于基因功能和新药的筛选都具有重要的意义。

(3) 基因数量少得惊人，一些研究人员曾经预测人类约有14万个基因，但Celera公司将人类基因总数定在26383～39114个之间，不超过40000个，仅是线虫或果蝇基因数量的两倍，仅比小鼠的基因多300个。

(4) 发生频率约为平均每1250个碱基中就有一个多态位点，不同人群仅有140万个核苷酸差异，人与人之间99.99%的基因密码是相同的。并且发现，来自不同人种的人比来自同一人种的人在基因上更为相似。在整个基因组序列中，人与人之间的变异仅为万分之一，从而说明人类不同“种属”之间并没有本质上的区别。

(5) 人类基因组中存在“热点”和大片“荒漠”。在染色体上有基因成簇密集分布的区域，也有大片的区域只有“无用DNA”——不包含或含有极少基因的成分。基因组上大约有1/4的区域没有基因的片段。在所有的DNA中，只有1%～1.5%DNA能编码蛋白，在人类基因组中98%以上序列都是所谓的“无用DNA”，分布着300多万个长片段重复序列。

(6) 男性的基因突变率是女性的两倍，而且大部分人类遗传疾病是在Y染色体上进行的。所以，可能男性在人类的遗传中起着更重要的作用。

(7) 人类基因组中大约有200多个基因是来自于插入人类祖先基因组的细菌基因。这种插入基因在无脊椎动物是很罕见的，说明是在人类进化晚期才插入我们基因组的。可能是在我们人类的免疫防御系统建立起来前，寄生于机体中的细菌在共生过程中发生了与人类基因组的基因交换。

(8) 发现了大约一百四十万个单核苷酸多态性，并进行了精确的定位，初步确定了30多种致病基因。随着进一步分析，我们不仅可以确定遗传病、肿瘤、心血管病、糖尿病等危害人类生命健康最严重疾病的致病基因，寻找出个体化的防治药物和方法，同时对进一步了解人类的进化产生重大的作用。

(9) 人类基因组编码的全套蛋白质（蛋白质组）比无脊椎动物编码的蛋白质组更复杂。人类和其他脊椎动物重排了已有蛋白质的结构域，形成了新的结构。也就是说人类的进化和特征不仅靠产生全新的蛋白质，更重要的是要靠重排和扩展已有的蛋白质，以实现蛋白质种类和功能的多样性。有人推测一个基因平均可以编码2～10种蛋白质，以适应人类复杂的功能。

三、人类基因组计划的意义

人类基因组计划的研究成果不仅可以揭示人类生命活动的奥秘，而且人类6000多种遗传性疾病和严重危害人类健康的多基因易感性疾病的致病机理有望得到彻底阐明，为这些疾病的诊断、治疗和预防奠定基础。同时，人类基因组计划的实施还将带动医药业、农业、工业等相关行业的发展，产生极其巨大的经济效益和无法估量的社会效益。

第一，人类基因组计划将导致21世纪的医学革命。获得人类全部基因序列将有助于人类认识许多遗传疾病以及癌症的致病机理，为分子诊断、基因治疗等新方法提供理论依据。在分子生物学水平上深入了解疾病的产生过程将大力推动新的疗法和新药的开发研究。事实上，在人类基因组计划完成之前，它的潜在使用价值就已经表现出来。许多企业开始提供价格合宜，而且容易使用的基因检测，预测包括乳腺癌、凝血、纤维性囊肿瘤、肝脏疾病在内的很多种疾病。人类基因图谱的完成，可以揭示导致各种疾病的基因变异机理，使人类对疾病的认识深入到分子水平，医学将成为“治本”的医学。同时，DNA序列差异的研究，可以使人类更多地了解不同个体对环境的易感性与疾病的抵抗力。在不远的将来，医生可以依照每个人的“基因特点”对症下药，使医学成为个体化的医学。更重要的是，随着越来越多的基因被定位、分离和鉴别，以及对基因表达物——蛋白质的研究，许多疾病可以在没有表现出症状前，就可以通过遗传咨询和检测，找到致病基因，从而可以确诊疾病或提前数年发出“预报”。在不久的将来，人类的保健模式，有可能从“生了病后再治疗”的消极模式，转交为“预防”积“预测”的积极保健模式。因此，人类基因组计划将使医学成为“治本的、个性化的和预测的医学”。

第二，人类基因组图谱对揭示人类的发展、进化的历史具有重要意义。分析不同物种的DNA序列的相似性会给生物进化和演变的研究提供更广阔的路径。对进化的研究不再建立在假说的基础上，利用比较基因组学，通过研究古代DNA，可揭示生命进化的奥秘以及古今生物的联系，为弄清人类进化的历史提供有说服力的证据。事实上，人类基因组计划提供的数据揭示了许多重要的生物进化史上的里程碑事件。如核糖体的出现，器官的产生，胚胎的发育，脊柱和免疫系统等都和DNA载有的遗传信息有密切关系。在此基础上，探索生命起源、生物进化以及细胞、器官和个体的发生、发育、衰亡等生命科学中重大问题，搞清它们的基本规律和内在联系。

第三，人类基因组计划还具有重大的经济价值，将带动生物工业和新兴高技术产业的发展，其中制药、保健、农业和食品制造等产业将率先发生革命性的变化。随着人类基因组计划的快速推进以及越来越多信息的揭示，使越来越多的企业认识到及时获取遗传信息的重要性。他们看到了潜伏在HGP后面的巨大商机和丰厚利润回报。一组有重要功能的基因，价值常常在数百万至数千万美元，有的甚至达上亿美元。为此，许多新上市的公司把投资方向选在基因工程类药物方面，世界上各大制药、化工和农业公司也都在积极地进行改组、合并和建立新的联盟，试图通过基因相关的研究和开发加强自己的竞争实力。从制药行业来看，如今兴起的药物基因组学在生物技术和医药工业界掀起了前所未有的高潮。因为通过对基因作用或基因组相互作用的信息来确定药物的分子靶，可以获得新药设计的途径。如果人们可以根据个体的遗传差异，尤其是有特定功能的遗传差异来对人下药，药物的效率就可重新估价。目前，欧美的一些制药公司以基因组为基础的药物已占据开发的主体，有的公司已有50％以上的试验性新药是通过基因起作用的。此外，基因诊断、基因治疗、克隆技术等都具有极大的市场。毫无疑问，生物工业将是21世纪最为兴旺的产业，将促进世界的经济繁荣。

第四，人类基因组计划将带动生物信息学和药物遗传学等新学科的发展。生物信息学和药物遗传学被认为是后人类基因组计划关注的两个重点。随着人类基因组计划的实施，以及生物医学和生物制药工程的推动，产生了极其复杂的巨量数据，以至于不利用计算机根本无法实现数据的存储和分析。基因组学和蛋白质组学的发展促使生物信息学迅速发展。生物信息学是以核酸、蛋白质等生物大分子数据为主要对象，以数学、信息学、计算机科学为主要手段，以计算机硬件、软件和计算机网络为主要工具，对浩如烟海的原始数据进行收集、存储、管理、加工、分析。使之成为具有明确生物意义的生物信息，从中获取基因编码、基因调控、核酸和蛋白质结构功能及其相互关系等理性知识。人类基因组计划对与肿瘤相关的癌基因，肿瘤抑制基因的研究工作，起到了重要的推动作用。例如，当科研人员研究一种癌症时，通过人类基因组计划所提供的信息，可能会找到某个或一些相关基因。如果在互联网上访问由人类基因组信息而建立的各种数据库，可以查询到其他科学家相关的文章，包括基因的DNA，cDNA碱基顺序，蛋白质立体结构、功能，多态性，以及和人类其他基因之间的关系。也可找到和小鼠、酵母、果蝇等对应基因的进化关系，可能存在的突变及相关的信号传到机制。

人类基因组计划对许多生物学研究领域有切实的帮助。21世纪是人类基因组计划研究成果迭出的时代。随着人类基因组计划越来越多地揭示出人类遗传信息，在未来我们不仅能更好地预防和治疗疾病，人类有可能活得更健康、受长寿，而且有可能有更高的智商。人类对自身的支配能力和驾驭生活的能力也在不断地增强。

四、后人类基因组学的研究

在后基因组时代，基因组研究的重心将结构基因组学转向功能基因组学，即由测定基因的DNA序列、解释生命的所有遗传信息转移到从分子整体水平对生物学功能的研究上，在分子层面上探索人类健康和疾病的奥秘。大规模的功能基因组、蛋白质组以及药物基因组的研究计划已经成为新的热点，生物信息技术是后基因时代的核心技术。实际上，早在“后基因组时代”正式来临之前，科学家们就已经开始了这些属于后基因组研究热点的研究。

（一）蛋白质组学

蛋白质组学是以蛋白质组为研究对象的新的研究领域，主要研究细胞内蛋白质的组成及其活动规律，建立完整的蛋白质文库。人类基因组计划已经确定人类3万多个基因在23对染色体上的位置及其碱基排列顺序，后基因组时代科学家将盘点人类蛋白质组里所有蛋白质，研究其生理功能。蛋白质组学与基因组学同等重要，甚至更为重要，因为基因的重要作用最终是由蛋白质来体现的。进入21世纪，蛋白质组学的基础与应用研究正以指数增长，它将带来巨大的经济和社会效益。例如，对于2003年肆虐全球的SARS病毒，科学家们已经从最初的确立病原和基因组测序，发展到分析病毒蛋白和这些蛋白在病毒的复制和发病机制中的作用，从而为研制防治SARS的新的药物和疫苗奠定基础。

（二）功能基因组学

功能基因组学是指在全基因组序列测定的基础上，从整体水平研究基因及其产物在不同时间、空间、条件的结构与功能关系及活动规律的学科。人类基因组计划在基因表达图谱方面已取得一定进展，但它有90%的功能尚不明确，功能基因组学将借助生物信息学的技术平台，利用先进的基因表达技术及庞大的生物功能检测体系，从浩瀚无垠的基因库筛选并确知某一特定基因的功能，通过比较分析基因及其表达的状态，确定基因的功能内涵，揭示生命奥秘，甚至开发出基因产品。功能基因组学在后基因组时代占有重要位置，其研究成果直接给人类健康带来福音。

（三）药物基因组学

尽管人类的基因99.99%是相同的，但在药物作用机制、药物代谢转化、药物毒副作用等方面都存在着个体差异。药物基因组学以提高药物疗效与安全性为目的，研究影响药物作用，药物吸收、转运、代谢、清除等过程中的基因差异，通过对疾病相关基因、药物作用靶点、药物代谢酶谱、药物转运蛋白基因多态性等方面研究，寻找新的药物先导物和新的给药方式，并指导临床用药。药物发现经历了从自然界发现药物、随机筛选发现药物到以机制和靶结构为基础的新药发现和开发过程，但未在根本上从基因分子水平了解疾病发病的实质以及药物与基因组之间的相互作用关系，长期缺乏有效治疗诸如遗传病、肿瘤等疾病的药物。人类基因组计划的完成还掀起新一轮的基因热潮和生物科技竞赛，各大跨国制药公司看好基因药物市场，已投入大量资金，利用基因研究开发新药物，抢占基因药物市场。

（四）生物信息学

生物信息学是应用计算机技术研究生物信息的一门新生学科，它将生物遗传密码与电脑信息相结合，通过各种程序软件计算、分析核酸、蛋白质等生物大分子的序列，揭示遗传信息，并通过查询、搜索、比较、分析生物信息，理解生物大分子信息的生物学意义。完成人类基因组计划，获得生命“天书”之后，人类急需破译基因组所蕴涵的功能信息，解码生命。在后基因组时代生物信息学的作用将更加举足轻重，要读懂“天书”，仅仅依靠传统的实验观察手段无济于事，必须借助高性能计算机和高效数据处理的算法语言。只有如此，“天书”才能发挥它应有的价值。生命科学的革命性巨变已把生物信息学推到了前台，生物信息技术已成为后基因时代的核心技术之一，在蛋白质组学、功能基因组学、药物基因组学等领域必将更有用武之地，从而对生命科学（尤其是医学）的发展产生无法估计的巨大影响。

第三节　基因诊断与基因治疗

探索疾病的原因，是有效治疗疾病的前提。目前，医学对某些疾病还缺少有效的治疗方法，就是因为对病因缺乏深入的认识。基因科学的发展，为人类从细胞内部的微观生理学和分子生物学水平上寻找病因提供了新的思路。基因诊断与基因治疗能够在比较短的时间从理论设想变为现实，主要是由于分子生物学的理论及技术方法，特别是重组 DNA 技术的迅速发展，使人们可以在实验室构建各种载体、克隆及分析目标基因。所以对疾病能够深入至分子水平的研究，并已取得了重大的进展。因此在 20 世纪 70 年代末诞生了基因诊断（gene diagnosis）；随后于 1990 年美国实施了第一个基因治疗（gene therapy）的临床试验方案。

人类基因组计划的完成为医学提供了大量信息，大大加快疾病相关基因的发现与克隆。人们对疾病的认识也从传统的表型诊断开始进入到基因诊断。现代医学对于遗传性疾病、心、脑血管疾病、肿瘤、某些神经系统疾病及感染性疾病仍缺乏有效的防治措施，而这些疾病的发生均与基因变异或表达异常密切相关，因此理想的根治手段应是在基因水平上予以纠正。近些年来，基因治疗的兴起为上述疾病的医治开辟了新的途径。

基因诊断和基因治疗是现代分子生物学的理论和技术与医学相结合的范例。

一、基因诊断

基因诊断采用分子生物学方法（核酸分子杂交、PCR 等技术）在基因（DNA）水平及转录水平对基因的结构和功能进行分析，从而对特定的疾病进行诊断，因此基因诊断至少包括 DNA 诊断和 RNA 诊断两大部分。DNA 诊断是检测特定基因的 DNA 序列中所存在的点突变、缺失和插入等变异情况，及特定 DNA 的拷贝数，分析静态的基因结构。RNA 诊断是对待测基因转录物（RNA）进行定量，检测其剪接和加工的缺陷，以及外显子的变异等等。分析动态的基因表达。

（一）基因诊断的原理

基因诊断和传统诊断的主要差异在于直接从基因型推断表型，即可以越过产物（酶和蛋白质）直接检测基因结构而作出诊断，这样就改变了传统的表型诊断方式，故基因诊断又称为逆向诊断（reverse diagnosis）。

随着对疾病病因和发病机制研究的不断深入，人们认识到生物个体的表型性状是特定基因型在一定条件下的体现。基因的改变可导致各种表型的改变，从而发生疾病。基因诊断是利用现代分子生物学和分子遗传学的技术和方法，直接检测基因结构及其表达水平是否正常，从而对人体疾病作出诊断的方法。基因诊断检测的目标分子是DNA和RNA，也可以是蛋白质或者多肽。基因诊断的依据是DNA、RNA或蛋白质水平变化，如病毒基因及其转录产物在体内从无到有、癌基因表达水平从低到高；基因结构变化，如点突变引起基因失活、染色体转位引起基因异常激活或灭活。

疾病的发生不仅与基因结构的变异有关，而且与其表达功能异常有关。基因诊断的基本原理就是检测相关基因的结构及其表达功能特别是RNA产物是否正常。由于DNA的突变、缺失、插入、倒位和基因融合等均可造成相关基因结构变异，因此，可以直接检测上述的变化或利用连锁方法进行分析，这就是DNA诊断。对表达产物mRNA质和量变化的分析为RNA诊断（RNA diagnosis）。RNA诊断主要是分析基因的表达功能，检测转录物的质和量，以判断基因转录效率的高低，以及转录物的大小。

基因诊断是以基因作为探查对象，在DNA/RNA水平检测分析基因的存在、结构变异和表达状态，因而具有一些其他诊断学所没有的特点。

① 病因诊断。以基因作为检查材料和探察目标，直接瞄准病理基因，针对性强。不仅对表型出现的疾病作出诊断，还可能发现潜在的致病因素，如确定有遗传家族史的人携带致病基因。

② 特异性强、灵敏度高。分子杂交技术选用特定基因序列作为探针，故具有很高的特异性。由于分子杂交和聚合酶链反应（PCR）技术都具有放大效应，故诊断灵敏度很高。

③ 稳定性高。目的基因是否处于活化状态均可。样品可长期保存。

④ 适用性强，诊断范围广。检测目标可为内源基因也可为外源基因。可检测正在生长的病原体或潜在病原体。

根据对致病基因或相关基因的了解程度，基因诊断方法可分为直接诊断和间接诊断两种。直接诊断是直接分析致病基因分子结构及表达是否异常，其先决条件是已知被检测基因变化与疾病发生有直接因果关系、已被检基因正常分子结构或已知被检基因致病的分子机制（突变位点或表达变化）。间接诊断是利用多态性遗传标志与致病基因进行连锁分析，采用间接诊断的原因是致病基因未知或基因结构不确定、致病突变机制不清或致病位点不便检测。

（二）基因诊断的策略

经典遗传学（classical genetics）策略是由疾病的表型改变去追溯有无基因的变异，但在疾病的表型改变并不清楚的情况下它就毫无办法。“反向遗传学”（reverse genetics）或称分子遗传学，则在策略上解决了这个难题。由基因到表型，采用细胞遗传学方法和（或）分子生物学技术对致病基因进行染色体定位并逐渐找到相关基因在特定染色体上的准确位置。这样可以在不知道和不必知道基因产物或表型的情况下分离和定位致病基因。

1. 经典遗传学策略

从基因产物入手，由蛋白质到DNA，由表型到基因型。这是一种比较早期的策略。首先分析异常基因产物（蛋白质）及其引起临床症状的机制。分离纯化该蛋白质后，或制备该蛋白的特异抗体，以标记的特异抗体作为探针，或进行氨基酸测序，据此合成寡核苷酸做探针池，利用探针从基因组文库或 cDNA 文库筛选编码基因的阳性重组克隆。并最终克隆目的基因，然后通过 DNA 序列分析确定其导致疾病的分子缺陷。这种方法称为功能克隆。当目的基因序列未知，但其编码产物的生理生化及代谢途径研究得比较清楚时，就可以采用这种克隆方法。在迄今分离的基因中，因遗传性代谢缺陷（如酶缺陷）引起的疾病如白化病、苯丙酮尿症（PKU）和镰状细胞贫血等的致病基因，都是根据这一策略分离的。但实际上我们对很大部分人类遗传病的表型特征和生化机制及缺陷的了解还太肤浅，对这些遗传病，这种经典的策略显然不适用。

2. 反向遗传学策略

（1）从基因定位入手。遗传连锁图的建立使对人类基因组中任何基因的定位成为可能，这样就可以不必借助于功能信息，而仅仅根据遗传图和连锁分析，将基因定位到染色体的一个具体位置上。并不断缩小筛选区域，最终鉴定、分离致病基因。这种策略称为定位克隆。比较正常和异常基因的差别，就可找出导致遗传病的分子缺陷。进而阐明正常和异常基因产物（蛋白质）的生理功能和病理效应。定位克隆是当前基因诊断的主要理论基础。

定位候选基因技术则是在对基因作初步定位后，查找已克隆的“无名”基因或功能鉴定尚不完全的基因资料，从该区域中有限个数的候选基因中确定目标。大大减轻了工作量。这些策略均被广泛应用于遗传病的基因诊断。

（2）从比较正常和异常基因组的差异入手。将表型与基因结构或基因表达的特性结合起来，从正常和异常基因组的相同或差异入手，或者寻找两者的全同序列（基因组错配筛选技术）、差异序列或表达有差异的基因（差示 PCR），然后直接分离、鉴定出与所研究疾病表型相关的基因。确定导致该疾病的分子缺陷。这种策略既无需事先知道基因的生化功能或图谱定位，也不受基因数及其相互作用方式的影响，使基因诊断有可能从简单性状走向复杂性状。大多数遗传病如重度肥胖、哮喘、肿瘤、精神病和多种自身免疫病等，都是多种基因与环境复杂相互作用的结果。这些疾病相关基因的变异对疾病的发生所起的作用是十分微妙的。表型克隆技术的建立、发展和完善，使我们看到了对这些复杂遗传病进行基因诊断的曙光。

运用“反向遗传学”确定和分离致病基因成功的例子很多，如 Duchenne 肌营养不良、囊性纤维病、亨廷顿舞蹈病、神经纤维病和成人型多囊肾等疾病的致病基因。都是经此策略确定的。

（三）基因诊断的基本方法

人类疾病多种多样，致病原因不同，因此在基因诊断上也有不同途径和方法。基因诊断的基本方法如下。

（1）对致病基因已经找到、发生机制清楚的疾病，可以通过直接检测致病基因进行基因诊断。这些基因根据其特定功能已被克隆，并被定位在染色体上，基因序列亦被测定，致病时的基因改变亦较清楚。如已被克隆的病毒、细菌、真菌和寄生虫等病原微生物的基因以及与疾病有关的机体内源性基因：癌基因、抑癌基因、地中海贫血、苯丙酮尿症等遗传病基因。

（2）对致病基因还没找到，发生机制也没有完全清楚，但致病基因已定位于染色体或基因组的特定区域的疾病，可以检测与某种遗传标志连锁的致病基因。遗传连锁是指同一染色体相邻的两个或两个以上的基因或限制性酶切位点，由于位置十分靠近，在遗传时分离概率很低，常一起遗传，故称之为连锁。用限制性内切酶酶切位点作遗传标志，定位与之相连锁的正常基因与致病基因，建立相应的遗传连锁图谱。再根据遗传连锁图进行定位性克隆。比较正常和异常基因的差别，可找出导致遗传病的分子缺陷。这种定位性克隆策略是当前基因诊断的重要基础。

（3）检测表型克隆基因。表型克隆技术是将有关表型与基因结构结合，直接分离该表型的相关基因，并对疾病相关的一组基因进行克隆，然后用作多种探针，来诊断多基因遗传病。该策略既不需预先知道基因的生化功能或图谱定位，也不受基因数目及其相互作用方式的影响。主要针对多基因病（如：重度肥胖、哮喘、高血压、癫痫、精神病、多种自身免疫性疾病）。

（4）对多因素、多基因疾病，可以通过检测表型克隆基因进行基因诊断。如高血压、冠心病、肿瘤、精神病、自身免疫性疾病。由于疾病发生的原因复杂，涉及多基因、多因素，因此可采用表型克隆方法来分析诊断。原理为从分析正常和异常基因组采用差异显示等技术找到正常人和疾病患者之间的差异序列，进行克隆。根据克隆的一组基因差异序列制作相应探针，用制备的这一组探针检测相关疾病的方法。

（5）对一些因基因表达异常出现的疾病，可通过基因表达的定量分析进行基因诊断。对与基因表达异常出现的疾病，可以在转录水平上对该基因的表达的 mRNA 量进行分析，作出诊断。

（四）基因诊断技术

基因诊断采用分子生物学技术（核酸分子杂交、PCR 等技术），在基因（DNA）水平及转录水平对基因的结构和功能进行分析，从而对特定的疾病进行诊断。因此基因诊断至少包括 DNA 诊断和 RNA 诊断两大部分。DNA 诊断是检测特定基因的 DNA 序列中所存在的点突变、缺失和插入等变异情况，及特定 DNA 的拷贝数，分析静态的基因结构。RNA 诊断是对待测基因转录物（RNA）进行定量，检测其剪接和加工的缺陷以及外显子的变异等等。分析动态的基因表达。常用检测致病基因结构异常的基因诊断技术有下列几种。

1. 核酸分子杂交及聚合酶链反应（PCR）

核酸分子杂交技术是依据 DNA 双链碱基互补、变性和复性原理，用已知碱基序列的单链核酸片段作为探针检测样本中是否存在与其互补的同源核酸序列。核酸探针是指带有标记的某一特定 DNA 或 RNA 片段，能与待测样本中单链核酸分子互补配对结合，进而检测同源序列。探针标记物有放射性核素或非放射性核素（生物素、地高辛、荧光素等）两大类。基于分子杂交原理的诊断方法包括 Southern 印迹杂交、Northern 印迹杂交、斑点杂交、反向斑点印迹等。

基因诊断时，需在成千上万的基因中仅仅分析一种目的基因，而且其通常是单拷贝的，这的确是较困难的。聚合酶链反应（PCR）PCR 能在数小时内将 DNA 片段扩增上百万倍，不需要放射性核素标记探针的辅助就能分析基因结构。大大提高了基因诊断的灵敏度。且由于其适用性强。操作方便快捷，已广泛应用于的疾病诊断领域。是目前使用最多的 DNA 诊断方法。在 PCR 技术的基础上，还衍生出了许多便捷而灵敏的基因诊断方法。

PCR/ASO（等位基因特异寡核苷酸）探针杂交法，是一种检测基因点突变的简便方法，先用 PCR 方法扩增突变点上下游的序列，扩增产物再与 ASO 探针杂交。此法对一些已知突变类型的遗传病，如地中海贫血、苯丙酮尿症等纯合子和杂合子的诊断很方便。也可分析癌基因如 *H-ras* 和抑癌基因如 *p53* 的点突变。

分子杂交技术灵敏可靠。重复性好，但必须使用放射性核素标记的探针，费时费力。价格昂贵。难于在临床上推广应用。

2. 遗传多态性连锁分析

人类基因组 DNA 具有多态性，多态位点本身并不致病或与遗传病无直接关联。但其中一些位点在染色体上的位置与致病基因靠得很近。并呈孟德尔式连锁遗传。因此可利用这些多态性位点作为遗传指示标记。通过对这些遗传标记的多态性检测，可间接鉴定致病基因。

(1) DNA 限制性片段长度多态性分析。在人类基因组中，平均约 200 对碱基可发生一对变异（称为中性突变），中性突变导致个体间核苷酸序列的差异，称为 DNA 多态性。不少 DNA 多态性发生在限制性内切酶识别位点上，酶切水解该 DNA 片段就会产生长度不同的片段，称为限制性片段长度多态性（RFLP）。RFLP 按孟德尔方式遗传，在某一特定家族中，如果某一致病基因与特异的多态性片段紧密连锁，就可用这一多态性片段作为一种“遗传标志”，来判断家庭成员或胎儿是否为致病基因的携带者。甲型血友病、囊性纤维病和苯丙酮尿症等均可借助这一方法得到诊断。

(2) 扩增片段长度多态性（AFLP）分析。首先利用可产生黏性末端的限制性内切酶酶切研究对象的基因组序列，产生不同长度的酶切片段。然后，将这些酶切片段与含有与其有共同黏性末端的人工接头连接，形成模板。为达到选择性扩增的目的，再在模板末端添加具有选择性核苷酸（1～3 个）的不同引物，然后 PCR 扩增，结果只有那些两端序列与选择性核苷酸配对的酶切片段被扩增。最后将被扩增的片段在高分辨率的测序凝胶上电泳，这样其多态性即根据扩增片段的长度与数量的不同而被分开。可应用于基因突变性质不明的连锁分析。

(3) 单链构象多态性（single strand conformation polymorphism，SSCP）。单链 DNA 片段呈复杂的空间折叠构象，当有一个碱基发生改变时，会或多或少地影响其空间构象，使构象发生改变，空间构象有差异的单链 DNA 分子在聚丙烯酰胺凝胶中受排阻大小不同。因此，若单链 DNA 用放射性核素标记，显影后即可非常敏锐地将构象上有差异的分子分离开。一般先设计引物对突变点所在外显子进行扩增，PCR 产物经变性成单链后进行电泳分析。PCR/SSCP 方法，能快速、灵敏、有效地检测 DNA 突变点。此法可用检测点突变的遗传疾病，如苯丙酮尿症、血友病等，以及点突变的癌基因和抑癌基因。

3. DNA 序列分析

DNA 序列测定是诊断已知和未知突变基因最直接可靠的方法，上述各种方法的诊断结果都可以用测序来进一步验证。PCR 技术的应用，使 DNA 测序从过去的克隆后测序进入扩增产物直接测序的新阶段。新近发展起来的双链 DNA 循环测序法以 5′-端标记的测序引物组合进行 PCR 扩增，通过多次变性、复性、延伸的循环进行测序，具有快速、简便灵敏、重复性好等优点。常用的测序方法有 Maxam-Gilbert 法（化学裂解法）、Sanger 法（双脱氧末端终止法）和 DNA 自动测序法，但由于测序法所需的仪器和高昂的费用使得它难以在临床诊断中得到普及。

4. 基因芯片

基因芯片，又称 DNA 微阵列（DNA microarray），将许多特定的寡核苷酸片段或基因片段作为探针，有规律地、高密度地排列固定于支持物上，制成基因微阵列，样品 DNA / RNA 通过 PCR 扩增、体外转录等技术掺入荧光标记分子，然后按碱基配对原理进行杂交，再通过荧光检测系统等对芯片进行扫描，并配以计算机系统对每一探针上的荧光信号作出比较和检测，从而迅速得出所要的信息。

目前，DNA（或 cDNA）芯片的应用大多仍停留在实验室研究阶段。由于该技术较为复杂，且成本高，离临床检验和疾病诊断还有一段距离，但基因芯片技术样品处理能力强，自动化程度高，检测靶分子种类多，用途广泛，具有广阔的应用前景。在疾病基因诊断方面的应用究其根源是建立在对基因突变情况的了解的基础上的。如果对某一基因的突变类型不甚了解，则无法设计出用于检测的等位基因特异性寡核苷酸（ASO）探针。就目前情况来看，基因芯片主要用于突变情况清晰的疾病的检测。

此外，RNA诊断主要是分析基因的表达功能，检测转录物的质和量，以判断基因转录效率的高低，以及转录物的大小。RNA印迹（Northern blot）是检测基因是否表达，表达产物mRNA的大小的可靠方法，根据杂交条带的强度，可以判断基因表达的效率。RT-PCR是一种检测基因表达产物mRNA灵敏的方法，若与荧光定量PCR结合可对RT-PCR产物量进行准确测定。

（五）基因诊断的应用

目前，基因诊断的应用领域包括以下几个方面。

（1）在感染性疾病检测中应用。在感染性疾病是由病原体（包括病毒、支原体、细菌、寄生虫）引起的，例如艾滋病，HIV病毒属反转录病毒，即单链RNA反转录成双链DNA，进入宿主细胞染色体。对感染性疾病（infectious diseases）的诊断，过去是直接分离检查病原体，或者对患者血清学或生物化学的分析。有些病原体不容易分离，有些需经过长期培养才能获得。血清学对病原体抗体的检测虽然很方便，但是病原体感染人体后需要间隔一段时间后才出现抗体，并且血清学检查只能确定是否接触过该种病原体，但不能确定是否有现行感染，对潜伏病原体的检查有困难。但是，当无抗体时，基因诊断就成为唯一手段。对于感染性疾病，基因诊断具有快速、灵敏、特异等优点。80年代建立的PCR技术已广泛应用于对病原体的检测。一般根据各病原体特异和保守的序列设计引物，有的还合成ASO探针，对病原体的DNA可用PCR技术直接检查，而对RNA病毒，则采用RT-PCR。现在市场已经有许多种病原体的测定药盒供应，每一盒包含扩增某种病原体的特异引物，所需的酶以及配妥的各种反应试剂，并附有可行的操作方法步骤。

（2）在遗传病检测中的应用

现知遗传疾病有数千种，但多数先天遗传性疾病属少见病例，有些遗传疾病在不同民族，不同地区的人群中发病率不同，例如镰状细胞贫血（sickle cell anemia），非洲黑色人种发病率高，而囊性纤维化症（cystic fibrosis）常见于美国白色人种，这两种遗传疾病在我国为罕见病例。中国较常见的遗传疾病有地中海贫血、甲型血友病、乙型血友病、苯丙酮尿症、杜氏肌营养不良症（DMD）、葡萄糖-6-磷酸脱氢酶（G-6PD）缺乏症、唐氏综合征（Down’s syndrome）等。

根据不同遗传疾病的分子基础，可采用不同的技术方法进行诊断，不但可对有症状患者进行检测，而且对遗传疾病家族中未发病的成员乃至胎儿甚至胚胎着床前（preimplantation）进行诊断是否携带有异常基因，产前检测妊娠8～12周的绒毛DNA或羊水细胞，这对产前诊断、优生优育具有指导意义。

后天基因突变引起的疾病，其发病原因为特定基因的突变。肿瘤的发病机理尚不清楚，初步认为是个别细胞基因突变而引起的细胞无限增殖（包括抑癌基因和癌基因）。美国毕晓普和瓦慕斯等人的研究表明：动物体内的癌基因不是来自病毒，而是由于在动物的正常细胞基因中本来就存在一个庞大的癌基因族，正常情况下这些原癌基因是不活跃的，但当受到病毒入侵或遇到物理、化学等因素作用时，就可能被激活，突变为癌基因。这也就解释了化学污染、吸烟、放射线辐射等因素致癌的原因。

原癌基因是指生物正常细胞基因中编码关键性调控蛋白的癌基因，抑癌基因是一类抑制细胞增殖的基因，其失活可引起细胞转化。两类基因协同调控，使细胞生长处于平衡状态。两个等位抑癌基因突变才能引起肿瘤，需检出两个等位抑癌基因。分析一些原癌基因的点突变、插入突变、基因扩增、染色体易位和抑癌基因的丢失或突变，可以了解恶性肿瘤的分子机制，有助于对恶性肿瘤的诊断，对肿瘤分类分型、治疗及预后有指导意义。

(3) 法医学中的应用

对生物个体识别和亲子鉴定传统的方法有血型、血清蛋白型、红细胞酶型和白细胞膜抗原(HLA)等,但这些方法都存在着一些不确定的因素。近年来对人基因结构的深入研究发现,有些具有个体特征的遗传标记可用于个体识别和亲子鉴定。人体细胞有总数约为30亿个碱基对的DNA,每个人的DNA都不完全相同,人与人之间不同的碱基对数目达几百万之多,因此通过分子生物学方法显示的DNA图谱也因人而异,由此可以识别不同的人。所谓"DNA指纹",就是把DNA作为像指纹那样的独特特征来识别不同的人。由于DNA是遗传物质,因此通过对DNA鉴定还可以判断两个人之间的亲缘关系。如DNA指纹(DNA fingerprinting)分析、短串联重复(short tandem repeat,STR)多态性分析等。

DNA鉴定技术是英国遗传学家Jeffreys于1984年发明的。由于人体各部位的细胞都有相同的DNA,因此可以通过检查血迹、毛发、唾液等判明身份。只要罪犯在案发现场留下任何与身体有关的东西,例如血迹和毛发,警方就可以根据这些蛛丝马迹将其擒获,准确率非常高。DNA鉴定技术在破获强奸和暴力犯罪时特别有效,因为在此类案件中,罪犯很容易留下包含DNA信息的罪证。后来的研究发现,人类基因组中许多位点存在着一种可变串联重复序列(variable number of tandem repeat,VNTR)。这种VNTR主要存在于基因的非编码区,重复序列是头对尾串联排列着。1985年,Jeffreys根据VNTR的特点,选择某些核心序列作为探针,并选用核心序列无切割位点的限制性内切酶如Hinf1,对DNA样品进行酶解,然后作Southern印迹。图谱显示不同个体具有不同条带,如同人的指纹具有高度的个体特异性一样,因此把这种Southern印迹图称作DNA指纹图谱(DNA fingerprint)。实验证明,除同卵双生子有相同的图谱外,两个人不可能有完全相同的图谱,所以这种方法对个体识别,亲子鉴定,嫌疑罪犯的判断准确可靠。

20世纪90年代初,发现人基因组中存在着数量众多的STR,STR的重复单元较短,核心序列含2~4bp,DNA片段长度为100~500bp,故称为微卫星DNA(microsatellite DNA)。与VNTR相同,有不少的微卫星DNA存在着个体间重复单元数目不同的多态性,所以是一种应用价值很高的遗传标记。又因为微卫星DNA较短,易进行PCR操作,也能适用于降解的DNA分析。目前,STR-PCR技术在法医学中的应用已占主导地位。VNTR和STR除在法医学中的应用外,还用于遗传作图,基因定位及遗传疾病的诊断等。

二、基因治疗

许多疾病是由于基因的结构和功能发生改变引起的,最明显的是遗传病,如某些重症联合免疫缺陷病(SCID)就是由于腺苷脱氨酶(ADA)基因缺陷引起的。此外,癌症的发生、发展和转移都与特殊的基因变化有关,有些肿瘤,如乳腺癌等具有明显的家族遗传性。基因治疗是将正常基因或有治疗作用的基因通过一定的方式导入体内靶细胞以纠正基因的缺陷或发挥治疗作用的新疗法。

基因治疗研究经过20多年的曲折发展,取得了令人瞩目的成绩。人类基因组计划的完成,标志着功能基因组时代的到来,人类对自身基因的功能特别是与疾病相关的基因的了解将空前加快,这对基因治疗的研究无疑会产生巨大的推动作用,全世界的基因治疗临床方案逐年增加。

基因治疗目前主要是治疗那些对人类健康威胁严重的疾病。包括:遗传病(如血友病、囊性纤维病、家庭性高胆固醇血症等)、恶性肿瘤、心血管疾病、感染性疾病(如AIDS、类风湿等)。

(一) 基因治疗的概念

基因治疗是指改变人体活细胞遗传物质的一种医学治疗方法,在基因水平上将正常有功能的基因或其他基因通过基因转移方式导入到患者体内，并使之表达功能正常的基因，或表达患者原来不存在或表达很低的外源基因，使其获得治疗效果。由于基因治疗的实际效果是通过基因在体内产生特定的功能分子（核酸或蛋白质），实质上可以看作是导入一个具有治疗作用的给药系统，可将基因看作“药物”，基因治疗制剂（或制品）称为基因药物（gene medicine）。

从基因角度可以理解，基因治疗可定义为对缺陷的基因进行修复或将正常有功能的基因置换或增补缺陷基因的方法；若从治疗角度，可以广义地说是一种基于导入遗传物质以改变患者细胞的基因表达，从而达到治疗或预防疾病的目标的新措施。导入的基因可以是与缺陷基因相对应的有功能的同源基因，也可以是缺陷基因无关的治疗基因。

广义的基因治疗是指利用基因药物的治疗，而通常说的狭义的基因治疗是指用完整的基因进行基因替代治疗，一般用DNA序列。

基因治疗的先决条件是发病机制在DNA水平上已经清楚；要转移的基因已经克隆分离，其表达产物有详尽的了解；该基因正常表达的组织可在体外进行遗传操作。

根据受体细胞种类的不同，基因治疗有两种形式：一种是改变体细胞的基因表达，即体细胞基因治疗（somatic gene therapy）；另一种是改变生殖细胞的基因表达，即种系基因治疗（germline gene therapy）。一般而言，无论何种细胞均具有接受外源DNA的能力。体细胞基因治疗是将正常基因转移到体细胞，使之表达基因产物，因而只限于某一类体细胞基因的改变。其影响只限于某个体的当代，但有害基因仍然会遗传给后代。生殖细胞的基因治疗是将正常基因转移到患者生殖细胞（精细胞、卵细胞、早期胚胎）使其发育成正常个体。从理论上讲，若对缺陷的生殖细胞进行矫正，不但当代可以得到根治，而且可以将正常的基因传给子代，使其有害基因不能在人群中散播，从根本上治疗遗传病。但生殖的生物学极其复杂，且尚未清楚，一旦发生差错将给人类带来不可想象的后果。出于安全性和伦理学的考虑，目前基因治疗仅限于使用体细胞，禁止使用生殖细胞。

（二）基因治疗的方式

基因治疗（gene therapy）是指将人的正常基因或有治疗作用的基因通过一定方式导入人体靶细胞以纠正基因的缺陷或者发挥治疗作用，从而达到治疗疾病目的生物医学新技术。基因治疗的原则是直接补替缺陷基因、抑制非正常基因产物表达、间接调节机体本身免疫系统的抗病能力以及利用外源基因对病变细胞造成特异性杀伤。基因治疗的方式（type of gene therapy）主要有以下几类。

（1）基因置换（gene replacement）。基因置换是指将特定的目的基因导入特定细胞，通过定位重组，以导入的正常基因来置换基因组内原有的缺陷基因，使细胞内的DNA完全恢复正常状态。其目的是将缺陷基因的异常序列进行矫正。此过程仅对缺陷基因的缺陷部位进行精确的原位修复，不涉及基因组的任何改变。

（2）基因增补（gene augmentation）。基因增补是在有缺陷基因的细胞中导入相应的正常基因，而细胞内的缺陷基因并未除去，通过导入正常基因的表达产物，补偿缺陷基因的功能；或者是向靶细胞中导入靶细胞本来不表达的基因，利用其表达产物达到治疗疾病的目的。

（3）基因干预（gene interference）。基因干预指采用特定的方式抑制某个基因的表达，或者通过破坏某个基因而使之不表达，以达到治疗疾病的目的。有些基因异常过度表达，如癌基因或病毒基因可导致疾病，可用特定的反义核酸（反义RNA、反义DNA）来封闭基因表达，或利用核酶分子结合到靶RNA分子中适当的邻位，形成锤头核酶结构，将靶RNA分子切断，通过破坏靶RNA分子达到治疗疾病（如清除病毒基因组RNA）的目的。传统反义 RNA 技术诱发的单一癌基因的阻断，不可能完全抑制或逆转肿瘤的生长，而 RNA 干扰技术可以利用同一基因家族的多个基因具有一段同源性很高的保守序列这一特性，设计针对这一区段序列的双链 RNA 分子，采用 RNA 干扰（RNAi 技术）特异地抑制相关基因、癌基因或突变基因的过度表达，使这些基因呈现沉默或休眠状态，从而达到治疗的目的。

（4）自杀基因治疗。这是恶性肿瘤基因治疗的主要方法之一。自杀基因又称前体药物酶转化基因，将“自杀”基因导入肿瘤细胞中，这种基因编码的酶能使无毒性的药物前体转化为细胞毒性代谢物，诱导靶细胞产生“自杀”效应，从而达到清除肿瘤细胞的目的。这种基因载体只能在特定的组织或肿瘤中表达，而正常细胞中不表达，故对正常细胞无伤害作用。如导入病毒或细菌来源的所谓“自杀基因”或经过改造的条件性复制病毒，只能在 p53 缺陷的肿瘤细胞繁殖以达到溶解肿瘤细胞的目的。

（5）免疫基因治疗。将产生抗病毒或抗肿瘤对应的抗原决定簇基因导入机体细胞，如细胞因子（cytokine）基因的导入和表达等，以增强肿瘤微环境中的抗癌免疫反应，达到治疗目的。如细胞因子基因治疗、免疫增强基因疗法、肿瘤 DNA 疫苗疗法等。

（6）耐药基因治疗。在肿瘤治疗中，为提高机体耐受肿瘤化疗药物的能力，把产生抗药物毒性的基因导入人体细胞。如将多药耐药基因 *MDR-1* 导入骨髓造血干细胞，减少骨髓受抑制的程度，以加大化疗剂量，提高化疗效果。

（三）基因治疗的基本程序

在大多数基因治疗的临床试验中，来自患者血液或骨髓的细胞在实验室中培养。这些细胞被暴露在带有目的基因的病毒中转化。病毒进入细胞后，目的基因就成为宿主细胞 DNA 的一部分。这些细胞在实验室培养后，通过静脉注射重新回到患者体内。在患者体内繁殖，形成正常的功能。基因治疗一般分为三步：①基因导入，是指把基因或含有基因的载体导入机体；②基因传递，是指基因从导入部位进入靶细胞核；③基因表达，是指细胞中治疗性基因产物的形成。

1. 基因导入的方式

采用安全、无毒的载体导入工具携带外源基因穿过细胞膜，进入细胞核与染色体整合，这是基因治疗成败的关键。基因治疗的靶细胞主要分为两大类：体细胞和生殖细胞。临床上，基因治疗是指体细胞基因治疗。

根据基因导入方式的不同，基因治疗又分为即体内疗法（in vivo）和体外疗法（ex vivo）。体内疗法是将外源基因导入受体体内有关的器官组织和细胞内，以达到治疗目的，这是一种简便易行的方法，如肌肉注射、静脉注射、器官内灌输、皮下包埋等，但其缺点是基因转染率较低。研究和应用较多的还是体外疗法，即先在体外将外源基因导入载体细胞，然后将基因转染后的细胞回输给受者，使携有外源基因的载体细胞在体内表达治疗产物，以达到治疗目的。

被用于修饰的细胞可以是自体、同种异体或异种的体细胞。合适的细胞应易于从体内取出和回输，能在体外增殖，经得起体外实验操作，能够高效表达外源基因，且能在体内长期存活。目前常用的细胞有淋巴细胞、骨髓干细胞、内皮细胞、皮肤成纤维细胞、肝细胞、肌细胞、角朊细胞（keratinocyte）、肿瘤细胞等。回输体内的方式有：静脉注射、肌注、皮下注射、滴鼻等。基因修饰的淋巴细胞以静脉注射的方式回输到血液中；将皮肤成纤维细胞以细胞胶原悬液注射至患者皮下组织；采用自体骨髓移植的方法输入造血细胞；或以导管技术将血管内皮细胞定位输入血管等。

2. 治疗性基因的获得

无论是体外疗法或体内疗法导入基因的方式，首先要选择合适的能达到治疗或预防用的目的基因。导入的治疗基因应是与缺陷基因相对应的有功能的同源基因或与缺陷基因无关但有治疗意义的基因，即导入遗传疾病所缺陷的基因或增强机体免疫的细胞因子基因。目前用于临床试验的治疗基因主要为该基因的 cDNA。作为外源治疗基因的条件：基因的大小要根据所用载体（vector）能够运载的容量；若为分泌性产物需含信号肽序列；cDNA 序列应正确无误；翻译时要求有起始密码子及终止密码子。

3. 载体系统

基因治疗关键步骤之一，是将治疗基因高效转移入患者体内、并能调控其适度表达。要有效将治疗基因导入人体细胞内需要靠合适的运送基因的工具，即载体。载体有两类：一类为病毒载体（viral vector），另一类为非病毒载体（non-viral vector）。目前临床试验用的载体仍然以病毒载体居多，如逆转录病毒（RV）、腺病毒（AV）或腺病毒相关病毒（AAV）载体等，其中逆转录病毒载体约占所用全部载体的 1/3。这些病毒载体最大的特点是能高效转移外源目的基因，但是也存在着许多的局限性，特别是免疫原性强和可能造成细胞突变危险。因此发展非病毒载体备受基因治疗研究者的注意，即借助物理、化学方法或直接将外源基因导入宿主细胞内。目前，非病毒载体以脂质体（liposome）居多。脂质体主要是由天然磷脂和胆固醇类衍生物组成类似生物膜的脂质双分子层包围水相形成的闭合囊泡。裸质粒 DNA 的应用也有逐渐上升的趋势。裸 DNA（naked DNA），即将外源基因构建于真核表达质粒，借助物理或机械方法直接将其导入宿主组织细胞内。直接注射裸 DNA 转染效率不高，常借助一些物理方法，如通过基因枪（gene gun）或矩形波电穿孔仪导入浅表组织。

第十一章　生物工程在环保和能源开发方面的应用

由于工业化进程的飞速发展，工业“三废”、城市汽车尾气，饮用水的污染使生态环境受到严重破坏。甚至影响到了人们的日常生活。人类的疾病发病率急剧上升。许多传统的环保工艺处理技术已不能适应现在环保工作的需求，迫切需要一种新的环保治理方式。利用生物工程技术来治理环境污染具有处理效率高、运行成本低、不存在二次污染等优点，因而受到了人们的极大关注。

生物工程技术在环境保护方面的应用，可大致分为两类：一类是消除环境污染的直接应用，如环境污染的生物净化、废弃物的生物综合利用、污染的生物监测等；另一类是用于保护生态环境的间接应用，如用生物固氮代替化肥、用生物农药取代化学农药、用保护和创造物种的办法维持生物的多样性、用发展生物能源的办法防止生态破坏等。

目前人类社会发展，几乎都是依赖于有限的化石能源。虽然以水力、潮汐、风力为动力的发电设备、太阳能捕获器、地热已为人类提供一定的能源，但离人类对能源的需求还相差甚远，利用生物技术创造更多的能源是寻找新能源的明智做法。

第一节　污水的生物净化

随着人类工业生产活动的高速发展和人口的急剧增长，生活污水和工业污水的大量排放，超过了水体通过稀释、水解、氧化、光分解和微生物降解等作用的自然净化能力，从而导致许多天然水体遭到严重污染。水的污染不仅破坏了水产资源，还危及人类健康。由于水污染的污染源复杂、污染范围大、治理稳定性差等原因，是环境污染中最难治理的一种污染形式。目前主要是运用现代微生物技术进行水污染的治理，使废水中呈溶解和胶状的有机物被降解并转化成无害的物质，使污水中的有机物和一些有毒物质（如酚、氰、苯等）不断被转化分解或吸附沉淀，从而达到净化污水的目的。

微生物处理污水的能力是巨大的，但在自然条件下，在一定的空间和时间内降解能力是有限的。为了提高微生物处理污水的能力，可以采取如下两种手段：一是通过基因工程获得高效工程菌；二是改善微生物生长的环境条件，例如，人工曝气增加氧的浓度，调节碳、氮和磷的比例，有效地控制 pH 值等等。根据微生物在处理废水过程中对氧气的需求不同，通常分为好氧处理与厌氧处理两大类。

一、污水好氧生物处理工程技术

衡量水质污染的程度，常以 *BOD* 值和 *COD* 值指标来表示。*BOD*（biochemical oxygen demand）为生化需氧量，表示在一定温度、一定时间内微生物利用有机物（污染物）进行生物氧化所需要氧的量，通常以被测水在 20℃下作用 5d 所耗氧的毫克数（mg/L）表示，写成 BOD_5 或 *BOD*。*COD*（chemical oxygen demand）为化学需氧量，表示用强氧化剂（高锰酸钾或重铬酸钾）来氧化水中污染物时所需消耗的氧量，也用 mg/L 作单位。好氧处理污水，处理周期短，在适当条件下，其 *BOD* 值去除率可达 80%～90%，有时高达 95%以上。

好氧生物处理就是在有氧条件下，利用好氧微生物类群的作用分解污水中的有机物。在污水的治理中，好氧反应器是应用最早的，也是现行技术中比较成熟的。好氧生物反应器的处理机理为：在曝气器的作用下，反应器内部的溶解氧保持在一定的水平，好氧微生物以污水中的有机污染物为底物，在好氧条件下对其进行降解、矿化，最终生成 CO_2 和 H_2O。

好氧生化处理法又以微生物生长形式不同而分为两种。一种叫活性污泥法——将微生物悬浮生长在污水中，其实质是水体自净的人工化。另一种叫生物膜法——将微生物附着在固体物上生长，其实质是土壤的人工化。

(一) 活性污泥法

活性污泥法是被广泛采用的传统污水生物处理工艺。它是在人工条件下，将空气连续鼓入溶解了大量有机污染物的污水中，对污水中的各种微生物进行连续混合和培养，形成悬浮状态的活性污泥，在活性污泥上生活着大量的好氧微生物，这些微生物在好氧条件下能以溶解性有机物为食料获得能量，并不断增长，使污水中的有机污染物得以分解去除，最后使污泥与水分离，大部分污泥回流到生物反应池，多余的污泥将被排出活性污泥系统。

活性污泥法是利用悬浮生长的微生物絮体处理废水的一类好氧生物处理方法。微生物絮体（活性污泥）是由好氧性微生物（包括细菌、真菌、原生动物及后生动物）及其代谢的和吸附的有机物、无机物组成，具有降解废水中有机污染物（也有些可部分降解无机物）的能力。

活性污泥法处理的关键在于具有足够数量和性能良好的污泥，它是大量微生物聚集的地方，即微生物高度活动的中心。在处理废水过程中，活性污泥对废水中的有机物具有很强的吸附和氧化分解能力。污泥中的微生物，在废水处理中起主要作用的是细菌和原生动物。

活性污泥处理废水中有机物可分为两个阶段，即生物吸附阶段和生物氧化阶段。

（1）生物吸附阶段　废水与活性污泥微生物充分接触，形成悬浊混合液，废水中的污染物被比表面积巨大，且表面上含有多糖类黏性物质的微生物吸附和粘连。呈胶体状的大分子有机物被吸附后，首先在水解酶作用下，分解为小分子物质，然后这些小分子与溶解性有机物在酶的作用下或在浓度差推动下选择性渗入细胞体内，使废水中的有机物含量下降而得到净化。这一阶段进行得非常迅速，对于含悬浮状态有机物较多的废水，有机物去除率相当高，往往在 10～40min 内，*BOD* 值可下降 80%～90%。此后，下降速度迅速减缓。说明在这一阶段，吸附作用是主要的。

（2）生物氧化阶段　被吸附和吸收的有机物质继续被氧化，这个阶段需要很长时间，进行非常缓慢。在生物吸附阶段，随着有机物吸附量的增加，污泥的活性逐渐减弱。当吸附饱和后，污泥失去吸附能力。经过生物氧化阶段吸附的有机物被氧化分解后，活性污泥又呈现活性，恢复吸附能力。

活性污泥法基本流程如图 11-1 所示。

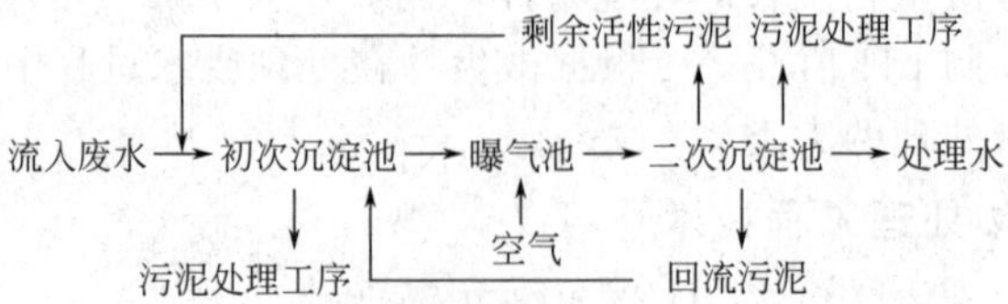

图 11-1　活性污泥法基本流程

(二) 生物膜法

活性污泥法在防治水体污染中发挥了很好的作用，但由于污水排放量的急剧增加以及对污水处理要求的日益严格，传统工艺在处理的多功能性、高效稳定性和经济合理性方面已难以满足不断提高的要求。开发、研究和应用新型废水生物处理工艺和技术，已成为世界各国水污染控制工程领域的重要研究课题。

生物膜法，又称固定膜法，是一系列污水好氧生物处理技术的统称，其共同的特点是微生物附着在作为介质的滤料表面，生长成一层由微生物构成的膜。污水与之接触后，其中的溶解性有机污染物被生物膜吸附，进而被氧化分解，使污水得以净化。

生物膜法是模拟自然界中土壤自净的一种污水处理法。污水通过滤料（如碎石、煤渣及塑料等）时，污水中的微生物吸附在滤料表面，并迅速生长繁殖，形成一层由微生物群体（细菌胶团、真菌和在其上栖息着的原生动物）组成的生物膜。生物膜一般呈蓬松的絮状结构，微孔较多，表面积很大，因此，具有很强的吸附作用。不断流入的污水中的有机物被膜上的细菌吸附，细菌从体内释放出酶，并利用溶解氧分解吸附的有机物，从而使污水得到净化。当生物膜长到一定厚度，水中的氧被膜表层消耗而进不到内层，内层由于缺氧而形成厌氧层。生物膜由于受到水力的流刷等作用会不断剥落，同时又会不断地形成新的生物膜。

生物膜法是一项在废水处理工程上被广泛运用的技术，采用这种方法的构筑物有生物滤池、生物转盘、生物接触氧化池和生物流化床等。随着生物技术的迅猛发展，生物流化床和生物转盘技术更加成熟，应用也越来越广。生物转盘、生物流化床中有强力的清除有机物的生物膜，既可以作为独立的污水生物处理设备，也可以与其他处理设备联合使用，以提高现有设备的处理效率。

二、污水厌氧生物处理工程技术

农村广泛使用的沼气池，就是厌氧生物处理技术最早的运用实例。但由于最初的厌氧生物处理法基本建设费用和运行管理费用高，其发展非常缓慢。直到20世纪60年代，随着经济的快速发展和城市的迅猛增容，环境污染和能源紧张问题变得越来越严重，厌氧处理工艺作为一种低能耗的有机废水生物处理方法才得到越来越广泛的重视。

水的厌氧生物处理是指在大分子氧存在条件下，通过厌氧微生物（或兼氧微生物）的作用，将废水中的有机物分解转化为甲烷和二氧化碳的过程，所以又称厌氧发酵或厌氧消化。厌氧生物处理是一个复杂的生物化学过程，有机物的分解过程分为酸性（酸化）阶段和碱性（甲烷化）阶段。1967年，Bryant的研究表明，厌氧过程主要依靠三大主要类群的细菌即水解产酸细菌、产氢产乙酸细菌和产甲烷细菌的联合作用完成。因而将厌氧发酵过程分为三个连续的阶段（如图11-2所示），即水解酸化阶段（Ⅰ）、产氢产乙酸阶段（Ⅱ）、产甲烷阶段（Ⅲ）。

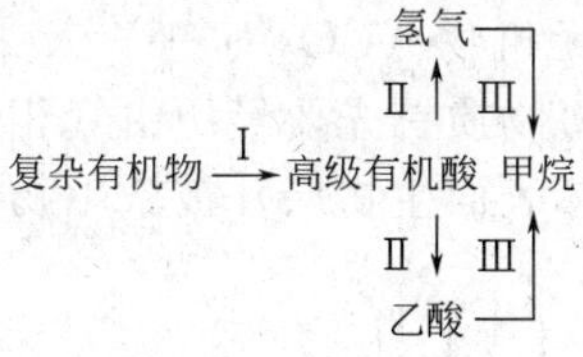

图11-2　厌氧发酵的三个阶段

水解酸化阶段，复杂大分子、不溶性有机物先在细胞外酶作用下水解为小分子、溶解性有机物，然后这些小分子有机物渗透到细胞体内，分解产生挥发性有机酸、醇、醛类等。产氢、产乙酸阶段，在产氢产乙酸细菌的作用下，将第一个阶段所产生的各种有机酸分解转化为乙酸和 H_2，在降解奇数碳素有机酸时还产生 CO_2。产甲烷阶段，产甲烷细菌利用乙酸、乙酸盐、CO_2 和 H_2 或其他一碳化合物产甲烷。

污水厌氧生物处理是利用兼性厌氧菌和专性厌氧菌在无氧条件下降解有机物的处理技术。用于厌氧生物处理的构筑物有消化池、厌氧滤池、上流式厌氧污泥床、厌氧转盘、挡板式厌氧反应器和复合厌氧反应器等。

第二节 废气及大气污染的生物治理

随着有机合成工业和石油化学工业的迅速发展，进入大气的有机化合物越来越多，这类物质往往带有恶臭，不仅对感官有刺激作用，而且不少有机化合物具有一定毒性，产生“三致”（致癌、致畸、致突变）效应，从而对人体和环境产生很大的危害。微生物对各类污染物均有较强、较快的适应性，并可将其作为代谢底物降解、转化。同常规的有机废气处理技术相比，生物技术具有效果好、投资及运行费用低、安全性好、无二次污染、易于管理等优点，尤其在处理低浓度（小于 3mg/L）、生物降解性好的有机废气时更显其优越性。

废气中的污染物包括有机污染物和无机污染物。挥发性有机污染物及恶臭物质主要来源于生活和工业生产等方面。生活源主要有粪便处理、生活垃圾和食物腐烂等；工业源主要有石油化工、牲畜屠宰与肉类加工、水产加工、油脂工业、炼油、炼焦、煤气、化肥、制药、皮革制造、造纸、合成材料、污水处理和垃圾处理等行业。挥发性有机污染物及恶臭物质，如苯类、芳香烃、含氧烃、有机硫化物、硫化氢、氨等物质，逸散到大气中，严重危害人体健康和生态环境。

在传统的废气处理技术中，研究较多并且广泛采用的有吸附法、焚烧法、冷凝法、吸收法等。但对于大流量、低浓度的挥发性有机废气和恶臭气体，使用物理化学方法投资大、操作复杂、运行成本高。采用生物技术控制和处理废气，将废气中的有机污染物或恶臭物质降解或转化为无害或低害类物质，从而净化空气，是一项空气污染控制的新技术。生物净化技术应用于废水处理领域已有 100 多年的历史，而应用于废气处理的历史则很短。研究利用生物化学法净化空气中的污染物可以追溯到 20 世纪 50 年代中期，最先用于处理空气中低浓度的致臭性物质。自 20 世纪 80 年代末以来，这一方法已逐渐成为工业废气净化处理领域的研究热点。

根据微生物在有机废气处理过程中存在的形式，可将处理方法分为生物吸收法（悬浮态）和生物过滤法（固着态）两类。生物吸收法主要用来处理含胺、酚和乙醛等污染物的气体；生物过滤法常用于有臭味废气的降解。

一、生物净化有机废气的基本原理

有机废气生物净化是利用微生物以废气中的有机组分作为其生命活动的能源或其他养分，经代谢降解，转化为简单的无机物（CO_2 水等）及细胞组成物质。与废水生物处理过程的最大区别在于：废气中的有机物质首先要经历由气相转移到液相（或固体表面液膜）中的传质过程，然后在液相（或固体表面生物层）被微生物吸附降解。如图 11-3 所示。

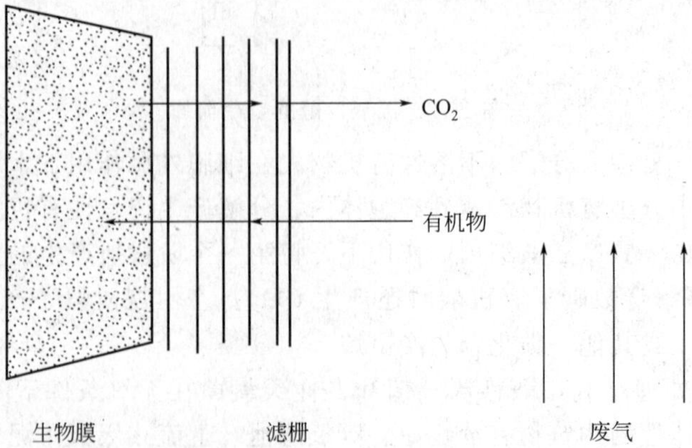

图 11-3 生物净化有机废气示意图

由于气液相间有机物浓度梯度、有机物水溶性以及微生物的吸附作用，有机物从废气中转移到液相（或固体表面液膜）中，进而被微生物捕获、吸收。在此条件下，微生物对有机物进行氧化分解和同化合成，产生的代谢产物一部分溶入液相，一部分作为细胞物质或细胞代谢能源，还有一部分（如 CO_2）则进入到空气中。废气中的有机物通过上述过程不断减少，从而得到净化。一般认为，用生物法处理挥发性有机污染物和恶臭物质需经过以下 3 个阶段：①污染物由气相转移到液相；②进入液相中的污染物被微生物吸收；③进入微生物体内的有机物在代谢过程中作为能源及营养物质被分解，从而转化为无害的无机物质，其中有机物从气相转移到液相并到达微生物表面是整个生物处理系统的关键。

能够净化气体污染物的微生物有细菌、真菌、酵母菌等，微生物降解是以一种微生物能够降解不同化合物的能力为基础的。在有氧条件下，这些微生物将有机物氧化为简单无机物（如水、二氧化碳等）；其中，部分有机物被转化为新细胞物质。根据被处理的污染物的成分以及微环境条件，如温度、湿度、pH 值等，会繁殖出不同的微生物种群。一般高湿度、pH 值为 7～9 的环境，适合细菌生存；低湿度、pH 值为 3～5 时，真菌会大量繁殖。

虽然能够去除挥发性有机污染物及恶臭物质的微生物种类很多，但针对某种污染物，有选择地培养微生物，则会得到很好的去除效果。例如，能够氧化硫化物的微生物种类很多，贝氏硫细菌这是一类形态复杂、较高等的硫氧化细菌。当环境中有硫化氢存在时，能氧化硫化氢积累硫于体内；当环境中缺乏硫化氢时，体内硫粒逐渐氧化成硫酸。光合硫氧化菌包括紫色硫细菌和绿色硫细菌，在光照和厌氧的条件下，它们能氧化无机硫化合物如硫化氢形成元素硫，元素硫也可以进一步氧化成硫酸盐；化能无机营养硫氧化菌在含硫丰富的环境里，能氧化硫化氢形成元素硫，元素硫可暂时贮存在细胞内，也可以进一步氧化成硫酸盐。其中的硫杆菌属，在氧化无机硫化物过程中获得能量，并以二氧化碳为主要碳源来合成细胞成分。硫杆菌属能使硫或硫酐的不完全氧化物转化成硫酸等物质，并参与水中和土壤中硫的循环作用，使土壤和水质改良。

恶臭污染物质的嗅阈值极低，严重危害人体健康，必须坚决治理，保护人类的生活环境。而目前应用的微生物菌株对恶臭气体的去除并不十分理想，有必要在恶臭气体去除机理、恶臭去除菌应用方面开展深入研究。

废气处理工艺均是采取微生物细胞固定化工艺，由于微生物附着生长在填料上，停留时间长，因此在生物膜上能大量生长时间较长、比增殖速度较低的微生物。尽管填料上生长的微生物是多种多样的，但是通过微生物的接种可以较快地开始降解反应。

二、生物过滤法

生物过滤法是微生物附着生长于固体介质（填料）上，废气通过由介质构成的固定床层（填料层）时被吸附或吸收，最终被微生物降解。

生物滤池处理有机废气的工艺流程如图 11-4 所示。具有一定温度的有机废气进入生物滤池，通过约 0.5～1m 厚的生物活性填料层，有机污染物从气相转移到生物层，进而被氧

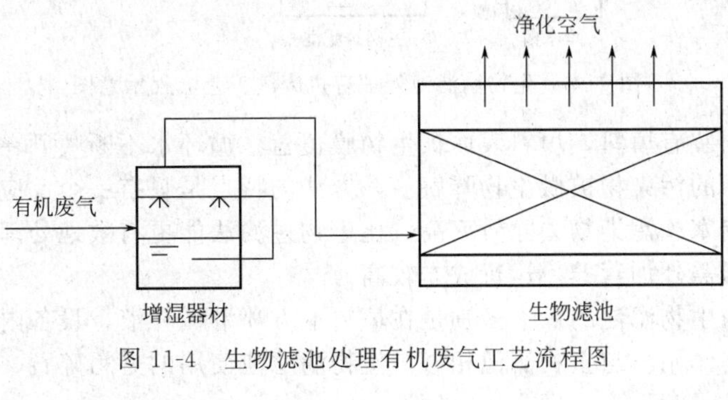

图 11-4　生物滤池处理有机废气工艺流程图

化分解。生物滤池的填料层是具有吸附性的滤料（如土壤、堆肥。活性炭等）。生物滤池因其较好的通气性、适度的通水和持水性，以及丰富的微生物群落，能有效地去除烷烃类化合物，如丙烷、异丁烷，对酯及乙醇等，生物易降解物质的处理效果更佳。

三、生物吸收法

生物吸收法（又称生物洗涤法）即微生物及其营养物配料存在于液体中，气体中的有机物通过与悬浮液接触后转移到液体中而被微生物降解。生物吸收法装置由一个吸收室和一个再生池构成，如图 11-5 所示。

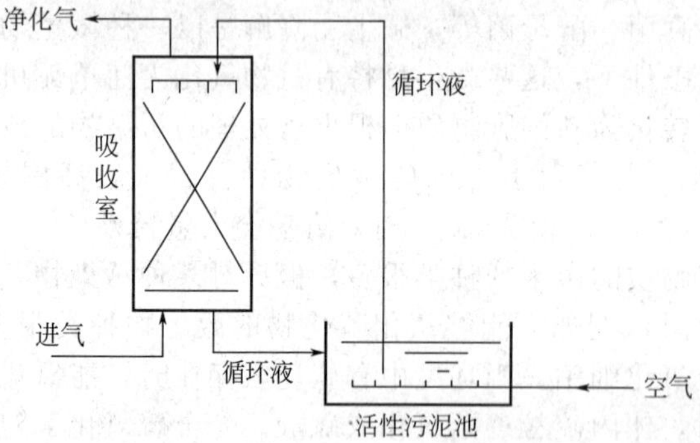

图 11-5 生物吸收法示意图

生物悬浮液（循环液）自吸收室顶部喷淋而下，使废气中的污染物和氧转入液相（水相），实现质量转移。吸收了废气中组分的生物悬浮液流入再生反应器（活性污泥池）中，通入空气充氧再生。被吸收的有机物通过微生物氧化作用，最终被再生池中活性污泥悬液除去。

生物吸收法中气、液两相的接触方法除采用液相喷淋外，还可以采用气相鼓泡。一般地，若气相阻力较大可用喷淋法，反之液相阻力较大则用鼓泡法。鼓泡与污水生物处理技术中的曝气相似，废气从池底通入，与新鲜的生物悬浮液接触而被吸收。由此，许多文献中将生物吸收法分为洗涤式和曝气式两种。日本某污水处理厂用含有臭气的空气作为曝气空气送入曝气槽，同时进行废水和废气的处理，脱臭效率达 99%。

四、生物滴滤法

生物滴滤法是在生物吸收法基础上进行的改进，集合了生物过滤法和生物吸收法两种工艺的优点，生物吸收和生物降解同时发生在一个反应装置内。生物滴滤池处理有机废气的工艺流程如图 11-6 所示。

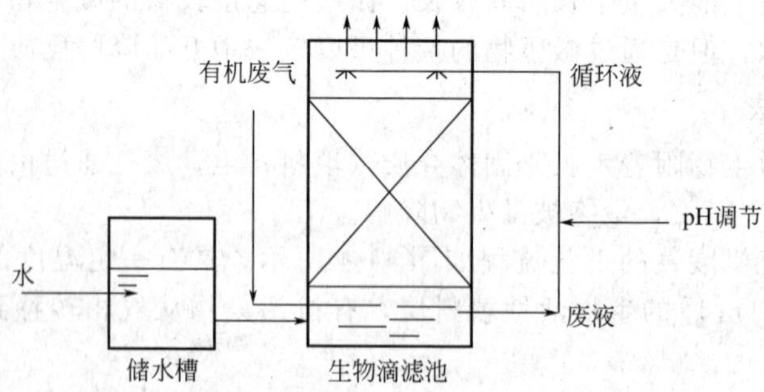

图 11-6 生物滴滤池处理有机废气工艺流程示意图

生物滴滤池内装有填料，填料表面被生物膜覆盖。循环水不断喷洒在填料上，废气通过滴滤池时，气体中的污染物被微生物降解。该方法的特点是只有一个反应器、操作简单、压降低、填料不易堵塞、污染物去除效率高，比生物过滤法能更有效地处理含卤化合物、硫化氢或氨等废气。但需外加营养，运行成本较高。

生物滴滤池与生物滤池的最大区别是在填料上方喷淋循环液，设备内除传质过程外还存在很强的生物降解作用。与生物滤池相似，生物滴滤池使用的是粗碎石、塑料、陶瓷等一类填料，填料的表面是微生物区系形成的几毫米厚的生物膜，填料比表面积一般为 100～300m^2/m^3。一方面为气体通过提供了大量的空间，另一方面也使气体对填料层造成的压力以及由微生物生长和生物膜疏松引起的空间堵塞的危险性降到了最低限度。与生物滤池相比，生物滴滤池的反应条件（pH 值、温度）易于控制（通过调节循环液的 pH 值、温度），而生物滤池的 pH 值控制则主要通过在装填料时投配适当的固体缓冲剂来完成，一旦缓冲剂耗尽，则需更新或再生滤料。温度的调节则需外加强制措施来完成，故在处理卤代烃、含硫、含氮等通过微生物降解会产生酸性代谢产物及产能较大的污染物时，生物滴滤池比生物滤池更有效。

由于生物滴滤法具有微生物浓度高、净化反应速度快、停留时间短、空隙率高、阻力小、使用寿命长、反应条件（pH 值、营养）易于控制和抗负荷冲击能力强等特点，受到越来越广泛的重视。生物滴滤法净化芳烃类有机废气的研究已经成为大气污染控制技术领域的研究热点之一。

第三节　固体废物的生物降解

固体废弃物是指在社会生产、流通、消费等一系列过程中产生的一般不再具有进一步使用价值而被丢弃的以固态和泥状存在的物质。固体废弃物的危害主要表现在以下几个方面：①侵占土地；②污染土壤、水体及大气；③影响环境卫生。其中有害废物具有毒性、易燃性、腐蚀性、反应性和放射性。它们对环境的恶劣影响已成为国际公认的严重环境问题。

目前，废物无害化处理工程已发展成为一门崭新的工程技术，如垃圾焚烧、卫生填埋、堆肥、粪便的厌氧发酵、有害废物的热处理和解毒处理等。其中卫生填埋、堆肥、粪便厌氧发酵等方法属于生物处理的方法。近年来，生物工程技术的进步使其在固体废弃物无害化处理领域内的应用日渐广泛，从传统的堆肥技术到各种先进厌氧发酵技术、生物能源回收技术等等。特别是有害废物无害化过程中生物技术的应用取得了长足的进步。从世界范围看，对固体废弃物采用的策略逐步从无害化处理向回收资源和能源方向发展，生物技术的进步为这一发展方向提供了有效手段。

如今作为卫生填埋处理对象实际上只限于生活垃圾。生活垃圾涵盖由于城市居民的生活消费及为居民提供生活服务活动中所产生的固体废弃物，其中包括食物、纸制品、城市及庭院植物修剪物、衣物等生物可降解有机物，以及塑料制品、玻璃、金属罐装容器等。愈是发达国家，人均每日产生的生活垃圾量愈多，成分也愈复杂。

城市生活垃圾的人日均产生量因地而异，但必须按日运出城市，作适当处理。处理的目的是使垃圾资源化、减量化和无害化。当前发达国家中城市生活垃圾中作为资源再利用的比例高达 40%，其余的部分，最通用的方法是焚化法、卫生填埋法和堆肥法。

一、固体废弃物生物降解的基本原理

固体废弃物有多种分类方法，按其性质可分为有机废物和无机废物；按形状可分为固体的（颗粒状、粉状、块状）和泥状的（污泥）。通常为便于管理，按来源分为矿业固体废弃物、工业固体废弃物、城市垃圾、农业废弃物和放射性固体废弃物。近年来人们处理的固体废弃物主要是城市生活垃圾（MSW）。城市固体废弃物的涵盖范围很广，按其字义应包括生活垃圾、工业废弃物、建筑废弃物及危险性废物等。其中工业废弃物的种类繁多，性质各异，一般应由产生这类废弃物的企业处理。危险性废物是指那些除放射性之外的具有急性毒性、浸出毒性、反应性、易燃性、腐蚀性和疾病传染性的废弃物，这类废物应

按相应的法规个案处理。至于建筑废弃物，包括建筑残土、砖、瓦、石、砂、陶瓷、水泥制品等残碎物，它们基本上是化学惰性的，适合简单填埋，最后覆以土壤，便很快可以恢复土地的正常功能——它们在地下因雨水渗入产生的渗滤液可能对地下水源造成的污染甚微。

固体废弃物的生物降解包括好氧分解和厌氧分解。

固体废弃物中可以好氧分解的组分主要有纤维素、半纤维素、木质素、葡聚糖、果聚糖、脂肪类有机分子。它们的代谢过程多数需要多种酶的协同作用及微生物的共代谢作用。其过程由于多种微生物的参加及固体废弃物成分的多样化而十分复杂。在好氧代谢过程中可以观察到温度的明显上升，同时会生成非生物性难降解分子，如腐殖质。温度升高的最高纪录达80℃，使温度成为填埋过程的指示参数之一。初期温度的升高有利于微生物活性的增强，温度每升高5℃，微生物分解氧化速率上升10%～20%。但温度的升高也会产生降低氧溶解度的负面影响。CO_2 的产生对代谢过程也有影响，它会使pH值降低，但可能促进聚合物的水解。微生物代谢过程产生的水分子对系统水的平衡贡献很大。

随着好氧代谢的进行，溶解氧不断减少，环境选择压力向有利于兼性厌氧菌生长和富集的方向转化。氧化还原电位进一步下降，绝对厌氧菌生长，并继续进行污染物的代谢过程。与好氧代谢不同，缺氧条件下的代谢往往需要混合菌群的共代谢作用，每种微生物只对特定化合物起部分氧化作用，直至其完全分解为二氧化碳和甲烷。对固体废弃物缺氧条件下的分解机理研究很少，多沿用纯培养中的代谢机理。固体废弃物厌氧代谢与废水处理中的厌氧代谢相似，需要注意的是污染物的水解。

二、好氧生物降解制堆肥

过去农户将禽畜粪便与切碎的秸秆混合堆积于田间地头，用泥层覆盖，让内在的随其代谢活动引起的内部生态环境如氧化还原电位（ORP）、pH值、温度等的变化，按微生物、兼性和严格厌氧微生物顺序发育起来。利用这些不同的微生物群体，将可降解有机物逐步稳定化。这个过程历时数月。

堆肥化就是在人工控制的条件下，依靠自然界中广泛分布的细菌、放线菌、真菌等微生物，人为的促进可生物降解的有机物向稳定的腐殖质转化的微生物学过程。堆肥原料来自生物界；堆制过程需在人工控制下进行，不同于卫生填埋、废物的自然腐烂与腐化；堆制过程的实质是生物化学过程。堆肥化的产物称为堆肥（compost）。它是一类腐殖质含量很高的疏松物质，故也称为“腐殖土”。废物经过堆制，体积一般只有原体积的50%～70%。

堆肥化满足以下两方面要求：①人工堆肥是有机肥，对改善土壤性能与提高肥力，维持农作物长期的优质高产都是有益的，是农业、林业生产需要的；②有机固体废物数量逐年增加，需要对其处理的卫生要求也日益严格，从节省资源与能源角度出发，有必要把实现有机固体废物资源化作为固体废物无害化处理、处置的重要手段。

好氧堆肥法的原理是以好氧菌为主对废物进行氧化、吸收与分解。参与有机物降解的微生物包括两类，即嗜温菌和嗜热菌。废物的降解过程可以分为三个阶段。堆制初期，堆层呈中温（15～45℃），为中温阶段。此时，嗜温菌包括细菌、放线菌、真菌活跃，利用可溶性物质如糖类、淀粉迅速繁殖，堆层温度上升。当堆层温度上升到45℃以上便进入高温阶段。从堆肥发酵开始，约一周时间，堆层温度即可达65～70℃，或者更高。此时嗜温细菌逐渐死亡，嗜热性真菌和细菌活跃，前一阶段残留和分解过程形成的溶解性有机物继续分解，半纤维素、纤维素、蛋白质等复杂有机物开始强烈分解。70℃以上，大量微生物死亡或进入休眠状态。随着生物可利用有机物的逐步耗尽，微生物进入内源呼吸阶段，活性下降，堆层温度下降，进入降温阶段。此时嗜温菌再度占优势，使残留难降解有机物进一步分解，腐殖质不断增多且趋于稳定，堆肥进入腐熟阶段。

三、厌氧发酵制沼气

厌氧发酵也称沼气发酵或甲烷发酵，是指有机物在厌氧细菌作用下转化为甲烷和二氧化碳的过程。根据底物干物质含量的不同，沼气发酵技术可分为湿法和干法两种：湿法技术的底物干物质含量一般小于8%，是液态有机物的处理方法；干法技术的底物干物质含量一般在20%以上，是固态有机物的处理方法。沼气湿法发酵技术具有物料传热、传质效果好，反应器可以在厌氧状态下连续进出料，易于工程放大等优点，被现阶段大中型沼气工程普遍采用；而沼气干法发酵技术较难实现在厌氧状态下连续进出料，过去仅用于一次性“大换料”的户用沼气池。随着全球能源和环境危机日益加剧，具有容积产气率高、处理过程中不产生污水、自身能耗低等独特优势的沼气干法发酵技术受到了越来越多的关注，近年来在工程化技术方面取得了长足的进步。

沼气干法发酵是指培养基呈固态，虽然含水丰富，但没有或几乎没有自由流动水的沼气厌氧微生物发酵过程，其发酵的微生物学原理与湿法沼气发酵基本相同。沼气干发酵以秸秆、畜禽粪便等有机废弃物为原料（干物质浓度在20%以上），利用厌氧菌将其分解为CH_4、CO_2、H_2S等气体的发酵工艺。沼气干法发酵的工艺条件主要包括两个方面。一方面从工艺上满足厌氧发酵微生物生长繁殖的适宜条件，以达到发酵旺盛、产气量高的目的。这包括厌氧环境的形成、原料的预处理、底物C/N比和干物质含量、发酵温度、pH值、接种物量等参数的合理控制等。另一方面从工艺上满足沼气干法发酵的工程化生产问题。由于干法发酵原料呈固态，在反应器厌氧状态下连续进出料有较大难度，为避免使用高能耗的输送设备，一般采用全进全出的间歇式进出料工艺。在间歇式进出料工艺条件下，能够实现大规模快速进出料的反应器形式和密封结构是工程化研究设计的难点。

沼气干法发酵由于其发酵原料的干物质浓度高而导致的进出料难、传热传质不均匀、酸中毒等问题，是沼气干发酵的技术难点，对此国内外都进行了深入的研究。国外对于沼气干法发酵技术的工程化研究起步较早，20世纪70年代末到80年代，美国、法国、荷兰、丹麦等国家相继建立了采用沼气干法发酵工艺处理垃圾的试验工厂，对干法发酵沼气工程技术进行了深入的研发。20世纪90年代，德国大力投资于新型的批量式沼气干法发酵技术的研发，在90年代末，车库型沼气干法发酵工艺和装备通过了中试，并于2002年生产出产业化装备，投入实际运行。目前，国外的工程化沼气干法发酵技术有车库型、气袋型、干湿联合型、渗滤液储存桶型、储罐型等多种技术类型。我国在21世纪初开始了对干法发酵沼气工程技术的研发。从国内外沼气干法发酵技术的研发状况来看，由于工程化干法发酵沼气技术在农业废弃物的处理量、系统运行的稳定性、人员培训和管理等方面具有明显的优势，且随着在处理工艺、设施装备等方面的不断进步，工程化的沼气干法发酵技术已成为干法沼气技术的发展主流。

第四节　环境污染的生物修复

近年来，固体废物堆埋场、污水处理厂、油库以及海洋运输油轮的泄漏对土壤、地下水以及海岸的污染正日益受到关注。基于这一现状，一些环境生物工程工作者开始努力寻找解决途径，通过使用微生物学、分子生态学、化学和环境工程学的现代手段来降低环境污染。在许多实例中，其关注的焦点是污染的现场。生物修复（也称为生物补救）的目的是去除环境中的污染物，使其浓度降至环境标准规定的安全浓度之下。

生物修复是指一切以利用生物为主体的环境污染的治理技术。它包括利用植物、动物和微生物吸收、降解、转化土壤和水体中的污染物，使污染物的浓度降低到可接受的水平，或将有毒有害的污染物转化为无害的物质，也包括将污染物稳定化，以减少其向周边环境的扩散。生物修复可以消除或减弱环境污染物的毒性，可以减少污染物对人类健康和生态系统的风险。

一、生物修复的概念及其原理

目前生物修复（补救）比较被大家共同接受的基本定义为：生物修复是利用生物，特别是微生物催化降解有机污染物，从而修复被污染环境或消除环境中的污染物的一个受控或自发进行的过程。

在生物修复的实际应用中必须认真考虑以下几项前提条件：①具代谢活性的微生物必须存在；②这些微生物在降解化合物时必须达到相当大的速率，并且能够将化合物浓度降到符合环保标准；③这些微生物在修复过程中生成的产物必须没有毒性；④污染场地必须不含对降解菌种有抑制作用的物质，否则需要先行稀释或将该抑制剂无害化；⑤目标化合物必须能够被微生物利用；⑥污染场地或生物反应器的条件必须有利于微生物生长或保持活性，例如充分提供营养盐、O_2 或其他电子受体，适宜的湿度、温度，如果污染物能够被共代谢，还要提供生长所需的合适碳源与能源；⑦技术费用必须尽可能低，至少低于同样可以消除该污染物的其他技术。

生物修复方法的种类很多，可以根据不同的标准进行分类。

根据被修复的污染环境不同，可分为土壤生物修复、地下水生物修复、沉积物生物修复和海洋生物修复等。

根据生物修复的污染物不同，可分为有机污染生物修复和重金属污染的生物修复和放射性物质的生物修复等。

根据生物修复技术的不同，可分为原位生物修复与异位生物修复。原位生物修复不需将土壤挖走或将地下水抽至地面上处理，污染物可在原地被降解清除，修复时间较短，就地处理的操作简便，费用较低，人类直接暴露在污染物下的机会减少，但较难严格控制。异位生物修复则需要将污染物质通过某种途径从污染现场运走，这种运输可能会增加费用，但处理过程中，便于对修复过程进行控制。

根据生物修复利用生物的不同，可分为植物修复、动物修复和微生物修复三种类型。植物修复就是利用植物去治理水体、土壤和底泥等介质中的污染的技术。植物修复包括植物萃取、植物稳定、根际修复、植物转化、根际过滤、植物挥发六种类型。动物修复是指通过土壤动物群的直接（吸收、转化和分解）或间接作用（改善土壤理化性质，提高土壤肥力，促进植物和微生物的生长）而修复土壤污染的过程。微生物修复是指通过微生物的作用清除土壤和水体中的污染物，或是使污染物无害化的过程。它包括自然的和人为控制条件下的污染物降解或无害化过程。其技术依据是微生物的生物降解活性，一是增强自然界中固有的但速度缓慢的生物降解过程，二是通过某种反应器使得化合物与微生物接触并促使其迅速转化的技术。

生物修复起源于有机污染物的治理，近年来也向无机污染物的治理扩展。生物修复技术已成功地应用于清除或减少土壤、地下水、废水、污泥、工业废物以及气体中的化学物质。

二、生物修复的基本原理

虽然污染场地的生物修复是一个新的领域，而且出现了许多新的技术，但就利用微生物分解化合物这一过程而言，生物修复既不是新概念也不是新技术。应用生物分解过程处理工业废水或生活污水已有几十年的历史。但许多化合物不易被降解的原因可能主要是缺少降解性的微生物群落，而不是反应体系运行不当。

（一）微生物修复

微生物修复的基本原理是调节污染的环境条件以促使原有微生物或接种微生物的降解作用迅速完全进行。自然环境中的微生物种群存在着一种动态平衡，可以通过改变环境条件调节其数量和类群。一般作用于污染物分子的微生物均非单一菌株，而是一类相关的菌株。微生物对环境的代谢反应有多种形式，既有有利于生态系统的，也有不利于生态系统的。近年来，植物根际微生物的分解过程受到了较多关注。多数情况下，植物的种植有利于生物修复的进行。

根据生物修复利用微生物的情况，可以分为使用污染环境土著微生物、使用外源微生物和进行微生物强化作用。在大多数的环境中存在着许多土生微生物进行的自然净化过程，但该过程的速度很慢，其原因是溶解氧（或其他电子受体）、营养盐的缺乏，而另一个限制因子是有效微生物常常生长较为缓慢。为了快速去除污染物，常常采取许多强化措施，例如提供电子受体，添加 N、P 等营养盐，接种培养的高效微生物、表面活性剂也常被用来提高生物可利用性。

尽管生物修复技术多种多样，生物修复的地点千差万别，但它必须遵守三个原则，即：使用适合的微生物、在适合的地点和适合的环境条件下进行。适合的微生物是指具有生理和代谢能力并能降解污染物的细菌和真菌。如果在反应器内处理高浓度有毒污染物，修复位点处有降解微生物存在。在多数情况下，则要加入外源微生物。适合的地点是指要有污染物和合适的微生物相接触的地点。适合的环境条件是指要控制或改变环境条件，使微生物的代谢和生长活动处于最佳状态。

（二）植物修复

植物与微生物相比，具有生物量大且易于后处理的优势，被认为是治理环境中重金属污染的一个很有前景的选择。转基因植物在生物防治上非常有用。一些植物经过特别的基因工程处理，能够从环境中除去有毒废物。多项研究报告鼓励使用诸如绿色芥菜、紫花苜蓿、芦苇、白杨树等植物作为工业废物、农业污染物和石油产品的清除剂，在某些情况下，植物能吸收毒物，并把它们转变为惰性化合物。植物对重金属的作用主要有三种方式：植物吸收、植物固定和植物挥发。

植物修复主要是选用超富集植物，通过根系吸收固定这些重金属，并转移到地面部分，可采用收割的方式去除土壤中重金属。宝山堇菜是一种 Cd 超富集植物，它不仅可以超量吸收 Cd，而且可以从地下向地上部位有效输送。蜈蚣草不仅有较强的耐受和富集 Sn 的能力，同时也具有较强的耐 Pb、Zn 的能力，具有生长速度快和生物量大的特点，通过改善植物生长条件等措施可以大幅度提高其富集能力，是有潜力的 Zn、Cd 污染土壤的修复植物。

植物固定是利用某些植物根系的生物活性，如活跃的酶系统或微生物系统来改变某些重金属的化合价，降低其可溶性和生物毒性，从而降低重金属的活性，以减少重金属被淋滤进入地下水或通过空气进一步扩散污染环境的可能性。与植物吸收和植物挥发相比，植物固定只是将土壤中的重金属转化为低毒性形态而不是将重金属从土壤中去除。通常植物固定需加入一些添加物质使金属的流动性降低，生物可利用性下降，使金属对生物的毒性降低。

植物挥发是指某些易挥发污染物被植物吸收后从植物表面组织空隙中挥发。如桉树降解三氯乙烯（TCE）、甲基叔丁基醚（MTBE）；印度芥菜降解硒化合物；烟草挥发甲基汞。从植物茎叶挥发出的物质可能被空气中的活性羟基分解。如有毒的 Hg^{2+} 经植物挥发后变成了低毒的 Hg，高毒的硒变成了低毒的硒化物气体等。挥发转移是指植物通过叶表孔隙挥发水分的形式转移在水系中的污染物。

三、原位生物修复

原位生物修复的主要技术手段是添加：①营养物质；②溶解氧；③微生物或酶；④表面活性剂；⑤补充碳源及能源。根据被处理对象的性质、污染物种类、环境条件等的区别，营养物质的添加方式也不同。

原位修复技术是在不破坏土壤或地下水基本结构的情况下的微生物就地修复技术。原位处理是不需将污染土壤搅动和挖走，或将地下水在地面上处理，而是在原位和易残留部位之间进行原位处理。就地处理是将废物作为一种泥浆用于土壤和经灌溉、施肥及加石灰处理过的场地，以保持营养、水分和最佳 pH 值。用于降解过程的微生物通常是土著微生物体系。主要方法有投菌法、生物培养法和生物通气法等，主要用于有机污染物污染的土壤修复。

最早的原位生物修复技术是 1975 年 Raymond 提出的对汽油泄漏的处理，通过注入空气和营养成分使地下水的含油量降低，并由此取得了专利。此后，原位生物修复技术逐渐得到了重视。Sufita 在 1989 年提出了实施原位生物修复技术的现场条件，包括：①蓄水层渗透性好且分布均匀；②污染源单一；③地下水水位梯度变化小；④无游离的污染物存在；⑤土壤无污染；⑥污染物易降解提取和固定。原位生物修复如图 11-7 所示。

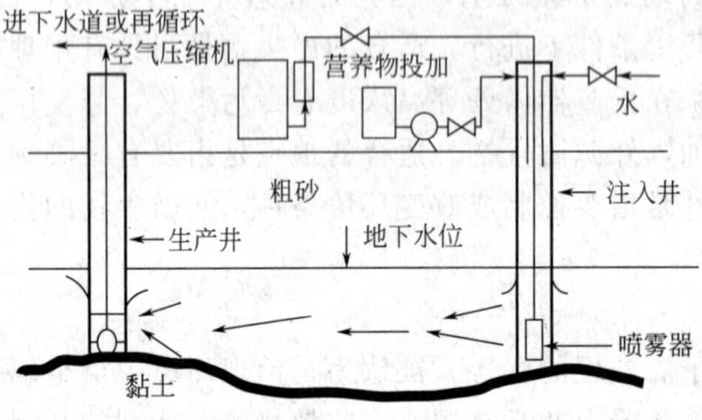

图 11-7 好氧地下水原位生物修复示意图

原位生物修复的原理是通过加入营养盐、氧，以增强土著微生物的代谢活性，它依赖于处理对象的特性、污染物性质、氧的水平、pH 值、营养盐的可利用性、还原条件以及所能够降解污染物的微生物的存在。

原位修复的特点是：①成本低廉；②不破坏植物生长需要的土壤环境；③污染物转化后没有二次污染问题；④处理效果好，去除率可达 99%以上；⑤操作简单。

原位生物修复包括投菌法、生物培养法、生物通气法、生物注射法（也称空气注射法）、生物冲淋法、土地耕作法、有机黏土法和原位微生物-植物联合修复。这几种原位修复技术主要表现在供给氧的途径上的差别。一般来说，土地耕作法、生物通气法适合于不饱和带的生物修复；生物冲淋法和生物注射法适合于饱和带和不饱和带的生物修复。

地下水原位生物修复方法是：在修复区分别钻掘注水井和抽水井，接种微生物和营养物，并通过向地面上抽取地下水，造成地下水在地层中流动，促进微生物的分布和营养物质的运输，保持氧气供应，以利于微生物的修复作用。

对海洋石油污染的生物修复通常有两种方法。第一种方法是通过增加营养盐以促使土著微生物的生长；第二种方法是通过生物反应器培养，增加有益微生物的数量，然后再将这些微生物分类群接种到污染地进行生长、繁殖。

四、异位生物修复

污染物的异位生物修复涉及各种类型的生物反应器的利用。与原位生物处理一样，根据处理对象、处理工艺的要求，处理过程中常需要添加各种辅助有机物分解的物质。生物反应器的加工制造及控制系统的设置等虽然增加了异位生物修复的费用，但对一些难以处理的污染物，异位生物修复是不可代替的选择。此外，生物反应器的条件可以严格控制，生物修复的除污效率较高。

异位生物修复有两种途径：一是先挖出土壤暂时堆埋在某一个地方，待原地工程化准备后再将污染土壤运回处理；二是从污染地挖出土壤运到一个经过工程化准备（包括底部构筑和设置通气管道）的地方堆埋。

经生物处理后的土壤运回原位修复处理是将受污染的土壤挖掘起来，并将其运到处理现场，与水混合后，投入接种微生物的反应器内处理，经处理的土壤脱水后再运回原地，其工艺类似于污水的生物处理。

如修复受五氯酚（PCP）污染土壤的泥浆工艺流程如下：

清洗液 ↓（过筛）；PCP降解菌、水 ↓（生物反应器）

受污染土壤 → 过筛 → 增稠池 → 生物反应器 → 处理后的土壤运送原位

目前异位生物处理主要包括特制床技术、生物反应器技术和复合堆置处理。

第五节 生物工程在能源开发中的应用

随着地球上化石能源的不断耗尽，寻找、改善及提高可再生能源利用率和发明创造新技术以最大限度地开采不可再生能源的做法，很可能是今后几十年内人类从地球上获取能源的有效举措。寻求能源合理利用的新途径，开发可再生的清洁能源已成为人类迫切需要解决的难题。以可再生资源为原料生产燃料酒精、生物柴油和氢气，具有清洁、高效、可再生等突出特点。

一、利用微生物开采石油

传统开采石油的方法主要利用地质学理论及相应的地质物理与化学的方法，这些方法在石油开采中已经取得了很大的成就。但是，这些传统方法有时也会遇到困难或失败。为了进一步提高石油开采的成功率，降低成本，现在已经发展了利用生物工程技术的采油方法。这种方法主要利用特殊环境下存在的某些微生物的特性，以其作为指示菌，来寻找油层。其原理是因为油气田中的气态烃可借扩散方式抵达地面，地表土中存在能利用气态烃的微生物，如：磺弧菌属和梭状芽孢杆菌属的许多种类，这些菌在土壤中的含量与底土中的烃存在对应的关系，所以可作为勘探地下油气田的指示菌，这是一项行之有效的寻找石油的辅助性生物技术。经多年的不但发展，该方法已经在各国广泛采用，并取得了良好的效果。

除了利用微生物寻找石油以外，也可以利用微生物进行二次及三次采油。石油开采过程中利用油层自身的压力将石油顺油管导出是其主要的采油方法。但仅依靠这种开采方法仅能采到油田总储量的1/3。剩下的2/3则需要其他的方法进行二次及三次采油。利用微生物能在油层中发酵并产生大量的酸性物质以及氢气、二氧化碳、甲烷等气体的特点，增加地层压力，酸性物质可溶于原油中，降低原油的黏度，提高采油率。

二、燃料酒精

酵母菌利用含糖物质经发酵作用生产乙醇，而乙醇可以取代石油作为未来的能源。乙醇作为燃料的益处是：产能效率高；燃烧期间不生成有毒的一氧化碳，其污染程度低于其他常用燃料所造成的污染；可通过微生物大量发酵生产，其成本相对低些。因而容易被采用和推广应用。但是由于乙醇发酵的原料是农产品的精料，与人类生存所需的粮食供应产生矛盾。这限制了这项技术的发展。如能发明高效利用纤维素生产乙醇的技术，则乙醇替代石油将可能成为现实。

酒精和酒精-汽油混合物在汽车上的应用并不是新鲜事，早在1890年以酒精为动力的拖拉机发动机已经设计成功，1920—1930年间约400万辆机动车采用酒精和汽油混合物作燃料。在第二次世界大战期间，欧洲的一些国家比较普遍地使用这种混合燃料。到20世纪50年代，只因廉价而丰富的石油供应才挤掉了醇类燃料（主要为甲醇、乙醇）的市场。在当今时代，出于能源结构调整和环境保护的需要，以及目前关于发酵木质纤维素生产燃料酒精技术研究为人们展示出来的良好前景，必将又一次促进燃料酒精的发展。

虽然用微生物发酵生产乙醇前景良好，但由于微生物发酵的原料都是可供人及动物使用的粮食和食品。要想大幅度降低燃料酒精的成本价格，就必须开发木质纤维素资源，因此，如能发明一项能高效地利用纤维素发酵生产乙醇的技术，那么用乙醇替代石油是完全有可能的。从现有生产乙醇的技术来分析，生物技术是最有希望在较短地时期内实现这种可能性的技术。通过基因工程等手段选育高产纤维素酶、木质素酶菌种。这样在将来就可以广泛地采用木质纤维素为原料生产燃料酒精，从而从根本上解决了燃料酒精生产上的原料问题，也只有这样才能大幅度降低燃料酒精的生产成本，才能让燃料酒精的价格与汽油的价格进行竞争。美国通过对工艺的不断改进，使得燃料酒精的设计成本从每升1.22美元降到0.31美元，如果纤维素酶水解和生物量改进的目标达到，则有望在2015年左右将燃料酒精的设计成本降低到0.2美元左右；这也是生物质能源获得最终市场应用的一个主要方面。

三、植物石油

植物石油包括能产“石油”的灌木树，油料作物，微生物发酵产生甲烷等。

植物界中有许多能产“石油”的植物。这些植物所含的汁液不仅丰富，而且有较高比例的碳氢化合物，如对这些液汁进行适当地加工后，可与汽油混合作为动力机的燃料。美国研究人员曾选育出两种产“石油”灌木类植物，它们的树干中汁液丰富，产“油”量很高，每英亩可收近50吨油。这种植物在北美、南美及西欧、原苏联和非洲均有发现。

野生产油灌木树可以通过常规遗传育种技术培养出抗恶劣气候、高产及抗病虫害的“石油”树。如果将其种植在沙漠或旱地，据有关专家推论，假如全球的1/3的沙漠和旱田能种上“石油树”，则所生产的燃料就可完全满足人类对能源的需求。

近年来，发现能产油的树种类越来越多，利用藻类大量繁殖产生油脂作能源已经取得了一定的效果。

四、生物柴油

早在100多年前，Rudolf Diesel就进行了植物油作为发动机燃料的试验，并取得了成功。但由于价格的原因，20世纪30—40年代植物油作为柴油机燃料仅用于应急情况。自20世纪70年代以来，尤其是1991年海湾战争以来，一方面，石油价格不断上涨、石油资源逐渐枯竭，全世界都面临着能源短缺的危机；另一方面，随着人们生活水平的提高和环境保护意识的增强，人们逐渐认识到石油作为燃料所造成的空气污染的严重性，特别是“光化学烟雾”的频繁出现，对人体健康造成极大的危害。因此，国际石油组织认为开发一种新的能源来替代石油燃料已迫在眉睫，生物柴油是最重要的清洁燃料之一。

柴油分子是由15个左右的碳链组成的，研究发现植物油分子则一般由14～18个碳链组成，与柴油分子中碳数相近。因此生物柴油就是一种用油菜籽等可再生植物油加工制取的新型燃料。按化学成分分析，生物柴油燃料是一种高脂酸甲烷，它是通过以不饱和油酸 C_{18} 为主要成分的甘油酯分解而获得的。与常规柴油相比，生物柴油具有如下优良性能。

生产单位能量的生物柴油只需消耗0.3个单位的能量，仅为石油柴油的1/4，可以显著减少资源消耗及产生的污染排放；生物柴油无毒，生物降解率可达98%，降解速率是石油柴油的2倍，可以大大减轻意外泄漏时对环境的污染；生物柴油十六烷值和含氧量高，使燃烧更充分，从而减少一氧化碳、碳氢化合物和颗粒物等污染物排放；由于基本不含硫和芳香族化合物，二氧化硫和致癌物质PAHs的排放极低；生物柴油生产大多使用植物原料，使用生物柴油可以减少温室气体二氧化碳排放；利用废食用油生产生物柴油，可以减少肮脏的、含过氧化类脂等致癌物质和其他污染物的废油排入环境或重新进入食用油系统。

生物柴油具有较好的低温发动机启动性能、安全性能、燃料性能，并具有可再生性能，以可再生的动物及植物脂肪酸单酯为原料，可减少对石油的需求量和进口量；作为可再生能源，与石油储量不同，其通过农业和生物科学家的努力，供应量不会枯竭。用油菜籽和甲醇生产生物柴油，原料易得且价廉，可以从根本上摆脱对石油制取燃油的依赖。

目前从植物油生产生物柴油采用的制造方法是酯交换，即植物油与甲醇或乙醇通过酸催化或碱催化进行酯交换。天然油脂多为直链脂肪酸的甘油三酯组成，用甲醇或乙醇交换后，酯化油脂的相对分质量便由900左右降至300左右，与柴油相对分子质量更为接近，从而使酯化后的油脂有更接近于柴油的各种物化性能。此外研究人员还在开发生物酶化技术，在生物柴油的生产中回收价值高的甘油，这对于降低生物柴油的成本十分重要。

五、氢能

在未来新能源中，氢气能源是可燃气中最理想的气体燃料之一。因为氢气在燃烧时，除了释放发热量相当于汽油的3倍之外，其他燃烧剩余物均为水，不会造成环境污染，堪称绿色燃料。目前导弹和新型航天飞机主要采用的是氢燃料。氢的制取均采用物理化学方法。现在，科学家们则希望能利用太阳光和生物体产氢。很早就发现微生物能够产氢，许多光合微生物及非光合微生物也能产氢。常见的产氢微生物有各种厌氧菌、兼性厌氧菌及藻类等几十种微生物。产氢的途径主要有：大量培养藻类进行光合作用放氢，大量培养光合细菌产氢，通过遗传工程技术，将产氢基因克隆到水生藻类中使之大幅度地提高产氢量。也可采用细胞固定化技术连续产氢。目前，加拿大已经建成了每天产液态氢10吨的工厂，德国也建立了藻类农场用于生产氢。

第十二章　生物安全性与基因武器

生物工程技术的不断发展，已经为解决人类的粮食和医药以及环境问题带来了美好前景。利用这一技术对农作物、畜禽品种和水产品的遗传基因进行修饰，可以改良品种、增加产量。在转基因研究中，转基因牛、羊、鱼、虾及转基因粮食、蔬菜、水果等都相继培育成功并已部分投入市场，为人类带来更多实惠和机遇。但这些转基因产品对人类是否安全，已经引起全社会的广泛关注。

“生物安全”这个概念出现在20世纪70年代，最初用以规范基因工程实验室的操作，确保实验人员的安全和防止有害的基因工程微生物泄漏到外界。实验室的生物安全有专门的标识。但自从农业上进行大规模“基因革命”以及转基因食物进入人类食物链以后，生物安全的含义就有了新的扩充与延伸。从此，生物安全已不再仅仅是关乎少数研究人员健康的问题，而是关系到整个社会乃至全人类命运的大事。

当今，“生物安全”的含义主要包括三个方面。

① 食物安全。基因是生物的控制中心，基因一旦被改动，可能引起生物体内一系列结构和功能的变化，可能会产生一些人们意料不到的结果。到目前为止，人们对转基因食品的安全性的认识也仅仅停留在讨论和猜测阶段，尚有待于进一步实践的检验。

② 生态安全。转基因生物导入了外源基因后，往往会表现出一些本物种生物原来所没有的性状，所以也可以把转基因生物看作是自然界原来不存在的外来物种，它们释放到环境中后，可能会破坏现有的生态平衡，导致生物多样性的丧失。

③ 社会安全。像炭疽杆菌这样被用于战争或恐怖袭击，可以对军队和平民造成大规模杀伤性后果的致病微生物或其产生的生化毒剂，称为生物武器。生物武器往往都具有极大的危险性，威胁社会安全。

第一节　转基因技术对生态环境的潜在威胁

地球的生命已经存在了三十多亿年，简单的生命经过漫长的进化过程，形成了今天地球上由千万种生物所组成的复杂生态系统。采用基因工程的手段改造生物体，就有可能过快打乱自然界经过漫长时间进化所形成的秩序，破坏生态平衡。转基因生物的代谢产物会向外界环境扩散，造成链锁反应，凭目前的生物技术发展水平，还不能准确预测基因工程生物体及其代谢产物的表现形态和潜在危害，也难以提出针对性的防范措施。

目前基因漂移造成生态风险的研究主要集中在转基因植物。转基因动物中只有转基因鱼规模较大。和植物相类似，转基因鱼的目的基因在野生种中稳定下来也可能造成生态问题。因此，对于转基因鱼必须采取有效的跟踪管理措施，防止其种间杂交，从而保证环境安全。除转基因鱼外，转基因动物中规模稍大的就是家养动物，其去向比较容易跟踪。另外，因其对环境的适应能力较低，很容易控制和捕捉，只要管理严格、措施得当，不会存在有很大的环境问题。其他转基因动物规模较小，还具有可控性。

一、转基因植物本身可能演变为农田杂草植物

转基因技术对生态系统的影响是一个非常复杂的问题，也是人们对此了解得最少的问

题，却又是一个极为重要的问题，更不是短时间，而是少则5～6年，多则几十年才能作判断的问题。我们可以把转基因植物作为一个引入生态系统的外来种，因为这样的作物自然界不存在，完全是人工制造的。

一个物种可通过两种方式转变为杂草：一是它能够在引入地持续存在；二是它能够入侵和改变其他植物的栖息地。杂草有旺盛而顽强的生命力，从营养生长到开花的这段时间非常短，若是多年生植物，往往有旺盛的营养繁殖能力或从断片中再生的能力；花是自交的，但往往不是专性的自花授粉，异花授粉的花粉是通过虫媒或风媒来传播；种子存活期较长，在生长条件许可下，植物可连续不断地产生种子。

在转基因植物中，由于导入新的外源基因（如抗病、抗虫、抗除草剂和抗逆等）后，可能获得或增强了生存竞争和繁殖能力，在生长优势、越冬性、耐受性、种子产量等方面强于非转基因植物。这些转基因作物释放到自然环境中的机会特别大，因其又具有野生植物没有的各种抗性，将会迅速成为新的优势种群，进而可能演变成农田杂草。评价转基因作物转化成杂草可能性的关键是侵袭力。衡量一种植物侵袭力大小的尺度是此种植物的极限增殖速率，如结实性、种子成活率、发芽率、成苗率等。不管是基因工程育种还是传统育种，转移携带某一特性的基因，在一定条件下可能会对某个因素产生影响。例如，转基因高油脂油菜提高了种子在土壤中的存活寿命，然而高油脂基因却降低了种子发芽率和结实率。那么从种子存活寿命中得到的优势就不复存在了。因此，单一因素统计数据的改变不能作为判断植物侵袭力的尺度。

加拿大商业化种植具有抗除草剂及自播种特性的转基因油菜，仅几年后，其农田便发现了对多种除草剂（包括草甘膦、固杀草和保幼酮等）具有耐抗性的杂草化油菜植株。据专家预言，这种杂草化的转基因油菜，将成为加拿大草原地区危害最为严重的野草。从目前水稻、玉米、棉花、马铃薯、亚麻、芦笋等转基因植物的田间试验结果来看，转基因植株在生长势、越冬能力、种子产量和生活力等方面并不比非转基因植株强。也就是说大多数转基因植物的生存竞争力并没有增加，故一般不会演变为农田杂草。

实际上世界上的主要栽培作物在经历长时间的选育后，已经丧失了杂草的一系列遗传特性，仅仅导入一两个或几个基因就使它们转变为杂草的可能性很小。但是要特别注意的是那些具有杂草特性或是在特定条件下其本身就是杂草的作物，如草莓；其次，应考虑转基因作物导入的基因是否有可能增加该作物的杂草特性。理论上增加转基因作物对环境的适应能力，可能增加其杂草性，但这也只是一种理论上的可能性，并无科学事实的支持。因此转基因是否会增加作物的杂草性，还需要进一步研究。

二、转基因植物可能通过基因漂流影响其他物种

由于花粉散布和种子传播，可能会造成转基因作物和非转基因作物之间相互混杂。在自然生态条件下，有些栽培的转基因植物会和周围生长的近缘野生种发生天然杂交，从而可能使转入的外源基因漂流到野生种中，并在近缘野生种中传播。转基因植物通过传粉进行基因转移，可能将一些抗虫、抗病、抗除草剂或对环境胁迫具有耐性的基因转移给野生近缘种或杂草。如果杂草获得转基因生物体的抗逆性状，将会变成“超级杂草”，从而严重威胁其他作物的正常生长和生存。

抗除草剂转基因作物会跟杂草和野生近缘种杂交，使得这些杂草对除草剂也产生抗性。由于种内、种间抗性基因的转移和互渗，以及某些转基因植物类型本身具有较强的杂草性，转基因植物的田间试验和商业化种植都存在产生新的杂草类型，甚至超级杂草的风险。即形成逸生型杂草、衰退型杂草或超级杂草，对生物多样性构成威胁。

种植转基因抗虫作物能减少杀虫剂的使用，降低作物损失，但是昆虫种群具有天生的快速适应环境压力的能力，使抗虫生物技术的长期有效性受到了严重的威胁，而昆虫和其他有害生物对害虫防治机制的适应，可能会对环境和人类健康产生严重不良后果。

自然界存在植物病毒的重组现象。首先，外源抗病毒基因可能会漂移到转基因作物的近缘植物，使那些原本对某种病毒并不敏感的植物成为此病毒的寄主而感染，也就是扩大了病毒的寄主范围。其次，抗病毒转基因植物可能会改变病毒侵染植株的过程，而这些改变有可能导致出现致病性更强的病毒。随着抗病毒转基因植物的大面积推广有可能产生侵染力、致病力更强的超级病毒，从而造成更大的危害。

因此，转基因植物中的一些抗除草剂、杀虫剂和病毒的抗性基因，就有可能通过花粉杂交等途径向其同种或近缘野生种转移。从而产生出一些可抗除草剂、杀虫剂和病毒的所谓超级杂草，造成不可估量的农业损失和生态灾难。

然而影响基因漂流的因素包括生物学因素和物理因素。前者指不同植物种的地理分布是否重叠、生殖交配方式和可交配性、花期是否相遇、每天的开花节律是否重叠、花粉和柱头的生活力等。后者包括地形地貌、气候条件、风向风速、是否有隔离屏障等。换言之，应从两个方面考虑这一问题，即转基因植物释放区是否存在可以与其杂交的近缘野生种。若没有，则基因漂流就不会发生；若有，严格的管理可以使非转基因作物和转基因作物之间的混合机会最低化。如何控制转基因作物通过花粉传播造成基因漂移是一个困难的问题，可通过培育雄性不育品种限制花粉的传播，同时作物种子的生产需要保持最小隔离距离。如在转基因稻和非转基因稻及其野生近缘种之间采取大于110m的空间隔离。同样，玉米田之间的隔离也是很重要的，它可以防止异花传粉所造成的影响。

目前已发展了多种技术控制基因漂流，如叶绿体基因工程、细胞遗传、雄性不育、种子不育、基因组不相容、利用化学诱导型启动子、降低杂交后代的适应性、闭花受精和孤雌生殖等。

三、转基因植物可能对非目标生物造成危害

转基因植物在引入抗虫或抗病基因后，往往具有较强的选择优势。大量的转基因植物进入自然生态系统中，可能会淘汰原来栖息地上的物种及其他遗传资源，加剧品种的单一化，造成生物数量剧减，甚至会使原有物种灭绝。

转基因植物插入的抗虫或抗真菌的基因可能对其他非目标生物起作用，从而杀死了环境中有益的昆虫和真菌。这些非目标生物包括不属于害虫的动物、植物和微生物，昆虫天敌、土壤微生物和以昆虫种群为食的野生生物（如鸟类和无脊椎动物等）都有可能受到转基因植物的影响。已有试验证实，转基因抗虫作物对有益捕食性昆虫，如草蛉、瓢虫、美洲大斑蝶幼虫和土壤生物等具有负作用。

由于可以使动物、植物、微生物甚至人的基因进行相互转移，转基因生物已经突破了传统的界、门的概念，具有普通物种不具备的优势特征，若释放到环境，会改变物种间的竞争关系，破坏原有自然生态平衡，导致生物多样性的丧失。转基因生物通过基因漂移，会破坏野生和野生近缘种的遗传多样性。此外，种植耐除草剂转基因作物，必将大幅度提高除草剂的使用量，从而加重环境污染的程度以及农田生物多样性的丧失。

进化理论表明，一个含有有利基因的品种将会增加其在该物种中的比率。生物繁殖的本质就是基因的复制，转入的基因可随被污染生物的繁殖而得到繁殖，再随被污染生物的传播而发生扩散，这种扩散使得大量转基因进入野生植物基因库，进而影响基因库的遗传结构，破坏遗传多样性，给生物多样性造成为害。然而不管是转基因作物还是非转基因作物，基因

均可逐渐渗入到地方品种中，许多具有侵略性的物种可能会通过反复杂交使基因渗入并完全同化地方稀有品种，导致物种灭绝。通过杂交方式导致的物种灭绝，并不决定于相对适应性，而仅在于杂交方式，在这一点上转基因作物所造成的影响与非转基因作物相比没有什么不同。

四、转基因植物可能增加目标害虫的抗性

转基因作物的应用改变了目标作物、有害生物和天敌的群落结构，可能进一步影响非目标作物生态系统的物种群落结构，甚至会对食虫鸟类和其他捕食性天敌产生影响，还可能导致作物病害种类和危害程度的变化。抗虫和抗病类转基因植物，除对害虫和病菌致毒外，对环境中的许多有益生物也将产生直接或间接的影响和危害。

有害生物侵染或取食转基因作物的过程中，所转外源转基因可能插入或整合到有害生物的基因组中，产生新的或危害更为严重的有害生物。随着抗病虫转基因作物的广泛种植，人们越来越担心选择压力的加强会不会导致难以控制的“超级害虫”和“超级病菌”的产生。抗虫和抗病类转基因植物的广泛种植，提供了长期持续的选择压，目标害虫和病菌容易产生抗性。有研究表明，第三代、第四代害虫已对转基因抗虫作物产生抗性。因此，转基因抗虫作物的大规模种植，有可能需要喷洒更多的农药，将会对农田和自然生态环境造成更大的危害。此外，目标害虫还可能转移到其他作物上进行危害。

在植物基因工程中所用的许多基因是与抗虫或抗病相关的，其直接作用对象是其他生物。如转入 Bt 杀虫蛋白基因的抗虫棉，其目标昆虫是棉铃虫和红铃虫等植物害虫。如大面积和长期使用，昆虫有可能对抗虫棉产生适应性或抗性。这不仅会使抗虫棉的推广受到影响，而且会影响 Bt 生物农药制剂的防虫效果。事实上昆虫对任何农药包括 Bt 制剂均可产生抗性，这是普遍规律，因此有必要进行长期监控。“消除抗性”是不可能的，但延缓抗性是可能的。

在抗性管理策略方面进行的大量研究，有助于寻求眼前与长远的平衡点。其中，既能保证足够数量的敏感害虫个体的存在，又能保证较高产量且商业可行的重要策略之一就是建立避难所。避难所由非 Bt 植株组成，可使害虫群体的大部分保持 RS 或 SS 基因型（R 表示杀虫剂抗性基因，S 表示野生敏感型基因），从而维持 Bt 杀虫蛋白的有效性。害虫的抗性常为隐性突变，抗性位点纯合的概率很低，少数抗性存活个体在庇护所中与敏感个体随机交配，其后代仍为杂合，并对 Bt 敏感。

即使病菌和害虫能适应新的抗性基因，采用多个转基因近等基因系混合种植也可增加抗性。转基因近等基因系为培育具有不同基因抗不同害虫或不同病原菌的多系品种提供了一条新的途径。此外，还可通过转基因技术在同一个转基因作物中将多个抗性基因叠加，以防止抗病性的丧失，包括在植物体内联合表达蛋白酶抑制剂，几丁质内毒素和以真菌为基础的杀虫蛋白。在未来，Bt 蛋白抗虫的范围将扩大到“目”这一级别，其特异性过强、抗虫谱过窄的现象将得到改变；而且 Cry 毒素在未来有望被改造成不需经原毒素激活过程的速效杀虫剂。因此转基因作物并不会比非转基因作物更易产生难以控制的“超级害虫”和“超级病害”；相反，育成含不同抗性基因、抗不同害虫或病原菌的转基因近等基因系将更能有效地使作物具有持久抗性。

转基因植物是一个全新的技术产品，目前科学水平还不能准确地回答它对人类健康和生态环境是否有不良影响。转基因作物的释放并走向商业化是必然的趋势，也是不以人的意志为转移的，而对其带来的生物安全问题必须引起高度重视。

五、重组基因片段的实验室安全问题

由于现代生物技术的特殊性，其实验或生产过程中使用和诱发的各类基因片段、蛋白

质、细菌、病毒、抗生素、催化剂以及其他化学药剂，一旦进入环境，就会对人体健康和生态安全造成巨大威胁。例如各类转基因活生物体释放到环境中，可能对生物多样性构成潜在风险与威胁。生命科学实验和生物技术产品生产过程形成的废水成分复杂，含有难降解物质和抑菌性抗生素，威胁生态环境安全；生物实验室中的细菌、病毒可能直接引起人的免疫系统失调，直接威胁人的身体健康。

我国生物实验室产生的废水和废物尚未建立起收集输运系统，大多与该机构生活污水、生活垃圾合并收集至城市污水处理厂、垃圾填埋场，其主要危害有以下几个方面。

① 环境污染。有毒物品、实验废弃物、动物尸体、生物活性材料及其代谢物都会造成严重的，甚至灾难性的环境污染。

② 人员感染。生物实验室中的细菌、病毒可能直接引起人的免疫系统失调，使人丧失对机体的调控能力，直接威胁人的身体健康。如台湾发生实验室 SARS 病毒泄漏，造成人员感染事件。

③ 生态污染。人们普遍认为专业生物实验室的废弃物在排放前都有一定的预处理要求，而且裸露的 DNA 片段在自然环境中比较容易被降解，因此认为废弃的重组基因片段由实验室向自然生态系统中扩散的可能性较低。但是，经一些常用的预处理方法处置后的变性重组基因片段排入自然生态系统后是否被快速、完全地降解；如果降解半衰期较长，尚未被及时降解的变性重组基因片段是否有发生复性的可能，目前还没有一个明确的、权威的检测技术和标准。

第二节 转基因食品对人体健康的影响

随着转基因作物商业化生产的不断发展，转基因食品在传统食品市场中所占的份额不断在增加，关于转基因食品是否安全的争论也将更加激烈。目前尚未发现转基因食品危害人类的确切证据，但是也没有充分的科学依据足以证明其安全毫无问题。相对于传统的天然食品而言，转基因食品还存在着不确定的因素和未知的长期效应。因此转基因对人类健康的影响还很难做出准确而肯定的回答。

人们对转基因食品的安全性产生怀疑的主要方面有：①转基因食物的直接影响，包括营养成分、毒性或增加食物过敏物质的可能；②转基因间接影响，经遗传工程修饰的基因片段导入后，引发基因突变或改变代谢途径，致使其最终产物可能含有新的成分或改变现有成分的含量所造成的间接影响；③植物里导入了具有抗除草剂或毒杀虫功能的基因后，它是否也和其他有害物质一样能通过食物链进入人体内；④转基因食品经由胃肠道的吸收而将基因转移至肠道微生物中，从而对人体健康造成影响。

一、外源基因的转移问题

当基因工程专家们在改造生物时，他们通常会同时导入标记基因，标记基因会显示哪些生物导入了目的基因。所以，转基因食品中的外源基因主要包括两大类，即目标基因和标志基因。目的基因是人们期望宿主生物获得的某一或某些性状的遗传信息载体。标志基因是帮助对转基因生物工程体进行筛选和鉴定的一类外源基因，包括选择标记基因和报告基因。

对于转基因动物，标记基因可能产生的不安全因素包括三个方面：一是转基因动物食品中的标记基因有无直接毒性，以及表达产物进入肠道内是否继续保持稳定的催化活性。目前转基因动物食品中所使用的标记基因，其组成与普通 DNA 并无差异。由于转基因动物食品中标记基因的化学组成无异常，而且在食品中的含量甚微，因此，一般认为转基因 DNA 本身不会对人体产生直接毒害作用。标记基因的第二个不安全因素在于基因的水平转移问题。

由于微生物之间可能会通过转导、转化或接合等形式进行基因的水平转移，所以，转基因动物中的外源基因被摄入人体后，可能水平转移至肠道微生物或上皮细胞，从而对人体产生不利影响。因此，在构建转基因微生物时，要求不能使用目前治疗中有效的抗生素的抗性基因作标记基因，并应修饰载体，以减少基因转移至其他微生物的可能性，同时提倡发展无标记基因技术，以减少标记基因可能带来的危害。标记基因的第三个不安全因素是标记基因的表达产物是否会有直接或间接的毒害作用。有报道说5%～10%的转基因动物出现肌肉萎缩、缺肾、不育等缺陷；另有相关研究显示，约29%的转基因鼠能够成活但身体衰弱，只有不足7%的转基因鼠能够正常健康成活。

对于转基因植物，目前常用的标记基因是抗生素抗性基因。它与插入的目的基因一起转入目标作物中，用于帮助在植物遗传转化筛选和鉴定转化的细胞、组织和再生植株。尽管抗生素抗性基因只是在实验室研究的几个步骤中起作用，完成实验过程后就不起任何作用，但它会永久性存在于最终产品中。标记基因本身并无安全性问题，有争议的一个问题是其在基因水平上有发生转移的可能性。作为标记基因的抗生素抗性基因一旦流动到危害人类健康的微生物中，就会为其提供耐药性，从而使原本已经令人头疼的致病菌耐药性问题更为严重，使抗生素治疗疾病的效力降低甚至完全丧失。

人类饮食中含有的转基因植物成分，引起人们对转化基因可能会从转基因植物转移到肠道微生物中的关注。有人从核酸代谢角度提出，转基因食品并不是以核酸大分子的形式直接被人体吸收，而是在胃肠道中便被分解为核苷酸、核苷和各种碱基。虽然外源基因有可能漂移到人体肠道细菌中，但是并不等于可以漂移到人体细胞中。尽管还没有有关标记基因安全性引发的事例，但为了保证转基因食品的安全，要求对所转入的基因进行安全性评价。可安全使用的标记基因是指标记基因（启动子及终止子除外）及其主产物可安全地作为人的食品，不包括基因多效性及各种可能的次生效应，因为次生效应可因插入位点不同而异。因为同一基因在不同作物中可能有不同的功能，在确定某一标记基因可安全使用之前，必须证明它至少可在2～3科中安全使用。同时应该明确，可安全使用有两种含义：一种是无任何限制，该标记基因可自由地用于其他作物转化，无需作安全性分析；另一种是在特定条件下采用。还要有某些限制，如标记基因/蛋白的拷贝数。

近年来，对标记基因的研究有突破性进展。为了避免由于潜在的有害标记基因的引入而导致转基因植物的安全性问题，研究者发展了多种有效的策略培育安全的转基因植物，主要包括不使用抗生素抗性基因作为选择标记的安全筛选标记和选择标记的删除两种方式。为了避免使用抗生素或除草剂等抗性标记基因，越来越多的安全标记基因被用于植物遗传转化。该系统的原理与抗生素或除草剂作为标记基因相同，非转化细胞被杀死，而转化细胞由于获得代谢或发育优势存活下来。已经报道的有糖类代谢酶、耐胁迫酶基因和对转化细胞或组织进行实时监控的绿色荧光蛋白基因等。培育无抗性标记基因植物的策略主要有两种：回避策略和剔除策略。回避策略即在转化阶段不使用标记基因或采用安全性标记基因筛选转基因植株。标记删除的方法利用通常的选择标记筛选出初级转基因植株，然后利用转基因植株后代遗传重组使选择标记与目的基因分离，或利用位点特异性酶将标记基因切除。剔除策略有数种途径，包括共转化、转座子、同源重组、位点特异性重组以及将重组酶和转座酶蛋白引入植物体内等途径。

当前制约无抗性标记基因转基因体系的主要因素是效率和周期。不使用标记基因直接筛选法由于转化植株的筛选工作量巨大，成功的可能性小。尽管目前在植物转化方面有很大的进展，但要在不加任何选择压下获得转化植株的再生技术仅在烟草、马铃薯上比较成熟，其他作物特别是难以转化的作物需要进一步优化转化体系，提高转化效率。在豆类和小麦等作物转化体系和效率上取得了初步结果。

安全标记基因作为一种外源DNA片段存在于植物基因组中，同样会限制多价外源基因导入，所以需要不断发展标记剔除策略。剔除策略中共转化、转座子、位点特异性重组等途径已经不断被成功应用于不同作物。由于其效率较低，而且大多数需要后代遗传分离步骤，因而主要适用于有性繁殖为主的作物。可诱导的自切除途径可简化操作步骤，不需要遗传分离，一步获得目的植株。但是进行一次重组剔除之后植物基因组中会留下一个完整的重组酶识别序列，阻碍再次基因转化。同源重组虽然在植物核基因组的发生频率低，但可以在叶绿体基因组转基因中发挥优势。

二、潜在的致敏性

目前尚没有确切的实验能够证实转基因食品会对人体健康产生影响。转基因作物往往过量地制造某种外源的蛋白质，即使无毒的话，但能否诱发过敏及转基因食品对人体长远的影响应引起关注。

食品过敏是人类食物史上一个由来已久的卫生问题。人体免疫系统与食品中过敏蛋白质发生反应，产生抗原特异性的免疫球蛋白IgE的反应。食品过敏常发生在某些特殊的人群，全球有近2%的成年人和4%～6%的儿童有食品过敏史。在食物的多种蛋白质中，只有少数几种是致敏原。1999年国际食品法典委员会第23次会议公布了常见致敏食品清单，包括花生、大豆、牛奶、鸡蛋、鱼类、贝类、小麦和坚果等，90%过敏反应是由这8类常见致敏食品引起的。转基因过程本身并不产生过敏原，转基因食品中引入的新基因有可能是食品致敏原。经过大量研究表明，几乎所有致敏原都是蛋白质。

人类在自然环境中进化形成的人体免疫系统可能难以或无法适应转基因生成的新型蛋白质而诱发过敏症。例如，美国Aventis Cmpscience公司推出的“星联玉米”（StarLink），是含有杀虫蛋白Cry9C的转基因玉米，结果少数人吃了之后引起皮疹、腹泻或呼吸系统的过敏反应并有潜伏效应。1998年美国环保局批准“星联玉米”生产时，明确规定只准供动物饲料之用，不能作为食品。2000年9月，发现美国市场的玉米面饼等300多种产品中含有微量“星联玉米”，引发大风波。为回收被“星联玉米”污染的玉米食品，Aventis Cmpscience公司花费了约10亿美元。这就是在转基因安全史上著名的“星联玉米”事件。

转基因作物带有外源基因，即具有新的蛋白质，这些新蛋白质可能引起食用者或接触者出现过敏反应。研究人员在研究转基因作物时，已充分考虑到这个问题。如果一种蛋白质不会导致过敏，那么制造它的转基因作物也不会导致过敏。那些会使某些人过敏的蛋白质如果被导入作物中，则有导致过敏的可能性。过敏症的患者90%以上是对牛奶、干果、蛋类、海产品、小麦、豆类过敏，因此来自这些过敏原的基因将不被采用。对转基因作物制造的新蛋白质，其化学成分和结构与已知的500多种过敏原做比较，如果具有一定的相似性，也会被放弃。大部分的过敏原都难以消化，因此转基因产生的新的蛋白质要检测是否能够被消化，如果不能，该转基因食品也不能供食用。在经过了严格的检测和管理之后，含有过敏原的转基因食品能够上市的可能性很小。

大豆的营养是源于其富含氨基酸，但是大豆中的氨基酸中缺乏含硫氨基酸。巴西坚果中有一种富含甲硫氨酸和半胱氨酸的蛋白质（2S albumin）。为进一步提高大豆的营养品质，1994年1月，美国先锋（Pioneer）种子公司的科研人员尝试将巴西坚果中编码2S albumin蛋白的基因转入大豆中。研究结果表明，转基因大豆中的含硫氨基酸的确提高了，但是，在对转入编码蛋白质2S albumin的基因的大豆进行了测试之后，发现产生了与巴西坚果的2S albumin分子量及性质都非常相似的致敏性成分。对巴西坚果过敏的人，同样会对这种大豆过敏，因此，先锋种子公司立即终止了这项研究计划。事实上，蛋白质2S albumin正是巴西坚果中的主要过敏原。"巴西坚果事件"是一起因发现过敏原而未被商业化的转基因典型案例。

三、直接或潜在的毒性隐患

许多食品本身含有大量的毒性物质和抗营养因子，如蛋白酶抑制剂、神经毒素等用以抵抗病原菌的侵害。生物进化过程中，自身的代谢途径在一定程度上抑制毒素表现，即所说的沉默代谢。新基因的转入，有可能打破了原来生物基因的"管理体制"，使一些产生毒素的沉默基因开启，产生有毒物质。目前已知的植物毒素有1000余种，如生物碱、酶类、过敏物质、天然致癌物等；微生物毒素主要有细菌毒素、霉菌毒素和真菌毒素等。从大量对哺乳动物细胞培养的试验及动物试验推断插入的外部DNA可能导致受体细胞基因组甲基化和转录模式的改变，开启了一些产生毒素的沉默基因，生成有毒物质。如马铃薯的茄碱、木薯和利马豆的氰化物、豆科的蛋白酶制剂等，给消费者造成伤害。

还有人担心，人类和牲畜吃了含有抗虫害内毒素的转基因作物是不是也会中毒？科学家称，这种抗虫害内毒素学名叫做结晶蛋白，来源于芽孢杆菌的一种，属于一种细菌。人们用它来发酵生产天然杀虫剂已经有将近100年的历史了，没有发现有任何不安全性。转基因技术只不过把指导合成这个蛋白的基因给分离出来，然后转植到植物中，使植物能够自主地产生这种抗虫害内毒素。而且这种蛋白是非常特异的，甚至只作用于某类昆虫，而不能作用于其他昆虫，更不要说人类了。这种蛋白只有作用于昆虫肠道上特殊的受体才能发挥作用，其他昆虫没有这个受体，就根本产生不了毒性，所以它的针对性非常强，对其他昆虫都无害。另外，内毒素只有在昆虫肠道碱性环境下才能形成有毒的蛋白质，而人和牲畜的胃环境是酸性的，被人和牲畜吃下去的内毒素，会像其他蛋白质一样被消化、分解掉。

目前，转基因作物大多数直接用于饲料，有的则通过加工转化成其他食品。例如转基因大豆、油菜籽等榨油生产的色拉油含有转基因成分。食物链中有益物质的富集或有害物质的集聚对上一级生物的健康极为关键。这类转基因生物加入了原来生物体没有的抗虫基因或抗除草剂基因，其本体有了变化，饲料中转基因被家畜食用后是消化分解排泄，还是在肌肉器官中富集？人食后有何影响？在环境中如何循环同化？潜在风险如何？目前尚缺少全面系统的科研结论。而毒性物质是指那些有动物的化学物质，从毒理学方面毒性物质可以对各个器官和生物靶部位产生化学和物理化学的直接作用，因而引起机体损伤，功能障碍以及致癌甚至造成死亡等各种不良生理反应。从理论上讲任何外源性基因都可能导致遗传工程产生不可预知的意外变化，其中包括多效应，依靠设计一个试验来鉴别这些效应是不可能的。

对于转基因动物性食品，从基因工程的技术程序看，首先，转基因技术是把需要转移的目的基因注射到细胞核中，使之与细胞核DNA融合，而这个过程需要很严格的试验条件，这也正是转基因成功率较低的原因之一。人们所吃的食物除了基因表达出来的蛋白质，还包含基因的载体DNA本身，这些物质进入人体消化道之后被分解，即使没有完全分解，基因要进入人体细胞的细胞核并完成与DNA的融合而产生变异，也不会比实验室条件下容易。其次，转入动物体内的基因都是天然存在的，人们平时的食物中就含有这些基因，用转基因技术只是把这种基因转入其他的动物体内进行生产后再食用，因此，从理论上讲，转基因动物食品是安全的。但是，如转入生长激素类基因就有可能对人体生长发育产生重大影响。例如鲑鱼体内转入生长激素基因后，一部分转基因鲑鱼表达较高的生长激素（GH）和胰岛素样生长因子（IGF），这种激素的升高是否对人类食用后造成影响，还需通过体内或体外试验进一步分析研究。

转基因动物食品的安全性还要考虑用于饲喂动物的药物、饲料的安全性。目前市场上一些天然激素被认为可少量应用于动物增重或提高动物食品质量。大量科学研究证明，如果这些药物得到良好的控制和管理，肉类中激素浓度可以保持在正常的生理范围内，对消费者不会造成安全问题。与天然激素相比，人工合成的激素物质，生物体本身不能产生，并且这些成分代谢速率小于天然激素物质，因此，必须进行严格的安全性检查和评估。可用动物毒性试验来决定肉类中此类成分的安全限度。加工后肉类中激素残留量必须低于安全水平，否则不允许进入市场销售。激素类物质对食品的影响问题目前仍有争论。由于激素类物质的作用是长期的，因此即使微量的改变也可能给人的生理带来永久的变化，所以含激素类的食品安全性问题是决不能忽视的。

四、可能改变食物原有的营养成分

有些科学家认为，外源基因会改变原来食物的营养价值。转入外源基因可能导致转基因食品中的主要营养成分、微量营养成分及抗营养因子的变化，使其营养结构失衡。如转基因食品中蛋白质组成发生了改变，能否被人体有效地吸收以及保证人体的营养平衡是个疑问。

转基因食物的培育中，插入外源基因的目的是改变靶生物原有的营养成分构成，提高其营养价值，如不含芥子酸的卡那油菜、富含β-胡萝卜素的“金稻”等等。但是研究发现，外来基因会以一种人们目前还不甚了解的方式破坏食物中的有益成分。人为转入外源基因极有可能使原有的基因发生缺失和错码等突变，这种再次排序使受体生物产生“受伤”反应，从而使所表达的蛋白质发生变化，影响受体生物其他基因的基本功能，这反而有可能降低食品营养价值。例如，美国生产的一种耐除草剂转基因大豆的抗癌成分异黄酮就比一般大豆低12%～14%。具有芳香味、光泽度高的转基因番茄虽然能延长贮藏时间，但营养价值降低了。如果转基因技术导致了食品营养品质向非预设且可能对人体有害的方向发展，影响了人们对食品的正常需求，那么对人类健康将产生不良影响。

虽然目前没有发现转基因食品对人类健康有害的案例，并不表明没有危害，因为它进入人类的时间还太短，其潜在危害在短时间内不会表现出来。转基因食品可能导致生物体系统失调、诱发癌症并传递给下一代，此过程可能需要30年或更长的时间。由于潜伏时间长，难以及时被发现，对人类长久的发展提出了考验。直到目前为止，转基因食品的研制目前只有动物实验，而无人体试验或长期观察。人类长期食用是否安全仍然成疑，而科学界对这些食品是否安全也没有共识。世界粮农组织、世界卫生组织及合作组织这些国际权威机构都表示，人工移植外来基因可能令生物产生“非预期后果”。这种“非预期后果”是由于基因的插入是随机的，无法精确控制，因此可能会产生预料外的效果，例如引起某种有用基因沉默，从而导致某种营养成分的减少，或者激发某种抗营养因子水平的增加。总之，到现在为止，我们还没有足够的科学手段去评估转基因生物及食品的风险。国际消费者联会表示：“现时没有一个政府或联合国组织会声称转基因食品是完全安全的。”

第三节 转基因食品食用安全性评价

转基因食品的安全性评价是安全管理的核心和基础之一，转基因食品的安全评价就是从技术上分析生物技术及其产品的潜在危险，对生物技术的研究、开发、商品化生产和应用的各个环节的安全性进行科学、公正的评价，以期在保障人类健康和生态环境安全的同时，也有助于促进生物技术的健康、有序和可持续发展。对转基因食品安全性评价的目的可以归结为：①提供科学决策的依据；②保障人类健康和环境安全；③回答公众疑问；④促进国际贸易；⑤促进生物技术的可持续发展。

转基因食品的安全性评价是一个很复杂和需要较长时间试验才能得出结论的问题。转基因食品的安全性应着重从宿主、载体、插入基因、重组DNA、基因表达产物和对食品营养成分的影响几方面考虑。转基因食品安全性评价应注意的问题有：①在保证人类健康和生态环境的同时，促进转基因食品的发展；②小规模试验的结果能否推广应用到大规模商业化生产，需要做具体的分析；③转基因食品的安全性评价应进行量化考核；④转基因食品安全性评价的方法和标准应实现国际统一化；⑤全食物饲喂进行的动物试验在进行时要十分谨慎，且不能持续时间太长，以避免因营养不平衡等原因掩饰了转基因食品的安全性问题。

一、转基因食品食用安全性评价的原则

转基因食品是利用新技术创造的产品，也是一种新生事物，人们对食用转基因食品的安全性有疑问是理所当然的。随着转基因食品的快速发展，传统的毒理学食品安全评估方法已不能完全适用于转基因技术食品。FAO/WHO 联合专家评议会制定的生物技术食品的安全性评价政策与原则着重强调：①安全性评价应以科学为依据，不能过高估计该类食品的危害性，也不能过低估计该类食品可能存在的问题；②任何生物技术食品的安全性评价应首先阐明其分子、生物学和化学特性；③对基因改造微生物而制作的食品，如果其分子、生物和化学分析表明与传统食品一致，则主要对其杂质和加工过程进行评价，强调在加工过程中实施 HACCP 和 GMP；④对基因改造的动物性食品，动物本身的健康可作为安全性评价的标志；⑤对已进行安全性评价并批准用于消费的食品，需进行有计划的使用后的人群健康监测。

目前，对转基因食品的食用安全评价逐渐形成了一些得到普遍认可的评价原则。转基因食品食用安全性评估的基本原则有科学原则、实质等同性原则、个案原则和逐步原则等。其中实质等同性原则是安全性评估的起点。

（一）科学原则

科学原则是指对生物安全进行评价必须基于严谨的态度和科学的方法，充分利用最先进的技术和公认的生物安全评价方法，通过严格的科学实验，认真收集科学数据和对数据进行科学的统计分析，才能够得出有关生物安全的科学结论。

科学原则是首先需要遵循的原则。基于科学基础的食品安全性评价会对整个技术的进步和产业的发展起到关键的推动作用。长期的科学实践过程中积累起来的科学理论和技术已经为转基因食品的安全性评价打下了比较好的基础。

（二）实质等同性原则

1993 年，欧洲经济合作与发展组织（OECD）在“现代生物技术食品的安全性评估——概念和原则”的报告中引入了“实质等同性”（substantial equivalence）原则作为比较的基础，即如果某种新食品或食品成分与已存在的某一食品或食品成分在实质上相同，那么在安全性方面，前者可以与后者等同处理（即新食品与传统食品同样安全）。1996 年，联合国粮农组织（FAO）和世界卫生组织（WHO）第二届生物技术食品安全性评估的专家联席会议上，建议将该原则应用于所有转基因植物、动物和微生物食品的安全性评估中。在此会议上，着重强调了针对转基因动物食品安全性的评估。对基因改造的食品，哺乳动物本身的健康可以作为安全性评估的标志；对一些鱼类和无脊椎动物因本身可产生毒素，需进一步进行安全性评估。对于转基因动物食品而言，实质等同性是对新的转基因动物食品与传统销售食品相对的安全性比较。基于转基因动物来源的食品，实质等同性分析可在食品或食品成分水平上进行，分析时应考虑该物种及其传统产品的自然变异范围。

该原则认为如果导入基因后产生的蛋白质经确认是安全的，或者是转基因作物和原作物在主要营养成分（脂肪、蛋白质、碳水化合物等）、形态和是否产生抗营养因子、毒性物质、过敏性蛋白等方面没有发生特殊的变化的话，则可以认为转基因作物在安全性上和原作物是同等的，也就是说实质等同性原则认为转基因食品与非转基因食品在对人类的影响方面是相似的。

所谓“实质等同性”即对于应用现状生物技术生产的来自生物体的食品和食品成分及安

全分析的最实际的办法，就是考虑它们与目前市售食品是否实质等同。强调了转基因食品安全性的目的，不是要了解该食品的绝对安全性，而是评价它与非转基因食品的同类食品比较的相对安全性。

实质等同性比较的内容有：转基因食品和传统同类产品比较特性、化学成分、营养成分、所含毒素等。

生物学特性的比较，对植物来说包括形态、生长、产量、抗病性及其他有关的农艺性状；对微生物来说包括分类学特性（如培养方法、生物型、生理特性等）、侵染型、寄主范围、有无质粒、抗生素性、毒性等；动物方面是形态、生长生理特性、繁殖、健康特性及产量等。

营养成分的比较包括主要营养素、抗营养因子、毒素、过敏原等。主要营养素包括脂肪、蛋白质、碳水化合物、矿物质、维生素等。抗营养因子主要指一些能影响人对食品中营养物质的吸收和对食物消化的物质。毒素指一些对人有毒害作用的物质。过敏原指能造成某些人群食用后产生过敏反应的一类物质。

在应用实质等同性评价转基因食品时，应根据不同的国家、文化背景和宗教等的差异进行评价。根据该原则，转基因食品可分为三类。

（1）转基因食品或食品成分实质等同于现有的食物。那么就可认为转基因食品和现有食品是相同的。此时无需更多地考虑转基因食品在毒理、过敏和营养等方面的安全性。

（2）除了某些特定的差异外，与现有食品具有实质等同性。这时应主要分析转基因食品与现有食品之间的差异。分析内容主要包括植入的基因与几种蛋白质有关、是否会产生新物质，基因操作是否会改变内源成分或产生新的化合物。

（3）某一食品没有比较的基础，即它是一种全新的食品，与现有食品相比较，没有等同性。虽然这种新食品与现有食品没有可比性，但并不是说这种食品就一定不安全。但是在这种食品供应市场之前必须对其安全性和营养性进行分析。首先应全面分析基因操作中的各有关要素和基因产物特性。若转入的是功能不很清楚的基因组区段，则应同时考虑供体生物的背景资料。

实质等同性存在着局限性。实质等同性本身是一个比较模糊的概念，目前尚没有明确的标准来判别转基因作物是否与原作物符合实质等同性原则，而在一定程度上依赖于人的主观认知。另外这一原则重视的是化学方法而疏于生物、毒性和免疫学方面的分析，因而有一定局限性。例如一种转基因作物与原作物即使有99%相同，也不能否认剩余的1%有害的可能性，即使只有70%相同，但若不同的主要表现在营养成分上，也只需要经过简单的测试就可以。

（三）个案分析原则

个案分析原则是指在对转基因生物进行生物安全评价的过程中，对不同的个案应采取不同的评价方法，必须针对具体的外源基因、受体生物、转基因操作方式、转基因生物的特性及其释放的环境进行具体的研究和评价，通过综合全面的考察得出准确的评价结果。这些基因来源和功能各不相同，受体生物和基因操作也不相同，因此，必须采取的评价方式是针对不同转基因食品逐个地进行评估。在评价时注重“个案分析”，即对转基因食品的安全性不一概而论，而是采用“实质等同”一对一地进行个案分析它们的安全性，至少不低于相应的参照食品或不会增加来自食品的风险。

由于转基因食品的研发是通过不同的技术路线、选择不同的供体、受体和转入不同的目的基因，在相同的供体和受体中也会采用不同来源的目的基因，因此，用个案原则分析和评价食品安全性可以最大限度地发现安全隐患，保障食品安全。转基因动物要以个案（case by case）分析为基础，每种转基因动物都要以它的亲本动物作为对照，只有与亲本动物同样安全，才能进行下一步的评价。

（四）逐步评估原则

转基因生物及其产品的研发是经过了实验室研究、中间试验、环境释放、生产性试验和商业化生产等几个环节。每个环节对人类健康和环境所造成的风险是不相同的。逐步评估原则（step by step）是指对转基因生物进行安全评价应当分阶段进行，并且对每一阶段设置具体的评价内容，逐步而深入地开展评价工作。通常对转基因生物的安全评价应该有如下四个步骤：①在完全可控的环境（如实验室和温室）下进行评价；②在小规模和可控的环境下进行评价；③在较大规模的环境条件下进行评价；④进行商品化之前的生产性试验。

逐步评估的原则就是要求在每个环节上对转基因生物及其产品进行风险评估，并且以前一步的实验结果作为依据来判定是否进行下一阶段的开发研究。一般，有三种可能：①转基因生物及其产品可以进入下一阶段试验；②暂时不能进入下一阶段试验，需要在本阶段补充必要的数据和信息；③转基因生物及其产品不能进入下一阶段试验。

逐步原则的理解可以在两个层次上进行：①对转基因产品管理是分阶段审批，在不同的阶段要解决的安全问题不同；②由于转入目的基因的安全风险来自不同方面，如毒性、致敏性、标记基因的毒性、抗营养成分或天然毒素等，评价也要分步骤进行。逐步原则可以提高效率，在最短的时间内发现可能存在的风险。

二、转基因食品食用安全性评价的内容

转基因食品食用安全性评价的程序如下。

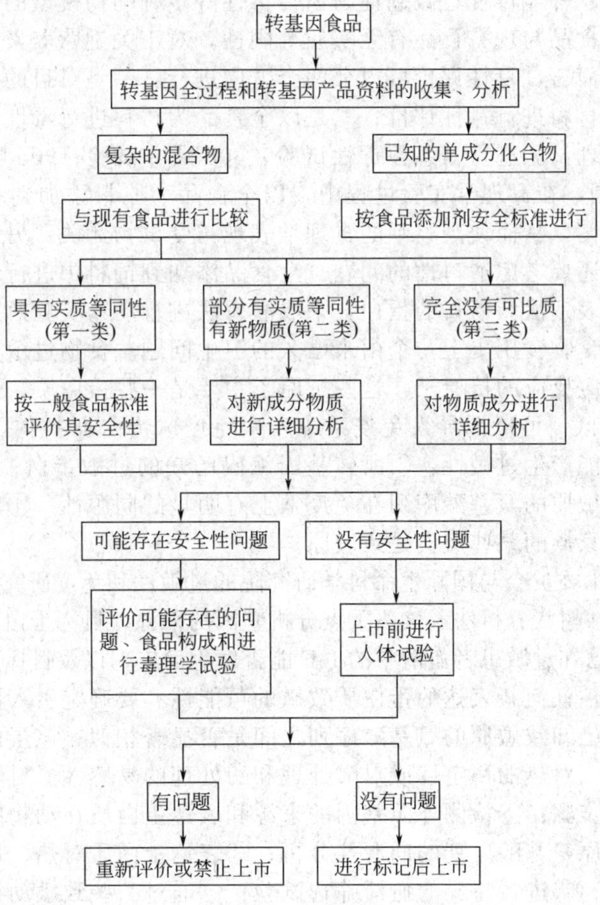

转基因生物的食用安全评价应该有四部分：基因受体、基因供体、基因操作和转基因生物及其产品。重点是转基因生物及其制品的食用安全评价。

（一）基因受体、基因供体和基因操作

基因受体的食用安全评价包括其安全食用历史、培育和繁殖史、基因型和表型的安全性、在人类日常膳食中的作用、含有的常量和微量元素等。

基因供体的食用安全评价包括：来源、分类、学名；与其他物种的关系；作为食品食用的历史；含有毒物的历史；过敏性；传染性（微生物）；是否存在抗营养因子和生理活性物质；关键性营养成分。如果基因供体是微生物，则对其致病性和与病原体的关系进行评价。

基因操作过程的食用安全评价包括：介导物或引物基因的构成、目的基因的DNA图谱（包括来源、转移方法和助催化剂活性）以及导入基因对受体其他基因的影响。

（二）转基因生物及其产品

转基因生物及其产品的食用安全性评价一般包括毒性评价、过敏性评价、抗营养作用评价和非预期效应评价。

毒性物质是指那些由动物、植物和微生物产生的对其他种生物有毒的化学物质。从化学的角度看，毒性物质包括了几乎所有类型的化合物；从毒理学方面看，毒性物质可以对各种器官和生物靶位产生化学和物理化学的直接作用，而引起机体的各种不良生理效应。理论上讲，任何外源基因的转入都可能导致遗传工程体产生不可预知的或意外的变化，其中包括多向效应。这些效应需要设计复杂的多因子试验来验证。模型动物的建立对评价转基因食品的安全性是非常重要的。动物实验是食品安全评价最常用的方法之一，对转基因食品的毒性检测评价涉及免疫毒性、神经毒性、致癌性与遗传毒性等多种动物模型的建立。进行毒性评价时，首先判断转基因食品与现有食品有无实质等同性，对于关键营养素、毒素及其他成分要进行重点比较。总体而言，毒性评价可以分两个方向进行：一是对目的基因体外表达获得目的蛋白，以此蛋白为材料进行毒性评价；二是以全食品为材料进行毒性评价。评价的方法可以按照传统的动物毒理试验进行（急性毒性试验、30d喂养试验、90d喂养试验和慢性毒性试验四个阶段）。但是，在毒理学实验过程中，以全食品为原料添加到动物饲料中，可能会造成饲料营养素的失衡，从而使观察到的毒理学表现与受试物无关。另外，转基因动物的可食部分添加到饲料中还要考虑适口性的问题。全食品添加到饲料中进行动物实验的缺点显而易见，所以采用体外表达法获得目的蛋白，采取灌胃法进行动物实验效果可能会好一些。

食物过敏是人类食物食用史上一个由来已久的卫生问题。食物过敏史指在食品中含有某些能引起人产生不适应反应的抗原子，这些抗原子主要是一些蛋白质，这些蛋白质具有对T细胞和B细胞的识别区，可以诱导人免疫系统产生免疫球蛋白E抗体（IgE）。一般在下列情况下转基因食品可能产生过敏性：①所转基因编码已知的过敏蛋白；②基因含过敏蛋白；③转入蛋白与已知过敏原的氨基酸序列在免疫学上有明显的同源性；④转入蛋白属某类蛋白的成员，而这类蛋白家族的某些成员是致敏原。

国际食品生物技术委员会与国际生命科学研究院的过敏性和免疫研究所一起制定了一套分析遗传改良食品过敏性树状分析法。该法重点分析基因的来源、目标蛋白与已知过敏原的序列同源性、目标蛋白与已知过敏患者血清中的IgE能否发生反应，以及目标蛋白的理化特性。

过敏性评价即评估任何新表达的蛋白质致敏的可能性。要确定引入蛋白质的来源；该蛋白质的氨基酸序列与已知致敏原的氨基酸序列之间是否显著相似；该蛋白质的结构特性，包括其对酶的降解作用，对热的稳定性或对酸处理和酶处理的易感性。对转基因食品致敏性的分析应该有以下几个步骤：①检测外源基因的来源和表达蛋白质在动物中的含量；②表达蛋白质与所有已知致敏原氨基酸序列的同源性分析；③表达蛋白质对热、加工过程和蛋白酶降解作用的稳定性研究；④进行特异的血清筛选试验；⑤通过一些致敏动物模型（啮齿类）试验进行致敏性分析。

食品的功能就在于它对人类的营养，因此，营养成分和抗营养因子是转基因食品安全性评价的重要组成部分。对转基因食品营养成分的评价主要针对蛋白质、淀粉、纤维素、脂肪等与人类健康营养密切相关的物质。抗营养作用比较是指转基因产品与同类基因型亲本的传统品种营养成分差异，包括粗蛋白质、碳水化合物、脂肪酸、纤维素、维生素、矿物质；全面分析氨基酸、脂肪酸的组成和含量变化；测定抗营养因子含量。进行抗营养因子检验时，可以设定转基因生物组为试验组，转入基因前的受体生物和标准配方饲料为两个对照组，进行 28d 或者 42～56d 的饲喂试验。

非预期效应是将已知的 DNA 序列注入到植物中以赋予某种靶特征（预期效应），在某些情况下，可能得到其他特征或丧失或改变现有的特征（非预期效应）。由于技术的原因，外源基因在染色体内的插入仍然是随机的，并不能确定地将外源基因插入某个位点。非预期效应可能形成新的代谢物或改变代谢模式，如酶的高水平表达可能引起次级生物化学效应，或改变代谢途径，或改变代谢物水平。没有单个试验能发现所有可能的非预期效应，或明确鉴定出那些与人类健康相关的非预期效应，因此评价非预期效应需要各方面的数据和信息，总体考虑这些数据，以保证该食物对人类健康不会产生不良反应。

目前的食用安全评价中，动物实验（毒理学试验和致敏性试验）在转基因食品的安全性评价中占据了非常重要的位置，但是对于转基因食品会带来的非预期效应，单靠传统的动物试验已经远远不够，需要结合先进的基因组学和蛋白质组学以及光电显微技术进行更高层次、更长时间的跟踪研究。

第四节　国外对转基因农产品的安全管理体系

由于转基因产品可能带来的潜在风险，有关转基因农产品的安全管理显得迫在眉睫。虽然目前国际上还没有一项专门针对转基因食品安全管理的统一标准出台，但考虑到转基因食品可能会给人类安全、动植物健康和生态环境带来的潜在风险，世界各国纷纷从本国的国情出发，积极制定相关的管理政策来对农业转基因技术的研发、生产、流通与跨境贸易等环节进行规制和管理。各国有关转基因农产品的安全管理法规犹如一种市场信号，不仅反映了其对消费者健康安全和生态环境保护方面的客观要求，同时还在很大程度上体现着各国在转基因生物技术和农业竞争力等方面的明争暗斗。

转基因食品的管理包括以下三个方面。①安全性认证。生产商应提供足够的证据来证明该转基因食品是安全无害的。转基因食品在世界各国被接受的程度是一个比较重要的参考因素，通常来说，被接受的产品较为可信。②品种管理。品种管理是转基因食品管理的基础，如果对原料品种没有进行必要的管理，就无法确定最终产品是否含有转基因成分。③强制性标注。对转基因食品应实行强制性标注，标签内容有转基因生物的来源、过敏性、伦理学考虑和在成分、营养价值、效果等方面不同于传统食品。

一、美国对转基因农产品的安全管理体系

美国是转基因技术的起源国家，也是世界上转基因作物商业化种植面积最大、应用转基因技术最为广泛的国家。数年来，美国转基因产品在转基因国际市场中具有压倒性的比较优势，美国也从中获得了巨大的经济利益。因此，美国对转基因生物安全的管理极为宽松，并对转基因食品持积极支持的态度。1986 年 6 月 26 日，美国政府颁布“生物技术管理的协调框架”，主张遵循“科学证据原则”和“实质等同性原则"，即在科学评价的前提下针对个案和最终产品进行审查管理，只有在存在可靠的科学证据证明转基因产品的确会给人类健康或

生态环境安全带来风险时，或者转基因产品具有明显区别于传统产品的特性时，才能对转基因产品实施安全管理和贸易限制措施。

美国并没有设置专门的部门对转基因生物进行管理，而是由美国农业部（USDA）下的动植物健康检验局（SPHIS）、环境保护局（EPA）以及食品和药物管理局（FDA）三个部门进行分工明确的联合管理，对于一般的转基因产品，根据转基因作物的性质和用途的不同，可能需要由一个或几个部门对之进行审批，但是对于用于食用的转基因农产品，则规定必须同时通过上述三个部门的审批和安全性评价才能进行大范围推广。

为了防止病虫害的引入和扩散，保障转基因植物的释放安全性，《植物病虫害法》和《植物检疫法》规定，转基因作物研发部门在进行田间试验和商业化种植前，必须向农业部的执行部门动植物检疫局（APHIS）申请释放许可证，同时，根据《联邦食品、药品与化妆品法》（FFDCA），任何抗虫和抗除草剂转基因作物的田间释放必须向 EPA 提出申请。

美国认为转基因食品和传统食品的安全性是实质等同的，因此对转基因作物实行大规模的商业化种植政策。不过，依据新修订的《公共健康卫生法》（Public Health Services Act）及 1997 年更新的《联邦食品及药物管理现代化法》（Food and Drug Administration Modemization Act of 1997），除政府部门所提出的计划外，任何一项转基因作物要进行商业化生产，都需要同时接受三个部门的联合审核：农业部负责对转基因作物的田间试验进行监管，食品与药物管理局（FDA）负责对转基因食品的安全性进行审核，环保署则负责对转基因作物所带来的环境风险进行评估，审查通过则获得 FDA 核发的执照，以及政府颁发的转基因作物商业化许可证。

1992 年，美国食品与药物管理局（FDA）公布了转基因作物作为食物的政策，并规定，一项新开发的转基因作物及其产品，只要其与传统产品实质等同且不会引发新的安全性问题，则不需要由 FDA 作上市前评价。不过，2001 年，星联玉米事件爆发后，美国政府对其逐渐转为较为谨慎的态度，并出台转基因食品管理草案，对转基因技术及相关产品实行备案制度，规定来源于转基因作物且被用于食用的转基因食品在正式上市前，生产商必须提前 120 天向 FDA 提出申请并提交此类食品的相关资料，以确保该类食品与其相应的传统食品具有实质等同性。在经过安全评价后，被视为安全的转基因产品将不再需要受政府监控，达到要求即可上市销售，且不要求将转基因产品和传统产品分开处理。2002 年 5 月，美国将《转基因生物责任法案》（HR4816）上交国会，从而为转基因生物所造成的损害确定了相应的责任追究机制，最大限度地保障转基因食品的安全性。

在标签方面，由食品药品管理局（FDA）根据《联邦食品、药品与化妆品法》（FFDCA）负责对转基因食品进行标签管理，并于 2001 年 3 月出台转基因食品自愿标签的指南，分为转基因食品自愿标签和非转基因食品自愿标签，只有在转基因产品的营养成分明显不同于传统产品或存在引起过敏的可能性时，才有必要对其特殊性或致敏特性进行标签，而对于一般的转基因产品，厂商或制造商可以自愿选择是否加贴标签。

在转基因农产品的贸易政策方面，美国对常规食品采用自律管理制度，即由食品制造商自行确保食品安全，因此，FDA 并不要求对转基因食品进行强制性的国家审批。同时，美国强烈反对其他国家对转基因农产品施加的各种限制措施，并将其视为贸易保护和技术性壁垒。美国农业部和贸易发展署还制定了以建立促进转基因产品贸易的国际同盟和解决市场准入问题为目标的规划，并努力影响国际社会对相关品贸易的国际同盟和解决市场准入问题为目标的规划，同时努力影响国际社会对相关政策的制定。

二、欧盟对转基因农产品的安全管理体系

欧盟对转基因技术持谨慎态度，实行基于生产过程（process-based）的风险预防原则，管理的对象涉及食品和饲料，包括所有经过加工的和未加工的产品，只有不用于食品的转基因例如纺织品和其他工业用品才不被涉及在内。

欧盟的管理机构分工明确，欧洲理事会和欧洲议会负责转基因安全管理政策的制定，食品和兽医办公室则为食品安全政策的执行机构，2002 年，欧洲议会决定成立欧洲食品安全局（European Food Safety Authority，简称 EFSA），对从农田到餐桌的整个过程实行全程监控，为欧盟委员会及各成员国的法律和政策提供科学依据。

欧盟对转基因生物及产品管理法规中，比较重要的立法是《有关有意向环境排放转基因生物的指令》，该法令明确指出，欧盟所有法律的制定都是以风险预防原则为依据的。目前，欧盟与转基因食品有关的法规主要有两大类，第一类的法律主要针对有可能对环境造成损害的“转基因生物”，管理的内容最初由 1990 年通过的《有关向环境中有意释放转基因生物的第 90/220 号指令》确定，后来被 2002 年 10 月生效的第 2001/18 号指令替代。第二类的立法主要针对转基因食品，包括 1997 年第 258/97 号《有关新食品和新食品成分的管理条例》、2003 年 9 月 22 日新制定的第 1829/2003 号《有关转基因食品和饲料的条例》和第 1830/2003 号《有关转基因生物追踪和标志及有关由转基因生物制成的食品和饲料的追踪条例》，以及 2004 年 1 月 14 日制定的第 65/2004/EC 法规，其中，第 258/97 号条例主要对转基因食品上市的基本条件、风险评估标准和审批程序等基本制度进行了规定，后三个条例则规定了转基因食品和饲料的追踪制度和标签制度。

依据 90/220/EEC 条例的要求，生产者如有意将转基因作物大规模释放到环境时，必须向该成员国的有关当局递交申请，得到批准才能正式实行商业化生产。同时，根据执委会 2001/18 的指令规定，转基因生物在大规模释放前还需要由欧盟食品安全局负责对其进行风险评估，主要包括环境风险评估和人类及动物健康风险评估。

2002 年 1 月 28 日，欧洲议会颁布了第 178/2002 号指令，宣布正式成立欧洲食品质量安全管理局（EFCA），并明确了较为完善的欧盟食品安全政策。2003 年 9 月，欧洲议会通过 1829/2003 和 1830/2003 项法规，要求对转基因成分超过 0.9%的所有转基因食品实行强制性的标签管理，并将覆盖范围扩展到动物饲料、饭店销售的食物、含有转基因配料的食物以及深加工后不含有转基因成分的最终商品，并要求将转基因农产品和传统农产品进行分离处理，且严格限制混入传统进口农产品的转基因农产品的比例；同时，明确规定了对转基因食品“从农场到餐桌”的可追溯要求制度，要求经营者必须建立相应的体系及标准化程序，确保转基因食品的从生产到流通的各个阶段都具有可以进行追溯的能力，并保证 5 年内都能随时追溯到产品信息，如不能提供，则禁止上市销售；除此之外，1830/2003 项指令还规定了对转基因食品风险评估的程序：申请进口或销售转基因食品的公司必须向成员国提出申请，由欧洲食品安全局对转基因食品的潜在风险进行安全评估，在通过评估后，还要由欧盟成员国代表组成的“食品和动物健康常务委员会”按特定多数表决制进行投票表决，投票同意后，这种转基因食品才能正式上市销售。

2004 年 1 月 14 日，欧盟在 1830/2003 项法规的基础上制定第 65/2004/EC 法规，并规定，每个上市的转基因产品都必须含有一个唯一标识码。2004 年 2 月 23 日，欧盟通过 2004/204/EC 法案，要求对申请上市的产品实行备案制度，并规定申请商在申请产品上市的同时还需提交环境风险评估报告、能够证明产品安全的科学研究方法、检测和鉴别转基因产品的方法、监管方法和计划、应急预案及上市后的监管方法等信息。

2004 年 4 月 6 日，欧盟 641/2004 法案生效，并对公司在欧盟境内出售转基因食品必须

遵循的申请步骤进行了规定：①公司必须向有关当局申请并说明产品首先在哪里上市，并提供一个全面评估风险的报告及监控计划、标签提议和检测方法；②如果当局认为可行，则通知其他成员国；③如果各成员国没有异议，该国食品安全局则通过申请；④授权该产品进入市场。

欧盟委员会要求欧盟食品安全局 EFSA 必须在六个月内出示有关全面风险评估的意见，如果结果是支持的，执行委员会就会向食品和动物健康常务委员会递交决定草案，如果常务委员会成员通过该项审批，执行委员会就会正式授权该产品；如果不同意，执行委员会就会将草案递交到内阁部长那里，由他在三个月的时间内决定是支持还是反对，如果他在这段时间内没有做出任何决定，委员会就会按照自己的决定来授权新的转基因食品。

90/220/EEC 法规规定，转基因作物及其产品的进口商在上市前必须向欲上市的成员国有关当局递交申请，并于 2004 年起，开始执行 2004/41/EC 和 882/2004/EC 规定的新的审批程序，对新的转基因生物进行风险评估，如果成员国有科学依据证明某种转基因生物不安全，可以要求发布禁令。2006 年 1 月 1 日，欧盟实施新的《欧盟食品及饲料安全管理法规》，特别要求进入欧盟的食品和饲料等从生产的初始阶段就要严格遵守其各项标准。

欧洲议会于 1997 年 5 月 15 日通过了《新食品规程》的决议，规定欧盟成员国对上市的转基因产品必须要有 GMO 的标签，这包括所有转基因食品或含有转基因成分的食品。标签内容应包括：①GMO 的来源；②过敏性；③伦理学考虑；④不同于传统食品（成分、营养价值、效果等）。1998 年 9 月 1 日欧盟增补了标签指南，规定来自于转基因豆类和玉米的食品（目前不包括食品添加剂如大豆卵磷脂）必须标签。如果食品的原料及在加工过程中没有添加转基因的成分，则可标示非转基因食品的标签。

三、日本对转基因农产品的安全管理体系

作为主要的转基因粮食进口国家，日本对转基因食品既依赖又害怕，因此对之坚持“不鼓励，不抵制，适当发展”的原则。日本对转基因食品的安全管理倾向于欧盟模式，主要坚持以生产过程为基础对转基因食品进行管理。

日本由文部科学省、通产省、农林水产省和厚生劳动省四个部门对转基因产品进行联合管理，其中，文部科学省以 1992 年颁布的《重组 DNA 实验准则》为依据，对实验室研究和开发进行审批；通产省则主要负责生物技术在化学产品等方面的应用和推广；农林水产省则依据其于 1992 年颁布的《农、林、渔及食品工业应用重组 DNA 准则》负责转基因生物进行环境释放的审批；厚生劳动省则以《重组 DNA 工作准则》为依据负责转基因食品及添加剂的审批和安全问题。

在日本，开展转基因技术研发与实验必须遵守文科部学省的《重组 DNA 实验指南》，并在封闭环境中展开。一项新的转基因作物如欲进行商业化生产，必须在其田间种植和上市流通之前，对其环境安全性，食品安全性和饲料安全性进行安全认证。其中，环境安全性需要遵守农林水产省制定的《农林渔、食品和其他相关产业中应用重组 DNA 生物体指南》；食品安全性自 2000 年 5 月起必须遵守厚生劳动省根据食品卫生法制定的《食品和食品添加剂指南》，且于 2001 年 4 月 1 日起，根据《食品卫生法》，未通过安全审查的食品禁止销售与进口；饲料安全性，必须遵守农林水产省制定的《在饲料中应用重组 DNA 生物体的安全评估指南》。经营者需先根据上述法规自行进行安全评估，通过后再由政府组织专家进行审查确定其安全性，禁止生产、销售和进口未通过安全评估的转基因食品及其食品添加剂。

日本对转基因农产品采取强制标识和自愿标识并存的制度：根据修改后的《日本农业标准法》(JAS)，从 2001 年 4 月 1 日起，只要是食品中包含重组后的 DNA，或者可以检测到转基因成分以及转基因成分是构成产品的三种主要成分之一或包含超过 5%以上的新蛋白质

成分的转基因食品，就必须遵守强制性标签要求，而非转基因农产品及其加工食品则进行自愿标识。同时，日本政府明确规定，必须对非转基因产品和转基因产品的生产及流通进行分离管理。食品生产商若想生产贴有“非转基因”标签的食品，就必须遵照区别性生产流通制度的相关规定，对转基因产品和非转基因产品进行分离管理。

日本对转基因农产品的国际贸易管理主要包括强制性的安全审批和强制性的标签制度，其中，安全审批主要针对转基因产品的生产过程，而标签管理则主要针对最终产品进行。2000年，日本制定有关授权程序的法规，规定由厚生劳动省负责转基因食品的授权，所有的转基因食品及相关附加品在进入市场前，都必须由厚生劳动省对之进行安全评估，通过评估后还需提交到食品环境安全委员会的附属委员会，由其专家小组进行评审后再向附属委员会建议，然后再将其态度提交给食品环境安全委员会，整个过程要持续一年时间。

日本对进口的转基因食品检验非常严格，厚生劳动省在《食品环境卫生法》FSL的指导下，要求所有进口的转基因食品必须通过食品检疫所的检疫，并办齐全部海关手续后方能进入日本国内市场上市销售，并在港口对那些在国外获审批而不是在日本获批的转基因食品进行样本采集和检测，没有通过审批的转基因食品，则禁止进口。除此之外，针对来自特定国家和地区的特定食品，或在抽查中发现最新检验的60个进口食品样品中不合格率超过5%，或存在可能引发食品安全事件的风险，或存在食品成分变异可能的转基因食品，实行禁止进口的规定。

四、其他发达国家对转基因农产品的安全管理

当前，除了美国、欧盟、日本和中国对转基因农产品制定了比较全面的食品安全管理体系外，其他国家的管理体系还并不是十分健全，大多只是针对从农田到餐桌的其中的一个或几个环节进行管理，而另外一些环节的管理可能会有所缺失或信息很少。

加拿大对转基因产品的态度与美国类似，也是以实质等同性作为其管理原则，并只针对转基因产品的最终产品进行管理。加拿大有关转基因产品的管理机构为加拿大农业部食品检验局（CFIA）、加拿大卫生部（HC）和环境部。其中，加拿大农业部食品检验局依据《种子法》对新品种进行管理；加拿大卫生部（HC）根据《食品和药品法》负责监控转基因食品的食品安全；转基因动物的进出口限制和食品安全由食品检验局和加拿大健康组织共同管理；上述法案没有涉及的生物技术产品则由环境部依据《加拿大环境保护法》和《新物质声明法》进行管理。转基因产品从研发到上市的流通过程中，主要由加拿大农业部食品检验局（CFIA）和加拿大卫生部（HC）负责对转基因产品进行管理，其中，加拿大食品检验局（CFIA）负责对转基因的环境排放及田间测试进行管理，并负责对其环境安全性进行检验，加拿大卫生部（HC）则负责对新型食品进行安全性评估。1995年，加拿大颁布《新食品资源法》和《新食品安全性评价指南》，对转基因食品及相关产品制定安全管理审批制度，生产厂商必须向“健康保护部门”进行备案并得到该部门的审批后，才能对转基因食品进行商业化生产，而只有符合上市标准的转基因食品才被允许进入其国内市场，生产商对其食品及食品安全性承担全部责任。根据《食品和药品法》，2001年1月起，加拿大对上市销售的转基因食品实行自愿性的标签制度，只有当基因突变可能会对部分消费者造成健康安全风险时，才会要求转基因食品进行强制性标识，标签政策由加拿大食品检验局（CFIA）和加拿大卫生部（HC）共同执行，其中，加拿大卫生部（HC）主要负责制定有关食品健康和安全方面（如营养成分等）的标签政策，加拿大食品检验局（CFIA）则主要负责非保健食品的标签管理。

加拿大还没有要求强制性地对所有转基因食品作标签表述，但只要其表述是真实而无误导的，就允许并鼓励食品生产商进行自愿性的标签表述。当基因突变导致对部分消费者造成

可能的健康与安全风险时，基因工程生产的食品应实行强制性标签要求，比如当引入某种已知的过敏原或对食品的构成或营养成分发生变化时。

澳大利亚和新西兰为一体化管理。澳大利亚通过澳大利亚-新西兰食品管理局（ANZFA）、国家注册管理局（NRA）及澳大利亚检疫和检查处（AQIS）对转基因食品及转基因农产品进行管理。澳大利亚新西兰的转基因管理法规是全球最为科学透明的法规。其中，澳大利亚新西兰食品管理局（ANZFA）根据《澳大利亚新西兰食品管理法（1991）》对转基因食品的安全性进行监督管理；国家注册管理局（NRA）根据《农业和兽医化学制品法（1994）》对转基因农业和兽医化学制品进行管理；澳大利亚检疫和检查处（AQIS）根据《检疫法（1908）》、《进口食品控制法（1992）》以及《出口控制法（1982）》对转基因产品的进出口进行管理。1999 年 5 月，澳大利亚-新西兰开始实施《转基因食品标准法典》，并于 2000 年 7 月 12 日对之修改，修改后的法规专门对转基因食品进行管理，并规定所有通过转基因技术生产的食品必须进行上市前安全评估，其概念及准则遵循国际标准，安全评估主要以同类非转基因食品为参照标准，没有通过安全性评价的转基因食品禁止进入市场。修改后的法规还规定了转基因食品的强制性标签制度，2000 年 7 月起，凡是最终商品中含有新型 DNA 或蛋白质，或者和传统商品相比改变了特性的转基因食品，以及生产原料是转基因或含有转基因成分的食品，若想在澳新两国市场进行销售，就必须在其商品包装上明确标明其为转基因食品，并标明含量，从而赋予消费者足够的知情权。不过，深加工的食品、转基因加工工具、不含有转基因蛋白质或 DNA 的食品添加剂、转基因调味料在最终商品中的成分少于 0.1%的、饭店中销售的食品以及转基因成分小于 1%的食品的标签要求具有一定的免责条款。2000 年 12 月 21 日，澳大利亚颁布《基因技术法（2000）》，规定除已豁免（已经评估其风险是非常小的）、已告知其风险是非常小的、已获许可或注册的之外的所有转基因生物的研究、实验、环境释放、商业化生产和进出口都需要由基因技术管理局 GTR 签发许可，否则禁止所有与转基因生物有关的活动。同时，该法还对实验室阶段、大田释放阶段等各阶段的许可证，环境释放的评估程序，风险评估和风险管理等方面做了相应规定。新西兰除了上述澳大利亚新西兰一体化的法规《澳大利亚新西兰食品管理法（1991）》、《转基因食品标准法典》外，其于 1993 年制定的《生物安全法》以及 1996 年制定的《危险物质和新型生物体法案》也是新西兰在转基因食品安全管理方面的两部最主要的法规。

挪威专门设立独立的生物多样性法规委员会对转基因生物和转基因食品进行管理，1993 年，挪威制定《转基因生物的生产和使用法》，对转基因生物的封闭研究、环境释放及实施等条款进行规定，从而保证转基因的安全生产和使用；1998 年又颁布《转基因生物运输和进口条例》，要求对其国内上市销售的国内生产或进口的转基因食品实行强制性的标签制度和国家安全审批制度，并对转基因作物的进口、运输、标识及包装等进行了规定。

五、主要发展中国家对转基因农产品的安全管理

巴西由国家生物安全理事会、国家生物安全技术委员会及政府相关部门对转基因生物实行联合管理，其中，隶属于共和国总统办公室的国家生物安全理事会（CNBS），主要负责制定和实施国家生物安全政策，并负责对转基因生物及产品的商业化生产进行批准；国家生物安全委员会（CTNBio）隶属于科技部，主要为联邦政府转基因生物安全政策的制定和实施提供技术支持，并负责对转基因生物及相关产品对人类及动植物健康、生态环境所带来的潜在风险进行风险评估；政府相关部门则包括卫生部、农业部和环境部等机构，主要负责对从事转基因研究和商业化生产以及进口用作商品的转基因生物及相关产品进行检验。巴西作为主要的粮食生产大国，其商业化种植的申请程序十分复杂，首先需要向从属于巴西科技部

的全国生物安全技术委员会提出申请，由其对转基因生物的环境安全和食用安全进行监测，并做出纯技术结论，通过监测后，还需得到卫生部和环境部两个部门的许可，然后才能向农业部申请并获得转基因品种安全合格证和种植许可证。2000 年 8 月，巴西政府下达对所有转基因食品生产和进口的禁令，直到 2002 年才该项禁令才被解除，并以强制性标签制度来代替，要求含有 4%以上转基因成分的食品必须加贴标签，同时需对其销售及食用的整个过程进行管理性跟踪调查。对于转基因食品，巴西以生产过程为基础对转基因产品进行管理，同时，巴西实行强制性的政府安全审批制度，只有通过国家的安全审批才能进入巴西境内进行销售。

阿根廷积极支持转基因技术在其国家的应用，同时也十分重视转基因食品的安全问题，并制定了一些专门的转基因法规对之进行管理。在其现有的法规体系中，国家农业生物技术管理委员会（CONABIA）依据 2003 年 7 月生效的 resolution 39 对转基因释放进行环境安全评估，国家卫生和农产品质量管理局（SENASA）则遵循 2002 年 5 月制定的 resolution 412 负责进行食品和饲料的食用安全评估，国家农业商业指导部门（DNMA）负责分析转基因作物对国内及国外的贸易影响，而“农、畜、渔和食品部”（SAGPyA）则依照这些法规进行具体的实施工作，包括转基因产品田间释放的批准工作与在食物和饲料方面使用的管理。阿根廷对转基因产品的管理遵循实质等同性原则，要求对所有符合卡塔赫尔安全议定书定义的转基因产品进行科学的风险评估，并以最终产品作为其管理的对象，实行个案管理。根据最新的最小危险政策，转基因作物在进行商业化生产时，必须要向阿根廷管理当局提交申请，并提交有关转基因产品的环境安全、食品安全评估及其对国际贸易影响的评估报告。在阿根廷，一种转基因作物从环境释放到商业化生产，至少需要 5～6 年的时间。而对于进口的转基因食品，阿根廷规定必须通过国家安全审批才能进入国内市场，并实行自愿性的标签制度。

2000 年 3 月，墨西哥上议院一致通过《健康法例》，对转基因食品实行强制性的标签制度，并要求转基因食品明确加贴“转基因”或“由转基因原料加工而成”的标签。同时，墨西哥还实行强制性的国家安全审批制度。

韩国为保证转基因作物环境安全评价工作的有效进行，韩国农林部于 2001 年下半年开始实行“转基因农产品的环境安全评价办法”，要求对所有转基因农作物的环境安全性进行安全评价，只有在确认转基因作物与传统作物在环境安全性上没有差别之后，才允许对其进行大规模环境释放。不过当前，韩国还没有批准转基因作物的商业化生产。1999 年，韩国食品与药品管理局（KFDA）制定“转基因食品安全评价方法”，要求对国内上市销售的转基因食品进行安全认证，该办法充分考虑其对人体安全的影响，并坚持以科学依据为基础对转基因食品进行安全评价。作为农产品进口大国，韩国建立了一整套转基因生物安全检测和标识法规体系对转基因产品进行管理，其有关转基因产品的标识管理办法主要包括两种：一种是《转基因农产品标识办法》（MAF），规定从 2001 年 3 月 1 日起，对转基因成分超过 3%的所有转基因产品实行强制性的标签管理，标签类型包括“转基因产品”、“含有转基因产品”和“可能含有转基因产品”三类；另一种是转基因食品标识办法（KFOH），规定从 2001 年 7 月起，凡是使用了转基因原料的加工食品，必须明确加贴“转基因食品”或“含转基因食品”的标签才被允许在其国内销售。

菲律宾设置国家生物安全委员会（NCBP）对其国内的生物安全进行管理，并于 1998 年 9 月 9 日，制定《关于转基因生物和潜在危害的外来物种的有计划释放指南》，对转基因生物的田间释放和有潜在危害的外来物种试验进行规定，并要求其田间试验到商业化生产必须遵循以下流程：首先由研究所向科技评价组（STRP）提交释放申请，科技评价组在 30 天内向国家生物安全委员会（NCPR）提出建议并对之进行备案，然后由秘书处对提交的文件进行评价，若通过评价，则可以进入公众评价和技术审查阶段，最后由国家生物安全委员会根据前两个阶段的评价结果做出最终批示。

泰国政府十分重视转基因食品和转基因农作物的研究与发展，并于1992年和1994年分别出台了《国家生物安全指导方针》及《转基因农作物田间试验指导方针》，对实验室和释放试验进行管理。不过，作为世界上主要的农产品出口国家，为了维护其在国际粮食市场上的巨大份额，泰国政府规定，无论是实验室的封闭试验还是小规模的田间释放试验，都必须向国家农合部生物安全委员会提交申请，经审核同意后方可进行，同时，泰国政府严格执行其对转基因作物商业化的禁令，并极度限制任何转基因农产品的进口。1999年，泰国国际经济政策委员会起草转基因作物的指导政策，对所有用于商业用途的转基因作物实行禁止引进或进口管理，随后，泰国农合部又于2000年3月和2003年10月相继颁布通告，宣布对89种转基因农作物实行进口禁令；2001年，又出台了转基因食品安全评估指导方针，不过，迄今为止，泰国尚未正式出台涉及生物技术和转基因技术安全性的国家性法律。

南非在农业生物技术领域发展迅速，截止到2006年，南非农业部共颁发了以转基因玉米为主的20个转基因农作物的田间试验许可证。对于转基因产品的管理，南非遵循“实质等同性”原则，只要转基因产品与传统产品实质等同，生产商就可以自愿选择加贴标签或不贴标签。1999年，南非制定《转基因生物法》并将该法作为其国内最主要的转基因安全管理法规来对转基因作物、人类健康、环境安全及进口进行管理。该法规主要包括转基因生物的申报制度、进出口的“事前知情同意”制度，以及对执行理事会的申诉制度。同时，该法规规定，转基因产品的开发必须经过风险评估和技术管理，其安全管理体制为：由6个政府部门的代表组成独立的决策机构——执行理事会（EC），负责对所有转基因生物的申请进行审批；科学咨询委员会则负责对转基因生物给人类和环境带来的安全性进行评估，并向执行理事会提出咨询意见；登记和检查局则代表农业部执行《转基因生物法》，遵照执行理事会的要求发放许可证。

印度高度重视国内转基因技术的研究与发展，并把生物技术作物其未来国家经济增长的关键领域之一，但是，印度在转基因技术的生物安全管理方面却表现得非常谨慎，其法规体系结构比较完整。印度生物安全管理体系主要由重组DNA咨询委员会（RDAC）、基因管理审查委员会（RCGM）、基因工程审批委员会（GEAC）、机构生物安全委员会（IBSC）、联邦生物安全协调委员会（SBCC）、地方委员会（DLC）等六个部分组成，根据其于1989年制定的《关于生产、使用、进口、出口和储存危险性微生物、基因工程生物体或细胞的法规》的规定，任何与基因工程生物体或细胞的环境释放、实验与生产，都必须获得基因工程审批委员会的批准)。2006年3月10日，印度制定了两项规则草案来对《防食物掺假条例(1955)》进行修改，并制定了对转基因食品及制成品的强制性标签和审批要求。转基因食品的标签法规草案要求所有与转基因食品相关的初级的和加工的食品、食品原料，或食品添加剂都要进行标记，进口的转基因食品要注明国家审批的状态。该国对转基因食品的安全审批十分严格，并禁止任何含有转基因成分的转基因食品上市销售和进口。不过，其强制性标签政策却没有得到有效实行。

印度尼西亚有关生物技术安全的法律主要包括由农业部颁布的《基因工程生物技术产品部长令》，以及由生物安全委员会技术小组制定的一系列有关转基因生物的技术指南和转基因食品安全指南。印度尼西亚1996年就将转基因食品纳入其《食品法》中，并对之实行强制性的标签制度，要求凡是转基因成分超过5%的转基因食品都必须加贴“基因工程改造”字样的标签，但由于一系列的原因，印度尼西亚的标签制度并没有切实实行。印度尼西亚以最终产品为基础对转基因产品进行管理，要求食品目录上的所有转基因产品必须通过国家的食品安全评估才能进入国内市场，不过，对于目录外的转基因产品，该国具有一些免责条款。

马来西亚以《国家转基因生物环境释放指南》为指导对转基因生物的环境释放进行管理，由科技和环境部任命、民间团体的科学家和代表组成的基因修饰咨询委员会（GMAC）负责该指南的具体实施，该法规定，研究机构在开展转基因生物研究前必须建立本机构的安全委员会，并对转基因食品实行强制性的国家安全审批和强制性的标签制度，不过由于一些原因，这些制度并没有得到正式执行。

俄罗斯作为粮食生产大国，其国内几乎不生产转基因食品，并明令禁止转基因食品在其国内上市销售。为了保证国内食品安全，俄罗斯政府通过“关于完善转基因食品及医疗药物销售监控系统”的决议，规定从2000年7月1日起，所有进口的转基因食品，必须在俄国家卫生防疫监查部门进行登记，并且获得由俄罗斯医学科学院食品研究所颁发的许可证后才能在其境内上市销售。该决议还规定，2002年9月1日起，凡是转基因成分超过0.9%的食品，都必须在其外包装的商标、标签及说明文字中明确说明其为转基因食品并注明其所含的转基因成分，否则禁止在俄罗斯国内上市销售，同时，所有从事生产、销售及进口转基因产品的企业或自然人还必须把利用转基因技术生产的原料及相关成分的信息明确写在商品运输文件中，由俄国家卫生防疫部门、粮食质量监查部门及消费者权力保护机构负责对转基因食品和药物标识的实施工作进行监管。

俄罗斯政府规定，从1999年7月1日起，进口转基因食品必须经俄有关部门质检。俄授权医学科学院食品研究所和国家生物工程中心对进口转基因食品进行质检。

第五节 中国对转基因农产品的安全管理体系

中国转基因农作物田间试验和商品化生产的面积仅列美国、阿根廷、巴西和加拿大等国之后，其中面积最大的转基因作物是抗虫棉。不过，转基因食品在中国农业种植面积中所占的比例很少。同时中国是转基因产品进口大国，其中2001—2008年进口转基因大豆累计超过2亿吨，市场上70%的大豆制品中含有转基因成分，如大豆油、色拉油、磷脂、酱油、膨化食品等等，进入消费者的生活转基因食品主要是使用转基因大豆加工的食用油和豆制品。

一、转基因生物安全监管法律体系形成

中国目前有关生物安全的法律法规主要包括基因工程安全、农业转基因生物安全、转基因食品安全、转基因药品安全和转基因微生物安全五个方面。其法规体系以2001年颁布《农业转基因生物安全管理条例》（以下简称《条例》）为基础，加上随后颁布转基因生物研究、试验、生产、加工、经营、进出口的5个配套规章组成。

1993年12月24日，当时的国家科委发布《基因工程安全管理办法》，规定从事基因工程实验研究的同时，还应当进行安全性评价。到1996年7月，农业部颁布《农业生物基因工程安全管理实施办法》，对农业生物基因工程项目的审批程序、安全评价系统以及法律责任等做了原则性规定，确定了归口管理的原则，具体实施细则由有关主管部门负责制定。1997年3月，农业部正式开始受理农业生物遗传工程及其产品安全性评价申报书。

2001年5月23日，国务院公布了《农业转基因生物安全管理条例》，明确规定农业转

基因生物实行安全评价制度、标识管理制度、生产许可制度、经营许可制度和进口安全审批制度，提高了《条例》的可操作性。其目的是为了加强农业转基因生物安全管理，保障人体健康和动植物、微生物安全，保护生态环境，促进农业转基因生物技术研究。

在《农业转基因生物安全管理条例》发布后，农业部和质检总局制定了5个配套规章。这5个规章即《农业转基因生物安全评价管理办法》（以下简称《安评办法》）、《农业转基因生物进口安全管理办法》、《农业转基因生物标识管理办法》（以下简称《标识办法》）、《农业转基因生物加工审批办法》和《进出境转基因产品检验检疫管理办法》五个配套规章。

农业转基因生物安全评价管理以科学为依据，以个案审查为原则，实行分级分阶段管理；对于进口的农业转基因生物，农业部则按照用于研究和试验的、用于生产的以及用作加工原料的三种用途实行管理；与消费者密切相关的则是《农业转基因生物标识管理办法》，凡在中国境内销售列入农业转基因生物标识目录的农业转基因生物，应进行标识；在加工环节则规定，从事农业转基因生物加工须具备与加工农业转基因生物相适应的专用生产线和封闭式仓储设施、加工废弃物及灭活处理的设备和设施、农业转基因生物与非转基因生物原料加工转换污染处理控制措施以及完善的农业转基因生物加工安全管理制度；国家质检总局对进境转基因动植物及其产品、微生物及其产品和食品实行申报制度。

中国还建立了国家农业转基因生物安全管理部际联席会议，对其实施分阶段管理。

2002年4月8日，卫生部根据《中华人民共和国食品卫生法》和《农业转基因生物安全管理条例》，制定并公布了《转基因食品卫生管理办法》，其目的是为了加强对转基因食品的监督管理，保障消费者的健康权和知情权。此办法自2007年12月1日起施行《新资源食品管理办法》时已废止。

2009年2月28日，《中华人民共和国食品安全法》发布，明确转基因食品安全管理，适用本法；法律、行政法规另有规定的，依照其规定。即在《农业转基因生物安全管理条例》没有规定的情况下，适用《食品安全法》。

二、转基因生物安全的管理机构

中国转基因作物的种植、转基因食品的生产、销售和进口监管涉及农业、检疫、工商、质监等多个部门，归纳起来有4个层面：第一个层面是由农业部、国家发展改革委员会、科学技术部、卫生部、商务部、国家质检总局、环境部等各部门联合组成的部际联席会；第二个层面是设在农业部的农业转基因生物安全管理领导小组；第三个层面是该小组下设的办公室；第四个层面是县以上各级农业行政主管部门。

具体到监管过程，又可细分为：①农业部负责对转基因作物实行安全评价审批、标识申报和农业转基因生物进口的安全管理工作；②农业行政主管部门负责全国农业转基因生物安全的监督管理工作；③农业部委托的技术检测机构负责出具检测报告；④环保部负责转基因产品的安全评估涉及的环境污染的评估和管理；⑤国家农业转基因生物安全委员会负责我国农业转基因生物的安全评价工作；⑥国家质检总局负责全国进出境转基因产品的检验检疫管理工作；⑦卫生部负责转基因食品卫生安全的监督管理工作；⑧科技部负责转基因产品的技术研发；⑨商务部负责转基因产品的进出口管理。

三、转基因食品安全的主要管理制度

我国转基因食品安全的管理制度有转基因生物安全评价制度、生产许可证制度、经营许可证制度、标识制度和进出口管理制度等。

凡在中国境内从事农业转基因生物的研究、试验、生产和进出口活动，都必须进行相关的安全性评价。安全评价按照动物、植物和微生物三个类别，根据如下安全等级：该转基因活生物体及其产品的开发工作对生物多样性、生态环境和人体健康尚不存在危害、该转基因活生物体及其产品的开发工作对生物多样性、生态环境和人体健康具有低度危险、该转基因活生物体及其产品的开发工作对生物多样性、生态环境和人体健康具有中度危险、该转基因活生物体及其产品的开发工作对生物多样性、生环境和人体健康具有高度危险的不同，以及实验研究、中间试验、环境释放、生产性试验和申请安全证书5个不同的阶段进行报告和审批。该制度适用于所有农业转基因生物的安全性评价，只有经过批准后才能开展相应的工作。

所有研发单位在开展转基因植物种子、种畜禽、水产苗种的生产应用时，只有在安全评价的基础上，获得了相应转基因生物的生物安全证书，并申请取得农业部颁发的种子、种畜禽、水产苗种生产许可证，才能开展相应的生产活动。

转基因植物种子、种畜禽、水产苗种经过安全性评价获得了相应的生物安全证书后，所有从事这类转基因生物经营的单位和个人，必须申请并取得农业部颁发的种子、种畜禽、水产苗种经营许可证，才能从事相应的转基因生物经营活动。

凡在中国境内销售列入农业转基因生物标识目录的农业转基因生物，必须实行标识；未标识和不按规定标识的，不得进口或销售。早在2001年，中国就建立了转基因农产品的标识制度。当年颁布的《农业转基因生物安全管理条例》及其2002年的两部配套规章《农业转基因生物标识管理办法》和《农业转基因生物标识审查认可程序》对这一制度作出了较为详细的规定。农业转基因生物标识应当载明产品中含有转基因成分的主要原料名称；有特殊销售范围要求的，还应当载明销售范围，并在指定范围内销售。对标注方法、标注方式、标注使用的文字等作出了明确规定。

对进口农业转基因生物按照研究试验、生产、加工三种类型实施安全管理，根据不同的类型制定了相应的管理措施和规定。例如，境外公司向中国出口农业转基因生物用作加工原料的，首先由境外研发商提出申请，经农业部委托的技术检测机构进行环境安全和食用安全检测，并经过国家农业转基因生物安全委员会评价合格后，由农业部颁发农业转基因生物安全证书，在采取一定安全控制措施的情况下，方可以出口到中国。

四、转基因食品的安全分析和监管体系

中国的转基因生物技术检测体系由检测机构和检测标准两方面组成。其中，检测机构是按照动物、植物、微生物三种生物类别，以及转基因产品成分检测、环境安全检测和食用安全性三类任务的要求进行设置，并考虑综合性、区域性和专业性三个层次进行相应的布局和建设。目前，已通过国家计量认证、农业部审核认可和农产品质量安全检测机构考核的食用安全技术检测机构有2个，环境安全技术检测机构有15个，产品成分检测机构有18个。其中，中国农业大学、中国疾病预防控制中心营养与食品安全所、天津卫生防病中心（转基因生物及其产品食用安全检测中心）等一批高水平的专业科研机构，均获得了农业部批准成为转基因生物技术检测单位。另外，在转基因生物检测标准方面，目前中国制定并实施的转基因产品检测标准共有17项，其中国家标准（GB）6项，检验检疫行业标准（SN）11项。上述标准各有不同，而且有些标准是专门针对食品中的某些转基因成分检测而制定的。

2002年以后，在借鉴国际食品法典委员会有关转基因食品评价指南，并总结中国转基因生物安全评价实践基础上，农业部制定并发布了《转基因植物安全评价指南（试行）》、《转基因植物及其产品食用安全性评价导则》及相关食用安全检测标准，对转基因植物及其

产品食用安全评价要点、步骤及具体试验方法提出了明确要求。

目前，中国转基因产品食用安全性的评价主要包括三个方面，即毒理学评价、致敏性评价和营养学评价。转基因食品的毒理学评价包括新表达蛋白质与已知毒蛋白和抗营养因子氨基酸序列相似性的比较，新表达蛋白质热稳定性试验，体外模拟胃液蛋白质消化稳定性试验。当新表达蛋白质无安全食用历史，安全性资料不足时，必须进行急性经口毒性试验，必要时应进行免疫毒性检测评价。新表达的物质为非蛋白质，如脂肪、碳水化合物、核酸、维生素及其他成分等，其毒理学评价可能包括毒物代谢动力学、遗传毒性、亚慢性毒性、慢性毒性/致癌性、生殖发育毒性等方面。具体需进行哪些毒理学试验，采取个案分析的原则。

转基因食品在营养学评价上需要比较的主要内容有：主要营养因子、抗营养因子和营养生物利用率等。主要营养因子包括脂肪、蛋白质、碳水化合物、矿物质、维生素等；抗营养因子主要是指一些能影响人对食品中营养物质吸收和对食物消化的物质，如豆科作物中的一些蛋白酶抑制剂、脂肪氧化酶、植酸等。除了成分比较外，必须分析所转基因表达的目标物质在食品中的含量；按照个案分析的原则，如果是以营养改良为目标的转基因食品，还需要对其营养改良的有效性进行评价。

转基因食品中由于引进了新基因，其表达的新蛋白质可能引起过敏反应。因此，转基因产品致敏性是需要严格监控的指标。主要评价方法包括基因来源、与已知过敏原的序列相似性比较、过敏患者的血清进行特异 IgE 抗体结合试验、定向筛选血清学试验、模拟胃肠液消化试验和动物模型试验等，最后综合判断其潜在致敏性。如果判定为有致敏的可能，该产品就会被取消研发和上市的资格。

第六节　基因武器

生物武器是生物战剂及其施放工具的总称。在战争中用来伤害人、畜，毁坏农作物的致病微生物及其毒素叫做生物战剂。装有生物战剂的各种炸弹、导弹、昆虫航弹和气溶胶发生器、布洒器等，统称为生物武器。它的杀伤破坏作用不是依靠弹片和炸药，而是依靠生物战剂使人员、牲畜及农作物致病或死亡，它是一种“杀人不见血”的武器。

随着现代基因工程研究的不断深入，基因武器也即将出现。基因武器也属于生物武器的范畴，它是指利用基因工程技术而研制出的新型的生物战剂。如把生物战剂中“致病力强的基因”转移，制造出致病力更强的战剂；或把“耐药的基因”转移，制造出更耐药的新战剂。如果把几种有害的基因一起转移，就会制造出危害更大的生物战剂。随着人类基因组多样性计划取得突破性发展，得以找出不同人种之间的遗传差异，某些国家企图研制针对特定种族群体的“种族基因武器”，从而达到有选择地杀伤某些种族的目的。

基因武器的出现，将使人类面临灭绝的危险，因而引起人们的反对。

一、生物武器的发展历史

生物武器是一种十分古老的武器，但现代意义上的生物武器却是在 20 世纪，随着微生物学和武器技术的发展而出现。在 20 世纪曾经进行过生物武器研制的国家包括德国、法国、日本、英国、美国、前苏联和伊拉克等。生物武器的研究发展约有 100 年的历史，大致可以分成三个阶段。

20 世纪初至第一次世界大战结束为第一阶段，主要研制者是德国，研制的生物战剂仅是几种人畜共患的致病细菌，如炭疽杆菌、鼠疫杆菌等。其生产规模小，施放方法简单，主要由间谍秘密污染水源、食物或饲料。第二阶段主要是第二次世界大战期间及以后一段时间，其发展的特点是生物战剂种类增多、生产规模扩大，主要施放方式为飞机播撒带有生物战剂的媒介物。该时期是历史上生物武器使用最多的年代，主要代表是日本军国主义。当年侵华日军731部队实施的细菌战是迄今为止人类历史上规模最大的细菌战。他们使用的生物战剂主要有：伤寒杆菌、副伤寒杆菌、霍乱弧菌、痢疾杆菌、炭疽杆菌、马鼻疽杆菌、鼠疫杆菌、破伤风毒素和气性坏疽杆菌等病原微生物。主要通过投放细菌炸弹、飞机喷雾和人工散布等方式，甚至丧尽天良地用活人进行试验。第三阶段是冷战时期，随着生物技术的迅速发展，前苏联等利用遗传工程技术进行生物武器的研制与生产。历史告诉我们如果不对生物武器发展加以控制，在新的世纪，随着基因技术和基因组计划的革命性进展，为研制适用于生物战要求的新战剂创造了条件，生物武器的发展将会进入第四个阶段，即所谓的“基因武器”或“生物工程武器”或“基因组武器”阶段。

基因武器发展设想，产生于20世纪中期。事实上，世界上有些国家早就在研究基因武器了。20世纪50年代，美国的军事研究人员曾致力于研究针对黑人的澳谷热病毒，因为美国黑人死于这种疾病的可能性要比白人大10倍。自20世纪70年代以后，分子化学学科的突破性进展，使以基因重组技术为代表的遗传工程（又称基因工程）技术应运而生。基因是细胞核中起遗传作用的物质，生物特性能靠基因代代遗传。70年代末，基因技术进入快速发展阶段，基因武器的研制正式驶上快车道。就同任何高新技术一样很快被应用于军事领域，一些军事大国竞相投入大量的经费和人力研究基因武器。由于生物武器号称“富国的省钱武器”、“穷国的原子弹”，因此，不仅军事发达国家，而且一些发展中国家，都在研制基因武器。90年代，德国联邦国防军在一份题为《2020年武装力量使用》的研究报告中提到了未来生物武器对基因不同的人种所带来的危险。这种武器对自己的士兵没有危险，但对另一个种族的人却是致命的。南非的一个委员会披露了种族隔离时代该国生物武器研究计划的细节，其中包括研制只会杀害黑人的生物武器如霍乱病原体，以及一些使黑人妇女不能生育的生物病毒等。虽然当时人类基因组还没有被“破译”，而且种族隔离结束后中止了这种非人道的研究。但仍有一些国家其中包括以色列对南非人的这些研究感兴趣，因为从武器技术的角度来看，这些研究意义重大。

中国主张全面禁止和彻底销毁生物武器，既反对任何国家发展、生产、研制和储存生物武器，也反对任何国家以任何方式扩散此种武器及其技术。中国于1984年11月参加了《禁止生物武器公约》。作为公约缔约国，中国认真、全面地履行了自己所承担的义务。1987年以来，中国一直按公约审议会的决定，逐年向联合国报告与《禁止生物武器公约》有关的建立信任措施方面的资料和情况。鉴于核查机制所涉问题的复杂性，各国应以实事求是的态度，探寻有效、可行的核查措施，并制定具体措施防止滥用核查，保护缔约国正当的商业和安全机密。在加强公约核查机制的同时，还应加强缔约国为和平目的进行的生物技术国际合作与交流。我们主张全面禁止和彻底销毁生物武器，尤其是基因武器。

二、基因武器主要种类

未来的基因武器大致可分为以下五类。

（1）微生物基因武器。这种基因武器是运用基因工程技术，按设计者的需要，通过基因重组，把一些特殊的致病基因移植到微生物体内，而制造出新一代生物战剂。这种基因武器是整合、强化某些基因，去杀伤普遍物种。包括利用基因工程方法改构已知生物战剂，制备新的病毒战剂，或把“耐药性基因”转移，制造出更耐药、致病力更强的新战剂。它是通过致病基因来污染人体的。在一些致病细菌或病毒中接入能对抗普通疫苗或药物的基因，以产生具有显著耐药性的致病菌；或在一些本来不会致病的微生物体内接入致病基因，制造出新的生物制剂。例如把一些基因的耐药性整合，就能大大提高杀伤性。

例如，将抗四环素作用的大肠杆菌的遗传基因和具有抗青霉素作用的金色葡萄球菌的基因拼接，再把拼接的分子引入大肠杆菌中，培养出具有抗上述两种杀菌素的新大肠杆菌。这种新大肠杆菌很难治疗。随着基因组学的进展，结核杆菌、麻风杆菌、霍乱弧菌等病菌的完整基因序列已经发表，鼠疫杆菌等的基因组测序工作也将完成，这些天然的细菌和病毒都可能通过基因重组而被改造成易存储、便携、毒性更大的生物武器。例如，炭疽热可以用青霉素的衍生物来治疗，但是，如果在炭疽杆菌中引入一种内酰胺酶基因，就可以使抗生素失效。这类武器的特点是只有武器的设计者才能知道它的遗传密码，因而也只有武器设计者才能解救受害者，提供“解药”。

(2) 毒素基因武器。通过基因技术增强天然毒素毒性，发展新的毒性更强的混合性毒素。例如，把剧毒的眼镜蛇的毒素基因和流感病毒基因拼接，可以培育出具有眼镜蛇毒素的新流感病毒，如果人们受到这种新病毒的袭击，不仅会出现流感症状，还会出现蛇毒中毒的症状，导致患者瘫痪和死亡。

(3) 种族基因武器。这类基因武器是根据研究不同种族、不同人群的特异性基因，或称人的基因密码，来设计一种只对特定遗传特征的人们产生致病作用的致病菌，以达到有选择地杀死敌方有生力量的目的，所以这种基因武器又称人种密码武器，或种族基因武器。因为人种之间的基因遗传差异虽然较小，但确实存在差异，而且某些差异与疾病密切相关。由于每类人种都有自己特定的基因密码，针对不同种群，就可以生产出的人种密码武器，造成敌方人种灭绝，从而克服普通生物武器在杀伤区域上无法控制的缺点。

人类不同种群的遗传基因是不一样的，根据人类基因的这一特征选择某一种族群体作为杀伤对象是完全可行的。这种基因武器所瞄准的基因是敌方所特有的，如控制头发、皮肤、眼睛颜色等性状的基因。它们只对某些特定遗传型的敌方人群有毁灭性的杀伤力，而对同一环境下的其他人群则毫无影响。这类基因武器既能够有效地打击敌方，又使已方部队免受伤害，是当前基因武器库中最具诱惑力，也是最具威慑力的新式超级制导武器。由于只对某特定人种的特定基因、特定部位有效，是针对某一特定民族或种族群体的基因武器，从而导致一个种族的毁灭，所以又称“人种炸弹”。但是，西方情报机构和军方的科学家一致认为，此类基因武器在短期内还不会变为现实，人们目前还不具备对病毒或细菌进行武器化处理，使其能够区分不同人种的技术。

(4) 转基因食物或药物。利用基因技术对食物进行处理，制成强化或弱化基因的食品，诱发特定或多种疾病，降低对方的战斗力；研制转基因药物，通过药物诱导或其他控制手段既可削弱对方的战斗力，也可增强士兵的作战能力，培育未来“超级士兵”。所谓“超级士兵”即是通过药物诱导或将生物传感器置于士兵人体组织中直接探测战场上战剂的存在。还可以利用各种生物化学的方法改变和控制士兵的行为和能力，使其始终保持旺盛的斗志和强烈的攻击欲望。

(5) 克隆“异形人类”。根据作战需要，利用基因技术，使人类基因与动物或生物基因相结合，可以培育出天生的非人非兽的水下和陆地怪物，这些怪物是能够思维，极具攻击性和杀伤力，如“杀人蜂、食人蚁”或“血蛙、巨蛙”类新物种，再利用克隆技术大量复制，建立嗜杀成性的“动物雄兵”。它可呈现出不同的形状并以多种方式向敌方展开进攻，其作战能力是任何优秀士兵和智能机器人所无法比拟的。超级精确化基因武器所具备的精确的敌我分辨能力，更是其他武器难以企及的，它能针对某种人（或动物）的基因密码特征去杀伤这类人而不伤及其他人。

三、基因武器的特点

基因武器一旦问世，人类将面临难以避免的灾难。国外有人将“基因武器”称为“世界末日武器”。基因武器与造价昂贵的大规模杀伤性武器（如核武器）相比，它具有以下一些特点。

（1）杀伤力极强，成本却极其低廉。基因武器是通过基因重组，人为地改变一些致病微生物的遗传基因，培育出新的危害性极大的生物战剂。如果把几种有害的基因一起转移，就会使制造出危害性更大的新生物战剂。有人将基因武器与威力巨大的核武器进行了比较：用5000万美元建立的一个基因武器库，其杀伤力远远超过一座用50亿美元建立的核武器库。例如，将一种通过基因工程培育出的“超级出血热菌”投入对方水系，会使水系流域的多数居民丧失存活能力，这要比核弹杀伤力大几十倍。

基因武器对人员的杀伤阈值是分子水平，无论是对机体的哪个部位，或者通过机体哪个途径，只要能在机体内“插入”基因武器，哪怕是“插入基因武器的一个分子”，也同样能够起到杀伤作用。基因武器可根据需要任意重组基因，可在一些生物中插入损伤人类智力的基因。这种基因武器一经使用，不仅会极大地削弱对方的战斗力，当某一特定族群的人沾染上这种带有损伤智力基因的病菌时，就会丧失正常智力或留下某种生理缺陷，甚至代代相传。

基因武器的生产成本很低，且可利用的物种资源非常丰富。只要研究和破译出一种物种的基因，便可以将这种基因转接到同类的其他物种上（繁衍的后代称为转基因物种）。例如，将南美杀人蜂、食人蚁的基因进行破译，然后把这些基因转接到普通的蜜蜂和蚂蚁上，再不断进行克隆，那么这些造价低廉的普通蜜蜂、蚂蚁都可以作为“基因武器”投入战场使用。

（2）使用方便，战术运用灵活。基因武器可以用人工、普通大炮军舰、飞机、气球或导弹进行施放，还可以用火箭、水面舰艇以及潜艇等把基因战剂施放到目标区，不需要特别的发射装置。可以投在敌对方的前线、后方、江河湖泊、城市和交通要冲，使疫病迅速传播。投放过程也不受天气条件、地理环境、投放人员素质和投放时机的限制，可以随时随地进行投放。

基因武器袭击不需要事先进行多方面的物质准备，具有时间、空间上的无关联性，往往让人措手不及。基因武器的使用方式多样，作用空间广阔。只要将病毒放在一只普通的密码箱中，就可轻易通过海关检查；只要将基因细菌或病毒喷洒在空气中或者倒入饮用水里，就可让成千上万的人毙命。

（3）具有较强的敌我分辨能力，只攻击和传染特定人种。普通生物武器的侵害不能区分国界和种族，因此对杀伤对象无法进行人为控制，任何人都能成为生物袭击的受害者，包括生物武器的使用者。而基因武器具备精确的敌我分辨能力，由于人类不同种群的遗传基因是不一样的，因此将基因表现不同的特定人种当作攻击目标是完全可行的，基因武器的杀伤原理也正是基于这一特性。所以，基因武器能针对某种人（或动物）的基因密码特征去杀伤这类人而不伤及其他人，而且只在所攻击的同类人群中传染，对其他种群则没有伤害，大大提高了杀伤目标的选择性，保证了使用武器一方的安全。

基因武器只大规模杀伤有生力量而不破坏非生命物质。攻击敌方时，可以保存基础设施和武器装备不受损坏。

（4）施放手段和杀伤过程隐蔽性强，具有强大的威慑作用。基因武器一旦出现，其战略威力将比核武器还要大，因为拥有这种武器的人不必顾虑对自己及对地球整体环境的破坏。

基因武器是经过改变的基因细菌或病毒。致病基因往往被嵌入非致病载体中，投放过程可以做到神不知鬼不觉。基因武器的使用者再也不必兴师动众，而只需在战前将基因病菌投入他国地域，或利用飞机、导弹等将带有致病基因的微生物投入他国地域，让病毒自然扩散、繁殖，就会使敌方人畜在短时间内患一种无法治疗的“怪病”，从而丧失战斗力。基因武器的伤害一般来说是防不胜防的。这是因为当你已经感染上致病的基因时，可能一点也不能察觉；当死亡的阴影已经笼罩在你的头顶时，你还蒙在鼓里。基因武器能在无形的战场中静悄悄地削弱瓦解对方的战争能力。此外，基因武器还可以无声无息、不流血地消灭某个民族。如通过作用于人体细胞或生殖细胞，造成不育或出生率降低或婴儿夭折率提高等方法，或是压制这个群体内的某种抗体，提高他们接触病菌的机会。所以，基因武器也可被称为“超级隐形杀手”，一旦使用，敌方在某种程度上只能束手就擒，坐以待毙。

生物细菌制剂能造成大规模原发感染区和二次以上的再感染区，而且细菌感染区极易扩散。对感染地区实行封锁，需要全社会的配合，其工作量远超出一般人想象。尤其值得关注的是，经过改造的病毒和病菌基因，只有制造者才知道它的遗传“密码”，被攻击的一方在短时间内很难破译。受害人群的临床表现与某种病毒基因之间的联系很难确定，查清病毒来源与属性需要时间，特种病毒的抗生素更是难以在短期内研制生产出来。因此，人们一般不能提前发现和采取有效的防护措施，因此，防御的难度很大，治疗成本高昂。这是基因武器与其他生物武器、化学武器的主要区别。

基因武器能改变后信息时代战争的性质和模式，对敌方有强烈的心理威慑作用。能给对方造成极大的心理压力，使对方士气大落，惊慌失措，草木皆兵，不敢轻举妄动，甚至可以达到“不战而屈人之兵”的目的。

四、基因武器的遏制及防范对策

鉴于基因武器可能产生的巨大危害，不少国家都在加紧研究对策。美国政府和军方早在20世纪80年代就开始了生物战剂防护措施的研究，并研制出了多种预防生物武器袭击的疫苗。1997年美国国防部下令，自当年起240万美国现役及后备军人必须按规定接种生物战剂防护疫苗，并于2003年完成全部的接种工作。1998年5月，美国增加预防生化战疫苗和抗生素的储备，以应付可能发生的生化战。2000年1月，美军调整战略，提出建立防护大规模杀伤性武器的诸军兵种联合作战计划，提高官兵的非传统作战能力和对生物战的认识，调整防护装备的研发、采购、经费投入和人员部署。2000年7月，美军出版了新版的《联合核生化环境作战条令》，确立了美军制定核生化环境下联合作战、演习以及非战争军事行动条令的基础，标志着美军核生化环境作战与防护思想的重大转变。2002年10月，美国国防部决定研制防御基因恐怖袭击的预警系统。2002年12月13日，美国令正式恢复天花疫苗接种的计划，这是美国1972年中断常规性天花疫苗接种后的首次。2003年10月，美国强化了在城市探测与基因武器相关联的生物细菌病毒的能力。在2004年上半年建立两套供全国使用的设施。一旦境外对美国本土进行基因恐怖袭击，各军事机关和民用机构都能具备抵御恐怖袭击的能力。

借鉴美国在防御基因武器恐怖袭击方面采取的对策和取得的经验，我国在应对基因武器威胁的新挑战上应积极采取有效的措施。

在军事措施方面，加强对基因武器威胁的评估和预测，提高官兵在生物战条件下的生存能力。在经费和组织等方面将重点放在情报、检测工具、防护以及如何摧毁包括基因武器在内的生物武器装置等方面。加强对新型防毒面具的研究和已知战剂防护疫苗的研制。针对各国特别是主要作战对手可能实施基因战的战法、途径和手段进行专门研究，对我国可能面临的生物武器威胁形式和程度进行预测和评估，并有针对性地制定防护预案；积极应用高新技术，研制多种新型探测、防护器材和疫苗、抗生素，做到快速、有效地识别和防护。

在保护民族基因资源方面，加大防止基因流失的力度。基因代表了整个民族的隐私和我们个人的隐私。由于敌对国家或组织研制针对我们的基因武器时必须对大量的个体的基因数据进行分析，才能得出基因缺陷的信息，而个体的基因数据来自采集该个体的血液，因此我们不能漠视每一份血液的流失。各级政府及相应的行政执法机构都有义务阻止基因的无谓流失。发现和保护种族特异性和易感性基因，已经成为一个民族能否繁衍和生存的生死攸关的重大问题。为此，在基因技术的研究上要力争处于世界领先地位，认真研究本民族的基因密码，及早查明其中的特异性和易感性基因，有针对性地采用生物制药和基因技术，研制有效的生物药剂和疫苗，提高民族的基因抵挡能力。只有铸造好维护本国民族安全的基因盾牌，才能有效地防患于未然。

在加强对基因武器的防御性研究方面，应加强对我国各民族基因组结构的研究，确定我国各民族基因的特异性和疾病的易感基因，研究烈性传染病或病原菌传播途径与人类基因之间的关系，根据中华民族的基因特性中可能存在的基因缺陷初步设计几类常见强毒力病原菌或毒素的应对方案，有针对性地采用生物制药工程技术，研制有效的生物药剂和疫苗，提高和增强民族的基因抵抗力。要积极应用高新技术研制新型探测和防护器材，做到有效识别和防护。还要针对未来敌人可能实施基因战的战法、途径和手段进行专门研究，提前制定各种应对方案，到关键时刻，能迅速有效地加以实施。

在群防群治方面，进一步完善国家卫生防疫系统，提高国家对基因武器的整体防护能力。防护基因武器是一个社会性同题，只有把防护知识、方法和器材交给广大群众，才能实现在危急时刻的自救互救，最有效地减少基因武器的杀伤。要有强烈的忧患意识，树立基因战观念，建立全民基因战动员机制，加强对基因战知识的宣传力度，使每个人对基因战都心中有数。只有这样，才可能在未来面临的基因战中立于不败之地。

人们对基因武器的担忧是不无道理的，但是历史告诉我们，人类发展总是朝着文明而不是野蛮的方向发展的，在核不扩散条约等的约束和人类正义事业占上风的形势下，核武器没有毁灭世界。同样，只要依靠科学力量和人类的文明合作，基因武器也会受到控制。

第十三章　生物工程与社会伦理

生物工程的迅猛发展，向人类社会广泛而深入的渗透。但是生物工程的发展带给人类的不只是惊喜，还有忧虑；不只是幸福，还可能有灾难。而由于所处的社会制度、意识形态、经济发展水平、传统文化和伦理道德等的差异，导致人们对由此带来的伦理问题的争论有不同的见解。

第一节　人类胚胎干细胞研究中的生命伦理

干细胞是指具有强大的多方向分化潜能和自我更新能力的未分化细胞。按照来源不同，可分为胚胎干细胞和成体干细胞两大类。1998 年 11 月，美国威斯康星大学的 Tomson 教授从试管婴儿剩余的胚胎中分离出胚胎干细胞在体外培养成功，这是生命科学领域一个里程碑式的研究成果，同时也一直伴随着诸多伦理和法律方面的争论。探讨干细胞研究中的伦理问题，并对干细胞研究提出伦理指导原则和管理建议，具有重大的现实意义。

一、胚胎干细胞的不同来源及其伦理

人类干细胞可分为具有伦理争议性的胚胎干细胞和不具伦理争议性的成体干细胞，而胚胎干细胞按照来源不同又可以分为几类。胚胎干细胞的来源不同，面对的伦理问题和科研政策也不同。

（一）源自选择性流产胎儿的研究争论

争议的焦点主要集中在对胎儿是否是“人”的认定。

人的内涵可概括为三个层面：生物学层面、心理学层面和社会学层面。作为一个“人”，他拥有自己独特的遗传物质。在生理结构上，人能够直立行走，有灵巧的可以劳动的双手和复杂的大脑。人的生物学结构是人之为人的一个必需的要素，任何缺乏这一结构的实体都不能称为人，在伦理学上都无法获得人的地位。人是有理性的主体。人之为人须以具有自我意识为前提，现代心理学证明，意识活动不是先天形成的，而是脑细胞处理外部刺激的综合反应，是复杂的生理和心理过程。人的大脑形成概念、判断和推理，出现意识活动，都是后天经验的结果。人是自然属性与社会属性的统一。社会属性是人性中最重要的、也是最独特的方面，为人类所特有，生命活动的扩大化导致了社会的形成。人与自然的关系是以社会关系为基础的，人正是在不断追求生命的、良好的存在状态中形成社会结构和社会意识的。生理结构主要是由基因所决定的；人的社会属性主要是由教育和环境因素所决定的，社会关系亦具有继承性；心理结构则是由基因和环境两方面所决定。因此，应该把人定义为：人是处于现实社会关系中的运用理性意识追求更好生存发展的生命体。

由此可以看出，胎儿虽然还不是“社会的人”，但它是“生物的人”，具有发展为“社会的人”的潜力。基于这样的理念，当孕妇的生命和健康受到威胁时，母亲的生命权高于胎儿，舍弃尚未出世的“生物学”意义的生命是可以接受的；当胎儿患有严重先天畸形、性别连锁遗传性疾病，剥夺胎儿出生权利对胎儿、母亲、社会来说也是可以接受的；当一个社会的人口过度膨胀，有计划、自觉地控制人口的增长符合人类总体利益和长远利益的要求，这种情况下人工流产作为避孕失败后的辅助措施应该被社会所认可。

（二）源自体外授精的剩余胚胎的研究争论

在体外受精时，由于其成功率低，往往会用多个卵细胞和精子结合成多个胚胎。除植入子宫的胚胎外。其余的胚胎被冷冻起来备用。如果体外授精成功，这些冷冻的体外受精剩余胚胎或是继续冷冻保存，或是转赠他人，或是用于科研，或是通过医学方法废弃。用于科研或废弃的剩余胚胎是颇受争议的，但是由于14d前的胚胎没有神经和大脑，处于无知觉和感觉，那么具备人格必需的社会文化培育根本就不可能实现。而且（脑）死亡的标准若被认定为大脑功能的丧失，则14d内的胚胎没有大脑和神经的发育就可以认定为还不是人格的人的生命。

（三）源自体外授精制造的胚胎的研究争论

体外授精技术的初衷是满足无法通过自然方法生儿育女的不育夫妇建立家庭的愿望。如今，借助体外授精方法，在实验室用捐献的精子和卵子制造出胚胎，其目的是为了获取所需的干细胞。把制造和使用胚胎当作实现另外目的的手段，这与胚胎的道德地位、人的尊严原则背道而驰。此外，由于取卵需要用腹腔镜和腹部切口，这对供卵者的伤害不容忽视。因此，在接受自愿捐献的卵子时，研究者要确保捐卵者完全的知情同意，要实现对捐卵者的伤害最小化，不得采取胁迫、引诱的方式获取卵子。

（四）源自体细胞核转移产生的胚胎的研究争论

在医学研究或治疗上，为了获得在遗传性上与患者完全相同的组织细胞，就必须经过核移植处理，即把患者的体细胞核取出，然后融入去核的卵细胞中，在体外发育成一个“胚胎”（囊胚），再取其内的细胞群，制备成单个的胚胎干细胞，并在体外诱导分化为不同的组织细胞，如神经细胞、心肌细胞等，然后用于疾病治疗或器官移植等医学用途，即“治疗性克隆”。其关键在于体细胞核移植，在伦理上的争论点是如何对待和处理在体外发育到囊胚阶段的人胚胎。发育到囊胚阶段经过核移植的卵细胞如果植入女性子宫，经过十月怀胎就可以生育出一个与供核者的基因型完全相同的“克隆人”，这就是所谓的“生殖性克隆”。

（五）人卵资源供应问题——胚胎来源困难

治疗性克隆技术所需人卵需要供卵妇女使用促排卵药物刺激卵巢在一个排卵周期产生多个卵子，但过度促排可能出现卵巢过度刺激和因卵巢增大而引起的并发症，还可能出现一些精神心理方面的并发症。此外，取卵手术中也可能发生麻醉意外、腹腔内出血、感染等，必要时需要进行手术治疗，很可能出现卵巢反应不良，需要调整促排卵药物剂量甚至放弃促排卵，或出现卵泡穿刺未取出卵子，只能放弃此次供卵。这样不可避免地对供卵妇女的身体健康造成一定风险。若妇女因不孕症采用辅助生殖技术助孕过程中剩余的卵子，在自愿捐赠的情况下进行研究，则在伦理上是可以接受的，但如果单纯以研究为目的募集妇女的卵子，甚至进行金钱交易，则坚决为伦理所不容。

二、生殖性克隆的伦理

目前，国际上一般把对人类自身的克隆分为“生殖性克隆”（reproductive cloning）和“治疗性克隆”（therapeutic cloning）。生殖性克隆是指出于生殖目的使用克隆技术在实验室制造人类胚胎，然后将胚胎置入人类子宫发育成胎儿的过程，它的目的是产生一个完整的人——这就是所谓的“克隆人”。治疗性克隆是指把患者植体细胞移到去核卵母细胞中形成重组胚，把重组胚在体外培养到囊胚，然后从囊胚内分离出胚胎干细胞。获得的胚胎干细胞诱导分化形成特定的细胞、组织和器官，用来解决器官移植中所需的供体来源问题，进行疾病的治疗研究。

因为生殖性克隆会涉及人的本体论地位问题，关系到人类的尊严，而治疗性克隆则涉及到胚胎的权利与地位的伦理问题。目前，国际社会的主流观点一般都对克隆人持坚决反对态度，许多国家还制定一系列的政策法规来控制克隆人。国际社会反对克隆人的主要理由更多的是来源于伦理方面的考虑：①有悖于人类现行伦理法则，倘若克隆人一旦出现，它的身份就会难以认定；②人类繁衍将不再需要两性参与，夫妻关系和家庭关系将解体，社会结构将会受到很大冲击；③克隆人将损及人类基因组的多样性；④克隆技术在科学上还存在诸多不确定因素。因此禁止克隆人已经成为世界范围内的普遍共识。

实际上，为防止生殖性克隆的产生，国际上已对治疗性克隆规定了三条原则：①取得的精子、卵子、配子、体细胞，必须是自愿的，提供者有知情同意的权利；②胚胎干细胞保留时间不能超过 14d；③不能将克隆的胚胎干细胞植入人体子宫。1997 年 11 月，联合国教科文组织通过了《世界人类基因组与人权宣言》的文件，明确反对用克隆技术繁殖人；1998 年 1 月，欧洲 19 个国家在法国巴黎签署了一项严格禁止克隆人的协议；澳大利亚、欧盟专利公约都明确规定：克隆人类的方法不授予专利权。我国 2003 年 12 月出台的《人胚胎干细胞研究伦理指导原则》中，也明确规定禁止生殖性克隆人研究。2005 年 2 月 18 日，第 59 届联合国大会法律委员会通过一项《联合国关于人的克隆宣言》：要求联合国所有成员国禁止任何形式的克隆人。

三、治疗性克隆的伦理

2000 年，英国宣布允许以治疗研究为目的的人体克隆实验。日本决定不得克隆人类胚胎，但允许把人的细胞核植入动物受精卵里，以制作各种内脏、组织，用于治疗疾病。德国也打算在一定限定条件下有限度地开展人类胚胎干细胞研究。法国百余名科学家联名签署请愿书，呼吁政府尽快批准在法国进行胚胎干细胞研究。然而在美国、西班牙以及拉丁美洲的一些基督教国家为代表的一派却认为，公约应该禁止一切包含人类胚胎的克隆研究。我国对待克隆技术有着自己一贯的立场：生殖性克隆会对人类造成巨大的威胁，因此中国政府在生殖性克隆人问题上持坚决反对的态度，但不反对进行治疗性克隆。因为从预防疾病和人类未来发展的角度考虑，治疗性克隆是对人类有益处的。

因为胚胎干细胞的制备是离不开人类卵子、胚胎以及克隆技术的，而卵子与胚胎在一些国家和宗教界被视为是生命的起源，与活着的婴儿没有什么不同，所以在许多国家是被严格禁止的。他们认为，克隆人胚胎是对“人类伦理道德的挑战”的一种行为，是人类伦理道德的沦丧。如注射基因、核移植等都是“非自然”、“违反上帝意志”的，而使用早期胚胎的治疗性克隆也是一种“谋杀”行为。所以，看待治疗性克隆的态度从一定意义上也代表着不同国家在文化、法律、伦理和宗教上的不同态度。我国的大部分公众有着与西方不同的伦理观念，对动物的权利和早期胚胎的关注程度也低于西方国家，基本上是不存在因为宗教信仰而反对胚胎生物技术问题的。

治疗性克隆的伦理争议的焦点在于生命起始标准的界定，即从早期人类胚胎中胚胎干细胞被提取后，该胚胎无法存活是否属于谋杀行为。反对者认为人类胚胎作为人类大家庭中的一员，同样拥有人的尊严和人的生命权。然而关于生命的起始标准，始终存在争议。从时间的划分上有的学者主张生命从受精卵开始，生命的开始是受孕。另有学者认为妊娠第 4 周，受精卵着床才是生命的开始。还有学者把生命的开始定为胎儿大脑皮层形成的时候，即妊娠第 8 周。这些都属于早期说。主张晚期说的学者认为胎儿发育 28 周后即有了可存活性之后或者直到分娩才是生命的开始。而不同国家对生命也有着不同的界定。例如英国法律规定生命始于怀孕 14d 后的受精卵着床之日起。而在我国，法律没有明确规定，但认为出生时是活体时，才能称之为生命，享有人身权利，胎儿不是严格意义上的生命。

治疗性克隆的运用将可能挽救无数对社会有贡献、有意义的人群，从某种意义上讲，我们需要捍卫的更多的是活着的人的生命和人权。我们应该禁止生殖性克隆，并本着尊重生命的原则确保生命的尊严和国际公认的前提下，支持治疗性克隆研究。要对治疗性克隆技术的成果进行合理的利用，处理好技术上的“可能”与伦理上的“应该”，科学地看待和引导治疗性克隆的发展，让治疗性克隆真正地造福社会、造福人类。

第二节　人类基因组研究引发的社会伦理

人类基因组计划使人类对自身的认识达到分子水平，在未来人类几乎可以通过阅读关于自身的“使用说明书”真正成为自身的主宰，同时给生物产业的发展带来了良好契机，这些都令人欢欣鼓舞。与此同时，人们也在担心着基因技术的掌握者做些什么和如何做，人们担心会出现基因歧视，基因专利等种种问题，因此人类基因组计划的研究引起了科学界、学术界、政府和媒体的广泛关注。

一、对基因隐私权的侵犯

隐私权，是自然人就个人私事、个人信息等个人生活领域内的事情不为他人所知悉、禁止他人干涉的权利。它是基于个人与社会相互关系的处理而产生的保护人的内心安宁以及与外界相隔离的宁居环境的权利，它产生和存在的依据，均在于人的精神活动而发生的各种利益需求。隐私的内容之一是个人信息，包括身高、体重、病例、具体缺陷、健康状况、生活经历、嗜好、信仰、心理特征、婚姻、家庭、社会关系等等。

过去人们并不知道自己的基因图，但是随着人类基因组计划的完成，每个人都可以利用自己的一滴血或一根头发，方便地得到自身的“基因图”。尽管人类99.99%的基因都是相同的，但由于其“碱基对”高达31亿多个，排列组合更无穷无尽，每个人基因图剩下的万分之一都是有所差异的。这就是生命的独特性，也就是这万分之一的差异构成了个人的基因隐私。可以这样说，基因图是一个人最重要、最基本的隐私，是人的身份证明。知道一个人的基因图，意味着大体上知道了其健康状况以及可能的趋势。从医学诊断意义上讲，这是一种巨大的科学进步。所以，“基因是我们个人隐私的终极”。但是反过来，也很可能由于基因治疗技术的临床应用和一些基因研究人员、医护人员的不当行为，出现个人基因隐私权的泄漏问题。

隐私权不仅仅涉及个人、家庭和群体的相关利益，还会引发一系列问题，如社会问题、婚姻问题、就业问题、教育问题、基因歧视等。事实正是如此，以美国保险业为例，过去获得保险和保险费，是根据投保群体全体成员患有遗传疾病的共同风险来确定，现在由于可以对投保人进行基因测试，从而能准确无误地查出投保人的遗传疾病。公司风险有可能就不存在或大大减少，情况将会有利于保险公司。对人事招聘来说，情况也极为相似。雇主们都希望雇员去做基因测试，由于培训雇员、雇员残疾的津贴、雇员病假和更换人员均需要支付费用，因此，雇主们很想了解雇员“健康档案”中的基因信息，从而做出解雇、聘用等决定。据报道，美国有不少公司已开始对其职员或求职者进行基因检测；某些研究机构也正在着手建立所谓的“智力基因库”，这些都在为了解个人基因隐私，制造基因歧视提供条件。

作为人的自然权利的一种——基因隐私权必须受到尊重。原因在于基因具有不可抗拒的决定性，特别是致病基因。例如，一个人被发现携带某种遗传病的基因，就意味着他本人或者他的家族甚至他的后代都可能患这种病。因此，从患者的利益考虑，医生应该有权知道，但必须保护患者的基因秘密，这既是医务人员的最基本的医务道德，也是出于对患者权利和自由的保护，医生或医院不应该为了某种交易，或迫于某种权力屈服于政府、其他私人机构或他人，而泄露患者的基因信息。他们的家属可能具有同样的致病基因，也可以知道其基因信息，但是雇主或保险公司在未经当事人同意的情况下，是无权知道他们的基因信息的。

同样，在进行基因研究时必须考虑到伦理、法律和社会等问题；要尊重提供试样者及其家属的尊严和人权；研究计划必须事先接受有关行政单位的审查，必须对遗传信息进行严格的保密，对任何泄露个人遗传信息的个人或单位给予严惩；提供遗传信息者有权知道基因利用结果。

二、产生基因歧视问题

基因歧视与基因隐私密切相关。基因隐私权的丧失自然会导致新的社会歧视——基因歧视的产生。现实中存在着各种各样的歧视，如年龄歧视、性别歧视、对同性恋者的歧视、种族歧视等。当人们认识到人类的疾病或人的性状与基因有关时，就会产生基因歧视。所谓基因歧视就是由于携带某种特殊性状基因或携带致病基因而受到的不公正、不合理的对待。目前基因歧视主要出现在就业领域、贷款领域和婚姻领域等。

人类基因组研究表明，所有的疾病都是人类基因组与病原基因组中的有关基因互相作用的结果，即使是中毒和外伤等非生物的病因、人类机体的最初反应、病情的发展以及组织再生，都与相应的基因有关。各种遗传病以及与遗传密切相关的心血管疾病、高血压、糖尿病、精神病等未来也都可以得到早期基因诊断和基因治疗。从这一意义上说，所有的疾病都是基因病。有人把那些对人类健康有益的基因称为“好基因”，而把那些会给人类带来不良或不利影响的基因称作“坏基因”。正是基于这种对基因的优劣价值判断，人们往往会对那些带有基因缺陷或携带对某种疾病有易感性基因的人及其家属产生歧视。

通过基因研究可知，疾病的发生原因是相当复杂的，除了受基因的影响外，还受心理、环境等因素的制约。因此，基因缺陷依据患病概率可以分为三类。①肯定型：发病与基因缺陷之间关系明确，只要该个体某一单一特定的基因有缺陷，就有重大发病概率，只不过时间有早晚而已，如亨廷顿舞蹈病。②不定型：基因缺陷与发病概率之间并不十分明确，虽然科学证明某些基因缺陷会导致乳癌、心脏病等，但究竟是否真的发生不能确定，因为这种基因必须在特定的生活条件和外在情况下与其他基因配合才能发生病变。③否定型：即基因缺陷肯定不会引发病变，只不过会传给后代，如血友病、杜兴化肌肉萎缩症、镰刀型贫血病等。到目前为止，第一种类型的基因缺陷在已经发现致病基因中只是极少数，而其他两种类型的基因虽然有缺陷，但离发病还有一段距离，即使是可能发生病变的基因缺陷，其发病的概率也与其他诸多因素有关，未必一定很高。

基因歧视是不道德的。1997 年 11 月 11 日，联合国教科文组织通过了《世界人类基因组与人权宣言》。宣言中指出，人类基因组意味着人类所有成员在根本上是统一的，也意味着对固有的尊严和多样性的承认。象征性地说：“它是人类的遗产”。该宣言指出任何人都不应因其遗传特征而受到歧视。

三、基因治疗带来的伦理疑虑

基因治疗与常规的疗法不同之处在于它主要利用的是基因的特征，而常规治疗则运用的是药物的功效，从外部治疗。基因治疗包括将健康基因导入患者细胞以取代致病的有缺陷的基因，或者补偿缺失的基因，以此获得新的特征，从而产生直接治愈或缓解遗传病的疗效；也包括从患者体内取出某些细胞经“基因治疗”后再移植回患者体内，或者将那些专门破坏癌细胞的基因引入癌细胞，从而产生杀死癌细胞、治愈或缓解癌症等的疗效。

基因治疗技术不同于一般的新药试用，它被视为是充满前途和希望，但也具有极大风险的现代高新技术，从基因治疗的概念提出到临床试验，关于基因治疗的疑虑始终未曾消减。

如同克隆等高新生物技术一样，对基因治疗技术最初发起挑战的依然是宗教界，宗教界将其视为“对上帝创造的生命如此胡作非为的行为”。出于对“生命创造者”的敬畏和对生物技术操纵生命可能给人类的遗传性及现行社会伦理规范的稳定性带来的冲击的恐慌，宗教领袖们联合呼吁，给政府持续加压，要求暂停基因治疗临床试验。抛开宗教因素不论，基因治疗作为一种人为的改变人类遗传信息的技术，贸然地改变亿万年进化所形成的遗传组成，会产生遗传上的不平衡，导致人类遗传多样性程度被人为地降低。基因治疗的后果可能是毁灭性的，因此这种违背自然规律的技术的发展和应用是值得商榷的。

目前，基因治疗仍处于探索阶段，技术上的不成熟往往对安全原则构成挑战。除了技术操作的问题，治疗过程中医务人员缺乏敬畏生命的意识和道德责任感，经济利益的驱使，不尊重科学发展规律和患者生命，这些多方面的影响使得不成熟的基因治疗用于临床试验，这对人的生命价值造成极大的冲击。除了安全性外，基因治疗对患者的个人隐私也造成了侵害，遗传咨询和基因诊断是基因治疗的前提，所以患者一旦接受基因治疗，旁人便很容易了解到患者在基因上的缺陷，从而可能对其产生歧视。这些偏见往往会延续到患者的后代身上。而一旦患者的相关基因资料被泄露，被用作他用亦可能对患者造成间接伤害。

基因治疗不同于其他的临床治疗，其昂贵的费用非一般公众所能承担，有限的医疗资源如何分配已经成为了整个社会中极度敏感的问题。医疗事业作为一种社会公共福利事业，基本的目的在于最大量的治病救人，增进人类的健康。但是对于基因治疗只有少部分的人才能够享受得到，而一般公众则是望尘莫及，这是否违背了作为“仁术”的医学初衷？除以上两点之外，知情同意原则在基因治疗的临床试验中并不能得到充分的尊重。经济的、政治的、宗教的以及情感上的因素都可能使患者作出违背本人真实意愿的决定，患者难免产生冒险一试的想法。而医疗人员很可能因知识的不充分而误导患者的决定，甚至为了试验而欺骗患者。因为大多数患者对基因治疗技术本身没有充分的了解，所以知情同意问题便表现得更为明显。

四、基因增强的危害性问题

基因治疗是用于医学目的的，基因增强是用于非医学目的的，而两者之间却又很难区分。所谓基因增强就是通过对控制某种性状的基因进行修饰，使人的某种性状得到增强，又称为基因改良。通过对基因进行修饰，按照自己的意愿设计后代，使他们更加强壮，更加聪明，更加美丽，更加长寿。如果将基因治疗服务于改良人的智力、寿命等目的，这势必加剧社会的不平等，甚至会给后代造成新的不公正，在基因上造就新的弱势群体，也可能引发新的无法预计的疾病。

正如有学者所指出的那样：我们为未来人做决定，完全是出于善良的目的，是为了使未来人类拥有一种有价值的品质。然而，这一点非但不能构成为他人做决定的理由，反而只能表明是一种“善良的”强制。这是因为：它违背了伦理学上最基本的任何人享有自决权的原则。它对人的尊严与基本的人权都是一种严重的侵害。在干预生殖细胞或受精卵基因的过程中，未来人类的基因配置是由父母、医生或国家决定的，而个体的人仅仅是前者所决定与创造的结果。其次，正常情况下，任何一个人的遗传特征均归因于其父母遗传物质组合的偶然性，是自然随机配置的结果。现在，如果我们通过基因技术对人的遗传基因进行人为的干预，这无疑意味着医生或研究人员要扮演上帝的角色。因此，在人们还无法确知大多数人类的特性与基因及环境因素之间的相互作用时，片面尊重父母在生殖上提高后代“生命质量”的“特权”，把风险和后果强加于这个未来的人，这在伦理上是不可取的。

基因增强可能造成遗传学、人类学、社会学上的负面效应，也是人们所深度忧虑和高度关切的问题。例如，大规模实施基因增强，可能降低人类的遗传多样性；可能对那些未能获得基因增强的人造成心理压力，相对的变成能力上的“弱势人群”而遭受歧视，甚至引起新的社会群体之间的对立和冲突；可能导致积极的优生泛滥，助长新的种族主义和道德滑坡；可能造成卫生资源的分配不公；可能严重破坏人们对于传统生命的神圣信仰和人类尊严的信念。不难想象，当基因技术把人类性状的优劣完全归结为基因的优劣，把人的快乐感归结到快乐基因时，把人的性格归结到某种基因的有无、多少和排序的不同时，我们怎能再找到生命特有的纯真和价值。人的尊严和人类文化的价值都将沦落到令人无比尴尬的境地。如果基因治疗变成片面地追求生物学意义上的优化，忽视人的社会文化特质，抹杀人的情感等心理差异，最终人就会如同机器一样被随意地拆卸和组装，人的一切就会完全被基因所决定。面对这些问题，基因增强是否仍值得人们去拼命追求？

基因增强在实现手段上也存在若干问题。姑且不论其安全性，仅就有效性来说，也存在基因增强是否真能如愿以偿的争论。这一争论在深层次上涉及基因决定论和非基因决定论的问题。非基因决定论者认为，如果我们的基因与后天性状、能力、性格、行为之间不存在线性的因果决定关系，那么，基因增强的设想将从根本上被动摇。当然，更有可能的是，如果基因与性状、能力、性格、行为之间不完全呈线性因果决定关系，那么，基因增强的可行范围也将非常有限。基因增强的潜在伤害风险同体细胞的基因治疗一样，也是悬而未决的问题。所不同的是，体细胞基因治疗是出于最高的道德目的，冒险是有充分理由的，而基因增强的目的权重就要大打折扣，贸然行之必定会受到道德谴责。另一方面，基因增强在实施中，还面临着许多颇有争议的问题：用谁的基因来做目的基因？基因增强的标准是什么？谁有权制定“改良”的标准？

第三节　现代生物技术研究应遵循的伦理原则

现代生物技术的发展引发了诸多现实问题，从伦理属性上来说均可归属于生命伦理范畴，其核心问题是“该”与“不该”发展、“应当如何”发展和“实际如何”发展等伦理问题，其基本伦理原则是尊重人、不伤害人、有益于人、公平对待人等伦理问题。生命伦理学的出发点是“不伤害人”，落脚点是解决“应当如何”的问题，“应当如何”包含有“应当”可持续发展、“应当”公平发展、“应当”共有责任等伦理原则。只有在遵守这些伦理原则的基础上，发展现代生物技术才能造福人类、有益人类，同时使现代生物技术规避安全问题，形成良性的可持续发展态势。

一、尊重原则

尊重原则包括尊重自主权、知情同意权、保密和保护隐私等。对人类基因组的任何重组试验，进行任何基因治疗，都必须尊重人的独特权。尊重原则的内容包括：①尊重人的生命和早期胚胎；②尊重人的独特性，自然法则赋予的人人应享有的独特性，应得到尊重；③尊重人的平等权。基因面前人人平等，人权方面人人平等，在利益面前人人平等。

在生物技术研究和成果应用中还涉及人的自决权。维护人的自决权，保护个人隐私必须有更加具备可操作性。知情同意/选择是不伤害和尊重原则在维护人的自决权，保护个人隐私方面的具体体现。知情同意/选择包含“知情”和“选择”两层含义。

“知情”又可以分为三种情况。①完全知情。消费者能完全理解转基因食品标识上的内容；病人接受检查或治疗时能明白检查或治疗的性质、目标、研究方法、预期的好处、潜在的危险以及可能承受的不适与困难，这是一种真正意义上的知情。②不完全知情。消费者不能完全理解食品标识上的内容，病人对检查或治疗似懂非懂。这主要是因为知识水平不同，对转基因技术的许多专业术语理解存在困难或者对方没有将相关信息说明清楚造成的。这只是表面上的知情形式。③完全不知情。转基因食品没有标识，消费者不知道是否是转基因食品；医患关系中医生刻意隐瞒信息，病人不明白检查的目的或是治疗的可能性。

在“选择”层面上来看，又可分为自愿选择和非自愿选择。自愿选择是指在真正知情的基础上做出的自由选择，而在表面知情和完全不知情的情况下所做的选择都是非自愿选择。此外，选择还分为能够选择和不能选择。例如，市场上有转基因食品和非转基因食品，并且把它们分开，消费者才能从中选择。如果市场上只有转基因食品而没有非转基因食品，消费者就只能选择转基因食品，无法进行自由选择。因此，只有在完全知情基础上做出的自主选择并且能够进行选择才是真正意义上的知情选择。但要在实践中做到完全知情选择还很困难，只能尽量地使消费者能够进行真正的知情选择。

二、不伤害原则

不伤害原则可能是生命伦理的所有伦理原则中最著名和引用最多的原则，也是伦理学中最普遍的原则。不伤害原则强调人们有义务不伤害别人，这是由古希腊著名医生、西方“医学之父”希波克拉底根据他渊博的医学知识和丰富的医疗实践经验，对医学中的伦理道德进行概括总结，被视为西方医学伦理学的重要基石的《希波克拉底誓言》中演绎而来的基本原则，其基本内涵是：个人或集体的行为不应该对其他人或其他集体造成不必要的伤害。

伤害的范围很广，包括肉体的伤害（疼痛、残疾、死亡）和精神上的伤害（权利的侵犯）以及其他的负担和损失。

对于现代生物技术的伦理原则，不伤害的内容包括以下几个方面。①不危害人体健康。DNA 重组、转基因等方面的研究都不得对人体健康造成伤害。②不伤害人类福利。重组进入作物中的基因如果会漂移进入自然生态环境，破坏经过亿万年进化而来的生态平衡，则为伤害人类生存环境。由于克隆过程对遗传物质可能有潜在破坏作用，克隆人可能是不健康的。现在的克隆技术存在高畸形率，如果用于克隆人，则伤害人类整体福利。③不伤害人类尊严。人类作为“类”的独立地位和身份不可侵犯，或者说人类基因组的纯洁性不可侵犯。人类基因组如果被能表达动物性状的其他动物基因入侵，在人类中表达出动物性状，或者能表达人类性状的基因被重组进入其他物种的基因组，则在其他物种中表达出人的性状，这就是伤。必须禁止人畜细胞融合试验。动物卵母细胞的线粒体 DNA 可能会参与遗传过程，甚至进入人类基因组，进入子宫孕育就是伤害。④不伤害个人隐私权。个人的基因信息提供了个人甚至家族的健康和禀赋，是一个人全部隐私中最重要的隐私。个人的隐私权受到法律的保护，伤害个人隐私权即触犯了法律。

三、公正原则和平等互利原则

2000 年，《国际人类基因组织（HUGO）伦理委员会关于利益分享的声明》中指出公正与利益分享密切相关，提出基因研究中的公正原则，包括分配公正、回报公正和程序公正三个方面。分配公正是指资源和利益的公平分配，回报公正指对做出贡献或帮助的个人、人群或社会，应给予对方的适当回报。程序公正要求做出补偿和分配的决定的程序应该是不偏不倚，适用于所有人。

基因专利引发的严重问题正是公正问题。如果给基因专利，那么这会引起不平等，加剧利益的分配不公和贫富差距。人人都应该享有平等自由的权利，基因专利会破坏这种权利，威胁到大多数人的利益，危害公共利益。基因专利会造成严重的机会不平等。发达国家垄断了基因的专利权，发展中国家在基因技术的发展上受发达国家的制约，在发展机会上完全处于劣势。因此，从分配公正的角度来看，基因不应该或不宜授予专利权。国际人类基因组组织伦理委员会要求，如果DNA样本开发出产品，所获利润的1%～3%应该回报给该社区。如果研究结果没有商业价值或不能申请专利，研究人员或相关单位也应该写感谢信。因此从回报公正的角度看，科学家和投资者在研究的过程中投入了大量的人力物力，我们可以采取奖励、减免税等多种形式对研究者和投资者进行补偿，维护他们的利益。从程序公正来看，国际组织和国际社会正在考虑修改专利法，抬高基因专利的门槛或禁止给基因专利。

公正原则与平等互利原则是紧密联系在一起的。随着生物科技的迅速发展，国际合作也日益增多。平等互利原则是进行国际合作的基本要求，它要求各方在平等的基础上进行国际合作，以便各方都能互惠互利。在生物技术的国际合作中，发达国家应该将发展中国家视为自己的合作伙伴而不是掠夺对象，各方应该利益共享，合作与共。在联合国教科文组织发布的《世界人类基因组与人权宣言》第18条指出："各国应努力贯彻宣言中提出的原则，继续在国际上传播有关人类基因组、人类差异性和遗传学方面的知识，促进各国间的科学和文化合作，尤其是发达国家与发展中国家间的交流"。第19条提出了发达国家在与发展中国家的合作研究中应积极遵循的四项原则："评价人类基因组研究的危险性和益处，并防止滥用；使发展中国家具有研究人类生物学和遗传学的能力，具有对其特殊问题的认识能力；使发展中国家从科学技术的研究中获益，从而推动国家经济和社会的进步；促进科学知识与生物学、遗传学和医学领域信息的自由交流"。

四、可持续发展原则

可持续发展原则的可持续性是指地球的承载力是有限的，人类的经济活动和社会发展必须保持在资源和环境的承载力之内。由此可见，保持可持续有两个因素，一个是资源因素，另一个是环境因素。

生物技术能够缓解地球资源的有限性，但是否会超越了自然环境的承载力现在还没有明确的科学证据，所以说，要想使现代生物技术真正成为可持续发展的技术，它的双刃剑作用需要仔细思量。不是所有的新技术都是好技术，也不是必然选择就是最好的选择。现代生物技术的研究活动是一种人工技术，它打破了物种之间的界限，打破了原有生物进化中的秩序，跨越了物种之间的天然屏障，制造了自然界本没有的新生物体，重塑自然界的生命。但是人类的知识毕竟是有限的，人类的主观能动性改造的是局部，影响的却是整体。所以人类对自己的行为要有所限制，在改造自然和人类自身的时候要有所限制。在改造自然和人类自身的时候要进行理性选择和伦理分析，不能脱离可持续原则创造新的生物体，不要偏离伦理道德关系改造生存环境。在遵循自然规律的基础上发展现代生物技术，使技术的发展、人类的安全和自然的保护三者统一，才能达到人类发展的可持续性。

五、责任原则

全社会要加强生命伦理的教育和普及，特别要让科技人员重视生命伦理问题，处理好技术上的"可能"与伦理上的"应该"之间的关系，处理好以及自然法则和道德法则之间的关系。

现代生物技术的相关行为主体中，科技工作者具有与巨大的科技力量相伴随的重大的社会责任。由于现代生物技术活动对人类和大自然的长远和整体影响很难为人类全面了解和预见，人类行为的力量远远超出了其预见和评判的能力，因此，科技工作者的行为需要一种责任意识。责任原则为解决现代伦理难题提供了一种具有前瞻性的行为指导规范，并通过评判与制裁的方式为责任主体履行责任提供了有效的责任监督机制保障。科技工作者在其研究行为的活动中，应该主动承担自己的社会责任，以此来规避现代生物技术可能造成的负面影响，使其为人类造福。

要强化科技工作者的责任感。责任是和职业角色相关的，不同的职业角色责任的大小不同，责任的内容也不一样，所以责任绝对不是广泛意义的，而是具体意义的。从事现代生物技术的科技工作者，应该清醒认识到自己职业角色的责任重大，树立高度的责任感，认真把握所从事的研究活动的意义所在，应以确保人类的生存和幸福为终极目标，对可能产生危害的现代生物技术自行调节其科研行为，停止危害性的工作，对自己的行为有所限制。现代生物技术存在着从未有过的巨大风险，它威胁着我们的生存，科技工作者的责任感是一种自主的行为，是防止现代生物技术滥用、误用和恶用的前提。科学技术并不是价值中立的，它始终渗透着人的价值观念和道德选择。

理性的意志力量是责任感确立的保证。科技活动是一种理性活动，根本上是一种社会活动。现代生物技术蕴藏着巨大的经济利益，有着诱人的发展前景，所以从事现代生物技术的科技工作者既要顾及利益的获得，又要抗拒不正当利益的诱惑，在功利面前坚定地运用理性的意志力量承担自己的角色责任。作为科技行为的主体，其行为对整个社会和环境具有直接和深远的影响。在传统社会中，科技共同体内成员的伦理关系，是依靠科学的精神气质和科学家的荣誉感来维系的；现代社会经济发展与科技进步之间的互动，已使得功利的因素从内外两个方面对科技共同体产生了巨大的压力。从事现代生物技术研究的科技工作者，从自己的社会角色责任出发，在利益与道德发生冲突的时候，以一种理性的意志力量和负责的精神对待自己的行为。在利益与道德发生冲突的时候，必须以“不伤害人”的精神和品格来抉择自己的科研活动。

国家和各级政府在现代生物技术的科技政策制定、科技项目攻关、科技经费投入、成果鉴定及转化、市场应用及监管、效益反馈及评估等方面要严谨论证、严格控制，并建立健全相关法律法规和生物安全评估机制。现代生物技术类企业要树立伦理道德和责任意识，所制造的生物制品（特别是食品、药品、保健品、器械等）必须是无伤害的和无后遗症的产品，不能在商业利益前唯利是图。医疗机构利用基因工程、细菌工程等技术在疾病治疗、基因检测、辅助生殖等方面时，必须是以“不伤害人”为前提，必须要有良好的医德和责任意识，才能使现代生物技术真正造福于人类。

第十四章　生物工程的知识产权保护

生物工程的主要目的就是生产商品，创造经济利润。以生物工程为基础的产品和工艺，都是创造性智力劳动的结果，它的成就需要智力的高度密集，需要先进的研究条件，也需要巨额的投资。但是如果研究出来的成果得不到法律的保护，那么任何一种工业都不会对这种风险高、见效期长的项目进行投资。与此同时，整个社会对工业创新都很关注和鼓励。所以必须采取有效的措施来保护这些生物工程产品和工艺，从而确保合法的发明人和工业投资者能得到经济利益上的回报。要同时实现以上这两方面的目标，一种策略就是政府赋予发明者一种特权，保护他们发明的产品或生产方法。这些用法律规定下来的特权就统称为知识产权。

知识产权本质上是知识产品在市场交易中获得的经济权利，其产生、实施和保护与市场密不可分。知识产权战略的实质是为获得竞争优势，运用相关法律和其他手段谋求最佳经济利益的谋略。将知识作为财产并取得了全世界的认同是人类近代史上的重大进步之一。知识产权的保护大大提高了技术创新的积极性，促进了现代科学技术和经济的快速发展。

生物工程产业是新兴的知识密集型产业。伴随着现代生物技术的迅速崛起，生物工程领域科技创新的争夺不断加剧。谁抢占了生物技术的制高点，谁就占据了最有利的市场商机。由于涉及社会公德、伦理道德等诸多特殊问题，尤其是基因能否授予专利权等问题，各国也不断地调整本国的相关法律，以便更好地保护和促进生物工程的创新。

第一节　生物工程知识产权的类型

知识产权是法律赋予法人或者自然人对其智力劳动成果所享有的专有的权利。现代知识产权制度是产生于机械技术时代的资本主义国家，这些国家有着优良的知识产权法律传统，实施“跑马圈地”战略，不断强化生物工程知识产权法律保护。发展中国家由于其本身技术落后及知识产权法律意识的薄弱，在现代国际知识产权法律制度的形成过程中，难以主张自身的权利。在全球化时代的今天，发达国家控制世界的手段已经不仅仅是军事或者政治手段，更多地体现在对新技术和经济的绝对掌控，其中知识产权是非常重要的手段之一。

由于有关生物技术类的发明创造的界定是非常复杂的，而生物科学领域的研究和发展又非常迅猛，各国在知识产权领域产生的摩擦越来越频繁。为了解决这些矛盾，各国签署了一些有关知识产权的国际公约。

依据世界贸易组织（WTO）的《TRIPS 协议》（与贸易有关的知识产权协议）的界定，知识产权的范围包括专利权、商标权、著作权（版权）及其邻接权、商业秘密、工业品外观设计、地理标记和集成电路布置设计等。

一、专利权的保护

专利是国家专利主管机关依法授予专利申请人及其权利继受人在一定期间内实施其发明创造的独占权。专利制度建立的最主要的目的是促进和鼓励技术创新，其实质就是“以公开换保护”，即给予专利权人一定期限内的发明实施的独占权，换取其创新技术的公开，以便于他人在保护期结束后能够利用该创新技术并在此基础上开发新的技术。同时避免技术的重复开发，从而促进创新技术的良性发展。

专利授权的必要条件是具有新颖性、创造性和实用性。专利权的特点为时间性、地域性、独占性和公告性。中国专利的类型分为发明专利、实用新型和外观设计，其中和生物技术密切相关的主要是发明专利。根据《中华人民共和国专利法实施细则》第二条：专利法所称的发明是指对产品、方法或者其结合所提出的新的技术方案。现代生物技术的发明专利主要包括两大专利类型：产品发明专利和方法发明，其中方法发明又分为产品生产方法发明和应用方法发明（表 14-1）。

表 14-1　现代生物技术的发明专利的类型

专利类型		保护的客体(举例)
产品发明	①物质	化合物、酶、细胞系、质粒、重组 DNA、宿主细胞、单价疫苗
	②物质组分	药物成分、食品原料、生物肥料、润滑油成分、多价疫苗
	③设备	发酵罐、PCR 仪、DNA 序列分析仪、流式细胞仪、色谱仪
方法发明	①制备过程	重组质粒的构建、基因的克隆、动植物生产产品的分离、重组蛋白的纯化
	②方法发明	核酸杂交分析、冻干、PCR 检测系统、蛋白异构件分析、酶的固定化
应用方法发明		耐高渗酵母生产甘油、重组微生物的发酵、使用生物杀虫剂

二、植物新品种的保护

植物新品种保护是知识产权保护的一个分支。使用种子或植物的人应付给育种人使用费，以保护育种人权益。植物品种通常不能被专利法有效的保护，主要是由于它们难以重现。植物具有不同于其他客体的生物活性，其繁殖的稳定性与一致性易受到自然环境的影响，因而不适宜授予专利。在植物新品种对于人类生存与发展的重要性日益加强的情况下，对其提供必要的保护是不能回避的问题。

1931 年 8 月 18 日美国授予了第一个植物专利，拉开了植物新品种保护的序幕。1961 年 11 月由法国、德国、荷兰、比利时和意大利在巴黎共同签署了《保护国际植物新品种公约》，(the International Union for Protection of New Varieties of Plant，UPOV)。UPOV 公约不仅对植物新品种的保护范围及保护时间做了规定，而且也确认各成员国保护植物新品种的育种者的权利等一系列规定。该公约有利于国际之间开展品种研究开发、合作与交流和新产品贸易的基本原则。1970 年，美国加入 UPOV 公约；1999 年，中国正式加入 UPOV，成为第 39 个成员国；2005 年 6 月 29 日，欧盟作为政府间组织加入了 UPOV 公约。截止到 2012 年，世界上已有 50 多个国家都签署了此项公约。

在 TRIPS 协议中，要求各成员方应提供为保护植物新品种的专利或一种有效的特别保护机制。这种特别保护机制类似于国际公约，支持世界贸易组织（WTO）和世界知识产权组织（WIPO）在知识产权上面的保护。在 TRIPs 协议中，有三种保护方式实现对植物和动物多样性的知识产权保护。①专门法的保护方式。这是根据 UPOV 公约的规定，国内通过制定专门立法对植物新品种进行知识产权保护。目前采取专门法保护方式的国家有：阿根廷、巴西、智利、委内瑞拉、澳大利亚、芬兰等国家。②专利法的保护方式，是指对植物新品种的提供专利法的保护，并由专利局负责对植物新品种进行管理。目前，世界上只有意大利、乌克兰和匈牙利等极少数国家实行对植物新品种专利法保护。③专利法和专门法的双轨保护方式。这是指采用专利法和专门法两者并存的保护方式，针对不同植物新品种的种植方式，由专利局或农业局分别领导和负责。目前，采用这种保护模式的国家主要是美国。

美国最早在1930年通过《植物专利法》，对以无性繁殖方法培育的植物品种进行保护。为了进一步加强对植物新品种及相关植物发明的保护，1953年美国国会在其通过的《实用专利法》中规定对植物发明可授予实用专利，从而突破了将植物视为“自然界的产物”而不能受到一般专利法保护的障碍。同时，允许申请实用专利的申请人提交植物材料（如种子），结合书面说明而满足专利法对“充分描述发明对象”的要求。《实用专利法》大大拓展了保护与植物有关的发明的范围，也为别国立法保护实践作出了示范。

三、其他形式的保护

生物工程知识产权保护的类型主要有专利、著作权、商标以及技术秘密、技术标准等，同时与生物工程领域密切相关的知识产权还有新药保护、植物新品种保护等。根据不同的情况选择不同的保护方式至关重要。

（一）商业秘密

商业秘密是指不为公众所知悉，能为权利人带来经济利益，具有实用性并经权利人采取保密措施的技术信息和经营信息，它是伴随商业活动中权利人进行技术创新与管理创新，以及与经营有关的知识与经验积累的结果，包括技术秘密和经营秘密。其中符合商业秘密条件的技术信息成为技术秘密，是指应用于工业生产，但没有得到专利保护，仅为有限人所掌握的技术知识，如设计、程序、产品配方、制作工艺等。符合商业秘密条件的经营信息称为经营秘密，指一切与企业经营活动有关的具有秘密性质的经营管理方法和与经营管理方法密切相关的信息及情报，如管理诀窍、客户名单等。在生物技术医药领域中，生物制品生产工艺的诀窍，药品保密配方，经营诀窍，客户名单等都属于生物医药商业秘密的范畴。

技术秘密是创新技术持有者将其技术信息采取保密措施进行保护，以确保自身在竞争中的优势地位的方式。如果一项开发中的生物工程技术不适合申请专利（或者说用技术秘密的形式可以得到更好的保护）或者尚不到申请专利的时机，那么就应该采取商业秘密的保护方式。商业秘密不是将发明的信息公之于众，而是将其保护起来。如果保护措施得当，可在不公开其技术秘密的条件下保护具有很高商业价值的技术。尤其是那些无法通过专利等其他知识产权保护的技术，可以使其技术优势得以长期保持，创造持久的经济利益。毫无疑问，全世界保持得最成功的商业秘密是可口可乐的配方。它已保密了100年并使一个庞大的商业帝国得以发展和延续。商业秘密只有当人们严守机密时才能得到保护。一个公司需要采用适当的措施在公司内保守秘密，雇佣契约上可以含有保密的条款，雇主也可以限制员工离开公司后不得到竞争对手那里工作，例如威士忌工业长期以来就是这样做的。实行商业秘密的优点在于保密的知识不公开，因而竞争对手无法采用，并且保护的时间可以无限长，这是申请专利所无法做到的。

采用技术秘密的方式来保护创新生物技术，具有较大的风险和操作难度，其他人可能会有同样的思路，并对此进行开发。此外，有些国家不承认对商业秘密保护的法律地位；保密的内部程序耗费精力和时间，执行起来可能存在不少问题。由于技术秘密存在很大的风险，一但泄密，后果将不堪设想，还是要谨慎使用。

《TRIPS协议》和我国《反不正当竞争法》对商业秘密的保护都有规定。窃取商业秘密的行为属不正当竞争。对于企业间的不正当竞争行为，受害者可依据相关规定提起诉讼以求得补偿。

（二）商标

商标主要是保护已上市销售产品的知识产权方式。商标是指用在商品或服务项目上用以区别不同生产者、经营者或者服务者的标记。商标由文字、图形、字母、数字、三维标志和颜色组合，以及上述要素组合的具有显著特征和便于识别的可视性标志。保护生物工程产品和产业的商标，不仅能给企业带来经济价值、信誉价值、产权价值和艺术价值，还可以创造出无形资产，为企业带来巨大的经济效益。

根据《TRIPS协议》的定义，商标是“任何能够将一个企业的商品或服务区别于另一个企业的商品或服务的符号或符号组合”。商标主要是保护已上市销售产品的知识产权方式，对于已经成功进行市场营销，取得竞争优势的产品具有巨大的市场价值。对于生物医药产品来说，商标对于生物医药高技术企业创品牌，增效益，保证商品质量，提高竞争力有着重要的意义，同时商标发展战略也是生物医药企业知识产权战略的重要组成部分。

通过研究开发，形成技术领先、性能优良的生物技术产品，最终要形成市场竞争优势，因此关注和重视商标的注册和管理非常重要。如Coca Cola（可口可乐），其商标本身的价值已达数百亿美元之巨。在生物工程公司中也有较好的例子，如Genetech、Amgen等。商标的取得分为注册取得和使用取得两种。在不同的国家里有不同的规定。关于商标管理方面的国际公约有《商标国际注册马德里协定》《商标注册用商品和服务国际分类尼斯协定》等，我国分别于1989年和1994年加入。

（三）著作权（版权）

生物工程领域可获得著作权保护的内容是多方面的，如著作、论文，电影、电视科教片、工程图纸，摄影图片、生物信息程序软件等等，都属于著作权的保护范畴。在讨论生物技术知识产权时，著作权一般不作为重点对象。这是因为著作权一般不会为其权利人带来直接的权益。但是在实际的科研活动中，学术论文和论著往往是最为重要的、最受生物工程学者青睐的知识产权保护方式，甚至远远超过专利权。究其原因，一是学术论文和著作最能体现科研工作水平的高低，尤其是目前国内绝大多数的研究机构将学术论文和著作的水平作为评价科研工作价值和引进人才的绝对标准；二是相当大一部分的科研成果被作为基础研究成果和科学发现，不宜申请专利或其他形式知识产权进行保护；三是目前许多形式的生物技术成果还不能取得专利或其他形式知识产权，如动物新品种、疾病治疗方法等等。因此，目前著作权仍然是国内绝大部分的生物技术科研工作者的重要选择。著作权取得比较容易，不需要权利人进行申请，自作品生成之日起权利自动产生；作品受众范围广，传播迅速，影响力较大；权利保护期限长，继承方便。但是，著作权只保护作者的思想表达形式，完全不涉及思想、产品、工艺本身等实质性内容，技术排他性非常差，因此，科研工作者要谨慎使用著作权保护，而应优先采用其他形式的知识产权保护，尤其是专利保护。

近年来，生物学试验方法和检测手段的不断发展与提高，积累了大量生物学实验数据。通过对这些数据按一定目标与功能分类收集整理，形成了目前数以万计的生物信息数据库。如何有效地管理与使用这些数据（库），以便既能有效地进行科学与信息的交流，又能保护自己的经济利益，就是研究机构与企业关心或者应该关心的问题。目前，版权法仍是包括生物信息数据库在内的大多数数据库知识产权保护的最主要法律依据，通常将数据库作为汇编作品加以保护。美国是世界上数据库产业发展最早且规模最大的国家，它在数据库知识产权保护方面的状况一直为世界各国所关注。数据库是否得到版权法保护，美国曾长期采用“辛勤收集”原则（或称“额头出汗”原则），即只要作者在收集、选择构成数据库的信息方面付出了辛勤的劳动或者实质性的投资，该数据库就能得到版权法保护。欧盟目前主要是以欧盟数据库指令作为其保护数据库的主要依据，其特色在于针对不同性质的数据库采取一种特殊的双轨保护机制。一方面，仍遵循国际上的共识，以版权法作为数据库保护的重点；另一方面，则平行创设了一项特殊权利，使一些投入大量人力、时间或资金却苦于无法满足版权保护要件的数据库也可以受到保护。特殊权利保护的目的就在于保护对数据库的投入，这种保护是包括美国在内的世界上其他许多国家所没有的。有些国家甚至出于科学研究的需要，对某些特殊的生物信息数据库没有采取知识产权保护或只是部分地保护，从而使生物数据这一重要的资源为人们自由使用。

第二节　基因的专利保护

基因专利是生物工程产业知识产权保护的最主要形式，被认为是生物工程产业发展的“金钥匙”。谁握有基因专利，谁就将占有生物工程产业发展的空间、占有未来的财富。对于像基于基因知识的生物医药这类知识密集型研发领域，由于研发耗时长、成本高、风险大，专利保护就更为重要。这也是基因专利的社会作用积极的一面。一条基因可以开发出一个巨大产品，形成称作“重磅炸弹”的药物，可以长期获得高额利润。近几年，随着人类基因组、基因功能研究的迅速进展，极大地激发了投资者的想象空间和对获取基因专利的高涨热情。

与此同时，反对基因专利、要求限制基因专利权限的呼声也不绝于耳，抵制基因专利实施的事例时有发生。基因是一种天然物质，研究它，搞清它，只能说是一种科学发现，而不是一种发明。最初，专利界、法律界、科学界均倾向于不应该以专利形式保护新发现的基因。在各国专利制度的早期，通常都不以专利保护天然物质。但是，后来随着医药公司等非政府机构在基因研究中的投入越来越多，基因专利问题就逐渐提上议事日程。

一、基因是属于发现还是发明

在关于基因的可专利性研究和探讨中，基因方法与基因工程产品的可专利性争议性并不大，或者在目前有比较一致的认识。主要的争议焦点是关于基因序列本身的可专利性问题——“发明与发现之争”。

科学发现是指人类通过自己的智力劳动对客观世界已经存在的但未被揭示出来的规律、性质和现象等的认识，是经过研究、探索等，看到或找到以前没有看到或找到的事物或者规律。专利法中的发明是指设计或者制造出前所未有的东西，而发现则是指揭示出已有的但尚不为人所知的东西。发现不能够被授予专利权，专利权制度仅保护“前所未有”的技术方案，而不是“前所未知”的，这是自专利制度诞生以来就一直恪守的一条原则，也是立法上的一种共识。

发现和发明的区分在以前是非常明显和严格的。进入基因科技时代之后，二者的界限在变得越来越模糊。如果按照传统的“发明”的定义，只有创造出了自然界本来不存在的东西才属于发明，而对于基因而言，它显然就不能称得上传统意义上的“发明”，因为虽然申请专利的基因序列是从生物体中被分离提纯出来的，但是不可否认，具有同样的物质构成和化学结构的这种化合物早先已经存在于生物体内，分离提纯的基因序列并不是一种“自然界本来不存在的东西”。但是基因序列于传统的科学发现相比，又有自身特殊的地方，人们对发明与发现的区分也变得越来越难。

对于基因序列能否被授予专利权，学界主流观点主要有三种。①基因是自然界客观存在的，人类对基因的认识只是将其揭示出来，是属于科学发现而不属于技术发明。专利制度中规定，专利的主题只有技术发明，科学发现不能被授予专利权，因此，基因技术不能被授予专利权，不能得到专利保护。②单纯的基因序列不能授予专利权，但如果将其从自然界分离出来，改变了其存在形态和内部结构，使其具有了前所未有的应用价值，这不仅仅是一种发现，可以将其看成是一种技术发明，能够获得专利权的保护。③基因属于发明还是发现不是判断能否授予其专利权的关键，只要该发现是新颖的，具有创造性和实用性，能够推动社会的进步和发展，具有实在的产业利益，该科学发现就能被授予专利权。也就是说，在某些情况下，哪怕是将基因技术认定为是科学发现，只要其具有产业利益，具有创新性和实用性，就应当被授予专利权。

从实践来看，目前以美国为代表的一部分发达国家已开始用专利法来保护基因。例如，美国商标专利局认为从自然环境中被分离出来的基因已不处于自然存在的状态，是人类干预的结果，可以授予专利权。因此美国商标专利局认为被分离出来的基因可以作为合成物或制成品符合授予专利权的条件，因为该DNA分子在天然状态中不会存在该被分离的形式。人工合成制备的DNA符合授予专利权的资格，是因为它们的纯化的状态与天然存在的化合物不同。

欧洲议会和理事会通过的《生物技术发明法律保护的指令》(以下简称生物技术保护指令）第5条第1款规定，处于形成和发展阶段的人的身体不能取得专利权，有关人体基本成分的发现，包括基因序列或基因序列的某一部分的发现，也不可取得专利权。因为专利法保护的对象是发明而非发现，同时，该规定也可以避免对人权的限制，维护人的基本尊严。但是，根据生物技术保护指令第5条第2款的规定，脱离人体的或通过技术方法而产生的某种元素，包括基因序列或基因序列的某一部分，可以构成授予专利的发明，即使该元素的结构与一个自然界的结构完全相同。这是因为，脱离人体的或通过其他方法产生的基因是通过技术程序取得的，诸如通过确认、提纯、归类、体外复制等程序而得到，这些程序不会在自然界中产生，而属于人们在实践中的干预活动。所以，欧洲专利局认为，脱离人体的基因也是技术的产物，符合授予专利权的条件。这些基因取得专利权的条件与其他技术取得专利权的条件一样，即应具有新颖性、创造性和实用性。

在我国，《专利法》通过1993年的修订，将"药品和用化学物质获得的物质"纳入了专利法的保护范围，并且中国专利局在其2010年发布的《专利审查指南》中打破了将"发明"与"发现"的严格区分作为专利权授予判断标准的传统观念，规定："若某种物质是首次从自然界分离或提取出来的，只要其结构形态是新颖的或不被现有技术所认知，具有一定实用性，则该物质以及取得它的方法就可被授予专利"。

二、基因专利的保护范围

基因专利保护的范围的界定是相关的学界普遍讨论的热点之一。基因工程技术分为基础研究与应用研究。基础研究是工业应用的前提。如果对于基础研究成果保护范围过宽，势必将因给予权利人排他性的权利过大而影响下游产业的开发，从而不利于基因研究的健康发展，最终表现出对下游产物开发的阻碍；如果保护范围过窄，他人可能采用简单的替换手段规避权利人的保护范围，将会影响到研究者进行相关研发活动的积极性。从专利保护客体的角度，基因专利可分为基因序列本身专利、基因方法专利和基因产品专利三类。

对于基因序列本身专利，一般认为经过人工技术分离提纯所取得的申请专利的基因并不是原天然基因，也并不是天然状态下的产品，而是能够被产业化利用的、具有实用性的、并饱含着人类创造性的产物。它应该是属于一种新的"前所未有"的物质，只不过作为科学发明被授予专利之前，它应当符合专利法上的实质审查条件——也就是"三性"要求。

基因方法的专利保护，也即是单纯地为基因工程技术方法过程而申请专利，这个种类虽然不复杂，却在基因工程专利申请中占到了绝大多数，基因方法专利也属于发明专利，包括基因的提取、改变、携带等方法发明专利。因为申请的对象只是一般的技术过程及参数，跟别的产业领域内的技术专利并无太大区别，所以只要具备专利性——也就是专利实质条件，就应当可以被授予专利。但是，如果动植物品种是用生物学方法繁殖的，根据各国现行专利法规定都是不属于可取得专利权的对象，对于生产植物或动物的非生物方法和微生物方法是可以获得专利授权的。

基因产品专利属于物质发明专利，其中包括转基因动植物新品种、转基因微生物、基因药物产品、基因食品等。对于不改变基因本身功能而只是通过基因选择而获得的基因产品，属于基因应用改造后的正常结果，就如同基因技术方法一样，按照现有的专利法律制度授予专利并无争议。

限于当今国际上各国科技水平和经济水平的不同，各国对转基因动植物能否授予专利权的态度、做法存在较大差异。对于改变了基因功能的动物品种，例如美国的“哈佛鼠”就获得了美国商标专利局授予的第一例动物品种专利，但是动物品种专利在欧洲的申请却受到了抵制。这说明西方发达国家在给动物授予专利权上也是有着巨大的分歧。

值得注意的是，我国的专利法制度规定疾病的诊断和治疗方法不能授予专利，利用基因进行的诊断和治疗方法也属此类。这主要是从伦理道德与公共利益的角度考虑，因为诊断和治疗方法发明涉及人类的生命权与健康权，医生对病人的救治也不应当建立在盈利性的目的之上，所以从这个角度考虑，我国在立法实践中，认为不应当授予这些诊断与治疗方法发明以独占性的垄断权利。但是，当通过基因诊断与治疗方法生产出产业化的基因药物或器械等产品发明时，则可以按照下文所述的基因产品发明授予专利。

国际社会在基因技术的可专利性问题上的争议很大，但是大多数国家都承认基因技术的可专利性。总体而言，欧盟、美国以及日本在此领域的专利保护相比发展中国家要显得更为积极一些。然而由于不同国家有着不同的国情，各国都从最大限度的有利于本国生物科技发展的角度出发进行相关法律和政策的制定，因此对基因技术专利保护问题所持的态度也就当然不尽相同。对基因实行专利保护，可以鼓励开发相关产品，不论是发展中国家还是工业化国家都可以充分享受基础研究的新成果。如果没有专利的刺激，DNA 研究的投资就将大大减少，科学家也就不会将更多的新 DNA 产品向公众开放。现在的实际情形是：不光是基因，对于不是基因或基因调控序列的 DNA 序列，如表达序列标签（EST）和单核苷酸多态性（SNP），只要能满足专利法要求的新颖性、创造性和实用性，都可以被授予专利权。看来，基因专利不一定是人心所向，但已是大势所趋。

第三节　转基因生物的专利保护

随着基因技术的不断发展，转基因动植物的研究与开发逐渐成为一国农业、林业、畜牧业、科技以及经济发展的关键。生命体作为知识产权保护对象一直备受争议。目前是否能够对转基因微生物授予专利已经没有争议。多数学者和国家都认同以植物新品种权的方式对蕴含人类智慧的新型植物创造者予以知识产权保护，而且各国专利法也都趋向于向转基因植物敞开。但对转基因动物是否能够给予专利保护仍存在争议。对动物和植物新品种不授予专利权是目前世界上很多国家专利法的规定，我国专利法也将其排除在专利保护之外。

一、转基因植物专利保护

转基因植物专利权的实施可以增强农业创新能力，提高农业科研投入，给国家带来明显的社会和经济效益，许多发达国家纷纷对转基因植物进行专利保护。但由于各个国家的社会、文化、经济等外在环境方面的发展都存在着巨大的差异，使其对转基因植物专利保护制度颁布条例、制度取向、规定范围、保护力度等都会有所不同，导致产生的具体社会及经济上的影响也会不一样。

美国是世界上真正对转基因植物给予完全专利保护的国家，这也是目前世界上保护力度最强、保护范围最为宽广的一种模式：对于包括转基因植物在内的植物品种，只要满足授予专利的条件，就可以采用普通的实用专利制度对其进行保护。实际上，美国对植物新品种实施的是三种保护方法：对于某一特定植物品种，申请人可以根据情况选择申请实用专利权、申请植物专利权或者申请植物新品种权。三种方法互相配合，形成了较为完善和严密的保护体系，即便是已经获得了专门的品种权保护，植物新品种仍然可以获得专利权的保护，开创了对植物品种进行专门法和专利法的双重保护的先河。发明人可根据每种方式的优点寻求适当的知识产权保护，这样，就为发明人提供了极大的选择自主权。

在欧洲，植物品种是否可获得专利，直到现在仍是一个含糊不清的问题。对于植物品种这一概念，欧洲专利局对其解释出现了混乱。所以，虽然欧洲专利公约里有对植物品种不授予专利权的规定，但在审查实践中已经授予了很多植物专利。欧洲公众对涉及遗传工程的食品持反对态度由来已久，关于转基因作物种植和社会现状对决策者产生巨大影响。另外在欧洲大规模种植转基因作物和转基因食品销售的前景并不乐观。欧盟制定的法规在各成员国中却并非一呼百应，很难让所有的成员国齐步走。因此，欧盟委员会所颁布的有关转基因的政策，其权威性面临挑战，故对待转基因作物及其食品一直持谨慎态度。

我国《专利法》第 25 条第 4 项规定，对动物和植物品种不授予专利。即无论是采用传统生物学方法繁殖的动植物新品种，还是利用 DNA 重组技术获得的转基因动植物新品种，目前在我国均不给予专利保护。不过该条第 2 款规定，动植物新品种的生产方法作为例外，仍可授予专利权。同时，《审查指南》中第二部分第一章也将植物品种与植物的概念相等同，明确排除了通过解释植物品种与植物的概念上的不同而对植物提供专利保护的可能性，使得植物品种本身得不到任何有力的保护措施，尽管可以申请方法专利，但此等保护不能延及品种。因此，我国从未对植物品种提供过真正的专利保护。为了弥补这一缺陷，1997 年 3 月 20 日，国务院颁布了《中华人民共和国植物新品种保护条例》，这是我国农业领域知识产权保护的里程碑，对我国农作物育种技术创新、种子产业化以及农业科技体制改革等产生了重大而深远的影响。

二、转基因动物专利保护

与转基因动植物在知识产权保护角度的相似，美国率先对转基因动物授予专利权，日欧等地紧跟美国而采取了相似的做法。这样既促进和保证了本国生物技术产业界的投资，又能够吸引外国专利权人进行跨国技术转让或跨国直接投资。所以与其说授予转基因动物专利是专利法律制度本身合乎逻辑或因循法理的推导结果，还不如说是国家或地区间经济政治政策竞争的产物。

在生物技术知识产权保护领域，美国是全球范围内保护态度最积极、力度最强、禁区最少的国家。美国对转基因动物的专利保护，除了不能涉及人类，已经没有任何法律上的障碍。依据申请人的要求，只要发明符合法律授予专利实质性要求，即可授予方法或产品专利。

与美国专利法不同，欧洲专利公约对转基因动物专利的态度尤为谨慎。1998 年欧洲议会和欧盟理事会通过了《生物技术发明法律保护的指令》（第 98/44 号欧盟指令）。虽然第98/44号欧盟指令第4条仍规定“植物和动物品种不具有专利性”，但该条同时规定：“有关植物和动物的发明，如果其技术可行性不仅限于特定的植物或动物品种，则它具有可专利性”。可见，欧盟是通过对相关概念进行法律解释（对“动物品种”作狭义解释）来达到对转基因动物授予专利的目的。这可以说是有条件的对转基因动物授予专利。1999年，EPO实施细则也新加入了此条规定。这条指令在很大程度上开放了对转基因动物的专利保护，但是仍有“动物品种”不可授予专利的限制。然而，对于什么是法律意义上的“动物品种”，却并没有作出任何明确规定。由于“动物品种”定义的模糊性，在生物学分类上，层次比“品种”更高的动物类别（比如科、属、种）就有可能获得专利保护，这在逻辑上造成的混乱也已引起了学界的争议。从上述法律规定与逻辑上的混乱与冲突可以看出，这实质上反映了欧盟对转基因动物专利保护犹豫不决的态度。

目前，我国和大多数发展中国家对待转基因动物专利保护的态度是基本一致的。根据我国《专利法》的规定，动物品种不能被授予专利权。2006年版《审查指南》规定转基因动物本身仍然属于“动物品种”的范畴，不能被授予专利。当然，按照规定，对动物的生产方法（非生物学方法）可以授予专利权。从我国的法律规范中可以看出，我国对转基因动物品种不给予专利保护，只是对方法发明可以授予方法专利，这也是多数国家的做法。

三、转基因微生物的专利保护

在微生物技术知识产权保护方面，目前西方发达国家除了都给予微生物学方法专利保护之外，有一些国家对微生物本身也给予专利保护，但大多数发展中国家仅保护微生物学方法及其产品而不保护微生物本身。

尽管美国社会对美国专利和商标局的政策持有异议，不过美国专利和商标局并不在意舆论的评价和反对，它认为鼓励发明是其应尽的职责。从Chakrabarty专利案件之后，相继有其他的多种基因工程修饰改造过的植物和微生物被授予产品发明专利。美国的《生物技术专利保护法》议案中虽然没有具体提及微生物学方法和微生物本身，但从其对生物技术方法和生物技术物质的定义以及判例看，其所指的生物技术方法和物质完全包含微生物学方法和微生物本身。欧盟的《生物技术发明法律保护理事会指令》中明确给出了微生物学方法的定义。另外，从其“生物材料”的定义和生物材料的保藏范围来看，该指令包括微生物本身。而且其微生物学方法所包含的范围也较以往宽得多，这主要是因为考虑到许多现代生物技术实质上就是微生物学方法或直接、间接地利用微生物学方法。至于微生物本身则既是现代生物技术的原材料又是现代生物技术的产物。这种采用较宽定义的方法，可以比较好地顾及到现代生物工程的发展现状。《欧洲专利公约》规定，对于一种自然界已经存在或经简单调查就能发现的生物来说，要想得到专利保护是不可能的。但对于研究人员，为了使该生物发挥它在自然环境中不能实现的作用而分离和转化的一种微生物或生物，则应给予专利保护。随着微生物发明的不断增多，欧洲专利局于1984年12月起，开始受理微生物发明专利申请。特别引人注目的是，《欧洲专利公约》还把质粒、病毒等生物物质以及一些植物新品种的培育生物材料也视为微生物。因此，这些生物物质以及创造和利用这些生物物质的方法也成了专利保护对象。根据各国的专利制度立法规定及实践可知，大多数国家承认可以对转基因微生物进行专利保护。

我国对于转基因微生物的专利保护持肯定态度，但对于微生物的专利保护将未经人工技术提纯而存在于自然界的原始微生物排除在专利保护范围之外。中国《专利法》第24、第25条规定，转基因微生物可以作为“生物材料”的一种成为可专利的主题。2010年的《专利审查指南》中规定：人们从自然界找到以天然形态存在的物质，仅仅是一种发现，属于专利法第 25 条第 1 款第（1）项规定的“科学发现”，不能被授予专利权。但是，如果是首次从自然界分离或提取出来的物质，其结构、形态或者其他物理化学参数是现有技术中不曾认识的，并能被确切地表征，且在产业上有利用价值，则该物质本身以及取得该物质的方法均可依法被授予专利权。

综观国际立法和实践，我们不难看出，当今综合国力抗衡的重要方面就是在知识产权方面的对抗，具体体现指标之一就是专利。是否授予基因技术专利权，各国不再仅从法律制度本身出发考虑，而更多是从如何更好地保护和发展本国经济出发进行选择。为本国产品的国际竞争力保驾护航已成为各国专利制度的一项重要任务和鲜明特色。因此，完善我国专利保护制度是十分必要的。

参考文献

[1] 张惠展.基因工程.第2版.北京：高等教育出版社，2010.
[2] 彭银祥，李勃，陈红星.基因工程.武汉：华中科技大学出版社，2007.
[3] 黄迎春.蛋白质工程简明教程.北京：化学工业出版社，2009.
[4] 李志勇.细胞工程.北京：科学出版社，2003.
[5] 郭勇.酶工程原理与技术.第2版.北京：高等教育出版社，2010.
[6] 张自立，彭永康.现代生命科学进展.第2版.北京：科学出版社，2007.
[7] 周虹，徐文弟.生物化学与分子生物学高级教程.北京：科学出版社，2002.
[8] 郭蔼光.基础生物化学.北京：高等教育出版社，2001.
[9] 金凤燮.生物化学.北京：中国轻工业出版社，2006.
[10] 刘志国.基因工程原理与技术.第2版.北京：化学工业出版社，2011.
[11] 刘志国.新编生物化学.北京：中国轻工业出版社，2003.
[12] 杨歧生.分子生物学基础.杭州：浙江大学出版社，2004.
[13] 阎隆飞，孙之荣.蛋白质分子结构.北京：清华大学出版社，1999.
[14] 何忠效、静国忠、许佐良.现代生物技术概论.北京：北京师范大学出版社，2003.
[15] 翟礼嘉、顾红雅、胡苹.现代生物技术导论.北京：高等教育出版社，1998.
[16] 李再资，黄肖容，谢逢春.生物化学工程基础.第3版.北京：化学工业出版社，2013.
[17] 宋思扬，楼士林.生物技术概论.第3版.北京：科学出版社，2007.
[18] 刘贤锡.蛋白质工程原理与技术.济南：山东大学出版社，2002.
[19] 王大成.蛋白质工程.北京：化学工业出版社，2002.
[20] 张今，曹淑桂，罗贵民.分子酶学工程导论.北京：科学出版社，2003.
[21] 徐凤彩.酶工程.北京：中国农业出版社，2001.
[22] 罗贵民.酶工程.第2版.北京：化学工业出版社，2008.
[23] 姜锡瑞，段钢.新编酶制剂实用技术手册.北京：中国轻工业出版社，2002..
[24] 俞俊堂，唐孝宣，邬行彦.新编生物工艺学（上、下册）.北京：化学工业出版社，2003.
[25] 熊宗贵.发酵工艺原理.北京：中国医药科技出版社，1995.
[26] 凌诒萍.细胞生物学.北京：人民卫生出版社，2001.
[27] 冯伯森.动物细胞工程原理与实践.北京：科学出版社，2000.
[28] 莽克强.农业生物工程.北京：化学工业出版社，2002.
[29] 黄大昉，林敏.农业微生物基因工程.北京：科学出版社，2001.
[30] 邓平建.转基因食品食用安全性和营养质量评价及验证.北京：人民卫生出版社，2003.
[31] 殷丽君.转基因食品.北京：化学工业出版社，2002.
[32] 王建龙，文湘华.现代环境生物技术.第2版.北京：清华大学出版社，2008..
[33] 陈欢林.环境生物工程.北京：化学工业出版社，2011.
[34] 冯玉杰.现代生物技术在环境工程中的应用.北京：化学工业出版社，2004.
[35] 伦世仪.环境生物工程.北京：化学工业出版社，2002.
[36] 卢大儒.基因治疗.北京：化学工业出版社，2003.
[37] 王旻.生物制药技术.北京：化学工业出版社，2003.
[38] 高崇明，张爱琴.生物伦理学十五讲.北京：北京大学出版社，2004.
[39] 马清钧.生物技术药物.北京：中国医药科技出版社，2002.
[40] 龙敏南，楼士林，杨盛昌.基因工程.第3版.北京：科学出版社，2014.
[41] 方福德，杨焕明，张德昌.分子生物学前沿技术.北京：北京医科大学中国协和医院联合出版社.1998.
[42] 马大龙.生物技术制药.北京：科学出版社，2001.
[43] 鄂征.组织培养和分子细胞学技术.北京：北京出版社，2001.
[44] J.M.沃克，R.拉普勒.分子生物学与生物技术.谭天伟，黄留玉，苏国富等译.北京：化学工业出版社，2003.
[45] D.沃伊特，J.G.沃伊特，C.W.普拉特.基础生物化学（上、下册）.朱德煦，郑昌学主译.北京：科学出版社，2003.
[46] Meisenberg G and Simmons W H. Principles of Medical Biochemistry. St. Louis：Mosby Inc. 1998.
[47] Lodish H. et al. Molecular Cell Biology. 4th Ed. W. H. Freeman and Company，New York. 2000.
[48] Becker W. M. et al. The World of the Cell. 4th Ed. The Benjamin/Cummings Publishing Company. 2000.